"十二五"普通高等教育本科国家级规划教材

# 热力学·统计物理
## （第六版）

汪志诚

高等教育出版社·北京

## 内容简介

本书是"十二五"普通高等教育本科国家级规划教材，是在第五版的基础上修订而成的。本次修订保持了原书叙述简明、便于教学的特点。

全书共 11 章，主要内容包括：热力学的基本规律，均匀物质的热力学性质，单元系的相变，多元系的复相平衡和化学平衡 热力学第三定律，不可逆过程热力学简介，近独立粒子的最概然分布，玻耳兹曼统计，玻色统计和费米统计，系综理论，涨落理论，非平衡态统计理论初步。

本书可作为高等学校物理学类各专业的教材，也可供有关人员参考。

#### 图书在版编目(CIP)数据

热力学·统计物理／汪志诚主编．--6 版．--北京：高等教育出版社，2019.12（2024.12重印）

ISBN 978−7−04−052040−8

Ⅰ.①热⋯ Ⅱ.①汪⋯ Ⅲ.①热力学-高等学校-教材②统计物理学-高等学校-教材 Ⅳ.①O414

中国版本图书馆 CIP 数据核字(2019)第 097712 号

Relixue · Tongji Wuli

| | | | | | | | |
|---|---|---|---|---|---|---|---|
| 策划编辑 | 顾炳富 | 责任编辑 | 顾炳富 | 封面设计 | 王 洋 | 版式设计 | 徐艳妮 |
| 插图绘制 | 于 博 | 责任校对 | 陈 杨 | 责任印制 | 赵 佳 | | |

| | | | |
|---|---|---|---|
| 出版发行 | 高等教育出版社 | 网　址 | http://www.hep.edu.cn |
| 社　址 | 北京市西城区德外大街 4 号 | | http://www.hep.com.cn |
| 邮政编码 | 100120 | 网上订购 | http://www.hepmall.com.cn |
| 印　刷 | 大厂回族自治县益利印刷有限公司 | | http://www.hepmall.com |
| 开　本 | 787mm×1092mm　1/16 | | http://www.hepmall.cn |
| 印　张 | 21.5 | 版　次 | 1980 年 9 月第 1 版 |
| 字　数 | 520 千字 | | 2019 年 12 月第 6 版 |
| 购书热线 | 010-58581118 | 印　次 | 2024 年 12 月第10次印刷 |
| 咨询电话 | 400-810-0598 | 定　价 | 47.60 元 |

本书如有缺页、倒页、脱页等质量问题，请到所购图书销售部门联系调换
版权所有　侵权必究
物　料　号　52040-00

# 热力学·
# 统计物理

（第六版）

汪志诚

1. 计算机访问http://abook.hep.com.cn/1254621，或手机扫描二维码、下载并安装Abook应用。
2. 注册并登录，进入"我的课程"。
3. 输入封底数字课程账号（20位密码，刮开涂层可见），或通过Abook应用扫描封底数字课程账号二维码，完成课程绑定。
4. 单击"进入课程"按钮，开始本数字课程的学习。

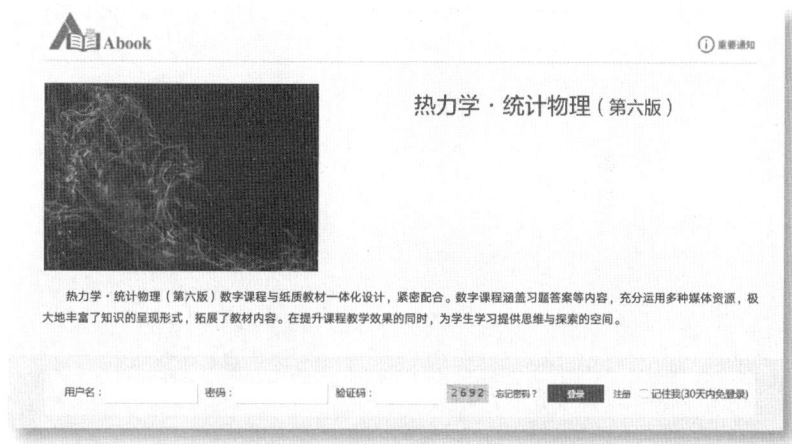

课程绑定后一年为数字课程使用有效期。受硬件限制，部分内容无法在手机端显示，请按提示通过计算机访问学习。

如有使用问题，请发邮件至abook@hep.com.cn。

扫描二维码
下载Abook应用

http://abook.hep.com.cn/1254621

# 第六版编写说明

本次修订主要更正了第五版的一些错误,对其内容没有大的改动。

江西师范大学乐建新教授,湖南大学刘全慧教授,齐鲁理工学院董明慧老师,山东大学(威海)宋红强老师,北京师范大学物理系张凡同学、金山同学、王国胜同学、邹璇同学、刘铄同学提供了很多宝贵的修订意见,在此深表感谢。

兰州大学谭磊教授审核了这些修订意见,特此感谢。

在汪志诚先生去世八周年之际,对汪志诚先生表示深切的怀念。

郭文安

2018 年 11 月于北京师范大学

# 第五版编写说明

本书第五版由汪志诚先生在第四版的基础上精雕细刻而成，增删和改写了少量章节，对一些内容的讲述作了修改和补充，在多处作了文字上的润色与修改，并增加了一些习题。重新改写的章节主要有：§1.14 熵和热力学基本方程，§2.3 气体的节流过程和绝热膨胀过程，§3.1 热动平衡判据，§9.2 微正则系综，§9.3 微正则系综理论的热力学公式 补充材料，§10.1 涨落的准热力学理论，§11.4 玻耳兹曼积分微分方程。

经过此次修订，本书内容更加全面，论证更加透彻清晰，特别注意了向读者指出某些没有定论的理论问题。例如，在§9.2 微正则系综中，对微正则系综作了更清晰的表述；指出对于力学规律与统计规律的关系有不同的观点，并对此作出了精彩而独到的评述。相信对读者，甚至在统计物理学领域里工作的专家，都很有帮助。又如，在§11.4 玻耳兹曼积分微分方程中，对刘维尔方程与玻耳兹曼方程的关系，以及人们在此方面的进展与存在的困难进行了简洁而透彻的表述。

没有来得及撰写编写说明，汪志诚先生就于 2010 年 11 月 7 日突然去世了。本书是汪志诚先生毕生心血的结晶，自 1980 年第一版出版到现在已经 30 多年了。在此期间，汪志诚先生不断地充实、修订与完善本书，精益求精，历经五个版本。30 多年来，本书被国内大多数高等院校选为本科教材，是全国最有影响力的理论物理学教材之一，哺育了几代学子，对我国的高等物理教育乃至基础物理学研究的发展都起到了重要作用。

在汪志诚先生去世两周年和本书第五版即将出版之际，让我们对汪志诚先生表示深切的怀念。

郭文安
2012 年 10 月

# 第四版编写说明

本书第四版在第三版的基础上进行了全面的修订,增删和改写了少量章节,对某些问题的讲述作了修改和补充,在多处作了文字上的修改。

在第三版中临界点邻域的涨落和关联是以流体系统为例介绍的。为了便于与朗道连续相变理论比较,第四版改以铁磁系统为例并根据金兹堡-朗道唯象模型作介绍,将内容扩展为两节。在此基础上,在§10.4介绍了标度律的唯象理论和普适性。由于篇幅所限,删去了第三版原有的量子霍尔效应和白矮星两节。

重新改写的章节有§1.18自由能和吉布斯函数,§2.1内能、焓、自由能和吉布斯函数的全微分,§3.9朗道连续相变理论,§4.8热力学第三定律。

补充和修改的部分主要有:关于磁滞现象、声速公式、临界态的平衡稳定性、一级相变和连续相变的特征,关于冻结的非平衡态、最概然分布中条件极值的推导,电子对气体热容的贡献,关于负温度、玻色与费米统计中热力学量统计表达式的说明,磁光陷阱中理想玻色气体的凝聚,刘维尔定理与等概率原理的关系,$^3$He-$^4$He稀释制冷的原理,伊辛模型平均场近似下的临界指数、巨正则系综理论对玻色和费米分布的(普遍)推导,巨正则系综涨落的准热力学理论,等等。还有一些散见各处的修改与补充,就不一一细说了。

目前热统课程的学时有所减少。本书的内容可能多了些。王竹溪先生认为,"一个教本不应该仅包括必讲的内容,而应该还包括少量的参考材料,提供一些略为丰富和深入的知识,以利于学生的复习和思考"(见《热力学简程》序)。我们就是本着这种想法编写这本教材的。内容的取舍不免带有主观性,是否适当有待于实践的检验。教师在使用这本教材时,请根据实际情况作适当的增删。书中用*号标明不是必须讲授的章节,仅供参考。

北京大学章立源教授仔细审阅了书稿,提出了许多意见和建议,湖南大学沈抗存教授友好地提供了许多意见,他们的宝贵意见为本书增色不少。修订初稿完成后,编者应清华大学物理系之邀根据初稿讲授了这门课程。清华大学的学生尊敬师长、勤学好问,跟他们的切磋讨论有助于一些问题的澄清。其间还得到物理系领导的亲切接待,特别是阮东教授在百忙之中周到安排,使我们在清华大学期间过得十分愉快。在第四版整个修订过程中得到兰州大学物理学院领导的大力支持,编者在这里对他们一并表示衷心的感谢。

编者水平有限,书中错误和不足不妥之处在所难免,欢迎读者赐正。

编 者
2008年5月于兰州大学

# 第三版编写说明

本书第三版保持了第二版的体系结构,重新改写了某些章节,增删了部分内容,并对一些不足、不妥之处进行了补充修改。

全书共11章,其中热力学部分5章,统计物理学部分6章。国内外热力学统计物理的本科教材,讲述上有不同的体系结构。例如,关于热力学与统计物理学的关系,是将热力学建立在统计物理学的基础上把二者统为一体,还是分开讲述;经典统计与量子统计的关系,是按历史发展的顺序先讲经典统计再讲量子统计,还是以量子统计为主而将经典统计作为量子统计的经典极限;概率法与系综法是否独立讲述,等等。编者在兰州大学讲授热统课多年,也作过各种尝试。从完全按历史发展的顺序讲热力学、气体分子动理论、经典统计、量子统计,到将热力学建立在统计物理学的基础上把二者统为一体而将经典统计作为量子统计的极限,都作过尝试。在反复实践的基础上,我们体会到不同的体系各有其长处和短处,需要全面考虑,选择一个适当的体系。将热力学和统计物理学统为一体的长处是从一开始就可以使学生对热力学的统计本质有深入的理解,强调物质的原子本性更符合现代物理学工作者的思维方式。但是这种讲法不免冲淡了热力学简明的逻辑推理,不利于初学者对唯象方法的掌握。鉴于热力学作为一门基础科学今天仍然具有根本意义(不可逆过程热力学的进展是一个明显的例子),本书仍将热力学与统计物理学分开讲述而力图注意二者的前后呼应。按历史发展的顺序先讲经典统计再讲量子统计适合我国热统课先于量子力学课的教学安排,并可对经典统计的成功与失败提供完整的图像。经典统计的失败是建立量子理论的背景之一,初学者对此有所了解是适宜的。这种讲法的短处是,某些概念(例如微观状态数、能级对外参量的依赖关系等)在量子统计的表述较经典统计的表述要来得明白易懂,而且经典统计与量子统计的统计方法相同,分开讲述不免有所重复,占用较多的学时。本书将经典统计与量子统计并列讲述,我们感到这种处理既可适应课程安排、节省学时,更重要的是可以突出经典统计与量子统计的对比。虽然系综法是普遍理论,概率法仅适用于近独立粒子系统,由于处理互作用粒子系统的复杂性,在实际应用中概率法也是使用很广的。我们感到二者独立讲述思路清晰、方法单纯,利于初学者的掌握。

热力学统计物理是在19世纪40年代到20世纪20年代奠定其理论基础的。其后在概念、理论方法和实际应用上都有许多重要进展。我们感到可以将其中某些内容适当地编入热统教材。基于这一考虑,我们在§2.8讲述获得低温的方法时介绍了$^3\text{He}-^4\text{He}$稀释制冷和激光制冷;在第五章讲述了非线性不可逆过程热力学,并以三分子模型为例介绍了耗散结构的概念;对临界现象在§3.9和§10.2分别讲述了朗道连续相变理论和临界点附近涨落与关联的理论,介绍了临界乳光理论;在§8.3介绍了玻色-爱因斯坦凝聚的新进展;在§8.5讲述金属自由电子气体时介绍了其多电子理论背景;在§8.7介绍了二维电子气体和量子霍尔效应;在§9.7和§9.8分别以固体的声子和液氦的声子、旋子为例介绍了元激发和准粒子的概念;在§10.5以光学黏胶、多普勒制冷和磁光陷阱为例讲述了朗之万方程的应用,等等。在正文和习题中还介绍了某些进一步的进展或应用。我们希望这些有助于加深学生对基本内容的理解,开阔学生的视野,引起学生的兴趣,培养学生的科学思维。

目前国内物理专业热统课的学时一般在 70 左右。本书的内容显得多了些。教师在使用本书时请根据实际情况作适当的增删,书中有些章节可以留给学生自由阅读。

从 1980 年本书第一版出版,至今已有 20 年了。在编写和两次修订本书的过程中,得到许多同行的关心、支持和帮助。在这里不可能一一列举。编者特别感谢北京大学赵凯华、章立源、林宗涵、黄昀,南京大学龚昌德,武汉大学熊吟涛,北京师范大学杨展如,首都师范大学李申生,中国科技大学郑久仁,安徽大学缪胜清和中国科学院理论物理研究所朱重远、半导体研究所王炳燊等教授所给予的支持和帮助。感谢徐躬耦教授和段一士教授对编写工作的一贯关心和支持。黄昀教授和郑久仁教授审阅了第三版书稿,提出了宝贵的意见;在第三版修订过程中,国家教委重点教材建设管理委员会和兰州大学的各级领导给予了大力支持,编者在此表示衷心的感谢。

王竹溪先生是我国热力学统计物理教学的奠基人。他的著作哺育了我国几代学子。编者早年在北京大学求学时有幸亲聆王先生讲授热统课,后来在长期的热统教学中又以他的著作为教材,得益良多。在完成本书之际,谨表示对王竹溪先生的深切怀念。

编者水平有限,书中错误和不足不妥之处在所难免,欢迎读者赐正。

编 者<br>
2000 年 11 月于兰州大学

# 第二版编写说明

距本书第一版出版已经 12 年了。编者在第二版中对全书进行了全面的修订。

第二版的体系结构和第一版基本相同,但将 12 章改编为 11 章,其中热力学 5 章,统计物理学 6 章。热力学部分删去了原来的第三章,有关内容移至第二版 §1.18 和 §3.1;增加了 §3.8 临界现象和临界指数、§3.9 朗道连续相变理论;§4.8 热力学第三定律的讲述也作了较大的改动。统计物理学部分的改动要大一些。第一版在概率法中将经典统计作为量子统计的极限处理,不少教师提出,在基础课中经典统计不宜过分削弱。第二版作了改动,将经典统计和量子统计并列讲述。第二版还将玻耳兹曼分布、玻色分布和费米分布的推导集中在第六章的 §6.6 和 §6.7 讲述,并在 §6.8 讨论了三种分布的关系。系综法中,在 §9.1 增加了刘维尔定理。涨落理论中,增加了 §10.2 临界点附近的涨落和关联、§10.4 布朗运动和时间关联函数。还增加了一些应用例子,例如顺磁性固体,弱简并理想玻色(费米)气体,热电子发射、接触电势差、泡利顺磁性和白矮星的简并压,准二维电子气体和量子霍尔效应,液 $^4$He 的性质和朗道超流理论,铁磁性的平均场理论,吸附现象,等等。附录也作了扩充,增加了热力学常用的数学结果和概率基础知识两个附录;原有的附录统计物理学常用的积分公式作为附录 C。以上列举了改动较大的章节,其余细节上的改动和补充就不一一细说了。

为了适应不同层次学校的需要,第二版和第一版一样,仍从较低的起点出发,力图简明地讲述课程的基本概念、原理和方法;除了基本的典型应用外,第二版在正文和习题中增加的例子是为了加深学生对基本内容的理解,开阔学生的视野。教师在使用本书时,请根据实际情况作必要的增删。

在修订本书的过程中得到了许多同行的关心、支持和帮助。根据国家教委高等学校物理学教学指导委员会理论物理教材建设组和高等教育出版社的安排,1991 年 4 月在江西省九江市召开了本书的修订工作会议,会上许多教师结合各自的教学实践和经验提出了宝贵意见。1992 年 9 月在北京召开了审稿会议,与会同志认真、仔细地审阅了修订稿,就一些问题展开了深入、热烈的讨论,提出了改进意见和建议。两次会议对提高本书的质量帮助很大。参加审稿工作的有武汉大学熊吟涛(主审),北京大学黄昀,复旦大学苏汝铿,南京大学欧阳容百,厦门大学严子浚,杭州大学杨雅云,北京师范大学杨展如,首都师范大学李申生,江西师范大学李湘如和国防科技大学兰马群等教授。中国科学院低温技术实验中心洪朝生,北京大学赵凯华、章立源,安徽大学缪胜清等教授给编者提供了资料或与编者就某些问题进行了深入的讨论。高等教育出版社陈海平、李松岩、钟金城等同志给予了支持和合作。兰州大学张永海、郭文安、郑松毅等同志协助了抄写、复印、作图等工作。编者谨对他们一并表示衷心的感谢。

由于编者水平有限,错误和不妥之处在所难免,欢迎读者指正。

编　者

1992 年 12 月于兰州大学

# 第一版编写说明

全书共 12 章,热力学部分和统计物理部分各 6 章,力图简明地阐述热力学统计物理的基本原理,并讲述一些最简单的应用。考虑到教学时数的限制,有些章节加了星号,如果学时不够,这些部分可以删去不讲。

武汉大学(主审)、云南大学、南开大学、复旦大学、内蒙古大学、延边大学、河北大学、北京师范大学、上海师范大学、甘肃师范大学和中国科学技术大学等院校的同志参加了本书的审稿会议。与会同志认真、细致地审阅了初稿,提出了许多宝贵的意见。编者根据审稿会议的意见和在教学中两次试用的情况进行了修改和补充。修改稿经武汉大学熊吟涛同志审阅。

编者对参加审稿的同志及对本书提供意见的其他同志谨致谢意。

编　者

1980 年 6 月于兰州大学

# 目 录

导言 ……………………………………………………………………………………………… 1

## 第一章 热力学的基本规律 …………………………………………………………………… 2
§1.1 热力学系统的平衡状态及其描述 …………………………………………………… 2
§1.2 热平衡定律和温度 …………………………………………………………………… 4
§1.3 物态方程 ……………………………………………………………………………… 6
§1.4 功 ……………………………………………………………………………………… 11
§1.5 热力学第一定律 ……………………………………………………………………… 15
§1.6 热容和焓 ……………………………………………………………………………… 17
§1.7 理想气体的内能 ……………………………………………………………………… 18
§1.8 理想气体的绝热过程　补充材料 …………………………………………………… 20
§1.9 理想气体的卡诺循环 ………………………………………………………………… 22
§1.10 热力学第二定律 ……………………………………………………………………… 24
§1.11 卡诺定理 ……………………………………………………………………………… 27
§1.12 热力学温标 …………………………………………………………………………… 28
§1.13 克劳修斯等式和不等式 ……………………………………………………………… 29
§1.14 熵和热力学基本方程 ………………………………………………………………… 31
§1.15 理想气体的熵 ………………………………………………………………………… 32
§1.16 热力学第二定律的数学表述 ………………………………………………………… 34
§1.17 熵增加原理的简单应用 ……………………………………………………………… 36
§1.18 自由能和吉布斯函数 ………………………………………………………………… 37
习题 ……………………………………………………………………………………… 39

## 第二章 均匀物质的热力学性质 ……………………………………………………………… 42
§2.1 内能、焓、自由能和吉布斯函数的全微分 ………………………………………… 42
§2.2 麦克斯韦关系的简单应用 …………………………………………………………… 43
§2.3 气体的节流过程和绝热膨胀过程 …………………………………………………… 46
§2.4 基本热力学函数的确定 ……………………………………………………………… 49
§2.5 特性函数 ……………………………………………………………………………… 52
§2.6 热辐射的热力学理论 ………………………………………………………………… 54
§2.7 磁介质的热力学 ……………………………………………………………………… 57
*§2.8 获得低温的方法 ……………………………………………………………………… 59
习题 ……………………………………………………………………………………… 61

## 第三章 单元系的相变 ………………………………………………………………………… 63
§3.1 热动平衡判据 ………………………………………………………………………… 63
§3.2 开系的热力学基本方程 ……………………………………………………………… 66
§3.3 单元系的复相平衡条件 ……………………………………………………………… 68
§3.4 单元复相系的平衡性质 ……………………………………………………………… 69

§3.5 临界点和气液两相的转变 ………………………………………… 73
*§3.6 液滴的形成 …………………………………………………………… 77
§3.7 相变的分类 …………………………………………………………… 80
*§3.8 临界现象和临界指数 ………………………………………………… 82
§3.9 朗道连续相变理论 …………………………………………………… 83
习题 ………………………………………………………………………… 87

## 第四章 多元系的复相平衡和化学平衡 热力学第三定律 …………… 90

§4.1 多元系的热力学函数和热力学方程 ………………………………… 90
§4.2 多元系的复相平衡条件 ……………………………………………… 93
§4.3 吉布斯相律 …………………………………………………………… 93
*§4.4 二元系相图举例 补充材料 ………………………………………… 95
§4.5 化学平衡条件 ………………………………………………………… 97
§4.6 混合理想气体的性质 ………………………………………………… 99
§4.7 理想气体的化学平衡 ………………………………………………… 102
§4.8 热力学第三定律 ……………………………………………………… 105
习题 ………………………………………………………………………… 109

## 第五章 不可逆过程热力学简介 …………………………………………… 112

§5.1 局域平衡 熵流密度与局域熵产生率 …………………………… 112
§5.2 线性与非线性过程 昂萨格倒易关系 …………………………… 115
*§5.3 温差电现象 …………………………………………………………… 117
*§5.4 最小熵产生定理 ……………………………………………………… 122
*§5.5 化学反应与扩散过程 ………………………………………………… 124
*§5.6 非平衡系统在非线性区的发展判据 ………………………………… 127
*§5.7 三分子模型与耗散结构的概念 ……………………………………… 129
习题 ………………………………………………………………………… 134

## 第六章 近独立粒子的最概然分布 ………………………………………… 136

§6.1 粒子运动状态的经典描述 …………………………………………… 136
§6.2 粒子运动状态的量子描述 …………………………………………… 139
§6.3 系统微观运动状态的描述 …………………………………………… 143
§6.4 等概率原理 …………………………………………………………… 146
§6.5 分布和微观状态 ……………………………………………………… 147
§6.6 玻耳兹曼分布 ………………………………………………………… 150
§6.7 玻色分布和费米分布 ………………………………………………… 152
§6.8 三种分布的关系 ……………………………………………………… 154
习题 ………………………………………………………………………… 155

## 第七章 玻耳兹曼统计 ……………………………………………………… 157

§7.1 热力学量的统计表达式 ……………………………………………… 157
§7.2 理想气体的物态方程 ………………………………………………… 161
§7.3 麦克斯韦速度分布律 ………………………………………………… 163
§7.4 能量均分定理 ………………………………………………………… 165
§7.5 理想气体的内能和热容 ……………………………………………… 170

§7.6　理想气体的熵 ······ 176
§7.7　固体热容的爱因斯坦理论 ······ 177
§7.8　顺磁性固体 ······ 179
*§7.9　负温度状态 ······ 180
习题 ······ 182

## 第八章　玻色统计和费米统计 ······ 186

§8.1　热力学量的统计表达式 ······ 186
*§8.2　弱简并理想玻色气体和费米气体 ······ 188
§8.3　玻色-爱因斯坦凝聚 ······ 190
§8.4　光子气体 ······ 194
§8.5　金属中的自由电子气体 ······ 197
习题 ······ 202

## 第九章　系综理论 ······ 205

§9.1　相空间　刘维尔定理 ······ 205
§9.2　微正则系综 ······ 207
§9.3　微正则系综理论的热力学公式　补充材料 ······ 211
§9.4　正则系综 ······ 215
§9.5　正则系综理论的热力学公式 ······ 217
§9.6　实际气体的物态方程 ······ 218
§9.7　固体的热容 ······ 222
*§9.8　液 $^4$He 的性质和朗道超流理论　补充材料 ······ 227
*§9.9　伊辛模型的平均场理论　补充材料 ······ 234
§9.10　巨正则系综 ······ 238
§9.11　巨正则系综理论的热力学公式 ······ 239
§9.12　巨正则系综理论的简单应用　补充材料 ······ 242
习题 ······ 246

## 第十章　涨落理论 ······ 248

§10.1　涨落的准热力学理论 ······ 248
*§10.2　临界点邻域序参量的涨落 ······ 251
*§10.3　序参量涨落的空间关联 ······ 255
*§10.4　临界指数的标度关系　普适性 ······ 258
§10.5　布朗运动理论 ······ 261
§10.6　布朗颗粒动量的扩散和时间关联 ······ 263
§10.7　布朗运动简例 ······ 267
习题 ······ 270

## 第十一章　非平衡态统计理论初步 ······ 273

§11.1　玻耳兹曼方程的弛豫时间近似 ······ 273
§11.2　气体的黏性现象 ······ 276
§11.3　金属的电导率 ······ 278
§11.4　玻耳兹曼积分微分方程 ······ 280
§11.5　$H$ 定理 ······ 284

§11.6 细致平衡原理与平衡态的分布函数 ……………………………………… 287
    习题 …………………………………………………………………………… 289

**参考书目** ………………………………………………………………………… 292

**附录** ……………………………………………………………………………… 293
    A  热力学常用的数学结果 ……………………………………………… 293
    B  概率基础知识 ………………………………………………………… 296
    C  统计物理学常用的积分公式 ………………………………………… 302
    D  常用物理常量表 ……………………………………………………… 304
    E  部分习题参考答案 …………………………………………………… 305

**索引** ……………………………………………………………………………… 312

# 导 言

我们在日常生活中接触的宏观物体是由大量微观粒子(分子或其他粒子)构成的.这些微观粒子不停地进行着无规则的运动.人们把这种大量微观粒子的无规则运动称为物质的热运动.热运动有其自身固有的规律性.热运动的存在又必然影响到物质的各种宏观性质.例如,物质的力学性质、热学性质、电磁性质、聚集状态、化学反应进行的方向和限度等都与物质的热运动状态有关.热运动也必然影响到宏观物质系统的演化.

热力学和统计物理学的任务是:研究热运动的规律,研究与热运动有关的物性及宏观物质系统的演化.

热力学和统计物理学的任务虽然相同,但研究的方法是不同的.

热力学是热运动的宏观理论.通过对热现象的观测、实验和分析,人们总结出热现象的基本规律,这就是热力学第一定律、第二定律和第三定律.这几个基本规律是无数经验的总结,适用于一切宏观物质系统.也就是说,它们具有高度的可靠性和普遍性.热力学以这几个基本规律为基础,应用数学方法,通过逻辑演绎可以得出物质各种宏观性质之间的关系,宏观过程进行的方向和限度等结论.只要其中不加上其他假设,这些结论就具有同样的可靠性和普遍性.普遍性是热力学的优点,我们可以应用热力学理论研究一切宏观物质系统.但是,由热力学理论得到的结论与物质的具体结构无关,因此,根据热力学理论不可能导出具体物质的特性.在实际应用上必须结合实验观测的数据,才能得到具体的结果.此外,热力学理论不考虑物质的微观结构,把物质看作连续体,用连续函数表达物质的性质,因此不能解释涨落现象.这是热力学的局限性.

统计物理学是热运动的微观理论.统计物理学从宏观物质系统是由大量微观粒子所构成的这一事实出发,认为物质的宏观性质是大量微观粒子性质的集体表现,宏观物理量是微观物理量的统计平均值.由于统计物理学深入到热运动的本质,它就能够把热力学中三个相互独立的基本规律归结于一个基本的统计原理,阐明这三个定律的统计意义,还可以解释涨落现象.不仅如此,在对物质的微观结构作出某些假设之后,应用统计物理学理论还可以求得具体物质的特性,并阐明产生这些特性的微观机理.统计物理学也有它的局限性.由于统计物理学对物质的微观结构所作的往往只是简化的模型假设,所得的理论结果也就往往是近似的.当然,随着对物质结构认识的深入和理论方法的发展,统计物理学的理论结果也更加接近于实际.

在学习了这门学科的具体内容之后,我们便可以更清楚地认识到热力学方法和统计物理学方法的区别、深刻联系,以及它们在研究热现象中的相辅相成作用.

# 第一章 热力学的基本规律

## §1.1 热力学系统的平衡状态及其描述

热力学研究的对象是由大量微观粒子(分子或其他粒子)组成的宏观物质系统.与系统发生相互作用的其他物体称为外界.根据系统与外界相互作用的情况,可以作以下的区分:与外界既没有物质交换,也没有能量交换的系统称为孤立系[①];与外界没有物质交换,但有能量交换的系统称为闭系;与外界既有物质交换,又有能量交换的系统称为开系.当然,由于物质的普遍联系和相互作用,孤立系统的概念实际上只是一个理想的极限概念.实际情况是,当系统与外界的相互作用十分微弱,交换的粒子数远小于系统本身的粒子数,相互作用的能量远小于系统本身的能量,在讨论中可以忽略不计时,我们就把系统看作孤立系统.以后我们会看到,这一概念在热力学和统计物理中是十分重要和有用的.有关开系的问题将在第三章以后讨论,目前暂不考虑.

经验指出,一个孤立系统,无论其初态如何复杂,经过足够长的时间后,将会到达这样的状态——系统的各种宏观性质在长时间内不发生任何变化,这样的状态称为热力学平衡态.

我们再作几点说明.

第一,系统由其初始状态达到平衡状态所经历的时间称为弛豫时间.弛豫时间的长短由趋向平衡过程的性质确定.从日常尺度的观点看,弛豫时间可以很短也可以很长.以通常条件下的气体为例,通过分子的频繁碰撞,气体在 $10^{-10}$ s 左右就可以在小区域内建立局域平衡,而整个气体的平衡则要通过诸如扩散、热传导等过程才能实现.浓度的均匀化在气体中可能需要几分钟,在固体中则可能需要数小时、数星期甚至更长的时间.平衡态要求所研究的各种宏观性质都不随时间变化,相应地应取其中最长的弛豫时间作为系统的弛豫时间.

第二,在平衡状态下,系统的宏观性质虽然不随时间改变,但组成系统的大量微观粒子仍处在不断的运动之中,只是这些微观粒子运动的统计平均效果不变而已.因此热力学的平衡状态是一种动的平衡,常称为热动平衡.

第三,在平衡状态下,系统宏观物理量的数值仍会发生或大或小的涨落,这种涨落在适当的条件下可以被观察到.不过,对于宏观的物质系统,在一般情况下涨落是极其微小、可以忽略的.在热力学中我们将不考虑涨落,而认为平衡状态下系统的宏观物理量具有确定的数值.

---

[①] 有的作者将孤立系定义为与其他物体完全没有相互作用的系统,有的作者将孤立系定义为与其他物体既没有物质交换,也没有能量交换的系统.我们采用后一定义.它既包括与其他物体完全没有相互作用,也包括处在恒定外场(重力场、静电场、静磁场等)的情形.在与其他物体没有物质或能量交换的情形下,撤去系统的某种内部约束,不破坏系统的孤立性.我们以后会遇到这种情形.

第四，前面给出了孤立系统平衡态的定义．平衡状态的概念不限于孤立系统．对于非孤立系，从原则上说，可以把系统与外界合起来看作一个复合的孤立系统，然后根据孤立系统平衡状态的概念推断系统是否处在平衡状态．我们以后会看到，对于处在各种条件下的系统，热力学用相应的热力学函数作为判据判定系统是否处在平衡状态，并导出存在相互作用的两个系统达到热动平衡的平衡条件．

现在讨论如何描述一个热力学系统的平衡状态．前面已经说过，在平衡状态之下，系统各种宏观物理量都具有确定值．热力学系统所处的平衡状态就是由其宏观物理量的数值确定的．由于宏观量之间的内在联系，表现为数学上存在一定的函数关系，这些宏观量不可能全部独立地改变．我们可以根据问题的性质和考虑的方便选择其中几个宏观量作为自变量．这些自变量本身可以独立地改变，我们所研究的系统的其他宏观量又都可以表达为它们的函数．这些自变量就足以确定系统的平衡状态，我们称它们为状态参量；其他的宏观变量既然可以表达为状态参量的函数，便称为状态函数．我们通过几个具体例子加以说明．

假设所研究的系统是具有固定质量的化学纯的气体．气体装在一个封闭的容器里，具有确定的体积和压强．如果对气体加热，容易发现，气体的体积由于封闭在容器内未有显著的改变，但压强却增加了．因此要描述该气体的状态至少需要体积和压强两个参量，这两个参量是可以独立改变的．体积 $V$ 描述气体的几何性质，叫做几何参量；压强 $p$ 描述气体的力学性质，叫做力学参量．对于液体和各向同性的固体，也可以用体积 $V$ 和压强 $p$ 作为几何参量和力学参量来描述它们的平衡状态．对于非各向同性的固体，几何参量和力学参量是应变张量和应力张量．在本书中我们限于讨论各向同性的固体．

假如所研究的是混合气体，例如气体含有氢气、氧气和水蒸气三种化学组分，则仅用体积和压强这两个参量便不足以完全描写该混合气体的状态．因为在给定的总质量和体积、压强下，三种气体所含的百分比不同，混合气体的某些性质便不相同，其状态也就不同．因此要确定系统的状态，还必须知道各种化学组分的数量，例如各组分的质量 $m_i$ 或物质的量 $n_i$[①]．这些参量称为化学参量．

假如物质系统是处在电场或磁场中的电介质或磁介质，还必须引进电磁参量来描述系统的状态，例如电场强度 $E$、电极化强度 $P$、磁场强度 $\mathscr{H}$、磁化强度 $\mathscr{M}$ 等．

总结起来说，在热力学中需要用几何参量、力学参量、电磁参量和化学参量等四类参量来描写热力学系统的平衡状态．这四类参量都不是热力学所特有的参量，它们的测量分别属于力学、电磁学和化学的范围．我们将会看到，热力学所研究的全部宏观物理量都可以表达为这四类参量的函数．当然，如果在所研究的问题中不涉及电磁性质，就不必引入电磁参量；不考虑与化学成分有关的性质，系统又不发生化学反应，就不必引入化学参量．在这种情形下，只需要体积 $V$ 和压强 $p$ 两个状态参量便可以确定系统的状态，我们称这样的系统为简单系统．

前述对热力学平衡状态的描述意味着系统的状态完全由状态参量当时的数值确定，与系统到达这一状态前的历史无关．我们知道，有些物质系统，其特性是与此前的历史有关的，

---

① $i$ 组分物质的量 $n_i$ 等于所含 $i$ 组分的质量 $m_i$ 除以该组分的摩尔质量 $M_i$，即 $n_i = \dfrac{m_i}{M_i}$．

铁磁系统是一个熟知的例子.铁磁样品在磁化过程中显示如图 1.1.1 所示的磁滞回线.在一定的磁场强度 $\mathcal{H}$ 下,样品磁化强度 $\mathcal{M}$ 的取值与样品此前的磁化历史有关.本书不考虑这种复杂的情形[参阅 §1.4 中式(1.4.8)后的说明与脚注].

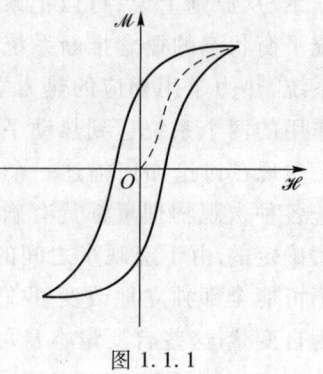

图 1.1.1

如果一个系统各部分的性质是完全一样的,该系统称为均匀系.一个均匀的部分称为一个相,因此均匀系也称为单相系.如果整个系统不是均匀的,但可以分为若干个均匀的部分,该系统称为复相系.例如水和水蒸气构成一个两相系,水为一相,水蒸气为另一相.前面关于平衡状态的描述是对均匀系而言的.对于复相系,每一个相都要用上述四类参量来描述.不过整个系统要达到平衡,还要满足一定的平衡条件,各个相的参量不完全是独立的.这类问题将在第三章和第四章中讨论.

当系统处在非平衡状态时,要描写它就更为复杂了.我们限于讨论下述情况:整个系统虽然没有达到平衡状态,但将系统划分为若干个小部分,使每个小部分仍然是含有大量微观粒子的宏观系统,由于各小部分的弛豫时间比整个系统的弛豫时间要短得多,在各个小部分相互作用足够微弱的情形下,它们能够分别近似地处在局域的平衡状态.对于这样的系统,每个小部分可以用上述四类参量进行描写.这一类问题将在第五章中讨论.

最后提一下热力学量的单位.在国际单位制中,长度的单位是米(m),体积的单位是立方米($m^3$).压强是作用在单位面积上的力.力的单位是牛顿(N),有

$$1\text{ N} = 1\text{ kg} \cdot \text{m} \cdot \text{s}^{-2}$$

所以压强的单位是牛顿每平方米($N \cdot m^{-2}$),称为帕斯卡(Pa).压强还有一个单位 atm(称为标准大气压),有

$$1\text{ atm} = 101\ 325\text{ Pa}$$

能量的单位是焦耳(J),有

$$1\text{ J} = 1\text{ N} \cdot \text{m}$$

其他热力学量的单位将在以后陆续介绍.

## §1.2 热平衡定律和温度

上节介绍了描述热力学平衡状态的状态参量.现在讨论热力学所特有的一个物理量——温度.

温度表征物体的冷热程度.温度概念的引入和定量测量都是以热平衡定律为基础的.我们先对有关的概念作简略的说明.

将两个物体用一固定的刚性器壁隔开,使两物体之间不发生物质的交换和力的相互作用(假设没有电磁作用).如果器壁具有这样的性质,当两个物体通过器壁相互接触时,两物体的状态可以完全独立地改变,彼此互不影响,这个器壁就称为绝热的.非绝热的器壁称为透热壁.图 1.2.1 是一个例子.两气体被固定的刚性壁隔开.可以通过移动活塞改变气体 1 的体积 $V_1$.如果中间的器壁是绝热的,气体 2 的状态将不受任何影响[图 1.2.1(a)].如果中间

的器壁是透热的,当气体1的体积$V_1$发生改变时,气体2的状态也会发生改变[图1.2.1(b)].

两个物体通过透热壁相互接触称为热接触.假设有两个物体,各自处在平衡状态.如果令这两个物体进行热接触,经验表明,一般来说两个物体的平衡都会受到破坏,它们的状态都将发生改变.但是经过足够长的时间之后,它们的状态便不再发生变化,而达到一个共同的平衡态.我们称这两个物体达到了热平衡.经验表明,如果物体A和物体B各自与处在同一状态的物体C达到热平衡,若令A与B进行热接触,它们也将处在热平衡.这个经验事实称为热平衡定律.

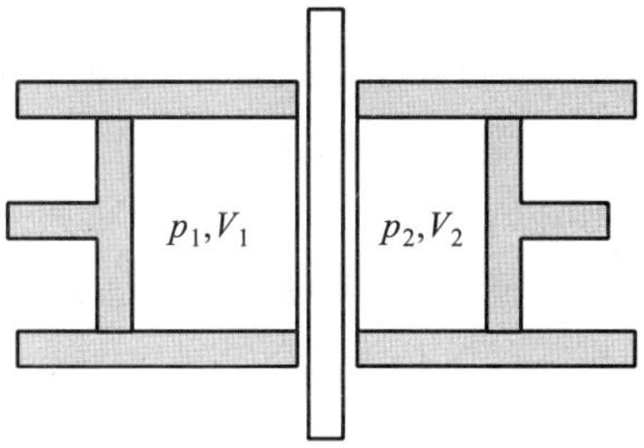

根据热平衡定律可以证明,处在平衡状态下的热力学系统,存在一个状态函数,对于互为热平衡的系统,该函数的数值相等.为明确起见,我们考虑简单系统.设系统C处在热平衡状态,体积为$V_C$,压强为$p_C$.以$p_A$表示系统A的压强.如前所述,如果A与C达到热平衡,A的体积$V_A$就不是任意的.这就是说,在$V_A$,$p_A$;$V_C$,$p_C$四个变量之间必然存在一个函数关系:

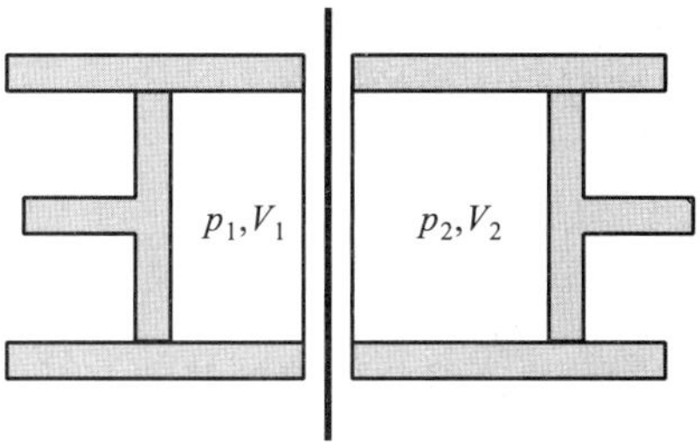

$$f_{AC}(p_A, V_A; p_C, V_C) = 0 \quad (1.2.1)$$

由上式原则上可以解出:

$$p_C = F_{AC}(p_A, V_A; V_C) \quad (1.2.2)$$

图 1.2.1

同理,如果系统B与系统C达到热平衡,它们的状态参量也必然存在函数关系:

$$f_{BC}(p_B, V_B; p_C, V_C) = 0 \quad (1.2.3)$$

或

$$p_C = F_{BC}(p_B, V_B; V_C) \quad (1.2.4)$$

如果A、B都与C达到热平衡,式(1.2.2)和式(1.2.4)应同时成立,即有

$$F_{AC}(p_A, V_A; V_C) = F_{BC}(p_B, V_B; V_C) \quad (1.2.5)$$

但根据热平衡定律,如果A、B都与C达到热平衡,A与B也必达到热平衡,亦即A、B的状态参量间应存在下述函数关系:

$$f_{AB}(p_A, V_A; p_B, V_B) = 0 \quad (1.2.6)$$

式(1.2.6)既是式(1.2.5)的结果,应可从式(1.2.5)导出式(1.2.6),式(1.2.6)既与变量$V_C$无关,则式(1.2.5)中所含变量$V_C$在等式两边应可消去,亦即式(1.2.5)应可约化为

$$g_A(p_A, V_A) = g_B(p_B, V_B) \quad (1.2.7)$$

式(1.2.7)指出,互为热平衡的系统A和B,各自存在其数值相等的一个状态函数$g_A(p_A, V_A)$和$g_B(p_B, V_B)$.经验表明,两个物体达到热平衡时具有相同的冷热程度——温度.所以函数$g(p, V)$就是系统的温度.这样,我们便根据热平衡定律证明了处在平衡态下的系统的态函数——温度的存在.由于热平衡定律在热力学理论中的地位,人们把它称为热力学第零定律.

热平衡定律不仅给出了温度的概念,而且指明了比较温度的方法.由于互为热平衡的物体具有相同的温度,我们在比较两个物体的温度时,不需要令两物体直接进行热接触,只需取一个标准的物体分别与这两个物体进行热接触就行了.这个作为标准的物体就是温度计.

要定量地确定温度的数值,还必须对不同的冷热程度给予数值的表示,即确定温标.现在人们约定用理想气体温标作为标准.下面对理想气体温标作一简单的介绍.先说定容气体温度计.保持气体温度计中气体的体积不变,以气体压强随其冷热程度的改变作为标志来规定气体的温度,并规定纯水的三相点温度(水、冰、水蒸气三相平衡共存的温度)的数值为273.16.以 $p_t$ 表示在三相点下温度计中气体的压强,当温度计中气体的压强为 $p$ 时,用线性关系规定这时气体的温度 $T_V$ 的数值为

$$T_V \text{ 的数值} = \frac{p}{p_t} \times 273.16 \tag{1.2.8}$$

上式是定容气体温度计确定温标的公式.实验表明,在压强趋于零的极限下,各种气体所确定的 $T_V$ 趋于一个共同的极限温标,这个极限温标就称作理想气体温标.我们用 $T$ 表示用理想气体温标计量的温度:

$$T = 273.16 \text{ K} \times \lim_{p_t \to 0}\left(\frac{p}{p_t}\right) \tag{1.2.9}$$

式中 K(开)是它的单位.

在热力学第二定律的基础上可以引入一种不依赖于任何具体物质特性的温标,称为热力学温标.这将在§1.12中讲述.热力学温标是热力学理论和近代科学上使用的标准温标.在§1.12中我们还将证明,在理想气体温标可以使用的温度范围内,理想气体温标与热力学温标是一致的.

日常生活中常用摄氏度表示温度.摄氏温度 $t$ 与热力学温度 $T$ 之间的数值关系为

$$\frac{t}{\text{℃}} = \frac{T}{\text{K}} - 273.15$$

摄氏温度的单位是℃(摄氏度).

## §1.3 物态方程

在§1.1中讲过,一个热力学系统的平衡状态可以由它的几何参量、力学参量、化学参量和电磁参量的数值确定.在§1.2中根据热平衡定律证明了,在平衡状态下热力学系统存在状态函数温度.物态方程就是给出温度与状态参量之间的函数关系的方程.如前所述,气体、液体和各向同性的固体等简单系统,可以用体积 $V$ 和压强 $p$ 来描述它们的平衡状态,所以简单系统的物态方程的一般形式为

$$f(p, V, T) = 0 \tag{1.3.1}$$

式(1.3.1)的具体函数关系视不同的物质而异.由于 $p$、$V$、$T$ 之间存在这一函数关系,在实际问题中,我们可以根据方便将其中两个量看作独立参量,而将第三个量看作这两个量的函数.例如,若将 $V$ 和 $T$ 看作独立参量,$p$ 便是它们的函数;若将 $p$ 和 $T$ 看作独立参量,$V$ 便是它们的函数.

应用热力学理论研究实际问题时,要用到物态方程的知识.因此物态方程在热力学中是一个很重要的方程.各种物质的物态方程的具体函数关系不可能由热力学理论推导出来,而要由实验测定.根据物质的微观结构,应用统计物理学的理论,原则上可以导出物态方程.这

将在统计物理学部分讲述.

在介绍具体物质的物态方程之前,我们先介绍几个与物态方程有关的物理量.体胀系数 $\alpha$ 是

$$\alpha = \frac{1}{V}\left(\frac{\partial V}{\partial T}\right)_p \qquad (1.3.2)$$

$\alpha$ 给出在压强保持不变的条件下,温度升高 1 K 所引起的物体体积的相对变化.

压强系数 $\beta$ 是

$$\beta = \frac{1}{p}\left(\frac{\partial p}{\partial T}\right)_V \qquad (1.3.3)$$

$\beta$ 给出在体积保持不变的条件下,温度升高 1 K 所引起的物体压强的相对变化.

等温压缩系数 $\kappa_T$ 是

$$\kappa_T = -\frac{1}{V}\left(\frac{\partial V}{\partial p}\right)_T \qquad (1.3.4)$$

$\kappa_T$ 给出在温度保持不变的条件下,增加单位压强所引起的物体体积的相对变化.在温度不变时,物体的体积通常随压强的增加而减少(以后我们会看到,这是平衡稳定性的要求),式(1.3.4)中含一个负号是为了使 $\kappa_T$ 取正值.

由于 $p$、$V$、$T$ 三个变量之间存在函数关系(1.3.1),其偏导数之间将存在下述关系[附录式(A.6)]:

$$\left(\frac{\partial V}{\partial p}\right)_T\left(\frac{\partial p}{\partial T}\right)_V\left(\frac{\partial T}{\partial V}\right)_p = -1 \qquad (1.3.5)$$

因此,$\alpha$、$\beta$、$\kappa_T$ 满足:

$$\alpha = \kappa_T \beta p \qquad (1.3.6)$$

实验中令固体或液体升温而保持其体积不变是困难的,因此其压强系数 $\beta$ 通常是通过式(1.3.6)并利用实验测得的 $\alpha$、$\kappa_T$ 计算出来的.

如果已知物态方程,由式(1.3.2)和式(1.3.4)可以求得 $\alpha$ 和 $\kappa_T$;反之,通过实验测得 $\alpha$ 和 $\kappa_T$ 也可以获得有关物态方程的信息.

下面介绍几种物质的物态方程.

### (一) 气体

先讨论理想气体的物态方程.理想气体反映各种气体在压强趋于零时的共同的极限性质.在一般条件下,实际气体与理想气体特性的差异也不很显著.因此在精确度容许的情形下,人们往往把气体当作理想气体来处理.理想气体是一个重要的理论模型.

1662 年玻意耳(Boyle)发现,对于固定质量的气体,在温度不变时其压强 $p$ 和体积 $V$ 的乘积是一个常量:

$$pV = C \qquad (1.3.7)$$

常量 $C$ 在不同的温度下有不同的数值.式(1.3.7)称为玻意耳定律.有时也称为玻意耳-马略特(Mariotte,现译作马里奥特)定律,因为马略特在 1679 年也独立地发现了这个定律.

1811 年阿伏伽德罗(Avogadro)提出,在相同的温度和压强下,相等体积所含各种气体的质量与它们各自的分子量成正比.换句话说,在相同的温度和压强下,相等体积所含各种气

体的物质的量相等.这称为阿伏伽德罗定律.

精确的实验表明,玻意耳定律和阿伏伽德罗定律并不完全正确.不过它们的偏差随着气体压强的减小而减小.在压强趋于零的极限条件下,气体是完全遵从这两个定律的.

下面我们根据玻意耳定律、阿伏伽德罗定律和理想气体温标的定义,导出理想气体的物态方程.我们先导出具有固定质量的理想气体,其任意两个平衡状态 $\mathrm{I}(p_1, V_1, T_1)$ 和 $\mathrm{II}(p_2, V_2, T_2)$ 的状态参量之间的关系.为此,假设气体由状态 I 分两步变到状态 II.第一步,保持体积 $V_1$ 不变,使气体的温度变为 $T_2$.根据理想气体温标的定义,这时气体的压强 $p_2'$ 为

$$p_2' = p_1 \frac{T_2}{T_1} \tag{1.3.8}$$

第二步,保持气体的温度不变,而使气体的压强变为 $p_2$.由玻意耳定律知

$$p_2' V_1 = p_2 V_2 \tag{1.3.9}$$

将以上两式联立,得

$$\frac{p_1 V_1}{T_1} = \frac{p_2 V_2}{T_2} \tag{1.3.10}$$

式(1.3.10)说明,对于固定质量的理想气体,各个状态的 $\frac{pV}{T}$ 值是一个常量.应当注意,这是两态之间的关系,与气体由状态 I 变到状态 II 的过程无关.

但是根据阿伏伽德罗定律,对于具有相同的物质的量的各种理想气体,常量 $\frac{pV}{T}$ 的数值是相等的.我们用 $R$ 表示对应于 1 mol 理想气体该常量的值,称为摩尔气体常量.$R$ 的数值可以由 1 mol 理想气体在冰点($T_0 = 273.15$ K)及一个标准大气压($p_n = 1$ atm)下测得的体积 $V_0$ 定出①.由

$$V_0 = 22.414 \times 10^{-3} \text{ m}^3 \cdot \text{mol}^{-1}$$

可以得到

$$R = \frac{p_n V_0}{T_0} = 8.3145 \text{ J} \cdot \text{mol}^{-1} \cdot \text{K}^{-1}$$

因此,对于 1 mol 理想气体,其物态方程为

$$pV_m = RT$$

式中 $V_m$ 是气体的摩尔体积.而物质的量为 $n$ 的理想气体的物态方程则为

$$pV = nRT \tag{1.3.11}$$

我们是根据玻意耳定律、阿伏伽德罗定律和理想气体温标的定义导出物态方程(1.3.11)的.显然式中的 $T$ 应理解为由理想气体温标给出的气体温度.由于理想气体温标和热力学温标一致,在引入热力学温标之后,我们将把式中的 $T$ 理解为由热力学温标给出的气体温度.在§1.12 证明理想气体温标与热力学温标一致时,用到了理想气体的另一个实验规律——焦耳定律②.从热力学的角度,通常认为玻意耳定律、焦耳定律和阿伏伽德罗定律是三个

---

① 关于如何从实际气体的实验结果求理想气体的摩尔体积,可参阅王竹溪.热力学[M].2 版.北京:高等教育出版社,1960:§12.

② 王竹溪.热力学[M].2 版.北京:高等教育出版社,1960:97-98.

独立的实验规律.它们反映各种气体在压强趋于零时的共同的极限性质.把严格遵从这三个规律的气体称为理想气体.从微观的角度来看,理想气体是忽略了气体中分子之间相互作用的一个理论模型.当气体压强足够低时,气体足够稀薄,分子之间的平均距离足够大,其平均相互作用能量将远小于分子的平均动能,可以忽略.我们将在统计物理学部分详细地讲述这个问题.

为了更精确地描述气体的行为,人们提出了许多描述实际气体的物态方程.范德瓦耳斯(van der Waals)方程是最常见的方程之一.对于物质的量为$n$的气体,范德瓦耳斯方程为

$$\left(p+\frac{an^2}{V^2}\right)(V-nb) = nRT \tag{1.3.12}$$

其中 $a$ 和 $b$ 是常量,其值视不同的气体而异,可以由实验测定.表 1.3.1 列出了某些气体的 $a$ 和 $b$ 的数值.

表 1.3.1

| 气体 | $a/(\mathrm{Pa} \cdot \mathrm{m}^6 \cdot \mathrm{mol}^{-2})$ | $b/(10^{-3}\ \mathrm{m}^3 \cdot \mathrm{mol}^{-1})$ |
| --- | --- | --- |
| $H_2$ | 0.024 76 | 0.026 61 |
| He | 0.003 456 | 0.023 70 |
| $CO_2$ | 0.363 9 | 0.042 67 |
| $H_2O(g)$ | 0.553 5 | 0.030 49 |
| $O_2$ | 0.137 8 | 0.031 83 |
| $N_2$ | 0.140 8 | 0.039 13 |

范德瓦耳斯方程可以在理想气体物态方程的基础上考虑分子间的相互作用进行修改而得到.两分子在相距较远时存在微弱的吸力,近距离则存在强烈的斥力(参阅图 9.6.2).式(1.3.12)中 $nb$ 是考虑到分子间的斥力(或分子本身的大小)而引进的改正项,$\frac{an^2}{V^2}$ 是考虑到分子之间的吸引力而引进的改正项[参阅式(9.6.17)].当气体密度足够低,可以忽略 $\frac{an^2}{V^2}$ 和 $\frac{nb}{V}$ 两个改正项时,范德瓦耳斯方程(1.3.12)就过渡到理想气体物态方程(1.3.11).在统计物理部分,我们将应用统计物理理论在计及分子相互作用的一级近似下导出范德瓦耳斯方程(§9.6).也可以从另一角度,将分子所受其他分子的作用近似地用某种平均作用代替而得到范德瓦耳斯方程.这种近似称为平均场近似(习题 9.14).范德瓦耳斯还用他的方程统一地描述气态和液态并研究其相互转变,得到一些有意义的近似性结果(§3.5).

昂内斯(Onnes)将物态方程展开为级数:

$$p = \left(\frac{nRT}{V}\right)\left[1+\frac{n}{V}B(T)+\left(\frac{n}{V}\right)^2 C(T)+\cdots\right] \tag{1.3.13}$$

称为位力展开,其中 $B(T)$、$C(T)$、$\cdots$ 分别称为第二位力系数、第三位力系数……它们是温度的函数.图 1.3.1 画出了几种气体的第二位力系数随温度的变化.低温下分子的平均动能小,分子间吸引力的影响显著,吸引力使气体的压强降低,这时 $B(T)$ 为负值.高温下分子的平均动能增大,吸引力的影响减弱而斥力的影响变得显著,斥力使压强增加,$B(T)$ 变为正值[参阅式(9.6.16)].

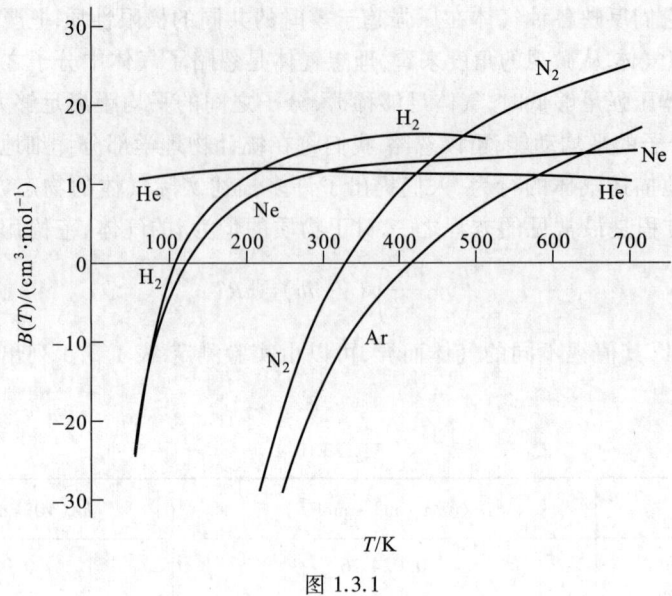

图 1.3.1

### （二）简单固体和液体

对于简单固体（各向同性固体）和液体，可以通过实验测得的体胀系数 $\alpha$ 和等温压缩系数 $\kappa_T$ 获得有关物态方程的信息．固体和液体的膨胀系数是温度的函数，与压强近似无关，其典型数值如下：在室温范围内，固态钠 $\alpha=2\times10^{-4}\,\mathrm{K}^{-1}$，固态钾 $\alpha=2\times10^{-4}\,\mathrm{K}^{-1}$，水银 $\alpha=1.8\times10^{-4}\,\mathrm{K}^{-1}$．等温压缩系数可以近似看作常量，其典型数值如下：固态银，$\kappa_T=1.3\times10^{-10}\,\mathrm{Pa}$（压强为 0 Pa）；金刚石，$\kappa_T=1.6\times10^{-10}\,\mathrm{Pa}^{-1}$（压强在 $4.0\times10^8$ Pa 至 $10^{10}$ Pa 的范围内）；水，$\kappa_T=5.2\times10^{-10}\,\mathrm{Pa}^{-1}$（压强在 $1\times10^5$ Pa 至 $2.5\times10^6$ Pa 的范围内）．$\alpha$ 和 $\kappa_T$ 的数值都很小，在一定的温度范围内可以近似看作常量．考虑到这两点，可以得到如下的物态方程（习题1.3）：

$$V(T,p)=V_0(T_0,0)[1+\alpha(T-T_0)-\kappa_T p] \tag{1.3.14}$$

### （三）顺磁性固体

将顺磁性固体置于外磁场中，顺磁性固体会被磁化．我们用 $\mathscr{M}$ 表示单位体积的磁矩，称为磁化强度，用 $\mathscr{H}$ 表示磁场强度．磁化强度 $\mathscr{M}$、磁场强度 $\mathscr{H}$ 与温度 $T$ 的关系

$$f(\mathscr{M},\mathscr{H},T)=0$$

就是顺磁性固体的物态方程．实验测得一些顺磁性固体的磁物态方程为

$$\mathscr{M}=\frac{C}{T}\mathscr{H} \tag{1.3.15}$$

另一些顺磁性固体的磁物态方程为

$$\mathscr{M}=\frac{C}{T-\theta}\mathscr{H} \tag{1.3.16}$$

式(1.3.15)称为居里(Curie)定律，式(1.3.16)称为居里-外斯(Curie-Weiss)定律．式中的 $C$ 和 $\theta$ 是常量，其数值因不同的物质而异，可以由实验测定．应用统计物理理论，可以导出上述两式，在磁性离子相互作用可以忽略时得到居里定律（§7.8），在平均场近似下计及磁性离

子的相互作用时得到居里-外斯定律(习题 9.13).

如果样品是均匀磁化的,样品的总磁矩 $\mathscr{m}$ 是磁化强度与体积 $V$ 的乘积, $\mathscr{m} = \mathscr{M} V$.

最后,我们对本课程要用到的几个名词作一说明.经验指出,均匀系统的热力学量可以分为两类:一类与系统的质量或物质的量成正比,称为广延量;一类与质量或物质的量无关,称为强度量.例如,压强 $p$、温度 $T$、磁场强度 $\mathscr{H}$ 等是强度量;质量 $m$、物质的量 $n$、体积 $V$、总磁矩 $\mathscr{m}$ 等是广延量.广延量除以质量、物质的量或体积便成为强度量.例如,摩尔体积 $V_\mathrm{m} = \dfrac{V}{n}$,密度 $\rho = \dfrac{m}{V}$,磁化强度 $\mathscr{M} = \dfrac{\mathscr{m}}{V}$ 等都是强度量.以后我们会看到,将均匀系统所有的热力学量区分为强度量和广延量仅在系统所含粒子数 $N \to \infty$,体积 $V \to \infty$ 而粒子数密度 $\dfrac{N}{V}$ 为有限的极限情形下才严格成立(例如 §1.5).这一极限情形称为热力学极限.对于通常的宏观物质系统( $N \approx 10^{23}$ ),上述特性无疑是很好的近似.

## §1.4 功

在前面几节中,我们介绍了描述平衡态的状态参量,引进了状态函数——温度,并介绍了几个热力学系统的物态方程.现在进而研究与热力学系统状态变化有关的问题.当系统的状态发生了变化,由一个状态转变到另一个状态,我们说系统经历了一个过程.在过程中,系统与外界可能有能量的交换.做功是系统与外界交换能量的一种方式,本节讨论功的计算.

在过程进行当中,系统的状态不断发生变化.设系统由某一平衡态开始变化,状态的变化必然使平衡受到破坏,需要经过一定的时间才能达到新的平衡.在实际发生的过程中,往往在新的平衡态达到之前,又继续了下一步的变化.这样,在实际过程中系统往往经历了一系列的非平衡态.不过在热力学中我们需要研究所谓准静态过程,它是进行得非常缓慢的过程,系统在过程中经历的每一个状态都可以看作平衡态.显然,准静态过程也是一个理想的极限概念.以后会看到,这一概念在热力学理论中有着非常重要的特殊地位.

我们通过一个简单的例子,说明可以将一个过程看作准静态过程的判据.设气体盛在带有活塞的圆筒中,如果迅速移动活塞使气体的体积增加 $\Delta V$,气体的平衡将被破坏.用 $\tau$ 表示气体重新恢复平衡所需的弛豫时间.不难想见,如果气体体积改变 $\Delta V$ 所经历的时间远大于弛豫时间 $\tau$,则在体积改变的过程中,气体便有足够的时间恢复平衡,这个过程就可以看作准静态过程.对于其他的过程,也可以得到相应的判据.

准静态过程有一个重要的性质,即如果没有摩擦阻力,外界在准静态过程中对系统的作用力可以用描写系统平衡状态的参量表达出来.例如,当气体作无摩擦的准静态膨胀或压缩时,要维持气体在平衡态,外界的压强必须等于气体的压强,因而是描述气体平衡态的参量.这里要注意,如果气体的压强在过程中发生变化,外界的压强也必须相应地改变,使得在整个过程中始终维持系统与外界压强的平衡,这样才能保持过程的准静态性质.在有摩擦阻力的情形下,虽然过程进行得非常缓慢,使系统经历的每一个状态都可以看作平衡状态,但外界的作用力不能用系统的参量表述.我们今后将不考虑这种复杂的情况.凡是提到准静态过程,都是指没有摩擦力的准静态过程.

现在讨论在准静态过程中外界对系统所做的功.如图 1.4.1 所示,流体(液体或气体)盛在带有活塞的容器内,活塞的面积为 $A$.如前所述,流体处在平衡状态时,外界的压强必须与流体的压强相等,我们用 $p$ 表示这个压强.当活塞在准静态过程中移动一个距离 $\mathrm{d}x$ 时,外界对流体所做的功是 $\mathrm{d}W = pA\mathrm{d}x$.但流体体积的变化为 $\mathrm{d}V = -A\mathrm{d}x$,故外界对系统所做的功可以表示为

$$\mathrm{d}W = -p\mathrm{d}V \tag{1.4.1}$$

由式(1.4.1)可知,当系统的体积收缩时,外界对系统所做的功为正;当系统的体积膨胀时,外界对系统所做的功为负,实际上是系统对外界做功.式(1.4.1)给出了当系统在准静态过程中体积发生无穷小的变化时,外界对系统所做的功.

如果系统在准静态过程中体积发生了有限的改变,例如由 $V_A$ 变到 $V_B$,则外界对系统所做的功等于式(1.4.1)的积分:

$$W = -\int_{V_A}^{V_B} p\,\mathrm{d}V \tag{1.4.2}$$

在计算上式的积分时,需要知道在过程中系统的压强与体积的关系 $p = p(V)$.

积分(1.4.2)可以在 $p$-$V$ 图上表示出来,如图 1.4.2 所示.以横坐标表示体积 $V$,纵坐标表示压强 $p$.图中的一点确定一组 $(V, p)$ 值,相应于简单系统的一个平衡态.例如,初态 $(V_A, p_A)$ 和终态 $(V_B, p_B)$ 分别由 A、B 代表.因为在准静态过程中系统所经历的每一个状态都是平衡态,各相应于图上的一点,一个准静态过程就可以用图上的一条曲线代表.式(1.4.2)中的被积函数 $p = p(V)$ 就是准静态过程曲线的方程.外界在准静态过程中对系统所做的功就等于 $p$-$V$ 图中曲线 $p = p(V)$ 下方面积的负值.还可以看出,如果令过程反向进行,例如令系统从状态 B 出发,经曲线 $p = p(V)$ 上的各点到达状态 A,在此逆过程中外界对系统所做的功与正向进行时外界所做的功大小相等但符号相反.如果正向进行时外界对系统做正功,则逆向进行时外界对系统做负功(即系统对外界做功).

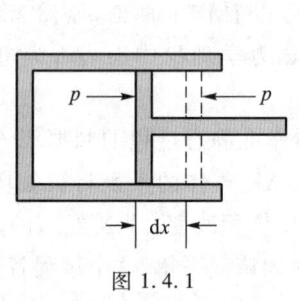
图 1.4.1

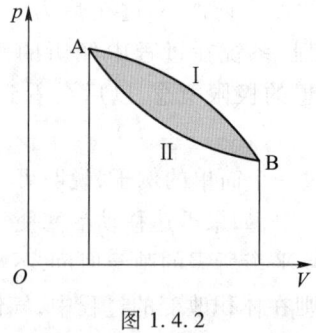
图 1.4.2

如果系统从初态 A 经不同的过程 I 和 II 到达终态 B,在过程中外界对系统所做的功将分别等于 $p$-$V$ 图中曲线 AIB 和 AIIB 下方的面积的负值.这两者显然不相等,说明在过程中外界对系统所做的功与过程有关.

上面讨论了准静态过程的功.在非静态过程中,外界对系统所做的功仍等于作用力与位移的乘积.由于在非静态过程中系统所经历的非平衡态可能很复杂,式(1.4.1)和式(1.4.2)一般不能应用.我们只讨论两个重要的特殊情况.一是等体过程.在等体过程中尽管系统内部有剧烈的变化,但是系统的体积在整个过程中保持不变,因此外界对系统不做功,$W = 0$.另一

个是等压过程.在等压过程中外界的压强始终维持不变,当系统在固定的外界压强下体积由 $V_A$ 变为 $V_B$ 时,外界所做的功是

$$W = -p(V_B - V_A) = -p\Delta V \tag{1.4.3}$$

应当说明,在等压过程中虽然系统内部可能发生剧烈的变化,其压强可能并不维持固定,甚至内部各部分的压强也可能并不相等,但是系统的初态和终态是平衡态,初态和终态的压强必定等于外界的压强,所以式(1.4.3)中的 $p$ 仍然是描述系统平衡态的参量.

下面我们再讨论其他几种功的表达式.

**(一)液体表面薄膜**

设有液体表面薄膜张在线框上,线框的一边可以移动,其长度为 $l$,如图 1.4.3 所示.以 $\sigma$ 表示单位长度的表面张力,其单位为 $N \cdot m^{-1}$.表面张力有使液面收缩的趋势,当将可移动的边外移一个距离 $dx$ 时,外界克服表面张力所做的功为

$$đW = 2\sigma l dx$$

但是液膜面积的变化 $dA = 2l dx$,所以

$$đW = \sigma dA \tag{1.4.4}$$

上式给出在准静态过程中液膜面积改变 $dA$ 时外界所做的功,其单位为焦耳(J).

**(二)电介质**

两个平行板组成的电容器内充满电介质(图 1.4.4).设两板的电势差为 $U$,当将电容器的电荷量增加 $dq$ 时,外界所做的功为

$$đW = U dq$$

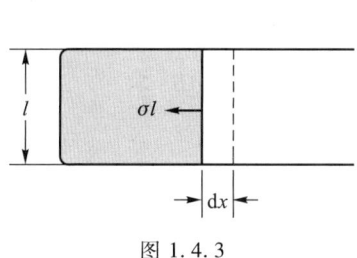

图 1.4.3

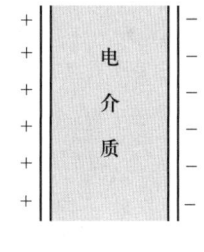

图 1.4.4

我们用 $\sigma$ 表示电容器的电荷面密度,$A$ 表示平行板的面积,$l$ 表示两极之间的距离,$E$ 表示电介质中的电场强度,则

$$dq = A d\sigma, \quad El = U$$

代入后可将 $đW$ 表示为

$$đW = ElA d\sigma = VE d\sigma$$

其中 $V = Al$ 是电介质的体积.电磁学中的高斯定律给出

$$\sigma = D$$

其中 $D$ 是电位移.因此可得

$$đW = VE dD \tag{1.4.5}$$

式(1.4.5)给出在准静态过程中电介质的电位移改变 $dD$ 时外界所做的功.由电磁学中熟知

的关系

$$D = \varepsilon_0 E + P$$

式中 $\varepsilon_0$ 是真空介电常量,其值为 $8.8542\times10^{-12}\ \mathrm{F\cdot m^{-1}}$,$P$ 是电极化强度,可将 đ$W$ 表示为

$$\text{đ}W = V\mathrm{d}\left(\frac{\varepsilon_0 E^2}{2}\right) + VE\mathrm{d}P \tag{1.4.6}$$

式(1.4.6)说明,外界所做的功可以分为两部分,第一部分是激发电场的功,第二部分是使介质极化的功.在国际单位制中,$E$ 的单位是伏特每米($\mathrm{V\cdot m^{-1}}$),$P$ 的单位是库仑每平方米($\mathrm{C\cdot m^{-2}}$),功的单位是焦耳(J).

### (三) 磁介质

长度为 $l$ 截面积为 $A$ 的磁介质上绕有 $N$ 匝线圈(假设线圈的电阻很小,可以忽略),接上电源,如图 1.4.5 所示.当改变电流的大小以改变磁介质中的磁场时,线圈中将产生反向电动势,外界电源必须克服此反向电动势做功.在 d$t$ 时间内,外界所做的功为

$$\text{đ}W = UI\mathrm{d}t$$

式中 $U$ 表示反向电动势,$I$ 表示电流.设磁介质中的磁感应强度为 $B$,则通过线圈中每一匝的磁通量为 $AB$.电磁学中的法拉第定律给出

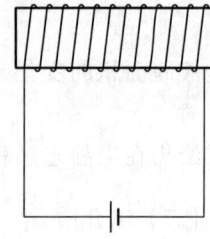

图 1.4.5

$$U = N\frac{\mathrm{d}}{\mathrm{d}t}(AB)$$

根据安培定律,磁介质中的磁场强度 $\mathscr{H}$ 满足

$$\mathscr{H}l = NI$$

所以

$$\text{đ}W = \left(NA\frac{\mathrm{d}B}{\mathrm{d}t}\right)\left(\frac{l}{N}\mathscr{H}\right)\mathrm{d}t = Al\mathscr{H}\mathrm{d}B$$

即

$$\text{đ}W = V\mathscr{H}\mathrm{d}B \tag{1.4.7}$$

式(1.4.7)给出在准静态过程中磁介质的磁感应强度改变 d$B$ 时外界所做的功,$Al$ 是磁介质的体积.由电磁学中熟知的关系

$$B = \mu_0(\mathscr{H} + \mathscr{M})$$

式中 $\mu_0$ 是真空磁导率,其值为 $4\pi\times10^{-7}\ \mathrm{H\cdot m^{-1}}$,可将 đ$W$ 表示为

$$\text{đ}W = V\mathrm{d}\left(\frac{\mu_0\mathscr{H}^2}{2}\right) + \mu_0 V\mathscr{H}\mathrm{d}\mathscr{M} \tag{1.4.8}$$

式(1.4.8)说明,外界所做的功可以分为两部分,第一部分是激发磁场的功,第二部分是使介质磁化所做的功[①].在国际单位制中,$\mathscr{H}$ 和 $\mathscr{M}$ 的单位都是安培每米($\mathrm{A\cdot m^{-1}}$),功的单位是焦

---

① 在 §1.1 中说过,铁磁样品在磁化过程中会出现磁滞现象.原因是,样品通常分割为许多具有不同方向的自发磁化的小区域,称为磁畴.样品的磁化强度是各磁畴的贡献之和.除非外加磁场足够弱,磁化将牵涉磁畴界壁(畴壁)的移动.杂质和晶格的不完全性阻碍畴壁的移动,相当于存在某种摩擦阻力.我们不考虑这种复杂的情形.不过单一磁畴的自发磁化是本书要着重讨论的问题.

耳(J).

综上所述,在准静态过程中,外界对系统所做的功可以写成

$$\mathrm{d}W = \sum_i Y_i \mathrm{d}y_i \tag{1.4.9}$$

的形式,其中 $y_i$ 称为外参量,$Y_i$ 是与 $y_i$ 相应的广义力.这就是说,如果一个热力学系统具有 $n$ 个独立的外参量 $y_1, y_2, \cdots, y_n$,在准静态过程中,当外参量发生 $\mathrm{d}y_1, \mathrm{d}y_2, \cdots, \mathrm{d}y_n$ 的改变时,外界所做的功等于外参量的变化与相应广义力的乘积之和.

## §1.5 热力学第一定律

上节讨论了功的表达式.做功是系统和外界在过程中传递能量的一种方式.上节的讨论说明,当系统和外界通过做功的方式传递能量时,系统的外参量必然发生变化.除了做功的方式之外,系统与外界还可以通过传递热量的方式交换能量.在发生热量交换时,系统的外参量并不改变,能量是通过在接触面上分子的碰撞和热辐射而传递的.以后将会看到,做功和传热两种传递能量的方式有重要的区别.本节讨论在过程中能量传递和转化的规律,并给出热量的科学定义.

先考虑在绝热过程中能量的传递和转化.绝热过程就是在系统和外界之间没有热量交换的过程.图 1.5.1 和图 1.5.2 是两个绝热过程的示意图.水盛在由绝热壁构成的容器内,在图 1.5.1 所示的实验中,重物下降带动叶片在水中搅动而使水温升高.如果把水和叶片看作系统,其温度的升高(状态的改变)完全是重物下降做功的结果,所经历的过程就是绝热过程.在图 1.5.2 所示的实验中,电流通过电阻器使水温升高.如果把水和电阻器看作系统,其温度的升高完全是电源做功的结果,所经历的也是一个绝热过程.

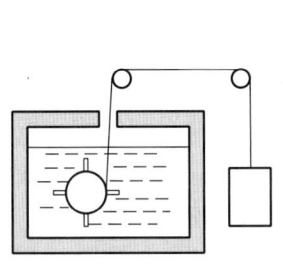
图 1.5.1

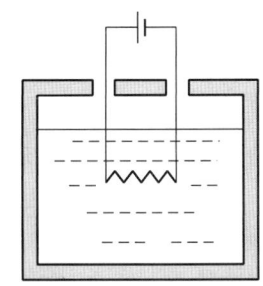
图 1.5.2

上述两个实验是焦耳(Joule)的两个著名的实验.焦耳还做了一些其他的实验.从 1840 年开始,在长达 20 多年的时间内,焦耳反复进行了大量的工作.结果发现,用各种不同的绝热过程使物体升高一定的温度,所需的功在实验误差范围内是相等的.这就是说,系统经绝热过程(包括非静态的绝热过程)从初态变到终态,在过程中外界对系统所做的功仅取决于系统的初态和终态而与过程无关.这个事实表明,可以用绝热过程中外界对系统所做的功 $W_S$ 定义一个态函数 $U$ 在终态 B 和初态 A 之差:

$$U_B - U_A = W_S \tag{1.5.1}$$

态函数 $U$ 称作内能①.式(1.5.1)的意义是,外界在过程中对系统所做的功转化为系统的内能.注意式(1.5.1)只给出两态内能之差,内能函数中还可以有一个任意的相加常量,它的数值可以视方便而选择.在国际单位制中,内能的单位与功相同,也是焦耳(J).

如果系统所经历的过程不是绝热过程,则在过程中外界对系统所做的功 $W$ 不等于过程前后其内能的变化 $U_B - U_A$,二者之差就是系统在过程中从外界吸收的热量:

$$Q = U_B - U_A - W \tag{1.5.2}$$

上式就是热量的定义.在国际单位制中,热量的单位也是焦耳(J).

可以把式(1.5.2)写成下述形式:

$$U_B - U_A = W + Q \tag{1.5.3}$$

式(1.5.3)是热力学第一定律的数学表达式.它的意义是,系统在终态 B 和初态 A 的内能之差 $U_B - U_A$ 等于在过程中外界对系统所做的功与系统从外界吸收的热量之和.这就是说,在过程中通过做功和传热两种方式所传递的能量,都转化为系统的内能.

应当强调,内能是状态函数.当系统的初态 A 和终态 B 给定后,内能之差就有确定值,与系统由 A 到 B 所经历的过程无关;而功和热量则是在过程中传递的能量,都与过程有关.设系统由初态 A 经历两个不同的过程 I、II 到达状态 B,在过程 I 中传递的功和热量分别是 $W_I$ 和 $Q_I$,在过程 II 中传递的功和热量分别是 $W_{II}$ 和 $Q_{II}$,一般来说,$W_I \neq W_{II}$,$Q_I \neq Q_{II}$,但 $W_I + Q_I = W_{II} + Q_{II}$.

上面说的是有限的过程.如果系统经历一个无穷小的过程,内能的变化为 $dU$,外界所做的功为 $đW$,系统从外界吸收的热量为 $đQ$,则有

$$dU = đQ + đW \tag{1.5.4}$$

在有限的过程中 $Q$ 和 $W$ 不是态函数,相应地,在无穷小的过程中 $đQ$ 和 $đW$ 也只是微分式而不是全微分.所以我们在 $đW$ 和 $đQ$ 的符号 d 上都加一横,以示区别.

还要注意,在式(1.5.3)和式(1.5.4)中,初态和终态是平衡态,但过程所经历的中间状态并不需要是平衡态,亦即式(1.5.3)和式(1.5.4)对非静态过程也是适用的.

从微观的角度来看,内能是系统中分子无规则运动的能量总和的统计平均值.无规运动的能量包括分子的动能、分子间相互作用的势能,以及分子内部运动的能量;视问题的性质,可以包括或不包括分子在外场中的势能,以后我们会看到具体的实例.

在通常的宏观物质系统中,分子间的相互作用力是短程力,力程约为 $10^{-10}$ m.对于这样的系统,如果将它划分为若干个小部分,例如每部分的线度为 $10^{-4}$ m,每个小部分将仍然是含有大量微观粒子的宏观系统.由于各小部分只通过界面区域的分子发生相互作用,各部分之间的相互作用能量将远小于其自身的能量.在热力学极限下二者之比趋于零,因此在热力学极限下内能是一个广延量.对于通常的宏观系统(粒子数 $N \approx 10^{23}$),把内能看作广延量无疑是很好的近似.

根据内能的广延性质,如果整个系统没有达到平衡,但可分为若干个处于局域平衡的小

---

① 根据热力学第二定律,从一个初态 A 不可能通过绝热过程到达系统的所有状态.但如果 B 是由 A 不可通过绝热过程到达的状态,则由状态 B 必可通过绝热过程到达状态 A.以 $W'_S$ 表示由 B 到 A 的绝热过程中外界对系统所做的功,状态 B 与状态 A 的内能函数之差可以定义为 $U_B - U_A = -W'_S$.

部分,则整个系统的内能是各部分内能之和:

$$U = U_1 + U_2 + \cdots \tag{1.5.5}$$

热力学第一定律就是能量守恒定律.自从焦耳以无可辩驳的精确的实验结果证明机械能、电能、内能之间的转化满足守恒关系之后,人们就公认能量守恒定律是自然界的一个普遍规律,适用于一切形式的能量.能量守恒定律的表述是:**自然界一切物质都具有能量,能量有各种不同的形式,可以从一种形式转化为另一种形式,从一个物体传递到另一个物体,在传递与转化中能量的数量不变.**

在历史上,人们曾经幻想过制造一种机器,这种机器不需要外界供给能量而可以不断地对外做功,这种机器称为第一类永动机.根据能量守恒定律,做功必须由能量转化而来,不可能无中生有地创造能量,所以这种机器是不可能实现的.热力学第一定律因此还有另外一种表述:**第一类永动机是不可能造成的.**

## §1.6 热容和焓

上节已经说过,热量是在过程中传递的一种能量,是与过程有关的.一个系统在某一过程中温度升高 1 K 所吸收的热量,称作系统在该过程的热容.以 $\Delta Q$ 表示系统在某一过程中温度升高 $\Delta T$ 所吸收的热量,则系统在该过程的热容 $C$ 为

$$C = \lim_{\Delta T \to 0} \frac{\Delta Q}{\Delta T} \tag{1.6.1}$$

在国际单位制中,热容的单位是焦耳每开尔文($J \cdot K^{-1}$).显然,系统在某一过程的热容不仅取决于物质的固有属性,而且与系统的质量成正比,是一个广延量.我们用 $C_m$ 表示 1 mol 物质的热容,称为摩尔热容.摩尔热容除与过程有关外,只与物质的固有属性有关,是一个强度量.系统的热容 $C$ 与摩尔热容 $C_m$ 的关系为

$$C = nC_m \tag{1.6.2}$$

其中 $n$ 是系统的物质的量.单位质量的物质在某一过程的热容称为物质在该过程的比热容,以小写的 $c$ 表示.

在实际问题中,经常用到系统在等容过程和等压过程的热容,分别以 $C_V$ 和 $C_p$ 表示.在等容过程中系统的体积不变,外界对系统不做功,$W = 0$.代入式(1.5.3),得 $Q = \Delta U$.所以

$$C_V = \lim_{\Delta T \to 0} \left(\frac{\Delta Q}{\Delta T}\right)_V = \lim_{\Delta T \to 0} \left(\frac{\Delta U}{\Delta T}\right)_V = \left(\frac{\partial U}{\partial T}\right)_V \tag{1.6.3}$$

$\left(\frac{\partial U}{\partial T}\right)_V$ 表示在体积不变的条件下内能随温度的变化率.对于一般的简单系统,$U$ 是 $T$、$V$ 的函数,因而 $C_V$ 也是 $T$、$V$ 的函数.

在等压过程中,外界对系统所做的功为 $W = -p\Delta V$,代入式(1.5.3),得 $Q = \Delta U + p\Delta V$.所以

$$C_p = \lim_{\Delta T \to 0} \left(\frac{\Delta Q}{\Delta T}\right)_p = \lim_{\Delta T \to 0} \left(\frac{\Delta U + p\Delta V}{\Delta T}\right)_p = \left(\frac{\partial U}{\partial T}\right)_p + p\left(\frac{\partial V}{\partial T}\right)_p \tag{1.6.4}$$

现在引进一个状态函数 $H$,名为焓:

$$H = U + pV \tag{1.6.5}$$

在等压过程中焓的变化为

$$\Delta H = \Delta U + p\Delta V$$

这正是在等压过程中系统从外界吸收的热量.在等压过程中系统从外界吸收的热量等于态函数焓的增值.这是态函数焓的重要特性.

利用态函数焓可以将式(1.6.4)表示为

$$C_p = \left(\frac{\partial H}{\partial T}\right)_p \tag{1.6.6}$$

这是定压热容的一个表达式.它将定压热容与态函数焓联系起来了.对于一般的简单系统,定压热容是 $T$、$p$ 的函数.

我们在§1.5中引进了态函数内能,现在又引进了态函数焓.作为状态函数,内能和焓应可表示为状态参量的函数.对于一般的简单系统,我们将在第二章中讨论其状态函数的表达式.下一节将先研究理想气体的内能和焓.

## §1.7 理想气体的内能

焦耳在1845年用自由膨胀实验研究了气体的内能.图1.7.1是实验装置的示意图.气体被压缩在容器的一半之中,容器的另一半为真空,两半相连处由一活门隔开,整个容器浸没在水中.打开活门让气体从容器的一半涌出而充满整个容器,然后测量过程前后水温的变化.焦耳得到的实验结果是水温不变.

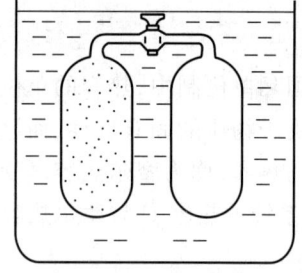

图 1.7.1

现在我们对这个实验结果进行分析.将整个气体看作所研究的系统.由于气体是向真空膨胀的,膨胀时不受外界阻力,所以气体不对外做功,$W=0$.水温没有变化说明气体与水(外界)没有热量交换,$Q=0$.由式(1.5.3)得 $\Delta U=0$,说明气体的内能在过程前后不变.如果选 $T$、$V$ 为状态参量,内能函数为 $U=U(T,V)$.这三个变量之间既然存在这一函数关系,其偏导数即有下述关系:

$$\left(\frac{\partial U}{\partial V}\right)_T \left(\frac{\partial V}{\partial T}\right)_U \left(\frac{\partial T}{\partial U}\right)_V = -1$$

或

$$\left(\frac{\partial U}{\partial V}\right)_T = -\left(\frac{\partial U}{\partial T}\right)_V \left(\frac{\partial T}{\partial V}\right)_U \tag{1.7.1}$$

式中 $\left(\frac{\partial T}{\partial V}\right)_U$ 称为焦耳系数,它描述在内能不变的过程中温度随体积的变化率.焦耳的实验结果给出 $\left(\frac{\partial T}{\partial V}\right)_U = 0$.由式(1.7.1)得

$$\left(\frac{\partial U}{\partial V}\right)_T = 0 \tag{1.7.2}$$

式(1.7.2)说明,气体的内能只是温度的函数,与体积无关.这个结果称为焦耳定律.

由于试实验中的水的热容比气体的热容大得多,水温的变化不容易测出来,所以焦耳实验的结果不够可靠. 1852 年,焦耳和汤姆孙二人用另外的方法(节流过程)发现,实际气体的内能不仅是温度的函数还是体积的函数.关于节流过程我们将在第二章中讲述.

不过焦耳定律在气体压强趋于零的极限情形下是正确的.在热力学中,焦耳定律是独立于玻意耳定律和阿伏伽德罗定律的一个实验规律.在 §1.3 中说过,我们把严格遵从这三个定律的气体称为理想气体.从微观的角度来看,气体的内能是气体中分子无规则运动能量总和的统计平均值.在没有外场的情形下,分子无规则运动的能量包括分子的动能、分子之间相互作用的势能,以及分子内部运动的能量.分子的动能和内部运动能量的统计平均值都与体积无关,分子间的相互作用能量与分子的平均距离有关,因而与体积有关.对于理想气体,气体足够稀薄,分子间的平均距离足够大,相互作用能量可以忽略,内能就与体积无关.在统计物理学部分,我们将详细讨论这个问题.

因此,对于理想气体,式(1.6.3)的偏导数可以写为导数,即

$$C_V = \frac{dU}{dT} \tag{1.7.3}$$

将上式积分,就可以求得理想气体内能函数的积分表达式:

$$U = \int C_V dT + U_0 \tag{1.7.4}$$

根据焓的定义式(1.6.5)和理想气体的物态方程(1.3.11),可得理想气体的焓为

$$H = U + pV = U + nRT \tag{1.7.5}$$

说明理想气体的焓也只是温度的函数.因此,对于理想气体,式(1.6.6)的偏导数也可写成导数,即

$$C_p = \frac{dH}{dT} \tag{1.7.6}$$

将上式积分,就可以求得理想气体焓的积分表达式:

$$H = \int C_p dT + H_0 \tag{1.7.7}$$

由式(1.7.3)、式(1.7.5)和式(1.7.6)三式可得

$$C_p - C_V = nR \tag{1.7.8}$$

上式给出理想气体的定压热容与定容热容之差.引入 $\gamma$ 表示定压热容与定容热容的比值:

$$\gamma = \frac{C_p}{C_V} \tag{1.7.9}$$

可以将 $C_p$ 和 $C_V$ 用 $R$ 和 $\gamma$ 表示出来:

$$C_V = \frac{nR}{\gamma - 1}, \quad C_p = \gamma \frac{nR}{\gamma - 1} \tag{1.7.10}$$

一般来说,理想气体的定压热容和定容热容是温度的函数,因而 $\gamma$ 也是温度的函数.如果在所讨论的问题中温度变化范围不大,可以把理想气体的热容和 $\gamma$ 看成常量.这时式(1.7.4)和式(1.7.7)可以简化为

$$U = C_V T + U_0 \tag{1.7.11}$$

$$H = C_p T + H_0 \tag{1.7.12}$$

## §1.8 理想气体的绝热过程 补充材料

作为热力学第一定律的应用,本节讨论理想气体在准静态绝热过程中的行为.

热力学第一定律的数学表达式是

$$dU = \text{đ}W + \text{đ}Q$$

在绝热过程中,气体与外界没有热量交换,$\text{đ}Q = 0$. 在准静态过程中,外界对气体所做的功为 $\text{đ}W = -pdV$. 对于理想气体,由焦耳定律知,内能的全微分可以表为 $dU = C_V dT$. 把这些表达式代入上式,即得

$$C_V dT + pdV = 0 \tag{1.8.1}$$

将理想气体的物态方程 $pV = nRT$ 全式进行微分,得

$$pdV + Vdp = nRdT$$

利用式(1.7.10)可以把上式写成

$$pdV + Vdp = C_V(\gamma - 1)dT \tag{1.8.2}$$

将式(1.8.1)与式(1.8.2)二式联立,消去 $C_V dT$,得

$$Vdp + \gamma pdV = 0$$

或

$$\frac{dp}{p} + \gamma \frac{dV}{V} = 0 \tag{1.8.3}$$

式(1.8.3)给出理想气体在准静态绝热过程中体积的改变 $dV$ 与压强的改变 $dp$ 之间的关系,是理想气体准静态绝热过程的微分方程.

在一般问题中,理想气体的温度在过程中变化不大,可以把 $\gamma$ 看作常数. 这时可将式(1.8.3)积分,得

$$pV^\gamma = \text{常量} \tag{1.8.4}$$

式(1.8.4)说明,理想气体在准静态绝热过程中所经历的各个状态,其压强与体积的 $\gamma$ 次方的乘积是固定不变的. 常量的数值可以由例如气体在初态的压强和体积确定. 将式(1.8.4)在 $p$-$V$ 图上画出,可以得到一条曲线,称为理想气体的绝热线. 由于 $\gamma = \dfrac{C_p}{C_V} > 1$,故与等温线相比,绝热线的斜率更大些,如图 1.8.1 所示.

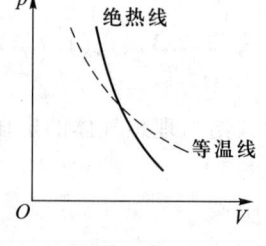

图 1.8.1

将式(1.8.4)与理想气体的物态方程联立,可以求得在准静态绝热过程中理想气体的体积与温度、压强与温度的关系:

$$TV^{\gamma-1} = \text{常量} \tag{1.8.5}$$

$$\frac{p^{\gamma-1}}{T^\gamma} = \text{常量} \tag{1.8.6}$$

某一气体的 $\gamma$ 值可以通过测量在该气体中的声速确定. 为了与下文中的比体积 $v$ 区分,改用 $a$ 表示气体中的声速,声速的公式(牛顿的公式)是

$$a = \sqrt{\frac{dp}{d\rho}} \tag{1.8.7}$$

其中 $p$ 是压强,$\rho$ 是气体的密度. 声波是纵波,声波在气体中传播时,气体以声波频率作周期性的压缩与膨胀,压强也相应改变. 由于压缩与膨胀过程振幅很小、变化迅速,气体的导热系数很小,热量来不及传递,可以将过程近似地看作准静态绝热过程. 这是拉普拉斯(Laplace)最先指出的. 考虑到这一点,式(1.8.7)中的 $\dfrac{\mathrm{d}p}{\mathrm{d}\rho}$ 应为绝热条件下的偏导数,记为 $\left(\dfrac{\partial p}{\partial \rho}\right)_S$,因此得

$$a^2 = \left(\frac{\partial p}{\partial \rho}\right)_S = -v^2 \left(\frac{\partial p}{\partial v}\right)_S \tag{1.8.8}$$

其中 $v = \dfrac{1}{\rho}$ 是介质的比体积(单位质量的体积). 由式(1.8.3)得

$$\left(\frac{\partial p}{\partial v}\right)_S = -\gamma \frac{p}{v}$$

因此

$$a^2 = \gamma p v = \gamma \frac{p}{\rho} \tag{1.8.9}$$

这就是由声速确定 $\gamma$ 的公式.

例如,0 ℃下空气的声速为 331 m/s,空气的摩尔质量 $M = 28.96 \text{ g} \cdot \text{mol}^{-1}$,由式(1.8.9)得

$$\gamma = a^2 \frac{\rho}{p} = a^2 \frac{M}{RT} = (331 \text{ m/s})^2 \times \frac{28.96 \times 10^{-3} \text{ kg} \cdot \text{mol}^{-1}}{8.31 \text{ J} \cdot \text{K}^{-1} \cdot \text{mol}^{-1} \cdot 273 \text{ K}} = 1.40$$

〔补充材料〕

在补充材料中,我们对流体声速公式作简单的推导.

以 $\rho(\boldsymbol{r},t)$ 和 $\boldsymbol{v}(\boldsymbol{r},t)$ 表示在时刻 $t$、坐标 $\boldsymbol{r}$ 处流体介质的密度和速度. 它们的变化遵从连续性方程:

$$\frac{\partial \rho}{\partial t} + \boldsymbol{\nabla} \cdot (\rho \boldsymbol{v}) = 0 \tag{1.8.10}$$

和牛顿(Newton)第二定律:

$$\frac{\mathrm{d}}{\mathrm{d}t}(\rho \boldsymbol{v}) = \frac{\partial}{\partial t}(\rho \boldsymbol{v}) + (\boldsymbol{v} \cdot \boldsymbol{\nabla})(\rho \boldsymbol{v}) = -\boldsymbol{\nabla} p \tag{1.8.11}$$

$p(\boldsymbol{r},t)$ 是在时刻 $t$、坐标 $\boldsymbol{r}$ 处流体的压强.

流体中没有声波传播时,流体的密度是空间均匀且不随时间变化的,即 $\rho = \rho_0$(常量);流体的速度也为零,$\boldsymbol{v}_0 = 0$. 当有声波传播时,流体发生疏密变化,$\rho$ 可表示为 $\rho(\boldsymbol{r},t) = \rho_0 + \delta\rho$;速度可表为 $\boldsymbol{v}(\boldsymbol{r},t)$,其中 $\delta\rho(\boldsymbol{r},t)$ 和 $\boldsymbol{v}(\boldsymbol{r},t)$ 都是小量. 将方程(1.8.10)和式(1.8.11)线性化,即将 $\rho(\boldsymbol{r},t)$ 和 $\boldsymbol{v}(\boldsymbol{r},t)$ 代入上述两式,只保留含 $\delta\rho$ 和 $\boldsymbol{v}$ 的一阶而略去高阶的量,有

$$\frac{\partial}{\partial t}\delta\rho + \rho_0 \boldsymbol{\nabla} \cdot \boldsymbol{v} = 0 \tag{1.8.12}$$

和

$$\rho_0 \frac{\partial \boldsymbol{v}}{\partial t} = -\boldsymbol{\nabla} p = -\frac{\mathrm{d}p}{\mathrm{d}\rho} \boldsymbol{\nabla}\delta\rho \tag{1.8.13}$$

式中我们将 $p$ 看作 $\rho$ 的函数.

将式(1.8.12)对 $t$ 求偏导数,得

$$\frac{\partial^2}{\partial t^2}\delta\rho = -\rho_0 \frac{\partial}{\partial t} \boldsymbol{\nabla} \cdot \boldsymbol{v} \tag{1.8.14}$$

将式(1.8.13)求梯度,得

$$\rho_0 \nabla \frac{\partial \boldsymbol{v}}{\partial t} = -\frac{\mathrm{d}p}{\mathrm{d}\rho} \nabla^2 \delta\rho \tag{1.8.15}$$

两式联立,得

$$\frac{\partial^2}{\partial t^2}\delta\rho = \left(\frac{\mathrm{d}p}{\mathrm{d}\rho}\right) \nabla^2 \delta\rho$$

上式说明,介质密度的疏密变化以波动方式在空间传播,满足波动方程:

$$\nabla^2 \delta\rho - \frac{1}{a^2}\frac{\partial^2}{\partial t^2}\delta\rho = 0 \tag{1.8.16}$$

波速 $a = \sqrt{\dfrac{\mathrm{d}p}{\mathrm{d}\rho}}$,这就是牛顿的公式(1.8.7).

上述推导将 $p$ 看作单一自变量 $\rho$ 的函数.从热力学观点看,描述流体状态应有两个状态参量.如前所述,声波传播时介质的疏密变化可以近似看作准静态绝热过程.选 $\rho, S$ 为自变量,压强 $p = p(\rho, S)$,其中 $S$ 是在准静态绝热过程中不变的量,名为熵(参阅 §1.14).波速 $a$ 应等于 $\sqrt{\left(\dfrac{\partial p}{\partial \rho}\right)_S}$.

## §1.9 理想气体的卡诺循环

本节根据热力学第一定律和理想气体的性质,讨论以理想气体为工作物质的卡诺(Carnot)循环中的热功转化效率问题.卡诺循环过程由两个等温过程和两个绝热过程组成.我们先讨论理想气体在准静态等温过程和绝热过程中的能量转化情况.

设有 1 mol 的理想气体进行准静态的等温过程.为了保证气体在过程中温度不变,可以令气体在过程中与一个热源保持热接触.热源是热容非常大的物体,在吸收或放出有限的热量时,可以认为热源温度不会发生变化.在等温过程中,理想气体的压强与体积的乘积是一个常量(式中各个量使用国际单位制单位):

$$pV = RT$$

当气体在该过程中体积由 $V_A$ 变到 $V_B$ 时,外界所做的功是

$$W = -\int_{V_A}^{V_B} p\,\mathrm{d}V = -RT\int_{V_A}^{V_B}\frac{\mathrm{d}V}{V} = -RT\ln\frac{V_B}{V_A} \tag{1.9.1}$$

根据焦耳定律,在等温过程中理想气体的内能不变,$\Delta U = 0$.由热力学第一定律可知,气体在过程中从热源吸收的热量 $Q$ 为

$$Q = -W = RT\ln\frac{V_B}{V_A} \tag{1.9.2}$$

式(1.9.1)和式(1.9.2)表明,在等温膨胀过程中,理想气体从热源吸收热量,这些热量全部转化为气体对外所做的功;在等温压缩过程中,外界对气体做功,这些功通过气体转化为热量传递给热源.

根据式(1.8.4),在准静态绝热过程中理想气体的压强和体积满足以下关系:

$$pV^\gamma = C(常量)$$

当理想气体在该过程中体积由 $V_A$ 变到 $V_B$ 时,外界所做的功是

$$W = -\int_{V_A}^{V_B} p\,\mathrm{d}V = -C\int_{V_A}^{V_B}\frac{\mathrm{d}V}{V^\gamma} = \frac{C}{\gamma-1}\left(\frac{1}{V_B^{\gamma-1}} - \frac{1}{V_A^{\gamma-1}}\right)$$

而 $p_A V_A^\gamma = p_B V_B^\gamma = C$，所以上式可以化为

$$W = \frac{p_B V_B - p_A V_A}{\gamma - 1} = \frac{R(T_B - T_A)}{\gamma - 1} = C_V(T_B - T_A) \tag{1.9.3}$$

式(1.9.3)右方正是理想气体在终态 B 和初态 A 的内能之差.这个结果是显然的.因为在绝热过程中气体与外界没有热量交换,由热力学第一定律式(1.5.3)即得 $W = \Delta U$. 式(1.9.3)表明,在绝热压缩过程中,外界对气体做功,这些功全部转化为气体的内能而使气体的温度升高.在绝热膨胀过程中,外界对气体所做的功为负值,实际上是气体对外界做功,这些功是由气体在过程中所减少的内能转化而来的.气体的内能既然减少,其温度就会下降.

现在讨论理想气体的卡诺循环.考虑 1 mol 理想气体进行下列四个准静态过程(图 1.9.1).

**(一) 等温膨胀过程**

气体与温度为 $T_1$ 的高温热源保持热接触,从状态 I ($p_1, V_1, T_1$)等温膨胀而达状态 II ($p_2, V_2, T_1$).在此过程中气体吸收的热量 $Q_1$ 为

$$Q_1 = RT_1 \ln \frac{V_2}{V_1} \tag{1.9.4}$$

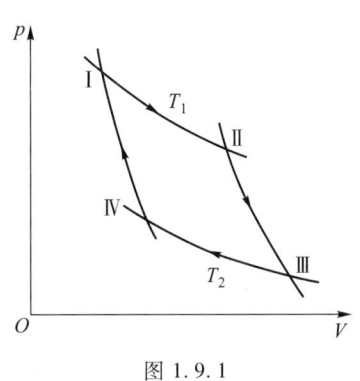

图 1.9.1

**(二) 绝热膨胀过程**

气体由状态 II ($p_2, V_2, T_1$)绝热膨胀而达状态 III ($p_3, V_3, T_2$).在此过程中气体吸收的热量为零.

**(三) 等温压缩过程**

气体与温度为 $T_2$ 的低温热源保持热接触,由状态 III ($p_3, V_3, T_2$)等温压缩而达状态 IV ($p_4, V_4, T_2$).在此过程中气体放出的热量 $Q_2$ 为

$$Q_2 = RT_2 \ln \frac{V_3}{V_4} \tag{1.9.5}$$

**(四) 绝热压缩过程**

气体由状态 IV ($p_4, V_4, T_2$)绝热压缩而回到状态 I ($p_1, V_1, T_1$).在此过程中气体吸收的热量为零.

整个循环过程完成后,气体回到原来状态,内能作为状态函数其变化为零.由热力学第一定律可知,在整个循环中气体对外所做的净功 $W$ 应等于气体在循环中所吸收的净热量 $Q_1 - Q_2$:

$$W = Q_1 - Q_2 = RT_1 \ln \frac{V_2}{V_1} - RT_2 \ln \frac{V_3}{V_4} \tag{1.9.6}$$

式(1.9.6)可以化简,因为过程(二)和过程(四)是准静态绝热过程,故有

$$T_1 V_2^{\gamma-1} = T_2 V_3^{\gamma-1}$$
$$T_1 V_1^{\gamma-1} = T_2 V_4^{\gamma-1}$$

从这两个方程消去 $T_1$ 和 $T_2$,得

$$\frac{V_2}{V_1} = \frac{V_3}{V_4}$$

因此

$$W = R(T_1 - T_2) \ln \frac{V_2}{V_1} \tag{1.9.7}$$

在整个循环中,气体从高温热源吸取了热量 $Q_1$,对外做功 $W$,故热功转化的效率为

$$\eta = \frac{W}{Q_1} = \frac{R(T_1 - T_2) \ln \frac{V_2}{V_1}}{RT_1 \ln \frac{V_2}{V_1}} = 1 - \frac{T_2}{T_1} \tag{1.9.8}$$

该效率恒小于1.原因是气体只把它从高温热源所吸取的热量的一部分转化为机械功,其余的热量向低温热源放出去了.式(1.9.8)给出的热功转化效率的大小只取决于两个热源的温度.

如果令整个循环反向进行,依次经 Ⅰ→Ⅳ→Ⅲ→Ⅱ→Ⅰ 而回到状态 Ⅰ,则由准静态过程逆过程的性质可知,在逆循环中外界对系统做功 $W = R(T_1 - T_2) \ln \frac{V_2}{V_1}$,气体从低温热源 $T_2$ 吸热 $Q_2 = RT_2 \ln \frac{V_3}{V_4}$,向高温热源 $T_1$ 放热 $Q_1 = RT_1 \ln \frac{V_2}{V_1}$.这个逆循环是理想制冷机的工作循环,其作用是把热量从低温物体送到高温物体去.可以看出,在逆卡诺循环中,气体在把它从低温热源吸取的热量送到高温热源的同时,把外界对它所做的功也转化为热量送到高温热源去了.如果从低温热源吸取一定的热量 $Q_2$,所需外界的功越小,制冷机的性能就越好.所以我们可以定义制冷机的工作系数 $\eta'$ 为从低温热源吸取的热量 $Q_2$ 除以外界所做的功 $W$:

$$\eta' = \frac{Q_2}{W} \tag{1.9.9}$$

根据前面的讨论,理想气体在逆卡诺循环中的工作系数等于

$$\eta' = \frac{T_2}{T_1 - T_2}$$

该工作系数也只取决于两个温度.

## §1.10 热力学第二定律

热力学第一定律指出,各种形式的能量在相互转化的过程中必须满足能量守恒定律,对过程进行的方向并没有给出任何限制.但是在实际发生的过程中,如果涉及热量或内能与其他形式能量(例如机械能、电磁能等)的转化,则所有过程都是具有方向性的.更普遍地说,凡

是牵涉到热现象的实际过程都具有方向性.热力学第二定律要解决的就是与热现象有关的实际过程的方向问题,是独立于热力学第一定律的另一个基本规律.

在§1.9中,我们根据热力学第一定律和理想气体的性质研究了以理想气体为工作物质的卡诺循环.我们看到,在卡诺循环中,理想气体只把它从高温热源吸取的热量的一部分转化为机械功,其余部分仍以热量的形式传递给低温热源.在逆卡诺循环中,理想气体在把它从低温热源吸取的热量传递到高温热源的同时,把外界对它所做的功也转化为热量而传递到高温热源去了.上述结论实际上是带有普遍性的,与工作物质是否为理想气体无关.在热力学第一定律被发现之前,早在1824年,卡诺总结了热机的工作过程,就发现热机必须工作于两个热源之间.工作物质从高温热源吸取热量,向低温热源放出热量,这样才能获得机械功.卡诺并提出了关于热机效率的一个著名的定理——卡诺定理.但是卡诺对热机工作过程的认识是不正确的.他认为热机是通过把热量从高温热源传到低温热源而做功的,工作物质从高温热源吸取的热量与向低温热源放出的热量相等,犹如水力机做功是通过水从高处流向低处,在高处和低处流过的水量相同一样.在热力学第一定律被发现之后,克劳修斯(Clausius)在1850年,开尔文(Kelvin)在1851年分别审查了卡诺的工作,指出要证明卡诺定理需要有一个新的原理,从而发现了热力学第二定律.他们提出的热力学第二定律的表述分别如下:

**克劳修斯表述**:不可能把热量从低温物体传到高温物体而不引起其他变化.

**开尔文表述**:不可能从单一热源吸热使之完全变成有用的功而不引起其他变化.

我们对这两个表述作一些说明.

首先,两个表述都强调了"不引起其他变化"的前提条件.在存在其他变化的情形下,从单一热源吸取热量并将之全部转化为机械功或者将热量从低温物体传送到高温物体都是可以实现的.理想气体的等温膨胀就是从单一热源吸热而将之全部转化为机械功的例子,该过程的其他变化是理想气体的体积膨胀了.理想气体的逆卡诺循环就是把热量从低温物体送到高温物体的例子,该过程的其他变化是把外界所做的功同时转化为热量而送到高温物体去.这些并不违反热力学第二定律.

其次,在两个表述所说的"不可能",不仅是指在不引起其他变化的条件下,直接从单一热源吸热而将之完全变成有用的功或者直接将热量从低温物体送到高温物体是不可能的;而且是指不论用任何曲折复杂的方法,在全部过程终了时,其最终的唯一后果是从单一热源吸热而将之完全变成有用的功或将热量从低温物体传送到高温物体是不可能的.

热力学第二定律的开尔文表述也可表述为:**第二类永动机是不可能造成的**.

所谓第二类永动机是指能够从单一热源吸热,使之完全变成有用的功而不产生其他影响的机器.这种永动机不是热力学第一定律所否定的永动机,它并不违背热力学第一定律,它对外所做的功由热量转化而来.这种机器可以利用大气或海洋作为单一热源,从那里不断吸取热量而做功,而这种热量实际上是用之不尽的,因而称为第二类永动机.热力学第二定律指出,企图通过这种方式利用自然界的内能是不可能的.

热力学第二定律的两个表述是等效的.我们先证明,如果克劳修斯表述不成立,则开尔文表述也不能成立.考虑一个卡诺循环,工作物质从温度为$T_1$的高温热源吸取热量$Q_1$,在温度为$T_2$的低温热源放出热量$Q_2$,对外做功$W=Q_1-Q_2$.如果克劳修斯表述不成立,可以将热量$Q_2$从温度为$T_2$的低温热源送到温度为$T_1$的高温热源而不引起其他变化,则全部过程的最终后果是从温度为$T_1$的热源吸取$Q_1-Q_2$的热量,将之完全变成有用的功(图1.10.1),这样开尔文表述也就不能成立.

反之,我们再证明,如果开尔文表述不成立,则克劳修斯表述也不能成立.如果开尔文表述不成立.一个热机能够从温度为 $T_1$ 的热源吸取热量 $Q_1$ 使之全部转化为有用的功 $W=Q_1$,就可以利用这个功来带动一个逆卡诺循环,整个过程的最终后果是将热量 $Q_2$ 从温度为 $T_2$ 的低温热源传到温度为 $T_1$ 的高温热源而未引起其他变化(图 1.10.2).这样克劳修斯表述也就不能成立.

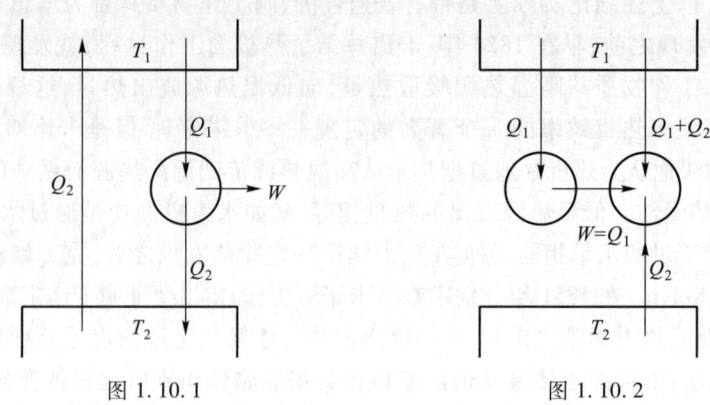

图 1.10.1　　　　　　　　图 1.10.2

热力学第二定律同热力学第一定律一样,是实践经验的总结,它的正确性是由它的一切推论都被实践所证实而得到肯定的.

现在我们进一步分析热力学第二定律的含义.经验表明,在不引起其他变化的条件下,功是可以完全转化为热的(或者说,机械能可以完全转化为内能),摩擦生热就是自然界中常见的一个自发过程.经验还表明,当温度不同的两个物体相互接触时,热量将自动从高温物体传到低温物体去,热传导也是自然界中常见的自发过程.热力学第二定律的开尔文表述和克劳修斯表述直接指出,第一,摩擦生热和热传导的逆过程不可能发生,这就说明摩擦生热和热传导过程具有方向性;第二,这两个过程一经发生,就在自然界留下它的后果,无论用怎样曲折复杂的方法,都不可能将它留下的后果完全消除而使一切恢复原状.

如果一个过程发生后,不论用任何曲折复杂的方法都不可能把它留下的后果完全消除而使一切恢复原状,该过程称为不可逆过程.反之,如果一个过程发生后,它所产生的影响可以完全消除而令一切恢复原状,该过程称为可逆过程.

无摩擦的准静态过程是可逆过程,只要令过程直接反向进行,当系统回到初始状态时,外界也就同时恢复原状.值得注意的是,在准静态过程中,系统经历的每一个状态都是平衡态,如果没有外界条件的改变或外界施加的影响,过程就不可能进行下去,所以准静态过程必然是受迫过程,不可自发发生.实际上,当然既不可能让过程进行得无限缓慢使系统经历的每一状态都是平衡态,也不可能完全消除摩擦阻力,所以可逆过程只是一种理想的极限过程,只可能接近而不可完全达到.我们以后会看到,可逆过程作为研究平衡态的手段在热力学中占有重要的特殊地位.

自然界中与热现象有关的实际过程都是不可逆过程.除了摩擦生热与热传导过程以外,例如趋向平衡的过程、气体的自由膨胀过程、扩散过程、各种爆炸过程等都是不可逆过程.这些过程具有方向性,而且过程一经发生,所留下的后果就不可能完全消除.

怎样理解一个不可逆过程产生的后果不可能完全消除而使一切恢复原状呢？一个不可逆过程发生后，如果我们企图用某种方式消除它所产生的后果，实际上只能将它所产生的后果转换为另一个不可逆过程的后果而存在。例如，设热量 $Q_2$ 从温度为 $T_1$ 的高温热源传送到温度为 $T_2$ 的低温热源。为了消除这个不可逆过程产生的变化，可以通过一个制冷机将热量 $Q_2$ 从热源 $T_2$ 送回热源 $T_1$。但此时外界必须做功，此功也转化为热量而送到热源 $T_1$ 去了。这样热传导过程产生的后果只是转换为摩擦生热过程产生的后果。又如，理想气体经绝热自由膨胀过程体积由 $V$ 膨胀为 $2V$。为了消除这个过程的后果，可以通过等温压缩过程将气体的体积由 $2V$ 压缩为 $V$。但这时外界也必须做功，此功转化为热量被热源吸收了。这样，绝热自由膨胀过程产生的后果也只是转换为摩擦生热过程产生的后果。

从上面的讨论可以看出，自然界的不可逆过程是存在关联的。我们可以通过某种方法把两个不可逆过程联系起来，由一个过程的不可逆性推断出另一个过程的不可逆性。前面克劳修斯表述和开尔文表述等效的证明就是不可逆过程相互推断的一个例子。因此可以挑选一个不可逆过程，指明它所产生的后果不论用什么方法也不可能完全消除而不引起其他变化，根据这个过程的不可逆性就可以推断出其他过程的不可逆性。由此可知，热力学第二定律可以有不同的说法。但不论具体的说法如何，热力学第二定律的实质在于指出一切与热现象有关的实际过程都有其自发进行的方向，是不可逆的。

从上面的讨论还可以看出，既然不可逆过程发生后，用任何方法都不可能使参与过程的所有物体由其终态回到初态而不引起其他变化，一个过程是否可逆实际上是由初态和终态的相互关系决定的。为了判断一个过程是否可逆及不可逆过程自发进行的方向，只要研究初态和终态的相互关系就够了。由此可以看出，有可能通过数学分析找到一个态函数，由这个态函数在初态和终态的数值来判断过程的性质和方向。这个态函数就是将在 §1.14 中引入的熵。在 §1.16 中我们将利用熵函数给出热力学第二定律的数学表述。

## §1.11 卡诺定理

本节根据热力学第二定律证明卡诺定理。

**卡诺定理**：所有工作于两个确定温度之间的热机中，可逆热机的效率最高。

设有两个热机 A 和 B，它们的工作物质在各自的循环中分别从高温热源吸取热量 $Q_1$ 和 $Q_1'$，向低温热源放出热量 $Q_2$ 和 $Q_2'$，对外做功 $W$ 和 $W'$。它们的效率分别为

$$\eta_A = \frac{W}{Q_1}, \quad \eta_B = \frac{W'}{Q_1'}$$

假设 A 为可逆热机，我们要证明 $\eta_A \geq \eta_B$。

为方便起见，假设 $Q_1 = Q_1'$。我们用反证法。如果定理不成立，即 $\eta_A < \eta_B$，则由 $Q_1 = Q_1'$ 可知，$W' > W$。A 既然是可逆热机，而 $W'$ 又比 $W$ 大，就可以利用 B 所做的功的一部分（这部分等于 $W$）推动 A 反向运行。A 将接受外界的功，从低温热源吸取热量 $Q_2$，在高温热源放出热量 $Q_1$，如图 1.11.1 所示。在两个热机的联合循环终了时，两个热机的工作物质都恢复原状，高温热源也没有变化，但却对外界做功 ($W' - W$)。这部分功显然是由低温热源放出

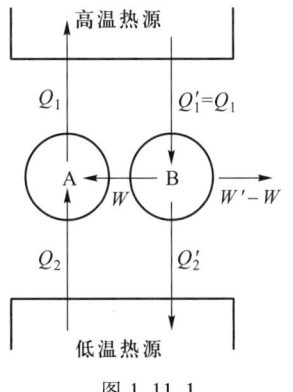

图 1.11.1

的热量转化而来的,因为根据热力学第一定律,有
$$W = Q_1 - Q_2$$
和
$$W' = Q_1' - Q_2'$$
而 $Q_1 = Q_1'$,两式相减得
$$W' - W = Q_2 - Q_2'$$

这样,两个热机的联合循环终了时,所产生的唯一变化就是从单一热源(低温热源)吸取热量 $(Q_2 - Q_2')$,而将之完全变成有用的功了,这是与热力学第二定律的开尔文表述相违背.因此不能有 $\eta_A < \eta_B$,而必须有 $\eta_A \geq \eta_B$.

从卡诺定理可以得到以下的推论:**所有工作于两个确定温度之间的可逆热机,其效率相等**.

设有两个可逆热机 A 和 B 工作于两个确定温度之间,它们的效率分别为 $\eta_A$ 和 $\eta_B$,则根据卡诺定理,因为 A 是可逆的,必有 $\eta_A \geq \eta_B$;但 B 也是可逆的,又必有 $\eta_B \geq \eta_A$.因此得到 $\eta_A = \eta_B$.

## §1.12 热力学温标

根据卡诺定理的推论,工作于两个确定温度之间的可逆热机,其效率相等.因此,可逆卡诺热机的效率只可能与两个热源的温度有关,而与工作物质的特性无关.以 $Q_1$ 表示可逆卡诺热机从高温热源吸取的热量,以 $Q_2$ 表示向低温热源放出的热量,则热机的效率为

$$\eta = 1 - \frac{Q_2}{Q_1} \tag{1.12.1}$$

既然效率只与两个热源的温度有关,比值 $Q_2/Q_1$ 就只取决于这两个温度.令

$$\frac{Q_2}{Q_1} = F(\theta_1, \theta_2) \tag{1.12.2}$$

其中 $\theta_1$ 和 $\theta_2$ 是用某种温标计量的高温热源和低温热源的温度.采用不同的温标,$\theta_1$ 和 $\theta_2$ 的数值可能不同,但 $F(\theta_1, \theta_2)$ 的函数关系也将不同,以保证 $F(\theta_1, \theta_2)$ 的数值一定.

设有另一可逆卡诺热机,工作于温度为 $\theta_3$ 和 $\theta_1$ 的两个热源之间.从热源 $\theta_3$ 吸取热量 $Q_3$,向热源 $\theta_1$ 放出热量 $Q_1$.将式(1.12.2)应用于这个热机,有

$$\frac{Q_1}{Q_3} = F(\theta_3, \theta_1) \tag{1.12.3}$$

如果把这两个可逆卡诺热机联合起来工作,由于第二个热机向热源 $\theta_1$ 放出的热量被第一个热机吸收了,总的效果相当于一个单一的可逆热机工作于热源 $\theta_3$ 和热源 $\theta_2$ 之间,从热源 $\theta_3$ 吸取热量 $Q_3$,向热源 $\theta_2$ 放出热量 $Q_2$.将式(1.12.2)应用于这个联合热机,应有

$$\frac{Q_2}{Q_3} = F(\theta_3, \theta_2) \tag{1.12.4}$$

用式(1.12.4)除以式(1.12.3),得

$$\frac{Q_2}{Q_1} = \frac{F(\theta_3, \theta_2)}{F(\theta_3, \theta_1)}$$

与式(1.12.2)比较,有

$$F(\theta_1, \theta_2) = \frac{F(\theta_3, \theta_2)}{F(\theta_3, \theta_1)} \tag{1.12.5}$$

由于 $\theta_3$ 是任意的一个温度,它既然不出现于式(1.12.5)的左方,就必然在其右方的分子和分母间相互消去.这就是说,函数 $F(\theta_1,\theta_2)$ 必可表示为下述形式:

$$\frac{Q_2}{Q_1}=F(\theta_1,\theta_2)=\frac{f(\theta_2)}{f(\theta_1)} \tag{1.12.6}$$

$f$ 的具体函数形式与温标的选择有关.我们现在选择一种温标,以 $T^*$ 表示用这种温标计量的温度,使 $f(T^*)\propto T^*$,则式(1.12.6)化为

$$\frac{Q_2}{Q_1}=\frac{T_2^*}{T_1^*} \tag{1.12.7}$$

在式(1.12.7)中,两个温度的比值是通过在这两个温度之间工作的可逆热机与热源交换的热量的比值来定义的.由于比值 $\frac{Q_2}{Q_1}$ 与工作物质的特性无关,所引进的温标显然不依赖于任何具体物质的特性,而是一种绝对温标,称为热力学温标.该温标是开尔文引进的,所以也称为开尔文温标.由热力学温标计量的温度为热力学温度,单位用 K(开[尔文]).

式(1.12.7)只确定了两个温度的比值.为了完全确定温标,还需要加一个条件.1954年,第 10 届国际计量大会(CGPM)决定选用水的三相点的热力学温度为 273.16 K.加上这个条件,热力学温标就完全确定了.2018 年,第 26 届国际计量大会通过的"修订国际单位制(SI)"的 1 号决议将国际单位制的 7 个基本单位全部改为由常量定义.当玻耳兹曼常量 $k$ 以单位 $J\cdot K^{-1}$ 即 $kg\cdot m^2\cdot s^{-2}\cdot K^{-1}$ 表示时,将其固定数值取为 $1.380\ 649\times 10^{-23}$ 来定义开尔文,其中千克、米和秒用 $h$(普朗克常量)、$c$(真空中光速)和 $\Delta\nu(Cs)$(艳频率)定义.

根据热力学温标可以建立绝对零度的概念.由式(1.12.7)可知,当可逆热机工作于两个确定温度之间时,低温热源的温度越低,传给它的热量就越少.绝对零度是一个极限温度,当低温热源的温度趋于这个极限温度时,传给低温热源的热量趋于零.

现在我们证明热力学温标和理想气体温标是一致的.根据式(1.9.8)和式(1.12.1),对于以理想气体为工作物质的可逆卡诺热机,有

$$\frac{Q_2}{Q_1}=\frac{T_2}{T_1} \tag{1.12.8}$$

其中 $T_1$ 和 $T_2$ 是用理想气体温标计量的温度.式(1.12.8)与式(1.12.7)相同,而且理想气体温标和热力学温标都规定水的三相点的温度数值为 273.16.由此可知,这两个温标是一致的,我们今后将用同一个符号 $T$ 表示它们[①].

应用热力学温标,可逆卡诺热机的效率可以表示为

$$\eta=1-\frac{Q_2}{Q_1}=1-\frac{T_2}{T_1} \tag{1.12.9}$$

## §1.13 克劳修斯等式和不等式

根据卡诺定理,工作于两个确定温度之间的任何热机的效率不大于工作于这两个温度

---

① 在导出式(1.9.8)时曾经假设理想气体的热容是常量.热力学温标与理想气体温标的一致性并不依赖于这个假设.参阅习题 1.13.

之间的可逆热机的效率.因此,由式(1.12.9)可得

$$\eta = 1 - \frac{Q_2}{Q_1} \leq 1 - \frac{T_2}{T_1} \tag{1.13.1}$$

其中等号适用于可逆热机.对于不可逆热机,上式应取小于号,其证明如下.如果不可逆热机与可逆热机的效率相等,则可用不可逆热机推动可逆热机逆向运行,使两个热机经循环后在高温和低温热源交换的热量相互抵消,两个热机的工作物质也都恢复原状,外界也没有变化.这样,不可逆热机的工作物质在其不可逆过程中产生的后果就被可逆热机的逆过程消除了,这是不可能的.所以一个不可逆热机的效率一定小于工作于同样两个温度之间的可逆热机的效率.因为式(1.13.1)中的 $Q_1$ 和 $Q_2$ 都是正的,所以有

$$\frac{Q_1}{T_1} - \frac{Q_2}{T_2} \leq 0 \tag{1.13.2}$$

注意式(1.13.2)中的 $Q_1$ 是从热源 $T_1$ 吸取的热量,$Q_2$ 是在热源 $T_2$ 放出的热量.如果把 $Q_2$ 也定义为从热源 $T_2$ 吸取的热量,就可以把式(1.13.2)写成更加对称的形式:

$$\frac{Q_1}{T_1} + \frac{Q_2}{T_2} \leq 0 \tag{1.13.3}$$

式(1.13.3)称为克劳修斯等式和不等式.

可以将克劳修斯等式和不等式推广到有 $n$ 个热源的情形.设一个系统在循环过程中与温度为 $T_1, T_2, \cdots, T_n$ 的 $n$ 个热源接触,从这 $n$ 个热源分别吸取 $Q_1, Q_2, \cdots, Q_n$ 的热量,可以证明:

$$\sum_{i=1}^{n} \frac{Q_i}{T_i} \leq 0 \tag{1.13.4}$$

为了证明式(1.13.4),假设另外有一个温度为 $T_0$ 的热源,并设有 $n$ 个可逆卡诺热机,其中第 $i$ 个可逆卡诺热机工作于 $T_0$ 与 $T_i$ 之间,从热源 $T_0$ 吸取热量 $Q_{0i}$,在热源 $T_i$ 放出热量 $Q_i$.根据式(1.12.7),有

$$Q_{0i} = \frac{T_0}{T_i} Q_i, \quad i = 1, 2, \cdots, n$$

对 $i$ 求和,得

$$Q_0 = \sum_{i=1}^{n} Q_{0i} = T_0 \sum_{i=1}^{n} \frac{Q_i}{T_i} \tag{1.13.5}$$

$Q_0$ 是这 $n$ 个可逆卡诺热机从温度为 $T_0$ 的热源所吸取的总热量.把这 $n$ 个可逆卡诺热机与系统原来进行的循环过程配合之后,$n$ 个热源在原来的循环过程中传给系统的热量都从卡诺热机收回了,系统与卡诺热机都恢复原状,只有热源 $T_0$ 放出了热量 $Q_0$.如果 $Q_0$ 是正的,则全部过程终了时,从单一热源 $T_0$ 吸取的热量 $Q_0$ 就全部转化为机械功.这是与热力学第二定律的开尔文表述相违背的.因此必有 $Q_0 \leq 0$.由于 $T_0 > 0$,所以可由式(1.13.5)得到式(1.13.4).

假如系统原来的循环过程是可逆的,则可令它反向运行,在逆过程中系统从热源 $T_i$ 吸取的热量为 $-Q_i$,根据式(1.13.4),应有

$$\sum_{i=1}^{n} \frac{-Q_i}{T_i} \leq 0$$

即

$$\sum_{i=1}^{n} \frac{Q_i}{T_i} \geqslant 0 \tag{1.13.6}$$

式(1.13.4)和式(1.13.6)要同时满足,必有

$$\sum_{i=1}^{n} \frac{Q_i}{T_i} = 0 \tag{1.13.7}$$

假如原来系统经历的循环过程是不可逆的,式(1.13.4)中的等号应该取消.因为假如取等号,则式(1.13.5)中的 $Q_0 = 0$.这样一来,原来的不可逆过程所产生的后果就可以通过 $n$ 个可逆卡诺热机消除了,这是不可能的.

对于一个更普遍的循环过程,应把式(1.13.4)中的求和号改为积分号而有

$$\oint \frac{\mathrm{d}Q}{T} \leqslant 0 \tag{1.13.8}$$

积分号上的圆圈表示沿某个循环过程求积分.$\mathrm{d}Q$ 是系统从温度为 $T$ 的热源吸取的热量.同样,式(1.13.8)中的等号适用于可逆过程,不等号适用于不可逆过程.

## §1.14 熵和热力学基本方程

根据上节的讨论,对于可逆过程,有

$$\oint \frac{\mathrm{d}Q}{T} = 0 \tag{1.14.1}$$

式中 $\mathrm{d}Q$ 为系统从温度为 $T$ 的热源吸取的热量,积分沿整个可逆循环过程进行.注意在可逆过程中,系统的温度和与之交换热量的热源的温度必须相等.如果在过程中系统的温度发生变化,应有多个热源与系统交换热量以保证这一点.这就是说,式(1.14.1)中的 $T$ 也是系统的温度.

设想系统从初态 A 经可逆过程 R 到达终态 B 以后,又经另一可逆过程 R′回到初态 A,构成一个循环过程,如图 1.14.1 所示.根据式(1.14.1),有

$$\int_A^B \frac{\mathrm{d}Q_R}{T} + \int_B^A \frac{\mathrm{d}Q_{R'}}{T} = 0$$

因此

$$\int_A^B \frac{\mathrm{d}Q_R}{T} = -\int_B^A \frac{\mathrm{d}Q_{R'}}{T} = \int_A^B \frac{\mathrm{d}Q_{R'}}{T} \tag{1.14.2}$$

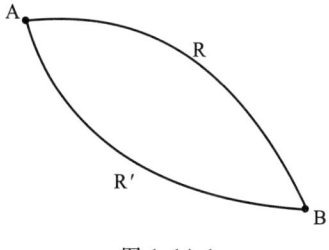

图 1.14.1

式(1.14.2)说明,由初态 A 经两个不同的可逆过程 R、R′到达终态 B,积分 $\int_A^B \frac{\mathrm{d}Q}{T}$ 的值相等.注意 R 和 R′是由 A 态到 B 态的两个任意的可逆过程.式(1.14.2)表明,在初态 A 和终态 B 给定后,积分 $\int_A^B \frac{\mathrm{d}Q}{T}$ 与可逆过程的路径无关.克劳修斯根据这个性质引进一个态函数——熵.它的定义是

$$S_B - S_A = \int_A^B \frac{\mathrm{d}Q}{T} \tag{1.14.3}$$

其中 A 和 B 是系统的两个平衡态,积分沿由 A 态到 B 态的任意可逆过程进行.注意式

(1.14.3)只给出了两态的熵差,熵函数中可以有一个任意的相加常量.由于系统在一个过程中吸取的热量与系统的质量成正比,由式(1.14.3)定义的熵函数是一个广延量.在国际单位制中,熵的单位是焦耳每开尔文($J \cdot K^{-1}$).

应当强调指出,仅对于可逆过程,积分 $\int_A^B \dfrac{\dj Q}{T}$ 的值才与路径无关.因此在熵的定义式(1.14.3)中,积分是沿由 A 态到 B 态的可逆过程进行的.如果系统由某一平衡态 A 经过一个不可逆过程到达另一平衡态 B,B 和 A 两态的熵差仍应根据式(1.14.3)沿由 A 态到 B 态的一个可逆过程的积分来定义.当然,这个可逆过程与原来的不可逆过程所引起的系统状态变化虽然相同,但外界的变化是不同的.不可逆过程前后熵变的计算可以参阅§1.17 中的例子.

对式(1.14.3)取微分,得

$$dS = \frac{\dj Q}{T} \tag{1.14.4}$$

式(1.14.4)给出在无穷小的可逆过程中,系统的熵变 $dS$ 与其温度 $T$ 及其在过程中吸取的热量 $\dj Q$ 的关系.注意 $S$ 是状态函数,$dS$ 是全微分.式(1.14.4)表明,虽然 $\dj Q$ 不是全微分而只是与过程有关的微分式,但用 $\dfrac{1}{T}$ 乘 $\dj Q$ 后,便得到全微分.这就是说,$\dfrac{1}{T}$ 是 $\dj Q$ 的积分因子.

根据热力学第一定律,$dU = \dj Q + \dj W$.在可逆过程中,如果只有体积变化功,则 $\dj W = -pdV$.根据热力学第二定律,在可逆过程中,有 $dS = \dfrac{\dj Q}{T}$.所以得

$$dS = \frac{dU + pdV}{T} \tag{1.14.5}$$

或

$$dU = TdS - pdV \tag{1.14.6}$$

式(1.14.6)综合了热力学第一定律和第二定律的结果,是热力学的基本微分方程.它给出了在相邻的两个平衡态,状态参量 $U$、$S$、$V$ 的增量之间的关系.

普遍地说,在可逆过程中,外界对系统所做的功可表示为

$$\dj W = \sum_i Y_i dy_i$$

其中 $Y$ 和 $y$ 是一组对应的物理量.例如,对于体积变化功,$\dj W = -pdV$.因此热力学基本方程的一般形式为

$$dU = TdS + \sum_i Y_i dy_i \tag{1.14.7}$$

最后,如果整个系统没有达到平衡,但可分为若干个处在局域平衡的部分,根据熵的广延性质可以将整个系统的熵定义为处在局域平衡的各部分的熵之和:

$$S = S_1 + S_2 + \cdots \tag{1.14.8}$$

## §1.15 理想气体的熵

上节引进了状态函数熵.我们将在第二章中讨论简单系统熵函数的一般表达式.本节先讨论理想气体的熵函数.

## §1.15 理想气体的熵

对于 1 mol 理想气体,$dU_m = C_{V,m}dT$,$pV_m = RT$,代入式(1.14.5),得

$$dS_m = \frac{C_{V,m}}{T}dT + R\frac{dV_m}{V_m} \tag{1.15.1}$$

积分得

$$S_m = \int \frac{C_{V,m}}{T}dT + R\ln V_m + S_{m0} \tag{1.15.2}$$

其中 $S_{m0}$ 是积分常量.

在 $C_{V,m}$ 可以看作常量的情形下,上式可以表示为

$$S_m = C_{V,m}\ln T + R\ln V_m + S_{m0} \text{①} \tag{1.15.3}$$

根据熵的广延性质,物质的量为 $n$ 的理想气体的熵应等于式(1.15.3)所给出的 $n$ 倍.考虑到 $V = nV_m$,可以将物质的量为 $n$ 的理想气体的熵表示为

$$S = nC_{V,m}\ln T + nR\ln V + S_0 \tag{1.15.4}$$

其中

$$S_0 = n(S_{m0} - R\ln n) \tag{1.15.5}$$

如果在所考虑的问题中,系统的物质的量 $n$ 不变,$S_0$ 可以看作常量.如果 $n$ 前后不同,则必须计及式(1.15.5)所给出的 $S_0$ 与 $n$ 的关系.我们在§4.6中将看到这一点.

将 $pV_m = RT$ 取对数微分得

$$\frac{dp}{p} + \frac{dV_m}{V_m} = \frac{dT}{T}$$

代入式(1.15.1)消去 $\frac{dV_m}{V_m}$,并考虑到 $C_{p,m} - C_{V,m} = R$,可得

$$dS_m = \frac{C_{p,m}}{T}dT - R\frac{dp}{p}$$

积分得

$$S_m = \int \frac{C_{p,m}}{T}dT - R\ln p + S_{m0} \tag{1.15.6}$$

其中 $S_{m0}$ 是积分常量.

在 $C_{p,m}$ 可以看作常量时,有

$$S_m = C_{p,m}\ln T - R\ln p + S_{m0} \tag{1.15.7}$$

对于物质的量为 $n$ 的理想气体,熵可表为

$$S = nC_{p,m}\ln T - nR\ln p + S_0 \tag{1.15.8}$$

其中 $S_0 = nS_{m0}$.应该注意,式(1.15.3)和式(1.15.7)中的 $S_{m0}$,以及式(1.15.4)和式(1.15.8)中的 $S_0$ 是不等的.

---

① 式中的 $T$ 和 $V_m$ 是有量纲的物理量,由于 $S_{m0}$ 中包括含有相同量纲的物理量的项,对应项所含量纲因子可相互消去。如果将式(1.15.2)写成定积分,$S_m = \int_{T_0}^{T} \frac{C_{V,m}}{T}dT + R\ln \frac{V_m}{V_{m0}} + S'_{m0}$,则式(1.15.3)中的 $S_{m0} = S'_{m0} - C_{V,m}\ln T_0 - R\ln V_{m0}$,可以更清楚地看出这一点.类似的情形以后不再说明.

在求得一个系统的熵函数的表达式以后,只要将初态和终态的状态参量代入相减,便可求得在一个过程(不论可逆与否)前后的熵变.

**例 1.15.1** 某种理想气体经准静态等温过程,体积由 $V_A$ 变为 $V_B$.求过程前后气体的熵变.

**解** 气体在初态 $(T,V_A)$ 的熵为
$$S_A = C_V \ln T + nR\ln V_A + S_0$$

在终态 $(T,V_B)$ 的熵为
$$S_B = C_V \ln T + nR\ln V_B + S_0$$

过程前后的熵变为
$$S_B - S_A = nR\ln \frac{V_B}{V_A} \tag{1.15.9}$$

如果 $\frac{V_B}{V_A}>1$,则有 $S_B-S_A>0$,过程中气体从热源吸热;如果 $\frac{V_B}{V_A}<1$,则有 $S_B-S_A<0$,过程中气体放热给热源.

## §1.16 热力学第二定律的数学表述

我们在 §1.14 中根据克劳修斯等式引入了状态函数熵.现在根据克劳修斯等式和不等式(1.13.8)给出热力学第二定律的数学表述.

设系统经过一个过程由初态 A 变到终态 B(图1.16.1),现在令系统经过一个设想的可逆过程由状态 B 回到状态 A,这个设想的过程与系统原来经历的过程合起来构成一个循环过程.根据式(1.13.8),有

$$\oint \frac{\dbar Q}{T} \leq 0 \tag{1.16.1}$$

或

$$\int_A^B \frac{\dbar Q}{T} + \int_B^A \frac{\dbar Q_r}{T} \leq 0$$

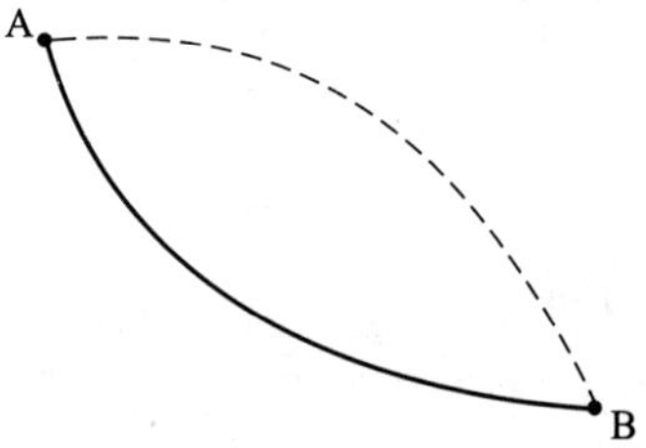

图 1.16.1

其中 $\dbar Q_r$ 代表系统在设想的可逆过程中吸取的热量.由熵的定义知
$$S_B - S_A = \int_A^B \frac{\dbar Q_r}{T}$$

故有
$$S_B - S_A \geq \int_A^B \frac{\dbar Q}{T} \tag{1.16.2}$$

式中 $T$ 是热源的温度,积分沿系统原来经历的过程进行.

对于无穷小的过程,则有
$$dS \geq \frac{\dbar Q}{T} \tag{1.16.3}$$

将热力学第一定律 $dU = \dbar Q + \dbar W$ 代入式(1.16.3),可得
$$dU \leq TdS + \dbar W \tag{1.16.4}$$

式(1.16.4)中等号适用于可逆过程.这时热源的温度 $T$ 等于系统的温度,如果只有体积变化功 $\mathrm{d}W=-p\mathrm{d}V$,结果就是式(1.14.6).式(1.16.4)中的小于号适用于不可逆过程.这时 $T$ 是热源的温度,$\mathrm{d}W$ 一般不能写成 $-p\mathrm{d}V$ 的形式.

式(1.16.2)和式(1.16.3)给出了热力学第二定律对过程的限制,违反这两个不等式的过程是不可能实现的.这是热力学第二定律的数学表述.我们将根据式(1.16.2)和式(1.16.3)讨论在各种约束条件下系统的可能变化.

本节讨论在绝热条件下的系统.绝热系统在过程中与外界没有热量交换,由式(1.16.2)得

$$S_B - S_A \geq 0 \tag{1.16.5}$$

式(1.16.5)指出,经绝热过程后,系统的熵永不减少.式中的等号适用于可逆过程,大于号适用于不可逆过程.因此,系统经可逆绝热过程后熵不变,经不可逆绝热过程后熵增加.在绝热条件下,熵减少的过程是不可能实现的.这个结论称为熵增加原理.

上面只讨论了系统的初态和终态是平衡态的情形.在初态和终态不是平衡态的情形下,如果可以把系统分成许多小部分,使每一小部分仍然是含有大量微观粒子的宏观系统,且每一部分的初态和终态都可以看作局域的平衡状态,则整个系统在初态和终态的熵可以定义为各部分熵之和(参阅 §1.14).非平衡态的熵这样定义之后,我们可将热力学第二定律的数学表述式(1.16.2)推广到初态和终态不是平衡态的情形,并且证明熵增加原理仍然正确,即经不可逆绝热过程后,系统的熵增加.

将系统分为 $n$ 个小部分,每一部分的初态和终态都处在局域平衡.当系统由初态 A 经一个过程变到终态 B 后,我们令每一部分各自经可逆过程由终态 $B_k (k=1,2,\cdots,n)$ 回到初态 $A_k$.由克劳修斯不等式,得

$$\int_A^B \frac{\mathrm{d}Q}{T} + \sum_{k=1}^{n} \int_{B_k}^{A_k} \frac{\mathrm{d}Q_r}{T} < 0$$

但

$$\int_{A_k}^{B_k} \frac{\mathrm{d}Q_r}{T} = S_{B_k} - S_{A_k}$$

故有

$$\sum_{k=1}^{n} S_{B_k} - \sum_{k=1}^{n} S_{A_k} > \int_A^B \frac{\mathrm{d}Q}{T}$$

或

$$S_B - S_A > \int_A^B \frac{\mathrm{d}Q}{T} \tag{1.16.6}$$

式(1.16.6)是对式(1.16.2)的推广.如果原来由初态 A 变到终态 B 的过程是绝热的,即有

$$S_B - S_A > 0 \tag{1.16.7}$$

这就在初态和终态是非平衡态的情形下证明了熵增加原理.

熵增加原理的一个重要应用是对孤立系统中所发生的过程进行分析.孤立系统与其他物体没有物质或能量交换,其中所发生的过程必然是绝热过程.由此可知,孤立系统的熵永不减少,其中发生的不可逆过程总是朝着熵增加的方向进行的.

从统计物理学的观点看,熵是系统中微观粒子无规运动的混乱程度的量度.熵增加原理

的统计意义是,孤立系统中发生的不可逆过程总是朝着混乱度增加的方向进行的.我们将在统计物理学部分详细讲述这个问题.

## §1.17 熵增加原理的简单应用

在本节中我们通过几个例子说明不可逆过程前后熵变的计算和熵增加原理的应用.

**例 1.17.1** 热量 $Q$ 从高温热源 $T_1$ 传到低温热源 $T_2$,求熵变.

**解** 总的熵变等于两个热源的熵变之和.热量 $Q$ 从热源 $T_1$ 传到热源 $T_2$ 是一个不可逆过程.设想一个可逆过程,它引起两个热源的变化与原来的不可逆过程所引起的变化相同.根据熵函数的定义,我们通过所设想的可逆过程求在原来的不可逆过程前后两个热源的熵变.

设想高温热源 $T_1$ 将热量 $Q$ 传给另一个温度为 $T_1$ 的热源.在温度相同的物体之间传递热量,过程是可逆的.由熵函数的定义知高温热源的熵变为

$$\Delta S_1 = -\frac{Q}{T_1}$$

设想低温热源 $T_2$ 从另一温度为 $T_2$ 的热源吸取了热量 $Q$.这个过程也是可逆的.由熵函数的定义知低温热源的熵变为

$$\Delta S_2 = \frac{Q}{T_2}$$

在所设想的可逆过程前后,两个热源的总熵变为

$$\Delta S = \Delta S_1 + \Delta S_2 = Q\left(\frac{1}{T_2} - \frac{1}{T_1}\right) \tag{1.17.1}$$

由于在原来的直接传热过程与所设想的可逆过程前后,两个热源的变化是相同的(外界的变化显然不同),式(1.17.1)所给出的也就是在原来直接传热过程中两个热源的熵变.在原来的直接传热过程中,两个热源与外界是绝热的,熵增加原理要求 $\Delta S \geq 0$.由 $T_1 > T_2$ 知 $Q > 0$.所以 $Q < 0$ 即热量从低温热源传到高温热源而不引起其他变化是不可能实现的.这就是热力学第二定律的克劳修斯表述.

**例 1.17.2** 将质量相同而温度分别为 $T_1$ 和 $T_2$ 的两杯水在等压下绝热地混合,求熵变.

**解** 两杯水等压绝热混合后,终态温度为 $\frac{T_1+T_2}{2}$.以 $T,p$ 为状态参量,两杯水的初态分别为 $(T_1,p)$ 和 $(T_2,p)$;终态为 $\left(\frac{T_1+T_2}{2},p\right)$.根据热力学基本方程,有

$$dS = \frac{dU + p dV}{T}$$

由于 $dS$ 是全微分,我们可以沿联结初态和终态的任意积分路径进行积分来求两态的熵变.既然两杯水在初态和终态的压强相同,在积分中令压强保持不变是方便的.在压强不变时 $dH = dU + p dV$,故

$$dS = \frac{dH}{T} = \frac{C_p dT}{T}$$

积分后得两杯水的熵变分别为

$$\begin{cases} \Delta S_1 = \int_{T_1}^{\frac{T_1+T_2}{2}} \frac{C_p dT}{T} = C_p \ln \frac{T_1+T_2}{2T_1} \\ \Delta S_2 = \int_{T_2}^{\frac{T_1+T_2}{2}} \frac{C_p dT}{T} = C_p \ln \frac{T_1+T_2}{2T_2} \end{cases} \quad (1.17.2)$$

总的熵变等于两杯水的熵变之和：

$$\Delta S = \Delta S_1 + \Delta S_2 = C_p \ln \frac{(T_1+T_2)^2}{4T_1 T_2} \quad (1.17.3)$$

当 $T_1 \neq T_2$ 时，$(T_1-T_2)^2 > 0$，由此易证 $(T_1+T_2)^2 > 4T_1 T_2$，因此式（1.17.3）的 $\Delta S > 0$，说明两杯水等压绝热混合是一个不可逆过程。

式（1.17.2）的积分也可以这样理解。设想有一系列彼此温差为无穷小的热源，其温度分布于 $T_1$ 到 $\frac{T_1+T_2}{2}$ 之间和 $T_2$ 到 $\frac{T_1+T_2}{2}$ 之间。令两杯水分别与这些热源接触以交换热量，使水温分别由 $T_1$ 和 $T_2$ 变至 $\frac{T_1+T_2}{2}$。在这一设想的过程中，热量是在温度相同的物体之间交换的，可以认为是可逆过程。这样，式（1.17.2）的积分可以理解为通过这一设想的可逆过程来求两杯水在混合前后的熵变。

**例 1.17.3** 理想气体初态温度为 $T$，体积为 $V_A$，经绝热自由膨胀过程体积膨胀为 $V_B$，求气体的熵变。

**解** 根据理想气体熵函数的表达式（1.15.4），将初态和终态的状态参量代入，可得气体初态的熵为

$$S_A = C_V \ln T + nR \ln V_A + S_0$$

终态的熵为

$$S_B = C_V \ln T + nR \ln V_B + S_0$$

故过程前后气体的熵变为

$$S_B - S_A = nR \ln \frac{V_B}{V_A} \quad (1.17.4)$$

由于 $\frac{V_B}{V_A} > 1$，故 $S_B - S_A > 0$。这说明理想气体的绝热自由膨胀过程是一个不可逆过程。值得注意，虽然式（1.17.4）与式（1.15.9）表达式完全相同，但式（1.17.4）中的 $V_B$ 必大于 $V_A$，而式（1.15.9）中的 $V_B$ 可大于或小于 $V_A$。另外，两个过程外界的变化是不同的。在式（1.17.4）表示的过程中，气体是绝热的，而在式（1.15.9）表示的过程中，气体与外界有热量交换，不能因为经等温膨胀过程后气体的熵增加而得出准静态等温膨胀过程是不可逆过程的错误结论。仅对于绝热过程，可以用熵函数在初态和终态的变化对过程的性质和方向进行判断。

## §1.18 自由能和吉布斯函数

我们在 §1.16 中讲述了热力学第二定律的数学表述，并据此导出了熵增加原理。熵增加原理指出了绝热条件下系统中不可逆过程进行的方向。如果把参与热量交换的所有物体都

纳入系统之内,原则上根据熵增加原理就可以判断任意不可逆过程的方向.不过在实际应用中,对于某些经常遇到的物理条件,用其他热力学函数进行判断更为方便.在本节中我们将根据热力学第二定律的数学表述讨论这一问题.

实际问题中往往遇到约束在等温条件下的系统.考虑如下的等温过程:系统在过程中与具有恒定温度 $T$ 的热源接触由初态 A 变到终态 B,A、B 两态都是平衡态,其温度 $T_A$ 和 $T_B$ 等于热源的温度 $T$.如果过程是可逆的,系统在整个过程中温度将始终保持为 $T$.如果过程是不可逆的,对过程中系统的温度没有任何限制,甚至系统中各部分的温度也不必相等,但初态和终态既然是平衡态,其温度应等于热源的温度 $T$.由式(1.16.2)知,系统在等温过程中从外界吸取的热量

$$Q \leq T(S_B - S_A) \tag{1.18.1}$$

式中等号适用于可逆过程,小于号适用于不可逆过程.上式给出系统在等温过程中从外界吸取的热量的上限.可逆过程取其中的上限.

根据热力学第一定律,$U_B - U_A = W + Q$.代入式(1.18.1)可得

$$-W \leq (U_A - U_B) - T(S_A - S_B) \tag{1.18.2}$$

上式给出系统在等温过程中对外做功的上限,可逆过程取其中的上限.

引入一个新的状态函数 $F$:

$$F = U - TS \tag{1.18.3}$$

称为亥姆霍兹(Helmholtz)函数或者亥姆霍兹自由能,简称自由能.可以将式(1.18.2)改写为

$$-W \leq F_A - F_B \tag{1.18.4}$$

上式指出,系统在等温过程中对外所做的功不大于其自由能的减小.换句话说,自由能的减小是在等温过程中从系统所能获得的最大功.

比较式(1.18.4)与式(1.5.3)可以看出,自由能在等温过程中的地位与内能在绝热过程中的地位相似,但又有所不同.根据式(1.5.3),在绝热过程(不论可逆与否)中,系统对外所做的功都等于其内能的减小;而根据式(1.18.4),自由能的减小是系统在等温过程中对外做功的上限.系统对外所做的功在可逆等温过程中才等于自由能的减小,在不可逆等温过程中则小于系统自由能的减小.原因在于在等温过程中系统与外界有热量的交换,而根据热力学第二定律,$Q \leq T(S_B - S_A)$,在只有体积功的情形下,体积不变时 $W = 0$,由式(1.18.4)知

$$F_B - F_A \leq 0 \tag{1.18.5}$$

这就是说,在等温等容条件下,系统的自由能永不增加.在等温等容条件下,系统中发生的不可逆过程总是朝着自由能减少的方向进行的.

这里需要作一点说明.如果所研究的系统是只有两个状态参量的简单系统,当系统的初态是具有确定 $T$、$V$ 值的平衡态时,系统将不会再发生热力学意义上的变化.我们在这里讨论的实际上是更为复杂的系统,例如复相系或多元系.这些系统在 $T$、$V$ 确定后,其状态仍然可能发生变化.

实际问题中也往往遇到约束在等温等压条件下的系统.考虑如下的等温等压过程:系统在过程中与具有恒定温度 $T$ 的热源接触,且外界的压强始终保持恒定值 $p$,系统的初态和终态是温度为 $T$、压强为 $p$ 的平衡态.如果过程是可逆的,系统在过程中将始终保持恒定的 $T$、$p$ 值;如果过程是不可逆的,对过程中系统的温度和压强没有任何限制,甚至系统中各部分的温度和压强也不必相等,但初态和终态是温度为 $T$、压强为 $p$ 的平衡态.

我们知道,在恒定的外界压强 $p$ 下系统体积由 $V_A$ 变为 $V_B$ 时,外界所做的功是 $W=-p(V_B-V_A)$.如果只有体积功,由式(1.18.4)知

$$p(V_B-V_A) \leq F_A - F_B \tag{1.18.6}$$

引进一个新的状态函数 $G$:

$$G = F + pV = U - TS + pV \tag{1.18.7}$$

称为吉布斯(Gibbs)函数或者吉布斯自由能.可以将式(1.18.6)表达为

$$G_B - G_A \leq 0 \tag{1.18.8}$$

上式的意义是,在等温等压条件下,系统的吉布斯函数永不增加.在等温等压条件下,系统中发生的不可逆过程总是朝着吉布斯函数减小的方向进行的.

类似地,如果所研究的系统是只有两个状态参量的简单系统,当系统的初态是具有确定 $T$、$p$ 值的平衡态时,系统将不会再发生热力学意义上的变化.我们在这里讨论的实际上是更为复杂的系统,例如复相系或多元系.这些系统在 $T$、$p$ 确定后,其状态仍然可能发生变化.

在第三章和第四章中,我们将应用自由能和吉布斯函数的上述性质研究复相系、多元系的相变和化学变化问题.

## 习　题

**1.1** 试求理想气体的体胀系数 $\alpha$,压强系数 $\beta$ 和等温压缩系数 $\kappa_T$.

**1.2** 证明任何一种具有两个独立参量 $T,p$ 的物质,其物态方程可由实验测得的体胀系数 $\alpha$ 及等温压缩系数 $\kappa_T$,根据下述积分求得:

$$\ln V = \int (\alpha \mathrm{d}T - \kappa_T \mathrm{d}p)$$

如果 $\alpha = \dfrac{1}{T}$,$\kappa_T = \dfrac{1}{p}$,试求物态方程.

**1.3** 简单固体和液体的体胀系数 $\alpha$ 和等温压缩系数 $\kappa_T$ 数值都很小,在一定温度范围内可以把它们看作常量.试证明简单固体和液体的物态方程可以近似表示为

$$V(T,p) = V_0(T_0,0)[1 + \alpha(T - T_0) - \kappa_T p]$$

**1.4** 在 0 ℃ 和 1 atm 下,测得一铜块的体胀系数和等温压缩系数分别为 $\alpha = 4.85 \times 10^{-5}$ K$^{-1}$ 和 $\kappa_T = 7.8 \times 10^{-7}$ atm$^{-1}$.$\alpha$ 和 $\kappa_T$ 可近似看作常量.现将铜块加热至 10 ℃.问:

(a) 压强要增加多少才能使铜块的体积维持不变?

(b) 若压强增加 100 atm,铜块的体积改变多少?

**1.5** 描述金属丝的几何参量是长度 $L$,力学参量是张力 $\mathscr{T}$,物态方程是

$$f(\mathscr{T}, L, T) = 0$$

实验通常在 1 atm 下进行,其体积变化可以忽略.

线胀系数定义为

$$\alpha_l = \frac{1}{L}\left(\frac{\partial L}{\partial T}\right)_{\mathscr{T}}$$

等温弹性模量定义为

$$E = \frac{L}{A}\left(\frac{\partial \mathscr{T}}{\partial L}\right)_T$$

其中 $A$ 是金属丝的截面积.一般来说,$\alpha_l$ 和 $E$ 是 $T$ 的函数,对 $\mathscr{T}$ 仅有微弱的依赖关系,如果温度变化范围不大,可以看作常量.假设金属丝两端固定.试证明:当温度由 $T_1$ 降至 $T_2$ 时,其张力的增加为

$$\Delta \mathscr{T} = -EA\alpha(T_2 - T_1)$$

1.6 一理想弹性丝的物态方程为
$$\mathscr{F} = bT\left(\frac{L}{L_0} - \frac{L_0^2}{L^2}\right)$$

其中 $L$ 是长度，$L_0$ 是张力 $\mathscr{F}$ 为零时的 $L$ 值，它只是温度 $T$ 的函数，$b$ 是常量。试证明：

(a) 等温弹性模量为
$$E = \frac{bT}{A}\left(\frac{L}{L_0} + \frac{2L_0^2}{L^2}\right)$$

其中 $A$ 是弹性丝的截面面积。在张力为零时，$E_0 = \dfrac{3bT}{A}$。

(b) 线胀系数 $\alpha_l$ 为
$$\alpha_l = \alpha_0 - \frac{1}{T}\frac{L^3/L_0^3 - 1}{L^3/L_0^3 + 2}$$

其中 $\alpha_0 = \dfrac{1}{L_0}\dfrac{\mathrm{d}L_0}{\mathrm{d}T}$。

1.7 抽成真空的小匣带有活门，打开活门让气体冲入。当压强达到外界压强 $p_0$ 时将活门关上。试证明：小匣内的空气在没有与外界交换热量之前，它的内能 $U$ 与原来在大气中的内能 $U_0$ 之差为 $U - U_0 = p_0 V_0$，其中 $V_0$ 是它原来在大气中的体积。若气体是理想气体，求它的温度和体积。

1.8 满足 $pV^n = C$（常量）的过程称为多方过程，其中常数 $n$ 称为多方指数。试证明：理想气体在多方过程中的热容 $C_n$ 为
$$C_n = \frac{n-\gamma}{n-1}C_V$$

1.9 试证明，理想气体在某一过程中的热容 $C_n$ 如果是常量，该过程一定是多方过程，多方指数 $n = \dfrac{C_n - C_p}{C_n - C_V}$。假设气体的定压热容和定容热容是常量。

1.10 声波在气体中的传播速度为
$$a = \sqrt{\left(\frac{\partial p}{\partial \rho}\right)_S}$$

假设气体是理想气体，其定压热容和定容热容是常量。试证明气体单位质量的内能 $u$ 和单位质量的焓 $h$ 可由声速 $a$ 及 $\gamma$ 给出：
$$u = \frac{a^2}{\gamma(\gamma-1)} + u_0, \quad h = \frac{a^2}{\gamma-1} + h_0$$

其中 $u_0, h_0$ 为常量。

1.11 大气温度随高度降低的主要原因是在对流层中不同高度之间的空气不断发生对流。由于气压随高度而降低，空气上升时膨胀，下降时收缩。空气的热导率很小，膨胀和收缩的过程可以认为是绝热过程。试计算大气温度随高度的变化率 $\dfrac{\mathrm{d}T}{\mathrm{d}z}$，并给出数值结果。

1.12 假设理想气体的 $C_p$ 和 $C_V$ 之比 $\gamma$ 是温度的函数，试求在准静态绝热过程中 $T$ 和 $V$ 的关系。该关系式中要用到一个函数 $F(T)$，其表达式为
$$\ln F(T) = \int \frac{\mathrm{d}T}{(\gamma-1)T}$$

1.13 利用上题的结果证明，当 $\gamma$ 为温度的函数时，理想气体卡诺循环的效率仍为 $\eta = 1 - \dfrac{T_2}{T_1}$。

1.14 试根据热力学第二定律证明两条绝热线不能相交。

1.15 热机在循环中与多个热源交换热量.在热机从其中吸取热量的热源中,热源的最高温度为 $T_1$.在热机向其放出热量的热源中,热源的最低温度为 $T_2$.试根据克劳修斯不等式证明:热机的效率不超过 $1-\dfrac{T_2}{T_1}$.

1.16 理想气体分别经等压过程和等容过程,温度由 $T_1$ 升至 $T_2$.假设 $\gamma$ 是常数,试证明前者的熵增为后者的 $\gamma$ 倍.

1.17 温度为 0 ℃ 的 1 kg 水与温度为 100 ℃ 的恒温热源接触后,水温达到 100 ℃.试分别求水和热源的熵变以及整个系统的总熵变.欲使整个系统的熵保持不变,应如何使水温从 0 ℃ 升至 100 ℃？已知水的比热容为 $4.18 \text{ J} \cdot \text{g}^{-1} \cdot \text{K}^{-1}$.

1.18 10 A 的电流通过一个 25 Ω 的电阻器,历时 1 s.

（a）若电阻器保持为室温 27 ℃,试求电阻器的熵增.

（b）若电阻器被一绝热壳包装起来,其初温为 27 ℃,电阻器的质量为 10 g,比定压热容 $c_p$ 为 $0.84 \text{ J} \cdot \text{g}^{-1} \cdot \text{K}^{-1}$,问电阻器的熵增为多少?

1.19 均匀杆的温度一端为 $T_1$,另一端为 $T_2$.试计算达到均匀温度 $\dfrac{1}{2}(T_1+T_2)$ 后的熵增.

1.20 一物质固态的摩尔热容为 $C_S$,液态的摩尔热容为 $C_L$.假设 $C_S$ 和 $C_L$ 都可看作常量.在某一压强下,该物质的熔点为 $T_0$,相变潜热为 $Q_0$.求在温度为 $T_1(T_1<T_0)$ 时,过冷液体与同温度下固体的摩尔熵差.假设过冷液体的摩尔热容亦为 $C_L$.

1.21 物体的初温 $T_1$ 高于热源的温度 $T_2$.有一热机在此物体与热源之间工作,直到将物体的温度降低到 $T_2$ 为止.若热机从物体吸取的热量为 $Q$,试根据熵增加原理证明,此热机所能输出的最大功为
$$W_{\max} = Q - T_2(S_1 - S_2)$$
其中 $S_1 - S_2$ 是物体的熵变.

1.22 有两个相同的物体,热容为常量,初始温度同为 $T_i$.现令一制冷机在这两个物体间工作,使其中一个物体的温度降低到 $T_2$ 为止.假设物体维持在定压下,并且不发生相变.试根据熵增加原理证明,此过程所需的最小功为
$$W_{\min} = C_p\left(\dfrac{T_i^2}{T_2} + T_2 - 2T_i\right)$$

1.23 简单系统有两个独立参量.如果以 $T$、$S$ 为独立参量,可用纵坐标表示温度 $T$,横坐标表示熵 $S$,构成 $T$-$S$ 图.图中的一点与系统的一个平衡态相对应,一条曲线与一个可逆过程相对应.试在图中画出可逆卡诺循环过程的曲线,并利用 $T$-$S$ 图求卡诺循环的效率.

部分习题
参考答案

# 第二章 均匀物质的热力学性质

## §2.1 内能、焓、自由能和吉布斯函数的全微分

在第一章中,我们根据热力学的基本规律引进了三个基本的热力学概念——物态方程、内能和熵,并导出了热力学的基本方程

$$dU = TdS - pdV \tag{2.1.1}$$

热力学基本方程给出了相邻两个平衡态的内能、熵和体积之间的关系,可以把式(2.1.1)看作 $U$ 作为 $S$、$V$ 的函数的全微分的表达式. $U$ 作为 $S$、$V$ 的函数,其全微分为

$$dU = \left(\frac{\partial U}{\partial S}\right)_V dS + \left(\frac{\partial U}{\partial V}\right)_S dV$$

与式(2.1.1)比较,可知

$$\left(\frac{\partial U}{\partial S}\right)_V = T, \quad \left(\frac{\partial U}{\partial V}\right)_S = -p \tag{2.1.2}$$

考虑到求偏导数的次序可以交换,即 $\dfrac{\partial^2 U}{\partial V \partial S} = \dfrac{\partial^2 U}{\partial S \partial V}$,可得

$$\left(\frac{\partial T}{\partial V}\right)_S = -\left(\frac{\partial p}{\partial S}\right)_V \tag{2.1.3}$$

在第一章中还引进了热力学函数焓、自由能和吉布斯函数. 焓的定义是 $H = U + pV$. 对 $H$ 求微分,并将式(2.1.1)代入,得

$$dH = TdS + Vdp \tag{2.1.4}$$

$H$ 作为 $S$、$p$ 的函数,其全微分为

$$dH = \left(\frac{\partial H}{\partial S}\right)_p dS + \left(\frac{\partial H}{\partial p}\right)_S dp$$

与式(2.1.4)比较,得

$$\left(\frac{\partial H}{\partial S}\right)_p = T, \quad \left(\frac{\partial H}{\partial p}\right)_S = V \tag{2.1.5}$$

考虑到求偏导数的次序可以交换,易得

$$\left(\frac{\partial T}{\partial p}\right)_S = \left(\frac{\partial V}{\partial S}\right)_p \tag{2.1.6}$$

自由能的定义是 $F = U - TS$. 对 $F$ 求微分,并将式(2.1.1)代入,得

$$dF = -SdT - pdV \tag{2.1.7}$$

类似可得

$$\left(\frac{\partial F}{\partial T}\right)_V = -S, \quad \left(\frac{\partial F}{\partial V}\right)_T = -p \tag{2.1.8}$$

及
$$\left(\frac{\partial S}{\partial V}\right)_T = \left(\frac{\partial p}{\partial T}\right)_V \tag{2.1.9}$$

吉布斯函数的定义是 $G=U-TS+pV$. 对 $G$ 求微分,并将式(2.1.1)代入,得
$$dG = -SdT + Vdp \tag{2.1.10}$$
类似可得
$$\left(\frac{\partial G}{\partial T}\right)_p = -S, \quad \left(\frac{\partial G}{\partial p}\right)_T = V \tag{2.1.11}$$
及
$$\left(\frac{\partial S}{\partial p}\right)_T = -\left(\frac{\partial V}{\partial T}\right)_p \tag{2.1.12}$$

函数 $U(S,V)$、$H(S,p)$、$F(T,V)$ 和 $G(T,p)$ 是 §2.5 中要讲到的特性函数的例子,其自变量称为各特性函数的自然变量. 式(2.1.2)、式(2.1.5)、式(2.1.8) 和式(2.1.11) 四式将 $S$、$T$、$p$、$V$ 四个变量用热力学函数 $U$、$H$、$F$、$G$ 的偏导数表达出来. 式(2.1.3)、式(2.1.6)、式(2.1.9) 和式(2.1.12) 则给出了 $S$、$T$、$p$、$V$ 这四个变量的偏导数之间的关系. 本章将利用这两组公式通过数学推演得出简单系统平衡性质的关系,并导出简单系统热力学函数的一般表达式. 这是热力学的一个重要应用. 我们将看到,得到的热力学关系是非常普遍的,适用于处在平衡态的任何简单系统. 我们还将看到,对于其他热力学均匀系统,通过直接的代换,可以得到类似的关系(参阅 §2.7). 在 §2.7 和第三、四章中我们还将这些关系推广到三个自变量以上的情形.

我们强调,上述两组关系都来源于热力学基本方程(2.1.1),是根据热力学基本方程的全微分性质得到的.

## §2.2 麦克斯韦关系的简单应用

上节导出了 $S$、$T$、$p$、$V$ 四个变量的偏导数之间的关系:
$$\left(\frac{\partial T}{\partial V}\right)_S = -\left(\frac{\partial p}{\partial S}\right)_V \tag{2.2.1}$$
$$\left(\frac{\partial T}{\partial p}\right)_S = \left(\frac{\partial V}{\partial S}\right)_p \tag{2.2.2}$$
$$\left(\frac{\partial S}{\partial V}\right)_T = \left(\frac{\partial p}{\partial T}\right)_V \tag{2.2.3}$$
$$\left(\frac{\partial S}{\partial p}\right)_T = -\left(\frac{\partial V}{\partial T}\right)_p \tag{2.2.4}$$

以上偏导数关系是由麦克斯韦(Maxwell)最先导出来的,称为麦克斯韦关系. 利用麦克斯韦关系,可以把一些不能直接通过实验测量的物理量以物态方程(或 $\alpha$ 和 $\kappa_T$)和热容等可以直接通过实验测量的物理量表达出来.

现在举几个例子. 选 $T$、$V$ 为状态参量,内能 $U$ 的全微分为
$$dU = \left(\frac{\partial U}{\partial T}\right)_V dT + \left(\frac{\partial U}{\partial V}\right)_T dV$$

而由
$$dU = TdS - pdV$$
及以 $T$、$V$ 为自变量时熵的全微分表达式
$$dS = \left(\frac{\partial S}{\partial T}\right)_V dT + \left(\frac{\partial S}{\partial V}\right)_T dV$$
可得
$$dU = T\left(\frac{\partial S}{\partial T}\right)_V dT + \left[T\left(\frac{\partial S}{\partial V}\right)_T - p\right] dV$$
比较得
$$C_V = \left(\frac{\partial U}{\partial T}\right)_V = T\left(\frac{\partial S}{\partial T}\right)_V \tag{2.2.5}$$
及
$$\left(\frac{\partial U}{\partial V}\right)_T = T\left(\frac{\partial S}{\partial V}\right)_T - p \tag{2.2.6}$$
式(2.2.5)给出定容热容的另一表达式.将式(2.2.3)代入式(2.2.6)得
$$\left(\frac{\partial U}{\partial V}\right)_T = T\left(\frac{\partial p}{\partial T}\right)_V - p \tag{2.2.7}$$
式(2.2.7)给出在温度保持不变时内能随体积的变化率与物态方程的关系.

例如,对于理想气体,有
$$pV_m = RT$$
由式(2.2.7)得
$$\left(\frac{\partial U_m}{\partial V_m}\right)_T = 0$$
这正是焦耳定律的结果.

对于范德瓦耳斯气体,有
$$\left(p + \frac{a}{V_m^2}\right)(V_m - b) = RT$$
由式(2.2.7)得
$$\left(\frac{\partial U_m}{\partial V_m}\right)_T = \frac{RT}{V_m - b} - p = \frac{a}{V_m^2}$$
这是在温度保持不变时范德瓦耳斯气体的内能随体积的变化率.

如果选 $T$、$p$ 为独立变量,焓的全微分为
$$dH = \left(\frac{\partial H}{\partial T}\right)_p dT + \left(\frac{\partial H}{\partial p}\right)_T dp$$
而由
$$dH = TdS + Vdp$$
及以 $T$、$p$ 为自变量时熵的全微分表达式
$$dS = \left(\frac{\partial S}{\partial T}\right)_p dT + \left(\frac{\partial S}{\partial p}\right)_T dp$$

可得
$$dH = T\left(\frac{\partial S}{\partial T}\right)_p dT + \left[T\left(\frac{\partial S}{\partial p}\right)_T + V\right]dp$$

比较得
$$C_p = \left(\frac{\partial H}{\partial T}\right)_p = T\left(\frac{\partial S}{\partial T}\right)_p \tag{2.2.8}$$

$$\left(\frac{\partial H}{\partial p}\right)_T = T\left(\frac{\partial S}{\partial p}\right)_T + V \tag{2.2.9}$$

式(2.2.8)给出了定压热容的另一表达式. 将式(2.2.4)代入式(2.2.9)可得

$$\left(\frac{\partial H}{\partial p}\right)_T = V - T\left(\frac{\partial V}{\partial T}\right)_p \tag{2.2.10}$$

式(2.2.10)给出了在温度保持不变时焓随压强的变化率与物态方程的关系.

现在利用麦克斯韦关系计算任意简单系统的定压热容和定容热容之差. 由式(2.2.5)和式(2.2.8),有

$$C_p - C_V = T\left(\frac{\partial S}{\partial T}\right)_p - T\left(\frac{\partial S}{\partial T}\right)_V$$

而由函数关系
$$S(T,p) = S[T,V(T,p)]$$

可得
$$\left(\frac{\partial S}{\partial T}\right)_p = \left(\frac{\partial S}{\partial T}\right)_V + \left(\frac{\partial S}{\partial V}\right)_T \left(\frac{\partial V}{\partial T}\right)_p$$

因此
$$C_p - C_V = T\left(\frac{\partial S}{\partial V}\right)_T \left(\frac{\partial V}{\partial T}\right)_p$$

利用麦克斯韦关系式(2.2.3),可将上式化为

$$C_p - C_V = T\left(\frac{\partial p}{\partial T}\right)_V \left(\frac{\partial V}{\partial T}\right)_p \tag{2.2.11}$$

上式给出两热容之差与物态方程的关系. 例如,对于理想气体,可得
$$C_p - C_V = nR$$

上式正是式(1.7.8). 应该注意,在§1.7中我们根据热力学第一定律只求得理想气体的 $C_p$ 与 $C_V$ 之差,而式(2.2.11)则适用于任意的简单系统. 也可以将式(2.2.11)表示为

$$C_p - C_V = \frac{VT\alpha^2}{\kappa_T} \tag{2.2.12}$$

式中 $\alpha$ 和 $\kappa_T$ 分别为体胀系数和等温压缩系数. 上式的右方不可能取负值,因此恒有 $C_p - C_V \geq 0$. 水的密度在 4 ℃ 时具有极大值,此时 $\alpha = 0$. 因此在 4 ℃ 时水的 $C_p = C_V$. 实验上难以测量固体和液体的定容热容,但可以根据式(2.2.12)由定压热容及 $\alpha$、$\kappa_T$ 计算出来. 例如,在 0 ℃ 和 1 atm 下, 测得水银的下列数据:$C_p = 28.0$ J·K$^{-1}$,$V = 1.47 \times 10^{-5}$ m$^3$,$\alpha = 181 \times 10^{-6}$ K$^{-1}$,$\kappa_T = 3.94 \times 10^{-6}$ atm$^{-1}$ ($= 3.89 \times 10^{-11}$ Pa$^{-1}$),$T = 273$ K,代入式(2.2.12)即求得 $C_V = 24.6$ J·K$^{-1}$.

在热力学中往往要进行导数变换的运算. 雅可比(Jacobi)行列式是进行导数变换运算的

**例 2.2.1** 求证:绝热压缩系数 $\kappa_S$ 与等温压缩系数 $\kappa_T$ 之比等于定容热容与定压热容之比.

**证明** $\kappa_S$ 和 $\kappa_T$ 的定义分别是

$$\kappa_S = -\frac{1}{V}\left(\frac{\partial V}{\partial p}\right)_S, \quad \kappa_T = -\frac{1}{V}\left(\frac{\partial V}{\partial p}\right)_T \tag{2.2.13}$$

因此

$$\frac{\kappa_S}{\kappa_T} = \frac{-\frac{1}{V}\left(\frac{\partial V}{\partial p}\right)_S}{-\frac{1}{V}\left(\frac{\partial V}{\partial p}\right)_T} = \frac{\partial(V,S)}{\partial(p,S)} \Big/ \frac{\partial(V,S)}{\partial(p,T)} = \frac{\partial(V,S)}{\partial(V,T)} \Big/ \frac{\partial(p,S)}{\partial(p,T)} = \frac{\left(\frac{\partial S}{\partial T}\right)_V}{\left(\frac{\partial S}{\partial T}\right)_p} = \frac{C_V}{C_p} \tag{2.2.14}$$

**例 2.2.2** 求证:

$$C_p - C_V = -T\frac{\left(\frac{\partial p}{\partial T}\right)_V^2}{\left(\frac{\partial p}{\partial V}\right)_T} \tag{2.2.15}$$

**证明**

$$C_p = T\left(\frac{\partial S}{\partial T}\right)_p = T\frac{\partial(S,p)}{\partial(T,p)} = T\frac{\dfrac{\partial(S,p)}{\partial(T,V)}}{\dfrac{\partial(T,p)}{\partial(T,V)}}$$

$$= T\frac{\left(\frac{\partial S}{\partial T}\right)_V\left(\frac{\partial p}{\partial V}\right)_T - \left(\frac{\partial S}{\partial V}\right)_T\left(\frac{\partial p}{\partial T}\right)_V}{\left(\frac{\partial p}{\partial V}\right)_T} = C_V - T\frac{\left(\frac{\partial p}{\partial T}\right)_V^2}{\left(\frac{\partial p}{\partial V}\right)_T}$$

## §2.3 气体的节流过程和绝热膨胀过程

我们在上节利用麦克斯韦关系将一些不能直接通过实验测量的物理量用物态方程(或 $\alpha$ 和 $\kappa_T$)和热容表达出来.在热力学中,往往用偏导数描述一个物理效应.例如,在可逆绝热过程中熵保持不变,可逆绝热过程中温度随压强的变化率用 $\left(\dfrac{\partial T}{\partial p}\right)_S$ 描述;在绝热自由膨胀过程中内能保持不变,绝热自由膨胀过程中温度随体积的变化率用 $\left(\dfrac{\partial T}{\partial V}\right)_U$ 描述,等等.为了求出某一效应的变化率,可以将描述该效应的偏导数用 $C_p$、$\alpha$、$\kappa_T$ 表示出来,或者求出描述该效应的偏导数与描述另一效应的偏导数之间的关系.作为例子,本节讨论气体的节流过程和绝热膨胀过程.这两种过程都是获得低温的常用方法.

先讨论节流过程.如图 2.3.1 所示,管子用不导热

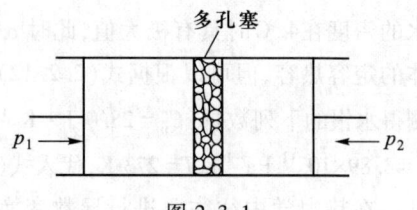

图 2.3.1

的材料包着,管子中间有一个多孔塞或节流阀.多孔塞两边各维持着较高的压强 $p_1$ 和较低的压强 $p_2$,于是气体从高压的一边经多孔塞不断地流到低压的一边,并达到定常状态.这个过程就叫作节流过程.测量气体在多孔塞两边的温度表明,在节流过程前后,气体的温度发生了变化.该效应称为焦耳-汤姆孙效应,简称焦汤效应,是焦耳和汤姆孙(W. Thomson,后来被封为开尔文男爵)在1852年用多孔塞实验研究气体内能时发现的.

现在用热力学理论对节流过程进行分析.设在过程中有一定数量的气体通过了多孔塞.在通过多孔塞前,其压强为 $p_1$,体积为 $V_1$,内能为 $U_1$;通过多孔塞后,压强为 $p_2$,体积为 $V_2$,内能为 $U_2$. 在过程中,外界对这部分气体所做的功是 $p_1V_1-p_2V_2$. 因为过程是绝热的,根据热力学第一定律,有

$$U_2 - U_1 = p_1V_1 - p_2V_2$$

即

$$U_2 + p_2V_2 = U_1 + p_1V_1$$

或

$$H_1 = H_2 \tag{2.3.1}$$

这就是说,在节流过程前后,气体的焓相等.定义

$$\mu = \left(\frac{\partial T}{\partial p}\right)_H \tag{2.3.2}$$

表示在焓不变的条件下气体温度随压强的变化率,称为焦耳-汤姆孙系数,简称焦汤系数.取 $T$、$p$ 为状态参量,状态函数焓可表为 $H = H(T,p)$.偏导数间应存在下述关系:

$$\left(\frac{\partial T}{\partial p}\right)_H \left(\frac{\partial p}{\partial H}\right)_T \left(\frac{\partial H}{\partial T}\right)_p = -1$$

或

$$\left(\frac{\partial T}{\partial p}\right)_H = -\frac{\left(\frac{\partial H}{\partial p}\right)_T}{\left(\frac{\partial H}{\partial T}\right)_p} \tag{2.3.3}$$

将式(2.2.8)和式(2.2.10)代入,得

$$\mu = \left(\frac{\partial T}{\partial p}\right)_H = \frac{1}{C_p}\left[T\left(\frac{\partial V}{\partial T}\right)_p - V\right] \tag{2.3.4}$$

或

$$\mu = \frac{V}{C_p}(T\alpha - 1) \tag{2.3.5}$$

式(2.3.4)和式(2.3.5)给出了焦汤系数与物态方程和热容的关系.

对于理想气体,$\alpha = \frac{1}{T}$,所以 $\mu = 0$.这就是说,理想气体在节流过程前后温度不变.

对于实际气体,若 $\alpha T > 1$,有 $\mu > 0$;若 $\alpha T < 1$,有 $\mu < 0$.注意,一般来说,$\alpha$ 是 $T$、$p$ 的函数,所

以 $\alpha = \dfrac{1}{T}$ 对应于 $T\text{-}p$ 图上的一条曲线,称为反转曲线.曲线给出使 $\mu = 0$ 的温度(称为反转温度)与压强的关系.图 2.3.2 中的虚线是实测的 $N_2$ 的反转曲线.在曲线的一侧 $\mu > 0$,气体经节流过程后降温,称为制冷区;在曲线的另一侧 $\mu < 0$,气体在节流过程后升温,称为制温区.利用节流过程的降温效应可以使气体降温而液化.

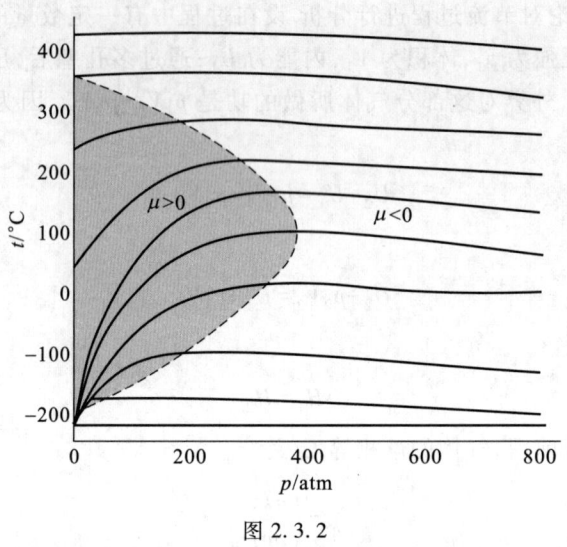

图 2.3.2

现在我们根据昂内斯方程(1.3.13)对焦汤效应作一分析.只保留到第二位力系数,昂内斯方程近似为

$$p = \frac{nRT}{V}\left[1 + \frac{n}{V}B(T)\right] \tag{2.3.6}$$

注意修正项 $\dfrac{n}{V}B(T)$ 远小于 1,我们可以把零级近似 $\dfrac{n}{V} = \dfrac{p}{RT}$ 代入该修正项而将上式表示为

$$p = \frac{nRT}{V}\left(1 + \frac{p}{RT}B\right)$$

或

$$V = n\left(\frac{RT}{p} + B\right)$$

将根据上式和式(1.3.2)算得的 $\alpha$ 代入式(2.3.5),得

$$\mu = \frac{n}{C_p}\left(T\frac{dB}{dT} - B\right) \tag{2.3.7}$$

由图 1.3.1 可以看出,$T\dfrac{dB}{dT}$ 是正的,在足够低的温度下,分子间吸力的影响显著,使 $B$ 取负值,因此式(2.3.7)给出的 $\mu > 0$.温度足够高时,斥力的影响显著,使 $B$ 取正值,有可能使 $\mu < 0$,反转温度的存在是分子间吸力和斥力的影响相互竞争的表现.

图 2.3.2 中的实线是等焓线.不过在节流过程中气体的状态并非沿等焓线变化.节流过程是一个不可逆过程,我们只是将节流过程前后达到定常状态的气体的初态和终态近似看作平衡态,利用其焓相等即 $H(T_1, p_1) = H(T_2, p_2)$ 的条件,确定压强降低 $p_1 - p_2$ 后所能获得

的温度降低.

现在讨论气体的绝热膨胀.如果把过程近似地看作准静态,在准静态绝热过程中,气体的熵保持不变.由

$$dS = \left(\frac{\partial S}{\partial T}\right)_p dT + \left(\frac{\partial S}{\partial p}\right)_T dp = 0$$

可得

$$\left(\frac{\partial T}{\partial p}\right)_S = -\frac{\left(\frac{\partial S}{\partial p}\right)_T}{\left(\frac{\partial S}{\partial T}\right)_p} = \frac{T}{C_p}\left(\frac{\partial V}{\partial T}\right)_p = \frac{VT\alpha}{C_p} \tag{2.3.8}$$

式(2.3.8)给出了在准静态绝热过程中气体的温度随压强的变化率.上式右方是恒正的,所以随着体积膨胀,压强降低,气体的温度必然下降.从能量转化的角度看,气体在绝热膨胀过程中减少其内能而对外做功,膨胀后气体分子间的平均距离增大,吸力的影响减弱而使分子间的相互作用能有所增加.内能减少,相互作用能又增加,分子的平均动能必然减少,因而气体的温度下降.气体的绝热膨胀过程也被用来使气体降温并液化.

我们将在§2.8中进一步讨论利用节流过程和绝热膨胀过程获得低温的问题.

## §2.4 基本热力学函数的确定

在前面所引进的热力学函数中,最基本的是物态方程、内能和熵,其他热力学函数均可由这三个基本函数导出.现在我们导出简单系统的基本热力学函数的一般表达式,即这三个函数与状态参量的函数关系.

如果选$T$、$V$为状态参量,物态方程为

$$p = p(T, V) \tag{2.4.1}$$

前面已经说过,在热力学中物态方程要由实验测定.

根据式(2.2.5)和式(2.2.7),内能的全微分为

$$dU = C_V dT + \left[T\left(\frac{\partial p}{\partial T}\right)_V - p\right]dV \tag{2.4.2}$$

沿一条任意的积分路线求积分,可得

$$U = \int\left\{C_V dT + \left[T\left(\frac{\partial p}{\partial T}\right)_V - p\right]dV\right\} + U_0 \tag{2.4.3}$$

式(2.4.3)是内能的积分表达式.

根据式(2.2.5)和式(2.2.3),熵的全微分为

$$dS = \frac{C_V}{T}dT + \left(\frac{\partial p}{\partial T}\right)_V dV \tag{2.4.4}$$

求线积分得

$$S = \int\left[\frac{C_V}{T}dT + \left(\frac{\partial p}{\partial T}\right)_V dV\right] + S_0 \tag{2.4.5}$$

式(2.4.5)是熵的积分表达式.

由式(2.4.3)和式(2.4.5)可知,如果测得物质的 $C_V$ 和物态方程,即可求得物质的内能函数和熵函数.还可以证明,只要测得在某一体积下的定容热容 $C_V^0$,则任意体积下的定容热容都可根据物态方程求出来(习题 2.9).因此,只需知道物态方程和某一体积下的定容热容,就可以求得内能和熵.

如果选 $T$、$p$ 为状态参量,物态方程是

$$V = V(T, p) \tag{2.4.6}$$

关于内能函数,在选 $T$、$p$ 为独立变量时,先求焓较为方便.由式(2.2.8)和式(2.2.10)得焓的全微分为

$$dH = C_p dT + \left[ V - T\left(\frac{\partial V}{\partial T}\right)_p \right] dp \tag{2.4.7}$$

求线积分,得

$$H = \int \left\{ C_p dT + \left[ V - T\left(\frac{\partial V}{\partial T}\right)_p \right] dp \right\} + H_0 \tag{2.4.8}$$

式(2.4.8)是焓的积分表达式.再由 $U = H - pV$ 即可求得内能.

关于熵函数,由式(2.2.8)和式(2.2.4)得熵的全微分为

$$dS = \frac{C_p}{T} dT - \left(\frac{\partial V}{\partial T}\right)_p dp \tag{2.4.9}$$

求线积分得

$$S = \int \left[ \frac{C_p}{T} dT - \left(\frac{\partial V}{\partial T}\right)_p dp \right] + S_0 \tag{2.4.10}$$

式(2.4.10)是熵的积分表达式.

由式(2.4.8)和式(2.4.10)可知,只要测得物质的定压热容 $C_p$ 和物态方程,即可求得物质的内能函数(先求焓)和熵函数.还可以证明,只要测得某一压强下的定压热容 $C_p^0$,则任意压强下的 $C_p$ 都可根据物态方程求出来(习题 2.9).因此,只需知道物态方程和某一压强下的定压热容,就可以求得内能和熵.

对于固体和液体,定容热容在实验上难以直接测定,选 $T$、$p$ 为自变量比较方便.根据物质的微观结构,用统计物理学的方法原则上可以求出物质的热力学函数,这将在统计物理学部分讲述.

下面我们举几个例子.

**例 2.4.1** 以 $T$、$p$ 为状态参量,求理想气体的焓、熵和吉布斯函数.

**解** 1 mol 理想气体的物态方程为

$$pV_m = RT$$

由物态方程得

$$\left(\frac{\partial V_m}{\partial T}\right)_p = \frac{R}{p}, \quad V_m - T\left(\frac{\partial V_m}{\partial T}\right)_p = 0$$

代入式(2.4.8),得理想气体的摩尔焓为

$$H_m = \int C_{p,m} dT + H_{m0} \tag{2.4.11}$$

如果摩尔定压热容 $C_{p,m}$ 可以看作常量,则有

§2.4 基本热力学函数的确定

$$H_{\mathrm{m}} = C_{p,\mathrm{m}}T + H_{\mathrm{m}0} \tag{2.4.11'}$$

将 $\left(\dfrac{\partial V_{\mathrm{m}}}{\partial T}\right)_p = \dfrac{R}{p}$ 代入式(2.4.10),得理想气体的摩尔熵为

$$S_{\mathrm{m}} = \int \dfrac{C_{p,\mathrm{m}}}{T}\mathrm{d}T - R\ln p + S_{\mathrm{m}0} \tag{2.4.12}$$

如果摩尔定压热容 $C_{p,\mathrm{m}}$ 可以看作常量,则有

$$S_{\mathrm{m}} = C_{p,\mathrm{m}}\ln T - R\ln p + S_{\mathrm{m}0} \tag{2.4.12'}$$

式(2.4.11)和式(2.4.12)就是式(1.7.7)和式(1.15.6).

根据式(1.18.7),摩尔吉布斯函数为 $G_{\mathrm{m}} = H_{\mathrm{m}} - TS_{\mathrm{m}}$.将式(2.4.11)和式(2.4.12)代入,得理想气体的摩尔吉布斯函数为

$$G_{\mathrm{m}} = \int C_{p,\mathrm{m}}\mathrm{d}T - T\int C_{p,\mathrm{m}}\dfrac{\mathrm{d}T}{T} + RT\ln p + H_{\mathrm{m}0} - TS_{\mathrm{m}0} \tag{2.4.13}$$

如果热容可以看作常量,则有

$$G_{\mathrm{m}} = C_{p,\mathrm{m}}T - C_{p,\mathrm{m}}T\ln T + RT\ln p + H_{\mathrm{m}0} - TS_{\mathrm{m}0} \tag{2.4.13'}$$

式(2.4.13)可以表示为另一形式.利用分部积分公式

$$\int x\mathrm{d}y = xy - \int y\mathrm{d}x$$

令其中的 $x = \dfrac{1}{T}, y = \int C_{p,\mathrm{m}}\mathrm{d}T$,即可将式(2.4.13)表示为

$$G_{\mathrm{m}} = -T\int \dfrac{\mathrm{d}T}{T^2}\int C_{p,\mathrm{m}}\mathrm{d}T + RT\ln p + H_{\mathrm{m}0} - TS_{\mathrm{m}0} \tag{2.4.14}$$

通常将 $G_{\mathrm{m}}$ 写成

$$G_{\mathrm{m}} = RT(\varphi + \ln p) \tag{2.4.15}$$

其中 $\varphi$ 是温度的函数:

$$\varphi = \dfrac{H_{\mathrm{m}0}}{RT} - \int \dfrac{\mathrm{d}T}{RT^2}\int C_{p,\mathrm{m}}\mathrm{d}T - \dfrac{S_{\mathrm{m}0}}{R} \tag{2.4.16}$$

如果热容可以看作常量,则有

$$\varphi = \dfrac{H_{\mathrm{m}0}}{RT} - \dfrac{C_{p,\mathrm{m}}\ln T}{R} + \dfrac{C_{p,\mathrm{m}} - S_{\mathrm{m}0}}{R} \tag{2.4.16'}$$

以后我们要用到上述理想气体热力学函数的表达式,特别是式(2.4.15).

**例 2.4.2** 求范德瓦耳斯气体的内能和熵.

**解** 1 mol 范德瓦耳斯气体的物态方程为

$$\left(p + \dfrac{a}{V_{\mathrm{m}}^2}\right)(V_{\mathrm{m}} - b) = RT$$

由范德瓦耳斯方程可得

$$\left(\dfrac{\partial p}{\partial T}\right)_V = \dfrac{R}{V_{\mathrm{m}} - b}, \quad T\left(\dfrac{\partial p}{\partial T}\right)_V - p = \dfrac{a}{V_{\mathrm{m}}^2}$$

代入式(2.4.3)和式(2.4.5),并注意范德瓦耳斯气体的 $C_V$ 只是 $T$ 的函数,与体积无关(习题 2.10),可分别得

$$U_m = \int C_{V,m} dT - \frac{a}{V_m} + U_{m0} \tag{2.4.17}$$

$$S_m = \int \frac{C_{V,m}}{T} dT + R\ln(V_m - b) + S_{m0} \tag{2.4.18}$$

**例 2.4.3** 简单固体的物态方程为
$$V(T,p) = V_0(T_0, 0)[1 + \alpha(T - T_0) - \kappa_T p]$$
试求其内能和熵.

**解** 引入符号 $V_1 = V_0 - \alpha V_0 T_0$, 可将物态方程表示为
$$V = V_1 + V_0(\alpha T - \kappa_T p)$$
由此可得
$$\left(\frac{\partial p}{\partial T}\right)_V = \frac{\alpha}{\kappa_T}, \quad T\left(\frac{\partial p}{\partial T}\right)_V - p = \frac{V - V_1}{\kappa_T V_0}$$

代入式(2.4.3)和式(2.4.5), 注意在物态方程(1.3.14)中, $p$ 是 $T$ 的线性函数, 因此简单固体的定容热容 $C_V$ 与体积无关, 只是 $T$ 的函数(习题 2.9). 由此可得

$$U = \int C_V dT + \frac{1}{2} \frac{(V - V_1)^2}{\kappa_T V_0} + U_0 \tag{2.4.19}$$

$$S = \int \frac{C_V}{T} dT + \frac{\alpha}{\kappa_T} V + S_0 \tag{2.4.20}$$

## §2.5 特 性 函 数

马休(Massieu)在 1869 年证明, 如果适当选择独立变量(称为自然变量), 只要知道一个热力学函数, 就可以通过求偏导数而求得均匀系统的全部热力学函数, 从而把均匀系统的平衡性质完全确定. 这个已知的热力学函数称为特性函数, 表明它是表征均匀系统的特性的. 我们在 §2.1 中说过, 内能 $U$ 作为 $S$、$V$ 的函数, 焓 $H$ 作为 $S$、$p$ 的函数, 自由能 $F$ 作为 $T$、$V$ 的函数, 吉布斯函数 $G$ 作为 $T$、$p$ 的函数都是特性函数. 还有其他一些热力学函数也可以作为特性函数, 我们不作讨论.

在应用上, 最重要的特性函数是自由能和吉布斯函数. 式(2.1.7)给出了自由能的全微分表达式

$$dF = -SdT - pdV \tag{2.5.1}$$

因此

$$S = -\frac{\partial F}{\partial T}, \quad p = -\frac{\partial F}{\partial V} \tag{2.5.2}$$

如果已知 $F(T,V)$, 求 $F$ 对 $T$ 的偏导数即可得出熵 $S(T,V)$; 求 $F$ 对 $V$ 的偏导数即得出压强 $p(T,V)$, 这就是物态方程. 根据自由能的定义 $F = U - TS$, 有

$$U = F + TS = F - T\frac{\partial F}{\partial T} \tag{2.5.3}$$

上式给出内能 $U(T,V)$. 这样, 三个基本的热力学函数便都可由 $F(T,V)$ 求出来了. 式(2.5.3)称为吉布斯-亥姆霍兹(Gibbs-Helmholtz)方程.

在第七章玻耳兹曼统计和第九章正则系综理论中,就是用统计物理学方法求出自由能作为 $N$、$T$、$V$ 的函数,再进而求其他热力学函数的.

根据式(2.1.10),吉布斯函数的全微分为

$$\mathrm{d}G = -S\mathrm{d}T + V\mathrm{d}p \tag{2.5.4}$$

因此

$$S = -\frac{\partial G}{\partial T}, \quad V = \frac{\partial G}{\partial p} \tag{2.5.5}$$

如果已知 $G(T,p)$,求 $G$ 对 $T$ 的偏导数即可得出 $S(T,p)$;求 $G$ 对 $p$ 的偏导数即得出 $V(T,p)$,这就是物态方程.由吉布斯函数的定义,有

$$U = G + TS - pV = G - T\frac{\partial G}{\partial T} - p\frac{\partial G}{\partial p} \tag{2.5.6}$$

上式给出 $U(T,p)$.这样,三个基本的热力学函数便都可由 $G(T,p)$ 求出来了.由焓的定义 $H = U + pV$,得

$$H = G - T\frac{\partial G}{\partial T} \tag{2.5.7}$$

式(2.5.7)是吉布斯-亥姆霍兹方程的另一表达形式.

**例 2.5.1** 求表面系统的热力学函数.

**解** 表面指液体和其他相的交界面.它实际上是很薄的一层,在垂直于分界面的方向上,表面的性质有急剧的变化,现在把它理想化为一个几何面,并把分界面两侧的两相都看成均匀的.将表面看作一个热力学系统,描述表面系统的状态参量是表面张力系数 $\sigma$ 和表面积 $A$(相当于流体的 $p$ 和 $V$),表面系统的物态方程是 $\sigma$、$A$ 和 $T$ 的关系:

$$f(\sigma, A, T) = 0 \tag{2.5.8}$$

实验指出,表面张力系数只是 $T$ 的函数,与表面积 $A$ 无关.所以物态方程简化为 $\sigma = \sigma(T)$.

根据式(1.4.4),当表面的面积有 $\mathrm{d}A$ 的改变时,外界所做的功为 $đW = \sigma \mathrm{d}A$.因此表面系统自由能的全微分为

$$\mathrm{d}F = -S\mathrm{d}T + \sigma \mathrm{d}A \tag{2.5.9}$$

由此得

$$S = -\frac{\partial F}{\partial T}, \quad \sigma = \frac{\partial F}{\partial A} \tag{2.5.10}$$

将式(2.5.10)的第二式积分,注意 $\sigma$ 与 $A$ 无关,即得

$$F = \sigma A \tag{2.5.11}$$

当 $A \to 0$ 时,表面系统就不再存在,其自由能也应为零.所以式(2.5.11)不含积分常量.式(2.5.11)指出,$\sigma$ 是单位面积的自由能.

将式(2.5.11)代入式(2.5.10)的第一式,得表面系统的熵为

$$S = -A\frac{\mathrm{d}\sigma}{\mathrm{d}T} \tag{2.5.12}$$

由 $U = F + TS$,得表面系统的内能为

$$U = A\left(\sigma - T\frac{\mathrm{d}\sigma}{\mathrm{d}T}\right) \tag{2.5.13}$$

如果测得表面张力随温度的变化关系 $\sigma = \sigma(T)$，就可以求得表面系统的热力学函数.

## §2.6 热辐射的热力学理论

受热的固体会辐射电磁波，称为热辐射．一般情形下，热辐射的强度、强度按频率的分布与辐射体的温度、性质都有关．如果辐射体对电磁波的吸收和辐射达到平衡，热辐射的特性将只取决于温度，与辐射体的其他特性无关，称为平衡辐射．

考虑一个封闭的空窖，窖壁保持一定的温度 $T$．窖壁将不断向空窖发射并吸收电磁波，窖内辐射场与窖壁达到平衡后，二者具有共同的温度，显然空窖内的辐射就是平衡辐射，也称为黑体辐射（原因将在后面提到）.

平衡辐射包含各种频率，沿各个方向传播的电磁波．这些电磁波的振幅和相位是无规的．由热力学的一般理论可以证明，窖内平衡辐射是空间均匀和各向同性的．它的内能密度和内能密度按频率的分布只取决于温度，与空窖的其他特性无关．论证过程是类似的．下面只就最后一点进行论证．

设想有两个空窖，温度相同，但形状、体积和窖壁材料不同．开一个小窗把两个空窖连通起来，在窗上放上滤光片，滤光片只允许圆频率在 $\omega$ 到 $\omega+\mathrm{d}\omega$ 范围的电磁波通过，如图 2.6.1 所示．如果辐射场在 $\omega$ 到 $\omega+\mathrm{d}\omega$ 范围的内能密度在两窖不等，能量将通过小窗从内能密度较高的空窖辐射到内能密度较低的空窖，使前者温度降低，后者温度升高．这样就在温度相同的两个空窖间自发地产生温度差，可以利用该温度差来

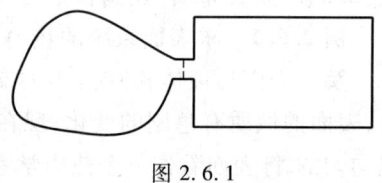

图 2.6.1

获得有用的功，这违背热力学第二定律，显然是不可能的．所以空窖辐射的内能密度和内能密度按频率的分布只可能是温度的函数．

现在根据热力学理论导出窖内平衡辐射的热力学函数．这里要用到电磁理论关于辐射压强 $p$ 与辐射能量密度 $u$ 之间的关系：

$$p = \frac{1}{3}u \tag{2.6.1}$$

该关系于 1901 年得到列别杰夫（Lebedev）的实验证明．根据统计物理理论可以导出上式［参阅式(8.4.16)］.

将窖内平衡辐射看作热力学系统．选温度 $T$ 和体积 $V$ 为状态参量．由于空窖辐射是均匀的，其内能密度只是温度 $T$ 的函数．空窖辐射的内能 $U(T,V)$ 可以表示为

$$U(T,V) = u(T)V \tag{2.6.2}$$

利用热力学公式(2.2.7)和式(2.6.1)可得

$$u = \frac{T}{3}\frac{\mathrm{d}u}{\mathrm{d}T} - \frac{u}{3}$$

即

$$T\frac{\mathrm{d}u}{\mathrm{d}T} = 4u$$

积分得

$$u = aT^4 \tag{2.6.3}$$

其中 $a$ 是积分常量. 式(2.6.3)指出,空窖辐射的内能密度与热力学温度 $T$ 的四次方成正比.

现在求空窖辐射的熵. 将式(2.6.3)的 $u$ 和式(2.6.1)的 $p$ 代入热力学基本方程

$$dS = \frac{dU + pdV}{T}$$

有

$$dS = \frac{1}{T}d(aT^4 V) + \frac{1}{3}aT^3 dV = 4aT^2 V dT + \frac{4}{3}aT^3 dV = \frac{4}{3}a\,d(VT^3)$$

积分得

$$S = \frac{4}{3}aT^3 V \tag{2.6.4}$$

式(2.6.4)中没有积分常量,因为 $VT^3 = 0$ 时就不存在辐射场了.

在可逆绝热过程中辐射场的熵不变,这时有

$$T^3 V = 常量 \tag{2.6.5}$$

将式(2.6.1)、式(2.6.3)和式(2.6.4)代入吉布斯函数 $G = U - TS + pV$,可得平衡辐射的吉布斯函数为零,即

$$G = 0 \tag{2.6.6}$$

根据统计物理学可以导出平衡辐射的热力学函数(§8.4). 我们将看到,式(2.6.6)是平衡辐射光子数不守恒的结果.

如果在窖壁开一小孔,电磁辐射将从小孔射出. 假设小孔足够小,使窖内辐射场的平衡状态不受显著破坏. 以 $J_u$ 表示单位时间内通过小孔单位面积向一侧辐射的辐射能量,称为辐射通量密度. 辐射通量密度 $J_u$ 与辐射内能密度 $u$ 之间存在以下关系:

$$J_u = \frac{1}{4}cu \tag{2.6.7}$$

上式证明如下. 考虑在单位时间内通过面积元 $dA$ 向一侧辐射的能量. 如果投射到 $dA$ 上的是一束传播方向与 $dA$ 的法线方向平行的平面电磁波,则单位时间内通过 $dA$ 向一侧辐射的能量为 $cudA$. 各向同性的辐射场包含各种传播方向,因此传播方向在 $d\Omega$ 立体角内的辐射内能密度为 $\frac{u d\Omega}{4\pi}$. 单位时间内,传播方向在 $d\Omega$ 立体角内,通过 $dA$ 向一侧辐射的能量为 $\frac{cu d\Omega}{4\pi}\cos\theta\, dA$,其中 $\theta$ 是传播方向与 $dA$ 法线方向的夹角,如图 2.6.2 所示. 对所有传播方向求积分,就可以得到单位时间内通过 $dA$ 向一侧辐射的总辐射能量:

$$J_u dA = \frac{cu dA}{4\pi}\int \cos\theta\, d\Omega = \frac{cu dA}{4\pi}\int_0^{\frac{\pi}{2}} \sin\theta\cos\theta\, d\theta \int_0^{2\pi} d\varphi = \frac{1}{4}cu dA$$

这就证明了式(2.6.7).

将式(2.6.3)代入式(2.6.7),得

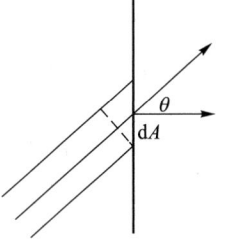

图 2.6.2

$$J_u = \frac{1}{4}caT^4 = \sigma T^4 \tag{2.6.8}$$

式(2.6.8)称为斯特藩-玻耳兹曼定律. 这是 1879 年斯特藩(Stefan)在观测中发现,1884 年玻耳兹曼(Boltzmann)用热力学理论导出的. $\sigma$ 称为斯特藩常量,它的数值为

$$\sigma = 5.670\ 374\ 419\cdots \times 10^{-8}\ \mathrm{W\cdot m^{-2}\cdot K^{-4}}$$

在热力学中,$\sigma$ 的数值要由实验测定. 统计物理学可以将 $\sigma$ 用其他基本物理常量表示出来[式(8.4.18)].

如前所述,空窖内的辐射场与窖壁达到平衡后,其内能密度按频率的分布 $u(\omega)$ 只是温度的函数,与窖壁物质的特性无关. 这一事实说明,物质对各种频率电磁波的发射特性和吸收特性必然有某种联系. 例如,某一频率范围发射较强,吸收也必然较强. 将物体置于辐射场中,根据式(2.6.7),单位时间内投射到物体的单位面积上、圆频率在 $\mathrm{d}\omega$ 范围的辐射能量为 $\frac{c}{4}u(\omega)\mathrm{d}\omega$. 以 $\alpha_\omega$ 表示其中被物体吸收的百分比,称为物体对频率在 $\omega$ 附近的辐射能量的吸收因数. 这就是说,单位时间内被物体的单位面积所吸收、频率在 $\mathrm{d}\omega$ 范围的辐射能量为 $\frac{c}{4}\alpha_\omega u(\omega)\mathrm{d}\omega$,其余被物体反射. 我们用 $e_\omega \mathrm{d}\omega$ 表示单位时间内从物体的单位面积发射、频率在 $\mathrm{d}\omega$ 范围的辐射能量. $e_\omega$ 称为物体对频率在 $\omega$ 附近的电磁波的面辐射强度. 注意 $\alpha_\omega$ 和 $e_\omega$ 表征物体的固有属性,与辐射场是否与物体达到平衡无关. 如果吸收与发射达到平衡,必有

$$e_\omega \mathrm{d}\omega = \frac{c}{4}\alpha_\omega u(\omega, T)\mathrm{d}\omega$$

或

$$\frac{e_\omega}{\alpha_\omega} = \frac{c}{4}u(\omega, T) \tag{2.6.9}$$

式中 $u(\omega, T)$ 是平衡辐射在 $\omega$ 处的能量密度. 式(2.6.9)称为基尔霍夫(Kirchhoff)定律,它指出,物体在任何频率处的面辐射强度与吸收因数之比对所有物体都相同,是频率和温度的普适函数. 吸收因数等于 1 的物体称为绝对黑体,它把投射到其表面的任何频率的电磁波完全吸收. 绝对黑体是最好的吸收体,由式(2.6.9)知,它也是最好的辐射体. 对于绝对黑体,式(2.6.9)简化为

$$e_\omega = \frac{c}{4}u(\omega, T) \tag{2.6.10}$$

因此,黑体的面辐射强度与平衡辐射的辐射通量密度完全相同. 由于这个原因,平衡辐射也称为黑体辐射.

我们日常接触到的物体都不是绝对黑体. 开有小孔的空窖非常接近于绝对黑体,如图 2.6.3 所示,通过小孔射入空窖的电磁波,要经过窖壁多次反射才有可能从小孔射出. 每经一次反射,窖壁都要吸收一部分电磁波,多次反射后从小孔射出的电磁波就极其微弱了. 也就是说,从小孔射入空腔的任何频率的电磁波实际上都将被空窖完全吸收. 这从另一角度说明空窖辐射是黑体辐射.

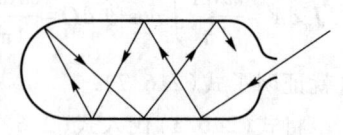

图 2.6.3

## §2.7 磁介质的热力学

在§1.4中我们求得了磁介质中磁场强度和磁化强度发生改变时外界所做的功为

$$\dbar W = V\mathrm{d}\left(\frac{1}{2}\mu_0 \mathscr{H}^2\right) + \mu_0 V \mathscr{H} \mathrm{d}\mathscr{M} \tag{2.7.1}$$

式中右方第一项是激发磁场所做的功,第二项是使介质磁化所做的功.当热力学系统只包括介质而不包括磁场时,功的表达式只取式(2.7.1)右方的第二项.这一项也可表示为

$$\dbar W = \mu_0 \mathscr{H} \mathrm{d} m \tag{2.7.2}$$

其中 $m = \mathscr{M}V$ 是介质的总磁矩,我们假设介质是均匀磁化的.

如果忽略磁介质的体积变化,根据式(1.14.7),磁介质的热力学基本方程为

$$\mathrm{d}U = T\mathrm{d}S + \mu_0 \mathscr{H} \mathrm{d} m \tag{2.7.3}$$

式(2.7.3)可由式(1.14.6)通过代换

$$p \to -\mu_0 \mathscr{H}, \quad V \to m \tag{2.7.4}$$

而得到.从这里可以看出,由热力学基本方程(1.14.6)出发,通过数学推演而得到的关于简单系统的一般热力学关系,经代换式(2.7.4)后同样适用于磁介质.例如,可以类似地定义磁介质的焓、自由能和吉布斯函数.吉布斯函数 $G$ 为

$$G = U - TS - \mu_0 \mathscr{H} m \tag{2.7.5}$$

对式(2.7.5)求微分,将式(2.7.3)代入,可得 $G$ 的全微分为

$$\mathrm{d}G = -S\mathrm{d}T - \mu_0 m \mathrm{d}\mathscr{H} \tag{2.7.6}$$

由全微分条件可得

$$\left(\frac{\partial S}{\partial \mathscr{H}}\right)_T = \mu_0 \left(\frac{\partial m}{\partial T}\right)_{\mathscr{H}} \tag{2.7.7}$$

式(2.7.7)是磁介质的一个麦克斯韦关系.由于存在函数关系 $S = S(T, \mathscr{H})$,故有

$$\left(\frac{\partial S}{\partial \mathscr{H}}\right)_T \left(\frac{\partial \mathscr{H}}{\partial T}\right)_S \left(\frac{\partial T}{\partial S}\right)_{\mathscr{H}} = -1$$

或

$$\left(\frac{\partial T}{\partial \mathscr{H}}\right)_S = -\left(\frac{\partial S}{\partial \mathscr{H}}\right)_T \left(\frac{\partial T}{\partial S}\right)_{\mathscr{H}} \tag{2.7.8}$$

在磁场不变时,磁介质的热容 $C_\mathscr{H}$ 为

$$C_\mathscr{H} = T\left(\frac{\partial S}{\partial T}\right)_\mathscr{H} \tag{2.7.9}$$

上式与式(2.2.8)相当.将式(2.7.7)和式(2.7.9)代入式(2.7.8),得

$$\left(\frac{\partial T}{\partial \mathscr{H}}\right)_S = -\frac{\mu_0 T}{C_\mathscr{H}}\left(\frac{\partial m}{\partial T}\right)_\mathscr{H} \tag{2.7.10}$$

假设磁介质遵从居里定律

$$m = \frac{CV}{T}\mathscr{H} \tag{2.7.11}$$

代入式(2.7.10),得

$$\left(\frac{\partial T}{\partial \mathcal{H}}\right)_S = \frac{CV}{C_{\mathcal{H}} T}\mu_0 \mathcal{H} \qquad (2.7.12)$$

式(2.7.12)的右方是正数,这说明,在绝热条件下减小磁场时,磁介质的温度将降低.这个效应称为绝热去磁制冷效应,是获得 1 K 以下低温的有效方法.在 §2.8 中我们将进一步讨论利用绝热去磁制冷效应获得低温的方法.

如果考虑磁介质体积的变化,根据式(1.14.7),热力学基本方程应为

$$dU = TdS - pdV + \mu_0 \mathcal{H} d\mathscr{m} \qquad (2.7.13)$$

吉布斯函数为

$$G = U - TS + pV - \mu_0 \mathcal{H} \mathscr{m} \qquad (2.7.14)$$

其全微分为

$$dG = -SdT + Vdp - \mu_0 \mathscr{m} d\mathcal{H} \qquad (2.7.15)$$

由全微分条件可得

$$\left(\frac{\partial V}{\partial \mathcal{H}}\right)_{T,p} = -\mu_0 \left(\frac{\partial \mathscr{m}}{\partial p}\right)_{T,\mathcal{H}} \qquad (2.7.16)$$

这也是磁介质的一个麦克斯韦关系.式(2.7.16)左方的偏导数给出在温度和压强保持不变时体积随磁场的变化率,它描述磁致伸缩效应,右方给出在温度和磁场保持不变时介质磁矩随压强的变化率,它描述压磁效应.式(2.7.16)给出磁致伸缩效应与压磁效应的关系.

除了式(2.7.1)和式(2.7.2)两个表达式以外,磁化功往往还使用另一个表达式.设空间中存在给定的不均匀磁场,例如由永久磁铁产生的磁场.将样品从无穷远处移入磁场内,例如从 $x = -\infty$ 处沿 $x$ 轴移到 $x = a$ 处,介质将被磁化.当样品在 $x$ 处时,所受磁场的力为①

$$\mu_0 \mathscr{m}(x) \frac{d\mathcal{H}(x)}{dx}$$

移动样品时,外界必须克服此力而做功:

$$W = -\mu_0 \int_{-\infty}^{a} \mathscr{m}(x) \frac{d\mathcal{H}(x)}{dx} dx = -\mu_0 \int_0^{\mathcal{H}(a)} \mathscr{m} d\mathcal{H} \qquad (2.7.17)$$

其中 $\mathcal{H}(a)$ 是在 $x = a$ 处的磁场强度,在 $x = -\infty$ 处磁场为零.上式可通过分部积分表示为

$$W = -\mu_0 \mathscr{m}(a) \mathcal{H}(a) + \int_0^{\mathscr{m}(a)} \mu_0 \mathcal{H} d\mathscr{m} \qquad (2.7.18)$$

右方第一项是磁矩 $\mathscr{m}(a)$ 在磁场 $\mathcal{H}(a)$ 中的势能,由式(2.7.2)可知,式(2.7.18)右方第二项是将介质磁化所做的功.与式(2.7.17)相应的微功是

$$đW = -\mu_0 \mathscr{m} d\mathcal{H} \qquad (2.7.19)$$

它不但包含当外磁场改变 $d\mathcal{H}$ 时,为使样品磁矩发生改变所做的功,而且包括样品在外磁场中势能的改变.

由于两态内能之差是通过绝热过程的功定义的,使用式(2.7.2)和式(2.7.19)两种不同的功的表达式时,内能的含义显然也将不同.以 $U$ 和 $U^*$ 表示相应的内能,由式(2.7.18)知

$$U^* = -\mu_0 \mathscr{m} \mathcal{H} + U \qquad (2.7.20)$$

---

① 磁矩 $\mathscr{m}$ 在外磁场 $\mathcal{H}$ 中所受的力为 $\mu_0 (\mathscr{m} \cdot \nabla) \mathcal{H}$.可参阅 Jackson J D. Classical Electrodynamics, Second Edition. §5.7.为简单起见,我们考虑一维的情形.

即 $U^*$ 包含样品在外磁场中的势能.其他热力学函数也有相应的变化,请读者自行考虑.

## *§2.8 获得低温的方法

低温技术在现代科学技术中有重要的应用.本节对获得低温的方法作简略的介绍.

将气体液化可以获得低至 1 K 的低温.目前常用节流过程或者节流过程与绝热膨胀相结合的方法来液化气体.在 §2.3 中讲过,令气体在制冷区节流膨胀可使气体降温.用节流过程制冷有两个优点,一是装置没有移动的部分,低温下移动部分的润滑是技术上十分困难的问题;二是在一定的压强降落下,温度越低所获得的温度降落越大[参阅式(2.3.7)和图1.3.1].焦汤效应的典型值是 $10^{-1} \sim 1$ K·atm$^{-1}$.为了使气体的温度降至临界温度以下而液化,可以令节流过程重复进行,并通过逆流热交换器使经节流膨胀降温后的气体对后来进入的气体进行预冷,从而把各次节流膨胀所获得的冷却效应积累起来.人们用这方法成功地实现了沸点最低的氢(杜瓦,Dewar,1898 年)和氦(昂内斯,Onnes,1908 年)的液化.但是用节流过程降温,气体的初温必须低于反转温度.表 2.8.1 列出几种气体的反转温度.早期的工作用液氮将氢预冷,用液氢将氦预冷.液氢容易爆炸,是一个严重缺点.在 §2.3 中讲过,气体经绝热膨胀后温度总是降低的,因此用绝热膨胀过程降温不必经过预冷.缺点是膨胀机有移动的部分,而且温度越低降温效应越小[式(2.3.8)].卡皮查(Kapitza,1934 年)将绝热膨胀过程和节流过程结合使用.先用绝热膨胀过程使氦降温到反转温度以下,再用节流过程将氦液化.1 atm 下氦的沸点是 4.2 K.用抽气机将氦的蒸气抽走,使液氦迅速蒸发或低压沸腾可进一步降温.不过氦的饱和蒸气压随温度降低而迅速减小,降温效应随之下降.用这种方法一般可获得 1 K 的低温.

表 2.8.1

| 气体 | 最高反转温度/K | 临界温度/K | 1 atm 下的沸点/K |
| --- | --- | --- | --- |
| $CO_2$ | 1 275 | 304 | |
| $N_2$ | 607 | 126 | 77.3 |
| $H_2$ | 204 | 33.1 | 20.4 |
| He | 43 | 5.2 | 4.2 |

产生 1 K 以下低温的一个有效方法是磁冷却法.这是德拜(Debye)在 1926 年提出来的.在 §2.7 中讲过,在绝热过程中顺磁性固体的温度随磁场的减小而下降.图 2.8.1 是实验装置的示意图.图 2.8.2 画出了不同磁场下顺磁体的熵 $S$ 随温度 $T$ 变化的曲线[式(7.8.7)].实验中将顺磁体放在装有低压氦气的容器内,通过低压氦气与液氦的接触而保持在 1 K 左右的低温 $T_i$.加上磁场 $\mathcal{H}_i$(量级为 $10^8$ A·m$^{-1}$)使顺磁体磁化.磁化过程释放出的热量(习题 2.20)由液氦吸收,从而保证磁化过程是等温的.在这个等温磁化过程中,顺磁体的状态由图 2.8.2 的 $a$ 点变到 $b$ 点.顺磁体磁化后,抽出低压氦气而使顺磁体绝热.然后准静态地使磁场减小为 $\mathcal{H}_f$($\mathcal{H}_f$ 一般为零).在这个绝热去磁过程中,顺磁体的熵保持不变,其状态由图 2.8.2 的 $b$ 点变到 $c$ 点,温度降为 $T_f$.

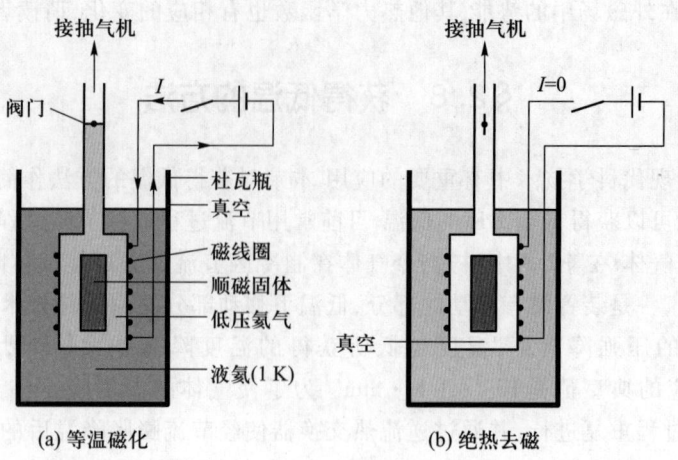

图 2.8.1

(a) 等温磁化    (b) 绝热去磁

利用固体中顺磁离子的绝热去磁效应可以产生 1 K 以下至 mK($10^{-3}$ K)量级的低温.例如从 0.5 K 出发,使硝酸铈镁 $2Ce(NO_3)_3 \cdot 3Mg(NO_3)_2 \cdot 24H_2O$ 绝热去磁可降温到 2 mK.当温度降到 mK 量级时,顺磁离子磁矩间的相互作用便不能忽略,磁矩间的相互作用相当于产生一个等效的磁场(大小为 $10^3 \sim 10^4$ A·$m^{-1}$),使磁矩的分布有序化,该方法便不再有效.

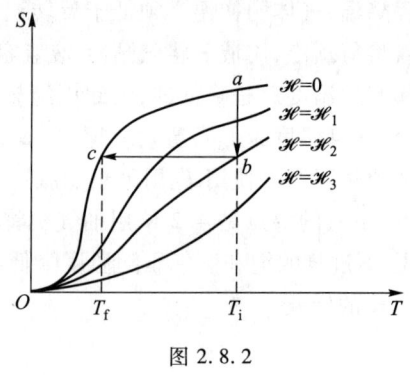

图 2.8.2

核磁矩(来自核子磁矩)的大小约为原子磁矩(来自电子磁矩)的 1/2 000.因此核磁矩间的相互作用较顺磁离子间的相互作用要弱得多.利用核绝热去磁可以获得更低的温度.这是戈特(Gorter)在 1934 年提出来的.1956 年库尔蒂(Kurti)和西蒙(Simon)等成功地将铜的核自旋温度降到 μK($10^{-6}$ K)量级.20 世纪 80 年代中期,芬兰赫尔辛基技术大学小组将铜的核自旋温度降到 25 nK (1 nK=$10^{-9}$ K),其中导电电子和晶格的温度为 50 μK.核自旋系统的弛豫时间为 ms 量级,在 50 μK 的低温下,自旋-晶格的弛豫时间约为 3 h.在 20 世纪 80 年代末,该小组更将银的核自旋温度降至 2 nK[①].

绝热去磁制冷过程是单一循环,不能连续工作.1951 年,伦敦(London)提出 $^3$He-$^4$He 稀释制冷的制冷新方法.在 20 世纪 70 年代末,已实现温度为 2 mK 的 $^3$He-$^4$He 稀释制冷的连续运转,代替绝热去磁在许多研究领域得到应用.我们将在 §4.4 中介绍 $^3$He-$^4$He 的相图,在 §9.8 中介绍 $^3$He-$^4$He 稀释制冷的原理.

20 世纪 80 年代发展了一种新的制冷方法——激光制冷,应用这方法在 20 世纪 90 年代中期获得了低至 170 nK 的低温.我们将在 §10.7 中对激光制冷作初步的介绍.

---

① Lounasmaa O V.Physics Today[J],1989,42(10):26-33.

## 习 题

2.1 已知在体积保持不变时,一气体的压强正比于其绝对温度.试证明在温度保持不变时,该气体的熵随体积而增加.

2.2 设一物质的物态方程具有以下的形式:
$$p = f(V)T$$
试证明其内能与体积无关.

2.3 求证:

(a) $\left(\dfrac{\partial S}{\partial p}\right)_H < 0$;

(b) $\left(\dfrac{\partial S}{\partial V}\right)_U > 0$.

2.4 已知 $\left(\dfrac{\partial U}{\partial V}\right)_T = 0$,求证 $\left(\dfrac{\partial U}{\partial p}\right)_T = 0$.

2.5 试证明,一个均匀物体在准静态等压过程中熵随体积的增减取决于等压下温度随体积的增减.

2.6 水的体胀系数 $\alpha$ 在 0 ℃ $<t<$ 4 ℃ 时为负值.试证明在该温度范围内,水在绝热压缩时变冷(其他液体和所有气体在绝热压缩时都升温).

2.7 试证明,在相同的压强降落下,气体在准静态绝热膨胀中的温度降落大于在节流过程中的温度降落.

2.8 实验发现,一气体的压强 $p$ 与体积 $V$ 的乘积及内能密度 $u$ 都只是温度 $T$ 的函数,即
$$pV = f(T), \quad u = u(T)$$
试根据热力学理论,讨论该气体的物态方程可能具有什么形式.

2.9 证明:
$$\left(\frac{\partial C_V}{\partial V}\right)_T = T\left(\frac{\partial^2 p}{\partial T^2}\right)_V, \quad \left(\frac{\partial C_p}{\partial p}\right)_T = -T\left(\frac{\partial^2 V}{\partial T^2}\right)_p$$

并由此导出
$$C_V = C_V^0 + T\int_{V_0}^{V}\left(\frac{\partial^2 p}{\partial T^2}\right)_V dV$$
$$C_p = C_p^0 - T\int_{p_0}^{p}\left(\frac{\partial^2 V}{\partial T^2}\right)_p dp$$

根据以上两式证明:理想气体的定容热容和定压热容只是温度 $T$ 的函数.

2.10 试证明,范德瓦耳斯气体的定容热容只是温度 $T$ 的函数,与体积无关.

2.11 试证明,理想气体的摩尔自由能可以表示为
$$F_m = \int C_{V,m} dT + U_{m0} - T\int \frac{C_{V,m}}{T} dT - RT\ln V_m - TS_{m0}$$
$$= -T\int \frac{dT}{T^2}\int C_{V,m} dT + U_{m0} - TS_{m0} - RT\ln V_m$$

2.12 试求范德瓦耳斯气体的特性函数 $F_m$,并导出其他的热力学函数.

2.13 一弹簧在恒温下的恢复力 $F_x$ 与其伸长 $x$ 成正比,即 $F_x = -Ax$,比例系数 $A$ 是温度的函数.今忽略弹簧的热膨胀,试证明弹簧的自由能 $F$、熵 $S$ 和内能 $U$ 的表达式分别为
$$F(T,x) = F(T,0) + \frac{1}{2}Ax^2$$
$$S(T,x) = S(T,0) - \frac{x^2}{2}\frac{dA}{dT}$$

$$U(T,x) = U(T,0) + \frac{1}{2}\left(A - T\frac{dA}{dT}\right)x^2$$

2.14 X 射线衍射实验发现,橡皮带未被拉紧时,具有无定形结构;当受张力而被拉伸时,具有晶形结构.这一事实表明橡皮带具有大的分子链.

(a) 试讨论橡皮带在等温过程中被拉伸时,它的熵是增加还是减少.

(b) 试证明,它的膨胀系数 $\alpha = \frac{1}{L}\left(\frac{\partial L}{\partial T}\right)_\mathscr{F}$ 是负的.

2.15 假设太阳是黑体,根据下列数据求太阳表面的温度.

单位时间内投射到地球大气层外单位面积上的太阳辐射能量为 $1.35 \times 10^3 \text{ J} \cdot \text{m}^{-2} \cdot \text{s}^{-1}$(该值称为太阳常量),太阳的半径为 $6.955 \times 10^8$ m,太阳与地球的平均距离为 $1.495 \times 10^{11}$ m.

2.16 计算热辐射在等温过程中体积由 $V_1$ 变到 $V_2$ 时所吸收的热量.

2.17 试讨论以平衡辐射为工作物质的卡诺循环,计算其效率.

2.18 如习题 2.18 图所示,电介质的介电常量 $\varepsilon(T) = \dfrac{D}{E}$ 与温度有关.试求电路为闭路时电介质的热容与充电后再令电路断开后的热容之差.

2.19 试证明,磁介质 $C_\mathscr{H}$ 与 $C_\mathscr{M}$ 之差等于

$$C_\mathscr{H} - C_\mathscr{M} = \mu_0 T\left(\frac{\partial \mathscr{H}}{\partial T}\right)_\mathscr{M}^2 \left(\frac{\partial \mathscr{M}}{\partial \mathscr{H}}\right)_T$$

2.20 已知顺磁物质遵从居里定律:

$$\mathscr{M} = \frac{C}{T}\mathscr{H}$$

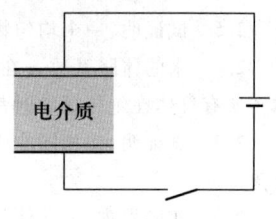

习题 2.18 图

若维持物质的温度不变,使磁场由 0 增至 $\mathscr{H}$,求磁化过程释放出的热量.

2.21 已知超导体的磁感应强度 $B = \mu_0(\mathscr{H} + \mathscr{M}) = 0$,求证:

(a) $C_\mathscr{M}$ 与 $\mathscr{M}$ 无关,只是 $T$ 的函数,其中 $C_\mathscr{M}$ 是在磁化强度 $\mathscr{M}$ 保持不变时的热容.

(b) $U = \int C_\mathscr{M} \, dT - \dfrac{\mu_0 \mathscr{M}^2}{2} + U_0$.

(c) $S = \int \dfrac{C_\mathscr{M}}{T} dT + S_0$.

2.22 已知顺磁介质遵从居里定律.假设在磁化过程中,磁介质的体积变化可忽略,试分别用 $đW = \mu_0 \mathscr{H} d\mathscr{m}$ 和 $đW = -\mu_0 \mathscr{m} \, d\mathscr{H}$ 的微功表达式,求磁介质单位体积的自由能、内能和熵,并对所得结果加以解释.

部分习题
参考答案

# 第三章 单元系的相变

## §3.1 热动平衡判据

本章和第四章中将讨论相变和化学变化问题.作为基础,本节讲述在热力学中如何判定一个系统的平衡状态.

我们在§1.16中根据热力学第二定律证明了熵增加原理.熵增加原理指出,孤立系统的熵永不减少.孤立系统中发生的趋向平衡过程,必朝着熵增加的方向进行.如果孤立系统已经达到了熵为极大的状态,就不可能再发生任何热力学意义上的变化,系统就达到了平衡态.我们可以利用熵函数这一性质来判定孤立系统的平衡态.这称为熵判据.

为了判定孤立系统的某一状态是否为平衡态,可以设想系统围绕该状态发生各种可能的虚变动,而比较由此引起的熵变.所谓虚变动是理论上假想的、满足外加约束条件的各种可能的变动.在应用数学方法求各种可能的虚变动所引起的熵变时,外加约束条件(现在是孤立系条件)需要用函数形式表示.孤立系与其他物体既没有热量的交换,也没有功的交换.如果只有体积变化功,孤立系条件相当于体积不变和内能不变.在体积和内能保持不变的情形下,如果围绕某一状态发生的各种可能的虚变动引起的熵变 $\Delta S<0$,该状态的熵就具有极大值,是稳定的平衡状态.如果围绕某一状态发生的某些可能的虚变动引起系统的熵变 $\Delta S=0$,该状态是中性平衡状态.我们在后面会看到中性平衡的例子.

因此,孤立系统处在稳定平衡状态的充分必要条件为

$$\Delta S<0 \tag{3.1.1}$$

将 $S$ 作泰勒展开.准确到二级,有

$$\Delta S=\delta S+\frac{1}{2}\delta^2 S \tag{3.1.2}$$

根据数学上熟知的结果,当熵函数的一级微分 $\delta S=0$ 时,熵函数有极值;当熵函数的一级微分 $\delta S=0$,二级微分 $\delta^2 S<0$ 时,熵函数有极大值.由 $\delta S=0$ 可以得到平衡条件,由 $\delta^2 S<0$ 可以得到平衡的稳定性条件[①].如果熵函数的极大值不止一个,则其中最大的极大值相应于稳定平衡,其他较小的极大值相应于亚稳平衡.亚稳平衡是这样一种平衡,它对于无穷小的变动是稳定的,对于有限大的变动则是不稳定的.如果发生较大的涨落或者通过某种触发作用,系统就可能由亚稳平衡状态过渡到更加稳定(熵更大)的平衡状态.

熵判据是基本的平衡判据,适用于孤立系统.如果把参与变化的全部物体都包括在系统之内,原则上可以对各种热动平衡问题作出回答.不过在实际应用上,对于某些经常遇到的物理条件,引入其他判据是更为方便的.

---

① 如果 $\delta S=0, \delta^2 S=0$,为了判定状态是否是稳定的平衡态,要考察熵的高级微分.在§3.5中讨论液气临界点时将遇到这种情形.

在§1.18中讲过,在等温等体条件下,系统的自由能永不增加;在等温等压条件下,系统的吉布斯函数永不增加.因此在上述条件下,系统中发生的趋向平衡过程,必朝着自由能或吉布斯函数减小的方向进行.如果系统达到了自由能或吉布斯函数极小的状态,就不可能再发生任何热力学意义上的变化,系统就达到了平衡态.可以根据自由能或吉布斯函数的上述性质,对等温等体系统或等温等压系统进行判断,称为自由能判据和吉布斯函数判据.

通过类似的分析可以知道,等温等体系统处在稳定平衡状态的充分必要条件为

$$\Delta F > 0 \tag{3.1.3}$$

将 $F$ 作泰勒展开,准确到二级,有

$$\Delta F = \delta F + \frac{1}{2}\delta^2 F \tag{3.1.4}$$

由 $\delta F = 0$ 和 $\delta^2 F > 0$ 可以确定平衡条件和平衡的稳定性条件.

等温等压系统处在稳定平衡状态的充分必要条件为

$$\Delta G > 0 \tag{3.1.5}$$

将 $G$ 作泰勒展开,准确到二级,有

$$\Delta G = \delta G + \frac{1}{2}\delta^2 G \tag{3.1.6}$$

由 $\delta G = 0$ 和 $\delta^2 G > 0$ 可以确定平衡条件和平衡的稳定性条件.

类似地,对于等温等体和等温等压系统,也可能出现亚稳平衡或中性平衡等情况.

除了熵、自由能和吉布斯函数判据以外,还可以根据其他热力学函数的性质(参阅习题3.1)进行判断.例如,根据在熵和体积不变的条件下,系统的内能永不增加的性质,可以得到内能判据.

作为热动平衡判据的应用,我们讨论均匀系统的热动平衡条件和平衡的稳定性条件.

设有一个孤立的均匀系统,考虑系统中任意一个小部分(图3.1.1).这部分虽小,但仍含有大量的微观粒子,可以看作一个宏观系统.我们把这个小部分称作子系统,而把系统的其他部分看作子系统的介质.以不带下标的量表示子系统的热力学量,带有下标 0 的量表示介质的热力学量,例如 $T$、$p$ 和 $T_0$、$p_0$ 分别表示子系统和介质的温度、压强.设想子系统发生一个虚变动,其内能和体积的变化分别为 $\delta U$ 和 $\delta V$.由于整个系统是孤立的,介质的内能和体积应有相应的变化 $\delta U_0$ 和 $\delta V_0$,使

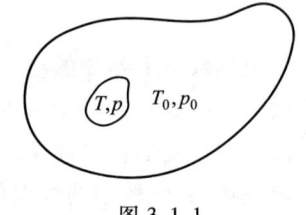

图 3.1.1

$$\begin{cases} \delta U + \delta U_0 = 0 \\ \delta V + \delta V_0 = 0 \end{cases} \tag{3.1.7}$$

熵是广延量,虚变动引起整个系统的熵变 $\Delta \tilde{S}$ 为 $\Delta \tilde{S} = \Delta S + \Delta S_0$.将 $S$ 和 $S_0$ 作泰勒展开,准确到二级,有

$$\Delta S = \delta S + \frac{1}{2}\delta^2 S$$

$$\Delta S_0 = \delta S_0 + \frac{1}{2}\delta^2 S_0$$

在稳定的平衡状态下,整个孤立系统的熵应取极大值.熵函数的极值要求

$$\delta \widetilde{S} = \delta S + \delta S_0 = 0 \tag{3.1.8}$$

根据热力学基本方程,有

$$\delta S = \frac{\delta U + p \delta V}{T}$$

$$\delta S_0 = \frac{\delta U_0 + p_0 \delta V_0}{T_0}$$

将以上两式代入式(3.1.8),并考虑到式(3.1.7),可得

$$\delta \widetilde{S} = \delta U \left( \frac{1}{T} - \frac{1}{T_0} \right) + \delta V \left( \frac{p}{T} - \frac{p_0}{T_0} \right) = 0$$

因为在虚变动中 $\delta U$ 和 $\delta V$ 可以独立地改变, $\delta \widetilde{S} = 0$ 要求

$$T = T_0, \quad p = p_0 \tag{3.1.9}$$

上式表明,达到平衡时子系统与介质具有相同的温度和压强.如前所述,子系统是整个系统中任意的一个小部分,这意味着,达到平衡时整个系统的温度和压强是均匀的.

如果熵函数的二级微分是负的,即

$$\delta^2 \widetilde{S} = \delta^2 S + \delta^2 S_0 < 0 \tag{3.1.10}$$

则熵函数将具有极大值.由于介质比子系统大得多(物质的量 $n_0 \gg n$),当子系统发生变动而内能和体积有 $\delta U$ 和 $\delta V$ 的变化时,$|\delta^2 S_0| \ll |\delta^2 S|$ [①].因此可以忽略 $\delta^2 S_0$,将式(3.1.10)近似为

$$\delta^2 \widetilde{S} \approx \delta^2 S < 0 \tag{3.1.11}$$

根据泰勒展开公式,式(3.1.11)为

$$\delta^2 S = \left[ \left( \frac{\partial^2 S}{\partial U^2} \right) (\delta U)^2 + 2 \frac{\partial^2 S}{\partial U \partial V} \delta U \delta V + \left( \frac{\partial^2 S}{\partial V^2} \right) (\delta V)^2 \right] < 0 \tag{3.1.12}$$

选 $T,V$ 为独立变量,通过导数变换可以将式(3.1.12)的二次型化为平方和,而有(证明见本节末)

$$\delta^2 S = -\frac{C_V}{T^2} (\delta T)^2 + \frac{1}{T} \left( \frac{\partial p}{\partial V} \right)_T (\delta V)^2 < 0 \tag{3.1.13}$$

如果要求 $\delta^2 S$ 对于各种可能的虚变动都小于零,应有

---

① 这一点可以如下理解:$S$、$U$、$V$ 都是广延量(与物质的量成正比);其一阶偏导数 $\frac{\partial S}{\partial U}$、$\frac{\partial S}{\partial V}$ 是强度量(与物质的量无关),二阶偏导数 $\frac{\partial^2 S}{\partial U^2}$、$\frac{\partial^2 S}{\partial U \partial V}$、$\frac{\partial^2 S}{\partial V^2}$ 与物质的量成反比.既然 $n_0 \gg n$,即有 $|\delta^2 S_0| \ll |\delta^2 S|$.$\delta^2 S$ 的具体表达式参阅习题3.2.它的各项分别与 $C_V$ 或 $V$ 成反比.

$$C_V > 0, \quad \left(\frac{\partial p}{\partial V}\right)_T < 0 \tag{3.1.14}$$

式(3.1.14)是平衡的稳定性条件.假如子系统的温度由于涨落或某种外界影响而略高于介质,热量将从子系统传递到介质.根据平衡稳定性条件 $C_V>0$,热量的传递将使子系统的温度降低,从而恢复平衡.假如子系统的体积由于某种原因发生收缩,根据平衡稳定性条件 $\left(\frac{\partial p}{\partial V}\right)_T < 0$,子系统的压强将增高而略高于介质的压强,于是子系统膨胀而恢复平衡.这就是说,如果平衡稳定性条件得到满足,当系统对平衡发生某种偏离时,系统中将会自发产生相应的过程,以恢复系统的平衡.

平衡的稳定性条件既适用于均匀系统的任何部分,显然也适用于整个均匀系统.这就是说,式(3.1.14)对于整个均匀系统也是适用的.

现在证明式(3.1.13).将 $\delta^2 S$ 改写为

$$\delta^2 S = \left[\frac{\partial}{\partial U}\left(\frac{\partial S}{\partial U}\right)\delta U + \frac{\partial}{\partial V}\left(\frac{\partial S}{\partial U}\right)\delta V\right]\delta U + \left[\frac{\partial}{\partial U}\left(\frac{\partial S}{\partial V}\right)\delta U + \frac{\partial}{\partial V}\left(\frac{\partial S}{\partial V}\right)\delta V\right]\delta V \tag{3.1.15}$$

但由热力学基本方程

$$TdS = dU + pdV$$

可得

$$\left(\frac{\partial S}{\partial U}\right)_V = \frac{1}{T}, \quad \left(\frac{\partial S}{\partial V}\right)_U = \frac{p}{T}$$

代入式(3.1.15),可将式(3.1.12)表达为

$$\delta^2 S = \left[\frac{\partial}{\partial U}\left(\frac{1}{T}\right)\delta U + \frac{\partial}{\partial V}\left(\frac{1}{T}\right)\delta V\right]\delta U + \left[\frac{\partial}{\partial U}\left(\frac{p}{T}\right)\delta U + \frac{\partial}{\partial V}\left(\frac{p}{T}\right)\delta V\right]\delta V$$

$$= \left[\delta\left(\frac{1}{T}\right)\delta U + \delta\left(\frac{p}{T}\right)\delta V\right] < 0 \tag{3.1.16}$$

以 $T$、$V$ 为自变量,有

$$\delta U = \left(\frac{\partial U}{\partial T}\right)_V \delta T + \left(\frac{\partial U}{\partial V}\right)_T \delta V = C_V \delta T + \left[T\left(\frac{\partial p}{\partial T}\right)_V - p\right]\delta V$$

$$\delta\left(\frac{1}{T}\right) = \frac{\partial}{\partial T}\left(\frac{1}{T}\right)\delta T + \left(\frac{\partial}{\partial V}\frac{1}{T}\right)_T \delta V = -\frac{1}{T^2}\delta T$$

$$\delta\left(\frac{p}{T}\right) = \left(\frac{\partial}{\partial T}\frac{p}{T}\right)_V \delta T + \left(\frac{\partial}{\partial V}\frac{p}{T}\right)_T \delta V = \frac{1}{T^2}\left[T\left(\frac{\partial p}{\partial T}\right)_V - p\right]\delta T + \frac{1}{T}\left(\frac{\partial p}{\partial V}\right)_T \delta V$$

将以上各式代入式(3.1.16)即得式(3.1.13).

## §3.2 开系的热力学基本方程

在讲述如何判定系统的平衡状态之后,我们将在本章中讨论单元系的相变问题.

单元系指化学上纯的物质系统,它只含一种化学组分(一个组元).在§1.1中讲过,如果一个系统不是均匀的,但可以分为若干个均匀的部分,该系统称为复相系.例如,水和水蒸气

共存构成一个单元两相系,水为一个相,水蒸气为另一个相.冰、水和水蒸气共存构成一个单元三相系,冰、水和水蒸气各为一个相.

在§1.1中还讲过,在热力学中需要用四类参量来描述一个均匀系统的平衡状态,均匀系统的热力学函数可以表达为这四类参量的函数.对于复相系中的每一个相,也需要用四类参量来描述它的平衡态,各相的热力学函数可以表达为各自参量的函数.但是,这里有两点很重要的区别.第一,以前所讨论的均匀系都是闭系,物质的量是不变的.现在物质可以由一相变到另一相,一个相的质量或物质的量是可变的,是一个开系.第二,整个复相系要处于平衡,必须满足一定的平衡条件,各相的状态参量不完全是独立的变量.本节先讨论开系的热力学方程,复相系的平衡条件将在下节讨论.

先考虑吉布斯函数.根据式(2.1.10),吉布斯函数的全微分为

$$dG = -SdT + Vdp \tag{3.2.1}$$

上式适用于物质的量不发生变化的情况.它给出在系统的两个邻近的平衡态,其吉布斯函数之差与温度、压强之差的关系.吉布斯函数是一个广延量.当物质的量发生变化时,吉布斯函数显然也将发生变化.所以对于开系,式(3.2.1)应推广为

$$dG = -SdT + Vdp + \mu dn \tag{3.2.2}$$

式中右方第三项代表由于物质的量改变了 $dn$ 所引起的吉布斯函数的改变,其中

$$\mu = \left(\frac{\partial G}{\partial n}\right)_{T,p} \tag{3.2.3}$$

称为化学势.它等于在温度和压强保持不变的条件下,增加 1 mol 物质时吉布斯函数的增量.

由于吉布斯函数是广延量,系统的吉布斯函数等于物质的量 $n$ 与摩尔吉布斯函数 $G_m(T,p)$ 之积:

$$G(T,p,n) = nG_m(T,p) \tag{3.2.4}$$

因此

$$\mu = \left(\frac{\partial G}{\partial n}\right)_{T,p} = G_m \tag{3.2.5}$$

这就是说,化学势 $\mu$ 等于摩尔吉布斯函数.这个结论适用于单元系.对于含有多种化学组分的系统,其化学势将在第四章中讨论.

由式(3.2.2)可知,$G$ 是以 $T$、$p$、$n$ 为独立变量的特性函数.如果已知 $G(T,p,n)$,其他热力学量可以通过下列偏导数分别求得:

$$S = -\left(\frac{\partial G}{\partial T}\right)_{p,n}, \quad V = \left(\frac{\partial G}{\partial p}\right)_{T,n}, \quad \mu = \left(\frac{\partial G}{\partial n}\right)_{T,p} \tag{3.2.6}$$

根据 $U = G + TS - pV$ 及式(3.2.2),容易求得内能的全微分为

$$dU = TdS - pdV + \mu dn \tag{3.2.7}$$

式(3.2.7)就是开系的热力学基本方程.它是式(1.14.6)的推广.由式(3.2.7)可知,$U$ 是以 $S$、$V$、$n$ 为独立变量的特性函数.同理可以求得焓和自由能的全微分:

$$dH = TdS + Vdp + \mu dn \tag{3.2.8}$$

$H$ 是以 $S$、$p$、$n$ 为独立变量的特性函数.

$$dF = -SdT - pdV + \mu dn \tag{3.2.9}$$

$F$ 是以 $T$、$V$、$n$ 为独立变量的特性函数.

定义一个热力学函数

$$J = F - \mu n \tag{3.2.10}$$

称为巨热力势.它的全微分为

$$dJ = -SdT - pdV - nd\mu \tag{3.2.11}$$

$J$ 是以 $T$、$V$、$\mu$ 为独立变量的特性函数.如果已知 $J(T,V,\mu)$,其他热力学量可以通过下列偏导数分别求得:

$$S = -\left(\frac{\partial J}{\partial T}\right)_{V,\mu}, \quad p = -\left(\frac{\partial J}{\partial V}\right)_{T,\mu}, \quad n = -\left(\frac{\partial J}{\partial \mu}\right)_{T,V} \tag{3.2.12}$$

由式(3.2.10)知,巨热力势 $J$ 也可表为

$$J = F - G = -pV \tag{3.2.13}$$

第八章的玻色(费米)统计理论和第九章的巨正则系综理论就是用统计物理方法求出巨热力势 $J$ 作为 $T$、$V$、$\mu$ 的函数,进而求其他热力学函数的.

## §3.3 单元系的复相平衡条件

现在讨论单元复相系达到平衡所要满足的条件.

考虑一个单元两相系,这个单元两相系构成一个孤立系统.我们用指标 α 和 β 表示两个相,用 $U^\alpha$、$V^\alpha$、$n^\alpha$ 和 $U^\beta$、$V^\beta$、$n^\beta$ 分别表示 α 相和 β 相的内能、体积、物质的量.整个系统既然是孤立系统,它的总内能、总体积、总物质的量应是固定的,即

$$\begin{cases} U^\alpha + U^\beta = 常量 \\ V^\alpha + V^\beta = 常量 \\ n^\alpha + n^\beta = 常量 \end{cases} \tag{3.3.1}$$

设想系统发生一个虚变动.在虚变动中 α 相和 β 相的内能、体积、物质的量分别发生虚变动 $\delta U^\alpha$、$\delta V^\alpha$、$\delta n^\alpha$ 和 $\delta U^\beta$、$\delta V^\beta$、$\delta n^\beta$.孤立系条件要求

$$\begin{cases} \delta U^\alpha + \delta U^\beta = 0 \\ \delta V^\alpha + \delta V^\beta = 0 \\ \delta n^\alpha + \delta n^\beta = 0 \end{cases} \tag{3.3.2}$$

由式(3.2.7)知,两相的熵变分别为

$$\begin{cases} \delta S^\alpha = \dfrac{\delta U^\alpha + p^\alpha \delta V^\alpha - \mu^\alpha \delta n^\alpha}{T^\alpha} \\ \delta S^\beta = \dfrac{\delta U^\beta + p^\beta \delta V^\beta - \mu^\beta \delta n^\beta}{T^\beta} \end{cases} \tag{3.3.3}$$

根据熵的广延性质,整个系统的熵变是

$$\delta S = \delta S^\alpha + \delta S^\beta = \delta U^\alpha \left(\frac{1}{T^\alpha} - \frac{1}{T^\beta}\right) + \delta V^\alpha \left(\frac{p^\alpha}{T^\alpha} - \frac{p^\beta}{T^\beta}\right) - \delta n^\alpha \left(\frac{\mu^\alpha}{T^\alpha} - \frac{\mu^\beta}{T^\beta}\right) \tag{3.3.4}$$

其中应用了式(3.3.2).整个系统达到平衡时,总熵有极大值,必有

$$\delta S = 0$$

因为式(3.3.4)中的 $\delta U^\alpha$、$\delta V^\alpha$、$\delta n^\alpha$ 是可以独立改变的,$\delta S = 0$ 要求

$$\begin{cases} \dfrac{1}{T^\alpha} - \dfrac{1}{T^\beta} = 0 \\ \dfrac{p^\alpha}{T^\alpha} - \dfrac{p^\beta}{T^\beta} = 0 \\ \dfrac{\mu^\alpha}{T^\alpha} - \dfrac{\mu^\beta}{T^\beta} = 0 \end{cases} \tag{3.3.5}$$

即

$$\begin{cases} T^\alpha = T^\beta \quad （热平衡条件）\\ p^\alpha = p^\beta \quad （力学平衡条件）\\ \mu^\alpha = \mu^\beta \quad （相变平衡条件） \end{cases} \tag{3.3.6}$$

式(3.3.6)指出,整个系统达到平衡时,两相的温度、压强和化学势必须分别相等.这就是单元复相系达到平衡所要满足的平衡条件.

如果平衡条件未能满足,复相系将发生变化,变化是朝着熵增加的方向进行的.如果热平衡条件未能满足,变化将朝着 $\delta U^\alpha \left( \dfrac{1}{T^\alpha} - \dfrac{1}{T^\beta} \right) > 0$ 的方向进行.例如当 $T^\alpha > T^\beta$ 时,变化将朝着 $\delta U^\alpha < 0$ 的方向进行,即能量将从高温的相传递到低温的相.

在热平衡条件已经满足的情形下,如果力学平衡条件未能满足,变化将朝着 $\delta V^\alpha \left( \dfrac{p^\alpha}{T^\alpha} - \dfrac{p^\beta}{T^\beta} \right) > 0$ 的方向进行.例如,当 $p^\alpha > p^\beta$ 时,变化将朝着 $\delta V^\alpha > 0$ 的方向进行,即压强大的相将膨胀,压强小的相将被压缩.

在热平衡条件已经满足的情形下,如果相变平衡条件未能满足,变化将朝着 $-\delta n^\alpha \left( \dfrac{\mu^\alpha}{T^\alpha} - \dfrac{\mu^\beta}{T^\beta} \right) > 0$ 的方向进行.例如,当 $\mu^\alpha > \mu^\beta$ 时,变化将朝着 $\delta n^\alpha < 0$ 的方向进行,即物质将由化学势高的相转移到化学势低的相.这是 $\mu$ 被称为化学势的原因.

## §3.4 单元复相系的平衡性质

实验指出,在不同的温度和压强范围,一个单元系可以分别处在气相、液相或固相.有些物质的固相还可以具有不同的晶格结构,不同的晶格结构也是不同的相.用温度和压强作为直角坐标可以画出单元系的相图.图3.4.1是单元系相图的示意图.三条曲线将图分为三个区域,分别是固相、液相和气相单相存在时的温度和压强范围.在各自的区域内,温度和压强可以独立改变.分开液相区域和气相区域的曲线称为汽化线,其温度和压强间存在一定的函数关系.在汽化线上,液、气两相可以平衡共存,是液相和气相的两相平衡曲线.汽化线有一终点 $C$,温度高于 $C$ 点的温度时,液相即不存在,因而汽化线也不存在. $C$ 点称为临界点.相应的温度和压强称为临界温度和临界

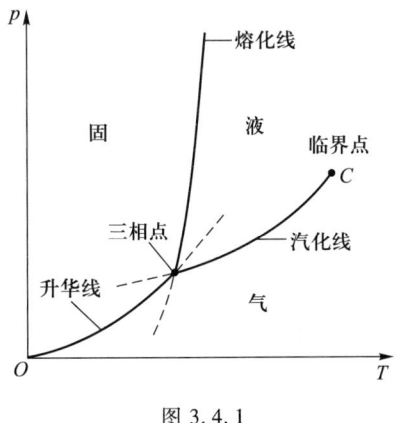

图 3.4.1

压强.例如,水的临界温度是 647.05 K,临界压强是 22.09×10⁶ Pa.分开固相和液相区域的曲线称为熔化线,分开固相和气相区域的曲线称为升华线.它们分别是固相和液相、固相和气相的两相平衡曲线.汽化线、熔化线和升华线交于一点,名为三相点.在三相点,固、液、气三相可以平衡共存.三相点的温度和压强是确定的.例如,水的三相点温度为 273.16 K,压强为 610.9 Pa. 图 3.4.2 是水的相图,其中左方的图是高压下冰的相图,画出高压下八种不同的冰.没有画上气相的原因是压强的单位太大,把气相挤到 t 轴去了.右方的图用不同的压强单位画出气、液两相的相图.

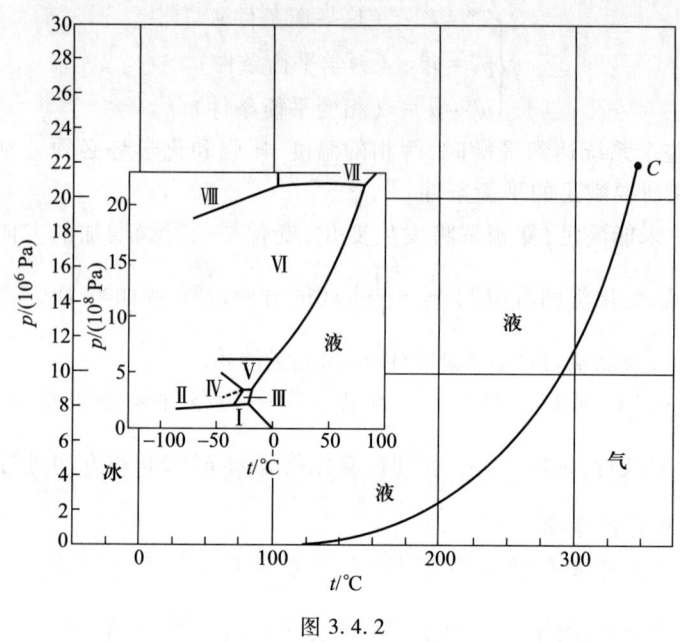

图 3.4.2

我们以液-气两相的转变为例说明由一相到另一相的转变过程.如图 3.4.3 所示,设系统开始处在由点 1 所代表的气相,压强为 $p$,温度为 $T$.如果维持温度不变,缓慢地增加外界的压强,系统的体积将被压缩,压强则相应增大以维持其与外界的平衡.这样,系统的状态沿直线 1→2 变化,直到与汽化线相交于点 2,这时开始有液体凝结,并放出热量(相变潜热).在点 2,气、液两相平衡共存.如果系统放出的热量不断被外界吸收,物质将不断地由气相转变为液相,而保持其温度和压强不变.直到系统全部转变为液相后,如果仍保持温度不变而增加外界的压强,系统的压强将相应地增大,其状态沿直线 2→3 变化.

现在根据热力学理论对单元系的相图加以解释.在 §3.1 中说过,在一定的温度和压强下,系统的平衡状态是其化学势最小的状态,各相的化学势是其温度和压强的确定的函数.如果在某一温度和压强范围内,$\alpha$ 相的化学势 $\mu^\alpha(T,p)$ 较其他相的化学势低,系统将以 $\alpha$ 相单独存在.这个温度和压

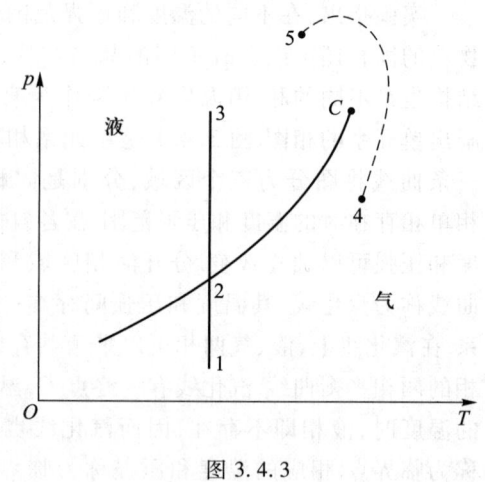

图 3.4.3

## §3.4 单元复相系的平衡性质

强范围就是 α 相的单相区域.在这个区域内温度和压强是独立的状态参量.

单元系两相平衡共存时,必须满足§3.3 中所讲的热平衡条件、力学平衡条件和相变平衡条件:

$$\begin{cases} T^\alpha = T^\beta = T \\ p^\alpha = p^\beta = p \\ \mu^\alpha(T,p) = \mu^\beta(T,p) \end{cases} \quad (3.4.1)$$

式(3.4.1)给出两相平衡共存时压强与温度的关系,就是两相平衡曲线的方程式.在平衡曲线上,温度和压强两个参量中只有一个可以独立改变.由于在平衡曲线上两相的化学势相等,两相以任意比例共存,整个系统的吉布斯函数都是相等的.这两相平衡就是§3.1 中所说的中性平衡的例子.当系统缓慢地从外界吸收或放出热量时,物质将由一相转变到另一相而始终保持在平衡态,称为平衡相变.

单元系三相共存时,三相的温度、压强和化学势都必须相等.即

$$\begin{cases} T^\alpha = T^\beta = T^\gamma = T \\ p^\alpha = p^\beta = p^\gamma = p \\ \mu^\alpha(T,p) = \mu^\beta(T,p) = \mu^\gamma(T,p) \end{cases} \quad (3.4.2)$$

三相点的温度和压强由式(3.4.2)确定.

如果已知两相的化学势的表达式,由式(3.4.1)即可确定相图的两相平衡曲线.由于缺乏化学势的全部知识,实际上相图上的平衡曲线是由实验直接测定的.不过,根据热力学理论可以求出两相平衡曲线的斜率.设$(T,p)$和$(T+\mathrm{d}T,p+\mathrm{d}p)$是两相平衡曲线上邻近的两点,如图 3.4.4 所示.在这两点上,两相的化学势都相等:

$$\mu^\alpha(T,p) = \mu^\beta(T,p)$$
$$\mu^\alpha(T+\mathrm{d}T,p+\mathrm{d}p) = \mu^\beta(T+\mathrm{d}T,p+\mathrm{d}p)$$

两式相减,得

$$\mathrm{d}\mu^\alpha = \mathrm{d}\mu^\beta \quad (3.4.3)$$

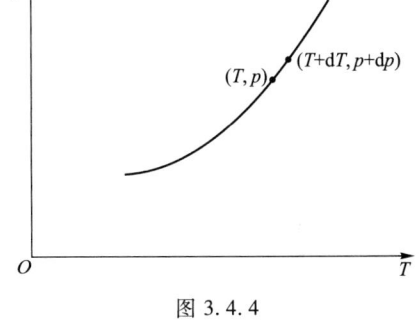

图 3.4.4

式(3.4.3)表示,当沿着平衡曲线由$(T,p)$变到$(T+\mathrm{d}T,p+\mathrm{d}p)$时,两相的化学势的变化相等.化学势的全微分为

$$\mathrm{d}\mu = -S_m \mathrm{d}T + V_m \mathrm{d}p$$

其中 $S_m$ 和 $V_m$ 分别是摩尔熵和摩尔体积.代入式(3.4.3)得

$$-S_m^\alpha \mathrm{d}T + V_m^\alpha \mathrm{d}p = -S_m^\beta \mathrm{d}T + V_m^\beta \mathrm{d}p$$

或

$$\frac{\mathrm{d}p}{\mathrm{d}T} = \frac{S_m^\beta - S_m^\alpha}{V_m^\beta - V_m^\alpha} \quad (3.4.4)$$

以 $L$ 表示 1 mol 物质由 α 相转变到 β 相时所吸收的相变潜热,因为相变时物质的温度不变,由式(1.14.3)得

$$L = T(S_m^\beta - S_m^\alpha) \quad (3.4.5)$$

代入式(3.4.4)得

$$\frac{dp}{dT} = \frac{L}{T(V_m^\beta - V_m^\alpha)} \tag{3.4.6}$$

式(3.4.6)称为克拉珀龙(Clapeyron)方程.它给出两相平衡曲线的斜率.克拉珀龙方程与实验结果符合得很好,为热力学的正确性提供了一个直接的实验验证.

以冰的熔点随压强的变化为例.在 1 atm 下冰的熔点为 273.15 K,此时冰的熔化热为 $L = 3.35 \times 10^5$ J·kg$^{-1}$,冰的比体积为 $v^\alpha = 1.0907 \times 10^{-3}$ m$^3$·kg$^{-1}$,水的比体积为 $v^\beta = 1.00013 \times 10^{-3}$ m$^3$·kg$^{-1}$,代入式(3.4.6)可算得

$$\frac{dT}{dp} = -\frac{273.15 \text{ K} \times 0.09057 \times 10^{-3} \text{ m}^3 \cdot \text{kg}^{-1}}{3.35 \times 10^5 \text{ J} \cdot \text{kg}^{-1}}$$
$$= -0.738 \times 10^{-7} \text{ K} \cdot \text{Pa}^{-1} = -0.00748 \text{ K} \cdot \text{atm}^{-1}$$

这个结果与实验观测值 $\frac{dT}{dp} = -0.0075$ K·atm$^{-1}$ 相符合.

再以水的沸点随压强的变化为例.在 1 atm 下,水的沸点为 373.15 K.此时,水的汽化热为 $L = 2.257 \times 10^6$ J·kg$^{-1}$,水的比体积为 $v^\alpha = 1.043 \times 10^{-3}$ m$^3$·kg$^{-1}$,水蒸气的比体积为 $v^\beta = 1673 \times 10^{-3}$ m$^3$·kg$^{-1}$.代入式(3.4.6)可算得

$$\frac{dp}{dT} = \frac{2.257 \times 10^6 \text{ J} \cdot \text{kg}^{-1}}{373.15 \text{ K} \times 1672 \times 10^{-3} \text{ m}^3 \cdot \text{kg}^{-1}}$$
$$= 3.62 \times 10^3 \text{ Pa} \cdot \text{K}^{-1} = 0.0357 \text{ atm} \cdot \text{K}^{-1}$$

这个结果与实验观测值 $\frac{dp}{dT} = 0.0356$ atm·K$^{-1}$ 相符合.

当物质发生熔化、蒸发或升华时,通常比体积增大,且相变潜热是正的(混乱度增加,因而比熵增加).因此平衡曲线的斜率 $\frac{dp}{dT}$ 通常是正的.不过在某些情形下,熔化线具有负的斜率.例如冰熔化时比体积变小,因而熔化线的斜率 $\frac{dp}{dT}$ 是负的.$^3$He 熔化时比体积增大,但在 0.3 K 以下,固相的比熵大于液相,也使熔化线具有负的斜率,如图 3.4.5 所示.

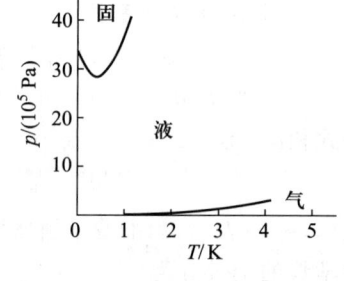

图 3.4.5

由克拉珀龙方程可以推导蒸气压方程.与凝聚相(液相或固相)达到平衡的蒸气称为饱和蒸气.由于两相平衡时压强与温度间存在一定的关系,饱和蒸气的压强是温度的函数.描述饱和蒸气压与温度的关系的方程称为蒸气压方程.以 α 相表示凝聚相,β 相表示气相.凝聚相的摩尔体积远小于气相的摩尔体积.如果在式(3.4.6)中略去 $V_m^\alpha$,并把气相看作理想气体,$pV_m^\beta = RT$,式(3.4.6)可简化为

$$\frac{1}{p}\frac{dp}{dT} = \frac{L}{RT^2} \tag{3.4.7}$$

如果更进一步近似地认为相变潜热与温度无关(这个近似是十分粗糙的),就可以将上式积分得

$$\ln p = -\frac{L}{RT} + A \tag{3.4.8}$$

式(3.4.8)是蒸气压方程的近似表达式.关于蒸气压方程的进一步讨论可以参阅本章习题.

## §3.5 临界点和气液两相的转变

在§3.4中我们用温度和压强为坐标画出了单元系的相图.图3.4.1中的汽化线是液、气两相的平衡曲线,汽化线终止于临界点.在本节中我们再用$p$-$V$图的等温线分析液、气两相的转变,可以更清楚地显示出其中的某些特性.

图3.5.1是安德鲁斯(Andrews)于1869年得到的二氧化碳在高温下的等温线.在临界温度31.1 ℃以上,等温线的形状与玻意耳定律给出的双曲线近似,是气相的等温线.在临界温度以下,等温线包括三段.左边的一段几乎与$p$轴平行(其等温压缩系数很小),代表液相.右边的一段代表气相.中间的一段是与$v$轴平行的直线.在§3.4中说过,两相共存时,在一定的温度下,压强是一定的,因此这一段代表液、气共存的状态.对于单位质量的物质,这段直线左端的横坐标就是液相的比体积$v_l$.右端的横坐标是气相的比体积$v_g$.直线中比体积为$v$的一点,相应的液相比例$x$和气相比例$1-x$由下式给出:

$$v = xv_l + (1-x)v_g \tag{3.5.1}$$

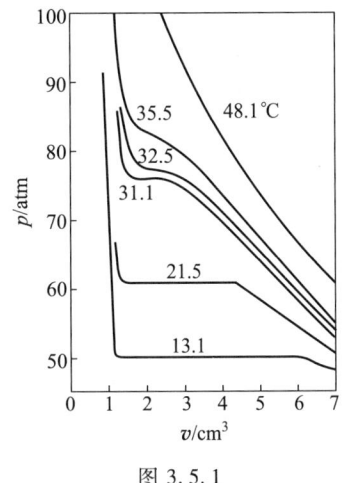

图3.5.1

等温线中的水平段随温度的升高而缩短,说明液、气两相的比体积随温度升高而接近.当温度达到某一极限温度时,水平段的左右端重合.这时两相的比体积相等,两相的其他差别也不再存在,物质处在液气不分的状态.这一极限温度就是临界温度$T_c$,相应的压强是临界压强$p_c$.在温度为$T_c$的等温线上,压强小于$p_c$时,物质处在气相;压强等于或高于$p_c$时,物质处在液气不分的状态.当温度高于$T_c$时,无论处在多大的压强下,物质都处于气态,液态不可能存在.由于有了临界点,我们可以像图3.4.3中的4→5线那样绕过临界点,使气相连续地转变为液相而不必经过气、液两相共存的阶段.

由上面的讨论可知,临界等温线在临界点的切线是水平的,即$\left(\dfrac{\partial p}{\partial V}\right)_T = 0$.

范德瓦耳斯在1873年用他的方程统一地描述液、气两态,并据此讨论了液、气两相转变和临界点问题.对于1 mol物质,范德瓦耳斯方程是

$$\left(p + \frac{a}{V_m^2}\right)(V_m - b) = RT \tag{3.5.2}$$

图3.5.2画出了范德瓦耳斯方程的等温线.比较图3.5.1和图3.5.2可以看出,范德瓦耳斯气体的等温线与实际观测到的等温线很像.不过在温度低于$T_c$时,范德瓦耳斯气体的等温线在$p_1 < p < p_2$的范围.对应于一个$p$值有三个可能的$V_m$值,如图3.5.3所示.当然,在$V_{m1} < V_m < V_{m2}$的范围内,$\left(\dfrac{\partial p}{\partial V_m}\right)_T > 0$.由于不满足平衡稳定性条件的要求,这些状态是不可能作为均匀系而实现的.现在我们根据吉布斯函数最小的要求,讨论在$p_1 < p < p_2$的范围内,在给定的$T$、$p$下,什么状态是稳定的平衡状态.

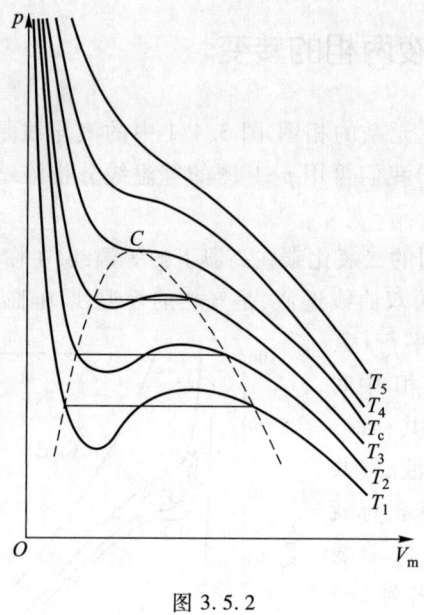

图 3.5.2

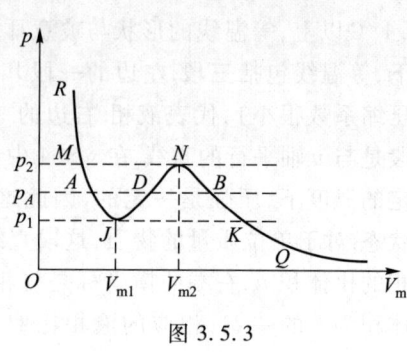

图 3.5.3

化学势的全微分是

$$d\mu = -S_m dT + V_m dp \tag{3.5.3}$$

由此可知,等温线上压强为 $p$ 与压强为 $p_0$ 的两个状态的化学势之差为

$$\mu - \mu_0 = \int_{p_0}^{p} V_m dp \tag{3.5.4}$$

积分(3.5.4)等于等温线与 $p$ 轴之间由 $p_0$ 到 $p$ 的面积.由图 3.5.3 可以看出,当式(3.5.4)的积分下限固定为 $Q$ 点的压强 $p_0$ 而沿等温线积分时,积分的数值由 $Q$ 点出发后增加,到 $N$ 点后减少,到 $J$ 点后又再次增加.因此在温度保持为恒定时,$\mu$ 随 $p$ 的改变如图 3.5.4 所示.图 3.5.4 中 $Q$、$K$、$B$、$N$、$J$、$A$、$M$、$R$ 各点分别与图 3.5.3 中各点相应.其中 $A$、$B$ 两点在图 3.5.4 中重合,说明 $A$、$B$ 两态的 $\mu$ 值相等.从图 3.5.4 可以看出,在 $p_1<p<p_2$ 的范围内,对应于一个 $p$ 值,$\mu$ 有三个可能的值.这与图 3.5.3 中在 $p_1<p<p_2$ 的范围内,对应于一个 $p$ 值有三个可能的 $V_m$ 值是相应的.根据吉布斯函数判据,在给定的 $T$、$p$ 下,稳定平衡态的吉布斯函数最小,因此线段 $QKBAMR$ 上各点代表系统的稳定平衡状态.

在 $B$ 点物质全部处在气态,在 $A$ 点物质全部处在液态.$B$ 点和 $A$ 点的 $\mu$ 值相等,这正是在等温线的温度和 $A$、$B$ 两点的压强下气、液两相的相变平衡条件.$A$、$B$ 两态既然满足条件

$$\mu_A = \mu_B$$

由图 3.5.3 可以看出,这相当于积分

$$\int_{BNDJA} V_m dp = 0$$

或

面积$(BND)$ = 面积$(DJA)$ (3.5.5)

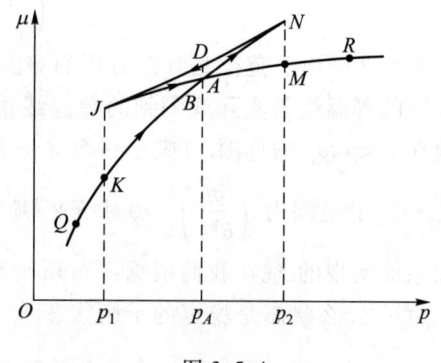

图 3.5.4

这就是说，$A$、$B$ 两点在图 3.5.3 中的位置可以由条件(3.5.5)确定，称为麦克斯韦等面积定则.根据等面积定则，将范德瓦耳斯气体等温线中的 $BNDJA$ 段换为直线 $BA$ 就与图 3.5.1 中的实测等温线相符了.

如前所述，线段 $JDN$ 上的状态不满足平衡稳定性的要求，物质不可能作为均匀系存在而必将发生相变；线段 $BN$ 和 $AJ$ 上的状态满足平衡稳定性的要求，由于其化学势高于两相平衡的化学势，它们可以作为亚稳态单相存在，分别对应于过饱和蒸气和过热液体.我们将在 §3.6 中讨论在什么条件下可能出现过饱和蒸气和过热液体.

在等温线上的极大点 $N$，有 $\left(\frac{\partial p}{\partial V_m}\right)_T=0$，$\left(\frac{\partial^2 p}{\partial V_m^2}\right)_T<0$；在极小点 $J$，有 $\left(\frac{\partial p}{\partial V_m}\right)_T=0$，$\left(\frac{\partial^2 p}{\partial V_m^2}\right)_T>0$. 随着温度的升高，极大点与极小点逐渐靠近.达到临界温度 $T_c$ 时，这两点重合，而形成拐点.因此临界点的温度 $T_c$ 和压强 $p_c$ 满足方程：

$$\left(\frac{\partial p}{\partial V_m}\right)_T=0, \quad \left(\frac{\partial^2 p}{\partial V_m^2}\right)_T=0 \tag{3.5.6}$$

将范德瓦耳斯方程代入，可得

$$\left(\frac{\partial p}{\partial V_m}\right)_T=-\frac{RT}{(V_m-b)^2}+\frac{2a}{V_m^3}=0$$

$$\left(\frac{\partial^2 p}{\partial V_m^2}\right)_T=\frac{2RT}{(V_m-b)^3}-\frac{6a}{V_m^4}=0$$

再加上范德瓦耳斯方程本身共三个方程，可以把临界点的温度 $T_c$、压强 $p_c$ 和体积 $V_{mc}$ 定出来.结果为

$$T_c=\frac{8a}{27Rb}, \quad p_c=\frac{a}{27b^2}, \quad V_{mc}=3b$$

$T_c$、$p_c$ 和 $V_{mc}$ 之间存在以下关系：

$$\frac{RT_c}{p_c V_{mc}}=\frac{8}{3}=2.667 \tag{3.5.7}$$

这个量纲一的比值叫做临界系数.根据范德瓦耳斯方程，临界系数对各种气(液)体应相同.实测结果中，临界系数的数值如下：He 3.28，$H_2$ 3.27，Ne 3.43，Ar 3.42，$O_2$ 3.42，$CO_2$ 3.65，$H_2O$ 4.37.

引进新的变量：

$$t^*=\frac{T}{T_c}, \quad p^*=\frac{p}{p_c}, \quad v^*=\frac{V_m}{V_{mc}}$$

分别称为对比温度、对比压强和对比体积，可将范德瓦耳斯方程化为

$$\left(p^*+\frac{3}{v^{*2}}\right)\left(v^*-\frac{1}{3}\right)=\frac{8}{3}t^* \tag{3.5.8}$$

上式称为范德瓦耳斯对比方程.在这个方程中，不含与具体物质性质有关的常量.也就是说，如果采用对比变量，范德瓦耳斯方程是普适的.这个结果称为对应态定律.

前面根据范德瓦耳斯方程讨论了液气相变及其临界点，得到了临界点所满足的方程：

$$\left(\frac{\partial p}{\partial V_m}\right)_T = 0, \quad \left(\frac{\partial^2 p}{\partial V_m^2}\right)_T = 0$$

实际上,根据热力学的一般论据就可以证明,液气流体系统临界态的平衡稳定条件(与物态方程的具体表达式无关)为

$$\left(\frac{\partial p}{\partial V_m}\right)_T = 0, \quad \left(\frac{\partial^2 p}{\partial V_m^2}\right)_T = 0, \quad \left(\frac{\partial^3 p}{\partial V_m^3}\right)_T < 0 \tag{3.5.9}$$

如前所述,液气两相平衡时,两相具有相同的温度和压强.在接近临界点的等温线上,两相平衡时其摩尔体积是接近的.以 $V_m$ 和 $V_m + \Delta V_m$ 分别表示液相和气相的摩尔体积,两相压强相等可以表示为

$$p(V_m, T) = p(V_m + \Delta V_m, T) \tag{3.5.10}$$

将上式右方按 $\Delta V_m$ 作泰勒展开,准确到二级,有

$$p(V_m + \Delta V_m, T) = p(V_m, T) + \left(\frac{\partial p}{\partial V_m}\right)_T \Delta V_m + \frac{1}{2}\left(\frac{\partial^2 p}{\partial V_m^2}\right)_T (\Delta V_m)^2$$

代入式(3.5.10),全式除以 $\Delta V_m$,可得

$$\left(\frac{\partial p}{\partial V_m}\right)_T + \frac{\Delta V_m}{2}\left(\frac{\partial^2 p}{\partial V_m^2}\right)_T = 0 \tag{3.5.11}$$

当 $T$ 趋于临界温度 $T_c$ 时,$\Delta V_m$ 趋于零,由此可知,在临界点有

$$\left(\frac{\partial p}{\partial V_m}\right)_T = 0 \tag{3.5.12}$$

上式指出,处在临界点的液气流体系统不满足平衡稳定条件(3.1.14)的第二式.将上式代入式(3.1.13)可知,如果将系统约束在临界温度 $T_c$ 上(即 $\delta T = 0$),熵函数的二级微分将为零,即 $\delta^2 S_m = 0$.

为了分析液气流体系统临界态的平衡稳定性,将 $\Delta S_m$ 作泰勒展开,得

$$\Delta S_m = \delta S_m + \frac{1}{2!}\delta^2 S_m + \frac{1}{3!}\delta^3 S_m + \frac{1}{4!}\delta^4 S_m + \cdots$$

根据式(3.1.13),有

$$\delta^2 S_m = -\frac{C_{V,m}}{T^2}(\delta T)^2 + \frac{1}{T}\left(\frac{\partial p}{\partial V_m}\right)_T (\delta V_m)^2$$

由

$$\delta^3 S_m = \left(\frac{\partial}{\partial T}\delta^2 S_m\right)\delta T + \left(\frac{\partial}{\partial V_m}\delta^2 S_m\right)\delta V_m$$

可知,将系统约束在临界温度 $T_c$ 的情形下有

$$\delta^3 S_m = \frac{1}{T}\left(\frac{\partial^2 p}{\partial V_m^2}\right)_T (\delta V_m)^3 \tag{3.5.13}$$

如果 $\left(\frac{\partial^2 p}{\partial V_m^2}\right)_T \neq 0$,系统的平衡稳定性将取决于在虚变动中体积是膨胀还是缩小,这显然是不合理的.由此可以推断

$$\left(\frac{\partial^2 p}{\partial V_m^2}\right)_T = 0 \tag{3.5.14}$$

在 $\delta^2 S_m = 0$ 和 $\delta^3 S_m = 0$ 的情形下,我们考察 $\delta^4 S_m$.类似地约束在临界温度 $T_c$ 上:

$$\delta^4 S_m = \frac{1}{T}\left(\frac{\partial^3 p}{\partial V_m^3}\right)_T (\delta V_m)^4$$

平衡稳定性要求 $\delta^4 S_m < 0$,由此可知

$$\left(\frac{\partial^3 p}{\partial V_m^3}\right)_T < 0 \qquad (3.5.15)$$

这就证明了式(3.5.9).注意,式(3.5.12)是由临界态的特性决定的,它不满足平衡稳定条件的第二式,式(3.5.14)和式(3.5.15)则是临界态具有平衡稳定性的要求.

## *§3.6 液滴的形成

前面讨论两相平衡时没有考虑表面相的影响,适用于分界面为平面的情形.本节以液滴在蒸气中的形成为例,讨论表面相对相变过程的影响.

我们先讨论在考虑表面相以后系统在达到平衡时所要满足的平衡条件.设液滴为 α 相,蒸气为 β 相,表面为 γ 相.根据§3.2和§2.5中的讨论,三相的热力学基本方程分别为

$$\begin{cases} dU^\alpha = T^\alpha dS^\alpha - p^\alpha dV^\alpha + \mu^\alpha dn^\alpha \\ dU^\beta = T^\beta dS^\beta - p^\beta dV^\beta + \mu^\beta dn^\beta \\ dU^\gamma = T^\gamma dS^\gamma + \sigma dA \end{cases} \qquad (3.6.1)$$

在热力学中我们把表面理想化为几何面,因此表面相的物质的量 $n^\gamma = 0$,在基本方程中不含 $dn^\gamma$ 的项.

系统的热平衡条件为三相的温度相等,即

$$T^\alpha = T^\beta = T^\gamma \qquad (3.6.2)$$

假定热平衡条件已经满足,温度保持不变,我们用自由能判据推求系统的力学平衡条件和相变平衡条件.设想在温度和总体积保持不变的条件下,系统发生一个虚变动.在这个虚变动中,三相的物质的量、体积(或面积)分别有 $\delta n^\alpha$、$\delta V^\alpha$;$\delta n^\beta$、$\delta V^\beta$;$\delta A$ 的变化.由于在虚变动中系统的总物质的量和总体积保持不变,应有

$$\begin{cases} \delta n^\alpha + \delta n^\beta = 0 \\ \delta V^\alpha + \delta V^\beta = 0 \end{cases} \qquad (3.6.3)$$

在这个虚变动中,三相自由能的变化分别为

$$\begin{cases} \delta F^\alpha = -p^\alpha \delta V^\alpha + \mu^\alpha \delta n^\alpha \\ \delta F^\beta = -p^\beta \delta V^\beta + \mu^\beta \delta n^\beta \\ \delta F^\gamma = \sigma \delta A \end{cases} \qquad (3.6.4)$$

在三相温度相等的情形下,整个系统的自由能是三相的自由能之和,因此整个系统的自由能变化是

$$\delta F = \delta F^\alpha + \delta F^\beta + \delta F^\gamma = -(p^\alpha - p^\beta)\delta V^\alpha + \sigma \delta A + (\mu^\alpha - \mu^\beta)\delta n^\alpha \qquad (3.6.5)$$

其中用了式(3.6.3).如果假设液滴是球形的,半径为 $r$,即有

$$V^\alpha = \frac{4\pi}{3}r^3, \quad A = 4\pi r^2$$

$$\delta V^\alpha = 4\pi r^2 \delta r, \quad \delta A = 8\pi r \delta r$$

于是式(3.6.5)可简化为

$$\delta F = -\left(p^\alpha - p^\beta - \frac{2\sigma}{r}\right)\delta V^\alpha + (\mu^\alpha - \mu^\beta)\delta n^\alpha$$

根据自由能判据,在温度和总体积不变的条件下,平衡态的自由能最小,必有 $\delta F = 0$. 因为 $\delta V^\alpha$ 和 $\delta n^\alpha$ 是独立的,所以有

$$p^\alpha = p^\beta + \frac{2\sigma}{r} \tag{3.6.6}$$

$$\mu^\alpha = \mu^\beta \tag{3.6.7}$$

式(3.6.6)是力学平衡条件.它指出,由于表面张力有使液滴收缩的趋势,液滴的压强必须大于蒸气的压强才能维持力学平衡.当 $r \to \infty$(相当于分界面为平面)时,式(3.6.6)给出 $p^\alpha = p^\beta$.这就是说,当分界面为平面时,力学平衡条件是两相的压强相等.

式(3.6.7)指出,相变平衡条件仍然是两相的化学势相等.但是必须注意,在式(3.6.7)两方的化学势中,压强 $p^\alpha$ 和 $p^\beta$ 满足式(3.6.6),其数值是不同的.假如式(3.6.7)不能满足,物质将由化学势高的相转变到化学势低的相.

现在讨论液滴的形成问题.我们先讨论气液两相平衡时分界面为曲面的蒸气压强与分界面为平面的饱和蒸气压的关系.当液面为平面时,力学平衡条件是两相的压强相等.以 $p$ 表示这时两相的压强,相变平衡条件为

$$\mu^\alpha(T,p) = \mu^\beta(T,p) \tag{3.6.8}$$

上式确定了饱和蒸气压与温度的关系.

在液面为曲面的情形下,设气液两相平衡时蒸气的压强为 $p'$.由式(3.6.6)知,这时液滴的压强为 $p' + \frac{2\sigma}{r}$.相变平衡条件式(3.6.7)应为

$$\mu^\alpha\left(p' + \frac{2\sigma}{r}, T\right) = \mu^\beta(p', T) \tag{3.6.9}$$

上式给出分界面为曲面时的平衡蒸气压强 $p'$ 与温度 $T$ 及曲面半径 $r$ 的关系.

现在讨论 $p'$ 与 $p$ 的关系.当压强改变时,液体的性质改变很小,我们可以将液滴的化学势 $\mu^\alpha$ 按压强展开,只取线性项,有

$$\begin{aligned}\mu^\alpha\left(p' + \frac{2\sigma}{r}, T\right) &= \mu^\alpha(p,T) + \left(p' - p + \frac{2\sigma}{r}\right)\frac{\partial \mu^\alpha}{\partial p} \\ &= \mu^\alpha(p,T) + \left(p' - p + \frac{2\sigma}{r}\right) v^\alpha \end{aligned} \tag{3.6.10}$$

如果把蒸气看成理想气体,根据式(2.4.15),蒸气的化学势为

$$\mu^\beta(p,T) = RT(\varphi + \ln p) \tag{3.6.11}$$

其中 $\varphi$ 是温度的函数.由式(3.6.11)得

$$\mu^\beta(p',T) = \mu^\beta(p,T) + RT\ln\frac{p'}{p} \tag{3.6.12}$$

将式(3.6.10)和式(3.6.12)代入式(3.6.9),考虑到式(3.6.8)可得

$$\left(p' - p + \frac{2\sigma}{r}\right)v^\alpha = RT\ln\frac{p'}{p} \tag{3.6.13}$$

在实际问题中,通常有 $p'-p \ll \dfrac{2\sigma}{r}$.在这种情形下,式(3.6.13)可近似为

$$\ln \frac{p'}{p} = \frac{2\sigma v^\alpha}{RTr} \tag{3.6.14}$$

现在以水滴为例对上述近似作一估算.在 $T=291$ K 时,水的表面张力系数 $\sigma = 0.073$ N·m$^{-1}$,$v^\alpha = 18.016 \times 10^{-6}$ m$^3$·mol$^{-1}$,代入式(3.6.14)得

$$\ln \frac{p'}{p} = \frac{1.087 \times 10^{-9}}{r}$$

或

$$\lg \frac{p'}{p} = \frac{4.72 \times 10^{-10}}{r}$$

当 $r = 10^{-7}$ m 时,$\dfrac{p'}{p} = 1.011$,但 $p = 2.042 \times 10^{-3}$ Pa,可见 $p'-p \ll \dfrac{2\sigma}{r}$,说明略去式(3.6.13)中的 $p'-p$ 是容许的.

根据式(3.6.14),可计算在各种不同半径下水滴与蒸气达到平衡时所需的蒸气压.当 $r = 10^{-7}$ m 时,$\dfrac{p'}{p} = 1.011$;当 $r = 10^{-8}$ m 时,$\dfrac{p'}{p} = 1.115$;当 $r = 10^{-9}$ m 时,$\dfrac{p'}{p} = 2.966$.由此可知,水滴越小,与水滴达到平衡所需的蒸气压强就越高.

在一定的温度和蒸气压强 $p'$ 下,与蒸气达到平衡的液滴半径 $r_c$ 为

$$r_c = \frac{2\sigma v^\alpha}{RT \ln \dfrac{p'}{p}} \tag{3.6.15}$$

$r_c$ 称为临界半径.由式(3.6.10)可以看出,对于 $r > r_c$ 的液滴,有 $\mu^\alpha < \mu^\beta$,因而液滴将继续凝结而增大;对于 $r < r_c$ 的液滴,有 $\mu^\alpha > \mu^\beta$,因而液滴将汽化而消失.

在蒸气中,液体的凝结是通过先形成微小液滴然后逐渐生长的方式发生的.如果在蒸气中不存在凝结核(例如灰尘或带电微粒等),由涨落而形成的液滴往往过小,不能增大,因此在非常干净的蒸气中,蒸气的压强可以超过饱和蒸气压而不凝结,形成过饱和蒸气.

液体中的气泡可以同样考虑,如果仍然令 $\alpha$ 相表示液相,$\beta$ 相表示气相,则在式(3.6.6)和式(3.6.14)中要将 $r$ 换成 $-r$.将 $r$ 换成 $-r$ 后,由式(3.6.6)得

$$p^\beta = p^\alpha + \frac{2\sigma}{r} \tag{3.6.16}$$

式(3.6.16)指出,气泡内蒸气的压强必须大于液体的压强才能维持力学平衡,将 $r$ 换成 $-r$ 后,由式(3.6.14)得

$$\ln \frac{p}{p'} = \frac{2\sigma v^\alpha}{RTr} \tag{3.6.17}$$

式(3.6.17)指出,为满足相变平衡条件,气泡内的压强必须小于同温度的饱和蒸气压.

根据式(3.6.16)和式(3.6.17)可以说明液体沸腾前的过热现象.液体沸腾时,液体内部有大量的气泡形成,使气液分界面大大增加,于是整个液体剧烈汽化.在一般情形下,液体中溶有空气.以这些已有的空气泡作核而形成的气泡具有足够大的半径.接近于分界面为平面

的情形,只要气泡中的蒸气压等于液体的压强,即发生沸腾.如果液体中没有现存的空气泡作核,由涨落而形成的气泡半径很小.当达到正常沸点的温度,即饱和蒸气压 $p$ 等于液体的压强 $p^\alpha$ 时,力学平衡条件(3.6.16)要求气泡内的蒸气压强 $p^\beta$ 大于液体的压强即大于饱和蒸气压 $p$,而相变平衡条件(3.6.17)式又要求气泡内的蒸气压强 $p'$ 小于饱和蒸气压 $p$.因此在正常的沸点温度,式(3.6.16)和式(3.6.17)不可能同时满足.除非液体的温度高于正常的沸点,使相应的饱和蒸气压 $p$ 大于液体的压强 $p^\alpha$,式(3.6.16)和式(3.6.17)才可能同时满足.这就是形成过热液体的原因.

通过以上的讨论可以知道,在新相生成时,表面相起着重要的作用.

## §3.7 相变的分类

如前所述,固相、液相和气相之间的转变(包括固相不同晶格结构之间的转变)存在相变潜热 $L=T(s^{(2)}-s^{(1)})$ 和体积突变 $\Delta v=v^{(2)}-v^{(1)}$,而且可能出现亚稳态.自然界还存在另一类相变,在转变时既无潜热又无体积突变.例如液-气通过临界点的转变、铁磁顺磁的转变、合金的有序无序转变、液 HeⅠ和 HeⅡ的转变、零磁场下金属超导状态和正常状态的转变,等等.1933年,埃伦菲斯特(Ehrenfest)试图对相变进行分类.因为 $s=-\dfrac{\partial \mu}{\partial T},v=\dfrac{\partial \mu}{\partial p}$,埃伦菲斯特将前述第一类相变概括为:在相变点,两相的化学势连续,但化学势的一级偏导数存在突变,即

$$\begin{cases} \mu^{(1)}(T,p)=\mu^{(2)}(T,p) \\ \dfrac{\partial \mu^{(1)}}{\partial T}\neq \dfrac{\partial \mu^{(2)}}{\partial T},\quad \dfrac{\partial \mu^{(1)}}{\partial p}\neq \dfrac{\partial \mu^{(2)}}{\partial p} \end{cases} \qquad (3.7.1)$$

称这一类相变为一级相变.图3.7.1形象地表达了上述特征和亚稳态存在的可能性.概括地说,在一级相变中,两相有其各自的非奇异的化学势函数,相变点是两相化学势函数的交点.

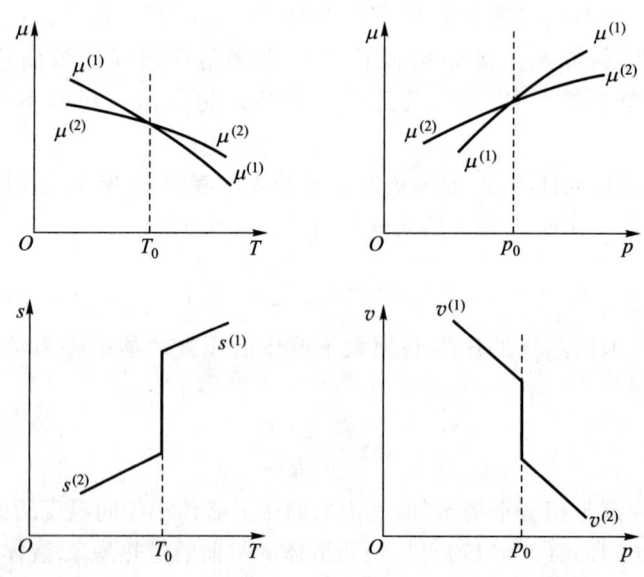

图 3.7.1

在相变点,两相的化学势相等,两相可以平衡共存.但是两相化学势的一级导数不等,转变时有潜热和比体积突变.在相变点的两侧,化学势较低的相是稳定相,化学势较高的相可以作为亚稳态存在.

根据埃伦菲斯特的分类,如果在相变点两相的化学势和化学势的一级偏导数连续,但化学势的二级偏导数存在突变,称为二级相变.因为

$$\begin{cases} c_p = T\left(\dfrac{\partial s}{\partial T}\right)_p = -T\dfrac{\partial^2 \mu}{\partial T^2} \\ \alpha = \dfrac{1}{v}\left(\dfrac{\partial v}{\partial T}\right)_p = \dfrac{1}{v}\dfrac{\partial^2 \mu}{\partial T \partial p} \\ \kappa_T = -\dfrac{1}{v}\left(\dfrac{\partial v}{\partial p}\right)_T = -\dfrac{1}{v}\dfrac{\partial^2 \mu}{\partial p^2} \end{cases} \quad (3.7.2)$$

所以二级相变没有相变潜热和比体积突变,但是定压比热、定压膨胀系数和等温压缩系数存在突变.埃伦菲斯特根据二级相变在邻近的相变点$(T,p)$和$(T+\mathrm{d}T, p+\mathrm{d}p)$两相的比熵和比体积变化相等,即$\mathrm{d}s^{(1)} = \mathrm{d}s^{(2)}$和$\mathrm{d}v^{(1)} = \mathrm{d}v^{(2)}$的条件,导出了二级相变点压强随温度变化的斜率公式(习题3.19):

$$\begin{cases} \dfrac{\mathrm{d}p}{\mathrm{d}T} = \dfrac{\alpha^{(2)} - \alpha^{(1)}}{\kappa_T^{(2)} - \kappa_T^{(1)}} \\ \dfrac{\mathrm{d}p}{\mathrm{d}T} = \dfrac{c_p^{(2)} - c_p^{(1)}}{Tv(\alpha^{(2)} - \alpha^{(1)})} \end{cases} \quad (3.7.3)$$

称为埃伦菲斯特方程.

根据埃伦菲斯特的分类,如果在相变点两相的化学势和化学势的一级、二级……直到$n-1$级的偏导数连续,但化学势的$n$级偏导数存在突变,则称为$n$级相变.

埃伦菲斯特的分类适用于突变为有限的情形.后来发现,在前面提到的第二类相变中,热容、等温压缩系数、磁化率等在趋近相变点时往往趋于无穷.现在人们习惯上只把相变区分为一级相变和连续相变两类,把非一级相变统称为连续相变.在连续相变的相变点,两相的化学势和化学势的一阶偏导数连续.因此在温度、压强为$T$、$p$的相变点,两相不仅$\mu$、$s$、$v$相等,而且$u$、$h$、$f$也相等.这就是说,在相变点两相的热力学状态是相同的,不存在两相共存现象.但是相变点是热力学函数的奇异点,与化学势二级偏导数相应的热容、等温压缩系数等在相变点出现跃变或无穷尖峰.同时,在连续相变相变点的两侧,各存在热力学函数的一个分支与物质系统的一个相对应,不存在亚稳态现象.图3.7.2就热容在相变点出现无穷尖峰的情形示意地画出了$\mu$、$s = -\left(\dfrac{\partial \mu}{\partial T}\right)_p$和$c_p = T\left(\dfrac{\partial s}{\partial T}\right)_p$随温度变化的典型特征.表3.7.1列出了连续相变的几个例子.

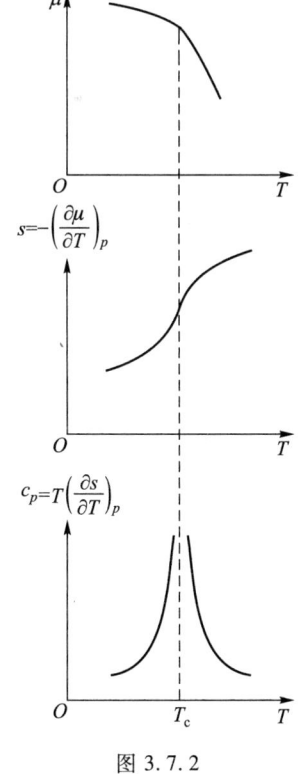

图 3.7.2

表 3.7.1

| 相变 | 序参量 | 例子 | $T_c/\text{K}$ |
| --- | --- | --- | --- |
| 液气 | $\rho_l - \rho_g$ | $H_2O$ | 647.05 |
| 铁磁 | 磁化强度 | Fe | 1 044.0 |
| 反铁磁 | 子晶格磁化强度 | $FeF_2$ | 78.26 |
| 超流 | He 原子的量子概率幅度 | $^4$He | 1.8~2.1 |
| 超导 | 电子对的量子概率幅度 | Pb | 7.19 |
| 二元合金 | 次晶格中某组元的密度 | Cu-Zn | 739 |

## *§3.8 临界现象和临界指数

连续相变的相变点也称临界点.临界现象指物质在连续相变临界点邻域的行为.如前所述,在连续相变临界点的邻域,与化学势二阶导数相应的热容、等温压缩系数、磁化率等出现跃变或无穷尖峰.人们用幂函数表述一些热力学量在临界点邻域的特性,其幂次(负幂次)称为临界指数.作为例子,本节介绍液气流体系统和铁磁系统的临界现象和临界指数.

先介绍液气流体系统.图 3.5.2 以体积和压强为坐标画出了流体系统的等温线.改以密度和压强为坐标,等温线将如图 3.8.1 所示.$\rho_c$ 表示物质在临界点的密度,两侧的虚线称为共存线,分别表示两相平衡时气相和液相的密度 $\rho_g$ 和 $\rho_l$.以

$$t = \frac{T - T_c}{T_c}$$

表示温度与临界温度差的对比值,称为对比温度或约化温度.人们发现,各种液气流体系统在临界点的邻域存在以下几个共同的实验规律:

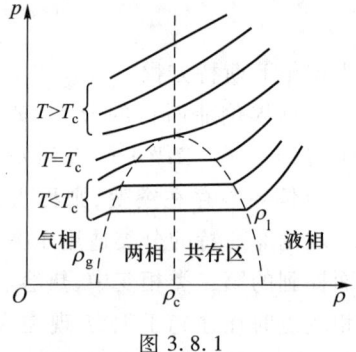

图 3.8.1

(1) 当 $t \to -0$ 时,$\rho_l$ 与 $\rho_g$ 之差随 $-t$ 的变化遵从如下的规律:

$$\rho_l - \rho_g \propto (-t)^\beta, \quad t \to -0 \tag{3.8.1}$$

临界指数 $\beta$ 的实验值在 0.32~0.35.如前所述,$t>0$ 时,物质处在气液不分的状态,$\rho_l - \rho_g$ 为零.

(2) 当 $t \to \pm 0$ 时,物质的等温压缩系数 $\kappa_T = -\frac{1}{v}\left(\frac{\partial v}{\partial p}\right)_T = \frac{1}{\rho}\left(\frac{\partial \rho}{\partial p}\right)_T$ 是发散的.这意味着在临界点的邻域,偶然的压强涨落将导致显著的密度涨落.$\kappa_T$ 随 $t$ 的变化规律为

$$\begin{cases} \kappa_T \propto (t)^{-\gamma}, & t \to +0 \\ \kappa_T \propto (-t)^{-\gamma'}, & t \to -0 \end{cases} \tag{3.8.2}$$

式中在 $t>0$ 时,沿临界等容线 $\rho = \rho_c$ 趋于临界点;在 $t<0$ 时,沿两相共存线趋于临界点.临界指数 $\gamma$ 的实验值在 1.2~1.3,$\gamma'$ 的实验值在 1.1~1.2.

(3) 在临界等温线 $t=0$,压强与临界压强之差 $p - p_c$ 和密度与临界密度之差 $\rho - \rho_c$ 在临界点的邻域遵从以下规律:

$$p - p_c \propto \pm |\rho - \rho_c|^\delta \tag{3.8.3}$$

临界指数 $\delta$ 的实验值在 $4.6 \sim 5.0$.

(4) 当 $t \to \pm 0$ 时,物质的定容比热是发散的.这意味着,在临界点的邻域系统达到热平衡非常困难.为了使整个系统保持在恒定的温度(例如在 $10^{-2}$ K 甚至在 $10^{-1}$ K 的范围),往往需要很长的时间,并不断进行搅拌. $c_V$ 随 $t$ 的变化规律为

$$\begin{cases} c_V \propto (t)^{-\alpha}, & t \to +0 \\ c_V \propto (-t)^{-\alpha'}, & t \to -0 \end{cases} \tag{3.8.4}$$

式中 $t \to \pm 0$ 沿临界等容线即 $\rho = \rho_c$ 趋于临界点.临界指数 $\alpha$ 和 $\alpha'$ 的实验值在 $0.1 \sim 0.2$.

现在介绍铁磁系统.以 $T_c$ 表示铁磁顺磁转变的临界温度(也称为居里温度).在 $T_c$ 以下,物质处在铁磁状态;在 $T_c$ 以上,处在顺磁状态.铁磁物质的特征是在外磁场为零时,物质的磁化强度不为零,称为自发磁化强度.自发磁化强度 $\mathscr{M}$ 是温度 $T$ 的函数. $\mathscr{M}(T)$ 随温度的升高而减小.当温度达到临界温度 $T_c$ 时,自发磁化强度为零,物质转变为顺磁状态.顺磁状态没有自发磁化,但在外磁场作用下可以发生磁化.

人们发现各种铁磁系统在临界点的邻域存在以下几个共同的实验规律:

(1) 当 $t \to -0$ 时,自发磁化强度随 $-t$ 的变化遵从以下规律:

$$\mathscr{M} \propto (-t)^\beta, \quad t \to -0 \tag{3.8.1'}$$

临界指数 $\beta$ 的实验值在 $0.30 \sim 0.36$.如前所述,在临界温度以上, $\mathscr{M} = 0$.

(2) 当 $t \to \pm 0$ 时,各种铁磁物质的零场磁化率 $\chi = \left(\dfrac{\partial \mathscr{M}}{\partial \mathscr{H}}\right)_T$ 是发散的, $\chi$ 随 $t$ 的变化规律为

$$\begin{cases} \chi \propto t^{-\gamma}, & t \to +0 \\ \chi \propto (-t)^{-\gamma'}, & t \to -0 \end{cases} \tag{3.8.2'}$$

临界指数 $\gamma$ 的实验值在 $1.2 \sim 1.4$, $\gamma'$ 的实验值在 $1.0 \sim 1.2$.

(3) 在 $t=0$ 和十分弱的磁场下,磁化强度 $\mathscr{M}$ 与外加磁场 $\mathscr{H}$ 的关系为

$$\mathscr{M} \propto \mathscr{H}^{1/\delta} \tag{3.8.3'}$$

临界指数 $\delta$ 的实验值在 $4.2 \sim 4.8$.

(4) 当 $t \to \pm 0$ 时,铁磁物质的零场比热容 $c_{\mathscr{H}}(\mathscr{H}=0)$ 遵从以下规律:

$$\begin{cases} c_{\mathscr{H}} \propto t^{-\alpha}, & t > 0 \\ c_{\mathscr{H}} \propto (-t)^{-\alpha'}, & t < 0 \end{cases} \tag{3.8.4'}$$

临界指数 $\alpha$ 和 $\alpha'$ 的实验值在 $0.0 \sim 0.2$.

我们看到,不仅各种流体系统和各种铁磁系统在临界点的邻域遵从相同的规律,而且,如果将液气密度差 $\rho_l - \rho_g$ 比作磁化强度 $\mathscr{M}$,压强 $p$ 比作磁场强度 $\mathscr{H}$,等温压缩系数 $\kappa_T$ 比作磁化率 $\chi$,上述两个系统的物理特性虽然很不相同,但在临界点邻域的行为却有极大的相似性,不仅变化规律相同,临界指数也大致相等.这一事实显示临界现象具有某种普适性.

## §3.9 朗道连续相变理论

1937 年,朗道(Landau)试图对连续相变提供一个统一的描述.他提出了序参量的概念,认为连续相变的特征是物质有序程度的改变及与之相伴随的物质对称性质的变化.我们以

三维各向同性的铁磁体为例加以说明.铁磁物质的原子具有固有的磁矩.两个相邻原子在其磁矩平行时相互作用能量较低.绝对零度下物质处在能量最低的状态,所有原子的磁矩取向都相同,是磁完全有序的状态.温度升高时,热运动有减弱有序取向的趋势.不过只要温度不太高,仍有为数较多的原子磁矩沿某一取向.这就是铁磁物质存在自发磁化强度 $\mathcal{M}$ 且 $\mathcal{M}$ 随温度升高而减小的原因.我们可以用 $\mathcal{M}(T)$ 作为序参量来描述铁磁物质的有序程度.当温度升高达到临界温度 $T_c$ 时,自发磁化强度减小为零,物质转变为顺磁体.在临界温度以上自发磁化强度为零时,系统是各向同性的,或者说系统具有空间转动的对称性;在临界温度以下自发磁化强度非零时,自发磁化强度向量 $\mathcal{M}$ 处在空间某个方向而破坏了系统对于空间转动的对称性.通常在临界温度以下的相,对称性较低,有序度较高,序参量非零;临界温度以上的相,对称性较高,有序度较低,序参量为零.随着温度的降低,序参量在临界点连续地从零变到非零.

下面我们着重讨论单轴各向异性的铁磁体.单轴铁磁体具有一个容易磁化的晶轴.原子磁矩的取向只能平行或反平行于这个晶轴,因此它的序参量 $\mathcal{M}(T)$ 也只能沿这个轴. $\mathcal{M}$ 取正值对应于磁矩向上, $\mathcal{M}$ 取负值对应于磁矩向下,由偶然的因素决定.对于自发磁化强度为零的顺磁状态,上和下两个方向是对称或等价的.对于自发磁化强度非零的铁磁状态,自发磁化强度只能在上、下之中取一个方向.当系统由顺磁状态转变为铁磁状态时,系统的对称性就突然降低,发生了对称破缺.图 3.9.1 示意地画出了单轴铁磁体的 $\mathcal{M}(T)$ 随温度的变化.

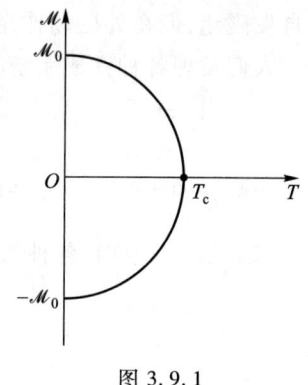

图 3.9.1

下面我们就单轴铁磁体的情形介绍朗道的连续相变理论.朗道认为,在临界点 $T_c$ 附近,序参量 $\mathcal{M}$ 是一个小量,可以将自由能 $F(T,\mathcal{M})$ 在 $T_c$ 附近按 $\mathcal{M}$ 的幂展开,称为朗道自由能:

$$F(T,\mathcal{M}) = F_0(T) + \frac{1}{2}a(T)\mathcal{M}^2 + \frac{1}{4}b(T)\mathcal{M}^4 + \cdots \quad (3.9.1)$$

其中 $F_0(T)$ 是 $\mathcal{M}=0$ 时的自由能.由于系统对于变换 $\mathcal{M} \rightleftharpoons -\mathcal{M}$ 是对称的,展开式不含 $\mathcal{M}$ 的奇次幂.我们先讨论不存在外磁场的情形.在此情形下,自由能的自然变量是温度 $T$ 和体积 $V$.假设体积的变化可以忽略, $V$ 是常量,并不失普遍性地令 $V$ 等于单位体积.这样状态参量就只有温度 $T$.式中展开系数 $a(T)$ 和 $b(T)$ 是温度 $T$ 的函数.注意,我们将自由能写作 $F(T,\mathcal{M})$,其中的 $\mathcal{M}$ 并不是自变量.我们将利用在 $T$、$V$ 不变的条件下稳定平衡态自由能最小的条件确定 $\mathcal{M}$ 为温度 $T$ 的函数.

稳定平衡态下 $F$ 具有极小值,应有

$$\frac{\partial F}{\partial \mathcal{M}} = \mathcal{M}(a+b\mathcal{M}^2) = 0 \quad (3.9.2)$$

$$\frac{\partial^2 F}{\partial \mathcal{M}^2} = a+3b\mathcal{M}^2 > 0 \quad (3.9.3)$$

式(3.9.2)有三个解:

$$\mathcal{M}=0, \quad \mathcal{M}=\pm\sqrt{-\frac{a}{b}} \quad (3.9.4)$$

解 $\mathscr{M}=0$ 代表无序态,相应于 $T>T_c$ 的温度范围.将 $\mathscr{M}=0$ 代入式(3.9.3)可知,在 $T>T_c$ 时,$a>0$. 非零解 $\mathscr{M}=\pm\sqrt{-\dfrac{a}{b}}$ 代表有序态,相应于 $T<T_c$ 的温度范围.将 $\mathscr{M}=\pm\sqrt{-\dfrac{a}{b}}$ 代入式(3.9.3)可知,在 $T<T_c$ 时,$a<0$.序参量在 $T_c$ 处连续地由零转变到非零,所以在 $T=T_c$ 处应有 $a=0$.在临界点的邻域可以简单地假设

$$a = a_0\left(\frac{T-T_c}{T_c}\right) = a_0 t, \quad a_0 > 0 \tag{3.9.5}$$

和

$$b(T) = b(\text{常量}) \tag{3.9.6}$$

其中 $t$ 为对比温度.因为式(3.9.4)给出的 $\mathscr{M}=\pm\left(-\dfrac{a}{b}\right)^{\frac{1}{2}}$ 应是实数,而在 $T<T_c$ 时,$a<0$,故常量 $b>0$.

将式(3.9.5)和式(3.9.6)代入式(3.9.4)可知,在临界点的邻域,单轴铁磁体的自发磁化强度 $\mathscr{M}$ 为

$$\begin{aligned}\mathscr{M} &= 0, \quad t>0 \\ \mathscr{M} &= \pm\left(\frac{a_0}{b}\right)^{1/2}(-t)^{1/2}, \quad t<0\end{aligned} \tag{3.9.7}$$

式(3.9.7)所给出的 $\mathscr{M}$ 对 $t$ 的依赖关系与式(3.8.1′)相同,临界指数 $\beta=\dfrac{1}{2}$.

由此可知,在 $T_c$ 的两侧热力学函数各存在一个分支.对于 $T>T_c$ 的无序相($a>0,b>0$),朗道自由能的极小值在 $\mathscr{M}=0$ 处,即无序相的自由能为

$$F = F_0, \quad T>T_c \tag{3.9.8a}$$

对于 $T<T_c$ 的有序相($a<0,b>0$),朗道自由能的极小值在 $\mathscr{M}=\pm\left(-\dfrac{a}{b}\right)^{\frac{1}{2}}$ 处,即有序相的自由能为

$$F = F_0 - \frac{a^2}{4b}, \quad T<T_c \tag{3.9.8b}$$

在临界点 $T=T_c(a=0,b>0)$,自由能的两个分支重合.图3.9.2画出了式(3.9.1)朗道自由能在 $T>T_c$[图(a)]和 $T<T_c$[图(b)]随 $\mathscr{M}$ 的变化曲线.

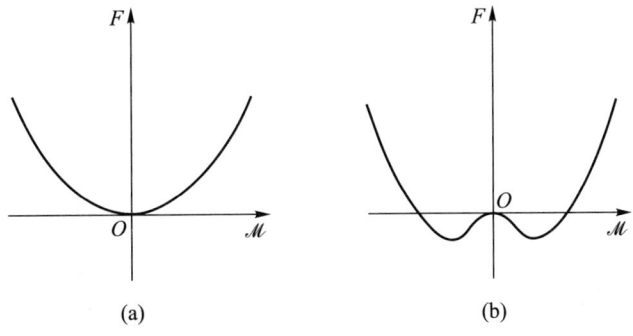

图 3.9.2

现在讨论铁磁体的零场比热容。利用公式 $c=-T\dfrac{\partial^2 F}{\partial T^2}$ 可得，在 $T=T_c$ 处，两相的比热容之差为

$$c(t\to -0)-c(t\to +0)=\dfrac{a_0^2}{2bT_c} \tag{3.9.9}$$

上式表明，有序相的比热容大于无序相的比热容，且在 $t=0$ 处比热容的突变是有限的。由此可知，临界指数 $\alpha=\alpha'=0$。

存在外磁场的情形下，如果体积的变化可以忽略，铁磁体自由能的自然变量是温度 $T$ 和磁化强度 $\mathscr{M}$。根据式（1.18.3）和式（2.7.3），自由能的全微分为

$$dF=-SdT+\mu_0\mathscr{H}d\mathscr{M} \tag{3.9.10}$$

因此

$$\mu_0\mathscr{H}=\left(\dfrac{\partial F}{\partial \mathscr{M}}\right)_T=a\mathscr{M}+b\mathscr{M}^3 \tag{3.9.11}$$

式中第二步利用了朗道自由能表达式（3.9.1）。我们假设外磁场十分弱，式（3.9.1）仍然近似适用。再将上式对 $\mathscr{H}$ 求偏导数，可得磁化率

$$\chi=\left(\dfrac{\partial \mathscr{M}}{\partial \mathscr{H}}\right)_T=\dfrac{\mu_0}{(a+3b\mathscr{M}^2)}=\begin{cases}\dfrac{\mu_0}{a_0}t^{-1}, & t>0 \\ \dfrac{\mu_0}{2a_0}(-t)^{-1}, & t<0\end{cases} \tag{3.9.12}$$

最后一步已将式中的 $\mathscr{M}^2$ 近似地用自发磁化强度值式（3.9.7）代入。与式（3.8.2'）比较可知，$\gamma=\gamma'=1$。

最后，在 $T=T_c$ 即 $a=0$ 时，式（3.9.11）给出

$$\mathscr{H}\propto \mathscr{M}^3 \tag{3.9.13}$$

与式（3.8.3'）比较可知，临界指数 $\delta=3$。

综上所述，对于单轴铁磁体，朗道理论导出了描述其临界行为的式（3.8.1'）至式（3.8.4'），所得临界指数为

$$\alpha=\alpha'=0,\quad \beta=\dfrac{1}{2},\quad \gamma=\gamma'=1,\quad \delta=3 \tag{3.9.14}$$

我们看到朗道自由能的展开表达式（3.9.1）含有与具体系统特性有关的参量 $a$、$b$。但式（3.9.14）给出的临界指数却与参量 $a$、$b$ 无关，显示物质系统在临界点邻域行为的普适性。不过目前的实验结果和理论分析表明，临界指数与物质系统的空间维数 $d$ 有关，而朗道理论的临界指数与空间维数无关，普适性显得过高了。另外，与 §3.8 中介绍的实验值比较，式（3.9.14）的临界指数数值上也存在差异。产生这些差异的根本原因是，作为热力学理论，朗道理论将序参量看作是在整个系统中均匀而没有涨落的。实际上，在连续相变临界点的邻域，序参量往往有强烈的涨落。我们将在 §10.2 至 §10.4 中以铁磁体为例，介绍序参量的涨落和涨落的关联，引入新的与涨落有关的临界指数，并在此基础上导出临界指数间存在的关系——标度关系。尽管存在不足，朗道理论仍然是非常重要和成功的理论。在定性分析物质的相结构时有很大价值。由于数学处理简单，面对新的问题，人们往往用朗道理论进行初步地

分析.值得强调,在相对涨落较小的情形,例如低温零磁场下金属正常态与超导态的转变,以及液晶中的某种转变,朗道理论(或推广的朗道理论)得到的结果与实验结果是相符的[1].朗道理论提出了一些重要概念如序参量、对称破缺、普适性等.这些概念在临界现象的现代理论中仍然起着重要作用.

## 习 题

3.1 证明下列平衡判据(假设 $S>0$):

(a) 在 $S$、$V$ 不变的情形下,稳定平衡态的 $U$ 最小.

(b) 在 $S$、$p$ 不变的情形下,稳定平衡态的 $H$ 最小.

(c) 在 $H$、$p$ 不变的情形下,稳定平衡态的 $S$ 最大.

(d) 在 $F$、$V$ 不变的情形下,稳定平衡态的 $T$ 最小.

(e) 在 $G$、$p$ 不变的情形下,稳定平衡态的 $T$ 最小.

(f) 在 $U$、$S$ 不变的情形下,稳定平衡态的 $V$ 最小.

(g) 在 $F$、$T$ 不变的情形下,稳定平衡态的 $V$ 最小.

3.2 试证明,以内能 $U$ 和体积 $V$ 为自变量,熵的二级微分为

$$\delta^2 S = -\frac{1}{C_V T^2}(\delta U)^2 + \frac{2p}{C_V T}\left(\beta - \frac{1}{T}\right)\delta U \delta V + \left(\frac{2p^2\beta}{C_V T} - \frac{p^2}{C_V T^2} - \frac{p^2}{C_V}\beta^2 - \frac{1}{TVk_T}\right)(\delta V)^2$$

其中 $\beta = \frac{1}{p}\left(\frac{\partial p}{\partial T}\right)_V$ 是压强系数.

3.3 孤立系统含有两个子系统.子系统间可以通过做功和传热的方式交换能量.试根据熵判据导出系统达到平衡的平衡条件和平衡稳定条件.

3.4 试由 $C_V > 0$ 及 $\left(\frac{\partial p}{\partial V}\right)_T < 0$ 证明 $C_p > 0$ 及 $\left(\frac{\partial p}{\partial V}\right)_S < 0$.

3.5 孤立系统含有两个子系统.子系统间可以通过做功和传热的方式交换能量.试根据熵判据,从 $\delta^2 S < 0$ 导出不等式

$$\delta p^{(i)} \delta V^{(i)} - \delta T^{(i)} \delta S^{(i)} < 0, \quad i=1,2$$

如果取 $T$、$V$ 为自变量,可得平衡稳定条件

$$C_V^{(i)} > 0, \quad \left(\frac{\partial V^{(i)}}{\partial p}\right)_T < 0, \quad i=1,2$$

如果取 $S$、$p$ 为自变量,可得平衡稳定条件

$$C_p^{(i)} > 0, \quad \left(\frac{\partial V^{(i)}}{\partial p}\right)_S < 0, \quad i=1,2$$

3.6 证明:

(a) $\left(\frac{\partial \mu}{\partial T}\right)_{V,n} = -\left(\frac{\partial S}{\partial n}\right)_{T,V}$.

(b) $\left(\frac{\partial \mu}{\partial p}\right)_{T,n} = \left(\frac{\partial V}{\partial n}\right)_{T,p}$.

3.7 证明:

$$\left(\frac{\partial U}{\partial n}\right)_{T,V} - \mu = -T\left(\frac{\partial \mu}{\partial T}\right)_{V,n}$$

---

[1] Chaikin P M, Lubensky T C. Principles of Condensed Matter Physics[M]. Cambridge: Cambridge University Press, 1997: Chap 4.

3.8 单元两相系与外界隔绝形成孤立系统. 试根据熵判据从 $\delta^2 S<0$ 导出不等式
$$\delta p^{(i)} \delta V^{(i)} - \delta T^{(i)} \delta S^{(i)} < 0, \quad i=1,2$$

取 $T$、$V$ 为自变量,可得平衡稳定条件
$$C_V^{(i)} > 0, \quad \left(\frac{\partial V^{(i)}}{\partial p}\right)_T < 0, \quad i=1,2$$

取 $S$、$p$ 为自变量,可得平衡稳定条件
$$C_p^{(i)} > 0, \quad \left(\frac{\partial V^{(i)}}{\partial p}\right)_S < 0, \quad i=1,2$$

3.9 等温等压下两相共存时,两相系统的定压热容 $C_p = T\left(\frac{\partial S}{\partial T}\right)_p$,体胀系数 $\alpha = \frac{1}{V}\left(\frac{\partial V}{\partial T}\right)_p$ 和等温压缩系数 $\kappa_T = -\frac{1}{V}\left(\frac{\partial V}{\partial p}\right)_T$ 均趋于无穷. 试加以说明.

3.10 试证明,在相变中物质摩尔内能的变化为
$$\Delta U_m = L\left(1 - \frac{p}{T}\frac{dT}{dp}\right)$$

如果一相是气相,可看作理想气体,另一相是凝聚相,试将公式化简.

3.11 在三相点附近,固态氨的蒸气压方程为
$$\ln p = 27.92 - \frac{3754}{T} \quad (\text{SI 单位})$$

液态氨的蒸气压方程为
$$\ln p = 24.38 - \frac{3063}{T} \quad (\text{SI 单位})$$

试求氨三相点的温度和压强,氨的汽化热、升华热及在三相点的熔化热.

3.12 以 $C_\alpha^\beta$ 表示在维持 β 相与 α 相两相平衡的条件下 1 mol β 相物质升高 1 K 所吸收的热量, 称为 β 相的两相平衡摩尔热容. 试证明:
$$C_\alpha^\beta = C_p^\beta - \frac{L}{V_m^\beta - V_m^\alpha}\left(\frac{\partial V_m^\beta}{\partial T}\right)_p$$

如果 β 相是气相,可看作理想气体,α 相是凝聚相,试证明上式可简化为
$$C_\alpha^\beta = C_p^\beta - \frac{L}{T}$$

并说明为什么饱和蒸气的热容有可能是负的.

3.13 试证明,相变潜热随温度的变化率为
$$\frac{dL}{dT} = C_p^\beta - C_p^\alpha + \frac{L}{T} - \left[\left(\frac{\partial V_m^\beta}{\partial T}\right)_p - \left(\frac{\partial V_m^\alpha}{\partial T}\right)_p\right]\frac{L}{V_m^\beta - V_m^\alpha}$$

如果 β 相是气相,α 相是凝聚相,试证明上式可简化为
$$\frac{dL}{dT} = C_p^\beta - C_p^\alpha$$

3.14 根据式(3.4.7),利用上题的结果及潜热 $L$ 是温度的函数(但假设温度的变化范围不大,定压热容可以看作常量),证明蒸气压方程可以表示为
$$\ln p = A - \frac{B}{T} + C\ln T$$

3.15 蒸气与液相达到平衡. 以 $\frac{dV_m}{dT}$ 表示在维持两相平衡的条件下蒸气体积随温度的变化率. 试证明蒸

气的两相平衡膨胀系数为

$$\frac{1}{V_m}\frac{dV_m}{dT}=\frac{1}{T}\left(1-\frac{L}{RT}\right)$$

**3.16** 如习题 3.16 图所示,将范德瓦耳斯气体在不同温度下的等温线的极大点与极小点连起来,可以得到一条曲线 $NCJ$,试证明这条曲线的方程为

$$pV_m^3=a(V_m-2b)$$

其中 $V_m$ 为气体的摩尔体积.并说明这条曲线划分出来的三个区域 I、II、III 的含义.

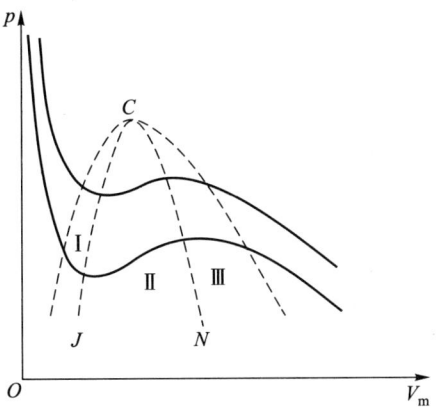

习题 3.16 图

**3.17** 试证明,半径为 $r$ 的肥皂泡的内压与外压之差为 $\dfrac{4\sigma}{r}$.

**3.18** 试证明,在曲面分界面的情形下,相变潜热为

$$L=T(S_m^\beta-S_m^\alpha)=H_m^\beta-H_m^\alpha$$

**3.19** 试证明埃伦菲斯特方程:

$$\frac{dp}{dT}=\frac{\alpha^{(2)}-\alpha^{(1)}}{\kappa_T^{(2)}-\kappa_T^{(1)}}$$

$$\frac{dp}{dT}=\frac{c_p^{(2)}-c_p^{(1)}}{Tv(\alpha^{(2)}-\alpha^{(1)})}$$

**3.20** 试根据朗道理论导出单轴铁磁体的熵函数在无序相和有序相的表达式,并证明,熵函数在临界点是连续的.

**3.21** 承 2.19 题.假设外磁场十分微弱,朗道自由能式(3.9.1)仍近似适用,试导出无序相和有序相的 $C_{\mathscr{H}}-C_{\mathscr{M}}$.

部分习题
参考答案

# 第四章 多元系的复相平衡和化学平衡 热力学第三定律

## §4.1 多元系的热力学函数和热力学方程

多元系是含有两种或两种以上化学组分的系统.例如,含有氧气、一氧化碳和二氧化碳的混合气体是一个三元系;盐的水溶液,金和银的合金都是二元系.多元系可以是均匀系,也可以是复相系.含有氧气、一氧化碳和二氧化碳的混合气体是均匀系.盐的水溶液和水蒸气共存是二元二相系.在多元系中既可以发生相变,也可以发生化学变化.本章讨论多元系的复相平衡和化学平衡问题.

我们在本节讨论多元系热力学函数的一般性质和多元系的热力学方程.先考虑均匀系,即整个系统是单相的或者是复相系中的一个相.设均匀系含有 $k$ 个组元.由于可能发生相变或化学变化,均匀系中各组元物质的数量可能发生变化.我们需要引进各组元的质量 $m_1,\cdots,m_k$ 或物质的量 $n_1,\cdots,n_k$ 作为描述平衡态的状态参量,即引进化学参量.以后我们会看到,整个系统处在平衡态时,必须满足相变平衡条件或化学平衡条件.因此,这 $k$ 个化学参量并不是可以随意改变的.但是在以后的讨论中,我们将把全部组元的物质的量 $n_1,\cdots,n_k$ 作为独立参量来处理,而把相变平衡条件和化学平衡条件作为外加约束条件引入.

选 $T,p,n_1,\cdots,n_k$ 为状态参量,系统的三个基本热力学函数体积、内能和熵分别为

$$\begin{cases} V=V(T,p,n_1,\cdots,n_k) \\ U=U(T,p,n_1,\cdots,n_k) \\ S=S(T,p,n_1,\cdots,n_k) \end{cases} \quad (4.1.1)$$

前面讲过,体积、内能和熵都是广延量.如果保持系统的温度和压强不变而令系统中各组元的物质的量都增为 $\lambda$ 倍,系统的体积、内能和熵也将增为 $\lambda$ 倍:

$$\begin{cases} V(T,p,\lambda n_1,\cdots,\lambda n_k)=\lambda V(T,p,n_1,\cdots,n_k) \\ U(T,p,\lambda n_1,\cdots,\lambda n_k)=\lambda U(T,p,n_1,\cdots,n_k) \\ S(T,p,\lambda n_1,\cdots,\lambda n_k)=\lambda S(T,p,n_1,\cdots,n_k) \end{cases} \quad (4.1.2)$$

这就是说,体积、内能和熵都是各组元物质的量的一次齐函数.

根据齐函数的欧拉(Euler)定理,可以讨论广延量的一般性质.如果函数 $f(x_1,\cdots,x_k)$ 满足以下关系:

$$f(\lambda x_1,\cdots,\lambda x_k)=\lambda^m f(x_1,\cdots,x_k) \quad (4.1.3)$$

称这个函数为 $x_1,\cdots,x_k$ 的 $m$ 次齐函数.将式(4.1.3)对 $\lambda$ 求导后再令 $\lambda=1$,可得

$$\sum_i x_i \frac{\partial f}{\partial x_i}=mf \quad (4.1.4)$$

式(4.1.4)就是欧拉定理.

既然体积、内能和熵都是各组元物质的量的一次齐函数,由欧拉定理可知:

$$\begin{cases} V = \sum_i n_i \left(\dfrac{\partial V}{\partial n_i}\right)_{T,p,n_j} \\ U = \sum_i n_i \left(\dfrac{\partial U}{\partial n_i}\right)_{T,p,n_j} \\ S = \sum_i n_i \left(\dfrac{\partial S}{\partial n_i}\right)_{T,p,n_j} \end{cases} \tag{4.1.5}$$

式中偏导数的下标 $n_j$ 指除 $i$ 组元外的其他全部组元.定义

$$v_i = \left(\dfrac{\partial V}{\partial n_i}\right)_{T,p,n_j}, \quad u_i = \left(\dfrac{\partial U}{\partial n_i}\right)_{T,p,n_j}, \quad s_i = \left(\dfrac{\partial S}{\partial n_i}\right)_{T,p,n_j} \tag{4.1.6}$$

$v_i, u_i, s_i$ 分别称为 $i$ 组元的偏摩尔体积、偏摩尔内能和偏摩尔熵.它们的物理意义是,在保持温度、压强和其他组元物质的量不变的条件下,增加 1 mol 的 $i$ 组元物质时,系统体积(内能、熵)的增量.利用式(4.1.6)可以将式(4.1.5)表示为

$$\begin{cases} V = \sum_i n_i v_i \\ U = \sum_i n_i u_i \\ S = \sum_i n_i s_i \end{cases} \tag{4.1.7}$$

显然,任何广延量都是各组元物质的量的一次齐函数.例如,对于吉布斯函数 $G$,与式(4.1.6)和式(4.1.7)两式相当的方程是

$$G = \sum_i n_i \left(\dfrac{\partial G}{\partial n_i}\right)_{T,p,n_j} = \sum_i n_i \mu_i \tag{4.1.8}$$

其中 $\mu_i$ 是 $i$ 组元的偏摩尔吉布斯函数:

$$\mu_i = \left(\dfrac{\partial G}{\partial n_i}\right)_{T,p,n_j} \tag{4.1.9}$$

$\mu_i$ 也称为 $i$ 组元的化学势.它是在保持温度、压强和其他组元的物质的量不变的条件下,当增加 1 mol 的 $i$ 组元物质时系统吉布斯函数的增量.$\mu_i$ 是强度量(习题 4.2),与温度、压强及各组元的相对比例有关.

一个系统的热力学函数与状态参量 $T, p, n_1, \cdots, n_k$ 的具体函数关系需要利用有关的实验数据来确定.我们不准备作一般性的讨论,仅在 §4.6 中讨论混合理想气体的热力学函数.不过在后面将会看到,即使不知道系统热力学函数的具体表达式,只要知道存在这些函数,就可以得到许多有用的结论.

现在讨论多元系的热力学基本方程.由于各组元的物质的量可以改变,必须将热力学基本方程式(1.14.6)和式(3.2.7)加以推广.先考虑吉布斯函数.求吉布斯函数 $G = G(T, p, n_1, \cdots, n_k)$ 的全微分,得

$$\mathrm{d}G = \left(\dfrac{\partial G}{\partial T}\right)_{p,n_i} \mathrm{d}T + \left(\dfrac{\partial G}{\partial p}\right)_{T,n_i} \mathrm{d}p + \sum_i \left(\dfrac{\partial G}{\partial n_i}\right)_{T,p,n_j} \mathrm{d}n_i$$

式中偏导数的下标 $n_i$ 指全部 $k$ 个组元,$n_j$ 指除 $i$ 组元外的其他全部组元.在所有组元的物质的量都不发生变化的条件下,已知

$$\left(\frac{\partial G}{\partial T}\right)_{p,n_i} = -S, \quad \left(\frac{\partial G}{\partial p}\right)_{T,n_i} = V \tag{4.1.10}$$

所以吉布斯函数的全微分可写为

$$dG = -SdT + Vdp + \sum_i \mu_i dn_i \tag{4.1.11}$$

由式(4.1.11)可知,吉布斯函数 $G$ 是以 $T, p, n_1, \cdots, n_k$ 为变量的特性函数.

因为 $U = G + TS - pV$,求微分并将式(4.1.11)代入,可得

$$dU = TdS - pdV + \sum_i \mu_i dn_i \tag{4.1.12}$$

式(4.1.12)是多元系的热力学基本方程.类似地,可以求得 $F$ 和 $H$ 的全微分表达式.根据式(4.1.12),以及 $F$ 和 $H$ 的全微分表达式可以知道,化学势 $\mu_i$ 也可表示为

$$\mu_i = \left(\frac{\partial U}{\partial n_i}\right)_{S,V,n_j} = \left(\frac{\partial H}{\partial n_i}\right)_{S,p,n_j} = \left(\frac{\partial F}{\partial n_i}\right)_{T,V,n_j} \tag{4.1.13}$$

对式(4.1.8)求微分,有

$$dG = \sum_i n_i d\mu_i + \sum_i \mu_i dn_i$$

将上式与式(4.1.11)比较,得

$$SdT - Vdp + \sum_i n_i d\mu_i = 0 \tag{4.1.14}$$

式(4.1.14)称为吉布斯关系.它指出,在 $k+2$ 个强度量变量 $T, p, \mu_i (i=1,2,\cdots,k)$ 中,只有 $k+1$ 个是独立的.

对于多元复相系,每一个相各有其热力学函数和热力学基本方程.例如,$\alpha$ 相的基本方程为

$$dU^\alpha = T^\alpha dS^\alpha - p^\alpha dV^\alpha + \sum_i \mu_i^\alpha dn_i^\alpha \tag{4.1.15}$$

其中 $T^\alpha$、$p^\alpha$、$U^\alpha$、$S^\alpha$、$V^\alpha$ 和 $n_i^\alpha$、$\mu_i^\alpha$ 分别是 $\alpha$ 相的温度、压强、内能、熵、体积和 $\alpha$ 相中 $i$ 组元的物质的量和化学势.$\alpha$ 相的焓 $H^\alpha = U^\alpha + p^\alpha V^\alpha$,自由能 $F^\alpha = U^\alpha - T^\alpha S^\alpha$,吉布斯函数 $G^\alpha = U^\alpha - T^\alpha S^\alpha + p^\alpha V^\alpha$.根据体积、内能、熵和物质的量的广延性质,整个复相系的体积、内能、熵和 $i$ 组元的物质的量为

$$\begin{cases} V = \sum_\alpha V^\alpha \\ U = \sum_\alpha U^\alpha \\ S = \sum_\alpha S^\alpha \\ n_i = \sum_\alpha n_i^\alpha \end{cases} \tag{4.1.16}$$

在一般情形下,整个复相系不存在总的焓、自由能和吉布斯函数.仅当各相的压强相同时,总的焓才有定义,等于各相的焓之和,即 $H = \sum_\alpha H^\alpha$.当各相的温度相等时,总的自由能才有定义,等于各相自由能之和,即 $F = \sum_\alpha F^\alpha$.当各相的温度和压强都相等时,总的吉布斯函数才有定义,等于各相的吉布斯函数之和,即 $G = \sum_\alpha G^\alpha$.

## §4.2 多元系的复相平衡条件

本节应用吉布斯函数判据讨论多元系的相变平衡条件.设两相 α 和 β 都含有 $k$ 个组元,这些组元之间不发生化学反应,并设热平衡条件和力学平衡条件已经满足,即两相具有相同的温度和压强,且温度和压强保持不变.设想系统发生一个虚变动,在这个虚变动中两相各组元的物质的量发生改变.以 $\delta n_i^\alpha$ 和 $\delta n_i^\beta (i=1,\cdots,k)$ 分别表示在 α 相和 β 相中 $i$ 组元物质的量的改变,在不发生化学反应的情形下应有

$$\delta n_i^\alpha + \delta n_i^\beta = 0 \quad (i=1,2,\cdots,k) \tag{4.2.1}$$

根据式(4.1.11),温度和压强保持不变时两相的吉布斯函数在虚变动中的变化分别为

$$\begin{cases} \delta G^\alpha = \sum_i \mu_i^\alpha \delta n_i^\alpha \\ \delta G^\beta = \sum_i \mu_i^\beta \delta n_i^\beta \end{cases} \tag{4.2.2}$$

总吉布斯函数的变化为

$$\delta G = \delta G^\alpha + \delta G^\beta$$

将式(4.2.2)代入上式,并考虑到式(4.2.1),得

$$\delta G = \sum_i (\mu_i^\alpha - \mu_i^\beta) \delta n_i^\alpha \tag{4.2.3}$$

平衡态的吉布斯函数最小,必有 $\delta G = 0$.由于在虚变动中各 $\delta n_i^\alpha$ 的改变是任意的,故有

$$\mu_i^\alpha = \mu_i^\beta \quad (i=1,2,\cdots,k) \tag{4.2.4}$$

式(4.2.4)就是多元系的相变平衡条件.它指出,整个系统达到平衡时,两相中各组元的化学势必须分别相等.

如果平衡条件(4.2.4)不满足,系统将发生相变.相变朝着使 $(\mu_i^\alpha - \mu_i^\beta)\delta n_i^\alpha < 0$ 的方向进行.例如,如果 $\mu_i^\alpha > \mu_i^\beta$,变化将朝着 $\delta n_i^\alpha < 0$ 的方向进行.这就是说,$i$ 组元物质将由该组元化学势高的相转变到化学势低的相.

自然界有些物质可造成半透膜,例如铂可让氢通过而不让氮通过,生物细胞的膜可让水分子通过而不让糖分子通过,等等.当两相用固定的半透膜隔开,半透膜只让 $i$ 组元通过而不让任何其他组元通过时,不难知道,达到平衡时两相的温度必须相等,$i$ 组元在两相中的化学势必须相等:

$$\mu_i^\alpha = \mu_i^\beta \tag{4.2.5}$$

由于半透膜可以承受两边的压强差,平衡时两相的压强不必相等.其他组元既然不能通过半透膜,平衡时它们在两相的化学势也不必相等.这种平衡称为膜平衡.

## §4.3 吉布斯相律

在讨论单元系的复相平衡时,我们曾得到以下的结论:平衡状态下单相系的温度和压强在一定的范围内可以独立改变;两相系要达到平衡,压强和温度必须满足一定的关系,只有一个参量可以独立改变;三相系则只能在确定的温度和压强下平衡共存.现在我们根据多元系的复相平衡条件讨论多元复相系达到平衡时的独立参量数.

设多元复相系有 $\varphi$ 个相,每相有 $k$ 个组元,它们之间不起化学反应.前面曾经说过,可以用温度 $T^\alpha$、压强 $p^\alpha$ 和各组元的物质的量 $n_1^\alpha,\cdots,n_k^\alpha$ 为状态参量来描述 $\alpha$ 相的平衡状态.不过由热平衡条件、力学平衡条件和相变平衡条件式(4.2.4)可以知道,系统是否达到热动平衡是由强度量决定的.如果把一相或数相的总质量加以改变而不改变其温度、压强或每一相中各组元的相对比例,系统的平衡是不会受到破坏的.因此,为了确定 $\alpha$ 相的强度量性质,除温度 $T$ 和压强 $p$ 外,应该用描述各组元相对比例的强度量变量 $x_i^\alpha$ 代替广延量变量 $n_i^\alpha$ 作为状态参量.$x_i^\alpha$ 的定义是

$$x_i^\alpha = \frac{n_i^\alpha}{n^\alpha} \tag{4.3.1}$$

式中 $n^\alpha = \sum_{i=1}^{k} n_i^\alpha$ 是 $\alpha$ 相中的总物质的量.$x_i^\alpha$ 称为 $\alpha$ 相中 $i$ 组元的摩尔分数,满足以下关系:

$$\sum_{i=1}^{k} x_i^\alpha = 1 \tag{4.3.2}$$

由式(4.3.2)可知,$k$ 个 $x_i^\alpha$ 中只有 $k-1$ 个是独立的,加上温度 $T$ 和压强 $p$,描述 $\alpha$ 相共需 $k+1$ 个强度量变量.这一点跟吉布斯关系式(4.1.14)是一致的.当然,如果要确定 $\alpha$ 相的广延量的数值,仅确定 $k+1$ 个强度量变量是不够的,还要增加一个变量,例如该相的总物质的量 $n^\alpha$,共 $k+2$ 个变量.

假定每一相都有 $k$ 个组元,即每一相都有 $k+1$ 个强度量变量.整个系统有 $\varphi$ 个相,共有 $(k+1)\varphi$ 个强度量变量.这些变量必须满足热平衡条件、力学平衡条件和相变平衡条件.热平衡条件是各相的温度相等:

$$T^1 = T^2 = \cdots = T^\varphi \tag{4.3.3}$$

力学平衡条件是各相的压强相等:

$$p^1 = p^2 = \cdots = p^\varphi \tag{4.3.4}$$

相变平衡条件是每一组元在各相的化学势都相等:

$$\mu_i^1 = \mu_i^2 = \cdots = \mu_i^\varphi \quad (i=1,2,\cdots,k) \tag{4.3.5}$$

这三个平衡条件共有 $(k+2)(\varphi-1)$ 个方程.设总数为 $(k+1)\varphi$ 个的强度量变量中可以独立改变的只有 $f$ 个,则

$$f = (k+1)\varphi - (k+2)(\varphi-1)$$

即

$$f = k+2-\varphi \tag{4.3.6}$$

式(4.3.6)称为吉布斯相律.$f$ 称为多元复相系的自由度,是多元复相系可以独立改变的强度量变量的数目.

在以上的证明中,我们假设每一个相都有 $k$ 个组元.如果某一相的组元少了一个,系统的强度量变量将减少一个,但相变平衡条件式(4.3.5)必然也减少一个,总的自由度仍然是式(4.3.6)所给出的 $f$.不过这时 $k$ 的意义改变了,它不是每一个相的组元数而是复相系中总的组元数.

现在以盐的水溶液为例讨论二元系的自由度.对于二元系,$k=2$,所以

$$f = 4-\varphi \tag{4.3.7}$$

盐的水溶液单相存在时,$\varphi=1$,$f=3$.溶液的温度 $T$、压强 $p$ 和盐的浓度 $x$ 在一定的范围内都可

以独立地改变.当溶液与水蒸气平衡时,$\varphi=2,f=2$.水蒸气的饱和蒸气压随温度和溶液中盐的浓度而变,说明只有温度 $T$ 和浓度 $x$ 两个独立参量.具有某一浓度的溶液被冷却到一定的温度时,冰开始从溶液中结晶而析出,此时溶液、水蒸气和冰三相平衡共存,$\varphi=3,f=1$,溶液的冰点和水蒸气的饱和蒸气压都取决于盐的浓度 $x$.当冰从溶液中析出后,溶液中盐的浓度升高,溶液的冰点和饱和蒸气压也相应下降.因此三相平衡时只有浓度 $x$ 是独立参量.当溶液中盐的浓度升高到一定的数值时,溶液达到饱和,盐开始从溶液中结晶而析出.此时溶液、水蒸气、冰和盐四相共存,$\varphi=4,f=0$.在盐结晶析出的同时,冰也继续结晶而析出,溶液中盐的浓度始终为饱和浓度.因此四相平衡共存时具有确定的浓度、温度和饱和蒸气压,称为四相点.

## *§4.4 二元系相图举例 补充材料

本节通过三个例子介绍二元系相图.从原则上说,如果知道各组元的化学势,根据式(4.3.5)就可以确定相图.由于缺乏化学势的全部知识,相图实际上是由实验直接测定的.相律为相图提供了理论基础,我们可以根据相律来理解相图.

二元系有两个组元,每一个相都需要三个强度量来描写它的状态.通常这三个量是温度 $T$、压强 $p$ 和一个组元(例如 B 组元)的摩尔分数或质量百分比,即

$$x=x_2=\frac{n_2}{n_1+n_2} \tag{4.4.1}$$

或

$$x=x_2=\frac{m_2}{m_1+m_2}\times 100\% \tag{4.4.2}$$

另一组元(A 组元)的摩尔分数或质量百分比为 $x_1=1-x$.

取 $T$、$p$、$x$ 为三维空间的直角坐标,可以画出二元系的相图.$T$ 和 $p$ 的数值恒大于零,$x$ 的数值则在 0 与 1 之间.因为在平面上不易画出三维空间的图形,通常在固定的压强下以 $T$(或者 $t$)和 $x$ 为变量,或者在固定的温度下以 $p$ 和 $x$ 为变量,在平面上画出二元系的相图.

如果两种金属在固相可以任意的比例互相溶解,这种合金称为无限固溶体.银和金非常接近于无限固溶体.图 4.4.1 是在固定的压强 $p$ 下,以 $t$ 和 $x$ 为变量画出的金-银合金相图.

考虑合金从液相凝固为固相的冷却过程.二元合金以液相单相存在时,由相律可知,它的自由度为 3,$p$、$T$、$x$ 在一定的范围内是独立的变量,所代表点处在图中以 α 表示的液相区.设合金的初态由 $P$ 点代表.冷却时所代表点沿着直线下降.到达 $Q$ 点时合金开始凝固.温度由 $Q$ 经 $O$ 降到 $R$,液固两相共存,到 $R$ 点后完全变为固相.液固的两相共存区在图中以 α+β 表示.由此可知,与单元系在给定压强下具有确定的凝固点不同,这里凝固过程是在由 $Q$ 至 $R$ 的一个温度范围内完成的.该温度范围与合金的成分($P$ 点的横坐标)有关.根据相律,二元系两相共存时自由度为 2.因此在给定的 $p$、$T$ 下,液相和固相的成分是确定的.例如,当温

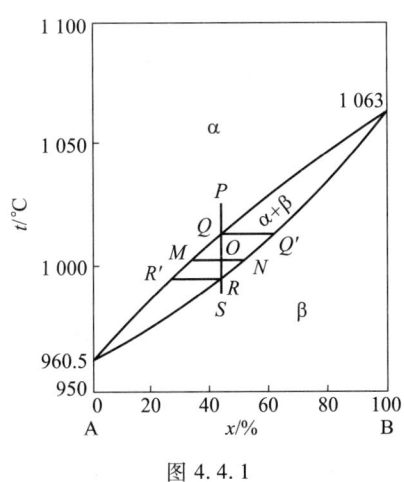

图 4.4.1

度由 $Q$ 点经 $O$ 点降到 $R$ 点时,液相的成分沿液相线的 $Q$ 点经 $M$ 点到 $R'$ 点、固相的成分沿固相线由 $Q'$ 点经 $N$ 点到 $R$ 点连续地改变.值得注意,在一定的温度下,共存的两相成分是不同的.在 $R$ 点以下的温度,合金处在单一的固相,自由度为3,所代表点处在以 $\beta$ 表示的固相区.

应当强调,上面所说由相图描述的过程是平衡相变过程,相图中每一点所代表的状态都是平衡状态.例如在 $Q$ 点合金开始凝固时,其成分由 $Q'$ 点给出;当温度降到 $O$ 点时,固相的成分由 $N$ 点给出.这里说的成分是整个固相的均匀成分.这意味着通过原子在固体中的扩散,在降温过程中固相各部分的成分能够不断得到调整,始终保持整个固相具有均匀的成分.当然,这是一种理想的极限情况,实际情况可以与此有很大差别.

由相图不仅可以看出在给定的压强和温度下系统存在什么相和各相的成分,而且可以求出系统中各相的质量比.例如,当合金处在 $O$ 点所代表的状态时,合金中固液两相平衡共存.$O$ 点的横坐标 $x$ 给出整个合金中 B 组元的成分.液相中 B 组元的成分由 $M$ 点的横坐标 $x^\alpha$ 给出,固相中 B 组元的成分由 $N$ 点的横坐标 $x^\beta$ 给出.以 $m^\alpha$ 表示液相的质量,$m^\beta$ 表示固相的质量,可以证明:

$$\frac{m^\alpha}{m^\beta}=\frac{|ON|}{|MO|}. \tag{4.4.3}$$

式(4.4.3)称为杠杆定则.证明如下:合金的总质量是 $m^\alpha+m^\beta$.从整体看,B 的成分是 $x$,所以合金中 B 的质量为 $(m^\alpha+m^\beta)x$.液相的质量为 $m^\alpha$,在液相中 B 的成分是 $x^\alpha$;固相的质量为 $m^\beta$,在固相中 B 的成分是 $x^\beta$.所以合金中 B 的质量也可表示为 $m^\alpha x^\alpha+m^\beta x^\beta$.两个表达式应该相等,故有

$$(m^\alpha+m^\beta)x = m^\alpha x^\alpha + m^\beta x^\beta$$

即

$$m^\alpha(x-x^\alpha) = m^\beta(x^\beta-x)$$

因此

$$\frac{m^\alpha}{m^\beta}=\frac{x^\beta-x}{x-x^\alpha}=\frac{|ON|}{|MO|} \tag{4.4.4}$$

图 4.4.2 的镉-铋合金相图是另一种类型的相图.这类相图的特点是,在液相 $\alpha$ 中两组元 A 和 B 可以具有任意的比例,但在固相中 A 和 B 完全不相互溶解.这就是说,固相可以是 A 相或 B 相.如果在固相中 A 和 B 共存,则形成 A 晶粒和 B 晶粒的机械混合物.

设合金从 $P$ 点所代表的状态冷却到 $Q$ 点,开始有纯 A 的固相出现.由 $Q$ 经 $O$ 到 $R$,液相与纯 A 两相共存.液相中 B 组元的成分沿液相线 $QC$ 连续地改变.液相和固相的质量比由杠杆定则给出.例如,在 $O$ 点的温度下,液相中 B 的成分由 $N$ 点的横坐标给出.液相的质量 $m^\alpha$ 与纯 A 的质量 $m^A$ 之比为

$$\frac{m^\alpha}{m^A}=\frac{|MO|}{|ON|} \tag{4.4.5}$$

当冷却到 $R$ 点的温度时,液相中 B 组元的成分由 $C$ 点的横坐标 $x^C$ 给出.如果继续散热,除先期析出的 A 晶粒

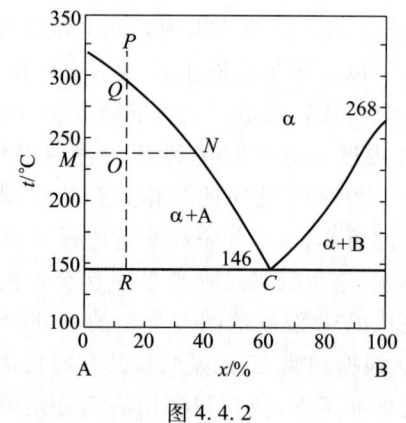

图 4.4.2

外,A 晶粒和 B 晶粒还以 $x^C$ 的比例同时结晶出来而形成 A 相、B 相和成分为 $x^C$ 的液相三相共存.C 点称为低共熔点.按 $x^C$ 的比例同时结晶出来的 A 晶粒和 B 晶粒的机械混合物称为共晶体.由上述讨论可知,当液体冷却而凝固时,A 相是在由 $Q$ 至 $R$ 的一个温度范围内凝固的,B 相则在共熔点 C 的确定温度下与 A 相同时凝固出来.当温度低于共熔点的温度时,将是固相 A 和固相 B 共存.如果原来液相的 $x$ 大于 $x^C$,则将先析出固相 B 而形成液相与固相 B 共存.情况是相似的,就不重复讨论了.

〔补充材料〕

金-银合金和镉-铋合金都有单一的液相,有的物质不能形成单一的液相,例如水和水银混合时仍然是水和水银两相共存.液 $^3$He-$^4$He 混合是另一种情形.图 4.4.3 画出 1 atm 下液 $^3$He-$^4$He 的相图.纵坐标为温度 $T$,横坐标为 $^3$He 的摩尔分数(摩尔浓度) $x=\dfrac{n_3}{n_3+n_4}$,其中 $n_3$ 和 $n_4$ 分别是 $^3$He 和 $^4$He 的原子数.在图中左方的区域,液 $^3$He-$^4$He 形成超流相,右上方的区域形成正常相.两相分界线称为 $\lambda$ 线.在 $\lambda$ 线上两相之间的转变是第二类相变.$\lambda$ 线与 $T$ 轴交于 2.18 K,是纯液 $^4$He 的超流相与正常相的转变温度.转变温度随 $x$ 的增加而降低,终止于三临界点.在三临界点以下的温度范围,超流相与正常相的转变是第一类相变.三临界点是二类相变线与一类相变线的交点.

在一类相变的两相共存区,共存两相中 $^3$He 的摩尔浓度 $x$ 与温度 $T$ 的关系由图中的共存线表示.例如温度为 $T'$ 时超流相与正常相中 $^3$He 的摩尔浓度分别由 $C$ 和 $C'$ 的 $x$ 代表.由共存线的形状可知,超流相的 $x$ 随温度的降低而降低,而正常相的 $x$ 则随温度的降低而升高.在 100 mK 以下,正常相的浓度趋于 1,超流相的浓度趋于 0.064,由于富含 $^3$He 的正常相密度较低,两相共存时正常相浮在超流相上面.

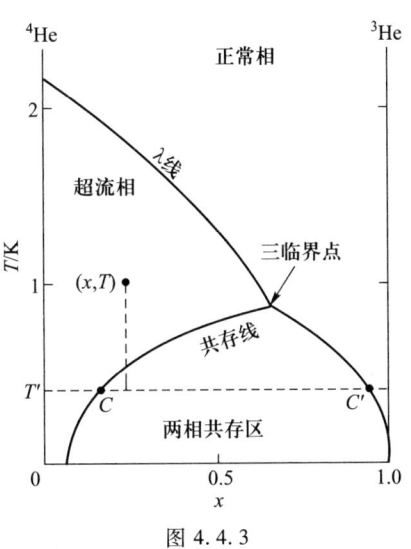

图 4.4.3

## §4.5 化学平衡条件

本节讨论多元系中各组元可以发生化学反应时系统达到平衡所要满足的条件,称为化学平衡条件.为简单起见,我们只讨论系统是单相系的情形,这种化学反应称为单相化学反应.

先说明如何表达一个化学反应.例如,在高温下,氢气、氧气和水可以发生合成或分解的过程:

$$2H_2+O_2 \rightleftharpoons 2H_2O$$

这个反应在热力学中通常写作

$$2H_2O-2H_2-O_2=0 \tag{4.5.1}$$

又如反应

$$3H_2+SO_2 \rightleftharpoons H_2S+2H_2O$$

可以写作

$$H_2S+2H_2O-3H_2-SO_2=0 \tag{4.5.2}$$

方程中带有正系数的组元,例如式(4.5.1)中的 $H_2O$ 和式(4.5.2)中的 $H_2S$、$H_2O$,称为生成物;带有负系数的组元,例如式(4.5.1)中的 $H_2$、$O_2$ 和式(4.5.2)中的 $H_2$ 和 $SO_2$,称为反应物.当然,实际上化学反应的方向与反应条件有关,因此反应方向和反应物、生成物的规定是带有任意性的.单相化学反应方程的一般形式为

$$\sum_i \nu_i A_i = 0 \tag{4.5.3}$$

式中 $A_i$ 是 $i$ 组元的分子式,$\nu_i$ 是在反应方程中 $i$ 组元的系数.

当发生化学反应时,各组元物质的量的改变必与各组元在反应方程中的系数成正比.例如,在发生式(4.5.1)的化学反应时,$H_2O$、$H_2$ 和 $O_2$ 的物质的量的改变必满足以下关系:

$$dn_{H_2O}:dn_{H_2}:dn_{O_2} = 2:-2:-1$$

令 $dn$ 表示共同的比例因子,必有

$$dn_{H_2O} = 2dn, \quad dn_{H_2} = -2dn, \quad dn_{O_2} = -dn$$

$dn>0$ 时,反应正向进行;$dn<0$ 时,反应逆向进行.一般地说,对于式(4.5.3)的单相化学反应,各组元物质的量的改变 $dn_i$ 必满足

$$dn_i = \nu_i dn \quad (i=1,2,\cdots,k)$$

$dn>0$ 时,反应正向进行;$dn<0$ 时,反应逆向进行.

以 $h_i$ 表示 $i$ 组元的偏摩尔焓,则在等温等压条件下发生式(4.5.3)的化学反应后,系统焓的改变为

$$\Delta H = \left(\sum_i \nu_i h_i\right) dn \tag{4.5.4}$$

我们知道,在等压过程中,焓的增加等于系统在过程中从外界吸收的热量.以 $Q_p$ 表示在等压条件下发生式(4.5.3)的化学反应时系统从外界吸收的热量,即有

$$Q_p = \Delta H$$

$Q_p$ 称为式(4.5.3)的化学反应的定压反应热.

由于焓是态函数,在初态和终态给定后,系统焓的变化 $\Delta H$ 就具有确定值,与系统由初态到达终态的过程无关.由此可知,如果一个反应可以通过不同的两组中间过程达到,两组过程的反应热应当相等.这个结论称为赫斯定律,是赫斯(Hess)在 1840 年发现的.赫斯定律的实际重要性在于可用它来计算实验上不能直接测得的反应热.习题 4.7 是一个例子.

现在讨论单相反应的平衡条件.假设反应是在等温等压条件下进行的.设想系统在等温等压条件下发生一个虚变动,在虚变动中 $i$ 组元物质的量的改变 $\delta n_i$ 为

$$\delta n_i = \nu_i \delta n \quad (i=1,2,\cdots,k)$$

由式(4.1.11)知,该虚变动所引起的系统的吉布斯函数改变为

$$\delta G = \sum_i \mu_i \delta n_i = \delta n \sum_i \nu_i \mu_i$$

在等温等压条件下,平衡态的吉布斯函数最小,必有 $\delta G = 0$.由此可得

$$\sum_i \nu_i \mu_i = 0 \tag{4.5.5}$$

式(4.5.5)就是式(4.5.3)的单相化学反应的化学平衡条件.

如果平衡条件式(4.5.5)未能满足,反应就要进行.反应进行的方向必使吉布斯函数减少,即

$$\delta n \sum_i \nu_i \mu_i < 0 \tag{4.5.6}$$

由此可知,如果 $\sum_i \nu_i \mu_i < 0$,反应将正向进行($\delta n > 0$);如果 $\sum_i \nu_i \mu_i > 0$,反应将逆向进行($\delta n < 0$).

如果给定初态下各组元的物质的量 $n_1^0, \cdots, n_k^0$,终态各组元的物质的量将为

$$n_i = n_i^0 + \nu_i \Delta n \quad (i = 1, 2, \cdots, k) \tag{4.5.7}$$

只要定出参量 $\Delta n$,就可由上式确定终态各组元的物质的量.

各组元的化学势是温度、压强和各组元摩尔分数的函数.如果已知各组元的化学势的表达式,由式(4.5.5)可以推出处于化学平衡下的 $\Delta n$.不过要注意,$\Delta n$ 的可能值受下述条件的限制:式(4.5.7)中任何 $n_i$ 都不应为负值.以 $\Delta n_a$ 表示任何 $n_i$ 均非负值时 $\Delta n$ 的最大值,$\Delta n_a$ 相应于反应正向进行的最大限度.以 $\Delta n_b$ 表示任何 $n_i$ 均非负值时 $\Delta n$ 的最小值(代数值最小),$\Delta n_b$ 相应于反应逆向进行的最大限度.$\Delta n$ 的可能值应在这两者之间,即 $\Delta n_b \leq \Delta n \leq \Delta n_a$.

定义反应度为

$$\varepsilon = \frac{\Delta n - \Delta n_b}{\Delta n_a - \Delta n_b} \tag{4.5.8}$$

当反应正向进行达到最大限度时,$\varepsilon = 1$;当反应逆向进行达到最大限度时,$\varepsilon = 0$.

如果由化学平衡条件式(4.5.5)求得的 $\Delta n$ 满足 $\Delta n_b \leq \Delta n \leq \Delta n_a$,反应就达到平衡.终态各组元的物质的量可根据式(4.5.7)由 $\Delta n$ 算出.如果由化学平衡条件求得的 $\Delta n$ 大于 $\Delta n_a$ 或小于 $\Delta n_b$,化学反应将由于某组元物质的耗尽而停止.这时系统并不满足化学平衡条件式(4.5.5)而化学反应已经完成.反应度为 1 或 0.

## §4.6 混合理想气体的性质

由上节的讨论可知,由平衡条件确定化学反应的反应度,必须知道多元系中各组元的化学势.本节讨论混合理想气体的热力学函数,在下节中将根据所得的化学势分析理想气体化学反应的平衡问题.

设混合气体含有 $k$ 个组元,各组元的物质的量分别为 $n_1, \cdots, n_k$.混合气体的温度为 $T$,体积为 $V$.实验指出,混合气体的压强等于各组元的分压之和:

$$p = \sum_i p_i \tag{4.6.1}$$

式中 $p_i$ 是 $i$ 组元的分压,它是物质的量为 $n_i$ 的 $i$ 组元单独存在且与混合气体具有相同温度和体积时的压强.式(4.6.1)称为道尔顿(Dalton)分压定律.该定律对实际气体并不完全正确,只是低压下的极限性质,因而只适用于混合理想气体.

由理想气体的物态方程,有

$$p_i = n_i \frac{RT}{V} \tag{4.6.2}$$

代入式(4.6.1)得

$$pV = (n_1 + n_2 + \cdots + n_k) RT \tag{4.6.3}$$

式(4.6.3)就是混合理想气体的物态方程.

将式(4.6.2)与式(4.6.3)加以比较,可以得到 $i$ 组元的分压 $p_i$ 与混合气体的总压强 $p$ 的关系:

$$\frac{p_i}{p} = \frac{n_i}{n_1 + \cdots + n_k} = x_i \tag{4.6.4}$$

式中 $x_i$ 是 $i$ 组元的摩尔分数.

实验指出,一个能够通过半透膜的组元,它在膜两边的分压在平衡时相等.现在我们根据这个实验事实推求混合气体的内能和熵.假设半透膜的一边是混合气体,另一边是纯 $i$ 组元气体.在§4.2中说过,如果 $i$ 组元可以通过半透膜,则达到平衡时,两边的温度必须相等,$i$ 组元在两边的化学势也必须相等,加上组元 $i$ 在两边的分压也相等,即有

$$\mu_i = \mu'(T, p_i) \tag{4.6.5}$$

式中 $\mu_i$ 是 $i$ 组元在混合理想气体中的化学势,$\mu'$ 是纯 $i$ 组元理想气体的化学势.式(2.4.15)和式(2.4.16)给出了纯理想气体的化学势,因此根据式(4.6.5)可以求得

$$\mu_i = RT(\varphi_i + \ln p_i) = RT[\varphi_i + \ln(x_i p)] \tag{4.6.6}$$

其中

$$\varphi_i = \frac{h_{i0}}{RT} - \int \frac{dT}{RT^2} \int c_{pi} dT - \frac{s_{i0}}{R} \tag{4.6.7}$$

$c_{pi}$ 是 $i$ 组元理想气体的定压摩尔热容,$h_{i0}$ 和 $s_{i0}$ 是 $i$ 组元理想气体的摩尔焓常量和摩尔熵常量.如果理想气体的热容可以看作常量,则由式(2.4.16′)可得

$$\varphi_i = \frac{h_{i0}}{RT} - \frac{c_{pi}}{R} \ln T + \frac{c_{pi} - s_{i0}}{R} \tag{4.6.8}$$

根据式(4.1.8),混合理想气体的吉布斯函数为

$$G = \sum_i n_i \mu_i = \sum_i n_i RT[\varphi_i + \ln(x_i p)] \tag{4.6.9}$$

式(4.6.9)是混合理想气体的特性函数 $G(T, p, n_1, \cdots, n_k)$.由

$$dG = -SdT + Vdp + \sum_i \mu_i dn_i$$

得

$$V = \frac{\partial G}{\partial p} = \frac{\sum_i n_i RT}{p} \tag{4.6.10}$$

这正是式(4.6.3),即混合理想气体的物态方程.由

$$S = -\frac{\partial G}{\partial T}$$

得

$$S = \sum_i n_i \left[ \int c_{pi} \frac{dT}{T} - R \ln(x_i p) + s_{i0} \right] \tag{4.6.11}$$

式(4.6.11)给出了混合理想气体的熵.它表明,混合理想气体的熵等于各组元的分熵之和.$i$ 组元的分熵是物质的量为 $n_i$ 的 $i$ 组元单独存在且与混合理想气体有相同温度和体积时的熵.由 $H = G - T\frac{\partial G}{\partial T}$,得

$$H = \sum_i n_i \left( \int c_{pi} dT + h_{i0} \right) \tag{4.6.12}$$

式(4.6.12)给出了混合理想气体的焓.它说明,混合理想气体的焓是各组元的分焓之和.在§1.7中说过,理想气体的焓只是温度的函数.各组元无论是具有混合理想气体的温度和体积(因而其压强为分压),还是具有混合理想气体的温度和压强(因而其体积为分体积,各组元的分体积之和等于混合理想气体的体积),其焓值都是相同的.如果各组元混合前具有混合理想气体的温度和压强,气体的混合过程就是一个等温等压扩散过程.我们知道,系统在等压过程中吸收的热量等于系统的焓的增量.根据式(4.6.12),理想气体在混合前后的焓值相等,所以理想气体在等温等压混合过程中与外界没有热量交换,是一个绝热过程.

由 $U = G - T\dfrac{\partial G}{\partial T} - p\dfrac{\partial G}{\partial p}$,可以求得混合理想气体的内能为

$$U = \sum_i n_i \left( \int c_{Vi} \mathrm{d}T + u_{i0} \right) \tag{4.6.13}$$

式(4.6.13)表明,混合理想气体的内能等于分内能之和.

从微观角度看,混合理想气体的压强(内能、焓)等于其分压(分内能、分焓)之和的原因是,在理想气体中分子之间没有相互作用.

现在对混合理想气体的熵作进一步的讨论.将式(4.6.11)改写成

$$S = \sum_i n_i \left( \int c_{pi} \frac{\mathrm{d}T}{T} - R\ln p + s_{i0} \right) + C \tag{4.6.14}$$

其中

$$C = -R \sum_i n_i \ln x_i \tag{4.6.15}$$

因为 $x_i < 1$,式(4.6.15)中的 $C$ 必大于零.式(4.6.14)右方的第一项是各组元气体单独存在且具有混合理想气体的温度和压强时的熵之和,因此右方第二项 $C$ 是各组元气体在等温等压混合后的熵增.这就是说,理想气体的等温等压混合是一个不可逆过程.

假设有两种气体,物质的量都为 $n$,令它们在等温等压下混合.由式(4.6.15)可知,混合后的熵增为

$$C = 2nR\ln 2 \tag{4.6.16}$$

该结果与气体的具体性质无关.不过应当强调,由于在导出式(4.6.9)时用了膜平衡条件,式中的 $\sum_i$ 是对不同的气体求和,因而式(4.6.15)和式(4.6.16)仅适用于不同气体.对于同种气体,由熵的广延性可知,"混合"后气体的熵应等于"混合"前两种气体的熵之和[①].因此,由性质任意接近的两种气体过渡到同种气体,熵增由 $2nR\ln 2$ 突变为零.这称为吉布斯(Gibbs)佯谬.

吉布斯佯谬是经典统计物理所不能解释的,在量子统计物理中才能得到透彻的解释.统计物理认为同种气体由全同粒子组成.根据经典力学,全同粒子是可以分辨的.因此在经典统计看来,不论是同种气体还是不同气体,气体的混合都是扩散过程,熵增均为式(4.6.16)给出的值.而根据量子力学,全同粒子是不可分辨的.同种气体"混合"前后的状态是完全相同而无法区分的.同种气体的"混合"不构成扩散过程.正是粒子从不同到全同的突变导致上述

---

① 用满足广延性要求的熵的表达式(1.15.4)和式(1.15.5)计算同种气体等温等压混合的熵变,也得到 $C = 0$.如果将式(1.15.4)中的 $S_0$ 误认为是与 $n$ 成正比的量,将得到 $C = 2nR\ln 2$ 的错误结论.

熵的突变.从这里可以看出,微观粒子的全同性和不可分辨性对熵的数值有决定性的影响.在统计物理部分我们会详细讨论这个问题.

**例 4.6.1** 实验发现,稀溶液中某溶质蒸气的分压与该溶质在溶液中的摩尔分数成正比.这个结果称为亨利(Henry)定律.如果在任何浓度下亨利定律均成立,则这种溶液称为理想溶液.求理想溶液各组元的化学势.

**解** 将稀溶液的饱和蒸气看作混合理想气体.根据式(4.6.6),蒸气中 $i$ 组元的化学势为

$$\mu_i = RT[\varphi_i(T) + \ln p_i]$$

以 $x_i$ 表示溶液中 $i$ 溶质的摩尔分数,有

$$\left(\frac{\partial \mu_i}{\partial x_i}\right)_{T,p} = \left(\frac{\partial \mu_i}{\partial p_i}\right)_{T,p} \left(\frac{\partial p_i}{\partial x_i}\right)_{T,p} = \frac{RT}{p_i}\left(\frac{\partial p_i}{\partial x_i}\right)_{T,p} = RT\frac{\partial}{\partial x_i}\ln p_i = \frac{RT}{x_i}$$

最后一步用到了亨利定律.积分得

$$\mu_i(T,p) = g_i(T,p) + RT\ln x_i \tag{4.6.17}$$

其中 $g_i(T,p)$ 是待定函数.上式给出了溶质 $i$ 蒸气的化学势.平衡时组元 $i$ 在两相中的化学势相等,所以上式也是稀溶液中溶质的化学势.对于理想溶液,上式适用于包括溶剂在内的任何组元.令 $x_i \to 1$,可知 $g_i(T,p)$ 是纯 $i$ 组元的化学势.

理想溶液和稀溶液的性质可以参阅习题 4.3 至 4.6.

## §4.7 理想气体的化学平衡

在研究气体的化学反应时,可以用理想气体的理论作为第一级近似.由 §4.5 我们知道,化学反应

$$\sum_i \nu_i A_i = 0 \tag{4.7.1}$$

的平衡条件为

$$\sum_i \nu_i \mu_i = 0 \tag{4.7.2}$$

将式(4.6.6)给出的混合理想气体各组元的化学势 $\mu_i$ 代入式(4.7.2),可得

$$RT\sum_i \nu_i[\varphi_i(T) + \ln p_i] = 0 \tag{4.7.2'}$$

定义

$$\ln K_p = -\sum_i \nu_i \varphi_i(T) \tag{4.7.3}$$

$K_p$ 称为式(4.7.1)的化学反应的定压平衡常量,简称平衡常量.它是温度的函数.利用 $K_p$ 可以将平衡条件表示为

$$\prod_i p_i^{\nu_i} = K_p(T) \tag{4.7.4}$$

式(4.7.4)给出了气体反应达到平衡时各组元分压之间的关系,称为质量作用律.

将 $p_i = x_i p$ 代入式(4.7.4),得

$$\prod_i x_i^{\nu_i} = K(T,p) \tag{4.7.5}$$

式中的 $K(T,p)$ 与 $K_p$ 的关系为

$$K(T,p) = p^{-\nu} K_p, \quad \nu = \sum_i \nu_i \tag{4.7.6}$$

$K(T,p)$ 是温度和压强的函数,也称为平衡常量.对于 $\nu=0$ 的气体反应,$K(T,p)=K_p$,这时 $K(T,p)$ 只是温度的函数.式(4.7.5)给出达到平衡时各组元的摩尔分数之间的关系,是质量作用律的另一表达式.值得注意,根据式(4.7.4)和式(4.7.5),达到平衡后,混合理想气体中各组元的分压(摩尔分数)的连乘积与各组元的初始分压(摩尔分数)无关.

顺便提及,比较式(4.6.6)和式(4.6.17)可知,理想溶液的化学平衡条件也具有质量作用律式(4.7.5)的形式.

假如平衡条件式(4.7.4)未被满足,式(4.7.1)的反应就要进行.根据式(4.5.6),反应正向进行的条件是

$$\sum_i \nu_i \mu_i < 0$$

即

$$\sum_i \nu_i (\varphi_i + \ln p_i) < 0$$

或

$$\prod_i p_i^{\nu_i} < K_p \tag{4.7.7}$$

如果已知某一化学反应的平衡常量,在给定初态各组元的物质的量时,由质量作用律式(4.7.5)可以求得反应达到平衡时终态各组元的物质的量.以式(4.5.2)的反应为例,设将 $\frac{1}{2}$ mol 的 $H_2S$,$\frac{3}{4}$ mol 的 $H_2O$,2 mol 的 $H_2$,1 mol 的 $SO_2$ 引入容器,式(4.5.2)的化学反应

$$H_2S + 2H_2O - 3H_2 - SO_2 = 0$$

的平衡条件为

$$\mu_{H_2S} + 2\mu_{H_2O} - 3\mu_{H_2} - \mu_{SO_2} = 0$$

对于所给定的初态,由式(4.5.7)得,终态各组元的物质的量为

$$n_{H_2S} = \frac{1}{2} \text{ mol} + \Delta n$$

$$n_{H_2O} = \frac{3}{4} \text{ mol} + 2\Delta n$$

$$n_{H_2} = 2 \text{ mol} - 3\Delta n$$

$$n_{SO_2} = 1 \text{ mol} - \Delta n$$

四式相加得终态的物质的量为

$$n = \sum_i n_i = 4.25 \text{ mol} - \Delta n \tag{4.7.8}$$

由式(4.7.8)及式(4.6.4)可以算得各组元的摩尔分数.例如 $x_{H_2S}$ 为

$$x_{H_2S} = \frac{0.5 \text{ mol} + \Delta n}{4.25 \text{ mol} - \Delta n} \tag{4.7.9}$$

对其他组元也可求得相应的公式.代入式(4.7.5)得

$$\frac{(0.5\,\text{mol}+\Delta n)(0.75\,\text{mol}+2\Delta n)^2(4.25\,\text{mol}-\Delta n)}{(2\,\text{mol}-3\Delta n)^3(1\,\text{mol}-\Delta n)}=pK_p(T) \tag{4.7.10}$$

如果已知平衡常量,由式(4.7.10)可以求得 $\Delta n$,代入式(4.7.9)及其他相应的公式即可求得达到平衡时各组元的摩尔分数.

根据式(4.7.3)和式(4.6.7)可以求得平衡常量的热力学公式:

$$\ln K_p = -\frac{\sum_i \nu_i h_{0i}}{RT}+\frac{1}{R}\sum_i \nu_i \int \frac{\mathrm{d}T}{T^2}\int c_{pi}\mathrm{d}T+\frac{\sum_i \nu_i s_{0i}}{R} \tag{4.7.11}$$

如果温度变化的范围不大,气体的比热容可以看作常量,则根据式(4.6.8)可将式(4.7.11)简化为

$$\ln K_p = -\frac{A}{T}+C\ln T+B \tag{4.7.12}$$

其中

$$A=\frac{\sum_i \nu_i h_{0i}}{R},\quad B=\sum_i\frac{\nu_i(s_{0i}-c_{pi})}{R},\quad C=\frac{\sum_i \nu_i c_{pi}}{R}$$

平衡常量也可以直接由实验测定.仍以水的化合和分解为例,假设在某一高温下,反应

$$2H_2+O_2 \rightleftharpoons 2H_2O(g)$$

的正过程与逆过程达到平衡,形成 $H_2O(g)$、$O_2$ 和 $H_2$ 的混合气体.将混合气体迅速冷却,气体的成分不会发生改变.通过测量气体中各组元的浓度,就可以确定原来高温下的平衡常量.

现在讨论四氧化氮的分解:

$$2NO_2-N_2O_4=0 \tag{4.7.13}$$

该反应的平衡条件是

$$K_p(T)=\frac{p_{NO_2}^2}{p_{N_2O_4}}=\frac{x_{NO_2}^2}{x_{N_2O_4}}p \tag{4.7.14}$$

设在初态,有物质的量为 $n_0$ 的 $N_2O_4$,达到平衡后,已经分解的 $N_2O_4$ 的物质的量为 $n_0\varepsilon$,没有分解的 $N_2O_4$ 的物质的量为 $n_0(1-\varepsilon)$.由于 1 mol 的 $N_2O_4$ 分解为 2 mol 的 $NO_2$,平衡后的总的物质的量为 $n_0(1+\varepsilon)$.$\varepsilon$ 就是式(4.5.8)所定义的反应度(注意 $\Delta n_a=n_0$,$\Delta n_b=0$),现在称它为分解度.因此

$$x_{NO_2}=\frac{2\varepsilon}{1+\varepsilon},\quad x_{N_2O_4}=\frac{1-\varepsilon}{1+\varepsilon}$$

代入式(4.7.14)得

$$K_p(T)=\frac{4\varepsilon^2}{1-\varepsilon^2}p \tag{4.7.15}$$

如果已知平衡常量 $K_p$,由式(4.7.15)可以求得分解度与温度、压强的关系.可以看出,在一定温度下,当总压强减小时,分解度将增大,减压有利于分解的进行.反之,如果测得分解度,也可以由式(4.7.15)求得平衡常量.在 $N_2O_4$ 分解的问题中,分解度可以由气体的密度定出.容易证明:

$$\varepsilon = \frac{\rho_0}{\rho_e} - 1 \tag{4.7.16}$$

其中 $\rho_0$ 和 $\rho_e$ 分别是初态和终态时气体的密度.

在很高的温度下,原子可以电离为正离子和电子,正离子和电子也可以复合为原子.以 A 表示原子、$A^+$ 表示离子、e 表示电子,将反应方程写作:

$$A^+ + e - A = 0 \tag{4.7.17}$$

电离和复合的过程达到平衡时,将形成原子、离子和电子的混合气体.以 $\varepsilon$ 表示电离度,设初态有物质的量为 $n_0$ 的原子 A,达到平衡后,原子的物质的量为 $n_0(1-\varepsilon)$,离子和电子的物质的量均为 $n_0\varepsilon$,三者的摩尔分数分别为

$$x_A = \frac{1-\varepsilon}{1+\varepsilon}, \quad x_{A^+} = \frac{\varepsilon}{1+\varepsilon}, \quad x_e = \frac{\varepsilon}{1+\varepsilon}$$

代入质量作用律式(4.7.5)可得

$$\frac{x_{A^+} \cdot x_e}{x_A} = \frac{\varepsilon^2}{1-\varepsilon^2} = p^{-1} K_p(T) \tag{4.7.18}$$

或

$$\varepsilon = \frac{1}{\sqrt{1 + \dfrac{p}{K_p(T)}}} \tag{4.7.19}$$

如果将原子、离子和电子看作单原子理想气体,其定压摩尔热容均为 $\frac{5}{2}R$,则由式(4.7.12)可得

$$\ln K_p = -\frac{\Delta H_0}{RT} + \frac{5}{2}\ln T + \text{常量} \tag{4.7.20}$$

代入式(4.7.19)得

$$\varepsilon = \frac{1}{\sqrt{1 + bpT^{-\frac{5}{2}} e^{\frac{\Delta H_0}{RT}}}} \tag{4.7.21}$$

式中 $\Delta H_0$ 是摩尔电离能,$b$ 是常量.式(4.7.21)给出了电离度与电离能、温度、压强的关系,称为萨哈(Saha)方程或萨哈公式.由此可知,当热运动能量小于电离能($RT < \Delta H_0$)时,电离度 $\varepsilon$ 很小.电离度随温度的升高和压强的减小而增大.萨哈方程在恒星大气物理学中有重要的应用.

## §4.8 热力学第三定律

热力学第三定律是在低温现象的研究中总结出来的一个普遍规律.1906 年,能斯特(Nernst)在研究各种化学反应在低温下的性质时引出一个结论,称为能斯特定理.它的内容如下:

**凝聚系的熵在等温过程中的改变随热力学温度趋于零**,即

$$\lim_{T \to 0} (\Delta S)_T = 0 \tag{4.8.1}$$

其中 $(\Delta S)_T$ 指在等温过程中熵的改变.

1912 年,能斯特根据他的定理推出一个原理,名为绝对零度不能达到原理.这个原理如下:

**不可能通过有限的步骤使一个物体冷却到热力学温度的零度**.

通常认为,能斯特定理和绝对零度不能达到原理是热力学第三定律的两种表述[①].

我们先介绍能斯特定理是怎样通过对低温化学反应的分析而引出来的.在 §1.18 中我们曾经证明,在等温等压过程中,系统的变化总是朝着吉布斯函数减少的方向进行的,因此可以用吉布斯函数的减少作为等温等压过程趋向的标志.对于一个化学反应,吉布斯函数的减少量就相当于这个反应的亲和势.我们定义在等温等压过程中一个化学反应的亲和势 $A$ 为

$$A = -\Delta G \tag{4.8.2}$$

对于等温等容条件下的化学反应,化学亲和势是自由能的减少量.为明确起见,我们先考虑等温等压过程.

在很长一段时期内,人们曾经根据汤姆孙(Thomson)-贝特洛(Berthelot)原理来判定化学反应的方向.该原理是一个经验规律,它认为,化学反应是朝着放热即 $\Delta H<0$ 的方向进行的.在低温下(有些反应甚至在室温附近),由 $\Delta G<0$ 和 $\Delta H<0$ 两个不同的判据往往得到相似的结论.能斯特就是在企图探索这两个判据的联系时发现能斯特定理的.

我们知道,在等温过程中

$$\Delta G = \Delta H - T\Delta S \tag{4.8.3}$$

由于 $\Delta S$ 有界,在 $T \to 0$ 时显然有 $\Delta G = \Delta H$.这当然不足以说明在一个温度范围内 $\Delta G$ 和 $\Delta H$ 近似相等.将式(4.8.3)除以 $T$,得

$$\frac{\Delta H - \Delta G}{T} = \Delta S \tag{4.8.4}$$

在 $T \to 0$ 时上式左方是不定式 $\frac{0}{0}$,应用洛必达法则,得

$$\left(\frac{\partial \Delta H}{\partial T}\right)_0 - \left(\frac{\partial \Delta G}{\partial T}\right)_0 = \lim_{T \to 0} \Delta S \tag{4.8.5}$$

如果假设

$$\lim_{T \to 0}(\Delta S)_T = 0 \tag{4.8.6}$$

则 $\Delta H$ 和 $\Delta G$ 在 $T \to 0$ 处不但相等,而且有相同的偏导数.再根据 $S = -\frac{\partial G}{\partial T}$ 和式(4.8.6)可知

$$\left(\frac{\partial}{\partial T}\Delta G\right)_0 = -\lim_{T \to 0}(\Delta S)_T = 0 \tag{4.8.7}$$

因此,由式(4.8.5)得

$$\left(\frac{\partial}{\partial T}\Delta H\right)_0 = \left(\frac{\partial}{\partial T}\Delta G\right)_0 = 0 \tag{4.8.8}$$

这就是说,$\Delta G$ 和 $\Delta H$ 随 $T$ 变化的曲线,在 $T \to 0$ 处不但相等相切,而且公切线与 $T$ 轴平行,

---

① 两种表述等效性的证明请参阅 Zemansky M W, Dittman R H. Heat and Thermodynamics[M]. New York: McGraw Hill, 1981:516.

如图 4.8.1 所示.因此,在式(4.8.6)的假设下,在低温范围内 $\Delta H$ 和 $\Delta G$ 是近似相等的.这就说明了为什么由 $\Delta G<0$ 和 $\Delta H<0$ 两个不同的判据在低温下往往得到相似的结论.式(4.8.6)假设在等温等压和 $T\to 0$ 的条件下,系统在化学反应前后的熵变为零.如果反应是在等温等容条件下进行的,只要将 $\Delta H$ 换为 $\Delta U$,将 $\Delta G$ 换为 $\Delta F$,上述分析完全适用.不过这时式(4.8.6)中的 $(\Delta S)_T$ 应理解为在等温等容和 $T\to 0$ 的条件下,化学反应前后的熵变.

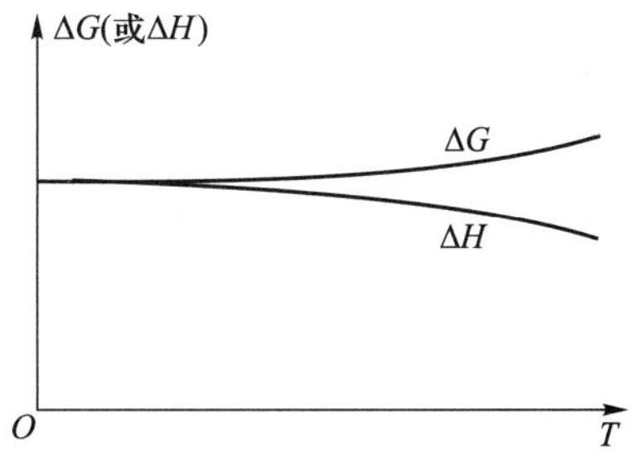

图 4.8.1

如果将式(4.8.6)的假设进一步推广到任意的等温过程,就得到能斯特定理式(4.8.1).能斯特定理提出后,经过 30 年的实验和理论研究,从它引出的大量推论都被实验所证实,它的正确性才得到肯定.现在人们公认,能斯特定理是独立于热力学第一定律和第二定律的另一规律,即热力学第三定律.

以 $T$、$y$ 表示状态参量,式(4.8.1)也可表示为

$$S(0, y_B) = S(0, y_A) \tag{4.8.9}$$

式(4.8.9)的含义是,当 $T\to 0$ 时,物质系统熵的数值与状态参量 $y$ 的数值无关.应当强调,参量 $y$ 的含义应当作广义的理解.$y$ 的改变不但包括例如体积 $V$ 或压强 $p$ 的数值的改变,也包括系统处在不同的相或化学反应前后的反应物和生成物.

下面我们根据能斯特定理讨论温度趋于绝对零度时物质的一些性质.

能斯特定理的一个重要推论是,$T\to 0$ 时物质系统的热容趋于零.以 $T$,$y$ 为状态参量,参考式(2.2.5)或式(2.2.8),状态参量 $y$ 不变时的热容可以表示为

$$C_y = T\left(\frac{\partial S}{\partial T}\right)_y = \left(\frac{\partial S}{\partial \ln T}\right)_y \tag{4.8.10}$$

$T\to 0$ 时,$\ln T \to -\infty$,而 $S$ 是有限的(否则能斯特定理就没有意义了),由此可知 $T\to 0$ 时

$$\lim_{T\to 0} C_y = 0 \tag{4.8.11}$$

这一结论被迄今对已知物质的实验测量和理论分析所支持.

根据能斯特定理,$T\to 0$ 时物质系统的熵与体积和压强无关,即

$$\lim_{T\to 0}\left(\frac{\partial S}{\partial p}\right)_T = 0, \quad \lim_{T\to 0}\left(\frac{\partial S}{\partial V}\right)_T = 0$$

麦克斯韦关系给出

$$\left(\frac{\partial V}{\partial T}\right)_p = -\left(\frac{\partial S}{\partial p}\right)_T, \quad \left(\frac{\partial p}{\partial T}\right)_V = \left(\frac{\partial S}{\partial V}\right)_T$$

由此可知

$$\lim_{T\to 0}\left(\frac{\partial V}{\partial T}\right)_p = 0, \quad \lim_{T\to 0}\left(\frac{\partial p}{\partial T}\right)_V = 0 \tag{4.8.12}$$

上式意味着,热力学温度趋于零时,物质的体胀系数 $\alpha = \frac{1}{V}\left(\frac{\partial V}{\partial T}\right)_p$ 和压强系数 $\beta = \frac{1}{p}\cdot\left(\frac{\partial p}{\partial T}\right)_V$ 趋于零.这一结果在铜、铝、银和其他一些固体中得到实验的证实.

将式(4.8.9)中不同的 $y$ 理解为物质不同的相,意味着 $T\to 0$ 时两相的熵相等.因为对于

一级相变,两相体积有突变,由克拉珀龙方程

$$\frac{dp}{dT} = \frac{S_2 - S_1}{V_2 - V_1} \tag{4.8.13}$$

可知,$T \to 0$ 时一级相变的相平衡曲线斜率为零.这一结论得到实验的证实.$T \to 0$ 时液$^4$He 和液$^3$He 与其固相的相平衡曲线在 $T \to 0$ 时均具有零斜率(参阅图 9.8.1 和图 9.8.8).

将式(4.8.9)中不同的 $y$ 理解为物质在化学反应前后的反应物和生成物.例如,对于化学反应

$$\mathrm{Pb} + \mathrm{S} \longrightarrow \mathrm{PbS}$$

式(4.8.9)意味着

$$S_{\mathrm{Pb}}(0) + S_{\mathrm{S}}(0) = S_{\mathrm{PbS}}(0) \tag{4.8.14}$$

上面的讨论告诉我们,热力学温度趋于零时,同一物质处在热力学平衡的一切形态具有相同的熵,是一个绝对常量,可以把该绝对常量取作零.以 $S_0$ 表示该绝对常量,即有

$$\lim_{T \to 0} S_0 = 0 \tag{4.8.15}$$

这是热力学第三定律的又一表述形式.

在热力学第二定律的基础上引进熵函数时,熵函数可以含一个任意的相加常量(§1.14).我们看到,有了热力学第三定律后,由于 $\lim\limits_{T \to 0} C_y = 0$,可以将熵函数积分表达式的下限取为绝对零度而将熵函数表达为

$$S(T, y) = S(0, y) + \int_0^T \frac{C_y(T)}{T} dT \tag{4.8.16}$$

又因为 $S(0, y)$ 与 $y$ 无关,把该常量取作零后,式(4.8.16)就可简化为

$$S(T, y) = \int_0^T \frac{C_y(T)}{T} dT \tag{4.8.17}$$

上式不含任意常量,称为绝对熵①.

当参量 $y$ 是压强 $p$ 时,熵函数可以表示为

$$S(T, p) = \int_0^T \frac{C_p(T)}{T} dT \tag{4.8.18}$$

积分中压强 $p$ 保持不变.一般来说,上式适用于固相,这是因为液相和气相一般只存在于较高的温度范围.为了求得液相和气相的绝对熵,可以将由上式得到的固相的熵加上由固相转变为液相或气相时熵的增值(习题 4.12)②.

能斯特定理不仅适用于稳定的平衡状态,也适用于亚稳的平衡状态.我们以硫为例加以说明③.硫有单斜晶和正交晶两种结晶状态,常压下相变温度 $T_0 = 367$ K.$T_0$ 以上单斜晶是稳定的,$T_0$ 以下正交晶是稳定的.如果在 $T_0$ 以上将单斜晶硫迅速冷却至 $T_0$ 以下,样品将被冻结在单斜晶而处在亚稳态.如前所述,处在亚稳态的系统在发生较大涨落时会过渡到稳定的平衡状态.低温下发生较大涨落的可能性很小,因此样品可以长时间处在单斜晶态.温度为 $T_0$ 的单斜晶硫的熵$S^m(T_0)$ 可以通过下面两个表达式计算:

---

① 绝对熵的概念是普朗克(Planck)在 1911 年首先提出来的.
② $T \to 0$ 时,处于气态的简并性气体满足式(4.8.15)和能斯特定理式(4.8.1).参阅 §8.3,§8.4 和习题 8.21.
③ Eastman E D, Mc Gavock W C. J. Am. Chem. Soc[J], 1937, 59(1): 145.

$$S^{\mathrm{m}}(T_0) = S^{\mathrm{m}}(0) + \int_0^{T_0} \frac{C_p^{\mathrm{m}}}{T} \mathrm{d}T \tag{4.8.19}$$

$$S^{\mathrm{m}}(T_0) = S^{\mathrm{r}}(0) + \int_0^{T_0} \frac{C_p^{\mathrm{r}}}{T} \mathrm{d}T + \frac{L}{T_0} \tag{4.8.19'}$$

式中上标 m 指单斜晶，r 指正交晶，$L$ 表示两晶态的相变潜热. 由实测的热容和潜热数据算得

$$S^{\mathrm{m}}(T_0) - S^{\mathrm{m}}(0) = (37.82 \pm 0.40)\ \mathrm{kJ \cdot K^{-1} \cdot mol^{-1}}$$

$$S^{\mathrm{m}}(T_0) - S^{\mathrm{r}}(0) = (37.95 \pm 0.20)\ \mathrm{kJ \cdot K^{-1} \cdot mol^{-1}}$$

二者在实验误差范围内相等，表明 $S^{\mathrm{m}}(0) = S^{\mathrm{r}}(0)$，即能斯特定理对亚稳态的单斜晶硫也是适用的. 其他一些晶体也有类似的结果.

在很低的温度下，有的物质处在冻结的非平衡态，其熵值不满足式(4.8.15). CO 晶体是一个例子. 在 CO 晶体中，分子形成规则的点阵结构，图 4.8.2 用箭头表示 CO 分子，箭头两端分别表示 C 原子和 O 原子. 图 4.8.2(a) 对应于分子取向有序的构型，图 4.8.2(b) 对应于取向无序的构型. 在较高温度下，无序构型是平衡态，$T \to 0$ 时有序构型是平衡态. 当把晶体从高温冷却到某温度 $T_{\mathrm{f}}$（称为冻结温度）时，由于动力学的原因，无序构型被冻结使晶体在 $T_{\mathrm{f}}$ 以下处于冻结的非平衡态，构型的无序使 CO 晶体在 $T \to 0$ 时熵值不为零，不满足式(4.8.15). 对于 $T \to 0$ 且不改变 CO 晶体无序构型的等温过程（例如等温压缩过程），能斯特定理式(4.8.1)仍得到满足；但如果在 $T \to 0$ 的等温过程中无序构型发生改变，且最终达到热力学平衡状态 [例如经历化学反应 $2\mathrm{CO}(晶) + \mathrm{O}_2(晶) \longrightarrow 2\mathrm{CO}_2(晶)$]，无序构型的熵将被释放出来而有 $(\Delta S)_T < 0$[①].

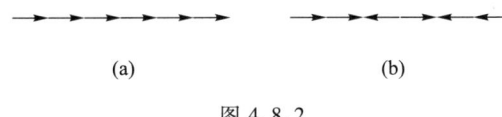

(a)      (b)

图 4.8.2

某些液体被迅速冷却会转变为玻璃态. 玻璃态黏度很高，弛豫时间很长而处在非平衡态，也不满足式(4.8.15).

## 习　题

4.1　若将 $U$ 看作独立变量 $T, V, n_1, \cdots, n_k$ 的函数，试证明：

(a) $U = \sum_i n_i \dfrac{\partial U}{\partial n_i} + V \dfrac{\partial U}{\partial V}$.

(b) $u_i = \dfrac{\partial U}{\partial n_i} + v_i \dfrac{\partial U}{\partial V}$.

4.2　试证明，$\mu_i(T, p, n_1, \cdots, n_k)$ 是 $n_1, \cdots, n_k$ 的零次齐函数，即

$$\sum_j n_j \left( \frac{\partial \mu_i}{\partial n_j} \right) = 0$$

4.3　二元理想溶液具有下列形式的化学势：

$$\mu_1 = g_1(T, p) + RT \ln x_1$$
$$\mu_2 = g_2(T, p) + RT \ln x_2$$

其中 $g_i(T, p)$ 为纯 $i$ 组元的化学势，$x_i$ 是溶液中 $i$ 组元的摩尔分数. 当物质的量分别为 $n_1$、$n_2$ 的两种纯液体

---

① 参阅唐有祺. 统计力学及其在物理化学中的应用[M]. 北京：科学出版社，1964：318.

在等温等压下合成理想溶液时,试证明混合前后:

(a) 吉布斯函数的变化为
$$\Delta G = RT(n_1 \ln x_1 + n_2 \ln x_2)$$

(b) 体积不变, $\Delta V = 0$.

(c) 熵变 $\Delta S = -R(n_1 \ln x_1 + n_2 \ln x_2)$.

(d) 焓变 $\Delta H = 0$,因而没有混合热.

(e) 内能变化为多少?

4.4 理想溶液中各组元的化学势为
$$\mu_i = g_i(T,p) + RT \ln x_i$$

(a) 假设溶质是非挥发性的.试证明,当溶液与溶剂的蒸气达到平衡时,相平衡条件为
$$g_1' = g_1 + RT\ln(1-x)$$

其中 $g_1'$ 是蒸气的摩尔吉布斯函数,$g_1$ 是纯溶剂的摩尔吉布斯函数,$x$ 是溶质在溶液中的摩尔分数.

(b) 求证:在一定温度下,溶剂的饱和蒸气压随溶质浓度的变化率为
$$\left(\frac{\partial p}{\partial x}\right)_T = -\frac{p}{1-x}$$

(c) 将上式积分,得
$$p_x = p_0(1-x)$$

其中 $p_0$ 是该温度下纯溶剂的饱和蒸气压,$p_x$ 是溶质浓度为 $x$ 时的饱和蒸气压.上式表明,溶液中溶剂饱和蒸气压的降低与溶质的摩尔分数成正比.该公式称为拉乌尔(Raoult)定律.

4.5 承 4.4 题.

(a) 试证明,在一定压强下,溶剂沸点随溶质浓度的变化率为
$$\left(\frac{\partial T}{\partial x}\right)_p = \frac{RT^2}{L(1-x)}$$

其中 $L$ 为纯溶剂的汽化热.

(b) 假设 $x \ll 1$.试证明,溶液沸点升高与溶质在溶液中的浓度的关系为
$$\Delta T = \frac{RT^2}{L} x$$

4.6 如习题 4.6 图所示,开口玻璃管底端有半透膜将管中糖的水溶液与容器内的水隔开.半透膜只让水透过,不让糖透过.实验发现,糖水溶液的液面比容器内水的液面上升一个高度 $h$,表明糖水溶液的压强 $p$ 与水的压强 $p_0$ 之差为 $p - p_0 = \rho g h$.这一压强差称为渗透压.试证明,糖水与水达到平衡时有
$$g_1(T,p) + RT\ln(1-x) = g_1(T,p_0)$$

其中 $g_1$ 是纯水的摩尔吉布斯函数,$x$ 是糖水中糖的摩尔分数,$x = \dfrac{n_2}{n_1+n_2} \approx \dfrac{n_2}{n_1} \ll 1$,式中 $n_1$ 和 $n_2$ 分别是糖水中水和糖的物质的量.试据此证明:
$$p - p_0 = \frac{n_2 RT}{V}$$

其中 $V$ 是糖水溶液的体积.

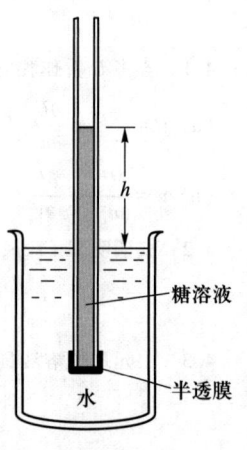

习题 4.6 图

4.7 实验测得碳燃烧为二氧化碳和一氧化碳燃烧为二氧化碳的燃烧热 $Q = -\Delta H$,其数值分别如下:
$$CO_2 - C - O_2 = 0, \quad \Delta H = -3.9518 \times 10^5 \text{ J}$$
$$CO_2 - CO - \frac{1}{2}O_2 = 0, \quad \Delta H = -2.8288 \times 10^5 \text{ J}$$

试根据赫斯定律计算碳燃烧为一氧化碳的燃烧热.

4.8 绝热容器中有隔板隔开,两边分别装有物质的量为 $n_1$ 和 $n_2$ 的理想气体,温度同为 $T$,压强分别为 $p_1$ 和 $p_2$.现将隔板抽去.

(a) 试求气体混合后的压强.

(b) 如果两种气体是不同的,计算混合后的熵增.

(c) 如果两种气体是相同的,计算混合后的熵增.

4.9 试证明,在 $NH_3$ 分解为 $N_2$ 和 $H_2$ 的反应

$$\frac{1}{2}N_2 + \frac{3}{2}H_2 - NH_3 = 0$$

中,平衡常量可表示为

$$K_p = \frac{\sqrt{27}}{4} \cdot \frac{\varepsilon^2}{1-\varepsilon^2} p$$

其中 $\varepsilon$ 是分解度.如果将反应写作

$$N_2 + 3H_2 - 2NH_3 = 0$$

平衡常量为何值?

4.10 物质的量为 $n_0\nu_1$ 的气体 $A_1$ 和物质的量为 $n_0\nu_2$ 的气体 $A_2$ 的混合物在温度 $T$ 和压强 $p$ 下所占体积为 $V_0$,当发生化学变化

$$\nu_3 A_3 + \nu_4 A_4 - \nu_1 A_1 - \nu_2 A_2 = 0$$

并在同样的温度和压强下达到平衡时,其体积为 $\widetilde{V}$.试证明反应度 $\varepsilon$ 为

$$\varepsilon = \frac{\widetilde{V} - V_0}{V_0} \cdot \frac{\nu_1 + \nu_2}{\nu_3 + \nu_4 - \nu_1 - \nu_2}$$

4.11 试根据热力学第三定律证明,在 $T \to 0$ 时,表面张力系数与温度无关,即 $\dfrac{d\sigma}{dT} \to 0$.这一结论在液 $^4$He 和液 $^3$He 中得到实验的证实.

4.12 设在压强 $p$ 下,物质的熔点为 $T_0$,相变潜热为 $L$,固相的定压热容为 $C_p$,液相的定压热容为 $C'_p$.试求液相的绝对熵的表达式.

4.13 锡可以形成白锡(正方晶系)和灰锡(立方晶系)两种不同的结晶状态.常压下相变温度 $T_0 = 292$ K.$T_0$ 以上白锡是稳定的,$T_0$ 以下灰锡是稳定的.如果在 $T_0$ 以上将白锡迅速冷却到 $T_0$ 以下,白锡将被冻结在亚稳态.已知相变潜热 $L = 2242$ J·$mol^{-1}$.由热容的测量数据知,对于灰锡,$\int_0^{T_0} \dfrac{C_g(T)}{T} dT = 44.12$ J·$mol^{-1}$·$K^{-1}$;对于白锡,$\int_0^{T_0} \dfrac{C_w(T)}{T} dT = 51.54$ J·$mol^{-1}$·$K^{-1}$.试验证能斯特定理对于亚稳态的白锡的适用性.

部分习题
参考答案

# 第五章 不可逆过程热力学简介

## §5.1 局域平衡 熵流密度与局域熵产生率

前面几章讲述了平衡态热力学.对于不可逆过程,从平衡态热力学只能得到非常有限的信息.例如,可以根据热力学函数的不等式判断过程的方向;如果不可逆过程的初态和终态都是平衡态,可以通过初态和终态热力学函数之间的关系求得整个过程的总效应,在不可逆性不是过程本质特征的情形下可以将过程近似地当作可逆过程处理,等等.我们知道,自然界中存在大量的不可逆过程,例如热传导、扩散等输运过程,化学反应过程,乃至生命过程,等等.在不可逆过程中系统经历一系列的非平衡态.将热力学方法推广到非平衡的情形,对不可逆过程本身进行研究无疑是重要和有意义的.

在第一章中我们根据热力学第二定律得到下述不等式:

$$dS \geqslant \frac{\dj Q}{T} \tag{5.1.1}$$

式中等号适用于可逆过程,不等号适用于不可逆过程.可以将上式推广为下述等式:

$$dS = d_e S + d_i S \tag{5.1.2}$$

式中 $d_e S$ 是由于系统与外界交换物质和能量所引起的系统熵变,它是可正可负的;$d_i S$ 表示系统内部发生的过程引起的熵产生,它不会取负值.如果系统内部发生的过程是可逆的,熵产生 $d_i S = 0$;如果系统内部发生的过程是不可逆的,熵产生 $d_i S > 0$.对于孤立系统 $d_e S = 0$,故 $dS = d_i S \geqslant 0$,这就是熵增加原理.对于闭系,$d_e S = \frac{\dj Q}{T}$,就得到式(5.1.1),这时 $d_e S$ 的正负取决于系统是吸热还是放热.对于开系,除热量交换外,系统与外界的物质交换也会引起 $d_e S$.为了建立不可逆过程热力学,需要计算各种不可逆过程的 $d_i S$ 和 $d_e S$.

在平衡态热力学中,我们得到了热力学基本方程(4.1.12),在本章中我们将该式改写为

$$TdS = dU + pdV - \sum_i \mu_i dN_i \tag{5.1.3}$$

式中 $N_i$ 是 $i$ 组元的分子数,相应地,$\mu_i$ 是一个 $i$ 分子的化学势.上式给出系统在两个相邻平衡态的熵、内能、体积和分子数之差的关系.对于系统在不可逆过程中所经历的非平衡状态,我们限于讨论下述情形:整个系统虽然处在非平衡状态,但如果将系统分成若干个小部分,使每一小部分仍然是含有大量粒子的宏观系统,由于各部分之间只通过界面区域的分子发生相互作用,且各小部分的弛豫时间比整个系统的弛豫时间要短得多,可以认为各小部分近似处在局域平衡的状态.在这种情形下,每一小部分的温度、压强、化学势、内能、熵、粒子数等就都有确定的意义.我们假设这些局域热力学量的改变仍然满足热力学基本方程

(5.1.3). 在本章后面要讨论的问题中,可以略去基本方程中的 $p\mathrm{d}V$ 项①. 将全式除以局域体积可以得到联系局域熵密度 $s$、内能密度 $u$ 和粒子数密度 $n_i$ 的方程式:

$$T\mathrm{d}s = \mathrm{d}u - \sum_i \mu_i \mathrm{d}n_i \tag{5.1.4}$$

对于内能、熵、粒子数等广延量,整个系统的量可以表示为

$$U = \int u\mathrm{d}\tau, \quad S = \int s\mathrm{d}\tau, \quad N_i = \int n_i \mathrm{d}\tau \tag{5.1.5}$$

式中 $\mathrm{d}\tau$ 是体积元. 对于强度量(例如温度、化学势),系统不具有统一的数值.

式(5.1.4)对于局域热力学量仍然成立,在不可逆过程热力学中是个假设,其正确性由其推论与实际相符而得到肯定. 统计物理学可以分析上述假设的正确性及其适用的限度②.

在局域平衡情形下,可以将局域熵密度的增加率写成如下的形式:

$$\frac{\partial s}{\partial t} = -\nabla \cdot \boldsymbol{J}_S + \Theta \tag{5.1.6}$$

式中 $\boldsymbol{J}_S$ 是单位时间内流过单位截面的熵,称为熵流密度,$\Theta$ 是单位时间内单位体积中产生的熵,称为局域熵产生率. 根据式(5.1.5),整个系统熵的增加率可以表示为

$$\frac{\mathrm{d}S}{\mathrm{d}t} = \frac{\mathrm{d}}{\mathrm{d}t} \int s\mathrm{d}\tau = \int \frac{\partial s}{\partial t}\mathrm{d}\tau = \int (-\nabla \cdot \boldsymbol{J}_S + \Theta)\mathrm{d}\tau$$

利用高斯定理将右方第一项化为面积分,得

$$\frac{\mathrm{d}S}{\mathrm{d}t} = -\oint \boldsymbol{J}_S \cdot \mathrm{d}\boldsymbol{\sigma} + \int \Theta \mathrm{d}\tau \tag{5.1.7}$$

上式右方第一项表示单位时间内通过系统表面从外界流入的熵,第二项表示单位时间内系统各体积元的熵产生之和. 与式(5.1.2)比较,可知

$$\frac{\mathrm{d}_e S}{\mathrm{d}t} = -\oint \boldsymbol{J}_S \cdot \mathrm{d}\boldsymbol{\sigma}, \quad \frac{\mathrm{d}_i S}{\mathrm{d}t} = \int \Theta \mathrm{d}\tau \tag{5.1.8}$$

由于在任何宏观区域中熵产生都是正定的,故有 $\Theta \geq 0$.

式(5.1.6)或式(5.1.7)只是一种形式的表示. 需要对具体的不可逆过程求得熵流密度和局域熵产生率的具体表达式. 下面我们介绍两个例子.

当物体各处温度不均匀时,物体内部将发生热传导过程. 我们先讨论单纯的热传导过程. 考虑物体中一个固定的体积元,在单纯的热传导过程中,体积元中物质内能的增加是热量流入的结果. 以 $\boldsymbol{J}_q$ 表示单位时间内流过单位截面的热量,称为热流密度,则内能密度的增加率为

$$\frac{\partial u}{\partial t} = -\nabla \cdot \boldsymbol{J}_q \tag{5.1.9}$$

式(5.1.9)表达了能量守恒定律.

对于单纯的热传导过程,式(5.1.4)简化为

---

① 如果涉及流体力学问题,该项不能略去.
② de Groot S R, Mazur P. Non-equilibrium Thermodynamics [M]. Amsterdam: North Holland Publishing Company, 1962: Chap 9.

$$T\mathrm{d}s = \mathrm{d}u \tag{5.1.10}$$

由上式得局域熵密度的增加率为

$$\frac{\partial s}{\partial t} = \frac{1}{T}\frac{\partial u}{\partial t} \tag{5.1.11}$$

将式(5.1.9)代入上式,得

$$\frac{\partial s}{\partial t} = -\frac{1}{T}\nabla \cdot \boldsymbol{J}_q$$

而

$$\frac{1}{T}\nabla \cdot \boldsymbol{J}_q = \nabla \cdot \frac{\boldsymbol{J}_q}{T} - \boldsymbol{J}_q \cdot \nabla \frac{1}{T}$$

故有

$$\frac{\partial s}{\partial t} = -\nabla \cdot \frac{\boldsymbol{J}_q}{T} + \boldsymbol{J}_q \cdot \nabla \frac{1}{T} \tag{5.1.12}$$

上式表明,局域熵密度的增加率可以分为两部分: $-\nabla \cdot \frac{\boldsymbol{J}_q}{T}$ 是由于热量流入而引起的局域熵密度的增加率, $\boldsymbol{J}_q \cdot \nabla \frac{1}{T}$ 是温度梯度导致的热传导过程所引起的局域熵密度的产生率. 与式(5.1.6)比较,有

$$\boldsymbol{J}_S = \frac{\boldsymbol{J}_q}{T}, \quad \Theta = \boldsymbol{J}_q \cdot \nabla \frac{1}{T} \tag{5.1.13}$$

前面说过,温度不均匀性是引起热传导的原因. 定义 $\boldsymbol{X}_q = \nabla \frac{1}{T}$,称为热流动力. 局域熵密度的产生率 $\Theta$ 可以表示为热流密度与热流动力的乘积:

$$\Theta = \boldsymbol{J}_q \cdot \boldsymbol{X}_q \tag{5.1.14}$$

假设热传导过程遵从傅里叶定律:

$$\boldsymbol{J}_q = -\kappa \nabla T$$

$\kappa$ 称为导热系数,则式(5.1.14)可以表示为

$$\Theta = \boldsymbol{J}_q \cdot \nabla \frac{1}{T} = -\boldsymbol{J}_q \cdot \frac{\nabla T}{T^2} = \kappa \frac{(\nabla T)^2}{T^2} \geq 0$$

由于导热系数 $\kappa$ 恒为正值,故热传导过程中局域熵产生率是正定的.

如果系统内部除了温度不均匀外,化学势也不均匀,则除了热传导外,还将有物质的输运. 现在讨论同时存在热传导和物质输运时的熵流密度和局域熵密度的产生率.

考虑物体中一个固定的体积元. 体积元中粒子数密度 $n$ 的变化率满足连续性方程:

$$\frac{\partial n}{\partial t} + \nabla \cdot \boldsymbol{J}_n = 0 \tag{5.1.15}$$

其中 $\boldsymbol{J}_n$ 是粒子流密度. 式(5.1.15)是物质守恒定律的表达式.

类似地,体积元中内能密度 $u$ 的变化率满足连续性方程:

$$\frac{\partial u}{\partial t} + \nabla \cdot \boldsymbol{J}_u = 0 \tag{5.1.16}$$

$J_u$ 称为内能流密度.式(5.1.16)是能量守恒定律的表达式.

由式(5.1.4)可知,当粒子数密度增加 $dn$ 时,内能密度的增加为 $\mu dn$,$\mu$ 是一个粒子的化学势.因此,当存在粒子流时,内能流密度 $J_u$ 可以表示为

$$J_u = J_q + \mu J_n \tag{5.1.17}$$

即内能流密度是热流密度与粒子流所携带的能流密度之和.

将式(5.1.17)代入式(5.1.16),得

$$\frac{\partial u}{\partial t} = -\nabla \cdot J_q - \nabla \cdot (\mu J_n) \tag{5.1.18}$$

由式(5.1.4)知,局域熵密度的增加率为

$$\frac{\partial s}{\partial t} = \frac{1}{T} \frac{\partial u}{\partial t} - \frac{\mu}{T} \frac{\partial n}{\partial t} \tag{5.1.19}$$

将式(5.1.15)和式(5.1.18)代入上式,得

$$\frac{\partial s}{\partial t} = -\frac{1}{T} \nabla \cdot J_q - \frac{1}{T} \nabla \cdot (\mu J_n) + \frac{\mu}{T} \nabla \cdot J_n$$

$$= -\nabla \cdot \left(\frac{J_q}{T}\right) + J_q \cdot \nabla \frac{1}{T} - \frac{J_n}{T} \cdot \nabla \mu \tag{5.1.20}$$

上式右方第一项是由于热量流入而引起的局域熵密度的增加率,第二项是温度梯度导致的热传导过程所引起的局域熵密度产生率,第三项是化学势梯度导致的物质输运过程所引起的局域熵密度产生率.将上式与式(5.1.6)比较,可知

$$J_S = \frac{J_q}{T}, \quad \Theta = J_q \cdot \nabla \frac{1}{T} - \frac{J_n}{T} \cdot \nabla \mu \tag{5.1.21}$$

前面说过,化学势的不均匀性是引起物质输运的原因.定义 $X_n = -\frac{1}{T} \nabla \mu$,称为粒子流动力.局域熵密度产生率 $\Theta$ 可以表示为两种流与力的乘积之和:

$$\Theta = J_q \cdot X_q + J_n \cdot X_n \tag{5.1.22}$$

式(5.1.22)的形式具有普遍性.当多个不可逆过程同时存在时,局域熵密度可以表示为各种不可逆过程的流与力的双线性函数:

$$\Theta = \sum_k J_k \cdot X_k \tag{5.1.23}$$

如前所述,局域熵产生率 $\Theta$ 满足 $\Theta \geq 0$,其中等号适用于所有的动力与流量均为零的情形.

## §5.2 线性与非线性过程 昂萨格倒易关系

许多不可逆过程都是因物体内部某种性质不均匀而引起的输运过程.例如,物体中温度不均匀引起能量的输运,称为热传导过程;混合物中各组元浓度不均匀引起物质的输运,称为扩散过程;流体流动时速度不均匀引起动量的输运,称为黏性现象;导体中的电势差引起电荷的输运,称为导电过程,等等.对于一系列输运过程,都已建立了经验规律.当物体中的不均匀性较小,即偏离平衡不远时,这些经验规律都是线性的.

热传导过程的经验规律是傅里叶(Fourier)定律.以 $J_q$ 表示单位时间内流过单位截面的热量,称为热流密度.傅里叶定律指出,热流密度与温度梯度成正比,即

$$J_q = -\kappa \nabla T \tag{5.2.1}$$

其中 $\kappa$ 是导热系数.

扩散过程的经验规律是菲克(Fick)定律.以 $J_n$ 表示混合物中某组元物质在单位时间内流过单位截面的分子数,称为粒子流密度.菲克定律指出,粒子流密度与该组元的浓度梯度成正比,即

$$J_n = -D \nabla n \tag{5.2.2}$$

其中 $n$ 是该组元的浓度,$D$ 是扩散系数.

导电过程的经验规律是欧姆(Ohm)定律,以 $J_e$ 表示在单位时间内流过单位截面的电荷量,称为电流密度.欧姆定律指出,电流密度与电场强度或电势梯度成正比,即

$$J_e = \sigma E = -\sigma \nabla V \tag{5.2.3}$$

其中 $E$ 是电场强度,$V$ 是电势,$\sigma$ 是电导率.

设流体沿 $y$ 方向流动,在 $x$ 方向上有速度梯度 $dv/dx$,牛顿黏性定律指出

$$P_{xy} = \eta \frac{dv}{dx} \tag{5.2.4}$$

其中 $P_{xy}$ 是黏性应力,它等于单位时间内沿法线方向通过 $x$ 的单位面积所输运的 $y$ 方向的动量,$\eta$ 是黏度.

我们把在单位时间内通过单位截面所输运的物理量(分子数、电荷量、动量、能量等)统称为热力学流,以 $J$ 表示;把引起物理量输运的物体中某种性质的梯度(浓度梯度、电势梯度、速度梯度、温度梯度等)统称为热力学力,以 $X$ 表示.在各向同性物体中,上述各种输运过程的经验规律都可表述为"流量与动力成正比",即

$$J = LX \tag{5.2.5}$$

不过,在许多情形下,往往有几种力与几种流同时存在,这时将出现不同过程的交叉现象.例如,当温度梯度和浓度梯度同时存在时,温度梯度与浓度梯度都会引起热流,也都会引起粒子流,所以式(5.2.5)应推广为

$$J_k = \sum_l L_{kl} X_l \tag{5.2.6}$$

上式称为线性唯象律,系数 $L_{kl}$ 称为动理系数.$L_{kl}$ 等于一个单位的第 $l$ 种动力所引起的第 $k$ 种流量.$L_{kl}$ 一般是局域强度量(例如温度、化学势)的函数.

统计物理学可以证明,适当选择流量和动力,使局域熵产生率表达为式(5.1.23)的形式,即

$$\Theta = \sum_k J_k X_k \tag{5.2.7}$$

则动理系数满足关系

$$L_{kl} = L_{lk} \tag{5.2.8}$$

上式称为昂萨格(Onsager)倒易关系,简称为昂萨格关系.它描述了第 $l$ 种力对第 $k$ 种流与第 $k$ 种力对第 $l$ 种流所产生的线性效应的对称性.这个关系是微观可逆性在宏观规律上的表现,它不可能根据热力学理论推导出来,在不可逆过程热力学中我们将直接引用这个公式①.

现在讨论条件 $\Theta \geq 0$ 对动理系数的限制.将式(5.2.6)代入式(5.2.7)可得

---

① 关于昂萨格关系的证明可参阅林宗涵.热力学与统计物理学[M].北京:北京大学出版社,2007:§11.7.

$$\Theta = \sum_{kl} L_{kl} X_k X_l \tag{5.2.9}$$

$\Theta \geqslant 0$ 意味着上式是正定二次型. 为简单起见,我们讨论存在两个耦合的不可逆过程的情形. 这时,式(5.2.9)为

$$\Theta = L_{11} X_1^2 + (L_{12} + L_{21}) X_1 X_2 + L_{22} X_2^2 \tag{5.2.10}$$

根据线性代数,上式是正定二次型的充要条件为

$$L_{11} > 0, \quad \begin{vmatrix} L_{11} & L_{12} \\ L_{21} & L_{22} \end{vmatrix} > 0 \tag{5.2.11}$$

在上式得到满足的情形下,仅当 $X_1 = X_2 = 0$,即不存在力,因而也不存在流时,$\Theta = 0$. 式(5.2.11)是热力学第二定律对动理系数的限制. 将昂萨格关系代入,该式简化为

$$L_{11} > 0, \quad L_{11} L_{22} > L_{12}^2 \tag{5.2.12}$$

前面介绍了线性不可逆过程的动理系数及其性质. 如前所述,线性过程相应于动力小、系统偏离平衡不远的情形. 一般地说,以 $J_k(\{X_l\}) \equiv J_k(X_1, \cdots, X_l, \cdots)$ 表示流量 $J_k$ 作为各种动力的函数,如果将 $J_k(\{X_l\})$ 在 $\{X_l\}$ 的零点展开,得

$$J_k(\{X_l\}) = J_k(0) + \sum_l \left(\frac{\partial J_k}{\partial X_l}\right)_0 X_l + \frac{1}{2} \sum_{l,n} \left(\frac{\partial^2 J_k}{\partial X_l \partial X_n}\right)_0 X_l X_n + \cdots \tag{5.2.13}$$

当所有的动力都为零时,流量也将为零,因此上式右方第一项为零. 定义

$$L_{kl} = \left(\frac{\partial J_k}{\partial X_l}\right)_0, \quad L_{kln} = \left(\frac{\partial^2 J_k}{\partial X_l \partial X_n}\right)_0, \quad \cdots \tag{5.2.14}$$

分别为动理系数,二阶动理系数……它们一般是局域强度量的函数,则式(5.2.13)可改写为

$$J_k = \sum_l L_{kl} X_l + \frac{1}{2} \sum_{l,n} L_{kln} X_l X_n + \cdots \tag{5.2.15}$$

当动力较小,只需保留展开的一阶项时,流与力呈线性关系. 如果需要保留二阶以上的项,则流与力呈非线性关系. 实际问题中,在诸如热传导、电导等输运过程中,流与力的关系一般是线性的;化学反应中,流与力一般呈非线性关系. 处在线性区(流与力呈线性关系)与处在非线性区(流与力呈非线性关系)的非平衡系统,其行为有质的不同. 我们在后面将分别加以介绍.

## *§5.3 温差电现象

将两种不同的金属相连接,并在两接头处保持不同的温度,电路中将存在温度梯度和化学势梯度,因而同时产生热流和粒子流(电流),出现§5.2中所说的交叉现象. 在这种情形下,实验观察到五种效应:泽贝克效应、佩尔捷效应、汤姆孙效应、焦耳热效应和热传导过程. 焦耳热效应和热传导过程是我们所熟悉的,现在对前三个效应进行介绍.

泽贝克效应是泽贝克(Seebeck)在1827年发现的. 如图5.3.1所示,由金属 A、B 接成的热电偶在两个接头处保持不同的温度 $T$ 和 $T+\mathrm{d}T$,实验发现,在电容器中将有电势差:

$$\mathrm{d}V = \varepsilon_{AB} \mathrm{d}T \tag{5.3.1}$$

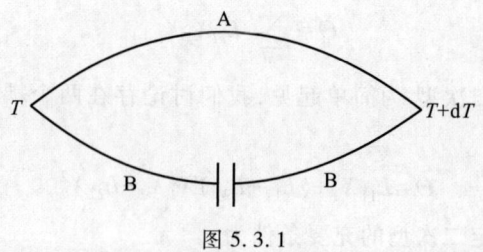

图 5.3.1

式中 $\varepsilon_{AB}$ 是这两种金属的温差电动势系数.我们约定这样选择 $\varepsilon_{AB}$ 的符号:如果在高温端电动势驱使电流由金属 A 流向金属 B,$\varepsilon_{AB}$ 为正.$\varepsilon_{AB}$ 取决于两种金属 A、B 的性质,并与温度有关.

佩尔捷效应是佩尔捷(Peltier)在 1834 年发现的.如图 5.3.2 所示,将两种金属 A、B 相连接,并保持其温度恒定不变.实验发现,当有电流通过电路时,在一个接头处有热量放出,在另一个接头处则吸收热量;如果将电流反向,则原来吸热的一端变为放热,原来放热的一端变为吸热.以 $J_e$ 表示由 A 流往 B 的电流密度,单位时间内,单位截面的导线在接头处所吸收的热量为

$$J_{q\pi} = \pi_{AB} J_e \tag{5.3.2}$$

式中 $J_{q\pi}$ 称为佩尔捷热流密度,$\pi_{AB}$ 是这两种金属的佩尔捷系数,取决于两种金属的性质,并与温度有关.

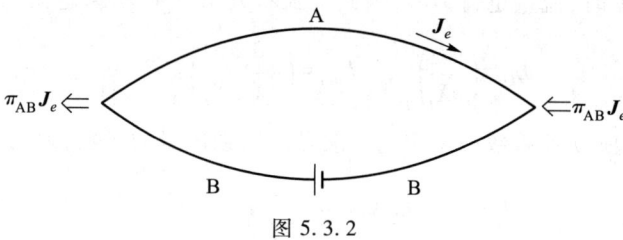

图 5.3.2

汤姆孙效应是汤姆孙(Thomson)在 1854 年发现的.当电流通过具有温度梯度的均匀导体时,导体除了放出焦耳热外,还要放出或吸收另外的热量,称为汤姆孙热.以 $J_e$ 表示电流密度,在单位时间内,单位体积的导体放出的汤姆孙热 $q_T$ 为

$$q_T = -\tau J_e \cdot \nabla T \tag{5.3.3}$$

$\tau$ 称为汤姆孙系数.

佩尔捷效应和汤姆孙效应都与电流密度成正比,当电流反向时,吸热效应便变为放热效应,所以这两个效应是可逆的.但是,当电路中存在电流和热流时,其中发生的焦耳热效应和热传导过程是不可逆的.因此应该用不可逆过程热力学理论全面地研究整个温差电现象.

以 $-e$ 表示电子的电荷量,电流密度 $J_e$ 与电子流 $J_n$ 的关系为 $J_e = -eJ_n$.当电路同时存在电子流与热流时,流与力应表示为式(5.2.6)的线性律的形式,其中流与力根据式(5.1.21)确定.设电子流与热流都平行于 $x$ 轴,略去指标 $x$ 不写,即有

$$\begin{cases} J_n = -L_{11}\dfrac{1}{T}\nabla\mu + L_{12}\nabla\dfrac{1}{T} \\ J_q = -L_{12}\dfrac{1}{T}\nabla\mu + L_{22}\nabla\dfrac{1}{T} \end{cases} \tag{5.3.4}$$

其中已应用昂萨格关系令 $L_{21}=L_{12}$.

当存在电场时,电子在迁移时除携带通常的化学势外,还携带电能,因此上式中的化学势是电化学势,它包括两项:

$$\mu=\mu_c+\mu_e \tag{5.3.5}$$

其中 $\mu_e=-eV$ 是电子的静电势能,$V$ 是电势;$\mu_c$ 是通常的化学势,是温度和电子浓度的函数.

在根据式(5.3.4)进行分析之前,要将其中的动理系数 $L_{11}$、$L_{12}$、$L_{22}$ 换为实验测得的经验常量.

电导率 $\sigma$ 是在温度均匀的条件下,单位电场强度在导体中产生的电流密度,即有

$$\boldsymbol{J}_e=\sigma\boldsymbol{E}$$

在导体性质和温度都是均匀的情形下,$\nabla\mu_c=0$.因此 $\boldsymbol{E}=-\nabla V=\dfrac{1}{e}\nabla\mu_e=\dfrac{1}{e}\nabla\mu$.所以

$$\sigma=-\frac{e\boldsymbol{J}_n}{\dfrac{1}{e}\nabla\mu} \tag{5.3.6}$$

令式(5.3.4)第一式的 $\nabla T=0$,与式(5.3.6)比较得

$$\sigma=\frac{e^2L_{11}}{T} \tag{5.3.7}$$

导热系数 $\kappa$ 是在不存在电流的条件下,单位温度梯度所产生的热流密度,即有

$$\boldsymbol{J}_q=-\kappa\nabla T$$

令式(5.3.4)第一式的 $\boldsymbol{J}_n=0$,然后将式(5.3.4)的两式联立,消去 $\nabla\mu$,与上式比较得

$$\kappa=\frac{L_{11}L_{22}-L_{12}^2}{T^2L_{11}} \tag{5.3.8}$$

现在求动理系数与温差电动势系数的关系.温差电动势是热电偶中不存在电流时所产生的电势差.如图 5.3.3 所示,以 $T_1$、$T_2(T_2>T_1)$ 分别表示导体 A、B 两端接头处的温度.在导体 B 中温度为 $T'$ 处接一电压表.电压表的电阻很高使其中无电流通过,但热阻为零.令式(5.3.4)第一式的 $\boldsymbol{J}_n=0$,可得

$$\nabla\mu=-\frac{L_{12}}{TL_{11}}\nabla T \tag{5.3.9}$$

上式对导体 A、B 都成立,因此有

$$\begin{cases} \mu_2-\mu_1=\displaystyle\int_{T_1}^{T_2}\left(-\dfrac{L_{12}^A}{TL_{11}^A}\right)dT \\ \mu_2-\mu_R'=\displaystyle\int_{T'}^{T_2}\left(-\dfrac{L_{12}^B}{TL_{11}^B}\right)dT \\ \mu_L'-\mu_1=\displaystyle\int_{T_1}^{T'}\left(-\dfrac{L_{12}^B}{TL_{11}^B}\right)dT \end{cases} \tag{5.3.10}$$

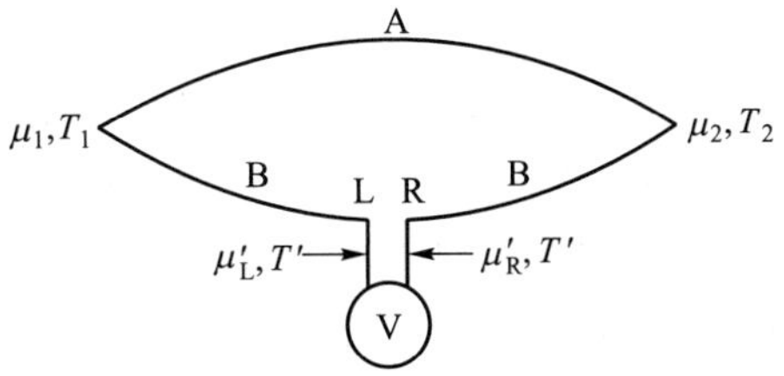

图 5.3.3

消去 $\mu_1$ 和 $\mu_2$，可得

$$\mu_R' - \mu_L' = \int_{T_1}^{T_2} \left( \frac{L_{12}^B}{TL_{11}^B} - \frac{L_{12}^A}{TL_{11}^A} \right) dT \tag{5.3.11}$$

L、R 两端的 $\mu_e$ 相等，故有

$$V = \frac{1}{-e}(\mu_R' - \mu_L') = \int_{T_1}^{T_2} \left( \frac{-L_{12}^B}{eTL_{11}^B} - \frac{-L_{12}^A}{eTL_{11}^A} \right) dT$$

由此可得温差电动势系数为

$$\varepsilon_{AB} = \frac{-L_{12}^B}{eTL_{11}^B} - \frac{-L_{12}^A}{eTL_{11}^A} \tag{5.3.12}$$

定义导体 A、B 的绝对温差电动势系数 $\varepsilon$ 为

$$\varepsilon_A = \frac{-L_{12}^A}{eTL_{11}^A}, \quad \varepsilon_B = \frac{-L_{12}^B}{eTL_{11}^B} \tag{5.3.13}$$

即有

$$\varepsilon_{AB} = \varepsilon_B - \varepsilon_A \tag{5.3.14}$$

由此可知，当 $\varepsilon_B > \varepsilon_A$ 时，在高温端电流密度 $J_e$ 由金属 A 流向金属 B．

上面求出了电导率 $\sigma$、导热系数 $\kappa$ 和绝对温差电动势系数 $\varepsilon$ 与动理系数的关系．式 (5.3.4) 含有三个动理系数，可以将式 (5.3.4) 中的动理系数换为经验常量而将式 (5.3.4) 改写为

$$\begin{cases} J_n = -\left(\frac{T\sigma}{e^2}\right) \frac{1}{T} \nabla \mu - \frac{T^2 \sigma \varepsilon}{e} \nabla \frac{1}{T} \\ J_q = \left(\frac{T^2 \sigma \varepsilon}{e}\right) \frac{1}{T} \nabla \mu + (T^3 \sigma \varepsilon^2 + \kappa T^2) \nabla \frac{1}{T} \end{cases} \tag{5.3.15}$$

将式 (5.3.15) 的两式联立，消去 $\nabla \mu$，可得

$$J_q = T\varepsilon(-eJ_n) - \kappa \nabla T$$

或

$$J_q = T\varepsilon J_e - \kappa \nabla T \tag{5.3.16}$$

注意 $J_S = \dfrac{J_q}{T}$，故由上式得

$$J_S = \varepsilon J_e - \frac{1}{T} \kappa \nabla T \tag{5.3.17}$$

式 (5.3.17) 右方第二项是热传导引起的熵流，第一项是电流携带的熵流．由此可知，绝对温差电动势系数 $\varepsilon$ 是单位电流密度所携带的熵流密度．

同理，式 (5.3.16) 右方第二项是热传导的热流密度，第一项是伴随着电流密度 $J_e$ 的热流密度，即佩尔捷热流密度：

$$J_{q\pi} = T\varepsilon J_e$$

在接头处两金属的 $\varepsilon$ 不相等,使 $J_{q\pi}$ 在接头处有突变而出现吸热或放热:

$$J_{q\pi}=T(\varepsilon_B-\varepsilon_A)J_e \tag{5.3.18}$$

与式(5.3.2)比较可知,佩尔捷系数 $\pi_{AB}$ 与绝对温差电动势系数之间存在关系:

$$\pi_{AB}=T(\varepsilon_B-\varepsilon_A) \tag{5.3.19}$$

上式称为开尔文第二关系.

现在讨论汤姆孙效应.当定常电流流过具有温度梯度的均匀导体时,导体中内能密度的增加率为

$$\frac{\partial u}{\partial t}=-\nabla\cdot J_u=-\nabla\cdot(J_q+\mu J_n)=-\nabla\cdot J_q-J_n\cdot\nabla\mu \tag{5.3.20}$$

其中用到了定常电流条件 $\nabla\cdot J_n=0$. 将式(5.3.16)和式(5.3.15)的第一式代入式(5.3.20),可得

$$\frac{\partial u}{\partial t}=-\nabla\cdot(T\varepsilon J_e-\kappa\nabla T)+\varepsilon J_e\cdot\nabla T+\frac{J_e^2}{\sigma}$$

$$=-TJ_e\cdot\nabla\varepsilon-\nabla\cdot(-\kappa\nabla T)+\frac{1}{\sigma}J_e^2 \tag{5.3.21}$$

式(5.3.21)右方第三项是焦耳热,第二项代表热传导过程所聚集的热,第一项就是汤姆孙热.注意绝对温差电动势系数 $\varepsilon$ 是温度的函数:

$$\nabla\varepsilon=\frac{d\varepsilon}{dT}\nabla T$$

因此,式(5.3.21)右方第一项可表示为

$$-T\frac{d\varepsilon}{dT}J_e\cdot\nabla T \tag{5.3.22}$$

与式(5.3.3)比较,得

$$\tau=T\frac{d\varepsilon}{dT} \tag{5.3.23}$$

上式给出了汤姆孙系数 $\tau$ 与绝对温差电动势系数 $\varepsilon$ 之间的关系.

将式(5.3.19)对 $T$ 求导数,得

$$\frac{d\pi_{AB}}{dT}=(\varepsilon_B-\varepsilon_A)+T\frac{d}{dT}(\varepsilon_B-\varepsilon_A)$$

再将式(5.3.23)代入上式,即得

$$\frac{d\pi_{AB}}{dT}+(\tau_A-\tau_B)=\varepsilon_B-\varepsilon_A \tag{5.3.24}$$

上式称为开尔文第一关系.

通过以上讨论可以看出,用线性不可逆过程热力学处理问题的一般程序为:(1) 写出线性唯象律,利用昂萨格关系减少其中出现的动理系数的数目;(2) 分析一些物理效应(其数目等于线性唯象律所含动理系数的数目),求出经验常量与动理系数的关系,从而将线性唯象律用经验常量表出;(3) 进一步分析其他物理效应,即可找出经验常量间的关系.

## *§5.4 最小熵产生定理

上节以温差电效应为例,介绍了用线性不可逆过程热力学处理问题的方法.在流与力呈线性关系的情形下,如果外界施加某种恒定的动力,系统将处在某种定常(不随时间变化)的非平衡态,称为非平衡定态.我们先讨论一个最简单的例子.考虑处在两块面积很大的金属平面板之间的液体薄层.外界以定常的速率均匀地向下板供给热量,从上板吸取热量,使下板保持恒温 $T_2$,上板保持恒温 $T_1(T_2 > T_1)$.在 $\Delta T = T_2 - T_1$ 不大的情形下,液体内部将建立起定常的温度分布,其中存在定常的温度梯度和热流.这就是一种非平衡定态.

下面我们证明,这种非平衡定态是一种熵产生率最小的状态.根据式(5.1.13),在单纯的热传导过程中,局域熵密度产生率为

$$\Theta = \boldsymbol{J}_q \cdot \nabla \frac{1}{T} \tag{5.4.1}$$

在热流密度与热流动力呈线性关系的情形下,有

$$\boldsymbol{J}_q = L_{qq} \nabla \frac{1}{T} \tag{5.4.2}$$

系数 $L_{qq} = \left(\dfrac{\partial J_q}{\partial X_q}\right)_0$ 是动理系数.整个系统的熵产生率为

$$P = \int \Theta \mathrm{d}\tau = \int \boldsymbol{J}_q \cdot \nabla \frac{1}{T} \mathrm{d}\tau = \int L_{qq}\left(\nabla \frac{1}{T}\right)^2 \mathrm{d}\tau \tag{5.4.3}$$

将上式对时间求导数,在 $L_{qq}$ 不随时间变化的情形下,有

$$\frac{\mathrm{d}P}{\mathrm{d}t} = 2 \int L_{qq} \nabla\left(\frac{1}{T}\right) \cdot \nabla\left(\frac{\partial}{\partial t} \frac{1}{T}\right) \mathrm{d}\tau$$

$$= 2 \int \boldsymbol{J}_q \cdot \nabla\left(\frac{\partial}{\partial t} \frac{1}{T}\right) \mathrm{d}\tau$$

$$= 2 \int \nabla \cdot \left(\boldsymbol{J}_q \frac{\partial}{\partial t} \frac{1}{T}\right) \mathrm{d}\tau - 2 \int \frac{\partial}{\partial t}\left(\frac{1}{T}\right) \nabla \cdot \boldsymbol{J}_q \mathrm{d}\tau$$

上式右方第一项可换为面积分

$$2 \oint \frac{\partial}{\partial t}\left(\frac{1}{T}\right) \boldsymbol{J}_q \cdot \mathrm{d}\boldsymbol{\sigma}$$

在边界温度不随时间变化的情形下面积分为零,故有

$$\frac{\mathrm{d}P}{\mathrm{d}t} = -2 \int \frac{\partial}{\partial t}\left(\frac{1}{T}\right) \nabla \cdot \boldsymbol{J}_q \mathrm{d}\tau \tag{5.4.4}$$

在体积变化可以忽略时,单位体积的内能可表示为 $\mathrm{d}u = c_V \mathrm{d}T$,其中 $c_V$ 是单位体积的定容热容,因此

$$\frac{\mathrm{d}u}{\mathrm{d}t} = c_V \frac{\partial T}{\partial t}$$

与式(5.1.9)比较得

$$c_V \frac{\partial T}{\partial t} = -\nabla \cdot \boldsymbol{J}_q \tag{5.4.5}$$

代入式(5.4.4)得

$$\frac{dP}{dt} = -2\int \frac{c_V}{T^2}\left(\frac{\partial T}{\partial t}\right)^2 d\tau$$

由于被积函数非负,故有

$$\frac{dP}{dt} \leq 0 \quad \text{或} \quad \frac{d\Theta}{dt} \leq 0 \tag{5.4.6}$$

上式表明,如果系统的温度分布随时间变化,即 $\frac{\partial T}{\partial t} \neq 0$,其中发生的(线性)热传导过程将使系统的熵产生率随时间而减小,直到熵产生率达到极小值,系统处在具有定常温度分布的非平衡定态为止.这就是最小熵产生定理.不仅如此,根据最小熵产生定理,系统处在非平衡定态时,如果由于某种外界扰动或内部涨落使系统离开了这一状态,只要扰动或涨落不大,未破坏流与力的线性关系,系统会回到熵产生率最小的非平衡定态.这就是说,在流与力呈线性关系的范围内,这种具有最小熵产生率的非平衡定态是稳定的.

前面就单纯的热传导过程介绍了最小熵产生定理,现在讨论存在两个耦合的不可逆过程的情形.根据式(5.2.9),局域熵产生率为

$$\Theta = L_{11}X_1^2 + 2L_{12}X_1X_2 + L_{22}X_2^2 \tag{5.4.7}$$

如果对力未加约束,最小熵产生要求(假设动理系数是常量):

$$\begin{cases} \left(\frac{\partial \Theta}{\partial X_1}\right)_{X_2} = 2L_{11}X_1 + 2L_{12}X_2 = 2J_1 = 0 \\ \left(\frac{\partial \Theta}{\partial X_2}\right)_{X_1} = 2L_{22}X_2 + 2L_{21}X_1 = 2J_2 = 0 \end{cases} \tag{5.4.8}$$

在上式得到满足即 $J_1 = J_2 = 0$ 的情形下,如果 $L_{11}L_{22} - L_{12}^2 \neq 0$①,由线性代数知,式(5.4.8)只有平庸解 $X_1 = X_2 = 0$.这就是说,在对动力未加约束的情形下,熵产生最小的状态是动力和流量均为零的平衡态,其熵产生率为零.

如果对动力加以约束,例如令 $X_1$ 为常量,最小熵产生条件要求:

$$\left(\frac{\partial \Theta}{\partial X_2}\right)_{X_1} = 2L_{22}X_2 + 2L_{21}X_1 = 2J_2 = 0 \tag{5.4.9}$$

由上式得 $X_2 = -\frac{L_{21}}{L_{22}}X_1$,由此可得

$$J_1 = L_{11}X_1 + L_{12}X_2 = \left(L_{11} - \frac{L_{12}L_{21}}{L_{22}}\right)X_1 \tag{5.4.10}$$

及

$$\Theta = L_{11}X_1^2 + 2L_{12}X_1X_2 + L_{22}X_2^2 = \left(L_{11} - \frac{L_{12}L_{21}}{L_{22}}\right)X_1^2 \tag{5.4.11}$$

---

① 根据式(5.2.12),热力学第二定律要求 $L_{11} > 0, L_{11}L_{22} - L_{12}^2 > 0$,满足 $L_{11}L_{22} - L_{12}^2 \neq 0$ 的要求.

在这种情形下,系统处在具有定常的 $X_1$、$X_2$ 和定常的 $J_1$、$J_2(J_2=0)$ 的非平衡定态.在 $X_1$ 是常量的约束条件下,这状态的熵产生率最小.

前面我们通过两个例子介绍了最小熵产生定理.在习题 5.4 和 §5.6 中,我们会看到其他例子.更普遍的讨论请参阅其他书籍①.

## *§5.5 化学反应与扩散过程

考虑恒温恒压的理想流体(理想气体或理想溶液),其中含有 $k$ 个组元且同时存在 $r$ 个化学反应.由于压强和温度保持恒定,系统内部不存在因压强或温度不均匀引起的物质流动或热传导,但存在由于组元浓度在空间分布不均匀引起的扩散过程.我们假设整个系统虽然处在非平衡状态,但将系统分为若干小部分,各小部分处在局域平衡.本节将在局域平衡假设下导出同时存在化学反应和扩散过程时的熵流密度和熵产生率.我们将会看到,化学反应中流与力之间的关系往往是非线性的.

系统中某体积元内,化学反应

$$A + X_i \xrightarrow{k_1} Y + B \tag{5.5.1}$$

的反应速率 $\omega_1$ 显然与体积元内分子 A 与分子 $X_i$ 发生碰撞的频率成正比,因而与其中反应物 A 和 $X_i$ 的分子数密度 $n_A$ 和 $n_i$ 成正比,即

$$\omega_1 = k_1 n_A n_i \tag{5.5.2}$$

式中 $k_1$ 是比例系数.一般来说,在非平衡系统中,$n_A$、$n_i$ 和 $\omega_1$ 可以是时间和坐标的函数.

同理,体积元内,化学反应

$$A + 2X_i \xrightarrow{k_2} Z + B + C \tag{5.5.3}$$

的反应速率 $\omega_2$ 可表示为

$$\omega_2 = k_2 n_A n_i n_i = k_2 n_A n_i^2 \tag{5.5.4}$$

式中 $k_2$ 是比例系数.

两个反应同时发生时,体积元内 $X_i$ 的分子数密度 $n_i$ 的变化率为

$$\left(\frac{\partial n_i}{\partial t}\right)_{\text{ch}} = -k_1 n_A n_i - 2k_2 n_A n_i^2 = -\omega_1 - 2\omega_2 \tag{5.5.5}$$

另一方面,由扩散引起分子数密度 $n_i$ 的变化率可表示为

$$\left(\frac{\partial n_i}{\partial t}\right)_{\text{di}} = -\nabla \cdot \boldsymbol{J}_i \tag{5.5.6}$$

$\boldsymbol{J}_i$ 是 $X_i$ 的粒子流密度.将上两式相加,得体积元中分子数密度 $n_i$ 的变化率为

$$\frac{\partial n_i}{\partial t} = -\nabla \cdot \boldsymbol{J}_i - \omega_1 - 2\omega_2 \tag{5.5.7}$$

一般地,当体积元中存在 $r$ 个化学反应时,组元 $i$ 的分子数密度 $n_i$ 的变化率可表示为

---

① De Groot S R, Mazur P. Non-equilibrium Thermodqnamics[M]. Amsterdam: North Holland Publishing Company, 1962: Chap 5.

$$\frac{\partial n_i}{\partial t} = -\nabla \cdot \boldsymbol{J}_i + \sum_{\rho=1}^{r} \nu_{i\rho} \omega_\rho \tag{5.5.8}$$

式中 $\omega_\rho$ 是第 $\rho$ 个化学反应的反应速率，$\nu_{i\rho}$ 是在第 $\rho$ 个反应方程中组元 $i$ 的系数．当组元 $i$ 在反应方程 $\rho$ 中是生成物时，$\nu_{i\rho}$ 为正；是反应物时，$\nu_{i\rho}$ 为负.

对于反应-扩散过程，由式(5.1.4)知，局域熵密度的变化率为

$$\begin{aligned}\frac{\partial s}{\partial t} &= -\sum_i \frac{\mu_i}{T}\frac{\partial n_i}{\partial t}\\ &= \sum_i \frac{\mu_i}{T}\nabla \cdot \boldsymbol{J}_i - \sum_i \sum_\rho \frac{\mu_i}{T}\nu_{i\rho}\omega_\rho\\ &= \nabla \cdot \sum_i \frac{\mu_i}{T}\boldsymbol{J}_i - \sum_i \boldsymbol{J}_i \cdot \nabla\frac{\mu_i}{T} + \sum_\rho \left(-\sum_i \frac{\mu_i}{T}\nu_{i\rho}\right)\omega_\rho \end{aligned} \tag{5.5.9}$$

引入反应 $\rho$ 的局域化学亲和势

$$a_\rho = -\sum_{i=1}^{k} \mu_i \nu_{i\rho} \tag{5.5.10}$$

可将式(5.5.9)表示为

$$\frac{\partial s}{\partial t} = \nabla \cdot \sum_i \frac{\mu_i}{T}\boldsymbol{J}_i - \sum_i \boldsymbol{J}_i \cdot \nabla\frac{\mu_i}{T} + \sum_\rho \frac{a_\rho}{T}\omega_\rho \tag{5.5.11}$$

与式(5.1.6)比较知，熵流密度为

$$\boldsymbol{J}_S = -\sum_i \frac{\mu_i}{T}\boldsymbol{J}_i \tag{5.5.12}$$

上式给出粒子流所携带的熵流．局域熵产生率为

$$\Theta = -\sum_i \boldsymbol{J}_i \cdot \nabla\frac{\mu_i}{T} + \sum_\rho \frac{a_\rho}{T}\omega_\rho \tag{5.5.13}$$

两项分别表示扩散过程和化学反应过程的局域熵产生率．将上式与式(5.1.23)比较知，反应扩散过程的流量 $J$ 与动力 $X$ 为

$$\begin{cases} \boldsymbol{J}_i^{\mathrm{di}} = \boldsymbol{J}_i, & X_i^{\mathrm{di}} = -\nabla\frac{\mu_i}{T}\\ J_\rho^{\mathrm{ch}} = \omega_\rho, & X_\rho^{\mathrm{ch}} = \frac{a_\rho}{T} \end{cases} \tag{5.5.14}$$

现在讨论式(5.5.10)引入的局域化学亲和势的意义．假设只存在反应 $\rho$，当 $a_\rho = 0$ 时，式(5.5.10)与式(4.5.5)相当，意味着体积元内反应 $\rho$ 达到局域平衡．局域平衡下，理想流体局域化学势的函数形式为[①]

$$\mu_i = g_i(T,p) + kT\ln x_i \tag{5.5.15}$$

因此，局域化学亲和势 $a_\rho$ 可表示为

$$a_\rho = -\sum_i \nu_{i\rho} g_i(T,p) - kT\ln \prod_i x_i^{\nu_{i\rho}} \tag{5.5.16}$$

---

① 参阅式(4.6.6)和式(4.6.17)，其中 $k = \frac{R}{N_A}$，$N_A$ 是阿伏伽德罗常量.

定义反应 $\rho$ 的局域平衡常量 $K_\rho(T,p)$ 为

$$\ln K_\rho(T,p) = -\frac{1}{kT}\sum_i \nu_{i\rho} g_i(T,p) \tag{5.5.17}$$

则 $a_\rho$ 可表示为

$$a_\rho = kT\ln\frac{K_\rho(T,p)}{\prod_i x_i^{\nu_{i\rho}}} \tag{5.5.18}$$

显然,当

$$K_\rho(T,p) = \prod_i x_i^{\nu_{i\rho}} \tag{5.5.19}$$

时,$a_\rho = 0$,化学反应 $\rho$ 达到局域平衡.式(5.5.19)与理想气体或理想溶液中化学反应的质量作用律具有相同的形式.

现在讨论化学亲和势与反应速率的关系.我们考虑下述反应:

$$A \underset{k_-}{\overset{k_+}{\rightleftharpoons}} B \tag{5.5.20}$$

与式(5.5.2)或式(5.5.4)相似,反应正向进行的速率 $\omega_+$ 为

$$\omega_+ = k_+ x_A \tag{5.5.21}$$

逆向进行的速率 $\omega_-$ 为

$$\omega_- = k_- x_B \tag{5.5.22}$$

式中 $k_+$、$k_-$ 是比例系数.净反应速率 $\omega_\rho$ 为

$$\omega_\rho = \omega_+ - \omega_- = k_+ x_A - k_- x_B = k_+ x_A\left(1 - \frac{k_- x_B}{k_+ x_A}\right) \tag{5.5.23}$$

利用反应达到局域平衡时 $\omega_\rho = 0$ 和 $K_\rho(T,p) = \dfrac{x_B}{x_A}$ 的条件,可由上式得出

$$\frac{k_-}{k_+} = \frac{1}{K_\rho(T,p)}$$

代回式(5.5.23),得

$$\omega_\rho = k_+ x_A\left[1 - \frac{1}{K_\rho(T,p)}\frac{x_B}{x_A}\right] = k_+ x_A\left(1 - e^{-\frac{a_\rho}{kT}}\right) \tag{5.5.24}$$

最后一步用到了式(5.5.18).通过这个例子可以引出化学亲和势 $a_\rho$ 与反应速率 $\omega_\rho$ 的一般性关系.如前所述,$a_\rho = 0$ 或 $\omega_\rho = 0$ 相当于局域平衡的情形.如果

$$a_\rho \ll kT \tag{5.5.25}$$

式(5.5.24)可近似为

$$\omega_\rho = k_+ x_A \frac{a_\rho}{kT} = \omega_+ \frac{a_\rho}{kT} \tag{5.5.26}$$

这时反应速率 $\omega_\rho$ 与化学亲和势 $a_\rho$ 呈线性关系,亦即化学反应的流 $J_\rho^{ch}$ 与力 $X_\rho^{ch}$ 呈线性关系.

在相反的情形下,如果 $a_\rho \gg kT$,由式(5.5.24)得
$$\omega_\rho = k_+ x_A = \omega_+$$
反应将单向进行.由此可知,化学反应中流与力的线性关系只在 $a_\rho$ 很小即非常接近化学平衡时成立.实际的化学反应过程大都不满足式(5.5.15)而属于非线性情形.后面我们将就反应扩散过程介绍非线性不可逆过程热力学.该理论是普里高津①(Prigogine)和他的合作者在二十世纪六七十年代发展起来的.非线性不可逆过程热力学也被用于流体力学②、激光③和生物①等领域的研究.

## *§5.6 非平衡系统在非线性区的发展判据

最小熵产生定理指出,对于处在线性区的非平衡系统,如果保持某种恒定的动力,系统将稳定地处在非平衡定态.现在讨论处在非线性区的非平衡系统的行为.

根据式(5.1.23),系统熵产生率随时间的变化率可表示为

$$\frac{dP}{dt} = \int \frac{d\Theta}{dt} d\tau = \int \sum_k J_k \frac{dX_k}{dt} d\tau + \int \sum_k \frac{dJ_k}{dt} X_k d\tau$$
$$= \frac{d_X P}{dt} + \frac{d_J P}{dt} \tag{5.6.1}$$

两项分别表示力与流随时间变化引起的系统熵产生率的变化率.

我们先就恒温恒压下反应扩散过程的情形计算由于力随时间变化引起的熵产生率的变化率 $\frac{d_X P}{dt}$.根据式(5.5.13),得

$$\frac{d_X P}{dt} = \frac{1}{T} \int d\tau \left( -\sum_i \boldsymbol{J}_i \cdot \nabla \frac{\partial \mu_i}{\partial t} + \sum_\rho \omega_\rho \frac{\partial a_\rho}{\partial t} \right) \tag{5.6.2}$$

对右方第一项进行分部积分并将第二项中的 $a_\rho$ 用式(5.5.10)代入,得

$$\frac{d_X P}{dt} = -\frac{1}{T} \int \nabla \cdot \left( \sum_i \boldsymbol{J}_i \frac{\partial \mu_i}{\partial t} \right) d\tau + \frac{1}{T} \int \left( \sum_i \frac{\partial \mu_i}{\partial t} \nabla \cdot \boldsymbol{J}_i - \frac{1}{T} \sum_{i,\rho} \omega_\rho \nu_{i\rho} \frac{\partial \mu_i}{\partial t} \right) d\tau$$

利用高斯定理将右方第一项化为系统边界上的面积分,如果边界条件不随时间变化,此项为零.在恒温恒压条件下,$\frac{\partial \mu_i}{\partial t} = \sum_j \frac{\partial \mu_i}{\partial n_j} \frac{\partial n_j}{\partial t}$④.故上式可表示为

---

① Nicolis G,Prigogine I. Self-organization in Nonequilibrium Systems[M].New York:Wiley-Interscience,1977.

② Glansdorff P,Prigogine I. Thermodynamic Theory of Structure, Stability and Fluctuations[M].New York:Wiley-Interscience,1971.

③ De Hemptinne X. Thermodynamics of Laser Systems[J]. Phys. Rept.,1985:1.

④ 式中的 $\frac{\partial \mu_i}{\partial n_j}$ 不是完全独立的,要满足 $\sum_j n_j \left( \frac{\partial \mu_i}{\partial u_j} \right) = 0$.

$$\frac{d_X P}{dt} = -\frac{1}{T}\int\left[\sum_{i,j}\frac{\partial \mu_i}{\partial n_j}\frac{\partial n_j}{\partial t}\left(-\nabla\cdot \boldsymbol{J}_i + \sum_\rho \nu_{i\rho}\omega_\rho\right)\right]d\tau$$

利用反应扩散过程的连续性方程(5.5.8), 可将上式表示为

$$\frac{d_X P}{dt} = -\frac{1}{T}\int\sum_{i,j}\frac{\partial \mu_i}{\partial n_j}\frac{\partial n_j}{\partial t}\frac{\partial n_i}{\partial t}d\tau \tag{5.6.3}$$

现在讨论上式被积函数的符号. 由于系统各小部分处在局域平衡, 在恒温恒压条件下, 局域吉布斯函数密度 $g$ 应具有极小值, 即它的一级微分 $\delta g = 0$, 二级微分 $\delta^2 g \geqslant 0$. 因此根据式 (4.1.11), 在恒温恒压条件下, 有

$$\delta g = \sum_i \mu_i \delta n_i = 0$$

及

$$\delta^2 g = \sum_{i,j}\frac{\partial \mu_i}{\partial n_j}\delta n_i \delta n_j \geqslant 0$$

由此可知, 式(5.6.3)的被积函数不为负, 故

$$\frac{d_X P}{dt} \leqslant 0 \tag{5.6.4}$$

上式意味着, 力随时间变化将导致系统的熵产生率减小. 这一结论对于处在线性区和非线性区的情形都适用.

对于处在线性区的情形, 流与力存在式(5.2.6)的关系:

$$J_k = \sum_l L_{kl} X_l$$

在动理系数为常量的情形下, 有

$$\begin{aligned}\frac{d_J P}{dt} &= \int\sum_{k,l} L_{kl}\frac{dX_l}{dt}X_k d\tau \\ &= \int\sum_{k,l} L_{lk} X_k\frac{dX_l}{dt}d\tau = \int\sum_l J_l\frac{dX_l}{dt}d\tau \\ &= \frac{d_X P}{dt}\end{aligned} \tag{5.6.5}$$

其中第二步用到了昂萨格关系. 因此

$$\frac{dP}{dt} = 2\frac{d_X P}{dt} \leqslant 0 \tag{5.6.6}$$

式(5.6.6)就是 §5.4 中讲述的最小熵产生定理. 这意味着, 对于处在线性区的反应扩散过程, 系统的定态对于外界的扰动或内部的涨落是稳定的.

对于处在非线性区的非平衡系统, 由于 $J$ 与 $X$ 的非线性关系, $\dfrac{d_J P}{dt}$ 的符号是不定的, 因而 $\dfrac{dP}{dt}$ 的符号也不定. 这意味着, 存在这样的可能性, 当发生扰动或涨落时, 系统原来所处的定态

会变得不稳定而演化到另一个新的定态,即发生非平衡相变.在§5.7中我们将以三分子模型为例,介绍非平衡相变和耗散结构的概念.

## *§5.7 三分子模型与耗散结构的概念

实验观察到一些化学反应会出现空间、时间或空间-时间的有序图案.别洛乌索夫-扎博京斯基(Belousov-Zhabotinski)反应(简称为 BZ 反应)就是一个著名的例子.将溴酸钾($KBrO_3$)、丙二酸[$CH_2(COOH)_2$]、硫酸铈[$Ce_2(SO_4)_3$]、硫酸($H_2SO_4$)及几滴亚铁灵试剂加以混合并搅拌,溶液的颜色会在红色和蓝色之间振荡.振荡的周期是分钟的量级,整个现象的寿命是小时的量级.颜色的振荡反映了 $Br^-$ 浓度和 $Ce^{4+}/Ce^{3+}$ 相对浓度的周期性变化.$Ce^{3+}$过多呈红色,$Ce^{4+}$过多呈蓝色.如果反应在未被搅动的浅盘内进行,实验观察到 $Br^-$ 浓度和 $Ce^{4+}/Ce^{3+}$ 相对浓度的行波.

BZ 反应的行为可以用俄勒冈模型(Oregonator)描述.不过较为简单的三分子模型也可显示类似的定性行为.本节对三分子模型加以介绍.三分子模型是由普里高津和勒菲弗(Lefever)提出来的,常被称为布鲁塞尔模型(Brusselator).它包含下述四步化学反应:

$$\begin{cases} A \xrightarrow{k_1} X \\ B+X \xrightarrow{k_2} Y+D \\ 2X+Y \xrightarrow{k_3} 3X \\ X \xrightarrow{k_4} E \end{cases} \quad (5.7.1)$$

在反应中不断供给反应物 A 和 B,使其浓度保持恒定,并不断将生成物 D 和 E 排除.于是反应单向进行,系统处在远离平衡的状态.在 A、B、D、E 的浓度保持恒定的情形下,只有 X 和 Y 的浓度 $n_x$ 和 $n_y$ 随时间变化,其变化率为①

$$\begin{cases} \dfrac{dn_x}{dt'} = k_1 n_A - (k_2 n_B + k_4) n_x + k_3 n_x^2 n_y + D_1' \nabla^2 n_x \\ \dfrac{dn_y}{dt'} = k_2 n_B n_x - k_3 n_x^2 n_y + D_2' \nabla^2 n_y \end{cases} \quad (5.7.2)$$

作变量代换:

$$\begin{cases} t = k_4 t', \quad X = \left(\dfrac{k_3}{k_4}\right)^{\frac{1}{2}} n_x, \quad Y = \left(\dfrac{k_3}{k_4}\right)^{\frac{1}{2}} n_y \\ A = \left(\dfrac{k_1^2 k_3}{k_4^3}\right)^{\frac{1}{2}} n_A, \quad B = \left(\dfrac{k_2}{k_4}\right) n_B, \quad D_i = \dfrac{D_i'}{k_4} \end{cases} \quad (5.7.3)$$

可将式(5.7.2)表示为

---

① 式(5.7.2)两式右方末项是扩散项.由于$\dfrac{\partial n}{\partial t} = -\nabla \cdot \boldsymbol{J}$,而 $\boldsymbol{J} = -D \nabla n$,因此,由扩散引起的浓度变化率为$\left(\dfrac{\partial n}{\partial t}\right)_{di} = D \nabla^2 n$.

$$\begin{cases} \dfrac{\mathrm{d}X}{\mathrm{d}t} = A - (B+1)X + X^2 Y + D_1 \nabla^2 X \\ \dfrac{\mathrm{d}Y}{\mathrm{d}t} = BX - X^2 Y + D_2 \nabla^2 Y \end{cases} \tag{5.7.4}$$

容易验明,方程(5.7.4)有下述均匀的定常解:

$$X_0 = A, \quad Y_0 = \dfrac{B}{A} \tag{5.7.5}$$

下面分析在什么情形下式(5.7.5)的定常解会失稳. 我们考虑两类边界条件:

**(一)** $X$ 和 $Y$ 在边界上是常量

此时有

$$X = A, \quad Y = \dfrac{B}{A}$$

可以令边界上存在 $X$ 和 $Y$ 的流来实现上述边界条件.

**(二)** $X$ 和 $Y$ 在边界上不存在法线方向的流量

此时有

$$\boldsymbol{e}_n \cdot \nabla X = \boldsymbol{e}_n \cdot \nabla Y = 0$$

其中 $\boldsymbol{e}_n$ 是边界法线方向的单位矢量.

假设由于扰动或涨落,定常解 $X_0$ 和 $Y_0$ 发生偏离,使

$$\begin{cases} X(\boldsymbol{r}, t) = A + \alpha(\boldsymbol{r}, t) \\ Y(\boldsymbol{r}, t) = \dfrac{B}{A} + \beta(\boldsymbol{r}, t) \end{cases} \tag{5.7.6}$$

其中 $\alpha$ 和 $\beta$ 是一阶小量. 将上式代入式(5.7.4),保留 $\alpha$ 和 $\beta$ 的线性项,可得

$$\begin{cases} \dfrac{\mathrm{d}\alpha}{\mathrm{d}t} = (B - 1 + D_1 \nabla^2)\alpha + A^2 \beta \\ \dfrac{\mathrm{d}\beta}{\mathrm{d}t} = -B\alpha + (-A^2 + D_2 \nabla^2)\beta \end{cases} \tag{5.7.7}$$

上式是 $\alpha$ 和 $\beta$ 的线性联立方程,可以将函数 $\alpha$ 和 $\beta$ 作傅里叶展开而讨论其傅里叶分量的行为. 一个傅里叶分量称为一个模.

为简明起见,我们考虑一维问题. 设容器的长度为 $L$. 对于边界条件(一),模 $n$ 可表示为

$$\begin{cases} \alpha_n(z, t) = \alpha_n \mathrm{e}^{\omega_n t} \sin k_n z \\ \beta_n(z, t) = \beta_n \mathrm{e}^{\omega_n t} \sin k_n z \end{cases} \tag{5.7.8a}$$

其中

$$k_n = \dfrac{n\pi}{L}, \quad n = 1, 2, \cdots$$

对于边界条件(二),则有

$$\begin{cases} \alpha_n(z, t) = \alpha_n \mathrm{e}^{\omega_n t} \cos k_n z \\ \beta_n(z, t) = \beta_n \mathrm{e}^{\omega_n t} \cos k_n z \end{cases} \tag{5.7.8b}$$

其中
$$k_n = \frac{n\pi}{L}, \quad n = 0, 1, 2, \cdots$$

将式(5.7.8a)或式(5.7.8b)代入式(5.7.7),可得

$$\begin{cases} \omega_n \alpha_n = (B - 1 - D_1 k_n^2)\alpha_n + A^2 \beta_n \\ \omega_n \beta_n = -B\alpha_n + (-A^2 - D_2 k_n^2)\beta_n \end{cases} \quad (5.7.9)$$

由线性代数知道,上式具有非零解的条件是

$$\begin{vmatrix} B - 1 - D_1 k_n^2 - \omega_n & A^2 \\ -B & -A^2 - D_2 k_n^2 - \omega_n \end{vmatrix} = 0$$

整理得

$$\omega_n^2 - (C_1 - C_2)\omega_n + A^2 B - C_1 C_2 = 0 \quad (5.7.10)$$

其中

$$\begin{cases} C_1 = B - 1 - k_n^2 D_1 \\ C_2 = A^2 + k_n^2 D_2 \end{cases} \quad (5.7.11)$$

二次方程(5.7.10)的根是

$$\omega_n^\pm = \frac{1}{2}[C_1 - C_2 \pm \sqrt{(C_1 + C_2)^2 - 4A^2 B}] \quad (5.7.12)$$

根 $\omega_n^\pm$ 可以是复数或实数,复根的实部或实根可以为正或为负,取决于参量 $D_1$、$D_2$、$A$、$B$ 和 $L$ 的取值.如果 $\omega_n$ 是复数,$\alpha_n(z,t)$ 和 $\beta_n(z,t)$ 将以 $\omega_n$ 的虚部为频率随时间振动.如果 $\omega_n$ 的实部为负,$\alpha_n(z,t)$ 和 $\beta_n(z,t)$ 将随时间衰减;如果 $\omega_n$ 的实部为正,$\alpha_n(z,t)$ 和 $\beta_n(z,t)$ 将随时间增强,使均匀定常解 $X_0$、$Y_0$ 失稳.上述分析称为线性稳定性分析.它可以告诉我们在参量取何值时原来的定常解会失稳,但不能告知新态的具体形式.

下面分别讨论 $\omega_n$ 为实根或复根的两种情形.由式(5.7.12)知,$\omega_n$ 为实根的条件是

$$(C_1 + C_2)^2 - 4A^2 B > 0 \quad (5.7.13)$$

将上式改写为

$$(C_1 - C_2)^2 + 4(C_1 C_2 - A^2 B) > 0 \quad (5.7.14)$$

比较式(5.7.12)和式(5.7.14)可知,当

$$C_1 C_2 - A^2 B > 0 \quad (5.7.15)$$

时,$\omega_n^+$ 为正实根,上式相当于

$$B > B_n = 1 + \frac{D_1}{D_2}A^2 + \frac{A^2}{D_2 k_n^2} + D_1 k_n^2 \quad (5.7.16)$$

图 5.7.1 画出了在给定 $L$、$A$、$D_1$ 和 $D_2$ 时,$B_n$ 随 $n$ 变化的曲线.当 $B > B_n$ 时,模 $n$ 将失稳.由图中曲线可以看出,模 $n = 2$ 失稳所需的 $B$ 值最小,其 $B$ 值以 $B_c$ 表示.当一个或多个模失稳时,均匀的定常解 $X_0$、$Y_0$ 将失稳.如前所述,由线性稳定性分析不能获知新态的具体形式.图 5.7.2 画出了由数值计算得到的 X 的浓度随空间变化的定常解.参量取值为 $B = 4.6$,$A = 2$,$L = 1$,$D_1 = 1.6 \times 10^{-3}$,$D_2 = 6.0 \times 10^{-3}$.边界条件为边界上 $X = A$,$Y = \frac{B}{A}$.图形显示,在上述参量取值下,系统处在具有空间结构的定常态.

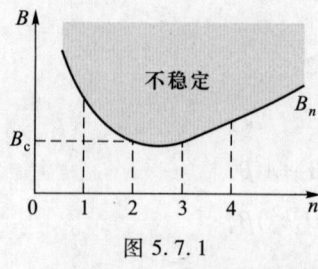

图 5.7.1

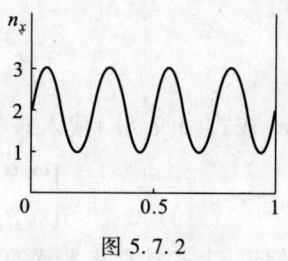

图 5.7.2

由式(5.7.12)知,$\omega_n$ 为复数的条件为

$$(C_1+C_2)^2-4A^2B<0 \tag{5.7.17}$$

将式(5.7.11)的 $C_1$ 和 $C_2$ 代入,并令

$$\delta_n = 1+k_n^2(D_1-D_2) = 1+\frac{n^2\pi^2}{L^2}(D_1-D_2) \tag{5.7.18}$$

可将式(5.7.17)化为

$$(B+A^2-\delta_n)^2-4A^2B<0$$

整理得

$$B^2-2(A^2+\delta_n)B+(A^2-\delta_n)^2<0 \tag{5.7.19}$$

令上式左方 $B$ 的二次式等于零,即

$$B^2-2(A^2+\delta_n)B+(A^2-\delta_n)^2=0$$

它的两个根为

$$B_\pm = A^2+\delta_n \pm 2A\sqrt{\delta_n} = (A\pm\sqrt{\delta_n})^2$$

则式(5.7.19)可表示为

$$(B-B_+)(B-B_-)<0$$

这就是说,要使式(5.7.17)成立,$B$ 必然在下述区间之内:

$$(A-\sqrt{\delta_n})^2 < B < (A+\sqrt{\delta_n})^2 \tag{5.7.20}$$

其中隐含着另一个必要条件:

$$\delta_n > 0 \tag{5.7.21}$$

由式(5.7.18)知,$\delta_n > 0$ 意味着

$$\frac{n^2\pi^2}{L^2}(D_2-D_1) < 1 \tag{5.7.22}$$

在满足式(5.7.20)和式(5.7.21)的情形下,模 $n$ 将随时间和空间呈周期性变化.对于边界条件(二),$n$ 可为零,因而可存在 X 和 Y 的浓度在空间均匀分布但随时间振荡的解,称为化学钟.

由式(5.7.12)知,复根 $\omega_n$ 具有正实部的条件为 $C_1-C_2>0$,或

$$B > B_n = 1+A^2+\frac{n^2\pi^2}{L^2}(D_1+D_2) \tag{5.7.23}$$

对于给定的 $L$、$A$、$D_1$ 和 $D_2$,可以根据上式画出 $B_n$ 随 $n$ 变化的曲线,如图 5.7.3 所示.当 $B>B_n$ 时,模 $n$ 将失稳.图 5.7.4 画出了由数值计算得到的在不同时刻 X 的浓度随坐标的分布,所

取参量值为 $L=1, A=2, B=5.45, D_1=8\times10^{-3}, D_2=4\times10^{-3}$,边界条件为边界上 $X=A, Y=\dfrac{B}{A}$.图形显示,这些解类似于弦的驻波,由于非线性而呈现更为复杂的结构.

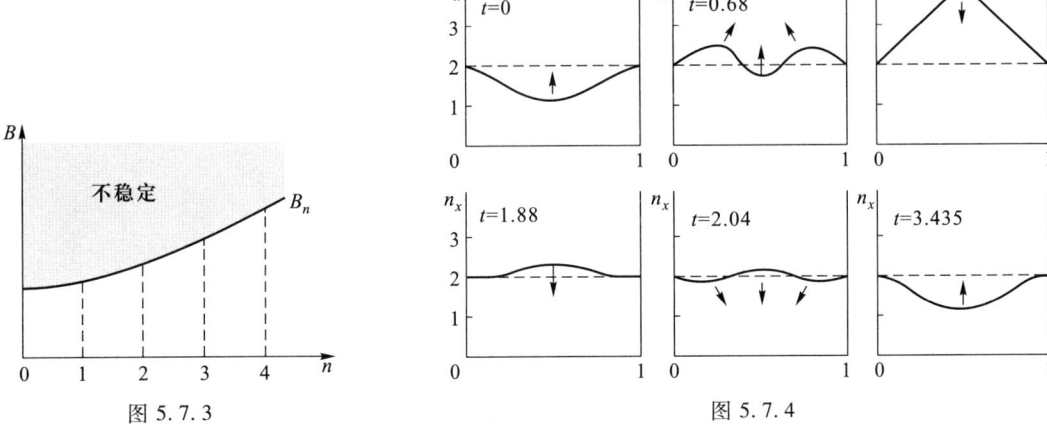

图 5.7.3              图 5.7.4

对于二维的情形,计算机模拟显示,在适当的参量取值下存在非线性行波解.

上述空间、时间或空间-时间的有序结构是远离平衡的开放系统在耗散过程中通过涨落的增强和自组织而实现的.普里高津把它们称为耗散结构.我们知道,熵是混乱度的量度,有序状态的熵低于无序状态的熵.耗散过程存在熵产生 $d_iS>0$,因此耗散过程中有序状态只能在开放系统形成.开放系统与外界不断地交换物质和能量形成负熵流,导致 $d_eS<0$,使 $dS=d_eS+d_iS<0$.这样,耗散结构理论为远离平衡的开放系统中有序状态的形成提供了解释,深化了人们对热力学第二定律的认识.

除了反应扩散过程外,自然界中存在大量其他的耗散结构或自组织现象.§5.4 中所述的处在温差为 $\Delta T$ 的两极间的液体薄层,在 $\Delta T$ 小于临界值 $\Delta T_c$ 时,液体是静止的,其中没有宏观的流动,热量以热传导的方式传递;在 $\Delta T$ 大于临界值 $\Delta T_c$ 时,液体突然开始有组织地宏观流动,整个液体由许多对流元胞组成.这就是说,在 $\Delta T=\Delta T_c$ 时,液体由均匀无序的状态突然转变为空间有序的状态.这一现象是贝纳(Benard)在 1900 年发现的.

激光是另一个例子.激光器需要外界将其激活原子中的电子抽运到激发能级.当抽运未达到阈值时,原子主要通过自发辐射发光,产生的光场是无序的;抽运超过阈值后,原子主要通过受激辐射发光,产生有序的相干光场.光场在阈值处突然由无序状态转变为有序状态,是非平衡相变的又一个例子.

在生命现象中,从细胞到生命机体都是开放系统.它们的结构极其有序,处在空间高度有序的状态.生命过程还表现出随时间作周期性变化的振荡行为(生命节奏).生命机体不断地进行着新陈代谢、细胞分裂、形成新的机体……这一切都是持续进行的自组织过程.

热力学和进化论是 19 世纪自然科学的两大成就.根据热力学,孤立系统总是朝着熵增加的方向变化,因而变得越来越无序;而根据进化论,自然界的物种总是朝着从简单到复杂、从低级到高级的方向进化,因而结构变得越来越复杂.二者表观上的不同曾经使人们认为生命现象与非生命现象遵从不同的规律.耗散结构理论指出,远离平衡的开放系统可以形成有序的状态,打开了从物理科学通向生命科学的窗口.

# 习 题

5.1 带有小孔的隔板将与外界隔绝的容器分为两半,容器中盛有理想气体.两侧气体存在小的温差 $\Delta T$ 和压强差 $\Delta p$ 而各自处在局域平衡.以 $J_n = \dfrac{\mathrm{d}n}{\mathrm{d}t}$ 和 $J_u = \dfrac{\mathrm{d}U}{\mathrm{d}t}$ 表示容器中单位时间内通过小孔从容器左侧转移到右侧的气体的物质的量和内能.试导出气体的熵产生率公式,从而确定相应的动力.

5.2 承 5.1 题,如果流与力之间满足线性关系,即

$$J_u = L_{uu} X_u + L_{un} X_n$$
$$J_n = L_{nu} X_u + L_{nn} X_n$$
$$L_{un} = L_{nu}$$

(a) 试导出 $J_n$ 和 $J_u$ 与温度差 $\Delta T$ 和压强差 $\Delta p$ 的关系.

(b) 证明当 $\Delta T = 0$ 时,由压强差引起的能流 $J_u$ 和物质流 $J_n$ 之间满足:

$$\frac{J_u}{J_n} = \frac{L_{un}}{L_{nn}}$$

(c) 证明在没有净物质流通过小孔,即 $J_n = 0$ 时,两侧的压强差与温度差满足:

$$\frac{\Delta p}{\Delta T} = \frac{H_m - \dfrac{L_{un}}{L_{nn}}}{TV_m}$$

其中 $H_m$ 和 $V_m$ 分别是气体的摩尔焓和摩尔体积.以上两式所含 $\dfrac{L_{un}}{L_{nn}}$ 可由统计物理理论导出(习题 7.14 和 7.15).通过热力学方法可以把上述两个效应联系起来.

5.3 流体含有 $k$ 种化学组元,各组元之间不发生化学反应.系统保持恒温恒压,因而不存在因压强不均匀引起的物质流动或温度不均匀引起的热传导,但存在由于组元浓度在空间分布不均匀引起的扩散.试导出扩散过程的熵流密度和局域熵产生率.

5.4 承 5.3 题,在粒子流密度与动力呈线性关系的情形下,试就扩散过程证明最小熵产生定理.

5.5 系统中存在下述两个化学反应:

$$A + X \underset{k_2}{\overset{k_1}{\rightleftharpoons}} 2X$$

$$B + X \xrightarrow{k_3} C$$

假设反应中不断供给反应物 A 和 B,使其浓度保持恒定,并不断将生成物 C 排除.因此,只有 X 的分子数密度 $n_X$ 随时间变化.在扩散可以忽略的情形下,$n_X$ 的变化率为

$$\frac{\mathrm{d}n_X}{\mathrm{d}t'} = k_1 n_A n_X - k_2 n_X^2 - k_3 n_B n_X$$

引入变量

$$t = k_2 t', \quad a = \frac{k_1}{k_2} n_A, \quad b = \frac{k_3}{k_2} n_B, \quad X = n_X$$

上述方程可以表示为

$$\frac{\mathrm{d}X}{\mathrm{d}t} = (a-b)X - X^2$$

试求方程的定常解,并分析解的稳定性.

5.6 系统中存在下述两个化学反应：

$$A + X \underset{k_2}{\overset{k_1}{\rightleftharpoons}} 3X$$

$$B + X \xrightarrow{k_3} C$$

假设反应中不断供给反应物 A 和 B，使其浓度保持恒定，并不断将生成物 C 排除．因此，只有 X 的浓度 $n_x$ 随时间变化．假设扩散可以忽略，试写出 $n_x$ 的变化率方程，求方程的定常解，并分析解的稳定性．

# 第六章 近独立粒子的最概然分布

## §6.1 粒子运动状态的经典描述

在导言中说过,统计物理学从宏观物质系统是由大量微观粒子组成这一事实出发,认为物质的宏观特性是大量微观粒子行为的集体表现,宏观物理量是相应微观物理量的统计平均值.在讲述统计物理学的内容之前,我们对如何描述系统的微观状态作简单的介绍.

我们先介绍如何描述粒子的运动状态.这里说的粒子是指组成宏观物质系统的基本单元,例如气体的分子、金属的离子或电子、辐射场的光子等.粒子的运动状态是指它的力学运动状态.如果粒子遵从经典力学的运动规律,对粒子运动状态的描述称为经典描述;如果粒子遵从量子力学的运动规律,对粒子运动状态的描述称为量子描述.当然,从原则上说,微观粒子是遵从量子力学的运动规律的.不过在一定的极限条件下,经典理论仍然具有意义.本节介绍粒子运动状态的经典描述.

设粒子的自由度为 $r$.经典力学告诉我们,粒子在任一时刻的力学运动状态由粒子的 $r$ 个广义坐标 $q_1, q_2, \cdots, q_r$ 和与之共轭的 $r$ 个广义动量 $p_1, p_2, \cdots, p_r$ 在该时刻的数值确定.粒子的能量 $\varepsilon$ 是其广义坐标和广义动量的函数:

$$\varepsilon = \varepsilon(q_1, \cdots, q_r; p_1, \cdots, p_r) \tag{6.1.1}$$

如果存在外场,$\varepsilon$ 还是描述外场参量的函数.

为了形象地描述粒子的力学运动状态,以 $q_1, \cdots, q_r; p_1, \cdots, p_r$ 共 $2r$ 个变量为直角坐标,构成一个 $2r$ 维空间,称为 $\mu$ 空间.粒子在某一时刻的力学运动状态 $(q_1, \cdots, q_r; p_1, \cdots, p_r)$ 可以用 $\mu$ 空间中的一点表示,称为粒子力学运动状态的代表点.当粒子的运动状态随时间改变时,代表点相应地在 $\mu$ 空间中移动,描画出一条轨道.

下面介绍在统计物理学中用到的几个例子.

### (一) 自由粒子

自由粒子是不受力的作用而作自由运动的粒子.当不存在外场时,理想气体的分子或金属中的自由电子都可近似地看作自由粒子.

当粒子在三维空间中运动时,它的自由度为3.粒子在任一时刻的位置可由坐标 $x$、$y$、$z$ 确定,与之共轭的动量为

$$p_x = m\dot{x}, \quad p_y = m\dot{y}, \quad p_z = m\dot{z} \tag{6.1.2}$$

其中 $m$ 是粒子的质量.自由粒子的能量就是它的动能:

$$\varepsilon = \frac{1}{2m}(p_x^2 + p_y^2 + p_z^2) \tag{6.1.3}$$

为了便于理解,先讲述如何在 $\mu$ 空间中描述一维自由粒子的运动状态.我们用 $x$ 和 $p_x$ 表示粒子的坐标和动量.以 $x$ 和 $p_x$ 为直角坐标,可构成二维的 $\mu$ 空间,如图 6.1.1 所示.设一维

容器的长度为 $L$,则 $x$ 可取由 $0$ 到 $L$ 间的任何数值.对于遵从经典力学规律的粒子,$p_x$ 原则上可以取 $-\infty$ 至 $+\infty$ 间的任何数值.粒子的一个运动状态 $(x, p_x)$ 可以用 μ 空间在上述范围中的一点代表.当粒子以一定的动量 $p_x$ 在容器中运动时,粒子运动状态代表点在 μ 空间的轨道是平行于 $x$ 轴的一条直线,直线与 $x$ 轴的距离等于 $p_x$,如图 6.1.1 所示.

对于三维的自由粒子,μ 空间是六维的,不可能在纸上画出它的图形.我们可以把六维的 μ 空间分解为 3 个二维的子空间,在一个子空间描述粒子沿一个坐标轴的运动,其情形与一维自由粒子相似,就不详细说明了.

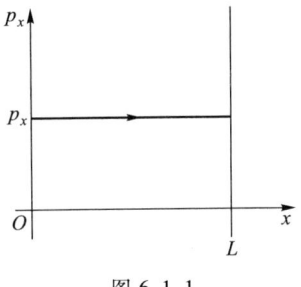

图 6.1.1

### (二)线性谐振子

经典力学告诉我们,质量为 $m$ 的粒子在弹性力 $F = -Ax$ 作用下,将沿 $x$ 轴在原点附近作简谐振动,称为线性谐振子.振动的圆频率 $\omega = \sqrt{A/m}$ 取决于弹性系数 $A$ 和粒子质量 $m$.在一定条件下,分子内原子的振动、晶体中原子或离子在其平衡位置附近的振动都可看作简谐运动.

对于自由度为 1 的线性谐振子,在任一时刻,粒子的位置由它的位移 $x$ 确定,与之共轭的动量为 $p = m\dot{x}$.它的能量是其动能和势能之和:

$$\varepsilon = \frac{p^2}{2m} + \frac{A}{2}x^2 = \frac{p^2}{2m} + \frac{1}{2}m\omega^2 x^2 \tag{6.1.4}$$

以 $x$ 和 $p$ 为直角坐标,可构成二维的 μ 空间.振子在任一时刻的运动状态由 μ 空间中的一点表示.当振子的运动状态随时间而变化时,运动状态的代表点在 μ 空间中描画出一条轨道.如果给定振子的能量 $\varepsilon$,代表点的轨道是由式(6.1.4)所确定的椭圆.将式(6.1.4)写成椭圆方程的标准形式:

$$\frac{p^2}{2m\varepsilon} + \frac{x^2}{\dfrac{2\varepsilon}{m\omega^2}} = 1$$

就可看出,椭圆的两个半轴分别等于 $\sqrt{2m\varepsilon}$ 和 $\sqrt{2\varepsilon/m\omega^2}$,椭圆的面积等于 $\dfrac{2\pi\varepsilon}{\omega}$.对于遵从经典力学规律的振子,振子的能量原则上可取任何正值.能量不同,椭圆也就不同.图 6.1.2 画出了能量不同的几个椭圆,图中 $n$ 的意义参阅 §6.2 中的式(6.2.3)及其后的说明.

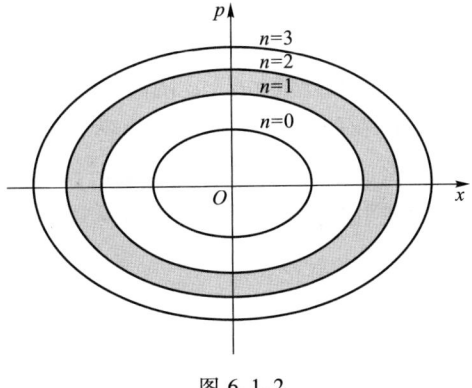

图 6.1.2

### （三）转子

考虑质量为 $m$ 的质点 $P$ 被具有一定长度的轻杆系于原点 $O$ 时所作的运动,如图 6.1.3 所示.

在直角坐标系中,质点的位置由坐标 $x$、$y$、$z$ 确定.质点的能量就是它的动能:

$$\varepsilon = \frac{1}{2} m ( \dot{x}^2 + \dot{y}^2 + \dot{z}^2 )$$

如果用球极坐标 $r$、$\theta$、$\varphi$ 描述质点的位置：

$$x = r\sin\theta\cos\varphi, \quad y = r\sin\theta\sin\varphi, \quad z = r\cos\theta$$

质点的能量可以表示为

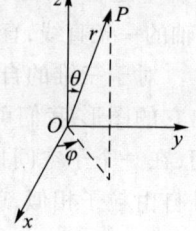

图 6.1.3

$$\varepsilon = \frac{1}{2} m ( \dot{r}^2 + r^2 \dot{\theta}^2 + r^2 \sin^2\theta\, \dot{\varphi}^2 ) \tag{6.1.5}$$

在我们考虑的问题中,质点与原点的距离保持不变,即 $\dot{r} = 0$,于是式(6.1.5)简化为

$$\varepsilon = \frac{1}{2} m ( r^2 \dot{\theta}^2 + r^2 \sin^2\theta\, \dot{\varphi}^2 ) \tag{6.1.6}$$

引入与 $\theta$、$\varphi$ 共轭的动量

$$p_\theta = m r^2 \dot{\theta}, \quad p_\varphi = m r^2 \sin^2\theta\, \dot{\varphi} \tag{6.1.7}$$

可将式(6.1.6)表示为

$$\varepsilon = \frac{1}{2I} \left( p_\theta^2 + \frac{1}{\sin^2\theta} p_\varphi^2 \right) \tag{6.1.8}$$

式中 $I = m r^2$ 是质点相对原点 $O$ 的转动惯量.$\theta$、$\varphi$ 和 $p_\theta$、$p_\varphi$ 就是在球极坐标系中描述质点运动状态的广义坐标和广义动量.在经典力学中,$\theta$ 可以取 $0 \sim \pi$,$\varphi$ 可以取 $0 \sim 2\pi$ 间的任何数值,$p_\theta$、$p_\varphi$ 的取值原则上没有任何限制.质点的自由度为 2,它的 $\mu$ 空间是四维的.

前面讨论的质点是被称作转子的一个例子.转子是这样一类模型,它在任何时刻的位置可以由其主轴在空间的方位角 $\theta$、$\varphi$ 确定.在前述例子中,主轴是 $OP$.以细棒联结的质量为 $m_1$ 和 $m_2$ 的两个质点(哑铃)绕其质心的转动也是一个转子.由于二体问题可以约化为单体问题,只要将前面有关公式中的 $m$ 换成约化质量 $m_\mu = \dfrac{m_1 m_2}{m_1 + m_2}$,结果就完全适用.在统计物理中,将双原子分子绕其质心的转动看作转子.

可以将转子的能量式(6.1.8)表达为另一形式.前面引入的广义动量 $p_\theta$ 和 $p_\varphi$ 实际上是转子角动量的两个分量.$p_\varphi$ 是沿 $z$ 轴的分量.由于 $\varphi$ 随时间变化,$p_\theta$ 是沿一个变动轴的分量,该变动轴垂直于 $z$ 轴和主轴 $OP$ 所在的平面.根据经典力学,在没有外力作用的情形下,转子的总角动量 $\boldsymbol{L} = \boldsymbol{r} \times \boldsymbol{p}$ 是一个守恒量,其大小和方向都不随时间改变.由于 $\boldsymbol{r}$ 垂直于 $\boldsymbol{L}$,质点的运动是在垂直于 $\boldsymbol{L}$ 的平面内的运动.如果选择 $z$ 轴平行于 $\boldsymbol{L}$,质点的运动必在 $xy$ 平面内.这相当于固定 $\theta = \dfrac{\pi}{2}$,$p_\theta = 0$.于是式(6.1.8)简化为

$$\varepsilon = \frac{p_\varphi^2}{2I} = \frac{L^2}{2I} \tag{6.1.9}$$

其中 $L^2 = \boldsymbol{L} \cdot \boldsymbol{L}$. 我们以后要用到式(6.1.8)和式(6.1.9)两个转子能量的表达式.

## §6.2 粒子运动状态的量子描述

本节参考在原子物理中学过的知识,对粒子运动状态的量子描述作简略的介绍.

我们知道,微观粒子(光子、电子、质子、中子乃至原子、分子等)普遍地具有波粒二象性.一方面,它们是客观存在的单个实体;另一方面,在适当的条件下又可以观察到微观粒子显示干涉、衍射等波动所特有的现象.例如,令粒子束射向晶体,在透射粒子束和反射粒子束中都可观察到衍射花纹.德布罗意(de Broglie)提出,能量为 $\varepsilon$、动量为 $\boldsymbol{p}$ 的自由粒子联系着圆频率为 $\omega$、波矢为 $\boldsymbol{k}$ 的平面波,称为德布罗意波①.能量 $\varepsilon$ 与圆频率 $\omega$,动量 $\boldsymbol{p}$ 与波矢 $\boldsymbol{k}$ 的关系为

$$\begin{cases} \varepsilon = \hbar\omega \\ \boldsymbol{p} = \hbar\boldsymbol{k} \end{cases} \quad (6.2.1)$$

式(6.2.1)称为德布罗意关系,适用于一切微观粒子.式中常量

$$\hbar = \frac{h}{2\pi}$$

$h$ 和 $\hbar$ 称为普朗克常量和约化普朗克常量,是量子物理的基本常量.其数值为

$$h = 6.626\,070 \times 10^{-34} \text{ J} \cdot \text{s}$$
$$\hbar = 1.054\,572 \times 10^{-34} \text{ J} \cdot \text{s}$$

其量纲为

$$[h] = [\hbar] = [t] \cdot [\varepsilon] = [q] \cdot [p] = [L]$$

其中 $[t]$、$[\varepsilon]$、$[q]$、$[p]$、$[L]$ 分别为时间、能量、长度、动量、角动量的量纲.

波粒二象性的一个重要结果是,微观粒子不可能同时具有确定的动量和坐标.如果以 $\Delta q$ 表示粒子坐标 $q$ 的不确定值,$\Delta p$ 表示相应动量 $p$ 的不确定值,则在量子力学所容许的最精确的描述中,$\Delta q$ 与 $\Delta p$ 的乘积满足:

$$\Delta q \Delta p \approx h \quad (6.2.2)$$

式(6.2.2)称为不确定关系.不确定关系表明,如果粒子的坐标具有完全确定的数值,即 $\Delta q \to 0$,粒子的动量将完全不确定,即 $\Delta p \to \infty$;反之,当粒子的动量具有完全确定的数值,即 $\Delta p \to 0$ 时,粒子的坐标将完全不确定,即 $\Delta q \to \infty$.这生动地说明微观粒子的运动不是轨道运动.

在经典力学中,粒子可同时具有确定的坐标和动量,这并不是说我们能以任意的精确度做到这一点,而是说在经典力学中,原则上不允许对这一精确度有任何限制.由于普朗克常量的数值非常小,不确定关系在任何意义上都不会与宏观物理学的经验知识发生矛盾.

在量子力学中,微观粒子的运动状态称为量子态.量子态由一组量子数表征,这组量子数的数目等于粒子的自由度.下面举几个例子加以说明.

**(一) 线性谐振子**

在量子物理中讲过,圆频率为 $\omega$ 的线性谐振子,其能量的可能值为

---

① 波矢 $\boldsymbol{k}$ 的方向是平面波的传播方向,波矢 $\boldsymbol{k}$ 的大小 $k$ 与波长 $\lambda$ 的关系为 $\lambda = \frac{2\pi}{k}$.

$$\varepsilon_n = \hbar\omega\left(n + \frac{1}{2}\right), \quad n = 0, 1, 2, \cdots \tag{6.2.3}$$

线性谐振子的自由度为 1，$n$ 是表征振子的运动状态和能量的量子数. 式(6.2.3)给出的能量值是分立的，分立的能量称为能级. 线性谐振子的能级是等间距的，相邻两能级的能量差为 $\hbar\omega$，其大小取决于振子的圆频率.

### (二) 转子

式(6.1.9)给出了转子的能量：

$$\varepsilon = \frac{L^2}{2I}$$

在经典理论中，$L^2$ 原则上可取任何正值. 在量子理论中，$L^2$ 只能取分立值：

$$L^2 = l(l+1)\hbar^2, \quad l = 0, 1, 2, \cdots \tag{6.2.4}$$

对于一定的 $l$，角动量在其本征方向(取为 $z$ 轴)的投影 $L_z$ 只能取分立值：

$$L_z = m_l \hbar, \quad m_l = -l, -l+1, \cdots, l \tag{6.2.5}$$

共 $2l+1$ 个可能的值. 这就是说，在量子理论中，自由度为 2 的转子的运动状态由 $l$、$m_l$ 两个量子数表征. $m_l$ 的取值与经典运动平面的取向相对应. 在经典理论中，运动平面在空间的取向是任意的，而在量子理论中，$m_l$ 只能取上述分立值，称为空间量子化.

由式(6.1.9)和式(6.2.4)可知，在量子理论中，转子的能量是分立的：

$$\varepsilon_l = \frac{l(l+1)\hbar^2}{2I}, \quad l = 0, 1, 2, \cdots \tag{6.2.6}$$

由于转子的运动状态由 $l$、$m_l$ 两个量子数表征，而能量只取决于量子数 $l$. 因此能级为 $\varepsilon_l$ 的量子态有 $2l+1$ 个. 我们说能级 $\varepsilon_l$ 是简并的，其简并度(一个能级的量子态数称为该能级的简并度)为 $2l+1$. 一般地说，如果某一能级的量子状态不止一个，该能级就称为简并的. 如果某一能级只有一个量子态，该能级称为非简并的. 例如式(6.2.3)给出的一维线性振子的能级是非简并的.

### (三) 自旋角动量

某些基本粒子具有内禀的角动量，称为自旋角动量 $S$. $S^2$ 的数值为

$$S^2 = s(s+1)\hbar^2 \tag{6.2.7}$$

$s$ 称为自旋量子数，可以是整数或半整数. 自旋量子数的数值是基本粒子的固有属性. 例如电子的自旋量子数等于 $\frac{1}{2}$.

自旋角动量的状态由自旋角动量的大小(自旋量子数 $s$)及自旋角动量在其本征方向的投影确定. 以 $z$ 表示本征方向，$S_z$ 的可能值为

$$S_z = m_s \hbar, \quad m_s = s, s-1, \cdots, -s \tag{6.2.8}$$

共 $2s+1$ 个可能的值.

下面我们着重讨论电子的自旋角动量和自旋磁矩. 既然电子的自旋量子数为 $\frac{1}{2}$，则 $m_s$ 的可能值为 $\pm\frac{1}{2}$. 以 $m$ 表示电子的质量，$-e$ 表示电子的电荷. 根据量子物理的知识，电子的自旋磁矩 $\boldsymbol{\mu}$ 与自旋角动量 $S$ 之比为

$$\frac{\boldsymbol{\mu}}{\boldsymbol{S}} = -\frac{e}{m} \tag{6.2.9}$$

当存在外磁场时,自旋角动量的本征方向沿外磁场方向.以 $z$ 表示外磁场方向,$\boldsymbol{B}$ 表示磁感应强度,则电子自旋角动量在 $z$ 方向的投影为 $S_z = \pm \frac{\hbar}{2}$,自旋磁矩在 $z$ 方向的投影为 $\mu_z = \mp \frac{e\hbar}{2m}$,电子在外磁场中的能量为

$$-\boldsymbol{\mu} \cdot \boldsymbol{B} = \pm \frac{e\hbar}{2m} B \tag{6.2.10}$$

### (四) 自由粒子

为简单起见,首先讨论一维自由粒子.设粒子处在长度为 $L$ 的一维容器中,为了确定粒子可能的运动状态,需要知道德布罗意波在器壁的边界条件.通常采用驻波条件或周期性边界条件.在统计物理学所研究的问题中,边界条件的具体形式实际上是无关紧要的[①].我们采用周期性边界条件.周期性边界条件要求,粒子可能的运动状态,其德布罗意波波长 $\lambda$ 的整数倍等于容器的长度 $L$,即

$$L = |n_x| \lambda, \quad |n_x| = 0, 1, 2, \cdots$$

其中 $n_x$ 是量子数 $n$ 在 $x$ 方向的投影.根据波矢量大小 $k_x$ 与波长的关系,并考虑到在一维空间中波动可以有两个传播方向,便可求得波矢量 $k_x$ 的可能值为

$$k_x = \frac{2\pi}{L} n_x, \quad n_x = 0, \pm 1, \pm 2, \cdots$$

将上式代入德布罗意关系式(6.2.1),可得一维自由粒子动量的可能值为

$$p_x = \frac{2\pi\hbar}{L} n_x, \quad n_x = 0, \pm 1, \pm 2, \cdots$$

$n_x$ 就是表征一维自由粒子的运动状态的量子数.一维自由粒子能量的可能值为

$$\varepsilon_{n_x} = \frac{p_x^2}{2m} = \frac{2\pi^2 \hbar^2}{m} \cdot \frac{n_x^2}{L^2}, \quad n_x = 0, \pm 1, \pm 2, \cdots$$

其中 $m$ 是粒子的质量.能量值也取决于量子数 $n_x$.

其次讨论三维的自由粒子.设粒子处在边长为 $L$ 的立方容器内,粒子三个动量分量 $p_x$、$p_y$、$p_z$ 的可能值为

$$\begin{cases} p_x = \dfrac{2\pi\hbar}{L} n_x, & n_x = 0, \pm 1, \pm 2, \cdots \\ p_y = \dfrac{2\pi\hbar}{L} n_y, & n_y = 0, \pm 1, \pm 2, \cdots \\ p_z = \dfrac{2\pi\hbar}{L} n_z, & n_z = 0, \pm 1, \pm 2, \cdots \end{cases} \tag{6.2.11}$$

$n_x$、$n_y$、$n_z$ 就是表征三维自由粒子运动状态的量子数.三维自由粒子能量的可能值为

---

[①] 参阅 Reif F. Fundamentals of Statistical and Thermal Physics [M]. New York: McGraw-Hill Book Company, 1965: §9.9.

$$\varepsilon = \frac{1}{2m}(p_x^2 + p_y^2 + p_z^2) = \frac{2\pi^2\hbar^2}{m}\frac{n_x^2+n_y^2+n_z^2}{L^2} \quad (6.2.12)$$

如果粒子局域在微观大小的空间范围内运动,例如电子在原子大小的范围,核子在原子核大小的范围内运动,由式(6.2.11)和式(6.2.12)给出的动量值和能量值的分立性是显著的.注意粒子的运动状态由三个量子数 $n_x$、$n_y$、$n_z$ 表征,而能级只取决于 $n_x^2+n_y^2+n_z^2$ 的数值.因此处在一个能级的量子状态一般不止一个.例如,能级 $\frac{2\pi^2\hbar^2}{mL^2}$ 有 6 个量子态.这 6 个量子态是 $n_x=0$,$n_y=0, n_z=\pm 1$;$n_x=0, n_y=\pm 1, n_z=0$;$n_x=\pm 1, n_y=0, n_z=0$.因此能级 $\frac{2\pi^2\hbar^2}{mL^2}$ 是简并的,其简并度为 6.

如果粒子在宏观大小的容器内运动,式(6.2.11)和式(6.2.12)给出的动量值和能量值是准连续的.这时往往考虑在体积 $V=L^3$ 内,在 $p_x$ 到 $p_x+\mathrm{d}p_x$,$p_y$ 到 $p_y+\mathrm{d}p_y$,$p_z$ 到 $p_z+\mathrm{d}p_z$ 的动量范围内自由粒子的量子态数.由式(6.2.11)可知,$p_x$ 与 $n_x$ 是一一对应的,且相邻的两个 $n_x$ 之差为 1.因此,在 $p_x$ 到 $p_x+\mathrm{d}p_x$ 的范围内,可能的 $p_x$ 的数目为

$$\mathrm{d}n_x = \frac{L}{2\pi\hbar}\mathrm{d}p_x$$

同理,在 $p_y$ 到 $p_y+\mathrm{d}p_y$ 的范围内,可能的 $p_y$ 的数目为

$$\mathrm{d}n_y = \frac{L}{2\pi\hbar}\mathrm{d}p_y$$

在 $p_z$ 到 $p_z+\mathrm{d}p_z$ 的范围内,可能的 $p_z$ 的数目为

$$\mathrm{d}n_z = \frac{L}{2\pi\hbar}\mathrm{d}p_z$$

既然自由粒子的量子态由动量的三个分量 $p_x$、$p_y$、$p_z$(或三个量子数 $n_x$、$n_y$、$n_z$)的数值表征,在体积 $V=L^3$ 内,在 $p_x$ 到 $p_x+\mathrm{d}p_x$,$p_y$ 到 $p_y+\mathrm{d}p_y$,$p_z$ 到 $p_z+\mathrm{d}p_z$ 内,自由粒子的量子态数为

$$\mathrm{d}n_x\mathrm{d}n_y\mathrm{d}n_z = \left(\frac{L}{2\pi\hbar}\right)^3\mathrm{d}p_x\mathrm{d}p_y\mathrm{d}p_z = \frac{V}{h^3}\mathrm{d}p_x\mathrm{d}p_y\mathrm{d}p_z \quad (6.2.13)$$

式(6.2.13)可以根据不确定关系来理解.不确定关系指出,粒子坐标的不确定值 $\Delta q$ 和与之共轭的动量的不确定值 $\Delta p$ 满足 $\Delta q\Delta p \approx h$.因此,如果用坐标 $q$ 和动量 $p$ 来描述粒子的运动状态,一个状态必然对应于 $\mu$ 空间中的一个体积.我们称它为一个相格.对于自由度为 1 的粒子,相格的大小为 $h$.如果粒子的自由度为 $r$,各自由度的坐标和动量的不确定值 $\Delta q_i$ 和 $\Delta p_i$ 分别满足不确定关系 $\Delta q_i \Delta p_i \approx h$,相格的大小为

$$\Delta q_1 \cdots \Delta q_r \Delta p_1 \cdots \Delta p_r \approx h^r \quad (6.2.14)$$

因此式(6.2.13)可以理解为,将 $\mu$ 空间的体积 $V\mathrm{d}p_x\mathrm{d}p_y\mathrm{d}p_z$ 除以相格大小 $h^3$ 而得到的三维自由粒子在 $V\mathrm{d}p_x\mathrm{d}p_y\mathrm{d}p_z$ 内的量子态数.

在某些问题中,往往用动量空间的球极坐标 $p$、$\theta$、$\varphi$ 来描写自由粒子的动量.$p$、$\theta$、$\varphi$ 与 $p_x$、$p_y$、$p_z$ 的关系为

$$p_x = p\sin\theta\cos\varphi$$
$$p_y = p\sin\theta\sin\varphi$$
$$p_z = p\cos\theta$$

用球极坐标,动量空间的体积元为 $p^2\sin\theta\,\mathrm{d}p\mathrm{d}\theta\mathrm{d}\varphi$.所以,在体积 $V$ 内,动量大小在 $p$ 到 $p+\mathrm{d}p$,动量方向在 $\theta$ 到 $\theta+\mathrm{d}\theta$,$\varphi$ 到 $\varphi+\mathrm{d}\varphi$ 的范围内,自由粒子可能的状态数为

$$\frac{Vp^2\sin\theta\,\mathrm{d}p\mathrm{d}\theta\,\mathrm{d}\varphi}{h^3} \tag{6.2.15}$$

如果再对 $\theta$ 和 $\varphi$ 积分,$\theta$ 由 0 积分到 $\pi$,$\varphi$ 由 0 积分到 $2\pi$:

$$\int_0^{2\pi}\mathrm{d}\varphi\int_0^\pi \sin\theta\,\mathrm{d}\theta = 4\pi$$

便可求得,在体积 $V$ 内,动量大小在 $p$ 到 $p+\mathrm{d}p$ 的范围内(动量方向为任意),自由粒子可能的状态数为

$$\frac{4\pi V}{h^3}p^2\mathrm{d}p \tag{6.2.16}$$

根据公式 $\varepsilon = p^2/2m$,由式(6.2.16)可以求出,在体积 $V$ 内,在 $\varepsilon$ 到 $\varepsilon+\mathrm{d}\varepsilon$ 的能量范围内,自由粒子可能的状态数为(习题 6.1)

$$D(\varepsilon)\mathrm{d}\varepsilon = \frac{2\pi V}{h^3}(2m)^{3/2}\varepsilon^{1/2}\mathrm{d}\varepsilon \tag{6.2.17}$$

$D(\varepsilon)$ 表示单位能量间隔内的可能状态数,称为态密度.

应当说明,以上的计算没有考虑粒子的自旋.如果粒子的自旋不等于零,还要计及自旋的贡献.例如,假如粒子的自旋量子数为 $\frac{1}{2}$,自旋角动量在动量方向的投影有两个可能值 $\pm\frac{\hbar}{2}$,上面求得的结果式(6.2.13)和式(6.2.15)至式(6.2.17)都应乘以因子 2.

## §6.3 系统微观运动状态的描述

前面介绍了粒子运动状态的经典描述和量子描述,现在进一步讨论如何描述整个系统的微观运动状态.所谓系统的微观运动状态就是它的力学运动状态.本节只限于讨论由全同和近独立粒子组成的系统,更普遍的情形将在第九章中讨论.

由全同粒子组成的系统就是由具有完全相同的内禀属性(相同的质量、电荷、自旋等)的同类粒子组成的系统.例如,由 $^4\mathrm{He}$ 原子组成的氦气或由自由电子组成的自由电子气体是由全同粒子组成的系统.

在由近独立粒子组成的系统中,粒子之间的相互作用很弱,相互作用的平均能量远小于单个粒子的平均能量,因而可以忽略粒子之间的相互作用,将整个系统的能量表达为单个粒子的能量之和:

$$E = \sum_{i=1}^N \varepsilon_i \tag{6.3.1}$$

式中 $\varepsilon_i$ 是第 $i$ 个粒子的能量,$N$ 是系统的粒子总数.注意,$\varepsilon_i$ 只是第 $i$ 个粒子的坐标和动量以及外场参量的函数,与其他粒子的坐标和动量无关.理想气体就是由近独立粒子组成的系统.理想气体的分子,除了相互碰撞的瞬间,都可以认为没有相互作用.

应该说明,近独立粒子之间虽然相互作用微弱,但仍然是有相互作用的.如果各粒子间真的

毫无相互作用,各粒子完全独立地运动,这些粒子组成的系统也就无从达到热力学平衡状态了.

先讨论在经典力学中如何描述系统的微观运动状态.设粒子的自由度为 $r$.在任一时刻,第 $i$ 个粒子的力学运动状态由 $r$ 个广义坐标 $q_{i1},q_{i2},\cdots,q_{ir}$ 和 $r$ 个广义动量 $p_{i1},p_{i2},\cdots,p_{ir}$ 的数值确定.当组成系统的 $N$ 个粒子在某一时刻的力学运动状态都确定时,整个系统在该时刻的微观运动状态也就确定了.因此,确定系统的微观运动状态需要 $2Nr$ 个变量,这 $2Nr$ 个变量就是 $q_{i1},\cdots,q_{ir};p_{i1},\cdots,p_{ir}(i=1,2,\cdots,N)$.应当强调,在经典物理中,全同粒子是可以分辨的.这是因为,经典粒子的运动是轨道运动,原则上是可以被跟踪的.只要确定每一粒子在初始时刻的位置,原则上就可以确定每一粒子在其后任一时刻的位置.所以尽管全同粒子的属性完全相同,原则上仍然可以辨认.既然全同粒子可以分辨,如果在含有多个全同粒子的系统中,将两个粒子的运动状态加以交换,例如第 $i$ 个粒子和第 $j$ 个粒子的运动状态本来分别是 $(q_1',\cdots,q_r';p_1',\cdots,p_r')$ 和 $(q_1'',\cdots,q_r'';p_1'',\cdots,p_r'')$,如果将它们的运动状态加以交换,使第 $i$ 个粒子的运动状态为 $(q_1'',\cdots,q_r'';p_1'',\cdots,p_r'')$,第 $j$ 个粒子的运动状态为 $(q_1',\cdots,q_r';p_1',\cdots,p_r')$,如图 6.3.1 所示,在交换前后,系统的力学运动状态是不同的.

一个粒子在某一时刻的力学运动状态可用 $\mu$ 空间中的一个点表示.由 $N$ 个全同粒子组成的系统在某一时刻的微观运动状态可在 $\mu$ 空间中用 $N$ 个点表示.根据前面的讨论可知,如果交换两个代表点在 $\mu$ 空间的位置,相应的系统的微观状态是不同的.

在讨论系统微观运动状态的量子描述之前,我们先介绍量子物理的一个基本原理——微观粒子全同性原理.微观粒子全同性原理指出,全同粒子是不可分辨的,在含有多个全同粒子的系统中,将任何两个全同粒子加以对换,不改变整个系统的微观运动状态.这一原理与经典物理关于全同粒子可以分辨的论断是完全不同的.导致完全不同的结论的根本原因是,经典粒子的运动是轨道运动,原则上可以跟踪经典粒子的运动而加以辨认;而量子粒子具有波粒二象性,它的运动不是轨道运动,原则上不可跟踪量子粒子的运动.假设在 $t=0$ 时确知两个粒子的位置,由于与这两个粒子相联系的波动迅速扩散而互相重叠,在 $t>0$ 时,在某一地点发现粒子时,已经不能辨认到底是第一个还是第二个粒子了.图 6.3.2 示意地表示两个粒子遵从经典力学和量子力学的区别.

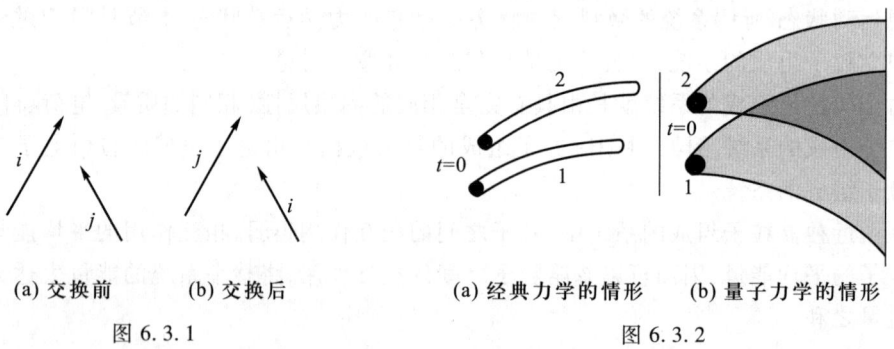

(a) 交换前　　(b) 交换后　　　　　(a) 经典力学的情形　　(b) 量子力学的情形

图 6.3.1　　　　　　　　　　　　图 6.3.2

假如全同粒子可以分辨,确定由全同近独立粒子组成的系统的微观运动状态归结为确定每一个粒子的个体量子态.对于不可分辨的全同粒子,确定由全同近独立粒子组成的系统的微观状态归结为确定每一个个体量子态上的粒子数.例如,确定 He 气的微观状态,归结为确定由每一组量子数 $n_x$、$n_y$、$n_z$ 所表征的个体量子态上各有多少个 He 原子.

在讨论量子粒子怎样占据各个个体量子态时,还有一个原则问题必须给予考虑.自然界

## §6.3 系统微观运动状态的描述

中微观粒子可分为两类,称为玻色子和费米子.在"基本"粒子中,自旋量子数为半整数的,例如电子、μ子、质子、中子等自旋量子数都是$\frac{1}{2}$,是费米子;自旋量子数为整数的,例如光子自旋量子数为1,π介子自旋量子数为零,是玻色子.在原子核、原子和分子等复合粒子中,凡是由玻色子构成的复合粒子是玻色子,由偶数个费米子构成的复合粒子也是玻色子,由奇数个费米子构成的复合粒子是费米子.例如,$^1$H 原子、$^2$H 核、$^4$He 核、$^4$He 原子等是玻色子,$^2$H 原子、$^3$H 核等是费米子.

由费米子组成的系统称为费米(Fermi)系统,遵从泡利(Pauli)不相容原理.泡利不相容原理为,在含有多个全同近独立的费米子的系统中,一个个体量子态最多能容纳一个费米子.泡利不相容原理的原始形式是泡利在 1925 年根据原子光谱的实验结果分析电子在原子中的状态时发现的.该原理的上述表述可由量子力学证明.由玻色子组成的系统称为玻色(Bose)系统,不受泡利不相容原理的约束.这就是说,由多个全同近独立的玻色子组成的玻色系统中,处在同一个个体量子态的玻色子数目是不受限制的.

在统计物理学发展的早期(远在量子力学建立以前),玻耳兹曼把粒子看作是可以分辨的,并导出了这种粒子的统计分布.我们把由可分辨的全同近独立粒子组成,且处在一个个体量子态上的粒子数不受限制的系统称作玻耳兹曼系统.下面举一个简单的例子说明玻耳兹曼系统、玻色系统和费米系统的区别.设系统含有两个粒子,粒子的个体量子态有 3 个.现在考察,对于玻耳兹曼系统、玻色系统和费米系统,各有哪些可能的微观状态.

对于玻耳兹曼系统,粒子可以分辨,每一个个体量子态所能容纳的粒子数不受限制.以 A、B 表示可以分辨的两个粒子,它们占据 3 个个体量子态,可以有以下方式:

| 量子态 1 | 量子态 2 | 量子态 3 |
| --- | --- | --- |
| A  B | | |
| | A  B | |
| | | A  B |
| A | B | |
| B | A | |
| | A | B |
| | B | A |
| A | | B |
| B | | A |

因此,对于玻耳兹曼系统,可以有 9 个不同的微观状态.

对于玻色系统,粒子不可分辨,每一个个体量子态所能容纳的粒子数不受限制,由于粒子不可分辨,令 A=B.两个粒子占据 3 个个体量子态,可以有以下方式:

| 量子态 1 | 量子态 2 | 量子态 3 |
| --- | --- | --- |
| A  A | | |
| | A  A | |
| | | A  A |
| A | A | |
| | A | A |
| A | | A |

因此,对于玻色系统,可以有 6 个不同的微观状态.

对于费米系统,粒子不可分辨,每一个个体量子态最多能容纳一个粒子.两个粒子占据 3 个个体量子态,可以有以下方式:

| 量子态 1 | 量子态 2 | 量子态 3 |
| --- | --- | --- |
| A | A |  |
| A |  | A |
|  | A | A |

因此,对于费米系统,可以有 3 个不同的微观状态.

前面介绍了如何描述由全同近独立粒子组成的多粒子系统的微观运动状态,为后面讨论近独立粒子的统计分布作准备.在经典力学基础上建立的统计物理学称为经典统计物理学,在量子力学基础上建立的统计物理学称为量子统计物理学.两者在统计原理上是相同的,区别在于对微观运动状态的描述.我们知道,微观粒子实际上遵从量子力学的运动规律.不过在一定的极限条件下,可以由量子统计得到经典统计的结果.因此经典统计在一定条件下还是有意义的.为了便于教学,我们将经典统计和量子统计并列讲述.本章及第七、八章限于讨论近独立粒子组成的系统,更普遍的情形将在第九章中讨论.

## §6.4 等概率原理

在介绍了怎样描述由全同近独立粒子组成的多粒子系统的微观状态以后,本章将研究平衡状态下近独立粒子的最概然分布.本节先讲述平衡态统计物理的基本假设——等概率原理.

先需要明确在热力学中讲述的宏观状态与上节讲述的微观运动状态两个概念的区别.如前所述,热力学和统计物理学研究宏观物质系统的特性.宏观物质系统由大量微观粒子构成,其粒子数的典型数值为 $10^{23} \text{mol}^{-1}$.作为热运动的宏观理论,热力学讨论的状态是宏观状态,由几个宏观参量表征.例如,对于一个孤立系统,可以用粒子数 $N$、体积 $V$ 和能量 $E$ 来表征系统的平衡态.当然,由于实际上不存在与外界完全没有相互作用的严格的孤立系统,更精确地说,应当认为系统的能量是在 $E$ 附近的一个狭窄的能量范围内,或者说系统的能量是在 $E$ 到 $E+\Delta E$ 之间($|\Delta E| \ll E$).状态参量给定之后,处在平衡态的系统的所有宏观物理量就都具有确定值,系统就处在一个确定的平衡态.系统的微观状态则是如§6.3中所讲述的力学运动状态.显然,在确定的宏观状态下,系统可能的微观状态是大量的,而且微观状态不断地发生着极其复杂的变化.以理想气体为例,给定 $N$、$E$、$V$ 只要求 $N$ 个分子的质心坐标都在体积 $V$ 之内,$N$ 个分子的能量总和为 $E$.可以想见,大量的微观状态都可以满足这个条件,这些微观状态都是有可能实现的.

由于分子间的频繁碰撞及分子与器壁的碰撞,微观状态不断地发生极其复杂的变化.统计物理学认为,宏观物质系统的特性是大量微观粒子运动的集体表现,宏观物理量是相应微观物理量的统计平均值.为了研究系统的宏观特性,没有必要实际上也没有可能追随微观状态的复杂变化.只要知道各个微观状态出现的概率,就可以用统计方法求微观量的统计平均值.因此,确定各微观状态出现的概率是统计物理的根本问题.对于这个问题,玻耳兹曼在 19 世纪 70 年代提出了著名的**等概率原理**.等概率原理认为,**对于处在平衡状态的孤立系统**,系统各个可能的微观状态出现的概率是相等的.

等概率原理在统计物理中是一个基本假设.它的正确性由它的种种推论都与客观实际相符而得到肯定.等概率原理是平衡态统计物理的基础.我们将在第九章中进一步讨论这个问题.这里只作一点说明,既然这些微观状态都同样满足具有确定 $N$、$E$、$V$ 的宏观条件,没有理由认为哪一个状态出现的概率应当更大一些.这些微观状态应当是平权的.因此,认为各个可能的微观状态出现的概率相等,应当是一个合理的假设.

## §6.5 分布和微观状态

设有一个系统,由大量全同近独立的粒子组成,具有确定的粒子数 $N$、能量 $E$ 和体积 $V$. 以 $\varepsilon_l\,(l=1,2,\cdots)$ 表示粒子的能级,$\omega_l$ 表示能级 $\varepsilon_l$ 的简并度.$N$ 个粒子在各能级的分布可以描述如下:

能级为
$$\varepsilon_1,\varepsilon_2,\cdots,\varepsilon_l,\cdots$$

简并度为
$$\omega_1,\omega_2,\cdots,\omega_l,\cdots$$

粒子数为
$$a_1,a_2,\cdots,a_l,\cdots$$

即能级 $\varepsilon_1$ 上有 $a_1$ 个粒子,能级 $\varepsilon_2$ 上有 $a_2$ 个粒子……能级 $\varepsilon_l$ 上有 $a_l$ 个粒子……为书写方便起见,以符号 $\{a_l\}$ 表示数列 $a_1,a_2,\cdots,a_l,\cdots$,称为一个分布.显然,对于具有确定的 $N$、$E$、$V$ 的系统,分布 $\{a_l\}$ 必须满足条件:

$$\sum_l a_l = N, \quad \sum_l a_l \varepsilon_l = E \tag{6.5.1}$$

才有可能实现.

应当强调,分布和微观状态是两个不同的概念.给定一个分布 $\{a_l\}$,只确定了在每一个能级 $\varepsilon_l$ 上的粒子数 $a_l$.如前所述,对于玻色系统和费米系统,确定系统的微观状态要求确定处在每一个个体量子态上的粒子数.因此在分布给定后,要确定玻色(费米)系统的微观状态,还必须对每一个能级确定 $a_l$ 个粒子占据其 $\omega_l$ 个量子态的方式.对于玻耳兹曼系统,确定系统的微观状态要求确定每一个粒子的个体量子态.因此在分布给定后,为了确定玻耳兹曼系统的微观状态,还必须确定处在各能级 $\varepsilon_l$ 上的是哪 $a_l$ 个粒子,以及在每一能级 $\varepsilon_l$ 上 $a_l$ 个粒子占据其 $\omega_l$ 个量子态的方式.由此可见,与一个分布 $\{a_l\}$ 相应的系统的微观状态往往是很多的.对于玻耳兹曼系统、玻色系统和费米系统,微观状态数显然不同,下面分别加以讨论.

对于玻耳兹曼系统,粒子可以分辨,可以对粒子加以编号.$a_l$ 个编了号的粒子占据能级 $\varepsilon_l$ 上的 $\omega_l$ 个量子态时,第一个粒子可以占据 $\omega_l$ 个量子态中的任何一态,有 $\omega_l$ 种可能的占据方式.由于一个量子态可以容纳的粒子数不受限制,在第一个粒子占据了某一个量子态以后,第二、第三……个粒子仍然有 $\omega_l$ 种可能的方式,这样 $a_l$ 个编了号的粒子占据 $\omega_l$ 个量子态共有 $\omega_l^{a_l}$ 种可能的方式.这就是说,在玻耳兹曼系统中,$a_l$ 个粒子占据能级 $\varepsilon_l$ 上的 $\omega_l$ 个量子态时,是彼此独立、互不关联的.$a_1,a_2,\cdots,a_l,\cdots$ 个编了号的粒子分别占据能级 $\varepsilon_1,\varepsilon_2,\cdots,\varepsilon_l,\cdots$ 上的各量子态共有 $\prod_l \omega_l^{a_l}$ 种方式.玻耳兹曼系统的粒子既然可以分辨,将处在不同能级的粒子加以交换将给出系统的不同状态.将 $N$ 个粒子加以交换,交换数是 $N!$.该交换数还应除以在同一能级上 $a_l$ 个粒子的交换数 $\prod_l a_l!$,因此得因子 $N! \big/ \prod_l a_l!$.所以,对于玻耳兹曼系统,与分布 $\{a_l\}$ 相应的系统的微观状态数是

$$\Omega_{\text{M.B.}} = \frac{N!}{\prod_l a_l!} \prod_l \omega_l^{a_l} \tag{6.5.2}$$

对于玻色系统,粒子不可分辨,每一个个体量子态能够容纳的粒子数不受限制.先计算 $a_l$ 个粒子占据能级 $\varepsilon_l$ 上的 $\omega_l$ 个量子态有多少种可能的方式.为了计算这个数目,以 ①,② …… 表示量子态 1,2…… 以 ○ 表示粒子,将它们排成一行,使最左方为量子态 1.图 6.5.1 表示 5 个量子态和 10 个粒子的一种排列.令任何一种这样的排列代表粒子占据各量子态的一种方式.例如,图 6.5.1 的排列表示在量子态 1 上有 2 个粒子,在量子态 2 上有 1 个粒子,在量子态 3 上没有粒子,在量子态 4 上有 3 个粒子,在量子态 5 上有 4 个粒子.由于最左方固定为量子态 1,其余的量子态和粒子的总数是 $(\omega_l + a_l - 1)$ 个,将它们加以排列共有 $(\omega_l + a_l - 1)!$ 种方式.因为粒子是不可分辨的,应除以粒子之间的相互交换数 $a_l!$ 和量子态之间的相互交换数 $(\omega_l - 1)!$.这样便可得到,$a_l$ 个粒子占据能级 $\varepsilon_l$ 上的 $\omega_l$ 个量子态,有 $(\omega_l + a_l - 1)! / [a_l! (\omega_l - 1)!]$ 种可能的方式.将各能级的结果相乘,就得到玻色系统与分布 $\{a_l\}$ 相应的微观状态数为

$$\Omega_{\text{B.E.}} = \prod_l \frac{(\omega_l + a_l - 1)!}{a_l! (\omega_l - 1)!} \tag{6.5.3}$$

①○○②○③④○○○⑤○○○○

图 6.5.1

对于费米系统,粒子不可分辨,每一个个体量子态最多只能容纳一个粒子.$a_l$ 个粒子占据能级 $\varepsilon_l$ 上的 $\omega_l$ 个量子态,相当于从 $\omega_l$ 个量子态中挑出 $a_l$ 个来被粒子占据(注意 $\omega_l \geq a_l$),有 $\omega_l! / [a_l! (\omega_l - a_l)!]$ 种可能的方式.将各能级的结果相乘,就得到费米系统与分布 $\{a_l\}$ 相应的微观状态数为

$$\Omega_{\text{F.D.}} = \prod_l \frac{\omega_l!}{a_l! (\omega_l - a_l)!} \tag{6.5.4}$$

如果在玻色系统或费米系统中,任一能级 $\varepsilon_l$ 上的粒子数均远小于该能级的量子态数,即

$$\frac{a_l}{\omega_l} \ll 1 \quad (\text{对所有的 } l) \tag{6.5.5}$$

则式(6.5.3)给出的玻色系统的微观状态数可以近似为

$$\begin{aligned}
\Omega_{\text{B.E.}} &= \prod_l \frac{(\omega_l + a_l - 1)!}{a_l! (\omega_l - 1)!} \\
&= \prod_l \frac{(\omega_l + a_l - 1)(\omega_l + a_l - 2)\cdots\omega_l}{a_l!} \\
&\approx \prod_l \frac{\omega_l^{a_l}}{a_l!} = \frac{\Omega_{\text{M.B.}}}{N!}
\end{aligned} \tag{6.5.6}$$

式(6.5.4)给出的费米系统的微观状态数也可近似为

$$\Omega_{\text{F.D.}} = \prod_l \frac{\omega_l!}{a_l!(\omega_l-a_l)!}$$

$$= \prod_l \frac{\omega_l(\omega_l-1)\cdots(\omega_l-a_l+1)}{a_l!}$$

$$\approx \prod_l \frac{\omega_l^{a_l}}{a_l!} = \frac{\Omega_{\text{M.B.}}}{N!} \tag{6.5.7}$$

式(6.5.5)称为经典极限条件,也称为非简并性条件.经典极限条件表示,在所有的能级,粒子数都远小于量子态数.这意味着,平均而言,处在每一个量子态上的粒子数均远小于1.从式(6.5.3)和式(6.5.4)可以看出,在玻色和费米系统中,$a_l$ 个粒子占据能级 $\varepsilon_l$ 上的 $\omega_l$ 个量子态时本来是存在关联的,但在满足经典极限条件的情形下,由于每个量子态上的平均粒子数远小于1,粒子间的关联可以忽略.这时 $\Omega_{\text{B.E.}}$ 和 $\Omega_{\text{F.D.}}$ 都趋于 $\Omega_{\text{M.B.}}/N!$.在这种情形下,粒子全同性原理的影响只表现在因子 $1/N!$ 上.这个结论有重要的意义,以后我们要用到这个结论.

最后,我们讨论经典统计中的分布和微观状态数.如前所述,在经典力学中,粒子在某一时刻的运动状态由它的广义坐标 $q_1, q_2, \cdots, q_r$ 和广义动量 $p_1, p_2, \cdots, p_r$ 确定,相应于 $\mu$ 空间中的一个代表点.系统在某一时刻的运动状态由 $N$ 个粒子的坐标和动量 $q_{i1}, q_{i2}, \cdots, q_{ir}; p_{i1}, p_{i2}, \cdots, p_{ir} (i=1, 2, \cdots, N)$ 确定,相应于 $\mu$ 空间的 $N$ 个代表点.由于 $q$ 和 $p$ 是连续变量,粒子和系统的微观运动状态都是不可数的.为了计算微观状态数,我们将 $q_i$ 和 $p_i$ 分为大小相等的小间隔,使 $\delta q_i \delta p_i = h_0$,式中 $h_0$ 是一个小量,其量纲为 $[q]\cdot[p]$.对于具有 $r$ 个自由度的粒子,$\delta q_1\cdots\delta q_r \delta p_1\cdots\delta p_r = h_0^r$ 相应于 $\mu$ 空间中的一个相格.取 $h_0$ 足够小,就可以由粒子运动状态代表点所在的相格确定粒子的运动状态.处在同一相格的代表点,代表相同的运动状态.显然,$h_0$ 越小,描述就越精确.根据经典力学,$h_0$ 可以取任意小的数值.量子力学限制 $h_0$ 的最小值为普朗克常量 $h$.以后我们将讨论,$h_0$ 取不同的数值会带来什么影响.

将 $\mu$ 空间划分为许多体积元 $\Delta\omega_l (l=1, 2, \cdots)$.以 $\varepsilon_l$ 表示运动状态处在 $\Delta\omega_l$ 内的粒子所具有的能量.由于粒子的微观运动状态由大小为 $h_0^r$ 的相格确定,$\Delta\omega_l$ 内粒子的运动状态数为 $\Delta\omega_l/h_0^r$,这个量与量子统计中的简并度相当.因此,$N$ 个粒子处在各 $\Delta\omega_l$ 的分布可以描述如下:

体积元为

$$\Delta\omega_1, \Delta\omega_2, \cdots, \Delta\omega_l, \cdots$$

"简并度"为

$$\frac{\Delta\omega_1}{h_0^r}, \frac{\Delta\omega_2}{h_0^r}, \cdots, \frac{\Delta\omega_l}{h_0^r}, \cdots$$

能量为

$$\varepsilon_1, \varepsilon_2, \cdots, \varepsilon_l, \cdots$$

粒子数为

$$a_1, a_2, \cdots, a_l, \cdots$$

如前所述,经典粒子可以分辨,处在一个相格内的经典粒子数没有限制.因此,在经典统计中,与分布 $\{a_l\}$ 对应的微观状态数 $\Omega_{\text{cl}}$ 可以参考玻耳兹曼系统的 $\Omega_{\text{M.B.}}$ 直接写出,为

$$\Omega_{\text{cl}} = \frac{N!}{\prod_l a_l!} \prod_l \left(\frac{\Delta\omega_l}{h_0^r}\right)^{a_l} \tag{6.5.8}$$

## §6.6 玻耳兹曼分布

上节求出了与一个分布 $\{a_l\}$ 相应的系统的微观状态数. 根据等概率原理, 对于处在平衡状态的孤立系统, 每一个可能的微观状态出现的概率是相等的. 因此, 微观状态数最多的分布, 出现的概率最大, 称为最概然分布. 本节推导玻耳兹曼系统粒子的最概然分布, 称为麦克斯韦-玻耳兹曼分布, 简称玻耳兹曼分布.

在推导玻耳兹曼分布以前, 先介绍一个近似等式:

$$\ln m! = m(\ln m - 1) \tag{6.6.1}$$

其中 $m$ 是远大于 1 的数, 即 $m \gg 1$[①].

为书写简便起见, 在本节中我们将式 (6.5.2) 的 $\Omega_{\text{M.B.}}$ 简记为 $\Omega$:

$$\Omega = \frac{N!}{\prod_l a_l!} \prod_l \omega_l^{a_l} \tag{6.6.2}$$

玻耳兹曼系统中粒子的最概然分布是使 $\Omega$ 为极大值的分布. 由于 $\ln\Omega$ 随 $\Omega$ 的变化是单调的, 可以等价地讨论使 $\ln\Omega$ 为极大值的分布. 将式 (6.6.2) 取对数, 得

$$\ln\Omega = \ln N! - \sum_l \ln a_l! + \sum_l a_l \ln \omega_l \tag{6.6.3}$$

假设所有的 $a_l$ 都很大, 可以应用式 (6.6.1) 的近似, 则上式可化为

$$\ln\Omega = N(\ln N - 1) - \sum_l a_l(\ln a_l - 1) + \sum_l a_l \ln \omega_l$$

$$= N\ln N - \sum_l a_l \ln a_l + \sum_l a_l \ln \omega_l \tag{6.6.4}$$

为求得使 $\ln\Omega$ 为极大值的分布, 我们令各 $a_l$ 有 $\delta a_l$ 的变化, 因而 $\ln\Omega$ 将有 $\delta\ln\Omega$ 的变化. 使 $\ln\Omega$ 为极大值的分布 $\{a_l\}$ 必使 $\delta\ln\Omega = 0$, 即

$$\delta\ln\Omega = -\sum_l \ln\left(\frac{a_l}{\omega_l}\right) \delta a_l = 0 \tag{6.6.5}$$

但这些 $\delta a_l$ 不完全是独立的, 它们必须满足条件:

$$\delta N = \sum_l \delta a_l = 0, \quad \delta E = \sum_l \varepsilon_l \delta a_l = 0 \tag{6.6.6}$$

在约束条件式 (6.6.6) 得到满足时, 不论下式中的参量 $\alpha$、$\beta$ 取何值, 下式与式 (6.6.5) 显然都是等价的:

$$\delta\ln\Omega - \alpha\delta N - \beta\delta E = -\sum_l \left[\ln\left(\frac{a_l}{\omega_l}\right) + \alpha + \beta\varepsilon_l\right] \delta a_l = 0 \tag{6.6.7}$$

---

[①] 式 (6.6.1) 可以由斯特林 (Stirling) 公式得到, 斯特林公式是 $m! = m^m e^{-m} \sqrt{2\pi m}$, 取对数得

$$\ln m! = m(\ln m - 1) + \frac{1}{2}\ln(2\pi m)$$

当 $m$ 足够大, 第二项与第一项相比可以忽略时, 就得到式 (6.6.1).

式(6.6.6)给出了两个约束条件.它使两个$\delta a_l$(假设是$\delta a_1$和$\delta a_2$)不能任意取值,此时,我们用下述两个条件确定参量$\alpha$和$\beta$:

$$\ln\frac{a_1}{\omega_1}+\alpha+\beta\varepsilon_1=0, \quad \ln\frac{a_2}{\omega_2}+\alpha+\beta\varepsilon_2=0 \qquad (6.6.8\text{a})$$

而将式(6.6.7)约化为

$$\sum_{l=3,4,\cdots}\left(\ln\frac{a_l}{\omega_l}+\alpha+\beta\varepsilon_l\right)\delta a_l=0$$

由于上式中各$\delta a_l$可以独立取值,上式等于零要求式中各$\delta a_l$的系数等于零,即

$$\ln\frac{a_l}{\omega_l}+\alpha+\beta\varepsilon_l=0, \quad l=3,4,\cdots \qquad (6.6.8\text{b})$$

综合式(6.6.8a)和式(6.6.8b),有

$$\ln\frac{a_l}{\omega_l}+\alpha+\beta\varepsilon_l=0, \quad l=1,2,3,\cdots$$

即式(6.6.8a)和式(6.6.8b)可合并写为

$$a_l=\omega_l e^{-\alpha-\beta\varepsilon_l} \qquad (6.6.8)$$

参量$\alpha$和$\beta$由式(6.5.1)确定,即

$$N=\sum_l \omega_l e^{-\alpha-\beta\varepsilon_l}, \quad E=\sum_l \omega_l\varepsilon_l e^{-\alpha-\beta\varepsilon_l} \qquad (6.6.9)$$

在实际问题中,也常常将$\beta$看作由实验条件确定的参量,而由式(6.6.9)的第二式确定系统的内能.

上述在约束条件式(6.5.1)下导出使$\Omega$取极大值的分布$\{a_l\}$的方法称为拉格朗日(Lagrange)未定乘子法,简称拉格朗日乘子法,参量$\alpha$、$\beta$称为拉格朗日乘子。拉格朗日乘子法的一般介绍可以参阅有关书籍①.

式(6.6.8)给出了在最概然分布下处在能级$\varepsilon_l$的粒子数.能级$\varepsilon_l$有$\omega_l$个量子态,处在其中任何一个量子态的平均粒子数应该是相同的.因此,处在能量为$\varepsilon_s$的量子态$s$上的平均粒子数$f_s$为

$$f_s=e^{-\alpha-\beta\varepsilon_s} \qquad (6.6.10)$$

式(6.6.9)也可表示为

$$N=\sum_s e^{-\alpha-\beta\varepsilon_s}, \quad E=\sum_s \varepsilon_s e^{-\alpha-\beta\varepsilon_s} \qquad (6.6.11)$$

其中$\sum_s$表示对粒子的所有量子态求和.

这里我们再作几点说明:

第一,前面我们只证明了玻耳兹曼分布使$\ln\Omega$的一级微分等于零,也即使$\ln\Omega$取极值.要证明这个极值为极大值,还要证明玻耳兹曼分布使$\ln\Omega$的二级微分小于零.对式(6.6.5)的$\delta\ln\Omega$再求微分,得

$$\delta^2\ln\Omega=-\delta\sum_l\ln\left(\frac{a_l}{\omega_l}\right)\delta a_l=-\sum_l\frac{(\delta a_l)^2}{a_l} \qquad (6.6.12)$$

---

① 例如,前引 Reif F 的书,附录 10.

由于 $a_l>0$,故式(6.6.12)总是负的.这就证明了玻耳兹曼分布是使 $\ln \Omega$ 为极大值的分布.

第二,如前所述,玻耳兹曼分布出现的概率是最大的.不过从原则上说,在给定 $N$、$E$、$V$ 的条件下,凡是满足式(6.5.1)的分布应当都有可能实现.不过对于宏观系统,分布曲线中与最概然分布相应的 $\Omega$ 的极大值附近非常陡,即其他分布的微观状态数与最概然分布的微观状态数相比几近于零.为了说明这一点,我们将玻耳兹曼分布的微观状态数 $\Omega$ 与对玻耳兹曼分布有偏离 $\Delta a_l (l=1,2,\cdots)$ 的一个分布的微观状态数 $\Omega+\Delta\Omega$ 加以比较.将 $\ln(\Omega+\Delta\Omega)$ 展开,得

$$\ln(\Omega+\Delta\Omega)=\ln\Omega+\delta\ln\Omega+\frac{1}{2}\delta^2\ln\Omega+\cdots$$

将式(6.6.5)的 $\delta\ln\Omega$ 和式(6.6.12)的 $\delta^2\ln\Omega$ 代入上式,有

$$\ln(\Omega+\Delta\Omega)=\ln\Omega-\frac{1}{2}\sum_l\frac{(\Delta a_l)^2}{a_l}$$

假设对玻耳兹曼分布的相对偏离为 $\frac{\Delta a_l}{a_l}\sim 10^{-5}$,则

$$\ln\frac{\Omega+\Delta\Omega}{\Omega}=-\frac{1}{2}\sum_l\left(\frac{\Delta a_l}{a_l}\right)^2 a_l=-\frac{1}{2}\times 10^{-10}N$$

对于 $N\approx 10^{23}$ 的宏观系统,$\frac{\Omega+\Delta\Omega}{\Omega}\approx\exp\left(-\frac{1}{2}\times 10^{13}\right)$.这个估计说明,即使对最概然分布仅有极小偏离的分布,它的微观状态数与最概然分布的微观状态数相比也是几近于零的.这就是说,最概然分布的微观状态数非常接近于全部可能的微观状态数.根据等概率原理,处在平衡态下的孤立系统,每一个可能的微观状态出现的概率相等,如果我们忽略其他分布而认为在平衡状态下粒子实质上处在玻耳兹曼分布,所引起的误差应当是可以忽略的.

第三,在前面的推导中,对所有的 $a_l$ 都应用了式(6.6.1)的近似.这就要求所有的 $a_l$ 都远大于1.这个条件实际上往往并不满足,这是推导过程的一个严重缺陷.在第九章中将讲述玻耳兹曼分布的另一种推导,用巨正则系综理论导出近独立的玻耳兹曼粒子在其个体能级上的平均分布.

第四,在前面的讨论中,假设系统只含一种粒子,即系统是单元系.这个限制不是原则性的,可以把理论推广到含有多个组元的情形(习题6.5).

第五,根据式(6.5.2)和式(6.5.8)的相似性,可以直接写出经典统计中玻耳兹曼分布的表达式:

$$a_l=\mathrm{e}^{-\alpha-\beta\varepsilon_l}\frac{\Delta\omega_l}{h_0^r} \tag{6.6.13}$$

其中 $\alpha$、$\beta$ 满足

$$N=\sum_l \mathrm{e}^{-\alpha-\beta\varepsilon_l}\frac{\Delta\omega_l}{h_0^r},\quad E=\sum_l \varepsilon_l\mathrm{e}^{-\alpha-\beta\varepsilon_l}\frac{\Delta\omega_l}{h_0^r} \tag{6.6.14}$$

## §6.7 玻色分布和费米分布

本节推导玻色系统和费米系统中粒子的最概然分布.

考虑处在平衡状态的孤立系统,具有确定的粒子数 $N$、体积 $V$ 和能量 $E$.以 $\varepsilon_l(l=1,$

2,…)表示粒子的能级,$\omega_l$ 表示能级 $\varepsilon_l$ 的简并度.以 $\{a_l\}$ 表示处在各能级上的粒子数.显然,分布 $\{a_l\}$ 必须满足条件

$$\sum_l a_l = N, \quad \sum_l \varepsilon_l a_l = E \tag{6.7.1}$$

才有可能实现.§6.5中导出了与一个分布 $\{a_l\}$ 相应的系统的微观状态数 $\Omega$.

玻色系统的 $\Omega$ 为

$$\Omega = \prod_l \frac{(\omega_l + a_l - 1)!}{a_l!(\omega_l - 1)!} \tag{6.7.2}$$

费米系统的 $\Omega$ 为

$$\Omega = \prod_l \frac{\omega_l!}{a_l!(\omega_l - a_l)!} \tag{6.7.3}$$

为书写简便起见,将§6.5中的 $\Omega_\text{B.E.}$ 和 $\Omega_\text{F.D.}$ 都简记为 $\Omega$.

根据等概率原理,对于处在平衡状态的孤立系统,每一个可能的微观状态出现的概率是相等的.因此,使 $\Omega$ 为极大值的分布,出现的概率最大,是最概然分布.

先考虑玻色系统.对式(6.7.2)取对数,得

$$\ln \Omega = \sum_l [\ln(\omega_l + a_l - 1)! - \ln a_l! - \ln(\omega_l - 1)!]$$

假设 $a_l \gg 1, \omega_l \gg 1$,因而 $\omega_l + a_l - 1 \approx \omega_l + a_l, \omega_l - 1 \approx \omega_l$,且可用近似式

$$\ln m! = m(\ln m - 1)$$

则有

$$\ln \Omega = \sum_l [(\omega_l + a_l)\ln(\omega_l + a_l) - a_l \ln a_l - \omega_l \ln \omega_l] \tag{6.7.4}$$

令 $a_l$ 有 $\delta a_l$ 的变化,因而 $\ln \Omega$ 将有 $\delta \ln \Omega$ 的变化,使 $\Omega$ 为极大值的分布必使 $\delta \ln \Omega = 0$,即

$$\delta \ln \Omega = \sum_l [\ln(\omega_l + a_l) - \ln a_l] \delta a_l = 0$$

但是各 $\delta a_l$ 不是完全独立的,必须满足条件:

$$\delta N = \sum_l \delta a_l = 0, \quad \delta E = \sum_l \varepsilon_l \delta a_l = 0$$

用拉格朗日乘子 $\alpha$ 和 $\beta$ 乘这两个式子,并从 $\delta \ln \Omega$ 中减去,得

$$\sum_l [\ln(\omega_l + a_l) - \ln a_l - \alpha - \beta \varepsilon_l] \delta a_l = 0$$

根据拉格朗日乘子法原理,上式中每一个 $\delta a_l$ 的系数都必须为零,即

$$\ln(\omega_l + a_l) - \ln a_l - \alpha - \beta \varepsilon_l = 0$$

得

$$a_l = \frac{\omega_l}{e^{\alpha + \beta \varepsilon_l} - 1} \tag{6.7.5}$$

式(6.7.5)给出了玻色系统中粒子的最概然分布,称为玻色-爱因斯坦(Einstein)分布,简称玻色分布,拉格朗日乘子 $\alpha$ 和 $\beta$ 由条件式(6.7.1)确定,即

$$\sum_l \frac{\omega_l}{e^{\alpha + \beta \varepsilon_l} - 1} = N, \quad \sum_l \frac{\varepsilon_l \omega_l}{e^{\alpha + \beta \varepsilon_l} - 1} = E \tag{6.7.6}$$

现在推导费米系统的最概然分布.将式(6.7.3)取对数,得

$$\ln \Omega = \sum_l \left[ \ln \omega_l! - \ln a_l! - \ln(\omega_l - a_l)! \right]$$

假设 $\omega_l \gg 1, a_l \gg 1, \omega_l - a_l \gg 1$，上式可近似为

$$\ln \Omega = \sum_l \left[ \omega_l \ln \omega_l - a_l \ln a_l - (\omega_l - a_l) \ln(\omega_l - a_l) \right] \tag{6.7.7}$$

根据上式的 $\ln \Omega$，用类似于推导玻色分布的方法，可得费米系统中粒子的最概然分布为

$$a_l = \frac{\omega_l}{e^{\alpha + \beta \varepsilon_l} + 1} \tag{6.7.8}$$

式(6.7.8)称为费米-狄拉克(Dirac)分布，简称费米分布。拉格朗日乘子 $\alpha$ 和 $\beta$ 由式(6.7.1)确定，即

$$\sum_l \frac{\omega_l}{e^{\alpha + \beta \varepsilon_l} + 1} = N, \quad \sum_l \frac{\varepsilon_l \omega_l}{e^{\alpha + \beta \varepsilon_l} + 1} = E \tag{6.7.9}$$

在许多问题中，也常常将 $\beta$ 当作由实验条件确定的已知参量，而由式(6.7.6)或式(6.7.9)的第二式确定系统的内能；或者将 $\alpha$ 和 $\beta$ 都当作由实验条件确定的已知参量，而由式(6.7.6)或式(6.7.9)的两式确定系统的平均总粒子数和内能。

式(6.7.5)和式(6.7.8)分别给出了玻色系统和费米系统在最概然分布下处在能级 $\varepsilon_l$ 的粒子数。能级 $\varepsilon_l$ 有 $\omega_l$ 个量子态，处在其中任何一个量子态上的平均粒子数应该是相同的。因此，处在能量为 $\varepsilon_s$ 的量子态 $s$ 上的平均粒子数为

$$f_s = \frac{1}{e^{\alpha + \beta \varepsilon_s} \pm 1} \tag{6.7.10}$$

式(6.7.6)和式(6.7.9)也可表示为

$$N = \sum_s \frac{1}{e^{\alpha + \beta \varepsilon_s} \pm 1}, \quad E = \sum_s \frac{\varepsilon_s}{e^{\alpha + \beta \varepsilon_s} \pm 1} \tag{6.7.11}$$

其中 $\sum_s$ 表示对粒子的所有量子状态求和。

最后需要说明，在前面玻色分布和费米分布的推导中，应用了诸如 $a_l \gg 1, \omega_l \gg 1$ 等条件。这些条件实际上往往并不满足。因此以上的推导是有严重缺陷的。我们将在第九章中讲述玻色分布和费米分布的另一种推导，用巨正则系综理论导出近独立的玻色和费米粒子在其个体能级上的平均分布。

## §6.8 三种分布的关系

前面导出了玻耳兹曼分布、玻色分布和费米分布。

玻耳兹曼分布为

$$a_l = \omega_l e^{-\alpha - \beta \varepsilon_l} \tag{6.8.1}$$

玻色分布为

$$a_l = \frac{\omega_l}{e^{\alpha + \beta \varepsilon_l} - 1} \tag{6.8.2}$$

费米分布为

$$a_l = \frac{\omega_l}{e^{\alpha+\beta\varepsilon_l}+1} \tag{6.8.3}$$

其中参量 $\alpha$ 和 $\beta$ 由下述条件确定:

$$\sum_l a_l = N, \quad \sum_l \varepsilon_l a_l = E \tag{6.8.4}$$

由玻色分布和费米分布可以看出,如果参量 $\alpha$ 满足条件:

$$e^\alpha \gg 1 \tag{6.8.5}$$

则式(6.8.2)和式(6.8.3)分母中的 $\pm 1$ 就可以忽略.这时玻色分布[式(6.8.2)]和费米分布[式(6.8.3)]都过渡到玻耳兹曼分布[式(6.8.1)].当式(6.8.5)的条件满足时,显然式(6.5.5)成立,即

$$\frac{a_l}{\omega_l} \ll 1 \quad (\text{对所有的 } l) \tag{6.8.6}$$

反之,如果对所有的 $l$,式(6.8.6)均成立,则必须有 $e^\alpha \gg 1$.所以式(6.8.5)和式(6.8.6)的条件是等价的.我们也称式(6.8.5)为经典极限条件或非简并性条件.在§6.5中说过,当式(6.5.5)得到满足时,有

$$\Omega_{\text{B.E.}} \approx \frac{\Omega_{\text{M.B.}}}{N!} \approx \Omega_{\text{F.D.}} \tag{6.8.7}$$

由于 $N$ 是常量,在求 $\Omega$ 的极大值而导出最概然分布时,因子 $1/N!$ 对结果没有影响,对 $\Omega_{\text{M.B.}}$ 或对 $\Omega_{\text{M.B.}}/N!$ 求极值给出相同的分布.这从另一角度说明,在满足式(6.8.5)的经典极限条件时,玻色(费米)系统中的近独立粒子在平衡态遵从玻耳兹曼分布.以后我们会看到,一般气体属于这种情形.

在§6.6中,我们是在粒子可以分辨的假设下导出玻耳兹曼分布的.自然界中有些系统可以看作由定域的粒子组成,例如,晶体中的原子或离子定域在其平衡位置附近作微振动.这些粒子虽然就其量子本性来说是不可分辨的,但可以根据其位置而加以区分.在此意义下可以将定域粒子看作可以分辨的粒子.因此,由定域粒子组成的系统(称为定域系统)遵从玻耳兹曼分布.第七章中讨论的顺磁性固体和核自旋系统属于这种情形.

值得注意,定域系统和满足经典极限条件的玻色(费米)系统虽然遵从同样的分布,但它们的微观状态数是不同的.前者为 $\Omega_{\text{M.B.}}$,后者为 $\Omega_{\text{M.B.}}/N!$.因此,对于那些直接由分布函数导出的热力学量(例如内能、物态方程),两者具有相同的统计表达式.然而,对于例如熵和自由能等与微观状态数有关的热力学量,两者的统计表达式有差异.我们将在§7.1和§7.6中详细讨论这个问题.

## 习 题

**6.1** 试根据式(6.2.13)证明,在体积 $V$ 内,在 $\varepsilon$ 到 $\varepsilon+d\varepsilon$ 的能量范围内,三维自由粒子的量子态数为

$$D(\varepsilon)d\varepsilon = \frac{2\pi V}{h^3}(2m)^{3/2}\varepsilon^{1/2}d\varepsilon$$

**6.2** 试证明,对于一维自由粒子,在长度 $L$ 内,在 $\varepsilon$ 到 $\varepsilon+d\varepsilon$ 的能量范围内,量子态数为

$$D(\varepsilon)d\varepsilon = \frac{2L}{h}\left(\frac{m}{2\varepsilon}\right)^{1/2}d\varepsilon$$

**6.3** 试证明,对于二维自由粒子,在面积 $L^2$ 内,在 $\varepsilon$ 到 $\varepsilon+d\varepsilon$ 的能量范围内,量子态数为

$$D(\varepsilon)\mathrm{d}\varepsilon = \frac{2\pi L^2}{h^2}m\mathrm{d}\varepsilon$$

6.4 在极端相对论情形下,粒子的能量动量关系为 $\varepsilon = cp$.试求在体积 $V$ 内,在 $\varepsilon$ 到 $\varepsilon+\mathrm{d}\varepsilon$ 的能量范围内,三维粒子的量子态数.

6.5 设系统含有两种粒子,其粒子数分别为 $N$ 和 $N'$.粒子间的相互作用很弱,可以看作是近独立的.假设粒子可以分辨,处在一个个体量子态的粒子数不受限制.试证明,在平衡状态下,两种粒子的最概然分布分别为

$$a_l = \omega_l \mathrm{e}^{-\alpha-\beta\varepsilon_l}$$

和

$$a'_l = \omega'_l \mathrm{e}^{-\alpha'-\beta\varepsilon'_l}$$

其中 $\varepsilon_l$ 和 $\varepsilon'_l$ 是两种粒子的能级,$\omega_l$ 和 $\omega'_l$ 是能级的简并度.

讨论:如果把一种粒子看作一个子系统,系统由两个子系统组成.以上结果表明,互为热平衡的两个子系统具有相同的 $\beta$.

6.6 承 6.5 题,如果粒子是玻色子或费米子,结果如何?

部分习题
参考答案

# 第七章 玻耳兹曼统计

## §7.1 热力学量的统计表达式

在§6.8中说过,定域系统和满足经典极限条件的玻色(费米)系统都遵从玻耳兹曼分布.本章根据玻耳兹曼分布讨论这两类系统的热力学性质.本节先推导热力学量的统计表达式.

内能是系统中粒子无规运动总能量的统计平均值.所以

$$U = \sum_l a_l \varepsilon_l = \sum_l \varepsilon_l \omega_l e^{-\alpha-\beta\varepsilon_l} \tag{7.1.1}$$

引入函数 $Z_1$:

$$Z_1 = \sum_l \omega_l e^{-\beta\varepsilon_l} \tag{7.1.2}$$

称为粒子配分函数,简称为配分函数.由式(6.6.9)得

$$N = e^{-\alpha} \sum_l \omega_l e^{-\beta\varepsilon_l} = e^{-\alpha} Z_1 \tag{7.1.3}$$

上式给出参量 $\alpha$ 与 $N$、$Z_1$ 的关系,可以利用它消去式(7.1.1)中的 $\alpha$.经过简单的运算,可得

$$U = e^{-\alpha}\sum_l \varepsilon_l \omega_l e^{-\beta\varepsilon_l} = e^{-\alpha}\left(-\frac{\partial}{\partial\beta}\right)\sum_l \omega_l e^{-\beta\varepsilon_l} = \frac{N}{Z_1}\left(-\frac{\partial}{\partial\beta}\right)Z_1 = -N\frac{\partial}{\partial\beta}\ln Z_1 \tag{7.1.4}$$

式(7.1.4)是内能的统计表达式.

在热力学中讲过,系统在过程中可以通过功和热量两种方式与外界交换能量.在无穷小过程中,系统在过程前后内能的变化 $dU$ 等于在过程中外界对系统所做的功 $dW$ 及系统从外界吸收的热量 $dQ$ 之和:

$$dU = dW + dQ \tag{7.1.5}$$

如果过程是准静态的,则 $dW$ 可以表示为 $Ydy$ 的形式,其中 $dy$ 是外参量的改变量,$Y$ 是与外参量 $y$ 相应的外界对系统的广义作用力.例如,当系统在准静态过程中有体积变化 $dV$ 时,外界对系统所做的功为 $-pdV$,等等.

粒子的能量是外参量的函数.一个常见的例子是式(6.2.12),其中自由粒子的能量是体积 $V$ 的函数.外参量改变时,外界施于处于能级 $\varepsilon_l$ 上的一个粒子的力为 $\frac{\partial \varepsilon_l}{\partial y}$.因此,外界对系统的广义作用力 $Y$ 为

$$Y = \sum_l \frac{\partial \varepsilon_l}{\partial y} a_l = \sum_l \frac{\partial \varepsilon_l}{\partial y} \omega_l e^{-\alpha-\beta\varepsilon_l}$$

$$= e^{-\alpha}\left(-\frac{1}{\beta}\frac{\partial}{\partial y}\right)\sum_l \omega_l e^{-\beta\varepsilon_l}$$

$$= \frac{N}{Z_1}\left(-\frac{1}{\beta}\frac{\partial}{\partial y}\right)Z_1$$

$$= -\frac{N}{\beta}\frac{\partial}{\partial y}\ln Z_1 \tag{7.1.6}$$

式(7.1.6)是广义作用力的统计表达式.它的一个重要例子是

$$p = \frac{N}{\beta}\frac{\partial}{\partial V}\ln Z_1 \tag{7.1.7}$$

在无穷小的准静态过程中,当外参量有 $\mathrm{d}y$ 的改变时,外界对系统所做的功是

$$Y\mathrm{d}y = \mathrm{d}y\sum_l \frac{\partial \varepsilon_l}{\partial y}a_l = \sum_l a_l \mathrm{d}\varepsilon_l \tag{7.1.8}$$

考虑在无穷小的准静态过程中内能的改变,将内能 $U = \sum_l \varepsilon_l a_l$ 求全微分,有

$$\mathrm{d}U = \sum_l a_l \mathrm{d}\varepsilon_l + \sum_l \varepsilon_l \mathrm{d}a_l \tag{7.1.9}$$

式中,第一项是粒子分布不变时,由于外参量改变导致的能级改变而引起的内能变化;第二项是粒子能级不变时,由于粒子分布改变所引起的内能变化.与式(7.1.8)比较可知,第一项代表过程中外界对系统所做的功.因此第二项代表过程中系统从外界吸收的热量.这就是说,在无穷小的准静态过程中,系统从外界吸收的热量等于粒子在各能级重新分布所增加的内能.热量是在热现象中所特有的宏观量.与内能和广义力不同,没有与热量相应的微观量.

在热力学中讲过,系统在过程中从外界吸收的热量与过程有关,因此 $\mathrm{d}Q$ 不是全微分而只是一个无穷小量.热力学第二定律证明,$\mathrm{d}Q$ 有积分因子 $\frac{1}{T}$,用 $\frac{1}{T}$ 乘 $\mathrm{d}Q$ 后得到全微分 $\mathrm{d}S$:

$$\frac{1}{T}\mathrm{d}Q = \frac{1}{T}(\mathrm{d}U - Y\mathrm{d}y) = \mathrm{d}S \tag{7.1.10}$$

由式(7.1.4)和式(7.1.6)可得

$$\mathrm{d}Q = \mathrm{d}U - Y\mathrm{d}y = -N\mathrm{d}\left(\frac{\partial \ln Z_1}{\partial \beta}\right) + \frac{N}{\beta}\frac{\partial \ln Z_1}{\partial y}\mathrm{d}y$$

用 $\beta$ 乘上式,得

$$\beta(\mathrm{d}U - Y\mathrm{d}y) = -N\beta\mathrm{d}\left(\frac{\partial \ln Z_1}{\partial \beta}\right) + N\frac{\partial \ln Z_1}{\partial y}\mathrm{d}y$$

但由式(7.1.2)引入的配分函数 $Z_1$ 是 $\beta$、$y$ 的函数,$\ln Z_1$ 的全微分为

$$\mathrm{d}\ln Z_1 = \frac{\partial \ln Z_1}{\partial \beta}\mathrm{d}\beta + \frac{\partial \ln Z_1}{\partial y}\mathrm{d}y$$

因此得

$$\beta(\mathrm{d}U - Y\mathrm{d}y) = N\mathrm{d}\left(\ln Z_1 - \beta\frac{\partial}{\partial \beta}\ln Z_1\right) \tag{7.1.11}$$

式(7.1.11)指出,$\beta$ 也是 $\mathrm{d}Q$ 的积分因子.既然 $\beta$ 与 $\frac{1}{T}$ 都是 $\mathrm{d}Q$ 的积分因子,可以令

$$\beta = \frac{1}{kT} \tag{7.1.12}$$

根据微分方程关于积分因子的理论(参阅附录 A),当微分式 $\mathrm{d}Q$ 有积分因子 $\frac{1}{T}$,使 $\frac{\mathrm{d}Q}{T}$ 成为全

微分 $\mathrm{d}S$ 时,它就有无穷多个积分因子,任意两个积分因子之比是 $S$ 的函数.可以证明,$k$ 不是 $S$ 的函数.考虑有两个互为热平衡的系统,由于两个系统合起来的总能量守恒,这两个系统必有一个共同的乘子 $\beta$(习题 6.5).$\beta$ 对这两个系统相同,正好与处在热平衡的物体温度相等一致.所以 $\beta$ 只可能与温度有关,不可能是 $S$ 的函数.这就是说,由式(7.1.12)引入的 $k$ 只能是一个常量.上面的讨论是普遍的,与系统的性质无关,所以这个常量是一个普适常量.要确定该常量的数值,需要将理论用到实际问题中去.我们将在 §7.2 中将理论用于理想气体,得到 $k = R/N_A$,其中 $N_A = 6.022 \times 10^{23}\ \mathrm{mol}^{-1}$ 是阿伏伽德罗常量,$R = 8.314\ \mathrm{J \cdot K^{-1} \cdot mol^{-1}}$ 是摩尔气体常量,$k$ 称为玻耳兹曼常量,其数值为

$$k = 1.381 \times 10^{-23}\ \mathrm{J \cdot K^{-1}}$$

比较式(7.1.10)和式(7.1.11),并考虑到式(7.1.12),可得

$$\mathrm{d}S = Nk\,\mathrm{d}\left(\ln Z_1 - \beta \frac{\partial}{\partial \beta}\ln Z_1\right)$$

积分得

$$S = Nk\left(\ln Z_1 - \beta \frac{\partial}{\partial \beta}\ln Z_1\right) \tag{7.1.13}$$

式中已将积分常量选择为零.从后面关于熵的统计意义的讨论可知,这是一个自然的选择.式(7.1.13)是熵的统计表达式.

现在讨论熵函数的统计意义.将式(7.1.3)取对数,得

$$\ln Z_1 = \ln N + \alpha$$

代入式(7.1.13),有

$$S = k(N\ln N + \alpha N + \beta U) = k\left[N\ln N + \sum_l (\alpha + \beta \varepsilon_l) a_l\right]$$

而由玻耳兹曼分布

$$a_l = \omega_l \mathrm{e}^{-\alpha - \beta \varepsilon_l}$$

可得

$$\alpha + \beta \varepsilon_l = \ln \frac{\omega_l}{a_l}$$

所以 $S$ 可以表示为

$$S = k\left(N\ln N + \sum_l a_l \ln \omega_l - \sum_l a_l \ln a_l\right) \tag{7.1.14}$$

与式(6.6.4)比较,得

$$S = k\ln \Omega \tag{7.1.15}$$

式(7.1.15)称为玻耳兹曼关系.玻耳兹曼关系给熵函数以明确的统计意义.某个宏观状态的熵等于玻耳兹曼常量 $k$ 乘以相应微观状态数的对数.在热力学部分曾经说过,熵是混乱度的量度,就是指玻耳兹曼关系所说的[①].某个宏观状态对应的微观状态数越多,它的混乱度就越大,熵也越大.

---

① 式(7.1.15)适用于近独立的玻耳兹曼系统.对于近独立的玻色(费米)系统,玻耳兹曼关系见式(8.1.11);对于互作用系统,见式(9.3.10).

应当强调,式(7.1.15)的 $\Omega$ 是 $\Omega_{\text{M.B.}}$.因此,熵的表达式(7.1.13)和式(7.1.15)适用于粒子可分辨的系统(定域系统).对于满足经典极限条件的玻色(费米)系统,由玻耳兹曼分布直接导出的内能和广义力的统计表达式(7.1.4)、式(7.1.6)和式(7.1.7)仍适用.由于这些系统的微观状态数为 $\Omega_{\text{M.B.}}/N!$,如果要求玻耳兹曼关系仍成立,熵的表达式(7.1.13)和式(7.1.15)应改为

$$S = Nk\left(\ln Z_1 - \beta \frac{\partial}{\partial \beta}\ln Z_1\right) - k\ln N! \tag{7.1.13'}$$

和

$$S = k\ln \frac{\Omega_{\text{M.B.}}}{N!} \tag{7.1.15'}$$

在§7.6中将会看到,根据式(7.1.13′)和式(7.1.15′)得出的熵函数才满足广延量的要求.

综上所述可以知道,如果求得配分函数 $Z_1$,根据式(7.1.4)、式(7.1.6)、式(7.1.13)和式(7.1.13′)就可以求得基本热力学函数内能、物态方程和熵,从而确定系统的全部平衡性质.因此 $\ln Z_1$ 是以 $\beta$、$y$(对于简单系统即 $T$、$V$)为变量的特性函数.在热力学部分讲过,以 $T$、$V$ 为变量的特性函数是自由能 $F = U - TS$.将式(7.1.4)和式(7.1.13)或式(7.1.13′)代入,可得

$$F = -N\frac{\partial}{\partial \beta}\ln Z_1 - NkT\left(\ln Z_1 - \beta \frac{\partial}{\partial \beta}\ln Z_1\right) = -NkT\ln Z_1 \tag{7.1.16}$$

或

$$F = -NkT\ln Z_1 + kT\ln N! \tag{7.1.16'}$$

两式分别适用于定域系统和满足经典极限条件的玻色(费米)系统.

要根据式(7.1.2)求配分函数,先要求得粒子的能级和能级的简并度,这可以通过量子力学的理论计算,或者分析有关的实验数据(例如光谱数据)而得到.然后再将式(7.1.2)的求和计算出来.这是由玻耳兹曼理论求热力学函数的一般程序.我们将在后面讨论具体的例子.

现在讨论经典统计理论中热力学函数的表达式.比较玻耳兹曼分布的量子表达式(6.6.8)和经典表达式(6.6.13),并参照式(7.1.2),可将玻耳兹曼经典统计的配分函数表达为

$$Z_1 = \sum_l e^{-\beta \varepsilon_l}\frac{\Delta\omega_l}{h_0^r} \tag{7.1.17}$$

由于经典理论中广义坐标 $q$、广义动量 $p$ 和粒子能量 $\varepsilon(p,q)$ 都是连续变量,上式的求和应改写为积分:

$$Z_1 = \int e^{-\beta \varepsilon_l}\frac{\mathrm{d}\omega}{h_0^r} = \int\cdots\int e^{-\beta \varepsilon(p,q)}\frac{\mathrm{d}q_1\mathrm{d}q_2\cdots\mathrm{d}q_r\mathrm{d}p_1\mathrm{d}p_2\cdots\mathrm{d}p_r}{h_0^r} \tag{7.1.18}$$

因此只要将配分函数(7.1.2)改为(7.1.18),内能、物态方程和熵的统计表达式(7.1.4)、式(7.1.7)和式(7.1.13)保持不变.

现在讨论选择不同数值的 $h_0$ 对经典统计结果的影响.式(6.6.13)给出玻耳兹曼分布的经典表达式为

$$a_l = e^{-\alpha-\beta\varepsilon_l}\frac{\Delta\omega_l}{h_0^r} \qquad (7.1.19)$$

由式(7.1.3)知,$e^{-\alpha}=N/Z_1$,因此可以将 $a_l$ 表示为

$$a_l = \frac{N}{Z_1}e^{-\beta\varepsilon_l}\frac{\Delta\omega_l}{h_0^r} \qquad (7.1.20)$$

式中的 $h_0^r$ 可与配分函数 $Z_1$ 所含的 $h_0^r$ 相互消去.根据配分函数式(7.1.18)和式(7.1.4)、式(7.1.7)求得的内能、物态方程也不含常量 $h_0^r$.因此上述结果与 $h_0$ 数值的选择无关.但是,根据式(7.1.13)求得的熵函数含有常量 $h_0$.如果选取数值不同的 $h_0$,熵的数值将相差一个常量.这说明绝对熵的概念是量子理论的结果.

以后我们将会看到,在微观粒子全同性的影响可以忽略(定域系统或满足经典极限条件,因而玻耳兹曼分布适用)和能量量子化的影响可以忽略(能级密集,任意两个相邻能级的能量差远小于 $kT$)的极限情形下,经典统计理论是适用的.如果进一步选择 $h_0 = h$,且将非定域系统的微观状态数改正为 $\Omega = \dfrac{\Omega_{\text{M.B.}}}{N!}$,即可得到与量子统计相同的结果.

## §7.2 理想气体的物态方程

作为玻耳兹曼统计最简单的应用,本节讨论理想气体的物态方程.在§6.8中说过,一般气体满足经典极限条件,遵从玻耳兹曼分布,我们将在本节末对此详细加以分析.

为明确起见,考虑单原子分子理想气体.后面将说明,所得结果对双原子或多原子分子理想气体是同样适用的.在一定近似下,可以把单原子分子看作没有内部结构的质点.理想气体忽略分子间的相互作用.因此在没有外场时,可以把单原子分子理想气体中分子的运动看作粒子在容器内的自由运动.根据式(6.2.12),其能量表达式为

$$\varepsilon = \frac{1}{2m}(p_x^2+p_y^2+p_z^2) \qquad (7.2.1)$$

其中 $p_x \text{、} p_y \text{、} p_z$ 的可能值由式(6.2.11)给出.不过在宏观大小的容器内,动量值和能量值是准连续的.根据式(6.2.13),在 $dxdydzdp_xdp_ydp_z$ 范围内,分子可能的微观状态数为

$$\frac{dxdydzdp_xdp_ydp_z}{h^3} \qquad (7.2.2)$$

将式(7.2.1)和式(7.2.2)代入式(7.1.2),可得配分函数为

$$Z_1 = \frac{1}{h^3}\int\cdots\int e^{-\frac{\beta}{2m}(p_x^2+p_y^2+p_z^2)}dxdydzdp_xdp_ydp_z \qquad (7.2.3)$$

上式的积分可以分解为6个积分的乘积:

$$Z_1 = \frac{1}{h^3}\iiint dxdydz\int_{-\infty}^{+\infty}e^{-\frac{\beta}{2m}p_x^2}dp_x\cdot\int_{-\infty}^{+\infty}e^{-\frac{\beta}{2m}p_y^2}dp_y\cdot\int_{-\infty}^{+\infty}e^{-\frac{\beta}{2m}p_z^2}dp_z$$

将积分求出(参阅附录C),可得

$$Z_1 = V\left(\frac{2\pi m}{h^2\beta}\right)^{3/2} \qquad (7.2.4)$$

其中 $V = \iiint dxdydz$ 是气体的体积.

根据式(7.1.7)可求得理想气体的压强 $p$ 为

$$p = \frac{N}{\beta}\frac{\partial}{\partial V}\ln Z_1 = \frac{NkT}{V} \tag{7.2.5}$$

式(7.2.5)是理想气体的物态方程.玻耳兹曼常量的数值就是将式(7.2.5)与实验测得的物态方程 $pV=nRT$ 相比较而确定的.

对于双原子或多原子分子,分子的能量除了式(7.2.1)给出的平动能量外,还包括转动、振动等能量(参阅§7.4).由于计及转动、振动能量后不改变配分函数 $Z_1$ 对 $V$ 的依赖关系,根据式(7.1.7)求物态方程仍将得到式(7.2.5).

如果应用经典统计理论求理想气体的物态方程,应将分子平动能量的经典表达式(6.1.3)代入配分函数式(7.1.18),积分后得到的配分函数与式(7.2.3)相同,只有 $h_0 \rightleftharpoons h$ 的差别,由此得到的物态方程与式(7.2.5)完全相同.

最后作一下简略的估计,说明一般气体满足经典极限条件 $e^\alpha \gg 1$.由式(7.1.3)得,$e^\alpha = Z_1/N$,将式(7.2.4)的 $Z_1$ 代入,可将经典极限条件表示为

$$e^\alpha = \frac{V}{N}\left(\frac{2\pi mkT}{h^2}\right)^{3/2} \gg 1 \tag{7.2.6}$$

由上式可知,如果(1) $N/V$ 越小,即气体越稀薄;(2) 温度越高;(3) 分子的质量 $m$ 越大,经典极限条件越易得到满足.表7.2.1列出了几种气体在1 atm下的沸点和 $e^\alpha$ 值.可以看出,除 He 以外,其他气体都满足经典极限条件.在低温下,应该可以观察到 He 对玻耳兹曼分布的歧离.但是这时气体的密度很大,原子间的相互作用已经掩盖了这个统计效应.

表 7.2.1

| 气体 | 1 atm 下的沸点/K | $e^\alpha$ |
|---|---|---|
| He | 4.2 | 7.5 |
| $H_2$ | 20.3 | $1.4 \times 10^2$ |
| Ne | 27.2 | $9.3 \times 10^3$ |
| Ar | 87.4 | $4.7 \times 10^5$ |

经典极限条件 $e^\alpha \gg 1$ 也常用另一种方式表达.德布罗意波长为 $\lambda = \frac{h}{p} = \frac{h}{\sqrt{2m\varepsilon}}$.如果将 $\varepsilon$ 理解为分子热运动的平均能量,估计值为 $\pi kT$,则分子德布罗意波的平均热波长为 $\lambda = h\left(\frac{1}{2\pi mkT}\right)^{1/2}$.以 $n = \frac{N}{V}$ 表示分子的数密度,式(7.2.6)可以写为

$$n\lambda^3 \ll 1 \tag{7.2.7}$$

上式意味着,分子德布罗意波的平均热波长远小于分子的平均间距,或者在体积 $\lambda^3$ 内平均

粒子数远小于1.

## §7.3 麦克斯韦速度分布律

如前所述,一般情形下,气体满足经典极限条件,遵从玻耳兹曼分布.本节根据玻耳兹曼分布研究气体分子质心的平移运动,导出气体分子的速度分布律.

根据式(6.6.6),玻耳兹曼分布是

$$a_l = \omega_l e^{-\alpha-\beta\varepsilon_l} \tag{7.3.1}$$

式(6.2.12)给出分子质心运动的能量为

$$\varepsilon = \frac{1}{2m}(p_x^2 + p_y^2 + p_z^2)$$

在体积 $V$ 内,在 $dp_x dp_y dp_z$ 的动量范围内,分子质心平动的微观状态数为

$$\frac{V}{h^3} dp_x dp_y dp_z$$

因此,在体积 $V$ 内,质心平动动量在 $dp_x dp_y dp_z$ 范围内的分子数为

$$\frac{V}{h^3} e^{-\alpha - \frac{1}{2mkT}(p_x^2 + p_y^2 + p_z^2)} dp_x dp_y dp_z \tag{7.3.2}$$

参量 $\alpha$ 由总分子数为 $N$ 的条件定出:

$$\frac{V}{h^3} \iiint e^{-\alpha - \frac{1}{2mkT}(p_x^2 + p_y^2 + p_z^2)} dp_x dp_y dp_z = N \tag{7.3.3}$$

将积分求出,整理后可得

$$e^{-\alpha} = \frac{N}{V} \left( \frac{h^2}{2\pi mkT} \right)^{3/2} \tag{7.3.4}$$

将式(7.3.4)代入式(7.3.2),即可求得质心动量在 $dp_x dp_y dp_z$ 范围内的分子数为

$$N \left( \frac{1}{2\pi mkT} \right)^{3/2} e^{-\frac{1}{2mkT}(p_x^2 + p_y^2 + p_z^2)} dp_x dp_y dp_z \tag{7.3.5}$$

容易验明,由玻耳兹曼经典统计的式(7.1.20),也可得到相同的结果,结果与 $h_0$ 的数值无关.

如果用速度作变量,以 $v_x$、$v_y$、$v_z$ 代表速度的三个分量,则

$$p_x = mv_x, \quad p_y = mv_y, \quad p_z = mv_z$$

代入式(7.3.5),便可求得在 $dv_x dv_y dv_z$ 范围内的分子数为

$$N \left( \frac{m}{2\pi kT} \right)^{3/2} e^{-\frac{m}{2kT}(v_x^2 + v_y^2 + v_z^2)} dv_x dv_y dv_z \tag{7.3.6}$$

以 $n = \frac{N}{V}$ 表示单位体积内的分子数,则在单位体积内,速度在 $dv_x dv_y dv_z$ 内的分子数为

$$f(v_x, v_y, v_z) dv_x dv_y dv_z = n \left( \frac{m}{2\pi kT} \right)^{3/2} e^{-\frac{m}{2kT}(v_x^2 + v_y^2 + v_z^2)} dv_x dv_y dv_z \tag{7.3.7}$$

函数 $f(v_x, v_y, v_z)$ 满足条件:

$$\int_{-\infty}^{+\infty} \int_{-\infty}^{+\infty} \int_{-\infty}^{+\infty} f(v_x, v_y, v_z) dv_x dv_y dv_z = n \tag{7.3.8}$$

式(7.3.7)就是我们熟知的麦克斯韦速度分布律.前面是根据玻耳兹曼分布导出麦克斯韦速度分布的.在第九章中我们将看到,在分子间存在相互作用的情形下,根据正则分布也可以导出麦克斯韦分布(习题 9.7),说明实际气体分子的速度分布也遵从这一规律.

引入速度空间中的球极坐标 $v$、$\theta$、$\varphi$,以球极坐标的体积元 $v^2\sin\theta dv d\theta d\varphi$ 代替直角坐标的体积元 $dv_x dv_y dv_z$,对 $\theta$、$\varphi$ 积分后可得,在单位体积内,速率在 $dv$ 范围内的分子数为

$$4\pi n\left(\frac{m}{2\pi kT}\right)^{3/2} e^{-\frac{m}{2kT}v^2} v^2 dv \tag{7.3.9}$$

式(7.3.9)称为气体分子的速率分布.速率分布函数满足

$$4\pi n\left(\frac{m}{2\pi kT}\right)^{3/2} \int_0^\infty e^{-\frac{m}{2kT}v^2} v^2 dv = n \tag{7.3.10}$$

速率分布函数有一极大值,使速率分布函数取极大值的速率称为最概然速率,以 $v_p$ 表示.如果把速率分为相等的间隔,$v_p$ 所在的间隔分子数最多.$v_p$ 由下式确定:

$$\frac{d}{dv}(e^{-\frac{m}{2kT}v^2} \cdot v^2) = 0 \tag{7.3.11}$$

由此得

$$v_p = \sqrt{\frac{2kT}{m}} \tag{7.3.12}$$

利用式(7.3.9)还可以求出分子的平均速率 $\bar{v}$ 和方均根速率 $v_s$.平均速率 $\bar{v}$ 是速率 $v$ 的平均值:

$$\bar{v} = 4\pi\left(\frac{m}{2\pi kT}\right)^{3/2} \int_0^\infty v e^{-\frac{m}{2kT}v^2} v^2 dv = \sqrt{\frac{8kT}{\pi m}} \tag{7.3.13}$$

方均根速率 $v_s$ 是 $v^2$ 的平均值的平方根:

$$v_s^2 = \overline{v^2} = 4\pi\left(\frac{m}{2\pi kT}\right)^{3/2} \int_0^\infty v^2 e^{-\frac{m}{2kT}v^2} v^2 dv = \frac{3kT}{m}$$

故

$$v_s = \sqrt{\frac{3kT}{m}} \tag{7.3.14}$$

由式(7.3.12)至式(7.3.14)可知,$v_p$、$\bar{v}$ 和 $v_s$ 都与 $\sqrt{T}$ 成正比,与 $\sqrt{m}$ 成反比.它们之比为

$$v_s : \bar{v} : v_p = \sqrt{\frac{3}{2}} : \frac{2}{\sqrt{\pi}} : 1 = 1.225 : 1.128 : 1$$

以 $M$ 表示摩尔质量:

$$M = N_A m$$

故 $k/m = R/M$.因此式(7.3.14)也可表示为

$$v_s = \sqrt{\frac{3RT}{M}} \tag{7.3.15}$$

由式(7.3.15)可以计算 $v_s$,例如氮气($N_2$)在 0 ℃ 的 $v_s$ 为 493 m·s$^{-1}$.

麦克斯韦速度分布率已被近代许多实验例如热电子发射实验、分子射线实验或光谱谱

线的多普勒(Doppler)增宽(习题7.8)所直接证实.

麦克斯韦速度分布律有着广泛的应用.作为一个例子,下面计算在单位时间内碰到单位面积器壁上的分子数,该分子数称为碰壁数.

如图 7.3.1 所示,$dA$ 是器壁上的一个面积元,其法线方向沿 $x$ 轴.以 $d\Gamma dA dt$ 表示在 $dt$ 时间内,碰到 $dA$ 面积上,速度在 $dv_x dv_y dv_z$ 范围内的分子数.该分子数就是位于以 $dA$ 为底、以 $\boldsymbol{v}(v_x,v_y,v_z)$ 为轴线、以 $v_x dt$ 为高的柱体内,速度在 $dv_x dv_y dv_z$ 范围内的分子数.柱体的体积是 $v_x dA dt$,所以

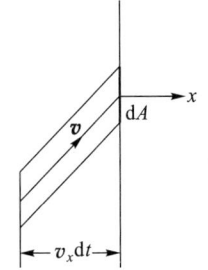

图 7.3.1

$$d\Gamma dA dt = f dv_x dv_y dv_z v_x dA dt$$

即

$$d\Gamma = f v_x dv_x dv_y dv_z \tag{7.3.16}$$

对速度积分,$v_x$ 从 0 到 $\infty$,$v_y$ 和 $v_z$ 从 $-\infty$ 到 $+\infty$,即可求得在单位时间内碰到单位面积的器壁上的分子数 $\Gamma$ 为

$$\Gamma = \int_{-\infty}^{+\infty} dv_y \int_{-\infty}^{+\infty} dv_z \int_0^{\infty} v_x f dv_x$$

将麦克斯韦分布代入,求积分得

$$\Gamma = n\left(\frac{m}{2\pi kT}\right)^{1/2} \int_0^{\infty} v_x e^{-\frac{m}{2kT} v_x^2} dv_x = n \sqrt{\frac{kT}{2\pi m}} \tag{7.3.17}$$

上式也可表示为

$$\Gamma = \frac{1}{4} n \bar{v} \tag{7.3.18}$$

由式(7.3.18)可以求得,在 1 atm 和 0 ℃下,氮气分子的每秒碰壁数为 $3\times10^{23}$.

假设器壁有小孔,分子可以通过小孔逸出.如果小孔足够小,对容器内分子平衡分布的影响可以忽略,则单位时间内逸出的分子数就等于碰到小孔面积上的分子数.分子从小孔逸出的过程称为泻流.

## §7.4 能量均分定理

本节根据经典玻耳兹曼分布导出一个重要的定理——能量均分定理,并应用能量均分定理讨论一些物质系统的热容.

**能量均分定理**:对于处在温度为 $T$ 的平衡状态的经典系统,粒子能量中每一个独立的平方项的平均值等于 $\frac{1}{2}kT$.

由经典力学知道,粒子的能量是动能 $\varepsilon_p$ 和势能 $\varepsilon_q$ 之和.动能可以表示为动量的平方项之和:

$$\varepsilon_p = \frac{1}{2} \sum_{i=1}^{r} a_i p_i^2 \tag{7.4.1}$$

其中系数 $a_i$ 都是正数,有可能是 $q_1,q_2,\cdots,q_r$ 的函数,但与 $p_1,p_2,\cdots,p_r$ 无关.$\frac{1}{2} a_1 p_1^2$ 的平均值为

$$\overline{\frac{1}{2}a_1 p_1^2} = \frac{1}{N}\int \frac{1}{2}a_1 p_1^2 e^{-\alpha-\beta\varepsilon}\frac{\mathrm{d}q_1\cdots\mathrm{d}q_r\mathrm{d}p_1\cdots\mathrm{d}p_r}{h_0^r} = \frac{1}{Z_1}\int \frac{1}{2}a_1 p_1^2 e^{-\beta\varepsilon}\frac{\mathrm{d}q_1\cdots\mathrm{d}q_r\mathrm{d}p_1\cdots\mathrm{d}p_r}{h_0^r}$$

分部积分, 得

$$\int_{-\infty}^{+\infty}\frac{1}{2}a_1 p_1^2 e^{-\frac{\beta}{2}a_1 p_1^2}\mathrm{d}p_1 = \left(-\frac{p_1}{2\beta}e^{-\frac{\beta}{2}a_1 p_1^2}\right)\Big|_{-\infty}^{+\infty} + \frac{1}{2\beta}\int_{-\infty}^{+\infty}e^{-\frac{\beta}{2}a_1 p_1^2}\mathrm{d}p_1$$

因为 $a_1 > 0$, 上式第一项为零, 故得

$$\overline{\frac{1}{2}a_1 p_1^2} = \frac{1}{2\beta}\cdot\frac{1}{Z_1}\int e^{-\beta\varepsilon}\frac{\mathrm{d}q_1\cdots\mathrm{d}q_r\mathrm{d}p_1\cdots\mathrm{d}p_r}{h_0^r} = \frac{1}{2}kT \tag{7.4.2}$$

假如势能中有一部分可表示为平方项:

$$\varepsilon_q = \frac{1}{2}\sum_{i=1}^{r'}b_i q_i^2 + \varepsilon_q'(q_{r'+1},\cdots,q_r) \tag{7.4.3}$$

其中系数 $b_i$ 都是正数, 有可能是 $q_{r'+1},\cdots,q_r$ 的函数 ($r'<r$), 且式 (7.4.1) 中的系数 $a_i$ 也只是 $q_{r'+1},\cdots,q_r$ 的函数, 与 $q_1,\cdots,q_{r'}$ 无关, 则可同样证明 ($q_i$ 的积分限是 $-\infty$ 到 $+\infty$):

$$\overline{\frac{1}{2}b_1 q_1^2} = \frac{1}{2}kT \tag{7.4.4}$$

这样就证明了, 能量 $\varepsilon$ 中每一个平方项的平均值等于 $\frac{1}{2}kT$.

应用能量均分定理, 可以方便地求得一些物质系统的内能和热容. 下面举几个例子.

单原子分子只有平动, 其能量为

$$\varepsilon = \frac{1}{2m}(p_x^2 + p_y^2 + p_z^2) \tag{7.4.5}$$

有 3 个平方项. 根据能量均分定理, 在温度为 $T$ 时, 单原子分子的平均能量为

$$\overline{\varepsilon} = \frac{3}{2}kT$$

单原子分子理想气体的内能为

$$U = \frac{3}{2}NkT$$

定容热容 $C_V$ 为

$$C_V = \frac{3}{2}Nk$$

由热力学公式 $C_p - C_V = Nk$, 可以求得定压热容 $C_p$ 为

$$C_p = \frac{5}{2}Nk$$

因此定压热容与定容热容之比 $\gamma$ 为

$$\gamma = \frac{C_p}{C_V} = \frac{5}{3} = 1.667 \tag{7.4.6}$$

表 7.4.1 列举了实验数据以作比较, 可以看出, 理论结果与实验结果符合得很好. 不过在

上面的讨论中将原子看作一个质点,完全没有考虑原子内电子的运动.原子内的电子对热容没有贡献是经典理论所不能解释的,要用量子理论才能解释.

表 7.4.1

| 气体 | 温度/K | $\gamma$ |
| --- | --- | --- |
| 氦气(He) | 291 | 1.660 |
|  | 93 | 1.673 |
| 氖气(Ne) | 292 | 1.642 |
| 氩气(Ar) | 288 | 1.650 |
|  | 93 | 1.690 |
| 氪气(Kr) | 292 | 1.689 |
| 氙气(Xe) | 292 | 1.666 |
| 钠蒸气(Na) | 750~926 | 1.680 |
| 钾蒸气(K) | 660~1 000 | 1.640 |
| 汞蒸气(Hg) | 548~629 | 1.666 |

双原子分子的能量为

$$\varepsilon = \frac{1}{2m}(p_x^2 + p_y^2 + p_z^2) + \frac{1}{2I}\left(p_\theta^2 + \frac{1}{\sin^2\theta}p_\varphi^2\right)$$
$$+ \frac{1}{2m_\mu}p_r^2 + u(r) \tag{7.4.7}$$

上式第一项是质心的平动能量,其中 $m$ 是分子的质量,等于两个原子的质量之和 $m = m_1 + m_2$. 第二项是分子绕质心的转动能量,其中 $I = m_\mu r^2$ 是转动惯量, $m_\mu = \dfrac{m_1 m_2}{m_1 + m_2}$ 是约化质量, $r$ 是两原子的距离.第三项是两原子相对运动的能量,其中 $\dfrac{1}{2m_\mu}p_r^2$ 是相对运动的动能, $u(r)$ 是两原子的相互作用能.如果不考虑相对运动,式(7.4.7)有 5 个平方项,根据能量均分定理,在温度为 $T$ 时,双原子分子的平均能量为

$$\overline{\varepsilon} = \frac{5}{2}kT$$

双原子分子气体的内能和热容为

$$U = \frac{5}{2}NkT$$

$$C_V = \frac{5}{2}Nk$$

$$C_p = \frac{7}{2}Nk$$

因此定压热容与定容热容之比 $\gamma$ 为

$$\gamma = \frac{C_p}{C_V} = 1.40 \tag{7.4.8}$$

表 7.4.2 列举了实验数据以作比较,可以看出,除了在低温之下的氢气以外,理论结果与实验结果符合得很好.氢气在低温下的性质用经典理论不能解释.此外,不考虑两原子的相对运动也缺乏根据.更为合理的假设是两原子保持一定的平均距离相对作简谐振动.但是,如果采取这个假设,双原子分子的能量将有 7 个平方项,能量均分定理给出的结果将与实验结果不符.这一点也是经典理论所不能解释的.

表 7.4.2

| 气体 | 温度/K | $\gamma$ |
|---|---|---|
| 氢气($H_2$) | 289 | 1.407 |
| | 197 | 1.453 |
| | 92 | 1.597 |
| 氮气($N_2$) | 293 | 1.398 |
| | 92 | 1.419 |
| 氧气($O_2$) | 293 | 1.398 |
| | 197 | 1.411 |
| | 92 | 1.404 |
| 一氧化碳(CO) | 291 | 1.396 |
| | 93 | 1.417 |
| 一氧化氮(NO) | 288 | 1.38 |
| | 228 | 1.39 |
| | 193 | 1.38 |
| 氯化氢(HCl) | 290~373 | 1.40 |

固体中的原子可以在其平衡位置附近作微振动.假设各原子的振动是相互独立的简谐振动.原子在一个自由度上的能量为

$$\varepsilon = \frac{1}{2m}p^2 + \frac{1}{2}m\omega^2 q^2 \tag{7.4.9}$$

式(7.4.9)有 2 个平方项.由于每个原子有 3 个自由度,根据能量均分定理,在温度为 $T$ 时,一个原子的平均能量为

$$\bar{\varepsilon} = 3kT$$

以 $N$ 表示固体中的原子数,固体的内能为

$$U = 3NkT$$

定容热容为
$$C_V = 3Nk \quad (7.4.10)$$

这个结果与杜隆(Dulong)、珀蒂(Petit)在1818年由实验发现的结果符合.通常由实验测量的固体热容是定压热容 $C_p$,而式(7.4.10)给出的是定容热容 $C_V$,两者在固体的情形下有些差别.要使理论结果与实验结果能更好地比较,需要应用热力学公式(2.2.12):

$$C_p - C_V = \frac{TV\alpha^2}{\kappa_T}$$

把实验测得的 $C_p$ 换为 $C_V$.将理论结果式(7.4.10)与实验结果比较,在室温和高温范围符合得很好.但在低温范围,实验发现,固体的热容随温度降低得很快,当温度趋近绝对零度时,热容也趋于零.这个事实用经典理论不能解释.此外,金属中存在自由电子,如果将能量均分定理应用于电子,自由电子的热容与离子振动的热容将具有相同的量级.实验结果是,在3 K以上,自由电子的热容与离子振动的热容相比,可以忽略不计.这个事实用经典理论也不能解释.

最后,我们根据能量均分定理讨论平衡辐射问题.在§2.6中我们用热力学理论讨论过这个问题.考虑一个封闭的空窖,窖壁原子不断地向空窖发射并从空窖吸收电磁波,经过一定的时间以后,空窖内的电磁辐射与窖壁达到平衡,称为平衡辐射,二者具有共同的温度 $T$.

空窖内的辐射场可以分解为无穷多个单色平面波的叠加.如果采用周期性边界条件,单色平面波的电场分量可表示为

$$E = E_0 e^{i(\boldsymbol{k} \cdot \boldsymbol{r} - \omega t)} \quad (7.4.11)$$

其中 $\omega$ 是圆频率,$\boldsymbol{k}$ 是波矢.$\boldsymbol{k}$ 的三个分量 $k_x$、$k_y$、$k_z$ 的可能值为

$$\begin{cases} k_x = \dfrac{2\pi}{L} n_x, & n_x = 0, \pm 1, \pm 2, \cdots \\ k_y = \dfrac{2\pi}{L} n_y, & n_y = 0, \pm 1, \pm 2, \cdots \\ k_z = \dfrac{2\pi}{L} n_z, & n_z = 0, \pm 1, \pm 2, \cdots \end{cases} \quad (7.4.12)$$

其中 $L$ 是容器的边长.$E_0$ 有两个偏振方向,这两个偏振方向与 $\boldsymbol{k}$ 垂直,并且相互垂直.单色平面波的磁场分量也有相应的表达式.将式(7.4.11)代入波动方程

$$\nabla^2 E - \frac{1}{c^2} \frac{\partial^2}{\partial t^2} E = 0$$

可得,$\omega$ 与 $k$ 间存在关系:

$$\omega = ck \quad (7.4.13)$$

其中 $c$ 是电磁波在真空中的传播速度.

具有一定波矢 $\boldsymbol{k}$ 和一定偏振的单色平面波可以看作辐射场的一个自由度.它以圆频率 $\omega$ 随时间作简谐变化,因此相当于一个振动自由度.用与§6.2中导出式(6.2.13)相类似的方法,可以由式(7.4.12)求得在体积 $V$ 内,在 $dk_x dk_y dk_z$ 的波矢范围内,辐射场的振动自由度数为 $V dk_x dk_y dk_z / 4\pi^3$(注意计及两个偏振方向).利用式(7.4.13)将 $k$ 换为 $\omega$,容易求出,在体积 $V$ 内,在 $\omega$ 到 $\omega + d\omega$ 的圆频率范围内,辐射场的振动自由度数为

$$D(\omega)\mathrm{d}\omega = \frac{V}{\pi^2 c^3}\omega^2\mathrm{d}\omega \qquad (7.4.14)$$

根据能量均分定理，温度为 $T$ 时，每一振动自由度的平均能量为 $\bar{\varepsilon} = kT$. 所以在体积 $V$ 内，在 $\mathrm{d}\omega$ 范围内，平衡辐射的内能为

$$U_\omega \mathrm{d}\omega = D(\omega)kT\mathrm{d}\omega = \frac{V}{\pi^2 c^3}\omega^2 kT\mathrm{d}\omega \qquad (7.4.15)$$

该结果是由瑞利（Rayleigh,1900 年）和金斯（Jeans,1905 年）得到的，称为瑞利-金斯公式.

图 7.4.1 示意地画出了瑞利-金斯公式的曲线和实验曲线以作比较.在低频范围二者符合得很好，但在高频（紫外）范围二者有尖锐的歧异，理论曲线无限地上升，而实验曲线经过极大值后迅速地降到零.

根据瑞利-金斯公式，在有限温度下，平衡辐射的总能量是发散的：

$$U = \int_0^\infty U_\omega \mathrm{d}\omega = \frac{V}{\pi^2 c^3}\int_0^\infty \omega^2 kT\mathrm{d}\omega \to \infty \qquad (7.4.16)$$

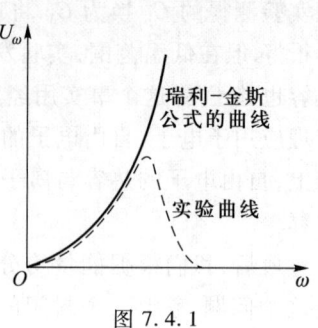

图 7.4.1

在热力学部分讲过，平衡辐射的能量与温度的四次方成正比，是一个有限值[见式(2.6.2)和式(2.6.3)]：

$$U = aT^4 V$$

因此式(7.4.16)与实验结果不符.由式(7.4.16)还可以得出平衡辐射的定容热容也是发散的结论.据此辐射场不可能与其他物体（例如窖壁）达到热平衡，这是与常识不符的.可以看出，导致这个荒谬结论的根本原因是，根据经典电动力学，辐射场具有无穷多个振动自由度，而根据经典统计的能量均分定理，每个振动自由度在温度为 $T$ 时的平均能量为 $kT$. 由此可以看出，经典物理存在根本性的原则困难.

综上所述，经典统计的能量均分定理既得到一些与实验相符的结果，又有许多结论与实验不符.这些问题将在量子理论中得到解决.我们今后将逐个地讨论这些问题.在历史上，普朗克就是在解决平衡辐射的紫外灾难时首先提出量子概念的.

## §7.5 理想气体的内能和热容

上节根据经典统计的能量均分定理讨论了理想气体的内能和热容，所得结果与实验结果大体相符，但是有几个问题没有得到合理的解释.第一，原子内的电子对气体的热容为什么没有贡献；第二，双原子分子的振动在常温范围为什么对热容没有贡献；第三，低温下氢气的热容所得结果与实验不符.这些问题都要用量子理论才能解释.本节以双原子分子理想气体为例讲述理想气体内能和热容的量子统计理论.

如果暂不考虑原子内电子的运动，在一定近似下，双原子分子的能量可以表示为平动能 $\varepsilon^\mathrm{t}$、振动能 $\varepsilon^\mathrm{v}$ 与转动能 $\varepsilon^\mathrm{r}$ 之和：

$$\varepsilon = \varepsilon^\mathrm{t} + \varepsilon^\mathrm{v} + \varepsilon^\mathrm{r} \qquad (7.5.1)$$

以 $\omega^\mathrm{t}$、$\omega^\mathrm{v}$、$\omega^\mathrm{r}$ 分别表示平动、振动、转动能级的简并度，则配分函数 $Z_1$ 可表示为

$$Z_1 = \sum_l \omega_l \mathrm{e}^{-\beta\varepsilon_l}$$

## §7.5 理想气体的内能和热容

$$
\begin{aligned}
&= \sum_{t,v,r} \omega^t \cdot \omega^v \cdot \omega^r \cdot e^{-\beta(\varepsilon^t+\varepsilon^v+\varepsilon^r)} \\
&= \sum_{t} \omega^t e^{-\beta\varepsilon^t} \cdot \sum_{v} \omega^v e^{-\beta\varepsilon^v} \cdot \sum_{r} \omega^r e^{-\beta\varepsilon^r} \\
&= Z_1^t \cdot Z_1^v \cdot Z_1^r
\end{aligned}
\tag{7.5.2}
$$

这就是说，总的配分函数 $Z_1$ 可以写成平动配分函数 $Z_1^t$、振动配分函数 $Z_1^v$ 与转动配分函数 $Z_1^r$ 之积.

双原子分子理想气体的内能为

$$U = -N\frac{\partial}{\partial\beta}\ln Z_1 = -N\frac{\partial}{\partial\beta}(\ln Z_1^t + \ln Z_1^v + \ln Z_1^r) = U^t + U^v + U^r \tag{7.5.3}$$

定容热容为

$$C_V = C_V^t + C_V^v + C_V^r \tag{7.5.4}$$

即内能和热容可以表示为平动、转动与振动等项之和.

先考虑平动对内能和热容的贡献. 平动配分函数 $Z_1^t$ 已由式(7.2.4)给出，为

$$Z_1^t = V\left(\frac{2\pi m}{h^2\beta}\right)^{3/2}$$

因此

$$
\begin{cases}
U^t = -N\dfrac{\partial}{\partial\beta}\ln Z_1^t = \dfrac{3N}{2\beta} = \dfrac{3}{2}NkT \\
C_V^t = \dfrac{3}{2}Nk
\end{cases}
\tag{7.5.5}
$$

式(7.5.5)与由经典统计的能量均分定理得到的结果一致.

在一定的近似下，双原子分子中两原子的相对振动可以看成线性谐振子. 以 $\omega$ 表示振子的圆频率，振子的能级为

$$\varepsilon_n = \left(n+\frac{1}{2}\right)\hbar\omega, \quad n = 0, 1, 2, \cdots$$

振动配分函数为

$$Z_1^v = \sum_{n=0}^{\infty} e^{-\beta\hbar\omega\left(n+\frac{1}{2}\right)} \tag{7.5.6}$$

利用公式

$$1 + x + x^2 + \cdots + x^n + \cdots = \frac{1}{1-x}, \quad |x| < 1$$

将式(7.5.6)中的因子 $e^{-\beta\hbar\omega}$ 看作 $x$，可以将振动配分函数 $Z_1^v$ 表示为

$$Z_1^v = \frac{e^{-\frac{\beta\hbar\omega}{2}}}{1-e^{-\beta\hbar\omega}} \tag{7.5.7}$$

因此，振动对内能的贡献为

$$U^v = -N\frac{\partial}{\partial\beta}\ln Z_1^v = \frac{N\hbar\omega}{2} + \frac{N\hbar\omega}{e^{\beta\hbar\omega}-1} \tag{7.5.8}$$

式中第一项是 $N$ 个振子的零点能量，与温度无关；第二项是温度为 $T$ 时 $N$ 个振子的热激发能量.

振动对定容热容的贡献为

$$C_V^v = \left(\frac{\partial U}{\partial T}\right)_V = Nk\left(\frac{\hbar\omega}{kT}\right)^2 \cdot \frac{e^{\hbar\omega/kT}}{(e^{\hbar\omega/kT}-1)^2} \tag{7.5.9}$$

引入振动特征温度 $\theta_v$，满足

$$k\theta_v = \hbar\omega \tag{7.5.10}$$

可以将式(7.5.8)和式(7.5.9)表示为

$$U^v = \frac{Nk\theta_v}{2} + \frac{Nk\theta_v}{e^{\frac{\theta_v}{T}}-1}$$

$$C_V^v = Nk\left(\frac{\theta_v}{T}\right)^2 \frac{e^{\frac{\theta_v}{T}}}{\left(e^{\frac{\theta_v}{T}}-1\right)^2}$$

式(7.5.10)引入的 $\theta_v$ 取决于分子的振动频率，可以由分子光谱的数据定出．表7.5.1列出了几种气体的 $\theta_v$ 值.

表 7.5.1

| 分子 | $\theta_v/(10^3 K)$ | 分子 | $\theta_v/(10^3 K)$ |
|---|---|---|---|
| $H_2$ | 6.10 | CO | 3.07 |
| $N_2$ | 3.34 | NO | 2.69 |
| $O_2$ | 2.23 | HCl | 4.14 |

由于双原子分子的振动特征温度是 $10^3$ K 的量级，在常温范围，$T \ll \theta_v$．因此 $U^v$ 和 $C_V^v$ 可近似为

$$U^v = \frac{Nk\theta_v}{2} + Nk\theta_v e^{-\frac{\theta_v}{T}} \tag{7.5.8'}$$

$$C_V^v = Nk\left(\frac{\theta_v}{T}\right)^2 e^{-\frac{\theta_v}{T}} \tag{7.5.9'}$$

式(7.5.9′)指出，在常温范围，振动自由度对热容的贡献接近于零．其原因可以这样理解，在常温范围，双原子分子的振动能级间距 $\hbar\omega$ 远大于 $kT$．由于能级分立，振子必须取得能量 $\hbar\omega$ 才有可能跃迁到激发态．在 $T \ll \theta_v$ 的情形下，振子取得 $\hbar\omega$ 的热运动能量而跃迁到激发态的概率是极小的．因此平均而言，几乎全部振子都冻结在基态．当气体温度升高时，它们也几乎不吸收能量．这就是在常温下振动自由度不参与能量均分的原因.

在讨论双原子分子的转动时，需要区分双原子分子是同核（例如 $H_2$、$O_2$、$N_2$）还是异核（例如 CO、NO、HCl 等）两种不同的情况．我们先考虑异核的双原子分子．转动能级为

$$\varepsilon^r = \frac{l(l+1)\hbar^2}{2I}, \quad l = 0, 1, 2, \cdots \tag{7.5.11}$$

其中 $l$ 为转动量子数．能级的简并度为 $2l+1$，因此转动配分函数为

$$Z_1^{\mathrm{r}} = \sum_{l=0}^{\infty} (2l+1) \mathrm{e}^{-\frac{l(l+1)\hbar^2}{2IkT}} \tag{7.5.12}$$

引入转动特征温度 $\theta_{\mathrm{r}}$,满足

$$\frac{\hbar^2}{2I} = k\theta_{\mathrm{r}} \tag{7.5.13}$$

可以将 $Z_1^{\mathrm{r}}$ 表示为

$$Z_1^{\mathrm{r}} = \sum_{l=0}^{\infty} (2l+1) \mathrm{e}^{-\frac{\theta_{\mathrm{r}}}{T} l(l+1)} \tag{7.5.12'}$$

由式(7.5.13)引入的转动特征温度 $\theta_{\mathrm{r}}$ 取决于分子的转动惯量,可以由分子光谱的数据定出. 表 7.5.2 列出了几种气体的 $\theta_{\mathrm{r}}$ 值. 在常温范围,$\frac{\theta_{\mathrm{r}}}{T} \ll 1$. 在这种情形下,当 $l$ 改变时,$\frac{\theta_{\mathrm{r}}}{T} l(l+1)$ 可以近似看成准连续的变量. 因此,式(7.5.12')的求和可以用积分代替. 令 $x = l(l+1)\frac{\theta_{\mathrm{r}}}{T}$,$\mathrm{d}x = (2l+1)\frac{\theta_{\mathrm{r}}}{T}$(注意 $\mathrm{d}l = 1$),即有

$$Z_1^{\mathrm{r}} = \frac{T}{\theta_{\mathrm{r}}} \int_0^{\infty} \mathrm{e}^{-x} \mathrm{d}x = \frac{T}{\theta_{\mathrm{r}}} = \frac{2I}{\beta\hbar^2} \tag{7.5.14}$$

由此得

$$\begin{cases} U^{\mathrm{r}} = -N \dfrac{\partial}{\partial \beta} \ln Z_1^{\mathrm{r}} = NkT \\ C_V^{\mathrm{r}} = Nk \end{cases} \tag{7.5.15}$$

正是经典统计能量均分定理的结果. 这是易于理解的,在常温范围,转动能级间距远小于 $kT$,因此变量 $\dfrac{\varepsilon^{\mathrm{r}}}{kT}$ 可以看成准连续的变量. 在这种情形下,由量子统计和经典统计得到的转动热容相同.

表 7.5.2

| 分子 | $\theta_{\mathrm{r}}$/K | 分子 | $\theta_{\mathrm{r}}$/K |
|---|---|---|---|
| $H_2$ | 85.4 | CO | 2.77 |
| $N_2$ | 2.86 | NO | 2.42 |
| $O_2$ | 2.70 | HCl | 15.1 |

对于同核的双原子分子,必须考虑微观粒子的全同性对分子转动状态的影响. 在这里只讨论氢的问题. 根据微观粒子全同性原理可以证明[①],氢分子的转动状态与两个氢核的自旋状态有关. 假如两个氢核的自旋是平行的,转动量子数 $l$ 只能取奇数,称为正氢. 假如两个氢核的自旋是反平行的,转动量子数 $l$ 只能取偶数,称为仲氢. 正氢与仲氢相互转变的概率很

---

① 参阅一般的量子力学教科书.

小. 在通常的实验条件下,正氢占四分之三,仲氢占四分之一,可以认为氢气是正氢和仲氢的非平衡混合物. 以 $Z_{1o}^r$ 和 $Z_{1p}^r$ 分别表示正氢和仲氢的转动配分函数：

$$\begin{cases} Z_{1o}^r = \sum_{l=1,3,\cdots}^{\infty} (2l+1) e^{-\frac{l(l+1)\theta_r}{T}} \\ Z_{1p}^r = \sum_{l=0,2,4,\cdots}^{\infty} (2l+1) e^{-\frac{l(l+1)\theta_r}{T}} \end{cases} \quad (7.5.16)$$

氢的转动内能为

$$U^r = -\frac{3}{4} N \frac{\partial}{\partial \beta} \ln Z_{1o}^r - \frac{1}{4} N \frac{\partial}{\partial \beta} \ln Z_{1p}^r \quad (7.5.17)$$

由上式可求出氢的转动热容.

由于氢分子的转动惯量小,氢的转动特征温度 $\theta_r = 85.4$ K,较其他气体的 $\theta_r$ 要高些. 在高温 $T \gg \theta_r$ 时,氢分子可以处在 $l$ 大的转动状态. 式(7.5.16)的求和可近似为

$$\sum_{l=0,2,4,\cdots}^{\infty} \cdots = \sum_{l=1,3,\cdots}^{\infty} \cdots \approx \frac{1}{2} \sum_{l=0,1,2,\cdots}^{\infty} \cdots$$

并用积分代替求和,与式(7.5.15)相似,仍然得到

$$C_V^r = Nk \quad (7.5.18)$$

与能量均分定理的结果是一致的.

在低温(例如 92 K)下,能量均分定理对氢就不适用了. 这时需要将式(7.5.16)的级数求出,再根据式(7.5.17)求氢的转动热容. 这样得到的结果与实验结果符合得很好. 图 7.5.1 画出了氢气的转动热容随温度的变化.

最后我们简单地讨论电子对气体热容的贡献①. 对于单原子分子,在原子基态的自旋角动量或轨道角动量为零的情形下,原子的基态能级不存在精细结构. 原子内电子的激发态与基态能量之差大体是 eV 的量级,相应的特征温度为 $10^4 \sim 10^5$ K. 一般温度下,热运动难以使电子跃迁到激发态,因此电子被冻结在基态,对热容没有贡献. 如果原子基态的自旋角动量和轨道角动量都不为零,自旋-轨道耦合作用将导致基态能级的精细结构. 例如,

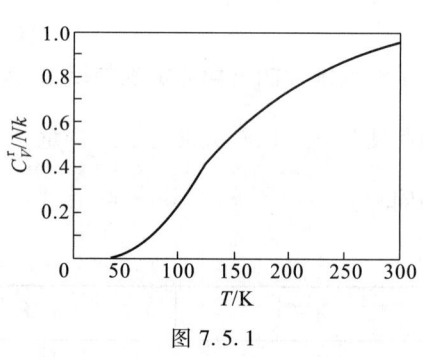

图 7.5.1

氧原子基态存在特征温度为 230 K 和 320 K 的能级分裂,铁原子基态存在特征温度在 600~1 400 K 之间的能级分裂. 在与特征温度可以比拟的温度范围内,电子运动对热容是有贡献的. 双原子分子也有类似的情形,例如,一氧化氮分子存在特征温度为 178 K 的能级分裂.

前面讲述了理想气体内能和热容的量子统计理论,并将结果与根据经典统计的能量均分定理所得的结果作了比较. 我们看到,在玻耳兹曼分布适用的情形下,如果任意两个相邻

---

① 参阅 Landau L D, Lifshitz E M. Statistical Physics：Part Ⅰ [M]. Third Edition. 北京：世界图书出版公司,1980：§46, §50.

能级的能量差 $\Delta \varepsilon$ 远小于热运动能量 $kT$,变量 $\dfrac{\varepsilon}{kT}$ 就可以看作准连续的变量,由量子统计和由经典统计得到的内能和热容是相同的.

前面内能和热容的经典统计结果是从能量均分定理得到的.如前所述,通过配分函数求热力学量是经典玻耳兹曼统计的一般程序.现在以双原子分子理想气体为例加以介绍.为明确起见,我们讨论异核的双原子分子.根据式(7.4.7)和式(6.1.4),双原子分子能量的经典表达式为

$$\varepsilon = \frac{1}{2m}(p_x^2 + p_y^2 + p_z^2) + \frac{1}{2I}\left(p_\theta^2 + \frac{1}{\sin^2\theta}p_\varphi^2\right) + \frac{1}{2m_\mu}(p_r^2 + m_\mu^2\omega^2 r^2) \tag{7.5.19}$$

其中已将两原子的相对运动考虑为简谐振动.代入经典配分函数的表达式(7.1.18):

$$Z_1 = \int \cdots \int e^{-\beta \varepsilon(p,q)} \frac{\mathrm{d}q_1 \cdots \mathrm{d}q_r \mathrm{d}p_1 \cdots \mathrm{d}p_r}{h_0^r}$$

得

$$Z_1 = Z_1^{\mathrm{t}} \cdot Z_1^{\mathrm{v}} \cdot Z_1^{\mathrm{r}}$$

其中

$$\begin{cases} Z_1^{\mathrm{t}} = \int e^{-\frac{\beta}{2m}(p_x^2+p_y^2+p_z^2)} \dfrac{\mathrm{d}x\mathrm{d}y\mathrm{d}z\mathrm{d}p_x\mathrm{d}p_y\mathrm{d}p_z}{h_0^3} \\[6pt] Z_1^{\mathrm{v}} = \int e^{-\frac{\beta}{2m_\mu}(p_r^2+m_\mu^2\omega^2 r^2)} \dfrac{\mathrm{d}p_r\mathrm{d}r}{h_0} \\[6pt] Z_1^{\mathrm{r}} = \int e^{-\frac{\beta}{2I}\left(p_\theta^2+\frac{1}{\sin^2\theta}p_\varphi^2\right)} \dfrac{\mathrm{d}p_\theta\mathrm{d}p_\varphi\mathrm{d}\theta\mathrm{d}\varphi}{h_0^2} \end{cases} \tag{7.5.20}$$

平动配分函数 $Z_1^{\mathrm{t}}$ 的表达式与式(7.2.3)相同,积分得

$$Z_1^{\mathrm{t}} = V\left(\frac{2\pi m}{h_0^2 \beta}\right)^{3/2} \tag{7.5.21}$$

振动配分函数 $Z_1^{\mathrm{v}}$ 积分得(注意 $p_r$ 和 $r$ 的积分限都是 $-\infty$ 到 $+\infty$):

$$Z_1^{\mathrm{v}} = \left(\frac{2\pi m_\mu}{h_0 \beta}\right)^{1/2} \left(\frac{2\pi m_\mu}{h_0 \beta m_\mu^2 \omega^2}\right)^{1/2} = \frac{2\pi}{h_0 \beta \omega} \tag{7.5.22}$$

转动配分函数 $Z_1^{\mathrm{r}}$ 的积分为

$$\begin{aligned} Z_1^{\mathrm{r}} &= \frac{1}{h_0^2} \int_0^{2\pi} \mathrm{d}\varphi \int_0^\pi \mathrm{d}\theta \int_{-\infty}^{+\infty} e^{-\frac{\beta}{2I}p_\theta^2} \mathrm{d}p_\theta \cdot \int_{-\infty}^{+\infty} e^{-\frac{\beta}{2I\sin^2\theta}p_\varphi^2} \mathrm{d}p_\varphi \\ &= \frac{1}{h_0^2} \int_0^{2\pi} \mathrm{d}\varphi \int_0^\pi \mathrm{d}\theta \left(\frac{2\pi I}{\beta}\right)^{1/2} \left(\frac{2\pi I \sin^2\theta}{\beta}\right)^{1/2} \\ &= \frac{1}{h_0^2} \frac{2\pi I}{\beta} \int_0^{2\pi} \mathrm{d}\varphi \int_0^\pi \sin\theta \mathrm{d}\theta \\ &= \frac{8\pi^2 I}{h_0^2 \beta} \end{aligned} \tag{7.5.23}$$

由式(7.5.21)至式(7.5.23)容易求得相应的定容热容:

$$C_V^t = \frac{3}{2}Nk, \quad C_V^v = Nk, \quad C_V^r = Nk \tag{7.5.24}$$

式(7.5.24)与能量均分定理所得结果一致.这是理所当然的.值得注意,$h_0$ 的数值对结果也没有影响.

## §7.6　理想气体的熵

为简单起见,我们只讨论单原子理想气体的熵.

根据经典统计理论,由式(7.1.13)和式(7.5.21)可得,单原子理想气体的熵为

$$S = \frac{3}{2}Nk\ln T + Nk\ln V + \frac{3}{2}Nk\left[1 + \ln\left(\frac{2\pi mk}{h_0^2}\right)\right] \tag{7.6.1}$$

显然,上式给出的不是绝对熵,相应于 $h_0$ 的不同选择,熵有不同的相加常量.更为严重的是,上式给出的熵不符合广延量的要求.这是经典统计理论的又一个原则性困难.将上式与式(1.15.4)和式(1.15.5)对比,我们看到,上式与式(1.15.4)虽然形式相同,但与式(1.15.5)不同,上式的常量项是与 $N$(或 $n$) 成正比的量.在§4.6 中说过,据此计算同种气体等温等压混合的熵变将得到错误的结果.为了满足熵为广延量的要求,吉布斯在量子力学建立之前就建议将式(7.6.1)减去 $k\ln N!$. 当时这是一个外加的要求,缺乏理论根据.量子统计建立以后,吉布斯建议的含义才得到正确的理解.如前所述,理想气体按其构成粒子的量子本性应该遵从玻色分布或费米分布.由于气体满足经典极限条件,每一量子态上的平均粒子数均远小于 1,粒子间的量子统计关联可以忽略.在这种情形下,与最概然分布相应的系统的微观状态数 $\Omega_{B.E.}$ 和 $\Omega_{F.D.}$ 均趋于 $\Omega_{M.B.}/N!$. 微观粒子全同性原理的影响只表现在因子 $1/N!$ 上.根据玻耳兹曼关于熵与微观状态数的关系,即有 $S = k\ln\dfrac{\Omega_{M.B.}}{N!}$①.

根据量子统计理论,理想气体熵函数的统计表达式为式(7.1.13′):

$$S = Nk\left(\ln Z_1 - \beta\frac{\partial}{\partial\beta}\ln Z_1\right) - k\ln N!$$

将式(7.2.4)代入上式,并应用近似式 $\ln N! = N(\ln N - 1)$,可得单原子理想气体的熵为

$$S = \frac{3}{2}Nk\ln T + Nk\ln\frac{V}{N} + \frac{3}{2}Nk\left[\frac{5}{3} + \ln\left(\frac{2\pi mk}{h^2}\right)\right] \tag{7.6.2}$$

上式符合熵为广延量的要求,而且是绝对熵,其中不含任意常量.为了对上式进行实验验证,将与凝聚相达到平衡的饱和蒸气看作理想气体,并利用物态方程(7.2.5)将上式改写为

$$\ln p = \frac{5}{2}\ln T + \frac{5}{2} + \ln\left[k^{5/2}\left(\frac{2\pi m}{h^2}\right)^{3/2}\right] - \frac{S_{vap}}{Nk} \tag{7.6.3}$$

其中已将式(7.6.2)的 $S$ 记作 $S_{vap}$. 以 $S_{con}$ 表示凝聚相的熵,$L$ 表示相变潜热,根据式(3.4.5),有

$$S_{vap} - S_{con} = \frac{L}{T} \tag{7.6.4}$$

---

① 对于互作用粒子系统,参阅式(9.2.9)和式(9.3.10).

在足够低的温度下，$S_{con}$远小于$\frac{L}{T}$，可以忽略.于是式(7.6.3)简化为

$$\ln p = -\frac{L}{RT} + \frac{5}{2}\ln T + \frac{5}{2} + \ln\left[k^{5/2}\left(\frac{2\pi m}{h^2}\right)^{3/2}\right] \tag{7.6.5}$$

由上式算得的蒸气压与实测的蒸气压完全符合,为式(7.6.2)提供了实验证明.式(7.6.5)称为萨克-特多鲁特(Sackur-Tetrode)公式.

比较式(7.6.1)和式(7.6.2)可以看出,如果选择$h_0 = h$,并计及由于全同性原理而引入的修正项$-k\ln N!$,两式就一致了.这是因为玻耳兹曼统计适用,且在单原子理想气体中,分子只有平动能量,而平动能量是准连续的缘故.关于双原子分子理想气体的熵,可参阅习题7.18和习题7.19.

最后讨论单原子理想气体的化学势.以$\mu$表示一个分子的化学势:

$$\mu = \left(\frac{\partial F}{\partial N}\right)_{T,V} \tag{7.6.6}$$

根据式(7.1.16'),有

$$\mu = -kT\ln\frac{Z_1}{N} \tag{7.6.7}$$

将式(7.2.4)代入上式,得

$$\mu = kT\ln\left[\frac{N}{V}\left(\frac{h^2}{2\pi mkT}\right)^{3/2}\right] \tag{7.6.8}$$

根据式(7.2.6),对于理想气体,有$\frac{N}{V}\left(\frac{h^2}{2\pi mkT}\right)^{3/2} \ll 1$,所以理想气体的化学势是负的.

## §7.7 固体热容的爱因斯坦理论

前面几节根据玻耳兹曼分布讨论了理想气体的热力学性质.理想气体是非定域系,由于满足经典极限条件可用玻耳兹曼分布进行讨论.本章后面几节讨论定域系统.我们先讲述固体热容的爱因斯坦理论.

在§7.4中根据能量均分定理讨论了固体的热容,所得结果在高温和室温范围内与实验符合,但在低温范围与实验不符,这个问题是经典理论所不能解释的.爱因斯坦首先用量子理论分析固体热容问题,成功地解释了固体热容随温度下降的实验事实.

如前所述,固体中原子的热运动可以看成$3N$个振子的振动.爱因斯坦假设这$3N$个振子的频率都相同.以$\omega$表示振子的圆频率,振子的能级为

$$\varepsilon_n = \hbar\omega\left(n + \frac{1}{2}\right), \quad n = 0, 1, 2, \cdots \tag{7.7.1}$$

由于每一个振子都定域在其平衡位置附近作振动,振子是可以分辨的,遵从玻耳兹曼分布.配分函数为

$$Z_1 = \sum_{n=0}^{\infty} e^{-\beta\hbar\omega(n+1/2)} = \frac{e^{-\frac{\beta\hbar\omega}{2}}}{1 - e^{-\beta\hbar\omega}} \tag{7.7.2}$$

根据式(7.1.4),固体的内能为

$$U = -3N\frac{\partial}{\partial \beta}\ln Z_1 = 3N\frac{\hbar\omega}{2} + \frac{3N\hbar\omega}{e^{\beta\hbar\omega}-1} \tag{7.7.3}$$

式(7.7.3)的第一项是 $3N$ 个振子的零点能量,第二项是温度为 $T$ 时 $3N$ 个振子的热激发能量.

定容热容 $C_V$ 为

$$C_V = \left(\frac{\partial U}{\partial T}\right)_V = 3Nk\left(\frac{\hbar\omega}{kT}\right)^2 \frac{e^{\frac{\hbar\omega}{kT}}}{\left(e^{\frac{\hbar\omega}{kT}}-1\right)^2} \tag{7.7.4}$$

引入爱因斯坦特征温度 $\theta_E$,满足

$$k\theta_E = \hbar\omega \tag{7.7.5}$$

可将热容表示为

$$C_V = 3Nk\left(\frac{\theta_E}{T}\right)^2 \frac{e^{\frac{\theta_E}{T}}}{\left(e^{\frac{\theta_E}{T}}-1\right)^2} \tag{7.7.6}$$

因此,根据爱因斯坦的理论,$C_V$ 随温度降低而减小,并且 $C_V$ 作为 $\theta_E/T$ 的函数是一个普适函数.图 7.7.1 中的圆点是金刚石的实验结果,曲线是爱因斯坦理论的结果.其中 $\theta_E$ 取为 1 320 K,是为了使式(7.7.6)的理论结果与实验结果尽可能符合而选定的.

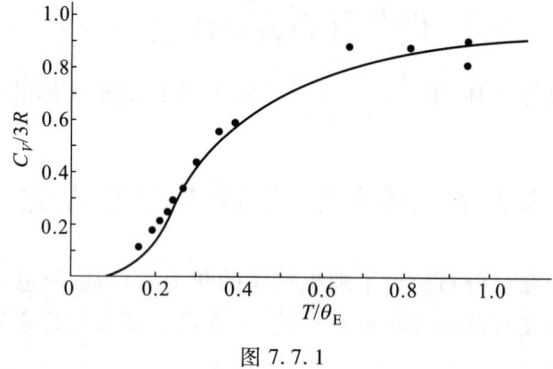

图 7.7.1

现在讨论式(7.7.6)在高温($T \gg \theta_E$)和低温($T \ll \theta_E$)范围的极限结果.当 $T \gg \theta_E$ 时,可以近似取 $e^{\theta_E/T} - 1 \approx \theta_E/T$.由式(7.7.6)得

$$C_V = 3Nk \tag{7.7.7}$$

式(7.7.7)和能量均分定理的结果一致.这个结果的解释是,当 $T \gg \theta_E$ 时,能级间距远小于 $kT$,能量量子化的效应可以忽略,因此经典统计是适用的.

当 $T \ll \theta_E$ 时,$e^{\frac{\theta_E}{T}} - 1 \approx e^{\frac{\theta_E}{T}}$,由式(7.7.6)得

$$C_V = 3Nk\left(\frac{\theta_E}{T}\right)^2 e^{-\frac{\theta_E}{T}} \tag{7.7.8}$$

当温度趋于零时,式(7.7.8)给出的 $C_V$ 也趋于零.这个结论与实验结果定性符合.热容随温度趋于零的原因可以这样解释,当温度趋于零时,振子能级间距 $\hbar\omega$ 远大于 $kT$.振子由于热运动获得能量 $\hbar\omega$ 而跃迁到激发态的概率是极小的.因此,平均而言几乎全部振子都冻结在基

态.当温度升高时,它们都几乎不吸取能量,因此对热容没有贡献.但是,爱因斯坦固体比热容理论在定量上与实验符合得不好.实验测得的 $C_V$ 趋于零较式(7.7.8)慢.这是由于在爱因斯坦理论中作了过分简化的假设,$3N$ 个振子都有相同的频率,当 $\hbar\omega \gg kT$ 时,$3N$ 个振子都同时被冻结的缘故.虽然如此,这一十分简单的近似从本质上解释了固体热容随温度降低而减小的事实.在 §9.7 中我们将进一步讨论固体热容问题.

## §7.8 顺磁性固体

假设磁性离子定域在晶体的特定格点上,密度比较低,彼此相距足够远,其相互作用可以忽略.在这种情形下,顺磁性固体可以看作由定域近独立的磁性离子组成的系统,遵从玻耳兹曼分布.

我们只讨论最简单的情形,假定磁性离子的总角动量量子数为 $J=\dfrac{1}{2}$,离子磁矩 $\mu$ 在外磁场中能量的可能值为 $-\mu B$(磁矩沿外磁场方向)和 $\mu B$(磁矩逆外磁场方向).根据式(7.1.2),配分函数 $Z_1$ 为①

$$Z_1 = e^{\beta\mu B} + e^{-\beta\mu B} \tag{7.8.1}$$

由式(7.1.6)和式(2.7.19)知,顺磁性固体的磁化强度 $\mathscr{M}$(单位体积内的磁矩)可通过配分函数求出:

$$\mathscr{M} = \dfrac{n}{\beta} \dfrac{\partial}{\partial B} \ln Z_1 \tag{7.8.2}$$

式中 $n$ 表示单位体积中的磁性离子数.将式(7.8.1)代入式(7.8.2),得

$$\mathscr{M} = n\mu \dfrac{e^{\beta\mu B} - e^{-\beta\mu B}}{e^{\beta\mu B} + e^{-\beta\mu B}} = n\mu \tanh \dfrac{\mu B}{kT} \tag{7.8.3}$$

式(7.8.3)给出磁化强度 $\mathscr{M}$ 与磁场 $B$ 和温度 $T$ 的关系.如果以 $\mathscr{M}/n\mu$ 和 $\mu B/kT$ 为变量,式(7.8.3)的曲线如图 7.8.1 所示.

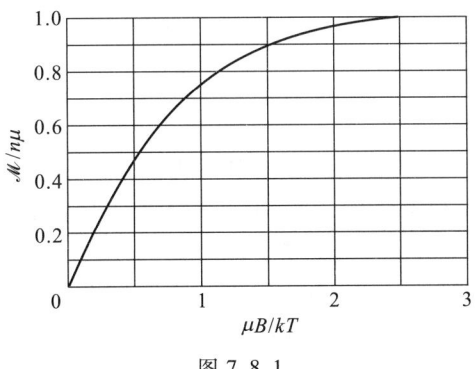

图 7.8.1

---

① 磁介质中磁矩 $\boldsymbol{\mu}$ 的势能为 $-\boldsymbol{\mu} \cdot \boldsymbol{B}$,其中 $\boldsymbol{B}$ 是磁矩所在地点的局域场.局域场等于外场与样品中其他磁矩产生的磁场之和.对于顺磁物质,后者很小,可以忽略.相应地,在公式 $\boldsymbol{B} = \mu_0(\mathscr{H} + \mathscr{M})$ 中,$\mathscr{M}$ 也可忽略.因此式(7.8.1)中的 $B$ 是外磁场的磁感应强度,$B = \mu_0 \mathscr{H}$.对于铁磁物质,可参阅 §9.9.

在弱场或高温极限下（$\mu B/kT \ll 1$），$\tanh\dfrac{\mu B}{kT} \approx \dfrac{\mu B}{kT}$，式（7.8.3）简化为

$$\mathcal{M} = \frac{n\mu^2}{kT}B = \chi \mathcal{H} \tag{7.8.4}$$

式（7.8.4）就是我们熟知的居里定律，其中磁化率 $\chi = n\mu^2\mu_0/kT$.

在强场或低温极限下（$\mu B/kT \gg 1$），$e^{\mu B/kT} \gg e^{-\mu B/kT}$. 式（7.8.3）简化为

$$\mathcal{M} = n\mu \tag{7.8.5}$$

式（7.8.5）意味着，几乎所有的自旋磁矩都沿外磁场方向，磁化达到饱和.

根据式（7.1.4），顺磁性固体单位体积的内能为

$$u = -n\frac{\partial}{\partial \beta}\ln Z_1 = -n\mu B\tanh\frac{\mu B}{kT} = -\mathcal{M}B \tag{7.8.6}$$

这是顺磁体在外场中的势能.在§2.7中说过，如果采用式（2.7.19）的功的表达式，内能包括在外场中的势能.在所考虑的情形下，内能就是顺磁体在外磁场中的势能.

根据式（7.1.13），顺磁性固体单位体积的熵为

$$s = nk\left[\ln 2 + \ln\cosh\left(\frac{\mu B}{kT}\right) - \left(\frac{\mu B}{kT}\right)\tanh\left(\frac{\mu B}{kT}\right)\right] \tag{7.8.7}$$

在弱场或高温极限下（$\mu B/kT \ll 1$），有

$$\tanh(uB/kT) \approx \mu B/kT$$

$$\ln[\cosh(\mu B/kT)] \approx \ln\left[1 + \frac{1}{2}(\mu B/kT)^2\right] \approx \frac{1}{2}(\mu B/kT)^2$$

因此

$$s = nk\ln 2 = k\ln 2^n \tag{7.8.8}$$

式（7.8.8）意味着，系统单位体积的微观状态数为 $2^n$. 该结果可以这样理解，在弱场或高温极限，磁矩沿磁场方向或逆磁场方向的概率近乎相等.由于每个磁矩各有 2 个可能的状态，系统单位体积的状态数为 $2^n$.

在强场或低温极限下（$\mu B/kT \gg 1$），有

$$\cosh(\mu B/kT) \approx \frac{1}{2}e^{\mu B/kT}, \quad \tanh(\mu B/kT) \approx 1$$

由式（7.8.7）得

$$s \approx 0 \tag{7.8.9}$$

式（7.8.9）意味着，系统的微观状态数为 1，即所有的磁矩都沿外磁场方向.

上述理论可以推广到磁性离子的总角动量量子数 $J$ 为任意整数或半整数的情形，而且也同样适用于核自旋系统.区别在于原子磁矩是 $e\hbar/2m$（$m$ 是电子质量），而核磁矩则是 $e\hbar/2m_p$（$m_p$ 是质子质量）的量级，由于 $m/m_p \approx 1/2\,000$，在相等的外磁场下，如果要使两个系统的磁矩有相等的取向比例（相等的熵），核自旋系统的温度应低至前者的约 $1/2\,000$.

## *§7.9　负温度状态

根据热力学基本方程，系统的温度 $T$ 与参量 $y$ 保持不变时熵随内能的变化率 $(\partial S/\partial U)_y$

## *§7.9 负温度状态

之间存在以下的关系：

$$\frac{1}{T} = \left(\frac{\partial S}{\partial U}\right)_y \tag{7.9.1}$$

在一般的系统中，内能越高时系统可能的微观状态数越多，即熵是随内能单调地增加的。由式(7.9.1)可知，这样的状态的温度是恒正的。但也存在一些系统，其熵函数不随内能单调地增加。当系统的内能增加但熵反而减小时，系统就处在负温度状态。核自旋系统是熟知的例子。

前面说过，§7.8 中的理论同样适用于核自旋系统。不过在 §7.8 中，我们将 $\beta = 1/kT$ 看作已知参量，其中 $T$ 只取正值。现在把核自旋系统考虑为孤立系统，以粒子数 $N$、能量 $E$ 和外磁场 $B$ 为参量。

为简单起见，假设核自旋量子数为 1/2。在外磁场 $B$ 下，由于磁矩可与外磁场逆向或同向，其能量有两个可能值 $\pm Be\hbar/2m_p$，简记为 $\pm\varepsilon$。以 $N$ 表示系统所含有的总核磁矩数，$N_+$ 和 $N_-$ 分别表示能量为 $+\varepsilon$ 和 $-\varepsilon$ 的核磁矩数。显然

$$N_+ + N_- = N \tag{7.9.2}$$

系统的能量为

$$E = (N_+ - N_-)\varepsilon \tag{7.9.3}$$

由式(7.9.2)和式(7.9.3)得

$$N_+ = \frac{N}{2}\left(1 + \frac{E}{N\varepsilon}\right), \quad N_- = \frac{N}{2}\left(1 - \frac{E}{N\varepsilon}\right) \tag{7.9.4}$$

系统的熵为

$$S = k\ln\Omega = k\ln\frac{N!}{N_+!\, N_-!} \tag{7.9.5}$$

利用近似式 $\ln m! = m(\ln m - 1)$，并将式(7.9.4)代入式(7.9.5)，可得

$$\begin{aligned}S &= k(N\ln N - N_+ \ln N_+ - N_- \ln N_-) \\ &= Nk\left[\ln 2 - \frac{1}{2}\left(1 + \frac{E}{N\varepsilon}\right)\ln\left(1 + \frac{E}{N\varepsilon}\right) - \frac{1}{2}\left(1 - \frac{E}{N\varepsilon}\right)\ln\left(1 - \frac{E}{N\varepsilon}\right)\right]\end{aligned} \tag{7.9.6}$$

根据式(7.9.1)可求得

$$\frac{1}{T} = \left(\frac{\partial S}{\partial E}\right)_B = \frac{k}{2\varepsilon}\ln\frac{N\varepsilon - E}{N\varepsilon + E} \tag{7.9.7}$$

式(7.9.6)给出 $S$ 随 $E$ 的依赖关系，如图 7.9.1 所示。由于 $S$ 是 $E$ 的偶函数，曲线的左半部分和右半部分是对称的。由式(7.9.7)可知，在 $E<0$ 时（曲线的左半部分），$\left(\frac{\partial S}{\partial E}\right)_B$ 为正，系统处在正温状态；在 $E>0$ 时（曲线的右半部分），$\left(\frac{\partial S}{\partial E}\right)_B$ 为负，系统处在负温状态。

整个物理图像可以这样说明。正温范围的图像是易于理解的。在 $T=+0$ K 时，$N$ 个磁矩都沿磁场方向，每一磁矩的能量均为 $-\varepsilon$，系统的能量为 $-N\varepsilon$。由于系统的微观状态完全确定，该状态的熵为零。随着温度的升高，磁

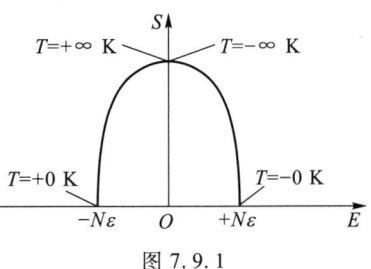

图 7.9.1

矩反向(其能量变为$+\varepsilon$)的数目逐渐增加,因而系统的内能和熵都逐渐增加.到 $T=+\infty$ K 时,磁矩沿磁场方向和逆磁场方向的概率相等,数目均为 $N/2$.熵也增加到 $S=k\ln 2^N=Nk\ln 2$.当逆磁场方向的磁矩数大于 $N/2$ 时,系统的能量取正值,相应于图 7.9.1 中曲线的右半部分.但在能量增加的同时,系统可能的微观状态数却反而减少,因而熵也减少,当能量增加到 $N\varepsilon$ 时,$N$ 个磁矩都逆磁场方向,熵减少到零.由于在曲线的右半部分熵随内能单调地减少,故右半部分相应于负温状态,由式(7.9.7)可知,当能量由零增加到 $N\varepsilon$ 时,温度由 $-\infty$ K 变到 $-0$ K.

以上的讨论说明,处在负温状态下系统的能量高于正温状态的能量.当一个处在负温状态的系统与一个处在正温状态的系统进行热接触时,热量将从负温系统传到正温系统去.这就是说,负温较正温更"热".从"冷"到"热"的温度顺序为:$+0$ K,$\cdots$,$+273$ K,$\cdots$,$\pm\infty$ K,$\cdots$,$-273$ K,$\cdots$,$-0$ K.如果令两个结构完全相同,分别处在 $\pm 273$ K 的系统进行热接触,达到热平衡后的共同温度不是 0 K 而是 $\pm\infty$ K.$\pm\infty$ K 是相同的温度①.

从上面的讨论可以看出,负温状态下核自旋系统的磁化强度与外磁场反向.如果晶体中核自旋相互作用的弛豫时间 $t_1$ 远小于核自旋与晶格相互作用的弛豫时间 $t_2$,这种状态是可以实现的.例如,将晶体置于强磁场下,令磁场迅速反向.如果磁场反向的速度足够快,使核自旋不能跟随磁场反向,则经弛豫时间 $t_1$ 后,核自旋系统就达到内部平衡而处在负温状态.这时晶格处在正温状态.在 LiF 晶体中,$t_1$ 约 $10^{-5}$ s,$t_2$ 约 5 min.因此核自旋系统处在负温状态的时间可以持续数分钟之久.

还可以看出,系统处在负温状态的条件是严格的.(1) 粒子的能级必须有上限.一般的系统不满足这个条件.例如,具有平动、振动或转动自由度时,粒子的能级就不存在上限.如果能级没有上限,系统可能的微观状态数将随能量的增加而增加,即熵是随能量单调增加的函数.这样的系统,其温度是恒正的.(2) 负温系统必须与任何正温系统隔绝,或者系统本身达到平衡的弛豫时间 $t_1$ 远小于系统与任何正温系统达到平衡的弛豫时间 $t_2$.

显然,一个系统不可能经准静态过程由正温状态变到负温状态.关于负温系统的热力学可以参阅有关文献②,这里就不讨论了.

## 习　题

7.1 试根据公式 $p=-\sum_l a_l \dfrac{\partial \varepsilon_l}{\partial V}$ 证明,对于非相对论粒子

$$\varepsilon=\frac{p^2}{2m}=\frac{1}{2m}\left(\frac{2\pi\hbar}{L}\right)^2(n_x^2+n_y^2+n_z^2),\quad n_x,n_y,n_z=0,\pm 1,\pm 2,\cdots$$

有

$$p=\frac{2}{3}\frac{U}{V}$$

上述结论对于玻耳兹曼分布、玻色分布和费米分布都成立.

---

① 负温较正温更"热"及 $\pm\infty$ K 是相同的温度,是确定热力学温标即从式(1.12.6)到式(1.12.7)时,选择 $f(T)\propto T$ 的结果(这一选择使热力学温标与理想气体温标一致).如果选择 $f(T^*)\propto -\dfrac{1}{T^*}$,即 $T^*\propto -\dfrac{1}{T}$,则 $T^*$ 的代数序列与从冷到热的顺序一致,例如,$T=+0$ K 相应于 $T^*=-\infty$ K,$T=\pm\infty$ K 相应于 $T^*=0$ K,$T=-0$ K 相应于 $T^*=+\infty$ K,.

② Ramsey N F. Phys. Rev.[J],1956,103:20.或 Klein M J. Phys. Rev.[J],1956,104:589.

7.2 试根据公式 $p = -\sum_l a_l \dfrac{\partial \varepsilon_l}{\partial V}$ 证明,对于极端相对论粒子

$$\varepsilon = cp = c\dfrac{2\pi\hbar}{L}(n_x^2+n_y^2+n_z^2)^{1/2}, \quad n_x,n_y,n_z = 0,\pm 1,\pm 2,\cdots$$

有

$$p = \dfrac{1}{3}\dfrac{U}{V}$$

上述结论对于玻耳兹曼分布、玻色分布和费米分布都成立.

7.3 当选择不同的能量零点时,粒子第 $l$ 个能级的能量可以取为 $\varepsilon_l$ 或 $\varepsilon_l^*$.以 $\Delta$ 表示二者之差,即 $\Delta = \varepsilon_l^* - \varepsilon_l$.试证明相应的配分函数存在以下关系:$Z_1^* = \mathrm{e}^{-\beta\Delta}Z_1$.并讨论由配分函数 $Z_1$ 和 $Z_1^*$ 求得的热力学函数有何差别.

7.4 试证明,对于遵从玻耳兹曼分布的定域系统,熵函数可以表示为

$$S = -Nk\sum_s P_s \ln P_s$$

式中 $P_s$ 是粒子处在量子态 $s$ 的概率,$P_s = \dfrac{\mathrm{e}^{-\alpha-\beta\varepsilon_s}}{N} = \dfrac{\mathrm{e}^{-\beta\varepsilon_s}}{Z_1}$,$\sum_s$ 表示对粒子的所有量子态求和.

对于满足经典极限条件的非定域系统,熵的表达式有何不同?

7.5 固体含有 A、B 两种原子.试证明,由于原子在晶格格点上的随机分布引起的混合熵为

$$S = k\ln\dfrac{N!}{(Nx)![N(1-x)]!} = -Nk[x\ln x + (1-x)\ln(1-x)]$$

其中 $N$ 是总原子数,$x$ 是 A 原子的百分比,$(1-x)$ 是 B 原子的百分比.注意 $x<1$.上式给出的熵为正值.

7.6 晶体含有 $N$ 个原子.原子在晶体中的正常位置如习题 7.6 图中的"○"所示.当原子离开正常位置而占据图中的"×"位置时,晶体中就出现空位和间隙原子.晶体的这种缺陷称为弗仑克尔(Frenkel)缺陷.

(a) 假设正常位置和间隙位置数都是 $N$,试证明,由于在晶体中形成 $n$ 个空位和间隙原子而具有的熵等于

$$S = 2k\ln\dfrac{N!}{n!(N-n)!}$$

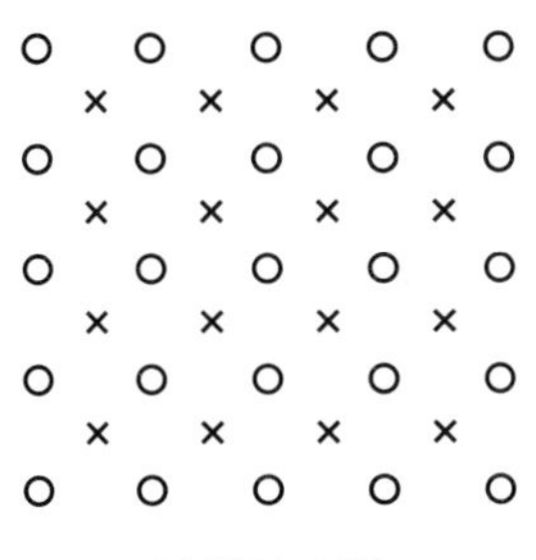

习题 7.6 图 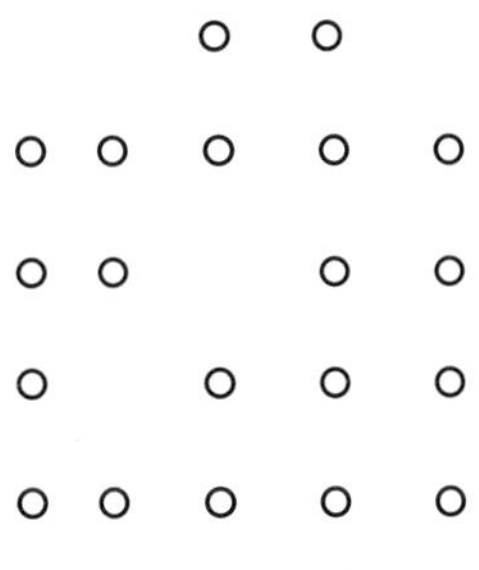   习题 7.7 图

(b) 设原子在间隙位置和正常位置的能量差为 $u$.试由自由能 $F = nu - TS$ 为极小值,证明温度为 $T$ 时,空位和间隙原子数为

$$n \approx N\mathrm{e}^{-\frac{u}{2kT}} \quad (\text{设 } n \ll N)$$

7.7 如果原子脱离晶体内部的正常位置而占据表面上的正常位置,构成新的一层,如习题 7.7 图所示,晶体将出现缺陷(空位).晶体的这种缺陷称为肖特基(Schottky)缺陷.以 $N$ 表示晶体中的原子数,$n$ 表示晶体中的空位数.如果忽略晶体体积的变化,试由自由能为极小值的条件证明,温度为 $T$ 时,有

$$n \approx N\mathrm{e}^{-\frac{W}{kT}} \quad (\text{设 } n \ll N)$$

其中 $W$ 为原子在表面位置与正常位置的能量差.

7.8  稀薄气体由某种原子构成.原子两个能级能量之差为
$$\varepsilon_2 - \varepsilon_1 = \hbar\omega_0$$
当原子从高能级 $\varepsilon_2$ 跃迁到低能级 $\varepsilon_1$ 时,将伴随着光的发射.由于气体中原子的速度分布和多普勒效应,光谱仪观察到的不是单一频率 $\omega_0$ 的谱线,而是频率的一个分布,称为谱线的多普勒增宽.试求温度为 $T$ 时,谱线多普勒增宽的表达式.

7.9  气体以恒定的速度沿 $z$ 方向作整体运动.试证明,在平衡状态下,分子动量的最概然分布为
$$e^{-\alpha - \frac{\beta}{2m}[p_x^2 + p_y^2 + (p_z - p_0)^2]} \frac{V dp_x dp_y dp_z}{h^3}$$

7.10  气体以恒定速度 $v_0$ 沿 $z$ 方向作整体运动,求分子的平均平动能量.

7.11  表面活性物质的分子在液面上作二维自由运动,可以看作二维气体.试写出在二维气体中分子的速度分布和速率分布,并求平均速率 $\bar{v}$、最概然速率 $v_p$ 和方均根速率 $v_s$.

7.12  试根据麦克斯韦速度分布律导出两分子的相对速度 $\boldsymbol{v}_r = \boldsymbol{v}_2 - \boldsymbol{v}_1$ 和相对速率 $v_r = |\boldsymbol{v}_r|$ 的概率分布,并求相对速率的平均值 $\bar{v_r}$.

7.13  试证明,单位时间内碰到单位面积器壁上,速率介于 $v$ 与 $v+dv$ 之间的分子数为
$$d\Gamma = \pi n \left(\frac{m}{2\pi kT}\right)^{3/2} e^{-\frac{m}{2kT}v^2} v^3 dv$$

7.14  分子从器壁的小孔射出,求在射出的分子束中,分子的平均速率、方均根速率和平均能量.

7.15  承 5.2 题.

（a）证明在温度均匀的情形下,由压强差引起的能流与物质流之比为
$$\frac{J_u}{J_n} = \frac{L_{un}}{L_{nn}} = 2RT$$

（b）证明在没有净物质流通过小孔,即 $J_n = 0$ 时,两边的压强差 $\Delta p$ 与温度差 $\Delta T$ 满足:
$$\frac{\Delta p}{\Delta T} = \frac{1}{2} \frac{p}{T}$$
或
$$\frac{p_1}{\sqrt{T_1}} = \frac{p_2}{\sqrt{T_2}}$$

7.16  已知粒子遵从经典玻耳兹曼分布,其能量表达式为
$$\varepsilon = \frac{1}{2m}(p_x^2 + p_y^2 + p_z^2) + ax^2 + bx$$
其中 $a$、$b$ 是常量,求粒子的平均能量.

7.17  气柱的高度为 $H$,处在重力场中.试证明此气柱的内能和热容为
$$U = U_0 + NkT - \frac{NmgH}{e^{\frac{mgH}{kT}} - 1}$$

$$C_V = C_V^0 + Nk - \frac{N(mgH)^2 e^{\frac{mgH}{kT}}}{\left(e^{\frac{mgH}{kT}} - 1\right)^2} \frac{1}{kT^2}$$

7.18  试求双原子分子理想气体的振动熵.

7.19  对于双原子分子,常温下 $kT$ 远大于转动的能级间距.试求双原子分子理想气体的转动熵.

7.20  试求爱因斯坦固体的熵.

7.21  定域系统含有 $N$ 个近独立粒子.每个粒子有两个非简并能级 $\varepsilon_1$ 和 $\varepsilon_2$($\varepsilon_2 > \varepsilon_1$).求在温度为 $T$ 的热平衡状态下系统的内能和熵,在高温和低温极限下将结果化简,并加以解释.

7.22 以 $n$ 表示晶体中原子的密度.设原子的总角动量量子数为 1,磁矩为 $\mu$.在外磁场 $B$ 下,原子磁矩可以有三个不同的取向,即平行、垂直、反平行于外磁场.假设磁矩之间的相互作用可以忽略.试求温度为 $T$ 时晶体的磁化强度 $\mathscr{M}$ 及其在弱场高温极限和强场低温极限下的近似值.

7.23 双原子理想气体分子具有固有的电偶极矩 $d_0$,在电场 $E$ 下转动能量的经典表示式为

$$\varepsilon^{\mathrm{r}} = \frac{1}{2I}\left(p_\theta^2 + \frac{1}{\sin^2\theta}p_\varphi^2\right) - d_0 E\cos\theta$$

证明在经典近似下,转动配分函数 $Z_1^{\mathrm{r}}$ 为

$$Z_1^{\mathrm{r}} = \frac{I}{\beta\hbar^2}\frac{\mathrm{e}^{\beta d_0 E} - \mathrm{e}^{-\beta d_0 E}}{\beta d_0 E}$$

7.24 承 7.23 题.试证明,在高温 $(\beta d_0 E \ll 1)$ 极限下,单位体积的电偶极矩(电极化强度)为

$$P = \frac{nd_0^2}{3kT}E$$

部分习题
参考答案

# 第八章 玻色统计和费米统计

## §8.1 热力学量的统计表达式

在第七章中,我们根据玻耳兹曼分布讨论了定域系统和满足经典极限条件(非简并条件)的近独立粒子系统的平衡性质.如前所述[见式(7.2.6)和式(7.2.7)],非简并条件可以表达为

$$e^{\alpha} = \frac{V}{N}\left(\frac{2\pi mkT}{h^2}\right)^{3/2} \gg 1$$

或

$$n\lambda^3 = \frac{N}{V}\left(\frac{h^2}{2\pi mkT}\right)^{3/2} \ll 1$$

人们把满足上述条件的气体称为非简并气体,不论是由玻色子还是由费米子构成,非简并气体都可以用玻耳兹曼分布处理.不满足上述条件的气体称为简并气体,需要分别用玻色分布或费米分布处理.我们会看到,微观粒子全同性原理带来的量子统计关联对简并气体的宏观性质将产生决定性的影响,使玻色气体和费米气体的性质迥然不同.

本节推导玻色系统和费米系统热力学量的统计表达式.先作一点说明.在第六章中,在孤立系条件下作为最概然分布导出了玻耳兹曼分布、玻色分布和费米分布.我们提到,这一推导存在严重缺陷,将在第九章中根据巨正则系统理论再次导出近独立粒子的分布.在后一推导中,系统不是孤立系而是与源(热源和粒子源)接触可以交换粒子和能量而达到平衡的开系,导出的分布是近独立粒子在其能级上的平均分布.根据热动平衡条件,系统与源达到平衡时,两者具有相同的温度和化学势(以后会看到,这相当于具有相同的 $\alpha$ 和 $\beta$).这就是说,在后一推导中,参量 $\alpha$ 和 $\beta$ 是由外界条件(源的温度和化学势)确定的已知参量,而由

$$\overline{N} = \sum_l \frac{\omega_l}{e^{\alpha+\beta\varepsilon_l} \pm 1}, \quad U = \sum_l \frac{\omega_l \varepsilon_l}{e^{\alpha+\beta\varepsilon_l} \pm 1}$$

可确定系统的平均总粒子数和内能.平均分布与最概然分布在概念上有所不同,但分布的表达式是完全相同的.在实际应用中,区别仅在于将 $\alpha$、$\beta$ 还是 $N$、$U$ 看作已知参量.本节推导玻色系统和费米系统热力学量的统计表达式时,采用平均分布的观点,即将 $\alpha$、$\beta$ 和 $y$(粒子能量 $\varepsilon$ 含外参量 $y$)看作已知参量,而将热力学量表达为 $\alpha$、$\beta$、$y$ 的函数.

首先考虑玻色系统.如前所述,把 $\alpha$、$\beta$ 和 $y$ 看作已知参量,系统的平均总粒子数由下式给出:

$$\overline{N} = \sum_l a_l = \sum_l \frac{\omega_l}{e^{\alpha+\beta\varepsilon_l} - 1} \tag{8.1.1}$$

引入一个函数,名为巨配分函数,其定义为

## §8.1 热力学量的统计表达式

$$\Xi = \prod_l \Xi_l = \prod_l (1-e^{-\alpha-\beta\varepsilon_l})^{-\omega_l} \tag{8.1.2}$$

取对数得

$$\ln \Xi = -\sum_l \omega_l \ln(1-e^{-\alpha-\beta\varepsilon_l}) \tag{8.1.3}$$

系统的平均总粒子数 $\overline{N}$ 可通过 $\ln \Xi$ 表示为

$$\overline{N} = -\frac{\partial}{\partial \alpha} \ln \Xi \tag{8.1.4}$$

内能是系统中粒子无规则运动总能量的统计平均值：

$$U = \sum_l \varepsilon_l a_l = \sum_l \frac{\varepsilon_l \omega_l}{e^{\alpha+\beta\varepsilon_l}-1} \tag{8.1.5}$$

类似地,可将 $U$ 通过 $\ln \Xi$ 表示为

$$U = -\frac{\partial}{\partial \beta} \ln \Xi \tag{8.1.6}$$

外界对系统的广义作用力 $Y$ 是 $\dfrac{\partial \varepsilon_l}{\partial y}$ 的统计平均值：

$$Y = \sum_l \frac{\partial \varepsilon_l}{\partial y} a_l = \sum_l \frac{\omega_l}{e^{\alpha+\beta\varepsilon_l}-1} \frac{\partial \varepsilon_l}{\partial y}$$

可将 $Y$ 通过 $\ln \Xi$ 表示为

$$Y = -\frac{1}{\beta} \frac{\partial}{\partial y} \ln \Xi \tag{8.1.7}$$

上式的一个重要特例是

$$p = \frac{1}{\beta} \frac{\partial}{\partial V} \ln \Xi \tag{8.1.8}$$

由式(8.1.4)至式(8.1.7)得

$$\beta\left(dU - Ydy + \frac{\alpha}{\beta}d\overline{N}\right) = -\beta d\left(\frac{\partial \ln \Xi}{\partial \beta}\right) + \frac{\partial \ln \Xi}{\partial y}dy - \alpha d\left(\frac{\partial \ln \Xi}{\partial \alpha}\right)$$

注意上面引入的 $\ln \Xi$ 是 $\alpha$、$\beta$、$y$ 的函数,其全微分为

$$d\ln \Xi = \frac{\partial \ln \Xi}{\partial \alpha}d\alpha + \frac{\partial \ln \Xi}{\partial \beta}d\beta + \frac{\partial \ln \Xi}{\partial y}dy$$

故有

$$\beta\left(dU - Ydy + \frac{\alpha}{\beta}d\overline{N}\right) = d\left(\ln \Xi - \alpha\frac{\partial}{\partial \alpha}\ln \Xi - \beta\frac{\partial}{\partial \beta}\ln \Xi\right)$$

上式指出, $\beta$ 是 $dU - Ydy + \dfrac{\alpha}{\beta}d\overline{N}$ 的积分因子.在热力学部分讲过,对于开系, $dU - Ydy - \mu d\overline{N}$ 有积分因子 $\dfrac{1}{T}$,使

$$\frac{1}{T}(dU - Ydy - \mu d\overline{N}) = dS$$

比较可知

$$\beta = \frac{1}{kT}, \quad \alpha = -\frac{\mu}{kT} \tag{8.1.9}$$

所以

$$dS = k\mathrm{d}\left(\ln \Xi - \alpha \frac{\partial}{\partial \alpha}\ln \Xi - \beta \frac{\partial}{\partial \beta}\ln \Xi\right)$$

积分得

$$S = k\left(\ln \Xi - \alpha \frac{\partial}{\partial \alpha}\ln \Xi - \beta \frac{\partial}{\partial \beta}\ln \Xi\right) = k(\ln \Xi + \alpha \overline{N} + \beta U) \tag{8.1.10}$$

将式(8.1.3)代入式(8.1.10),与式(6.7.4)比较,得

$$S = k\ln \Omega \tag{8.1.11}$$

式(8.1.11)就是我们熟知的玻耳兹曼关系,它给出熵与微观状态数的关系.

其次,对于费米系统,只要将巨配分函数改为

$$\Xi = \prod_l \Xi_l = \prod_l (1+e^{-\alpha-\beta\varepsilon_l})^{\omega_l} \tag{8.1.12}$$

其对数为

$$\ln \Xi = \sum_l \omega_l \ln(1+e^{-\alpha-\beta\varepsilon_l}) \tag{8.1.13}$$

前面得到的热力学量的统计表达式完全适用.

由此可知,如果知道粒子的能级和能级的简并度,并将式(8.1.3)或式(8.1.13)的求和计算出来,就可求得巨配分函数的对数作为 $\alpha$、$\beta$、$y$ 的函数,再由式(8.1.4)、式(8.1.6)至式(8.1.8)和式(8.1.10)求得理想玻色(费米)系统的基本热力学函数,从而确定系统的全部平衡性质.所以 $\ln \Xi$ 是以 $\alpha$、$\beta$、$y$(对简单系统即 $T$、$V$、$\mu$)为自然变量的特性函数.在§3.2中讲过,以 $T$、$V$、$\mu$ 为自然变量的特性函数是巨热力势 $J = U-TS-\overline{N}\mu$.与式(8.1.10)比较,可得巨热力势 $J$ 与巨配分函数的关系:

$$J = -kT\ln \Xi \tag{8.1.14}$$

在许多实际问题中,给定的宏观参量是 $N$、$T$、$V$,需要将热力学函数表达为 $N$、$T$、$V$ 的函数.在求得 $\ln \Xi$ 作为 $\alpha$、$T$、$V$ 函数后,令式(8.1.4)中的 $\overline{N} = N$,可以得到 $N = \overline{N}(\alpha,T,V)$,即得到 $\alpha$ 与 $n\left(=\dfrac{N}{V}\right)$、$T$ 的隐函数关系.在 $\alpha$ 或 $n$、$T$ 的不同数值范围内,需要作不同的近似才能得到各热力学函数作为 $N$、$T$、$V$ 的函数的近似表达式①.也可以由式(8.1.1)和式(8.1.5)求得化学势[利用式(8.1.9)]和内能作为 $N$、$T$、$V$ 的函数的近似表达式,再进而求其他热力学函数.本章将讨论具体的实例.

## *§8.2 弱简并理想玻色气体和费米气体

在§7.2中说过,一般气体满足非简并条件 $e^\alpha \gg 1$ 或 $n\lambda^3 \ll 1$,可以用玻耳兹曼分布处理.本节讨论弱简并即气体的 $e^{-\alpha}$ 或 $n\lambda^3$ 虽小但不可忽略的情形,从中初步揭示玻色气体和费米气体的差异.为书写简便起见,我们将两种气体同时讨论.在有关公式中,上面的符号(例如"±"中的"+")适用于费米气体,下面的符号适用于玻色气体.

---

① 参阅王竹溪.统计物理学导论[M].2版.北京:高等教育出版社,1965:§64,§65.

## *§8.2 弱简并理想玻色气体和费米气体

为简单起见，不考虑分子的内部结构，因此只有平动自由度。分子的能量为

$$\varepsilon = \frac{1}{2m}(p_x^2+p_y^2+p_z^2) \tag{8.2.1}$$

在体积 $V$ 内，在 $\varepsilon$ 到 $\varepsilon+\mathrm{d}\varepsilon$ 的能量范围内，分子可能的微观状态数为

$$D(\varepsilon)\mathrm{d}\varepsilon = g\frac{2\pi V}{h^3}(2m)^{3/2}\varepsilon^{1/2}\mathrm{d}\varepsilon \tag{8.2.2}$$

其中 $g$ 是由于粒子可能具有自旋而引入的简并度。

系统的总分子数满足

$$N = g\frac{2\pi V}{h^3}(2m)^{3/2}\int_0^\infty \frac{\varepsilon^{1/2}\mathrm{d}\varepsilon}{\mathrm{e}^{\alpha+\beta\varepsilon}\pm 1} \tag{8.2.3}$$

由式(8.2.3)可确定拉格朗日乘子 $\alpha$。

系统的内能为

$$U = g\frac{2\pi V}{h^3}(2m)^{3/2}\int_0^\infty \frac{\varepsilon^{3/2}\mathrm{d}\varepsilon}{\mathrm{e}^{\alpha+\beta\varepsilon}\pm 1} \tag{8.2.4}$$

引入变量 $x=\beta\varepsilon$，将上述两式改写为

$$N = g\frac{2\pi V}{h^3}(2mkT)^{3/2}\int_0^\infty \frac{x^{1/2}\mathrm{d}x}{\mathrm{e}^{\alpha+x}\pm 1} \tag{8.2.3'}$$

$$U = g\frac{2\pi V}{h^3}(2mkT)^{3/2}kT\int_0^\infty \frac{x^{3/2}\mathrm{d}x}{\mathrm{e}^{\alpha+x}\pm 1} \tag{8.2.4'}$$

两式被积函数的分母可表示为

$$\frac{1}{\mathrm{e}^{\alpha+x}\pm 1} = \frac{1}{\mathrm{e}^{\alpha+x}(1\pm\mathrm{e}^{-\alpha-x})}$$

在 $\mathrm{e}^{-\alpha}$ 小的情形下，$\mathrm{e}^{-\alpha-x}$ 是一个小量，可将 $\dfrac{1}{1\pm\mathrm{e}^{-\alpha-x}}$ 展开，只取前两项，得

$$\frac{1}{\mathrm{e}^{\alpha+x}\pm 1} = \mathrm{e}^{-\alpha-x}(1\mp\mathrm{e}^{-\alpha-x}) \tag{8.2.5}$$

保留展开的第一项相当于将费米(玻色)分布近似为玻耳兹曼分布。在弱简并的情形下，我们保留前两项。

将式(8.2.5)代入式(8.2.3')和式(8.2.4')，将积分求出(参阅附录C)，得

$$N = g\left(\frac{2\pi mkT}{h^2}\right)^{3/2}V\mathrm{e}^{-\alpha}\left(1\mp\frac{1}{2^{3/2}}\mathrm{e}^{-\alpha}\right) \tag{8.2.6}$$

$$U = \frac{3}{2}g\left(\frac{2\pi mkT}{h^2}\right)^{3/2}VkT\mathrm{e}^{-\alpha}\left(1\mp\frac{1}{2^{5/2}}\mathrm{e}^{-\alpha}\right) \tag{8.2.7}$$

两式相除，得

$$U = \frac{3}{2}NkT\left(1\pm\frac{1}{4\sqrt{2}}\mathrm{e}^{-\alpha}\right)$$

由于 $\mathrm{e}^{-\alpha}$ 小，可将上式第二项中的 $\mathrm{e}^{-\alpha}$ 用 0 级近似，即用玻耳兹曼分布的结果

$$\mathrm{e}^{-\alpha} = \frac{N}{V}\left(\frac{h^2}{2\pi mkT}\right)^{3/2}\frac{1}{g}$$

代入而得

$$U = \frac{3}{2}NkT\left[1 \pm \frac{1}{4\sqrt{2}}\frac{1}{g}\frac{N}{V}\left(\frac{h^2}{2\pi mkT}\right)^{3/2}\right] \tag{8.2.8}$$

或

$$U = \frac{3}{2}NkT\left(1 \pm \frac{1}{4\sqrt{2}g}n\lambda^3\right) \tag{8.2.8'}$$

上式第一项是根据玻耳兹曼分布得到的内能，第二项是由微观粒子全同性原理引起的量子统计关联所导致的附加内能。在弱简并情形下，附加内能的数值是小的。不过值得注意，费米气体的附加内能为正，而玻色气体的附加内能为负。可以认为，量子统计关联使费米粒子间出现等效的排斥作用，而玻色粒子间则出现等效的吸引作用。

## §8.3 玻色-爱因斯坦凝聚

上节讨论了弱简并理想玻色(费米)气体的性质，初步看到了由微观粒子全同性带来的量子统计关联对系统宏观性质的影响。在弱简并的情形下，$n\lambda^3$ 小，影响是微弱的。在本节中我们将会看到，当理想玻色气体的 $n\lambda^3$ 等于或大于 2.612 的临界值时，将出现独特的玻色-爱因斯坦凝聚现象。这是爱因斯坦于 1925 年在理论上首先预言的。

考虑由 $N$ 个全同、近独立的玻色子组成的系统，温度为 $T$，体积为 $V$。为明确起见，假设粒子的自旋为零。根据玻色分布，处在能级 $\varepsilon_l$ 的粒子数为

$$a_l = \frac{\omega_l}{e^{\frac{\varepsilon_l - \mu}{kT}} - 1} \tag{8.3.1}$$

显然，处在任一能级的粒子数都不能取负值。从式(8.3.1)可看出，这就要求对所有能级 $\varepsilon_l$，均有 $e^{\frac{\varepsilon_l - \mu}{kT}} > 1$。以 $\varepsilon_0$ 表示粒子的最低能级，这个要求也可以表示为

$$\varepsilon_0 > \mu \tag{8.3.2}$$

这就是说，理想玻色气体的化学势必须低于粒子最低能级的能量。如果取最低能级为能量的零点，即 $\varepsilon_0 = 0$，则式(8.3.2)可表示为

$$\mu < 0 \tag{8.3.3}$$

化学势 $\mu$ 由公式

$$\frac{1}{V}\sum_l \frac{\omega_l}{e^{\frac{\varepsilon_l - \mu}{kT}} - 1} = \frac{N}{V} = n \tag{8.3.4}$$

确定，为温度 $T$ 及粒子数密度 $n = N/V$ 的函数。注意 $\varepsilon_l$ 和 $\omega_l$ 都与温度无关，在粒子数密度 $n$ 给定的情形下，温度越低，由式(8.3.4)确定的 $\mu$ 值必然越高($|\mu|$ 越小)。如果将式(8.3.4)的求和用积分代替，可表示为①

$$\frac{2\pi}{h^3}(2m)^{3/2}\int_0^\infty \frac{\varepsilon^{1/2}\mathrm{d}\varepsilon}{e^{\frac{\varepsilon - \mu}{kT}} - 1} = n \tag{8.3.5}$$

---

① 严格来说，式(8.3.5)适用于热力学极限或能级间距远小于 $kT$ 的情形。

其中用到了式(6.2.17).

化学势既随温度的降低而升高,当温度降到某一临界温度 $T_c$ 时,$\mu$ 将趋于 $-0$,这时 $e^{-\frac{\mu}{kT_c}}$ 趋于 1. 临界温度 $T_c$ 由下式确定:

$$\frac{2\pi}{h^3}(2m)^{3/2}\int_0^\infty \frac{\varepsilon^{1/2}d\varepsilon}{e^{\frac{\varepsilon}{kT_c}}-1} = n \tag{8.3.6}$$

令 $x = \varepsilon/kT_c$,式(8.3.6)可表示为

$$\frac{2\pi}{h^3}(2mkT_c)^{3/2}\int_0^\infty \frac{x^{1/2}dx}{e^x-1} = n \tag{8.3.7}$$

积分得(参阅附录 C)

$$\int_0^\infty \frac{x^{1/2}dx}{e^x-1} = \frac{\sqrt{\pi}}{2}\times 2.612$$

因此,对于给定的粒子数密度 $n$,临界温度 $T_c$ 为

$$T_c = \frac{2\pi}{(2.612)^{2/3}}\frac{\hbar^2}{mk}(n)^{2/3} \tag{8.3.8}$$

温度低于 $T_c$ 时会出现什么现象呢?前面的讨论指出,温度越低时,$\mu$ 值越高,但在任何温度下 $\mu$ 必是负的. 由此可知,在 $T<T_c$ 时,$\mu$ 仍趋于 $-0$. 但这时式(8.3.5)左方将小于 $n$,与 $n = \frac{N}{V}$ 为给定的条件矛盾. 产生这个矛盾的原因是,我们用式(8.3.5)的积分代替式(8.3.4)的求和. 由于状态密度中含有因子 $\sqrt{\varepsilon}$,在将式(8.3.4)改写为式(8.3.5)时,$\varepsilon = 0$ 的项就被弃掉了. 由式(8.3.4)可以看出,在 $T_c$ 以上 $\mu$ 为负的有限值时,处在能级 $\varepsilon = 0$ 的粒子数与总粒子数相比是一个小量,用积分代求和引起的误差是可以忽略的;但在 $T_c$ 以下 $\mu$ 趋于 $-0$ 时,处在能级 $\varepsilon = 0$ 的粒子数将是很大的数值,不能忽略. 因此在 $T<T_c$ 时,应将式(8.3.5)改写为

$$n_0(T) + \frac{2\pi}{h^3}(2m)^{3/2}\int_0^\infty \frac{\varepsilon^{1/2}d\varepsilon}{e^{\frac{\varepsilon}{kT}}-1} = n \tag{8.3.9}$$

其中第一项 $n_0(T)$ 是温度为 $T$ 时处在能级 $\varepsilon = 0$ 的粒子数密度,第二项是处在激发能级 $\varepsilon > 0$ 的粒子数密度 $n_{\varepsilon > 0}$. 在第二项中已取极限 $\mu \to -0$.

先计算式(8.3.9)的第二项. 令 $x = \varepsilon/kT$,并将式(8.3.7)代入,得

$$n_{\varepsilon>0} = \frac{2\pi}{h^3}(2m)^{3/2}\int_0^\infty \frac{\varepsilon^{1/2}d\varepsilon}{e^{\frac{\varepsilon}{kT}}-1} = \frac{2\pi}{h^3}(2mkT)^{3/2}\int_0^\infty \frac{x^{1/2}dx}{e^x-1} = n\left(\frac{T}{T_c}\right)^{3/2} \tag{8.3.10}$$

将式(8.3.10)代入式(8.3.9)可得,温度为 $T$ 时,处在最低能级 $\varepsilon = 0$ 的粒子数密度为

$$n_0(T) = n\left[1 - \left(\frac{T}{T_c}\right)^{3/2}\right] \tag{8.3.11}$$

由此可知,在 $T_c$ 以下,$n_0$ 与 $n$ 具有相同的量级,$n_0$ 随温度的变化如图 8.3.1 所示.

我们知道,在绝对零度下,粒子将尽可能占据能量最低的状态. 对于玻色子,一个量子态所能容纳的粒子数目不

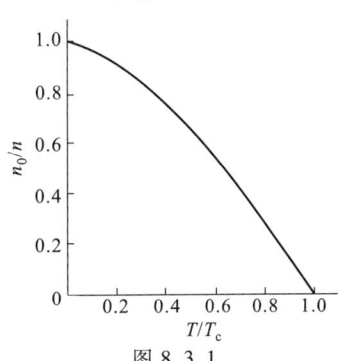

图 8.3.1

受限制,因此在绝对零度下,玻色粒子将全部处在 $\varepsilon=0$ 的最低能级.式(8.3.11)表明,在 $T<T_c$ 时,就有宏观量级的粒子在能级 $\varepsilon=0$ 凝聚.这一现象称为玻色-爱因斯坦凝聚,简称玻色凝聚.$T_c$ 称为凝聚温度.凝聚在 $\varepsilon_0$ 的粒子集合称为玻色凝聚体.凝聚体不但能量、动量为零,由于凝聚体的微观状态完全确定,熵也为零.凝聚体中粒子的动量既然为零,对压强就没有贡献.

因此在 $T<T_c$ 时,理想玻色气体的内能是处在能级 $\varepsilon>0$ 的粒子能量的统计平均值:

$$U = \frac{2\pi V}{h^3}(2m)^{3/2}\int_0^\infty \frac{\varepsilon^{3/2}\mathrm{d}\varepsilon}{\mathrm{e}^{\varepsilon/kT}-1} = \frac{2\pi V}{h^3}(2m)^{3/2}(kT)^{5/2}\int_0^\infty \frac{x^{3/2}\mathrm{d}x}{\mathrm{e}^x-1}$$

其中 $x=\varepsilon/kT$.将积分求出(参阅附录 C),并将式(8.3.8)代入,可得

$$U = 0.770NkT\left(\frac{T}{T_c}\right)^{3/2} \tag{8.3.12}$$

定容热容为

$$C_V = \left(\frac{\partial U}{\partial T}\right)_V = \frac{5}{2}\frac{U}{T} = 1.925Nk\left(\frac{T}{T_c}\right)^{3/2} \tag{8.3.13}$$

式(8.3.13)指出,当 $T<T_c$ 时,理想玻色气体的 $C_V$ 与 $T^{3/2}$ 成正比,当 $T=T_c$ 时,$C_V$ 达到极大值 $C_V=1.925Nk$,高温时应趋于经典值 $\frac{3}{2}Nk$.详细的计算表明,$C_V$ 随温度的变化如图 8.3.2 所示.在 $T=T_c$ 的尖峰处 $C_V$ 连续,但 $C_V$ 对 $T$ 的偏导数存在突变.

在爱因斯坦的理论预言之后,如何在实验室中实现玻色凝聚现象是人们关注的问题.$^4$He 是玻色子.在大气压下,$^4$He 的沸点是 4.2 K.液 $^4$He 在 $T_\lambda$ = 2.17 K 发生一个相变,称为 $\lambda$ 相变.温度高于 $T_\lambda$ 时,$^4$He 是正常液体,称为 He Ⅰ;温度低于 $T_\lambda$ 时,液 $^4$He 具有超流性,称为 He Ⅱ.实验测得在 $T_\lambda$ 附近,$^4$He 的热容随温度的变化如图 8.3.3 所示.图 8.3.3 与图 8.3.2 的曲线形状类似,由于热容随温度变化的曲线形状酷似希腊字母 $\lambda$,故称为 $\lambda$ 相变.如果将 $^4$He 的数据 $m=6.65\times10^{-27}$ kg,$V_m=27.6\times10^{-6}$ m$^3$·mol$^{-1}$ 代入式(8.3.8),可以算得 $T_c$ = 3.13 K,与 $T_\lambda$ 也接近.因此在发现 $^4$He 的超流性质后,伦敦于 1938 年就提出 $^4$He 的 $\lambda$ 相变可能是一种玻色凝聚,超流与凝聚在 $\varepsilon=0$ 的玻色凝聚体有关.当然,液 $^4$He 不是理想玻色系统,其原子之间存在很强的相互作用,这使得对 $^4$He 中玻色凝聚的理论分析及其与实验的比较变得复杂化.后来,弱作用玻色气体凝聚的研究受到人们的重视.

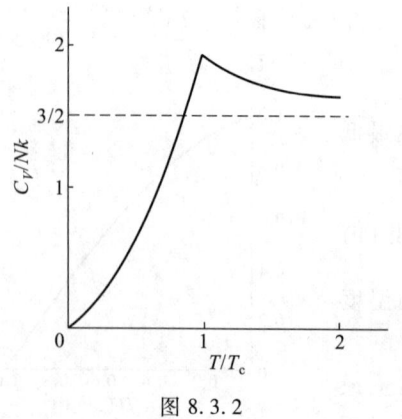

图 8.3.2

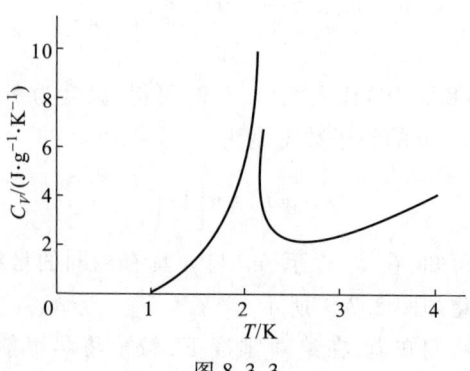

图 8.3.3

将式(8.3.8)改写为

$$n\left(\frac{h}{\sqrt{2\pi mkT_c}}\right)^3 = n\lambda^3 = 2.612 \tag{8.3.14}$$

满足上式时,原子的热波长 $\lambda$ 大于原子的平均间距,量子统计关联起着决定性的作用.式(8.3.14)是理想玻色气体出现凝聚的临界条件.出现凝聚体的条件为

$$n\lambda^3 \geq 2.612 \tag{8.3.15}$$

由此可知,可以通过降低温度和增加气体粒子数密度的方法来实现玻色凝聚.20世纪80年代以来,激光冷却、磁光陷阱和蒸发冷却技术有了突破性的进展(参阅§10.7),终于在1995年实现了碱金属 $^{87}$Rb、$^{23}$Na 和 $^7$Li 蒸气的玻色凝聚[①].$^{87}$Rb 的玻色凝聚是在 170 nK 观察到的.凝聚体的原子密度为 $2.6\times10^{12}$ cm$^{-3}$,原子数目约为 $10^3$ 个.$^{23}$Na 的玻色凝聚是在 2 μK 观察到的,原子密度为 $10^{14}$ cm$^{-3}$,原子数目达 $5\times10^5$ 个.$^7$Li 的玻色凝聚是在 400 nK 观察到的,原子密度为 $10^{12}$ cm$^{-3}$,原子数目约为 $10^3$ 个.其后,更观察到两块凝聚体重叠时显示的物质波干涉条纹[②],这些进展开创了一个新的物理学研究领域[③].

约束在磁光陷阱中的原子在三维谐振势中运动.其能级为

$$\varepsilon_{n_x,n_y,n_z} = \hbar\omega_x\left(n_x+\frac{1}{2}\right) + \hbar\omega_y\left(n_y+\frac{1}{2}\right) + \hbar\omega_z\left(n_z+\frac{1}{2}\right)$$
$$n_x, n_y, n_z = 0, 1, 2, \cdots \tag{8.3.16}$$

在临界温度 $T_c$ 以下,有宏观量级的原子凝聚在能量为

$$\varepsilon_0 = \frac{\hbar}{2}(\omega_x+\omega_y+\omega_z) \tag{8.3.17}$$

的基态,临界温度 $T_c$ 由下式确定:

$$kT_c = \hbar\bar{\omega}\left(\frac{N}{1.202}\right)^{\frac{1}{3}} \tag{8.3.18}$$

其中 $\bar{\omega} = (\omega_x\omega_y\omega_z)^{\frac{1}{3}}$.凝聚在基态的原子数 $N_0$ 与总原子数 $N$ 之比为

$$\frac{N_0}{N} = 1 - \left(\frac{T}{T_c}\right)^3 \tag{8.3.19}$$

式(8.3.18)和式(8.3.19)的推导留作习题(习题8.5).值得提及,与二维自由粒子理想玻色气体不会发生玻色凝聚(习题8.4)不同,处在磁光陷阱中的二维原子可以发生玻色凝聚(习题8.6),并已在实验中得到实现[④].

还应该提到,本节讨论的是理想气体的玻色凝聚.在 $^{87}$Rb、$^{23}$Na 和 $^7$Li 原子蒸气中,原子间的相互作用虽然较弱,还是存在相互作用的.$^{87}$Rb 和 $^{23}$Na 原子间存在斥力,$^7$Li 原子间存在吸力,其凝聚特性与理想气体存在不同的差异,有兴趣的读者可参阅有关文献[⑤].

---

[①] Anderson M H, et al. Science[J],1995,269:198;Davis K B,et al. Phys. Rev. Lett.[J],1995,75:3969;Bradley C C, et al. Phys. Rev. Lett. [J],1995,75:1687;1997,78:985.

[②] Andrews M R,et al. Science[J],1997,275:637.

[③] Anglin J R,Ketterle W. Nature[J],2002,416:211.

[④] Görlirz,et al. Phys. Rev. Lett.[J],2001,87:130402.

[⑤] Dalfovo F,et al. Rev. Mod. Phys.[J],1999,71:463.

## §8.4 光子气体

前面两节讨论了弱简并理想玻色气体的特性和 $n\lambda^3 \geq 2.612$ 时理想玻色气体出现的凝聚现象,所讨论的系统具有确定的粒子数.本节从粒子的观点根据玻色分布讨论平衡辐射问题.在平衡辐射中,光子数是不守恒的.这是玻色统计的又一个重要应用.

在第二章中曾根据热力学理论论证过,平衡辐射的内能密度和内能密度的频率分布只与温度有关,并证明了内能密度与绝对温度的四次方成正比.在§7.4中又根据经典统计的能量均分定理讨论过这一问题,所得内能的频率分布在低频范围与实验符合,在高频(紫外)范围与实验不符.更为严重的是,根据能量均分定理,有限温度下平衡辐射的内能和热容是发散的,据此,辐射场不可能与其他物体达到热平衡,这与实际不符.

根据粒子的观点,可以把空窖内的辐射场看作光子气体.在§7.4中讲过,空窖内的辐射场可以分解为无穷多个单色平面波的叠加.根据§6.2,具有一定的波矢 $k$ 和圆频率 $\omega$ 的单色平面波与具有一定的动量 $p$ 和能量 $\varepsilon$ 的光子相对应.动量 $p$ 与波矢 $k$,能量 $\varepsilon$ 与圆频率 $\omega$ 之间遵从德布罗意关系:

$$\begin{cases} p = \hbar k \\ \varepsilon = \hbar \omega \end{cases} \quad (8.4.1)$$

考虑到式(7.4.13)即 $\omega = ck$,得

$$\varepsilon = cp \quad (8.4.2)$$

这是光子的能量动量关系①.

光子是玻色子,达到平衡后遵从玻色分布.由于窖壁不断发射和吸收光子,光子气体中光子数是不守恒的.在导出玻色分布时只存在 $E$ 是常量的条件而不存在 $N$ 是常量的条件,因而只应引进一个拉格朗日乘子 $\beta$.这样,光子气体的统计分布为

$$a_l = \frac{\omega_l}{e^{\beta \varepsilon_l} - 1} \quad (8.4.3)$$

因为 $\alpha = -\dfrac{\mu}{kT}$,所以 $\alpha = 0$ 意味着平衡状态下光子气体的化学势 $\mu$ 为零.

光子的自旋量子数为1.自旋在动量方向的投影可取 $\pm \hbar$ 两个可能值,相当于左、右圆偏振.根据式(6.2.16),并考虑到光子自旋有2个投影,可知在体积为 $V$ 的空窖内,在 $p$ 到 $p+\mathrm{d}p$ 的动量范围内,光子的量子态数为

$$\frac{8\pi V}{h^3} p^2 \mathrm{d}p \quad (8.4.4)$$

将式(8.4.1)和式(8.4.2)代入上式可得,在体积为 $V$ 的空窖内,在 $\omega$ 到 $\omega+\mathrm{d}\omega$ 的圆频率范围内,光子的量子态数为

$$\frac{V}{\pi^2 c^3} \omega^2 \mathrm{d}\omega \quad (8.4.5)$$

平均光子数为

---

① 光子的能量动量关系也可根据相对论的质能关系 $\varepsilon^2 = c^2 p^2 + m^2 c^4$,并考虑到光子静止质量 $m=0$ 而得到.

$$\frac{V}{\pi^2 c^3} \frac{\omega^2 \mathrm{d}\omega}{\mathrm{e}^{\hbar\omega/kT}-1} \tag{8.4.6}$$

辐射场的内能则为

$$U(\omega,T)\mathrm{d}\omega = \frac{V}{\pi^2 c^3} \frac{\hbar\omega^3}{\mathrm{e}^{\hbar\omega/kT}-1}\mathrm{d}\omega \tag{8.4.7}$$

上式所给出的辐射场内能按频率的分布与实验结果完全符合. 图 8.4.1 画出了不同温度下式 (8.4.7) 的图形.

式 (8.4.7) 称为普朗克[辐射]公式, 是普朗克在 1900 年得到的, 不过推导方法与上述方法不同. 在推导该式时, 普朗克第一次引入了能量量子化的概念, 这是物理概念的革命性飞跃. 普朗克公式的建立是量子物理学的起点.

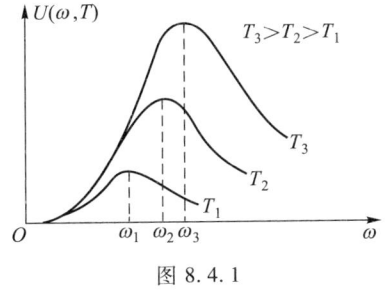

图 8.4.1

现在讨论普朗克公式在低频和高频范围的极限结果. 在 $\frac{\hbar\omega}{kT} \ll 1$ 的低频范围, $\mathrm{e}^{\frac{\hbar\omega}{kT}} \approx 1 + \frac{\hbar\omega}{kT}$. 式 (8.4.7) 可以近似为

$$U(\omega,T)\mathrm{d}\omega = \frac{V}{\pi^2 c^3} \omega^2 kT \mathrm{d}\omega \tag{8.4.8}$$

式 (8.4.8) 正是在 §7.4 中得到的瑞利-金斯公式. 在 $\hbar\omega/kT \gg 1$ 的高频范围, 有 $\mathrm{e}^{\hbar\omega/kT} \gg 1$, 可以将式 (8.4.7) 分母中的 $-1$ 忽略而得到

$$U(\omega,T)\mathrm{d}\omega = \frac{V}{\pi^2 c^3} \hbar\omega^3 \mathrm{e}^{-\frac{\hbar\omega}{kT}} \mathrm{d}\omega \tag{8.4.9}$$

式 (8.4.9) 与维恩 (Wien) 在 1896 年所得公式符合. 由式 (8.4.9) 可以看出, 当 $\hbar\omega/kT \gg 1$ 时, $U(\omega,T)$ 随 $\omega$ 的增加而迅速地趋近于零. 这意味着, 在温度为 $T$ 的平衡辐射中, $\hbar\omega/kT \gg 1$ 的高频光子几乎是不存在的. 我们可以这样理解, 温度为 $T$ 时, 窖壁发射 $\hbar\omega \gg kT$ 的高频光子的概率是极小的.

现在再从波动观点来理解普朗克公式的物理图像. 如前所述, 空窖内的辐射场可以分解为无穷多个单色平面波的叠加, 具有一定波矢和偏振的单色平面波可以看作辐射场的一个振动自由度, 因此辐射场是具有无穷多个振动自由度的力学系统. 根据量子理论, 一个振动自由度的能量可能值为

$$\varepsilon_n = \hbar\omega\left(n + \frac{1}{2}\right), \quad n = 0, 1, 2, \cdots$$

由于具有一定圆频率、波矢和偏振的平面波与具有一定能量、动量和自旋投影的光子状态相对应, 当辐射场某一平面波处在量子数为 $n$ 的状态时, 相当于存在状态相应的 $n$ 个光子. 玻色分布给出, 在温度为 $T$ 的平衡状态下, $n$ 的平均值为 $\bar{n} = 1/(\mathrm{e}^{\hbar\omega/kT}-1)$. 从粒子观点看, $\bar{n}$ 是平均光子数. 从波动观点看, $\bar{n}$ 是量子数 $n$ 的平均值. 这样, 波动和粒子的图像便统一起来了. 对于满足 $\hbar\omega \ll kT$ 的低频自由度, 能级间距 $\hbar\omega$ 远小于 $kT$, $\hbar\omega/kT$ 可看作准连续的变量, 经典统计关于一个振动自由度具有平均能量 $kT$ 的结论是适用的. 反之, 满足 $\hbar\omega \gg kT$ 的高频自由度则被冻结在 $n=0$ 的基态. 这样, 用经典统计研究平衡辐射问题时出现的困难便得到解决.

将式(8.4.7)积分,可求得平衡辐射的内能为

$$U = \frac{V}{\pi^2 c^3} \int_0^\infty \frac{\hbar \omega^3}{e^{\hbar\omega/kT}-1} d\omega$$

引入变量 $x = \hbar\omega/kT$,上式可化为

$$U = \frac{V\hbar}{\pi^2 c^3} \left(\frac{kT}{\hbar}\right)^4 \int_0^\infty \frac{x^3}{e^x-1} dx$$

将积分求出(参阅附录C),得

$$U = \frac{\pi^2 k^4}{15 c^3 \hbar^3} V T^4 \tag{8.4.10}$$

式(8.4.10)指出,平衡辐射的内能密度与热力学温度的四次方成正比.我们在热力学中得到过这个结果,不过在热力学中,比例常量要由实验确定,而用统计物理理论可以将这个比例常量用基本的物理常量表达出来.

根据普朗克公式(8.4.7),辐射场的内能密度随 $\omega$ 的分布有一个极大值,以 $\omega_m$ 表示.令 $x = \hbar\omega_m/kT$,$\omega_m$ 由下式定出:

$$\frac{d}{dx}\left(\frac{x^3}{e^x-1}\right) = 0$$

由此可得

$$3 - 3e^{-x} = x$$

这个方程可以用图解方法或数值方法解出,其解为

$$x = \frac{\hbar\omega_m}{kT} \approx 2.822 \tag{8.4.11}$$

式(8.4.11)指出,使辐射场能量取极大值的 $\frac{\hbar\omega_m}{kT}$ 值是一定的.换句话说,$\omega_m$ 与温度成正比.这个结论称为维恩位移[定]律,是维恩于1893年首先由理论导出的.

现在根据§8.1中得到的热力学量的统计表达式推导光子气体的热力学函数.对于光子气体,巨配分函数的对数为

$$\ln \Xi = -\sum_l \omega_l \ln(1 - e^{-\alpha-\beta\varepsilon_l}) = -\frac{V}{\pi^2 c^3} \int_0^\infty \omega^2 \ln(1 - e^{-\beta\hbar\omega}) d\omega$$

引入变量 $x = \frac{\hbar\omega}{kT}$,可将上式表示为

$$\ln \Xi = -\frac{V}{\pi^2 c^3} \frac{1}{(\beta\hbar)^3} \int_0^\infty x^2 \ln(1 - e^{-x}) dx \tag{8.4.12}$$

用分部积分法,有

$$\int_0^\infty x^2 \ln(1 - e^{-x}) dx = \left[\frac{x^3}{3} \ln(1 - e^{-x})\right]\Big|_0^\infty - \frac{1}{3} \int_0^\infty \frac{x^3 dx}{e^x - 1}$$

上式右方第一项为零,因此

$$\ln \Xi = \frac{V}{3\pi^2 c^3} \frac{1}{(\beta\hbar)^3} \int_0^\infty \frac{x^3 dx}{e^x - 1}$$

将积分求出(参阅附录C),得

$$\ln \Xi = \frac{\pi^2 V}{45 c^3} \frac{1}{(\beta \hbar)^3} \tag{8.4.13}$$

求得巨配分函数的对数后,根据式(8.1.6)、式(8.1.8)和式(8.1.10)即可求出光子气体的内能、压强和熵.

光子气体的内能为

$$U = -\frac{\partial}{\partial \beta} \ln \Xi = \frac{\pi^2 k^4 V}{15 c^3 \hbar^3} T^4 \tag{8.4.14}$$

上式与式(8.4.10)一致.光子气体的压强为

$$p = \frac{1}{\beta} \frac{\partial}{\partial V} \ln \Xi = \frac{\pi^2 k^4}{45 c^3 \hbar^3} T^4 \tag{8.4.15}$$

比较以上两式,有

$$p = \frac{1}{3} \frac{U}{V} \tag{8.4.16}$$

上式在热力学中是作为实验结果引入的,由统计物理可以导出这一关系.值得提及,在习题 7.2 中曾用不同的方法得到式(8.4.16)的结果.光子气体的熵为

$$S = k\left(\ln \Xi - \beta \frac{\partial}{\partial \beta} \ln \Xi\right) = k(\ln \Xi + \beta U) = \frac{4}{45} \frac{\pi^2 k^4}{c^3 \hbar^3} T^3 V \tag{8.4.17}$$

与式(2.6.4)相符.光子气体的熵随 $T \to 0$ 而趋于零,符合热力学第三定律的要求.在§2.6 中曾导出平衡辐射的通量密度与内能密度的关系,即式(2.6.7):

$$J_u = \frac{c}{4} \frac{U}{V}$$

根据§7.3 中讲述的泻流概念可以直接求得光子气体的辐射通量密度(习题8.11):

$$J_u = \frac{\pi^2 k^4}{60 c^2 \hbar^3} T^4 \tag{8.4.18}$$

## §8.5 金属中的自由电子气体

前面讨论了玻色气体,现在转而讨论费米气体的特性.如前所述,当气体满足非简并条件 $e^\alpha \gg 1$ 或 $n\lambda^3 \ll 1$ 时,不论是由玻色子还是费米子组成的气体,都同样遵从玻耳兹曼分布.弱简并的情形初步显示了二者的差异.本节以金属中的自由电子气体为例,讨论强简并 $e^\alpha \ll 1$ 或 $n\lambda^3 \gg 1$ 情形下费米气体的特性.

原子结合成金属后,价电子脱离原子可在整个金属内运动,形成公有电子.失去价电子后的原子成为离子,在空间形成规则的晶格.在初步的近似中,人们把公有电子看作在金属内部作自由运动的近独立粒子.金属的高电导率和高热导率说明金属中自由电子的存在.但如果将经典统计的能量均分定理应用于自由电子,一个自由电子对金属的热容将有 $3k/2$ 的贡献,这是与实际不符的.实验发现,除了在极低温度下,金属中自由电子的热容与离子振动的热容相比较可以忽略.这是经典统计理论遇到的又一困难.1928 年,索末菲(Sommerfeld)根据费米分布成功地解决了这个问题.

先说明金属中的自由电子形成强简并的费米气体.以铜为例,铜的密度为 $8.9 \times$

$10^3 \text{ kg} \cdot \text{m}^{-3}$,相对原子质量为 63,如果一个铜原子贡献一个自由电子,则

$$n = \frac{8.9 \times 10^3 \text{ kg} \cdot \text{m}^{-3}}{63 \text{ g} \cdot \text{mol}^{-1}} \times N_A = 8.5 \times 10^{28} \text{ m}^{-3}$$

电子的质量为 $9.1 \times 10^{-31}$ kg,故

$$n\lambda^3 = \frac{N}{V}\left(\frac{h^2}{2\pi mkT}\right)^{3/2} = \frac{3.53 \times 10^7 \text{ K}^{3/2}}{T^{3/2}}$$

在 $T = 300$ K 时,$n\lambda^3 \approx 6\,800$.这个数值很大,说明金属中的自由电子形成强简并的费米气体.

根据费米分布,温度为 $T$ 时,处在能量为 $\varepsilon$ 的一个量子态上的平均电子数为

$$f = \frac{1}{e^{\frac{\varepsilon - \mu}{kT}} + 1} \tag{8.5.1}$$

根据式(6.2.17),考虑到电子自旋在其动量方向的投影有 2 个可能值,在体积 $V$ 内,在 $\varepsilon$ 到 $\varepsilon + d\varepsilon$ 的能量范围内,电子的量子态数为

$$D(\varepsilon)d\varepsilon = \frac{4\pi V}{h^3}(2m)^{3/2}\varepsilon^{1/2}d\varepsilon$$

所以在体积 $V$ 内,在 $\varepsilon$ 到 $\varepsilon + d\varepsilon$ 的能量范围内,平均电子数为

$$\frac{4\pi V}{h^3}(2m)^{3/2}\frac{\varepsilon^{1/2}d\varepsilon}{e^{\frac{\varepsilon - \mu}{kT}} + 1} \tag{8.5.2}$$

在给定电子数 $N$、温度 $T$ 和体积 $V$ 时,化学势 $\mu$ 由下式确定:

$$\frac{4\pi V}{h^3}(2m)^{3/2}\int_0^\infty \frac{\varepsilon^{1/2}d\varepsilon}{e^{\frac{\varepsilon - \mu}{kT}} + 1} = N \tag{8.5.3}$$

由上式可知,$\mu$ 是温度 $T$ 和电子数密度 $N/V$ 的函数.

现在讨论 $T = 0$ K 时电子的分布.以 $\mu(0)$ 表示 0 K 时电子气体的化学势,由式(8.5.1)知,0 K 时,有

$$\begin{cases} f = 1, & \varepsilon < \mu(0) \\ f = 0, & \varepsilon > \mu(0) \end{cases} \tag{8.5.4}$$

如图 8.5.1 所示.式(8.5.4)的意义是,在 $T = 0$ K 时,在 $\varepsilon < \mu(0)$ 的每一量子态上平均电子数为 1,在 $\varepsilon > \mu(0)$ 的每一量子态上平均电子数为零.这一分布可以这样理解,在 0 K 时,电子将尽可能占据能量最低的状态,但泡利不相容原理限制每一量子态最多只能容纳一个电子,因此电子从 $\varepsilon = 0$ 的状态起依次填充至 $\mu(0)$ 止.$\mu(0)$ 是 0 K 时电子的最大能量,由下式确定:

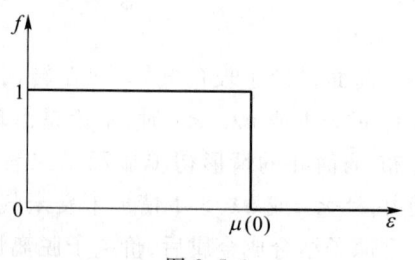

图 8.5.1

$$\frac{4\pi V}{h^3}(2m)^{3/2}\int_0^{\mu(0)}\varepsilon^{1/2}d\varepsilon = N \tag{8.5.5}$$

将上式积分,可解得 $\mu(0)$ 为

$$\mu(0) = \frac{\hbar^2}{2m}\left(3\pi^2\frac{N}{V}\right)^{2/3} \tag{8.5.6}$$

$\mu(0)$ 也常称为费米能级.令 $\mu(0) = \dfrac{p_F^2}{2m}$,可得

$$p_F = (3\pi^2 n)^{1/3} \hbar$$

$p_F$ 是 0 K 时电子的最大动量,称为费米动量.相应的速率 $v_F = \dfrac{p_F}{m}$ 称为费米速率.现在对 $\mu(0)$ 的数值作一估计.由式(8.5.6)知,$\mu(0)$ 取决于电子气体的数密度 $n$.根据前面给出的数据,可以算得铜的 $\mu(0) = 1.12 \times 10^{-18}$ J 或 7.0 eV.定义费米温度 $T_F$,满足

$$kT_F = \mu(0)$$

可得铜的 $T_F$ 为 $8.1 \times 10^4$ K,远高于通常考虑的温度,说明 $\mu(0)$ 的数值是很大的.

0 K 时电子气体的内能为

$$U(0) = \frac{4\pi V}{h^3}(2m)^{3/2} \int_0^{\mu(0)} \varepsilon^{3/2} \mathrm{d}\varepsilon = \frac{3N}{5}\mu(0) \tag{8.5.7}$$

由此可知,0 K 时电子的平均能量为 $\dfrac{3}{5}\mu(0)$.0 K 时电子气体的压强为(习题 7.1)

$$p(0) = \frac{2}{3}\frac{U(0)}{V} = \frac{2}{5}n\mu(0) \tag{8.5.8}$$

根据前面的数据,可得 0 K 时铜的电子气体的压强为 $3.8 \times 10^{10}$ Pa.这是一个极大的数值.它是泡利不相容原理和电子气体具有高密度的结果,常称为电子气体的简并压.这一巨大的简并压在金属中被电子与离子的静电吸力所补偿.

我们看到,与理想玻色气体在绝对零度下粒子全部处于能量、动量为零的状态且压强为零完全不同,费米气体在绝对零度下具有很高的平均能量、动量,并产生很大的压强.但是,两种气体在绝对零度下的微观状态虽然完全不同,却都是完全确定的.由玻耳兹曼关系 $S = k\ln\Omega$ 可知,两种气体在绝对零度下熵都为零,符合热力学第三定律的要求.

现在讨论 $T>0$ 时金属中自由电子的分布.由式(8.5.1)知

$$\begin{cases} f > \dfrac{1}{2}, & \varepsilon < \mu \\[4pt] f = \dfrac{1}{2}, & \varepsilon = \mu \\[4pt] f < \dfrac{1}{2}, & \varepsilon > \mu \end{cases} \tag{8.5.9}$$

式(8.5.9)表明,在 $T>0$ 时,在 $\varepsilon<\mu$ 的每一量子态上平均电子数大于 1/2,在 $\varepsilon=\mu$ 的每一量子态上平均电子数为 1/2,在 $\varepsilon>\mu$ 的每一量子态上平均电子数小于 1/2.注意到函数 $\mathrm{e}^{\frac{\varepsilon-\mu}{kT}}$ 按指数规律随 $\varepsilon$ 变化,实际上只在 $\mu$ 附近量级为 $kT$ 的范围内,电子的分布与 $T=0$ K 时的分布有差异.我们可以这样理解,在 0 K 时,电子占据了从 0 到 $\mu(0)$ 的每一个量子态,温度升高时由于热激发,电子有可能跃迁到能量较高的未被占据的状态去.但处在低能态的电子要跃迁到未被占据的状态,必须吸取很大的热运动能量,这样的可能性极小.所以绝大多数状态的占据情况实际上并不改变,只在 $\mu$ 附近量级为 $kT$ 的能量范围内,占据情况发生改变,如图 8.5.2 所示.

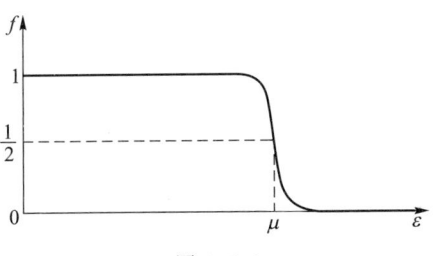

图 8.5.2

顺便提及,既然在 $kT \ll \mu(0)$ 即 $T \ll T_F$ 的情形下,电子气体的分布与 0 K 时的分布差异不大,$\mu(T)$ 与 $\mu(0)$ 是十分接近的[定量关系见式(8.5.17)]. 在 $kT \ll \mu(0)$ 的情形下,恒有 $e^{-\frac{\mu}{kT}} \ll 1$,因此费米气体的强简并条件 $e^{-\frac{\mu}{kT}} \ll 1$ 也往往表达为 $T \ll T_F$.

由 $T>0$ 时电子的分布可知,只有能量在 $\mu$ 附近量级为 $kT$ 的范围内的电子对热容有贡献.根据这一考虑可以粗略估计电子气体的热容.以 $N_{有效}$ 表示能量在 $\mu$ 附近 $kT$ 范围内对热容有贡献的有效电子数,则

$$N_{有效} \approx \frac{kT}{\mu} N$$

将能量均分定理用于有效电子,每一有效电子对热容的贡献为 $\frac{3}{2}k$,则金属中自由电子对热容的贡献为

$$C_V = \frac{3}{2} Nk \left(\frac{kT}{\mu}\right) = \frac{3}{2} Nk \frac{T}{T_F} \tag{8.5.10}$$

前面对铜的估计指出,在室温范围,$T/T_F \approx 1/270$.所以在室温范围,金属中自由电子对热容的贡献远小于经典理论值.与离子振动的热容相比,电子的热容可以忽略不计.

现在对自由电子气体的热容进行定量计算.电子数 $N$ 满足

$$N = \frac{4\pi V}{h^3}(2m)^{3/2} \int_0^\infty \frac{\varepsilon^{1/2} d\varepsilon}{e^{\frac{\varepsilon-\mu}{kT}}+1} \tag{8.5.11}$$

由上式可确定自由电子气体的化学势.电子气体的内能 $U$ 为

$$U = \frac{4\pi V}{h^3}(2m)^{3/2} \int_0^\infty \frac{\varepsilon^{3/2} d\varepsilon}{e^{\frac{\varepsilon-\mu}{kT}}+1} \tag{8.5.12}$$

以上两式的积分都可写成下述形式:

$$I = \int_0^\infty \frac{\eta(\varepsilon)}{e^{\frac{\varepsilon-\mu}{kT}}+1} d\varepsilon \tag{8.5.13}$$

其中 $\eta(\varepsilon)$ 分别为 $C\varepsilon^{1/2}$ 和 $C\varepsilon^{3/2}$,常量 $C = \frac{4\pi V}{h^3}(2m)^{3/2}$.

先计算积分式(8.5.13).作变量代换 $\varepsilon - \mu = kTx$,可将积分式(8.5.13)表示为

$$I = \int_{-\frac{\mu}{kT}}^\infty \frac{\eta(\mu+kTx)}{e^x+1} kT dx = kT \int_0^{\frac{\mu}{kT}} \frac{\eta(\mu-kTx)}{e^{-x}+1} dx + kT \int_0^\infty \frac{\eta(\mu+kTx)}{e^x+1} dx$$

在右方第一项中令

$$\frac{1}{e^{-x}+1} = 1 - \frac{1}{e^x+1}$$

可得

$$I = \int_0^\mu \eta(\varepsilon) d\varepsilon + kT \int_0^\infty \frac{\eta(\mu+kTx) - \eta(\mu-kTx)}{e^x+1} dx$$

在上式右方第二项中,已把积分上限都取作 $\infty$.这是因为 $\mu/kT \gg 1$,而且因为被积函数分母中的 $e^x$ 因子使对积分的贡献主要来自 $x$ 小的范围.由于后一理由,可以将被积函数的分子展开

为 $x$ 的幂级数,只取到 $x$ 的一次项而得

$$I = \int_0^\mu \eta(\varepsilon)\mathrm{d}\varepsilon + 2(kT)^2\eta'(\mu)\int_0^\infty \frac{x}{e^x+1}\mathrm{d}x + \cdots$$

$$= \int_0^\mu \eta(\varepsilon)\mathrm{d}\varepsilon + \frac{\pi^2}{6}(kT)^2\eta'(\mu) + \cdots \tag{8.5.14}$$

最后一步的积分计算可参阅附录 C.

因此,式(8.5.11)和式(8.5.12)可表示为

$$N = \frac{2}{3}C\mu^{3/2}\left[1 + \frac{\pi^2}{8}\left(\frac{kT}{\mu}\right)^2\right] \tag{8.5.15}$$

$$U = \frac{2}{5}C\mu^{5/2}\left[1 + \frac{5\pi^2}{8}\left(\frac{kT}{\mu}\right)^2\right] \tag{8.5.16}$$

由式(8.5.15)得

$$\mu = \left(\frac{3N}{2C}\right)^{2/3}\left[1 + \frac{\pi^2}{8}\left(\frac{kT}{\mu}\right)^2\right]^{-2/3}$$

当 $T\to 0$ 时, $\mu = \left(\frac{3N}{2C}\right)^{2/3}$.将 $C$ 代入,正好得到式(8.5.6).上式右方第二项很小,可以在第二项中用 $kT/\mu(0)$ 代替 $kT/\mu$ 而得

$$\mu = \mu(0)\left\{1 + \frac{\pi^2}{8}\left[\frac{kT}{\mu(0)}\right]^2\right\}^{-2/3} \approx \mu(0)\left\{1 - \frac{\pi^2}{12}\left[\frac{kT}{\mu(0)}\right]^2\right\} \tag{8.5.17}$$

将上式代入式(8.5.16),并作相应的近似,可得

$$U = \frac{2}{5}C\mu(0)^{5/2}\left\{1 - \frac{\pi^2}{12}\left[\frac{kT}{\mu(0)}\right]^2\right\}^{5/2}\left\{1 + \frac{5\pi^2}{8}\left[\frac{kT}{\mu(0)}\right]^2\right\}$$

$$= \frac{3}{5}N\mu(0)\left\{1 + \frac{5}{12}\pi^2\left[\frac{kT}{\mu(0)}\right]^2\right\} \tag{8.5.18}$$

式(8.5.18)给出了自由电子气体的内能.由此得自由电子气体的定容热容为

$$C_V = \left(\frac{\partial U}{\partial T}\right)_V = Nk\frac{\pi^2}{2}\frac{kT}{\mu(0)} = \gamma_0 T \tag{8.5.19}$$

这一结果与前面粗略分析的结果只有系数的差异.

如前所述,在常温范围,电子的热容远小于离子振动的热容.但在低温范围,离子振动的热容按 $T^3$ 随温度而减小(参阅§9.7);电子热容与 $T$ 成正比,减小得比较缓慢.所以,在足够低的温度下,电子热容将大于离子振动的热容而成为对金属热容的主要贡献.

计及电子和离子振动的热容,低温下金属的定容热容可表示为

$$C_V = \gamma T + AT^3 \tag{8.5.20}$$

图 8.5.3 以 $C_V/T$ 为纵坐标, $T^2$ 为横坐标,画出铜的实测结果[1],实验值落在一条直线上,与式(8.5.20)符合.直线与纵坐标的截距给出的 $\gamma$ 值为 $(0.688\pm0.002)$ mJ·mol$^{-1}$·K$^{-2}$,与根据式(8.5.19)算得的 $\gamma_0 = 0.50$ mJ·mol$^{-1}$·K$^{-2}$ 比较,存在一定差异.

---

[1] Corak W S, et al. Phys. Rev.[J], 1955, 98: 1699.

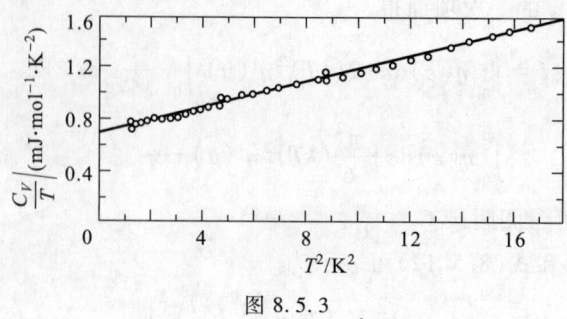

图 8.5.3

前面的理论将金属中的公有电子近似看作在金属内部作自由运动的近独立粒子.我们知道,由于离子在空间排列的周期性,离子在金属中产生一个周期性势场,实际上电子在这个周期场中运动,离子的热振动对电子的运动也会产生影响,电子之间又存在库仑相互作用,更深入地描述金属中电子的运动相当复杂,我们只作粗略的介绍.为了分析电子间库仑作用的影响,我们将金属中的正离子用均匀的正电荷背景代替,以保持金属的电中性.由于每一电子都要排斥其他电子,在每一电子周围将出现等效的正电荷,对电子产生屏蔽作用,使电子间的库仑长程作用力变为短程的屏蔽作用力.因此可以将电子近似看作近独立粒子,遵从费米分布.不过这时所说的电子已经不是通常意义上的"裸"电子,而是被正电荷云围绕的一种准粒子,称为准电子.准电子与电子存在一一对应的关系.不过它的质量不再是裸电子的质量 $m$ 而是有效质量 $m^*$.周期场和离子振动也会改变电子的质量.式(8.5.19)中的 $\gamma_0$ 与电子质量 $m$ 成正比,人们试图将 $m$ 改正为考虑上述各种影响后的有效质量 $m^*$ 来解释 $\gamma$ 与 $\gamma_0$ 的差异[1].

## 习 题

**8.1** 试证明,对于理想玻色或费米系统,玻耳兹曼关系成立,即
$$S = k \ln \Omega$$

**8.2** 试证明,理想玻色和费米系统的熵可分别表示为
$$S_{\text{B.E.}} = -k \sum_s [f_s \ln f_s - (1+f_s) \ln(1+f_s)]$$
$$S_{\text{F.D.}} = -k \sum_s [f_s \ln f_s + (1-f_s) \ln(1-f_s)]$$

其中 $f_s$ 为量子态 $s$ 上的平均粒子数,$\sum_s$ 表示对粒子的所有量子态求和.并证明,当 $f_s \ll 1$ 时,有
$$S_{\text{B.E.}} \approx S_{\text{F.D.}} \approx S_{\text{M.B.}} = -k \sum_s (f_s \ln f_s - f_s)$$

**8.3** 求弱简并理想费米(玻色)气体的压强和熵.

**8.4** 试证明,在热力学极限下,均匀的二维理想玻色气体不会发生玻色凝聚.

**8.5** 约束在磁光陷阱中的理想原子气体,在三维谐振势场 $V = \frac{1}{2}m(\omega_x^2 x^2 + \omega_y^2 y^2 + \omega_z^2 z^2)$ 中运动.如果原子是玻色子,试证明,$T \le T_c$ 时,将有宏观量级的原子凝聚在能量为 $\varepsilon_0 = \frac{\hbar}{2}(\omega_x + \omega_y + \omega_z)$ 的基态.在 $N \to \infty, \bar{\omega} \to 0$,

---

[1] 参阅 Mahan G D. Many-Particle Physics[M]. Second Edition. New York: Plenum Press, 1990: 484, 591.

$N\bar{\omega}^3$ 保持有限的热力学极限下,临界温度 $T_c$ 由下式确定:

$$N = 1.202\left(\frac{kT_c}{\hbar\bar{\omega}}\right)^3$$

其中 $\bar{\omega} = (\omega_x\omega_y\omega_z)^{\frac{1}{3}}$. 温度为 $T$ 时,凝聚在基态的原子数 $N_0$ 与总原子数 $N$ 之比为

$$\frac{N_0}{N} = 1 - \left(\frac{T}{T_c}\right)^3$$

8.6 承 8.5 题. 如果 $\omega_z \gg \omega_x, \omega_z \gg \omega_y$,则在 $kT \ll \hbar\omega_z$ 的情形下,原子在 $z$ 方向的运动将冻结在基态作零点振动,于是形成二维原子气体. 试证明,$T \le T_c$ 时,原子的二维运动中将有宏观量级的原子凝聚在能量为 $\varepsilon_0 = \frac{\hbar}{2}(\omega_y + \omega_z)$ 的基态. 在 $N \to \infty, \bar{\omega} \to 0, N\bar{\omega}^2$ 保持有限的热力学极限下,临界温度 $T_c$ 由下式确定:

$$N = 1.645\left(\frac{kT_c}{\hbar\bar{\omega}}\right)^2$$

其中 $\bar{\omega} = (\omega_x\omega_y)^{\frac{1}{2}}$. 温度为 $T$ 时,凝聚在基态的原子数 $N_0$ 与总原子数 $N$ 之比为

$$\frac{N_0}{N} = 1 - \left(\frac{T}{T_c}\right)^2$$

8.7 计算温度为 $T$ 时,在体积 $V$ 内光子气体的平均总光子数,并据此估算(a)温度为 1 000 K 的平衡辐射和(b)温度为 3 K 的宇宙背景辐射中光子的数密度.

8.8 试根据普朗克公式证明,平衡辐射内能密度按波长的分布为

$$u_\lambda d\lambda = \frac{8\pi hc}{\lambda^5}\frac{d\lambda}{e^{\frac{hc}{\lambda kT}} - 1}$$

并据此证明,使辐射内能密度取极大值的波长 $\lambda_m$(令 $x = hc/\lambda_m kT$)满足方程:

$$5e^{-x} + x = 5$$

这个方程的数值解为 $x = 4.9651$. 因此

$$\lambda_m T = \frac{hc}{4.9651 \cdot k}$$

$\lambda_m$ 随温度增加向短波方向移动.

8.9 按波长分布,太阳辐射能的极大值在 $\lambda \approx 480$ nm 处. 假设太阳是黑体,求太阳表面的温度.

8.10 试根据热力学公式 $S = \int \frac{C_V}{T}dT$ 及光子气体的热容 $C_V = \left(\frac{\partial U}{\partial T}\right)_V$,求光子气体的熵.

8.11 试计算平衡辐射中单位时间碰到单位面积器壁上的光子所携带的能量,由此即得平衡辐射的通量密度 $J_u$. 计算 6 000 K 和 1 000 K 时 $J_u$ 的值.

8.12 室温下某金属中自由电子气体的数密度为 $n = 6 \times 10^{28}$ m$^{-3}$,某半导体中导电电子的数密度为 $n = 10^{20}$ m$^{-3}$. 试验证这两种电子气体是否为简并气体.

8.13 银的导电电子数密度为 $5.9 \times 10^{28}$ m$^{-3}$. 试求 0 K 时电子气体的费米能级、费米速率和简并压.

8.14 试求绝对零度下金属自由电子气体中电子的平均速率 $\bar{v}$.

8.15 试证明,在绝对零度下自由电子的碰壁数可表示为 $\Gamma = \frac{1}{4}n\bar{v}$,其中 $n = N/V$ 是电子的数密度,$\bar{v}$ 是平均速率.

8.16 已知声速 $a = \sqrt{\left(\frac{\partial p}{\partial \rho}\right)_S}$ [式(1.8.8)],试证明,在 0 K 理想费米气体中,$a = v_F/\sqrt{3}$.

8.17 等温压缩系数 $\kappa_T$ 和绝热压缩系数 $\kappa_S$ 的定义分别为 $\kappa_T = -\frac{1}{V}\left(\frac{\partial V}{\partial p}\right)_T$ 和 $\kappa_S = -\frac{1}{V}\left(\frac{\partial V}{\partial p}\right)_S$ [式

(2.2.13)].试证明,对于 0 K 的理想费米气体,有

$$\kappa_T(0) = \kappa_S(0) = \frac{3}{2}\frac{1}{n\mu(0)}$$

**8.18** 试求在极端相对论条件下,自由电子气体在 0 K 时的费米能级、内能和简并压.

**8.19** 假设自由电子在二维平面上运动,面密度为 $n$.试求 0 K 时二维电子气体的费米能级、内能和简并压.

**8.20** 已知 0 K 时铜的自由电子气体的化学势 $\mu(0) = 7.04$ eV,试求 300 K 时的一级修正值.

**8.21** 试根据热力学公式 $S = \int \dfrac{C_V}{T} dT$,求低温下金属中自由电子气体的熵.

**8.22** 由 $N$ 个自旋极化的粒子组成的费米气体处在径向频率为 $\omega_r$、轴向频率为 $\lambda\omega_r$ 的磁光陷阱内,粒子的能量(哈密顿量)为

$$\varepsilon = \frac{1}{2m}(p_x^2 + p_y^2 + p_z^2) + \frac{m}{2}\omega_r^2(x^2 + y^2 + \lambda^2 z^2)$$

试求 0 K 时费米气体的化学势和粒子的平均能量.假设 $N = 10^5$,$\omega_r = 3\,800$ s$^{-1}$,$\lambda^2 = 8$,求出数值结果.

**8.23** 承 8.22 题,试求低温极限 $T \ll T_F$ 和高温极限 $T \gg T_F$ 下,磁光陷阱中理想费米气体的化学势、内能和热容.

**8.24** 原子核半径 $R$ 的经验公式为

$$R = (1.3 \times 10^{-15} \text{ m}) \cdot A^{1/3}$$

式中 $A$ 是原子核所含的核子数.假设质子数和中子数相等,均为 $A/2$,试计算二者在核内的密度 $n$.如果将核内的质子和中子看作简并费米气体,试求二者的 $\mu(0)$ 以及核子在核内的平均动能.核子质量取 $m = 1.67 \times 10^{-27}$ kg.

**8.25** $^3$He 原子是费米子,其自旋为 $\dfrac{1}{2}$.在液 $^3$He 中原子有很强的相互作用.可以将液 $^3$He 看作由与原子数目相同的 $^3$He 准粒子构成的费米液体.已知 $^3$He 原子的质量为 $5.01 \times 10^{-27}$ kg,液 $^3$He 的密度为 $81$ kg·m$^{-3}$,在 $0.1$ K 以下的定容热容为 $C_V = 2.89NkT$.试估算 $^3$He 准粒子的有效质量 $m^*$.

部分习题
参考答案

# 第九章 系综理论

## §9.1 相空间 刘维尔定理

前面讲述的最概然分布方法只能处理由近独立粒子组成的系统.如果在所研究的问题中必须计及粒子之间的相互作用,系统的能量表达式包含粒子间相互作用的势能,就不能用前面讲述的最概然分布方法处理.本章讲述平衡态统计物理的普遍理论——系综理论.应用系综理论可以研究互作用粒子组成的系统.

先说明怎样描述系统的微观(力学)运动状态.当粒子间的相互作用不能忽略时,应把系统当作一个整体考虑.先讨论经典描述.以 $f$ 表示整个系统的自由度.假设系统由 $N$ 个全同粒子组成,粒子的自由度为 $r$,则系统的自由度为 $f=Nr$.如果系统包含多种粒子,第 $i$ 种粒子的自由度为 $r_i$,粒子数为 $N_i$,则系统的自由度为 $f=\sum_i N_i r_i$.根据经典力学,系统在任一时刻的微观运动状态由 $f$ 个广义坐标 $q_1, q_2, \cdots, q_f$ 及与其共轭的 $f$ 个广义动量 $p_1, p_2, \cdots, p_f$ 在该时刻的数值确定.以 $q_1, \cdots, q_f; p_1, \cdots, p_f$ 共 $2f$ 个变量为直角坐标构成一个 $2f$ 维空间,称为相空间或 $\Gamma$ 空间.系统在某一时刻的运动状态 $q_1, \cdots, q_f; p_1, \cdots, p_f$ 可用相空间中的一点表示,称为系统运动状态的代表点.

系统的运动状态随时间而变,遵从哈密顿正则方程:

$$\dot{q}_i = \frac{\partial H}{\partial p_i}, \quad \dot{p}_i = -\frac{\partial H}{\partial q_i}, \quad i=1,2,\cdots,f \tag{9.1.1}$$

其中 $H$ 是系统的哈密顿量.对于保守系统,哈密顿量就是它的能量,包括粒子的动能、粒子相互作用的势能和粒子在保守外场中的势能.它是 $q_1, \cdots, q_f; p_1, \cdots, p_f$ 的函数,当存在外场时还是外场参量的函数,但不是时间 $t$ 的显函数.当系统的运动状态随时间变化时,代表点相应地在相空间中移动,其轨道由式(9.1.1)确定.由于轨道的运动方向完全由 $\dot{q}_i$ 和 $\dot{p}_i$ 确定,而哈密顿量和它的微商又是单值函数,故根据式(9.1.1),经过相空间任何一点的轨道只能有一条.系统从某一初态出发,代表点在相空间的轨道或者是一条封闭曲线,或者是一条自身永不相交的曲线.当系统从不同的初态出发,代表点沿相空间中不同的轨道运动时,不同的轨道也互不相交.

由于孤立系统的能量 $E$ 不随时间改变,系统的广义坐标和动量必然满足条件:

$$H(q_1, \cdots, q_f; p_1, \cdots, p_f) = E \tag{9.1.2}$$

式(9.1.2)确定相空间中的一个曲面,称为能量曲面.保守系统运动状态的代表点一定位于能量曲面之上.

设想大量结构完全相同的系统,各自从其初态出发,独立地沿着正则方程(9.1.1)所规定的轨道运动,这些系统的运动状态的代表点将在相空间中形成一个分布.以

$$d\Omega = dq_1 \cdots dq_f dp_1 \cdots dp_f$$

表示相空间中的一个体积元,以

$$\rho(q_1,\cdots,q_f;p_1,\cdots,p_f;t)\mathrm{d}\Omega \tag{9.1.3}$$

表示在时刻 $t$,运动状态在 $\mathrm{d}\Omega$ 内的代表点数.将式(9.1.3)对整个相空间积分,得

$$\int\rho(q_1,\cdots,q_f;p_1,\cdots,p_f;t)\mathrm{d}\Omega = N \tag{9.1.4}$$

$N$ 是所设想的系统的总数,是不随时间改变的常量.

现在考虑代表点密度 $\rho$ 随时间 $t$ 的变化.当时间由 $t$ 变到 $t+\mathrm{d}t$ 时,在 $(q_i,p_i)$ 处的代表点将运动到 $(q_i+\dot{q}_i\mathrm{d}t, p_i+\dot{p}_i\mathrm{d}t)$ 处.在后一处的密度是

$$\rho(q_1+\dot{q}_1\mathrm{d}t,\cdots,p_f+\dot{p}_f\mathrm{d}t, t+\mathrm{d}t) = \rho + \frac{\mathrm{d}\rho}{\mathrm{d}t}\mathrm{d}t$$

其中

$$\frac{\mathrm{d}\rho}{\mathrm{d}t} = \frac{\partial\rho}{\partial t} + \sum_i\left(\frac{\partial\rho}{\partial q_i}\dot{q}_i + \frac{\partial\rho}{\partial p_i}\dot{p}_i\right) \tag{9.1.5}$$

现在要证明

$$\frac{\mathrm{d}\rho}{\mathrm{d}t} = 0 \tag{9.1.6}$$

为了证明式(9.1.6),考虑相空间中一个固定的体积元

$$\mathrm{d}\Omega = \mathrm{d}q_1\cdots\mathrm{d}q_f\mathrm{d}p_1\cdots\mathrm{d}p_f$$

该体积元是以下述 $2f$ 对平面为边界构成的:

$$q_i, q_i+\mathrm{d}q_i; p_i, p_i+\mathrm{d}p_i \quad (i=1,2,\cdots,f)$$

在时刻 $t$,在 $\mathrm{d}\Omega$ 内的代表点数为 $\rho\mathrm{d}\Omega$.经过时间 $\mathrm{d}t$ 之后,有些代表点走出了这个体积元,另有些代表点走进了这个体积元,使得在这个固定的体积元中的代表点数变为 $\left(\rho+\frac{\partial\rho}{\partial t}\mathrm{d}t\right)\mathrm{d}\Omega$.两者相减,得到经 $\mathrm{d}t$ 时间后,$\mathrm{d}\Omega$ 内代表点的增加数为

$$\frac{\partial\rho}{\partial t}\mathrm{d}t\mathrm{d}\Omega \tag{9.1.7}$$

代表点需要通过这 $2f$ 对边界平面才能进入或走出体积元 $\mathrm{d}\Omega$.现在计算通过平面 $q_i$ 进入 $\mathrm{d}\Omega$ 的代表点数.$\mathrm{d}\Omega$ 在平面 $q_i$ 上的边界面积为

$$\mathrm{d}A = \mathrm{d}q_1\cdots\mathrm{d}q_{i-1}\mathrm{d}q_{i+1}\cdots\mathrm{d}q_f\mathrm{d}p_1\cdots\mathrm{d}p_f$$

在 $\mathrm{d}t$ 时间内通过 $\mathrm{d}A$ 进入 $\mathrm{d}\Omega$ 的代表点必须位于以 $\mathrm{d}A$ 为底,以 $\dot{q}$ 和 $\dot{p}$ 为轴线,以 $\dot{q}_i\mathrm{d}t$ 为高的柱体内.柱体内的代表点数是

$$\rho\dot{q}_i\mathrm{d}t\mathrm{d}A$$

同样,在 $\mathrm{d}t$ 时间内通过平面 $q_i+\mathrm{d}q_i$ 走出 $\mathrm{d}\Omega$ 的代表点数为

$$(\rho\dot{q}_i)_{q_i+\mathrm{d}q_i}\mathrm{d}t\mathrm{d}A = \left[(\rho\dot{q}_i)_{q_i} + \frac{\partial}{\partial q_i}(\rho\dot{q}_i)\mathrm{d}q_i\right]\mathrm{d}t\mathrm{d}A$$

两式相减,得到通过一对平面 $q_i$ 及 $q_i+\mathrm{d}q_i$ 净进入 $\mathrm{d}\Omega$ 的代表点数为

$$-\frac{\partial}{\partial q_i}(\rho\dot{q}_i)\mathrm{d}q_i\mathrm{d}t\mathrm{d}A = -\frac{\partial}{\partial q_i}(\rho\dot{q}_i)\mathrm{d}t\mathrm{d}\Omega$$

由类似的讨论可得,在 $\mathrm{d}t$ 时间内通过一对平面 $p_i$ 和 $p_i+\mathrm{d}p_i$ 净进入 $\mathrm{d}\Omega$ 的代表点数为

$$-\frac{\partial}{\partial p_i}(\rho \dot{p}_i) \mathrm{d}t \mathrm{d}\Omega$$

将上面两个式子相加并对 $i$ 求和,即得在 $\mathrm{d}t$ 时间内由于代表点的运动穿过 $\mathrm{d}\Omega$ 的边界而进入 $\mathrm{d}\Omega$ 的净增加数.这个数应等于式(9.1.7),因此

$$\frac{\partial \rho}{\partial t}\mathrm{d}t\mathrm{d}\Omega = -\sum_i \left[\frac{\partial(\rho \dot{q}_i)}{\partial q_i} + \frac{\partial(\rho \dot{p}_i)}{\partial p_i}\right] \mathrm{d}t\mathrm{d}\Omega$$

消去 $\mathrm{d}t\mathrm{d}\Omega$,得

$$\frac{\partial \rho}{\partial t} + \sum_i \left[\frac{\partial(\rho \dot{q}_i)}{\partial q_i} + \frac{\partial(\rho \dot{p}_i)}{\partial p_i}\right] = 0 \tag{9.1.8}$$

由正则方程(9.1.1),有

$$\frac{\partial \dot{q}_i}{\partial q_i} + \frac{\partial \dot{p}_i}{\partial p_i} = 0 \quad (i = 1, 2, \cdots, f)$$

因此得

$$\frac{\partial \rho}{\partial t} + \sum_i \left(\frac{\partial \rho}{\partial q_i}\dot{q}_i + \frac{\partial \rho}{\partial p_i}\dot{p}_i\right) = 0 \tag{9.1.9}$$

代入式(9.1.5)即得式(9.1.6):

$$\frac{\mathrm{d}\rho}{\mathrm{d}t} = 0$$

上式表明,如果随着一个代表点沿正则方程所确定的轨道在相空间中运动,其邻域的代表点密度是不随时间改变的常量.式(9.1.6)称为刘维尔(Liouville)定理.

将正则方程(9.1.1)代入式(9.1.9)可得

$$\frac{\partial \rho}{\partial t} = -\sum_i \left(\frac{\partial \rho}{\partial q_i}\frac{\partial H}{\partial p_i} - \frac{\partial \rho}{\partial p_i}\frac{\partial H}{\partial q_i}\right) \tag{9.1.10}$$

这是刘维尔定理的另一数学表达式.

值得指出,式(9.1.9)对于变换 $t \to -t$ 保持不变,说明刘维尔定理是可逆的.刘维尔定理完全是力学规律的结果,其中并未引入任何统计的概念.

一般是在量子力学课程之前学习热力学与统计物理学课程的,我们不可能详细介绍计及粒子相互作用时系统微观运动状态的量子描述,只给出一种形式的描述,用指标 $s$ 标志系统的微观运动状态,$s=1,2,\cdots$.不过要注意,根据微观粒子全同性原理,将任意两个全同粒子加以交换,系统的微观运动状态是不变的.根据量子力学可以证明量子刘维尔方程,这里就不讨论了.

## §9.2 微正则系综

上节讨论了系统微观(力学)运动状态的描述及其随时间的变化.统计物理学研究系统在给定宏观条件下的宏观性质.如果研究的是一个孤立系统,给定的宏观条件就是具有确定的粒子数 $N$、体积 $V$ 和能量 $E$.

实际上,系统通过其表面分子不可避免地与外界发生作用,使孤立系统的能量不是具有确定的数值 $E$,而是在 $E$ 附近的一个狭窄的范围内变化,或者说在 $E$ 到 $E+\Delta E$ 之间.对于宏观

系统,表面分子数远小于总分子数,因此系统与外界的相互作用是弱的,$|\Delta E| \ll E$.然而这种微弱的相互作用对系统微观状态的变化却产生很大的影响.系统从某一初态出发沿正则方程确定的轨道运动,经过一定的时间后,外界的作用使系统跃迁至 $E$ 到 $E+\Delta E$ 内的另一状态,而沿正则方程确定的另一轨道运动.这样的过程不时发生,使系统的微观状态发生复杂的变化.另一方面,对宏观量的观测是在一定的时间间隔内完成的.这段时间间隔从宏观看虽然很短,但其间系统的微观运动状态可能已发生很大的变化,观测结果应该是相应微观量在这段微观长的时间间隔内的平均值.这是就一次观测而言的.统计物理学研究的是物质系统在一定宏观条件下多次观测的平均结果.这个平均结果就应该是在给定宏观条件下,相应微观量在系统一切可能的微观状态上的平均值.

在经典理论中,可能的微观运动状态在相空间中构成一个连续分布.以 $\mathrm{d}\Omega = \mathrm{d}q_1 \cdots \mathrm{d}q_f \mathrm{d}p_1 \cdots \mathrm{d}p_f$ 表示相空间的一个体积元.在时刻 $t$,系统的微观状态处在 $\mathrm{d}\Omega$ 内的概率可以表示为

$$\rho(q,p,t)\mathrm{d}\Omega \tag{9.2.1}$$

式中为书写简便起见,将 $q_1,\cdots,q_f$ 和 $p_1,\cdots,p_f$ 简记为 $q$ 和 $p$,而 $\rho(q,p,t)$ 称为分布函数,满足规一化条件:

$$\int \rho(q,p,t)\mathrm{d}\Omega = 1 \tag{9.2.2}$$

表示微观状态处在相空间各区域的概率总和为 1.当微观状态处在 $\mathrm{d}\Omega$ 范围时,微观量 $B$ 的数值为 $B(q,p)$.微观量 $B$ 在一切可能的微观状态上的平均值为

$$\overline{B(t)} = \int B(q,p)\rho(q,p,t)\mathrm{d}\Omega \tag{9.2.3}$$

$\overline{B(t)}$ 就是与微观量 $B$ 相应的宏观物理量.

为了形象地表达式(9.2.3)所给出的统计平均值,设想有大量结构完全相同的系统,处在相同的宏观条件下.我们把这些大量系统的集合称为统计系综.在时刻 $t$,从统计系综中任意选取一个系统,这个系统的状态处在 $\mathrm{d}\Omega$ 范围的概率为 $\rho(q,p,t)\mathrm{d}\Omega$.这样,式(9.2.3)可以理解为微观量 $B$ 在统计系综上的平均值,称为系综平均值.同样地,在量子理论中,在给定的宏观条件下,系统可能的微观状态也是大量的.以指标 $s=1,2,\cdots$ 标志系统各个可能的微观状态,用 $\rho_s(t)$ 表示在时刻 $t$ 系统处在状态 $s$ 的概率.$\rho_s(t)$ 称为分布函数,满足规一化条件:

$$\sum_s \rho_s(t) = 1 \tag{9.2.4}$$

以 $B_s$ 表示微观量 $B$ 在量子态 $s$ 上的数值,微观量 $B$ 在一切可能的微观状态上的平均值为

$$\overline{B(t)} = \sum_s \rho_s(t) B_s \tag{9.2.5}$$

$\overline{B(t)}$ 是与微观量 $B$ 相应的宏观物理量.

式(9.2.3)和式(9.2.5)给出宏观量与微观量的关系.要具体地根据式(9.2.3)或式(9.2.5)求宏观量,必须知道系综分布函数 $\rho$.确定分布函数 $\rho$ 是系综理论的根本问题.

现在讨论处在平衡状态的孤立系统的系综分布函数.对于能量在 $E$ 到 $E+\Delta E$ 之间的孤立系统,它显然不可能处在这个能量范围之外的微观状态,但在 $E$ 到 $E+\Delta E$ 的能量范围内,系统可能的微观状态仍然是大量的,需要确定系统在这些微观状态上的概率分布.平衡状态下,系统的宏观量不随时间改变.由式(9.2.3)知,$\rho$ 必不显含时间,即 $\frac{\partial \rho}{\partial t} = 0$.当系统沿正则方

程确定的轨道运动时,根据刘维尔定理式(9.1.10),$\frac{\partial \rho}{\partial t}=0$ 要求 $\rho$ 满足

$$\sum_i \left( \frac{\partial \rho}{\partial q_i} \frac{\partial H}{\partial p_i} - \frac{\partial \rho}{\partial p_i} \frac{\partial H}{\partial q_i} \right) = 0 \tag{9.2.6}$$

如前所述,一个自由度为 $f$ 的力学系统,其正则运动方程是 $2f$ 个一阶的偏微分方程.如果力学系统是保守的,其哈密顿量 $H$ 不显含时间 $t$.容易证明,在这种情形下,这 $2f$ 个运动方程有 $2f-1$ 个不含时间的运动积分,其中一个是能量.这 $2f-1$ 个运动积分作为常量确定系统运动状态代表点在相空间的轨道.不同的常量确定不同的轨道.以 $\alpha(q,p)$ 表示系统沿某一轨道的运动积分,$\alpha(q,p)$ 满足

$$\frac{d\alpha}{dt} = \sum_i \left( \frac{\partial \alpha}{\partial q_i} \dot{q}_i + \frac{\partial \alpha}{\partial p_i} \dot{p}_i \right) = \sum_i \left( \frac{\partial \alpha}{\partial q_i} \frac{\partial H}{\partial p_i} - \frac{\partial \alpha}{\partial p_i} \frac{\partial H}{\partial q_i} \right) = 0$$

如果分布函数 $\rho$ 是通过 $\alpha(q,p)$ 作为 $q$、$p$ 的函数,即 $\rho=\rho[\alpha(q,p)]$,$\rho$ 显然满足式(9.2.6),在该轨道上各点 $\frac{\partial \rho}{\partial t}=0$.但对于孤立系统,当外界的随机作用使系统由一条轨道跃迁至另一轨道时,如果 $\alpha(q,p)$ 在两轨道的数值不等,跃迁前后 $\rho$ 的数值将不相同,不满足平衡状态 $\rho$ 不随时间变化的要求.所以处在平衡状态的孤立系统只可能通过在 $E$ 到 $E+\Delta E$ 范围内所有轨道都具有相等数值的运动积分作为 $q$、$p$ 的函数.能量满足这一要求.因此,如果 $\rho$ 是通过哈密顿量作为 $q$、$p$ 的函数,即 $\rho=\rho[H(q,p)]$,$\frac{\partial \rho}{\partial t}=0$ 将得到满足.这就是说,对于能量在 $E$ 到 $E+\Delta E$ 之间的孤立系统,其平衡状态的系综分布函数具有以下形式:

$$\begin{cases} \rho(q,p) = 常量, & E \leq H(q,p) \leq E+\Delta E \\ \rho(q,p) = 0, & H(q,p) < E, \quad E+\Delta E < H(q,p) \end{cases} \tag{9.2.7}$$

上式意味着,系统的微观状态出现在 $E$ 到 $E+\Delta E$ 之间相等体积的概率相等,称为等概率原理,也称为微正则分布,式(9.2.7)是等概率原理的经典表达式.等概率原理的量子表达式为

$$\rho_s = \frac{1}{\Omega} \tag{9.2.8}$$

其中 $\Omega$ 表示在 $E$ 到 $E+\Delta E$ 的能量范围内系统可能的微观状态数.由于 $\Omega$ 个状态出现的概率都相等,所以每个状态出现的概率是 $1/\Omega$.

如果把经典统计理解为量子统计的经典极限,对于含有 $N$ 个自由度为 $r$ 的全同粒子的系统,在能量 $E$ 到 $E+\Delta E$ 范围内系统的微观状态数为

$$\Omega = \frac{1}{N!} \frac{1}{h^{Nr}} \int_{E \leq H(q,p) \leq E+\Delta E} d\Omega \tag{9.2.9}$$

上式的积分给出相空间中能壳 $E \leq H(q,p) \leq E+\Delta E$ 的体积.由于系统的一个微观状态相应于相空间中大小为 $h^{Nr}$ 的相格,为了得到微观状态数,应将能壳的体积除以 $h^{Nr}$.根据微观粒子全同性原理,粒子的交换不引起新的微观状态,在式(9.2.9)积分给出的能壳体积中,$N$ 个粒子交换所产生的 $N!$ 个相格实际是系统的同一微观状态,再除以 $N!$ 才得到在能壳 $E$ 到 $E+\Delta E$ 中的微观状态数.如果系统含有多种不同的粒子,第 $i$ 种粒子的自由度为 $r_i$,粒子数为 $N_i$,则应将式(9.2.9)推广为

$$\Omega = \frac{1}{\prod_i N_i!} \frac{1}{h^{N_i r_i}} \int_{E \leq H(q,p) \leq E+\Delta E} d\Omega \tag{9.2.10}$$

通过上面的讨论我们看到,系统的微观(力学)运动是遵从力学规律的.当系统沿正则方程确定的轨道运动时,分布函数遵从刘维尔定理.由于在外界的随机作用下系统不时地从一条轨道跃迁到另一轨道,单单从刘维尔定理不能导出孤立系统的系综分布函数.尽管我们作了一些论证,从逻辑上说,孤立系统的系综分布函数 $\rho$ 通过哈密顿量 $H$ 作为 $q$、$p$ 的函数或者等概率原理仍然是一个假设,是平衡态统计物理的基本假设,它的正确性是由它的种种推论都与实际相符而得到肯定的.前面几章讲述的最概然分布理论和本章讲述的系综理论都以等概率原理为基础,不过前者认为宏观量是微观量在最概然分布下的数值,后者则认为宏观量是微观量在给定宏观条件下一切可能的微观状态上的平均值.显然,如果相对涨落很小,即

$$\frac{\overline{B^2}-(\overline{B})^2}{(\overline{B})^2} \ll 1 \tag{9.2.11}$$

概率分布必然是具有非常陡的极大值的分布函数,微观量的最概然值和平均值是相等的.以后我们将会看到,相对涨落是 $1/N$ 的量级.因此对于宏观系统,两种统计方法得到的统计平均值是相同的.

在统计物理学的发展过程中,对于力学规律与统计规律的关系有不同的观点.在本节的最后我们对此作简短的介绍.

如前所述,观测到的宏观量是微观量在宏观短微观长的时间间隔内的平均值.由于在观测中微观运动会发生很大的变化,玻耳兹曼认为宏观量是微观量的长时间平均值:

$$<B> = \lim_{T\to\infty} \frac{1}{T} \int_0^T B[q(t),p(t)] \mathrm{d}t \tag{9.2.12}$$

其中 $q(t)$、$p(t)$ 是正则方程的解,即长时间平均量是沿着正则方程确定的轨道行进的.由于无法确知在宏观观测中系统经历的轨道,玻耳兹曼进一步提出了各态遍历假说,认为保守系统从任一初态出发,只要时间够长,将经历能量曲面上的一切微观状态.如果各态遍历假说是正确的,一条轨道就布满整个能量曲面,根据刘维尔定理,统计系综代表点的密度在整个能量曲面上将是不随时间改变的常量.这样,等概率原理就可以由刘维尔定理推导出来,统计物理学就建立在力学规律之上了.但如前所述,保守力学系统的轨道由它的 $2f-1$ 个运动积分确定,不同常量确定的轨道是互不相交的.根据力学规律,系统在运动中不可能在这样两条轨道间转移,意味着一条轨道不可能布满整个能量曲面.其后,埃伦菲斯特提出了准各态遍历假说:一个保守力学系统在长时间的运动中,它的代表点可以无限接近能量曲面上的任何点.之后,人们在这一领域继续进行了许多探索和研究,但各态遍历假说的证明仍未得到解决[1].

目前大多数教科书采取另一种观点[2],认为热力学与统计物理学研究的孤立系统并不是理想的保守系统.它不可避免地与外界发生随机的相互作用.相互作用尽管微弱,对系统的微观运动却会产生很大的影响,使系统不时地由一条轨道跃迁到另一轨道,在足够长的时间

---

[1] 参阅 Jancel R. Foundations of Classical and Quantum Statistical Mechanics [M]. Oxford:Pergamon Press,1969.或 Toda M,Kubo B,Saito N. Statistical Physics [M]. Berlin:Springer-Verlag,1995.

[2] 例如 Landau L D,Lifshitz E M. Statistical Physics[M]. London:Pergamon Press,1958.或王竹溪.统计物理学导论[M]. 北京:高等教育出版社,1965.或前引 Toda M 的书.

内系统将遍历 $E$ 到 $E+\Delta E$ 范围内的一切状态. 各微观态出现的概率需要一个基本的统计假设——等概率原理. 根据这种观点, 热运动遵从的是统计的规律.

## §9.3 微正则系综理论的热力学公式　补充材料

上节引进了给定 $N$、$E$、$V$ 条件下系统可能的微观状态数 $\Omega(N,E,V)$. 本节讨论 $\Omega(N,E,V)$ 与热力学量的关系和微正则系综理论的热力学公式.

考虑一个孤立系统 $A^{(0)}$, 它由微弱相互作用的两个系统 $A_1$ 和 $A_2$ 构成. 以 $\Omega_1(N_1,E_1,V_1)$ 和 $\Omega_2(N_2,E_2,V_2)$ 分别表示当 $A_1$ 和 $A_2$ 的粒子数、能量和体积分别为 $N_1$、$E_1$、$V_1$ 和 $N_2$、$E_2$、$V_2$ 时各自的微观状态数, 这时复合系统 $A^{(0)}$ 的微观状态数 $\Omega^{(0)}(E_1,E_2)$ 为①

$$\Omega^{(0)}(E_1,E_2)=\Omega_1(E_1)\Omega_2(E_2) \tag{9.3.1}$$

令 $A_1$ 和 $A_2$ 进行热接触. 假设在热接触中, 二者可以交换能量, 但不能交换粒子或改变体积, 即 $E_1$ 和 $E_2$ 可以改变, 但 $N_1$、$V_1$ 和 $N_2$、$V_2$ 不改变. 由于 $A^{(0)}$ 是孤立的, $E_1$ 和 $E_2$ 之和 $E^{(0)}$ 是常量:

$$E_1+E_2=E^{(0)} \tag{9.3.2}$$

将式 (9.3.2) 代入式 (9.3.1), 可将 $A^{(0)}$ 的微观状态数表示为

$$\Omega^{(0)}(E_1,E^{(0)}-E_1)=\Omega_1(E_1)\Omega_2(E^{(0)}-E_1) \tag{9.3.3}$$

式 (9.3.3) 表明, 对于给定的 $E^{(0)}$, $\Omega^{(0)}$ 取决于 $E_1$. 换句话说, $\Omega^{(0)}$ 取决于能量 $E^{(0)}$ 在 $A_1$ 和 $A_2$ 之间的分配.

根据等概率原理, 在平衡态下, 孤立系统一切可能的微观状态出现的概率都相等. 假设当 $E_1=\overline{E_1}$ 时, 式 (9.3.3) 的 $\Omega^{(0)}$ 具有极大值. 这意味着 $A_1$ 具有能量 $\overline{E_1}$, $A_2$ 具有能量 $\overline{E_2}=E^{(0)}-\overline{E_1}$ 是一种最概然的能量分配. 对于宏观系统, $\Omega^{(0)}$ 的极大值非常陡, 其他能量分配出现的概率远小于最概然能量分配出现的概率. 可以认为 $\overline{E_1}$ 和 $\overline{E_2}$ 就是 $A_1$ 和 $A_2$ 在达到热平衡时分别具有的内能.

现在推求确定 $\overline{E_1}$ 和 $\overline{E_2}$ 的条件. $\Omega^{(0)}$ 的极大值应满足条件:

$$\frac{\partial \Omega^{(0)}}{\partial E_1}=0$$

将式 (9.3.1) 代入上式, 得

$$\frac{\partial \Omega_1(E_1)}{\partial E_1}\Omega_2(E_2)+\Omega_1(E_1)\frac{\partial \Omega_2(E_2)}{\partial E_2}\frac{\partial E_2}{\partial E_1}=0$$

上式除以 $\Omega_1(E_1)\Omega_2(E_2)$, 并注意到 $\partial E_2/\partial E_1=-1$, 可得

$$\left[\frac{\partial \ln \Omega_1(E_1)}{\partial E_1}\right]_{N_1,V_1}=\left[\frac{\partial \ln \Omega_2(E_2)}{\partial E_2}\right]_{N_2,V_2} \tag{9.3.4}$$

由式 (9.3.4) 和式 (9.3.2) 可确定 $A_1$ 和 $A_2$ 达到热平衡时的内能 $\overline{E_1}$ 和 $\overline{E_2}$.

式 (9.3.4) 表明, $A_1$ 和 $A_2$ 达到热平衡时, 两个系统的 $[\partial\ln\Omega(N,E,V)/\partial E]_{N,V}$ 值必相

---

① 为书写简便起见, 我们略去 $N_1$、$V_1$ 和 $N_2$、$V_2$ 未写.

等. 以 $\beta$ 表示这个量,即

$$\beta = \left[ \frac{\partial \ln \Omega(N,E,V)}{\partial E} \right]_{N,V} \tag{9.3.5}$$

则热平衡条件可表示为

$$\beta_1 = \beta_2 \tag{9.3.6}$$

热力学曾经得到类似的结果,两个系统达到热平衡的条件为

$$\left( \frac{\partial S_1}{\partial U_1} \right)_{N_1,V_1} = \left( \frac{\partial S_2}{\partial U_2} \right)_{N_2,V_2} \tag{9.3.7}$$

而

$$\left( \frac{\partial S}{\partial U} \right)_{N,V} = \frac{1}{T} \tag{9.3.8}$$

比较可知,$\beta$ 应与 $1/T$ 成正比.令二者之比为 $1/k$,即有

$$\beta = \frac{1}{kT} \tag{9.3.9}$$

比较式(9.3.4)和式(9.3.7),得

$$S = k \ln \Omega \tag{9.3.10}$$

式(9.3.10)给出了熵与微观状态数的关系,就是我们熟知的玻耳兹曼关系.不过在第七章和第八章中得到的关系只能用于由近独立粒子组成的系统,现在可以包括粒子存在相互作用的情形.应当注意,上述讨论未涉及系统的具体性质.因此式(9.3.9)和式(9.3.10)的关系是普适的.后面将把理论应用到理想气体,从而知道 $k$ 就是玻耳兹曼常量.

值得注意,对于处在非平衡状态的系统,如果将系统分为若干个彼此微弱作用又处在局域平衡的部分,整个系统的熵将等于各部分的熵之和,即 $S = \sum_i S_i$,而整个系统的微观状态数则等于各部分微观状态数的乘积,即 $\Omega = \prod_i \Omega_i$.因此,玻耳兹曼关系对于处在非平衡状态的系统也是成立的.

如果 $A_1$ 和 $A_2$ 之间不仅可以交换能量而且可以改变体积和交换粒子,根据类似的讨论,可得平衡条件为

$$\left( \frac{\partial \ln \Omega_1}{\partial E_1} \right)_{N_1,V_1} = \left( \frac{\partial \ln \Omega_2}{\partial E_2} \right)_{N_2,V_2} \tag{9.3.11}$$

$$\left( \frac{\partial \ln \Omega_1}{\partial V_1} \right)_{N_1,E_1} = \left( \frac{\partial \ln \Omega_2}{\partial V_2} \right)_{N_2,E_2} \tag{9.3.12}$$

$$\left( \frac{\partial \ln \Omega_1}{\partial N_1} \right)_{E_1,V_1} = \left( \frac{\partial \ln \Omega_2}{\partial N_2} \right)_{E_2,V_2} \tag{9.3.13}$$

定义

$$\gamma = \left[ \frac{\partial \ln \Omega(N,E,V)}{\partial V} \right]_{N,E} \tag{9.3.14}$$

$$\alpha = \left[ \frac{\partial \ln \Omega(N,E,V)}{\partial N} \right]_{E,V} \tag{9.3.15}$$

平衡条件可表示为

$$\beta_1 = \beta_2, \quad \gamma_1 = \gamma_2, \quad \alpha_1 = \alpha_2 \qquad (9.3.16)$$

为了确定参量 $\alpha$ 和 $\gamma$ 的物理意义,将 $\ln\Omega$ 的全微分

$$d\ln\Omega = \beta dE + \gamma dV + \alpha dN$$

与开系的热力学基本方程

$$dS = \frac{dU}{T} + \frac{p}{T}dV - \frac{\mu}{T}dN$$

加以比较,并考虑到式(9.3.9)和式(9.3.10),即得

$$\gamma = \frac{p}{kT}, \quad \alpha = -\frac{\mu}{kT} \qquad (9.3.17)$$

因此,式(9.3.16)与由热力学得到的热动平衡条件

$$T_1 = T_2, \quad p_1 = p_2, \quad \mu_1 = \mu_2 \qquad (9.3.18)$$

相当.

现在将理论用到经典理想气体而确定常量 $k$ 的数值.对于经典理想气体,$\Omega(N,E,V)$ 与 $V$ 的关系为

$$\Omega(N,E,V) \propto V^N$$

上式可以这样理解:在经典理想气体中,分子的位置是互不相关的.一个分子出现在空间某一位置的概率与其他分子的位置无关.一个分子处在体积为 $V$ 的容器中,可能的微观状态数与 $V$ 成正比;$N$ 个分子处在体积为 $V$ 的容器中,可能的微观状态数将与 $V^N$ 成正比.因此,由式(9.3.14)和式(9.3.17)得

$$\frac{p}{kT} = \frac{\partial}{\partial V}\ln\Omega = \frac{\partial}{\partial V}\ln V^N = \frac{N}{V} \qquad (9.3.19)$$

将式(9.3.19)与理想气体的物态方程 $pV = nRT$ 比较,便得 $k = nR/N = R/N_A$,从而知道 $k$ 就是玻耳兹曼常量.

通过上面的讨论可以知道由微正则系综理论求热力学函数的程序.先求出微观状态数 $\Omega(N,E,V)$,由此得系统的熵,即式(9.3.10):

$$S(N,E,V) = k\ln\Omega(N,E,V)$$

由上式原则上可解出 $E = E(S,V,N)$.在 §2.5 中讲过,内能作为 $S$、$V$ 的函数是特性函数.内能的全微分为(将内能记作 $E$ 并注意 $N$ 是常量)

$$dE = TdS - pdV \qquad (9.3.20)$$

由此得

$$T = \left(\frac{\partial E}{\partial S}\right)_{V,N}, \quad p = -\left(\frac{\partial E}{\partial V}\right)_{S,N} \qquad (9.3.21)$$

如果已知 $E(S,V,N)$,由式(9.3.21)的两个方程原则上可得 $S(T,V,N)$ 和 $p(T,V,N)$,再代入 $E(S,V,N)$ 即得 $E(T,V,N)$.这样便将物态方程、内能和熵都表达为 $T$、$V$、$N$ 的函数,从而确定系统的全部平衡性质.

用微正则系综分布求热力学函数在数学上较为复杂,不便应用.我们在后面将讲述其他的系综分布和推求热力学函数的方法.

〔补充材料〕

作为例子,我们在补充材料中用微正则系综理论推求单原子理想气体的热力学函数.设气体含有 $N$ 个

分子，其哈密顿量为

$$H = \sum_{i=1}^{3N} \frac{p_i^2}{2m}$$

根据式（9.2.9），有

$$\Omega(E) = \frac{1}{N! \, h^{3N}} \int_{E \leq H(q,p) \leq E+\Delta E} \mathrm{d}q_1 \cdots \mathrm{d}q_{3N} \mathrm{d}p_1 \cdots \mathrm{d}p_{3N}$$

为了求 $\Omega(E)$，先计算能量小于等于某一数值 $E$ 的微观状态数 $\Sigma(E)$：

$$\Sigma(E) = \frac{1}{N! \, h^{3N}} \int_{H(q,p) \leq E} \mathrm{d}q_1 \cdots \mathrm{d}q_{3N} \mathrm{d}p_1 \cdots \mathrm{d}p_{3N} = \frac{V^N}{N! \, h^{3N}} \int_{H(q,p) \leq E} \mathrm{d}p_1 \cdots \mathrm{d}p_{3N}$$

作变量代换 $p_i = \sqrt{2mE} \, x_i$，可得

$$\Sigma(E) = K \frac{V^N}{N! \, h^{3N}} (2mE)^{\frac{3N}{2}} \tag{9.3.22}$$

其中

$$K = \int \cdots \int_{\sum_i x_i^2 \leq 1} \mathrm{d}x_1 \cdots \mathrm{d}x_{3N}$$

$K$ 是与 $E$ 和 $V$ 无关的常量，等于 $3N$ 维空间中半径为 1 的球体积。可以证明（见本补充材料末）：

$$K = \frac{\pi^{3N/2}}{\left(\frac{3N}{2}\right)!} \tag{9.3.23}$$

因此

$$\Sigma(E) = \left(\frac{V}{h^3}\right)^N \frac{(2\pi mE)^{3N/2}}{N! \left(\frac{3N}{2}\right)!} \tag{9.3.24}$$

则 $E$ 到 $E+\Delta E$ 之间的微观状态数 $\Omega(E)$ 为

$$\Omega(E) = \frac{\partial \Sigma}{\partial E} \Delta E = \frac{3N}{2} \frac{\Delta E}{E} \Sigma(E) \tag{9.3.25}$$

将式（9.3.25）代入式（9.3.10），可得理想气体的熵为

$$S = k \ln \Omega = Nk \ln \left[ \frac{V}{h^3 N} \left( \frac{4\pi mE}{3N} \right)^{3/2} \right] + \frac{5}{2} Nk + k \left[ \ln \left( \frac{3N}{2} \right) + \ln \left( \frac{\Delta E}{E} \right) \right]$$

其中用到了近似公式 $\ln m! = m \ln m - m$。注意到 $\lim\limits_{N \to \infty} \frac{\ln N}{N} = 0$，在热力学极限下可以忽略最后一项，而得理想气体的熵为

$$S = Nk \ln \left[ \frac{V}{h^3 N} \left( \frac{4\pi mE}{3N} \right)^{3/2} \right] + \frac{5}{2} Nk \tag{9.3.26}$$

上式表明，熵是一个广延量，且能壳的宽度 $\Delta E$ 对熵的数值实际上并无影响。

由式（9.3.26）可解得

$$E(N,S,V) = \frac{3h^2 N^{5/3}}{4\pi m V^{2/3}} \mathrm{e}^{\left( \frac{2S}{3Nk} - \frac{5}{3} \right)} \tag{9.3.27}$$

根据式（9.3.27）和式（9.3.21）可得

$$T = \left( \frac{\partial E}{\partial S} \right)_{N,V} = \frac{2}{3} \frac{E}{Nk}$$

即

$$E = \frac{3}{2} NkT$$

和
$$p = -\left(\frac{\partial E}{\partial V}\right)_{N,S} = \frac{2}{3}\frac{E}{V}$$

两式联立得
$$pV = NkT$$

代回式(9.3.26)得
$$S = Nk\ln\left[\frac{V}{N}\left(\frac{2\pi mkT}{h^2}\right)^{3/2}\right] + \frac{5}{2}Nk$$

这些都是熟知的结果.

现在证明式(9.3.23). 计算积分
$$\int e^{-\beta E}\frac{dq_1\cdots dq_{3N}dp_1\cdots dp_{3N}}{h^{3N}N!}$$

这个积分的一种算法为
$$\int e^{-\beta E}\frac{dq_1\cdots dq_{3N}dp_1\cdots dp_{3N}}{N!\ h^{3N}} = \frac{V^N}{N!\ h^{3N}}\prod_{i=1}^{3N}\int_{-\infty}^{\infty}e^{-\frac{\beta}{2m}p_i^2}dp_i = \frac{V^N}{N!\ h^{3N}}\left(\frac{2\pi m}{\beta}\right)^{\frac{3N}{2}}$$

另一种算法为
$$\int e^{-\beta E}\frac{dq_1\cdots dq_{3N}dp_1\cdots dp_{3N}}{N!\ h^{3N}} = \int_0^{\infty}e^{-\beta E}\frac{d\Sigma}{dE}dE$$

将式(9.3.22)代入上式,得
$$\int e^{-\beta E}\frac{dq_1\cdots dq_{3N}dp_1\cdots dp_{3N}}{N!\ h^{3N}} = K\frac{V^N}{N!\ h^{3N}}(2m)^{\frac{3N}{2}}\frac{3N}{2}\int_0^{\infty}e^{-\beta E}E^{\frac{3N}{2}-1}dE = K\frac{V^N}{N!\ h^{3N}}\left(\frac{2m}{\beta}\right)^{\frac{3N}{2}}\left(\frac{3N}{2}\right)!$$

令两种算法的结果相等,即得式(9.3.23).

## §9.4 正则系综

我们在§9.2中讨论了处在平衡态的孤立系统的分布函数——微正则分布.在实际问题中,往往需要研究具有确定粒子数 $N$、体积 $V$ 和温度 $T$ 的系统.本节讨论具有确定的 $N$、$V$、$T$ 值的系统的分布函数.这个分布称为正则分布.

具有确定的 $N$、$V$、$T$ 值的系统可设想为与大热源接触而达到平衡的系统.由于系统与热源间存在热接触,二者可以交换能量,因此系统可能的微观状态可具有不同的能量值.由于热源很大,交换能量不会改变热源的温度.在两者建立平衡以后,系统将与热源具有相同的温度.

系统与热源合起来构成一个复合系统.这个复合系统是一个孤立系统,具有确定的能量.假设系统和热源的作用很弱,复合系统的总能量可表示为系统的能量与热源的能量 $E_r$ 之和:
$$E + E_r = E^{(0)} \tag{9.4.1}$$

既然热源很大,必有 $E \ll E^{(0)}$.

当系统处在能量为 $E_s$ 的状态 $s$ 时,热源可处在能量为 $E^{(0)}-E_s$ 的任何一个微观状态.以 $\Omega_r(E^{(0)}-E_s)$ 表示能量为 $E^{(0)}-E_s$ 的热源的微观状态数,则当系统处在状态 $s$ 时,复合系统的可能的微观状态数为 $\Omega_r(E^{(0)}-E_s)$.复合系统是一个孤立系统,在平衡状态下,它的每一个可能的微观状态出现的概率是相等的.所以系统处在状态 $s$ 的概率 $\rho_s$ 与 $\Omega_r(E^{(0)}-E_s)$ 成正

比,即

$$\rho_s \propto \Omega_r(E^{(0)} - E_s) \tag{9.4.2}$$

如前所述,$\Omega_r$ 是极大的数,它随 $E$ 的增大而增加得极为迅速.在数学处理上,讨论变化较为缓慢的 $\ln \Omega_r$ 是方便的.由于 $S_r = k\ln \Omega_r$,这相当于讨论热源的熵函数.既然 $E_s/E^{(0)} \ll 1$,可将 $\ln \Omega_r$ 展开为 $E_s$ 的幂级数,只取前两项而得

$$\begin{aligned}\ln \Omega_r(E^{(0)} - E_s) &= \ln \Omega_r(E^{(0)}) + \left(\frac{\partial \ln \Omega_r}{\partial E_r}\right)_{E_r = E^{(0)}}(-E_s) \\ &= \ln \Omega_r(E^{(0)}) - \beta E_s\end{aligned} \tag{9.4.3}$$

根据式(9.3.5)和式(9.3.9),有

$$\beta = \left(\frac{\partial \ln \Omega_r}{\partial E_r}\right)_{E_r = E^{(0)}} = \frac{1}{kT}$$

式中 $T$ 是热源的温度.系统与热源既达到热平衡,$T$ 也就是系统的温度.式(9.4.3)右方第一项对系统来说是一个常量,所以可将式(9.4.2)表示为

$$\rho_s \propto e^{-\beta E_s}$$

将 $\rho_s$ 规一化,有

$$\rho_s = \frac{1}{Z} e^{-\beta E_s} \tag{9.4.4}$$

式(9.4.4)给出了具有确定的粒子数 $N$、体积 $V$ 和温度 $T$ 的系统处在微观状态 $s$ 上的概率.式中的 $Z$ 称为配分函数:

$$Z = \sum_s e^{-\beta E_s} \tag{9.4.5}$$

$\sum_s$ 表示对粒子数为 $N$ 和体积为 $V$ 的系统的所有微观状态求和.这里再次强调,根据微观粒子的全同性原理,交换任意两个全同粒子并不构成系统的新的微观状态.在对 $s$ 求和时要注意这一点.

注意在式(9.4.4)中,系统处在微观状态 $s$ 的概率只与状态 $s$ 的能量 $E_s$ 有关.如果以 $E_l(l=1,2,\cdots)$ 表示系统的各个能级,以 $\Omega_l$ 表示能级 $E_l$ 的简并度,则系统处在能级 $E_l$ 的概率可表示为

$$\rho_l = \frac{1}{Z} \Omega_l e^{-\beta E_l} \tag{9.4.6}$$

配分函数 $Z$ 可表示为

$$Z = \sum_l \Omega_l e^{-\beta E_l} \tag{9.4.7}$$

上式的 $\sum_l$ 表示对粒子数为 $N$ 体积为 $V$ 的系统的所有能级求和.

式(9.4.4)和式(9.4.6)是正则分布的量子表达式.正则分布的经典表达式为

$$\rho(q,p)\mathrm{d}\Omega = \frac{1}{N!\,h^{Nr}} \frac{e^{-\beta E(q,p)}}{Z} \mathrm{d}\Omega \tag{9.4.8}$$

其中配分函数 $Z$ 为

$$Z = \frac{1}{N!\,h^{Nr}} \int e^{-\beta E(q,p)} \mathrm{d}\Omega \tag{9.4.9}$$

## §9.5 正则系综理论的热力学公式

本节讨论正则系综理论中热力学量的统计表达式和能量的涨落.

正则系综讨论的系统具有确定的 $N$、$V$、$T(N、y、\beta)$ 值,相当于与大热源接触而达到平衡的系统.由于系统和热源可以交换能量,系统可能的微观状态可具有不同的能量值.内能是在给定 $N$、$V$、$T$ 的条件下,系统的能量在一切可能的微观状态上的平均值,因此

$$U = \bar{E} = \frac{1}{Z}\sum_s E_s e^{-\beta E_s} = \frac{1}{Z}\left(-\frac{\partial}{\partial \beta}\right)\sum_s e^{-\beta E_s} = -\frac{\partial}{\partial \beta}\ln Z \tag{9.5.1}$$

广义力 $Y$ 是 $\partial E_s/\partial y$ 的统计平均值:

$$Y = \frac{1}{Z}\sum_s \frac{\partial E_s}{\partial y}e^{-\beta E_s} = \frac{1}{Z}\left(-\frac{1}{\beta}\frac{\partial}{\partial y}\right)\sum_s e^{-\beta E_s} = -\frac{1}{\beta}\frac{\partial}{\partial y}\ln Z \tag{9.5.2}$$

其中一个重要的情形是压强:

$$p = \frac{1}{\beta}\frac{\partial}{\partial V}\ln Z \tag{9.5.3}$$

考虑到

$$\beta(\mathrm{d}U - Y\mathrm{d}y) = -\beta \mathrm{d}\left(\frac{\partial}{\partial \beta}\ln Z\right) + \frac{\partial}{\partial y}\ln Z \mathrm{d}y$$

由式(9.4.5)引入的配分函数 $Z$ 是 $\beta$ 和 $y$ 的函数.$\ln Z$ 的全微分为

$$\mathrm{d}\ln Z = \frac{\partial}{\partial \beta}\ln Z \mathrm{d}\beta + \frac{\partial}{\partial y}\ln Z \mathrm{d}y$$

所以

$$\beta(\mathrm{d}U - Y\mathrm{d}y) = \mathrm{d}\left(\ln Z - \beta\frac{\partial}{\partial \beta}\ln Z\right)$$

说明 $\beta$ 是 $\mathrm{d}U - Y\mathrm{d}y$ 的积分因子.与热力学公式

$$\frac{1}{T}(\mathrm{d}U - Y\mathrm{d}y) = \mathrm{d}S$$

比较可得

$$\beta = \frac{1}{kT}$$

$$S = k\left(\ln Z - \beta\frac{\partial}{\partial \beta}\ln Z\right) \tag{9.5.4}$$

因此,对于给定 $N$、$V$、$T$ 的系统,只要求出配分函数 $Z$,就可以由式(9.5.1)至式(9.5.4)求得其基本的热力学函数.

配分函数与自由能函数有简单的关系:

$$F = U - TS = -kT\ln Z \tag{9.5.5}$$

在热力学部分(§2.5)讲过,自由能作为 $N$、$V$、$T$ 的函数是特性函数.式(9.5.1)至式(9.5.4)表明,正则系综理论是通过求特性函数自由能 $F(N、V、T)$ 来求其他热力学函数的.

由式(9.5.1)求得的 $\bar{E}$ 是系统的能量在一切可能的微观状态上的平均值.当系统处在状

态 $s$ 时,其能量为 $E_s$,$E_s$ 与 $\overline{E}$ 的偏差为 $E_s-\overline{E}$.我们将偏差的平方 $(E_s-\overline{E})^2$ 的平均值 $\overline{(E-\overline{E})^2}$ 称为能量涨落:

$$\overline{(E-\overline{E})^2}=\sum_s \rho_s(E_s-\overline{E})^2=\sum_s \rho_s(E_s^2-2\overline{E}E_s+\overline{E}^2)=\overline{E^2}-(\overline{E})^2$$

对于正则分布,有

$$\frac{\partial \overline{E}}{\partial \beta}=\frac{\partial}{\partial \beta}\frac{\sum_s E_s \mathrm{e}^{-\beta E_s}}{\sum_s \mathrm{e}^{-\beta E_s}}=-\frac{\sum_s E_s^2 \mathrm{e}^{-\beta E_s}}{\sum_s \mathrm{e}^{-\beta E_s}}+\frac{\left(\sum_s E_s \mathrm{e}^{-\beta E_s}\right)^2}{\left(\sum_s \mathrm{e}^{-\beta E_s}\right)^2}=-[\overline{E^2}-(\overline{E})^2]$$

所以

$$\overline{(E-\overline{E})^2}=-\frac{\partial \overline{E}}{\partial \beta}=kT^2\frac{\partial \overline{E}}{\partial T}=kT^2 C_V \tag{9.5.6}$$

上式将能量的自发涨落与内能随温度的变化率联系起来了.由于上式左方恒正,定容热容 $C_V$ 也是恒正的.在热力学中讲过,$C_V$ 恒正是系统的一个平衡稳定条件.式(9.5.6)从统计物理的角度再次对此给予了证明.

能量的相对涨落由下式给出:

$$\frac{\overline{(E-\overline{E})^2}}{(\overline{E})^2}=\frac{kT^2 C_V}{(\overline{E})^2} \tag{9.5.7}$$

$\overline{E}$ 和 $C_V$ 都是广延量,与粒子数 $N$ 成正比,因此上式与 $N$ 成反比.在热力学极限下,能量的相对涨落趋于零.对于宏观的系统($N\approx 10^{23}$),能量的相对涨落也是极小的.

这个事实说明,与热源接触达到平衡的系统,虽然由于它与热源交换能量而可具有不同的能量值,但对于宏观的系统,其能量 $E$ 与 $\overline{E}$ 有显著偏差的概率是极小的.这一点可以根据式(9.4.6)加以说明.系统具有能量 $E$ 的概率 $\rho(E)$ 与 $\Omega(E)\mathrm{e}^{-\beta E}$ 成正比.$\mathrm{e}^{-\beta E}$ 随 $E$ 的增加而迅速减少,但 $\Omega(E)$ 随 $E$ 的增加而迅速增加,两者的乘积使 $\rho(E)$ 在某一能量值 $\overline{E}$ 处具有尖锐的极大值,如图 9.5.1 所示.这个事实告诉我们,正则系综与微正则系综是等价的,用微正则分布和正则分布求得的热力学量实际上是相同的.用这两个分布求热力学量实质上相当于选取不同的特性函数,即选取自变量为 $N$、$V$、$S$ 的内能 $U$ 或自变量为 $N$、$V$、$T$ 的自由能 $F$ 为特性函数.

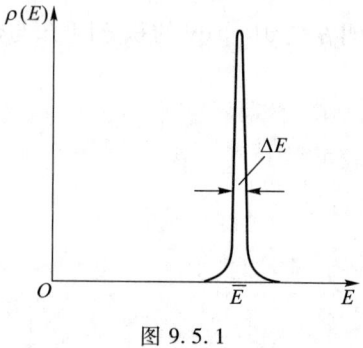

图 9.5.1

## §9.6 实际气体的物态方程

在 §1.3 中讲过,在低密度下可把气体看作理想气体.随着气体密度的增加,实际气体与理想气体性质的差异将变得显著.从微观看,低密度下可以忽略分子间的相互作用,高密度下则应计及分子间的相互作用,这是实际气体与理想气体的区别所在.用系综理论可以处理由相互作用粒子组成的系统.作为最简单的例子,本节讨论实际气体的物态方程.

为简单起见,我们讨论单原子分子的经典气体.设气体含有 $N$ 个分子,气体的能量为

$$E = \sum_{i=1}^{N} \frac{p_i^2}{2m} + \sum_{i<j} \phi(r_{ij}) \tag{9.6.1}$$

式中第一项代表分子的动能,第二项代表分子相互作用的势能.我们假设总的相互作用能可表示为各分子对的相互作用能之和.第 $i$ 个分子与第 $j$ 个分子的相互作用能 $\phi(r_{ij})$ 只与这两个分子的距离 $r_{ij}$ 有关.在相互作用能的求和中,$i$ 和 $j$ 都由 1 到 $N$,但保持 $i<j$,使任意一对分子的相互作用能在求和中都出现且只出现一次.因此相互作用能共包括 $\frac{1}{2}N(N-1)$ 项.由于 $N$ 很大,可以忽略 $N-1$ 与 $N$ 的差别而认为有 $\frac{1}{2}N^2$ 项.

由正则分布求物态方程,需要求配分函数 $Z$:

$$Z = \frac{1}{N!\, h^{3N}} \int \cdots \int e^{-\beta E} dq_1 \cdots dq_{3N} dp_1 \cdots dp_{3N} \tag{9.6.2}$$

坐标和动量的下标为 $3N$ 是因为考虑到每个分子有 3 个分量,故总自由度为 $3N$.在式(9.6.2)中,含动量的被积函数可以分离变量,表示为 $3N$ 个函数的乘积,其中一个函数只含一个动量变量.这样,对动量的积分便可分解为 $3N$ 个积分的乘积:

$$\prod_{i=1}^{3N} \int_{-\infty}^{+\infty} e^{-\beta \frac{p_i^2}{2m}} dp_i = \left(\frac{2\pi m}{\beta}\right)^{\frac{3N}{2}}$$

配分函数 $Z$ 可表示为

$$Z = \frac{1}{N!}\left(\frac{2\pi m}{\beta h^2}\right)^{\frac{3N}{2}} Q \tag{9.6.3}$$

其中

$$Q = \int \cdots \int e^{-\beta \sum_{i<j} \phi(r_{ij})} d\tau_1 \cdots d\tau_N \tag{9.6.4}$$

式中 $d\tau_i$ 是对第 $i$ 个分子体积元的积分,$Q$ 称为位形积分.位形积分中的被积函数虽然也可表示为 $\frac{1}{2}N(N-1) \approx \frac{1}{2}N^2$ 项的乘积,但其中每一项都包含两个分子的坐标,而每一个分子的坐标则出现在乘积的 $N-1$ 项之中.因此,式(9.6.4)的积分在数学上是十分复杂的,要采用近似方法.通过这个简单的例子可以看到用统计物理学处理相互作用粒子系统所遇到的困难.

定义函数

$$f_{ij} = e^{-\beta \phi(r_{ij})} - 1 \tag{9.6.5}$$

当 $r_{ij}$ 大于分子的相互作用力程时,$\phi(r_{ij}) = 0$,这时 $f_{ij}$ 等于零.分子的相互作用力是短程力,力程约为分子直径的三四倍($10^{-10} \sim 10^{-9}$ m 的量级).因此,函数 $f_{ij}$ 仅在极小的空间范围不等于零.利用函数 $f_{ij}$ 可将位形积分表示为

$$\begin{aligned} Q &= \int \cdots \int \prod_{i<j} (1+f_{ij}) d\tau_1 \cdots d\tau_N \\ &= \int \cdots \int \left(1 + \sum_{i<j} f_{ij} + \sum_{i<j}\sum_{i'<j'} f_{ij} f_{i'j'} + \cdots \right) d\tau_1 \cdots d\tau_N \end{aligned} \tag{9.6.6}$$

如果在上式中只保留第一项,即得 $Q = V^N$,相当于理想气体近似.第二项中的 $f_{12}$ 项,仅当 1、2 两个分子在力程之内积分才不为零.第三项中的 $f_{12}f_{34}$ 项,仅当 1、2 两个分子和 3、4 两个分子分别在力程之内积分才不为零;$f_{12}f_{13}f_{23}$ 项则仅当 1、2、3 三个分子同时在力程之内积分才不为零,等等.图 9.6.1 画出了上述几项的图形表示,为了计算式(9.6.6)的展开式.迈耶(Mayer)发展了集团展开的方法,得到实际气体物态方程的位力展开式(1.3.13)①.下面我们限于计算二阶位力系数,只保留上式的前两项,将它简化为

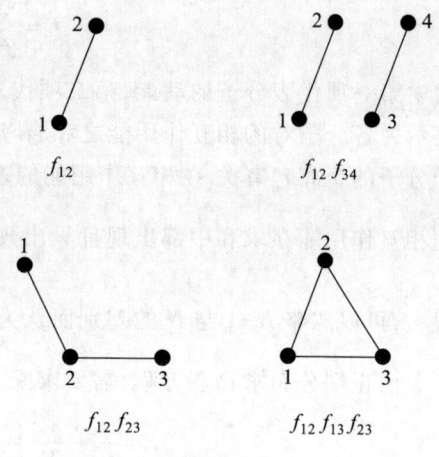

图 9.6.1

$$Q = \int \cdots \int \left(1 + \sum_{i<j} f_{ij}\right) d\tau_1 \cdots d\tau_N \quad (9.6.7)$$

在上式的第二项中,由不同的 $i$ 和 $j$ 构成的 $\frac{1}{2}N(N-1)$ 个积分,每个都等于

$$\int \cdots \int f_{12} d\tau_1 \cdots d\tau_N = V^{N-2} \iint f_{12} d\tau_1 d\tau_2$$

如前所述,函数 $f_{12}$ 仅当两分子处在力程范围之内才不为零,因此除非第一分子非常靠近器壁,积分 $\int f_{12} d\tau_2$ 与第一分子的坐标 $\boldsymbol{r}_1$ 无关.略去上述边界效应②,即有

$$\int f_{12} d\tau_1 d\tau_2 = V \int f_{12} d\boldsymbol{r}$$

式中已将 $\boldsymbol{r}_2$ 换为两分子的相对坐标 $\boldsymbol{r}$,于是式(9.6.7)化为

$$Q = V^N + \frac{N^2}{2} V^{N-1} \int f_{12} d\boldsymbol{r} = V^N \left(1 + \frac{N^2}{2V} \int f_{12} d\boldsymbol{r}\right)$$

取对数,有

$$\ln Q = N \ln V + \ln \left(1 + \frac{N^2}{2V} \int f_{12} d\boldsymbol{r}\right) \quad (9.6.8)$$

将上式右方第二项的对数函数作级数展开,在准确到第二位力系数的近似下可只取展开的第一项而得

$$\ln Q = N \ln V + \frac{N^2}{2V} \int f_{12} d\boldsymbol{r} \quad (9.6.9)$$

根据式(9.5.3),气体的压强为

$$p = \frac{1}{\beta} \frac{\partial}{\partial V} \ln Z = \frac{1}{\beta} \frac{\partial}{\partial V} \ln Q$$

由此得

$$p = \frac{1}{\beta} \frac{N}{V} \left(1 - \frac{N}{2V} \int f_{12} d\boldsymbol{r}\right)$$

---

① 参阅北京大学物理系编写组.量子统计物理学[M].北京:北京大学出版社,1987:§4.1.
② 在热力学极限下边界效应趋于零.对于宏观系统,边界效应也是完全可以忽略的.

或

$$pV = NkT\left(1 + \frac{nB}{V}\right) \tag{9.6.10}$$

其中

$$B = -\frac{N_A}{2}\int f_{12}\,d\boldsymbol{r} \tag{9.6.11}$$

式(9.6.10)就是实际气体物态方程的近似表达式,$B$ 为第二位力系数.

现在讨论第二位力系数 $B$ 与分子相互作用势的关系.图 9.6.2 示意地表示出分子的相互作用势 $\phi(r)$ 与分子距离 $r$ 的关系.当 $r$ 很小时,两分子强烈相斥;$r$ 稍大时,两分子间存在微弱的吸力(力程是 $10^{-10} \sim 10^{-9}$ m 的量级);$r$ 再大时,互作用势为零.1924 年,伦纳德-琼斯(Lennard-Jones)用下述半经验公式表示两分子的相互作用势:

$$\phi(r) = \phi_0\left[\left(\frac{r_0}{r}\right)^{12} - 2\left(\frac{r_0}{r}\right)^6\right] \tag{9.6.12}$$

其中 $\phi_0$ 和 $r_0$ 是两个参量,$\phi(r)$ 称为伦纳德-琼斯势.当两分子的距离为 $r_0$ 时,相互作用势取极小值 $-\phi_0$.

为了简化计算,我们采用较为粗略的近似:

$$\begin{cases} \phi(r) = +\infty, & r < r_0 \\ \phi(r) = -\phi_0\left(\dfrac{r_0}{r}\right)^6, & r \geq r_0 \end{cases} \tag{9.6.13}$$

图 9.6.3 是式(9.6.13)的示意图.$r < r_0$ 时,$\phi(r) \to \infty$ 意味着两分子中心的距离不能小于 $r_0$,相当于假设分子是直径为 $r_0$ 的刚球.$r = r_0$ 时,相互作用势为 $-\phi_0$.当 $r \geq r_0$ 时,分子间存在吸力,相互作用势随 $r$ 的增加按 $r^{-6}$ 迅速减小到零.

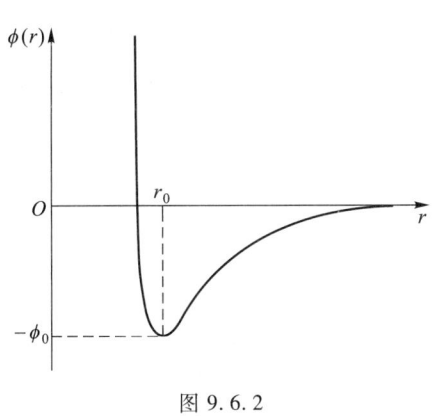

图 9.6.2    图 9.6.3

现在根据相互作用势式(9.6.13)计算第二位力系数 $B$.用球坐标将式(9.6.11)表示为

$$B = -2\pi N_A \int_0^\infty \left[e^{-\frac{\phi(r)}{kT}} - 1\right] r^2\,dr \tag{9.6.14}$$

将式(9.6.13)代入上式,得

$$B = 2\pi N_A\left\{\int_0^{r_0} r^2\,dr - \int_{r_0}^\infty \left[e^{-\frac{\phi(r)}{kT}} - 1\right] r^2\,dr\right\} \tag{9.6.15}$$

如果气体的温度足够高,分子的平均动能将大于其相互作用势能,即 $\phi_0/kT \ll 1$. 这时,在式(9.6.15)的第二项中可作近似 $e^{-\frac{\phi}{kT}} \approx 1-\phi/kT$. 式(9.6.15)的积分便等于

$$B = 2\pi N_A \left( \frac{r_0^3}{3} - \frac{\phi_0 r_0^3}{3kT} \right)$$

将上式写成

$$B = b - \frac{a}{N_A kT} \tag{9.6.16}$$

其中

$$\begin{cases} b = \dfrac{2\pi}{3} N_A r_0^3 \\ a = \dfrac{2\pi}{3} N_A^2 \phi_0 r_0^3 \end{cases} \tag{9.6.17}$$

代入式(9.6.10)得

$$pV = NkT\left(1 + \frac{nb}{V}\right) - \frac{n^2 a}{V}$$

由于 $nb/V \ll 1$,取近似 $1 + nb/V = 1/(1 - nb/V)$,可将上式表示为

$$p = \frac{NkT}{V - nb} - \frac{n^2 a}{V^2}$$

或

$$\left(p + \frac{n^2 a}{V^2}\right)(V - nb) = NkT \tag{9.6.18}$$

式(9.6.18)就是范德瓦耳斯方程.式(9.6.17)表明,$b$ 是 1 mol 气体中分子体积的 4 倍,$a$ 与吸引力有关.由上述粗略结果得到的 $a$ 和 $b$ 是与温度无关的常量.实际气体的 $a$ 和 $b$ 的值与温度有关,但是在通常的温度范围和实验精度下可视为常量,参见表 1.3.1.

通过实验可以测得各种气体在不同温度下第二位力系数的数值.将伦纳德-琼斯势式(9.6.12)代入式(9.6.14)计算第二位力系数,将其中的参量 $\phi_0$ 和 $r_0$ 选取适当的数值,可以得到与实验相当符合的结果.所确定的 $\phi_0$、$r_0$ 值提供了关于分子相互作用的知识.例如氩的 $r_0 = 3.82 \times 10^{-10}$ m,$\phi_0/k = 120$ K.

## §9.7 固体的热容

固体中相邻原子的距离很小($10^{-10}$ m 的量级),原子间存在很强的相互作用.在这种相互作用下,各原子有一定的平衡位置.原子在其平衡位置附近作微振动.设固体有 $N$ 个原子,每个原子有 3 个自由度,则整个固体的自由度为 $3N$.以 $\xi_i$ 表示第 $i$ 个自由度偏离其平衡位置的位移,相应的动量为 $p_{\xi_i}$. 微振动的动能为 $\sum\limits_{i=1}^{3N} p_{\xi_i}^2/2m$,势能可以展开为 $\xi_i$ 的幂级数,准确到二级为

$$\phi = \phi_0 + \sum_i \left(\frac{\partial \phi}{\partial \xi_i}\right)_0 \xi_i + \frac{1}{2} \sum_{i,j} \left(\frac{\partial^2 \phi}{\partial \xi_i \partial \xi_j}\right)_0 \xi_i \xi_j$$

$\phi_0$ 是所有的 $\xi_i$ 都等于零即所有原子都位于其平衡位置时原子间的相互作用能.当所有原子都

位于其平衡位置时,各原子将都不受力的作用,因此$(\partial \phi / \partial \xi_i)_0 = 0$. 令 $a_{ij} = (\partial^2 \phi / \partial \xi_i \partial \xi_j)_0$,微振动的能量可表示为

$$E = \sum_{i=1}^{3N} \frac{p_{\xi_i}^2}{2m} + \frac{1}{2} \sum_{i,j} a_{ij} \xi_i \xi_j + \phi_0 \qquad (9.7.1)$$

式(9.7.1)是二次型.在高等数学中讲过,通过线性变换可将二次型化为平方和.因此,可将各 $\xi_i$ 线性组合为 $q_i (i = 1, 2, \cdots, 3N)$ 而将式(9.7.1)表示为

$$E = \frac{1}{2} \sum_{i=1}^{3N} (p_i^2 + \omega_i^2 q_i^2) + \phi_0 \qquad (9.7.2)$$

$q_i$ 称为简正坐标.应当注意,简正坐标 $q_i$ 是将全体原子的位移进行线性组合而得到的一种集体坐标,与全体原子的位移都有关.由式(9.7.2)可以看出,这 $3N$ 个简正坐标的运动是相互独立的简谐振动,称为简正振动,其特征频率为 $\omega_i (i = 1, 2, \cdots, 3N)$①.这样就将强耦合的 $N$ 个原子的微振动变换为 $3N$ 个近独立的简谐振动.在势能 $\phi$ 的展开中,各项的数值随幂次的增加而减少.展开的高阶项描述简正振动之间的相互作用.

通过§9.6中关于实际气体的讨论,可以看到用统计物理学处理相互作用系统的困难.现在将固体中原子的微振动变换为近独立的简正振动,问题便可大为简化.根据量子理论,$3N$ 个简正振动的能量是量子化的:

$$E = \phi_0 + \sum_{i=1}^{3N} \hbar \omega_i \left( n_i + \frac{1}{2} \right), \quad n_i = 0, 1, 2, \cdots \qquad (9.7.3)$$

式中 $n_i$ 是描述第 $i$ 个简正振动的量子数.根据式(9.4.5),系统的配分函数为

$$\begin{aligned} Z &= \sum_s \mathrm{e}^{-\beta E_s} = \mathrm{e}^{-\beta \phi_0} \sum_{\{n_i\}} \mathrm{e}^{-\beta \sum_i \hbar \omega_i \left( n_i + \frac{1}{2} \right)} \\ &= \mathrm{e}^{-\beta \phi_0} \sum_{\{n_i\}} \prod_i \mathrm{e}^{-\beta \hbar \omega_i \left( n_i + \frac{1}{2} \right)} \\ &= \mathrm{e}^{-\beta \phi_0} \prod_i \sum_{n_i=0}^{\infty} \mathrm{e}^{-\beta \hbar \omega_i \left( n_i + \frac{1}{2} \right)} \\ &= \mathrm{e}^{-\beta \phi_0} \prod_i \frac{\mathrm{e}^{-\frac{\beta \hbar \omega_i}{2}}}{1 - \mathrm{e}^{-\beta \hbar \omega_i}} \end{aligned} \qquad (9.7.4)$$

根据式(9.5.1),系统的内能为

$$U = -\frac{\partial}{\partial \beta} \ln Z = U_0 + \sum_{i=1}^{3N} \frac{\hbar \omega_i}{\mathrm{e}^{\beta \hbar \omega_i} - 1} \qquad (9.7.5)$$

其中 $U_0 = \phi_0 + \sum_{i=1}^{3N} \frac{\hbar \omega_i}{2}$. $\phi_0$ 是负的,其绝对值大于零点能量 $\sum_{i=1}^{3N} \frac{\hbar \omega_i}{2}$,因此 $U_0$ 是负的. $U_0$ 是固体的结合能,式(9.7.5)的第二项是温度为 $T$ 时的热运动能量.

要具体地求出式(9.7.5),需要知道简正振动的频率分布,即简正振动的频谱.最简单的模型是假设 $3N$ 个简正振动的频率都相同.这种假设相当于认为原子以相同的频率独立地振动,即§7.7中讲述的爱因斯坦理论模型.

---

① $3N$ 个简正坐标中有3个描述整个固体的平移,3个描述整个固体绕其质心的转动.原子间的作用力对这6个自由度不会产生任何作用.因此式(9.7.2)中有6个 $\omega_i$ 为零.由于 $6 \ll 3N$,我们忽略这一差别.

德拜(Debye)将固体看作连续弹性介质,$3N$ 个简正振动是弹性介质的基本波动.固体上任意的弹性波都可分解为 $3N$ 个简正振动的叠加.固体上传播的弹性波有纵波和横波两种,纵波是膨胀压缩波,横波是扭转波.对于一定的波矢 $\boldsymbol{k}$,纵波只有一种振动方式,即在传播方向上的振动;横波有两种振动方式,即在垂直于传播方向的两个相互垂直的方向上的振动.可用波矢和偏振标志 $3N$ 个简正振动.以 $c_l$ 和 $c_t$ 分别表示纵波和横波的传播速度,由波动方程可知,二者的圆频率 $\omega$ 和波矢大小 $k$ 分别满足以下关系:

$$\omega = c_l k, \quad \omega = c_t k \tag{9.7.6}$$

仿照在 §8.4 中推导空窖辐射频谱的方法,可得在 $\omega$ 到 $\omega+\mathrm{d}\omega$ 范围内,简正振动数为

$$D(\omega)\mathrm{d}\omega = \frac{V}{2\pi^2}\left(\frac{1}{c_l^3} + \frac{2}{c_t^3}\right)\omega^2\mathrm{d}\omega$$

式中 $V$ 是固体的体积.引入符号

$$B = \frac{V}{2\pi^2}\left(\frac{1}{c_l^3} + \frac{2}{c_t^3}\right)$$

可将频谱简记为

$$D(\omega)\mathrm{d}\omega = B\omega^2\mathrm{d}\omega \tag{9.7.7}$$

由于固体只有 $3N$ 个简正振动,必须假设存在一个最大的圆频率 $\omega_D$.令

$$\int_0^{\omega_D} B\omega^2\mathrm{d}\omega = 3N$$

可得

$$\omega_D^3 = \frac{9N}{B} \tag{9.7.8}$$

式(9.7.8)给出了 $\omega_D$ 与原子密度 $N/V$ 和弹性波速间的关系.该频谱是德拜在 1912 年提出的,称为德拜频谱,$\omega_D$ 称为德拜频率.

利用德拜频谱,可将式(9.7.5)表示为

$$U = U_0 + \int_0^{\omega_D} D(\omega)\frac{\hbar\omega}{\mathrm{e}^{\frac{\hbar\omega}{kT}}-1}\mathrm{d}\omega = U_0 + B\int_0^{\omega_D}\frac{\hbar\omega^3}{\mathrm{e}^{\frac{\hbar\omega}{kT}}-1}\mathrm{d}\omega \tag{9.7.9}$$

引进符号

$$y = \frac{\hbar\omega}{kT}, \quad x = \frac{\hbar\omega_D}{kT} = \frac{\theta_D}{T} \tag{9.7.10}$$

$\theta_D$ 称为德拜特征温度,是物质的特征参量.$\theta_D$ 的数值可由热容的数据定出,也可由弹性波在固体中的传播速度(由固体弹性常量的实验数据推算)求出.表9.7.1列出了一些物质由热容(第一行)或弹性常量(第二行)得到的 $\theta_D$ 值,以资比较.

表 9.7.1

| | 物质 | Pb | Ag | Zn | Cu | Al | C | NaCl | KCl | MgO |
|---|---|---|---|---|---|---|---|---|---|---|
| $\theta_D/\mathrm{K}$ | 由热容 | 88 | 215 | 308 | 345 | 398 | ~1 850 | 308 | 233 | ~850 |
| | 由弹性常量 | 73 | 214 | 305 | 332 | 402 | — | 320 | 243 | ~950 |

引进函数

$$\mathscr{D}(x) = \frac{3}{x^3}\int_0^x \frac{y^3\mathrm{d}y}{\mathrm{e}^y - 1} \tag{9.7.11}$$

名为德拜函数,可将内能表示为
$$U = U_0 + 3NkT\mathscr{D}(x) \tag{9.7.12}$$
下面只讨论在高温 $T \gg \theta_D$ 和低温 $T \ll \theta_D$ 极限下,内能 $U$ 和定容热容 $C_V$ 的近似表达式.

在高温下,$x \ll 1$,在式(9.7.11)的被积函数中可作近似 $e^y - 1 \approx y$,因而
$$\mathscr{D}(x) = \frac{3}{x^3}\int_0^x \frac{y^3 dy}{e^y - 1} \approx \frac{3}{x^3}\int_0^x y^2 dy = 1$$
因此高温下固体的内能和热容可近似为
$$\begin{cases} U = U_0 + 3NkT \\ C_V = 3Nk \end{cases} \tag{9.7.13}$$
这正是经典统计理论的结果.

在低温下,$x \gg 1$,可将式(9.7.11)积分的上限取为无穷大而有(参阅附录 C)
$$\mathscr{D}(x) \approx \frac{3}{x^3}\int_0^\infty \frac{y^3 dy}{e^y - 1} = \frac{3}{x^3}\frac{\pi^4}{15} = \frac{\pi^4}{5x^3}$$
因此低温下固体的内能和热容可近似为
$$\begin{cases} U = U_0 + 3Nk\dfrac{\pi^4}{5}\dfrac{T^4}{\theta_D^3} \\ C_V = 3Nk\dfrac{4\pi^4}{5}\left(\dfrac{T}{\theta_D}\right)^3 \end{cases} \tag{9.7.14}$$

式(9.7.14)称为德拜 $T^3$ 定律.对于非金属固体,式(9.7.14)与实验符合.金属在 3 K 以上也符合 $T^3$ 定律,3 K 以下不能忽略自由电子对热容的贡献,式(9.7.14)只描述固体热容的原子部分.

德拜将固体近似看作连续弹性介质,忽略了固体中原子的离散结构.以 $a$ 表示固体中原子的平均距离,对于波长 $\lambda \gg a$ 的简正振动,相邻原子在振动中的位移近似相等,德拜近似与实际情况是接近的.但对于 $\lambda$ 与 $a$ 可以比拟的简正振动,便不能忽略原子在固体中的离散结构,德拜近似与实际情况有很大的差异.图 9.7.1 中的虚线是德拜频谱,实线是由 X 射线测得的 300 K 下铝的频谱.可以看出,在低频范围二者符合,但在高

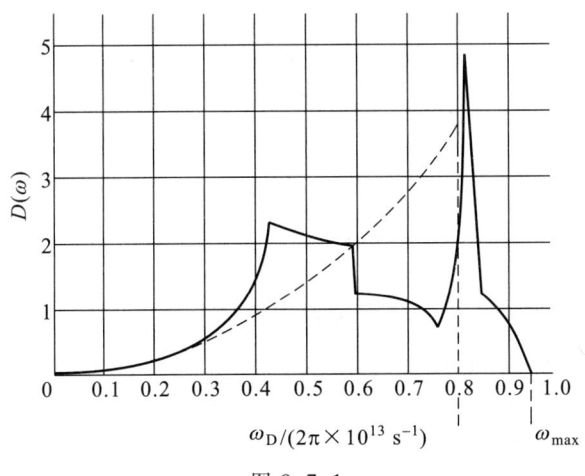

图 9.7.1

频范围有显著歧异. 不过在讨论热容时, 各简正振动的贡献是叠加的, 结果对频谱并不非常敏感. 在低温下, 只有低频范围的简正振动被热激发, 德拜理论得到的 $T^3$ 定律与实验符合得很好. 图 9.7.2 中画出了爱因斯坦理论 (虚线)、德拜理论 (细实线) 和铜的实验结果 (圆圈) 以作比较.

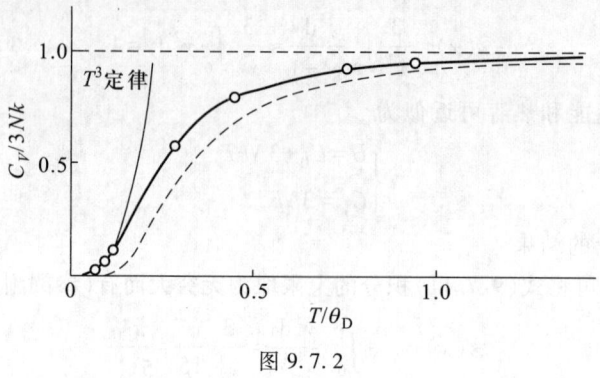

图 9.7.2

以上从简正振动 (波动) 的角度讨论了固体中原子的热运动. 仿照 §8.4 中的平衡辐射理论, 也可以从粒子的角度进行讨论. 式 (9.7.3) 给出波矢为 $\boldsymbol{k}$, 具有某一偏振的简正振动的能量为

$$\varepsilon = \hbar\omega\left(n + \frac{1}{2}\right), \quad n = 0, 1, 2, \cdots$$

能量以 $\hbar\omega$ 为单元, 可以把简正振动的能量量子看作一种准粒子, 称为声子. 声子的准动量和能量为

$$\begin{cases} \boldsymbol{p} = \hbar\boldsymbol{k} \\ \varepsilon = \hbar\omega \end{cases} \tag{9.7.15}$$

由式 (9.7.6) 和式 (9.7.15) 可以得到纵波声子和横波声子的能量和准动量的关系: $\varepsilon = c_l p$ 和 $\varepsilon = c_t p$. 具有某一波矢和偏振的简正振动处在量子数为 $n$ 的激发态, 相当于产生了具有相应准动量和偏振的 $n$ 个声子. 不同的简正振动, 具有不同的波矢和偏振, 对应于状态不同的声子. 由于简正振动的量子数可取零或任意正整数, 处在相应状态的声子数是任意的, 因此声子遵从玻色分布. 从微观看, 平衡态下各简正振动的能量不断变化, 相当于各状态的声子不断被产生和消灭, 因此声子数不是恒定的. 声子气体的化学势为零. 温度为 $T$ 时, 处在能量为 $\hbar\omega$ 的一个状态上的平均声子数为 $1/(e^{\hbar\omega/kT} - 1)$. 因此温度为 $T$ 时, 固体的内能 $U$ 为

$$U = U_0 + \sum_{i=1}^{3N} \frac{\hbar\omega_i}{e^{\hbar\omega_i/kT} - 1} \tag{9.7.16}$$

上式就是 (9.7.5) 式, 不过是从声子的观点根据玻色分布得到的.

以上对固体中原子热运动的讨论是颇有启发性的. 组成固体的真实粒子是原子. 由于原子间存在很强的相互作用, 直接讨论原子的热运动是困难的. 将原子的 $3N$ 个振动自由度变换为 $3N$ 个近独立的简谐振动, 问题便易于处理. 如果进一步把简正振动的激发量子看成一种"元激发"或"准粒子"——声子, 便把相互作用的原子系统简化为"准粒子"理想气体, 可以用最概然分布的方法处理.

"元激发"或"准粒子"的概念在研究互作用粒子系统时有广泛的应用.用统计物理学方法计算热力学量需要知道系统的能谱.当粒子间存在相互作用时,系统的能量不能表达为单个粒子的能量之和,直接处理由相互作用粒子组成的系统十分困难.因此,人们引入了元激发的概念.在低温下,系统处在高激发态的概率很小,可以只考虑低激发态.把系统的低激发态能量表示成元激发能量之和:

$$E = E_0 + \sum_p \varepsilon(p) n(p) \tag{9.7.17}$$

式中第一项是系统的基态能量,第二项是激发能量.式(9.7.17)意味着,激发态相当于产生若干元激发.$\varepsilon(p)$是元激发的能量,$n(p)$是元激发数,$p$是标志元激发的量子数,例如动量.这就是说,处在低激发态的系统可等效地看作某种元激发理想气体,如果知道元激发的能量动量关系,并能确定元激发遵从的是玻色统计还是费米统计,就可以用最概然分布讨论系统在低温下的热力学性质.本节中固体的声子、§9.8中液HeⅡ的声子和旋子是玻色统计的例子;§8.5中金属的准电子和习题8.25中液$^3$He的$^3$He准粒子是费米统计的例子.

## *§9.8 液$^4$He的性质和朗道超流理论 补充材料

在自然界中氦有两种稳定的同位素——$^3$He和$^4$He.$^3$He的自旋为$\hbar/2$,是费米子,$^4$He的自旋为零,是玻色子.它们在通常压强下直到接近绝对零度仍可保持为液态.图9.8.1是实验测得的$^4$He的相图,其突出的特点是液态有两个性质完全不同的相,HeⅠ和HeⅡ.HeⅠ具有通常液体的特性,而HeⅡ则具有一系列独特的性质.沿气液两相平衡曲线降温至$T_\lambda = 2.17$ K,实验发现原来沸腾的HeⅠ突然变得"平静"了,转变为新的相HeⅡ.相变温度随压强而略有不同,如图9.8.1所示.HeⅠ-HeⅡ的转变是一种连续相变,无潜热和体积突变,如果从两侧趋近相变点,热容以对数形式趋于无穷,如图8.3.3所示.

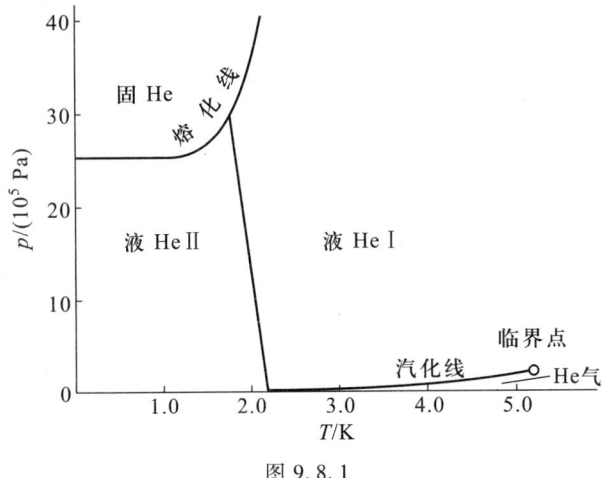

图9.8.1

HeⅡ最引人注目的性质是其超流动性.实验发现,HeⅡ可以沿极细的毛细管(管径为$0.1 \sim 4$ μm)流动而几乎不呈现黏性.这是卡皮查(Kapitza)在1937年观察到的.实验还发现,存在一个临界速度 $v_c$(管径越小,$v_c$ 越大),当流速在 $v_c$ 以上,超流动性即被破坏.另一方面,如果将细丝悬挂的圆盘浸在 He Ⅱ 中,让圆盘作扭转振动,盘的运动将受到阻尼.用这种方法测得的 He Ⅱ 的黏度与 He Ⅰ 的黏度可以比拟,比用毛细管法测得的至少大 $10^6$ 倍.实验还发现,用圆盘法测得的 He Ⅱ 的黏度强烈地依赖于温度,且随 $T\to 0$ K 而趋于零.

为了解释上述看起来似乎自相矛盾的实验事实,蒂萨(Tisza,1938 年)提出了二流体模型.二流体模型认为,He Ⅱ 是正常流体和超流体两种成分的混合物.前者具有普通的黏度,密度为 $\rho_n$;后者黏度为零,密度为 $\rho_s$.$\rho_n+\rho_s=\rho$ 是 He Ⅱ 的密度.黏度为零的超流成分流过毛细管,而黏度非零的正常成分对圆盘产生阻尼.$\rho_n$ 与 $\rho_s$ 之比与温度有关.

$\rho_n/\rho$ 随温度变化的关系可通过安东尼卡什维里(Andronikashville,1946 年)的实验测出.图 9.8.2(a)是实验装置的示意图.等间距(间距约 0.2 mm)的金属片固定在转动轴上,浸没在 He Ⅱ 中转动.由于金属片间的正常流体被带动而超流体不被带动,测量不同温度下该装置的转动惯量就可得出 $\rho_n/\rho$ 与温度的关系.实验结果如图9.8.2(b)所示.$T=0$ K 时,He Ⅱ 全部为超流成分,$T=T_\lambda$ 时全部为正常成分.

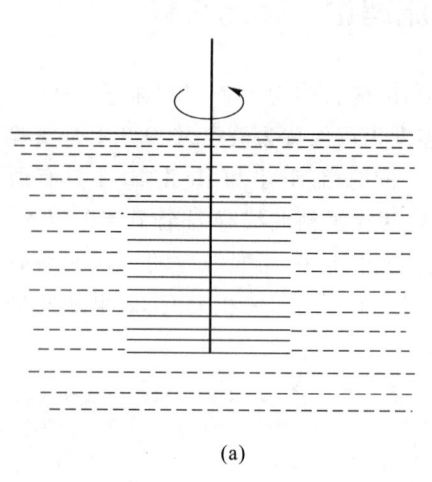
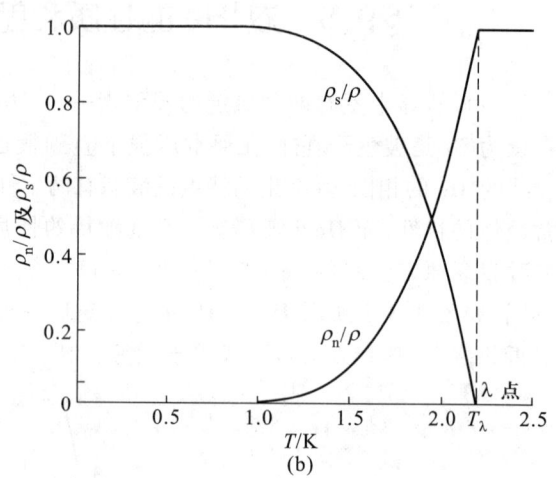

图 9.8.2

He Ⅱ 另一引人注目的性质是所谓"力热效应"和"热力效应",以及相关的喷泉效应.设两容器盛有 He Ⅱ,中间以超漏①相连,如图 9.8.3 所示.如果两容器的温度分别保持为 $T$ 和 $T+\Delta T$,He Ⅱ 将从温度为 $T$ 的容器流往温度为 $T+\Delta T$ 的容器,达到平衡后,两容器将有压强差(高度差)$\Delta p=\rho s\Delta T$($s$ 是 He Ⅱ 的比熵).由温度差导致压强差的现象称为热力效应.反之,如果维持两容器的压强为 $p+\Delta p$ 和 $p$,He Ⅱ 将从压强为 $p+\Delta p$ 的容器流往压强为 $p$ 的容器而使前者升温后者降温,平衡后产生温差 $\Delta T$.这种由压强差导致温度差的现象称为力热效应.根据二流体模型,只有超流成分可以通过超漏.热力效应是由于温度较低的 He Ⅱ 具有较高的 $\rho_s/\rho$,因此超流成分从温度为 $T$ 的容器流往温度为 $T+\Delta T$ 的容器使后者压强升高.如果假

---

① 超漏是塞满细粉的管子.细粉之间形成典型宽度约为 100 nm 的狭窄曲折的通道,使超流体可以通过,正常流体不能通过.

设超流成分不仅具有零黏性,而且具有零熵,则力热效应容易得到解释.超流成分从压强为 $p+\Delta p$ 的容器流往压强为 $p$ 的容器时不带走熵,使留在容器内的 He II 的比熵增加,温度升高.喷泉效应是一种热力效应.如图 9.8.4 所示,光的辐射使管中的金刚砂粉末升温,容器中的超流体流入管中从上端的毛细管喷出,高度可达 40 cm.

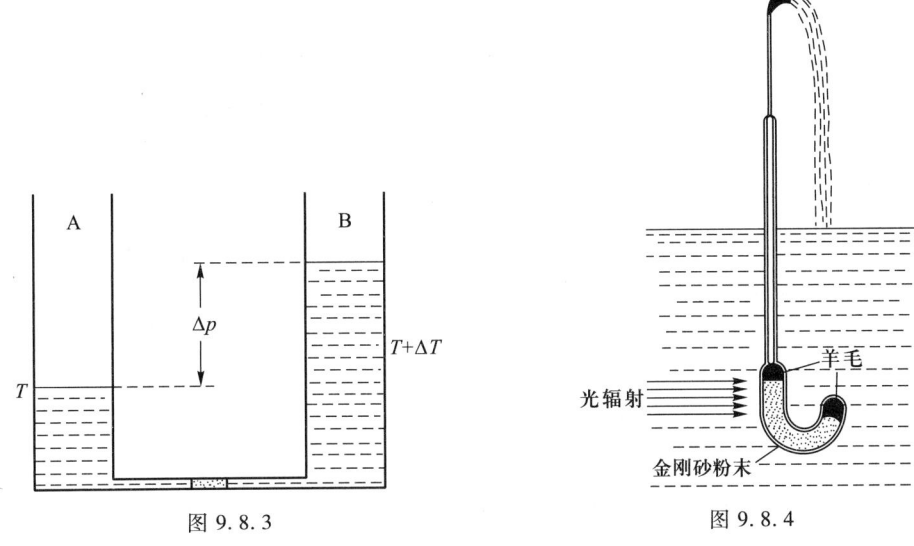

图 9.8.3          图 9.8.4

注意热力效应和力热效应的产生都伴随着超流体的流动,且 He II 中 $\rho_s/\rho$ 的比值取决于温度,前述 $\Delta T$ 与 $\Delta p$ 的关系可以从两容器中 He II 的化学平衡条件导出.以 $\mu(T,p)$ 表示 He II 的化学势,两容器中 He II 的平衡要求

$$\mu(T,p) = \mu(T+\Delta T, p+\Delta p) \tag{9.8.1}$$

如果 $\Delta T$、$\Delta p$ 小,将上式右方展开并保留至一级,有

$$\mu(T+\Delta T, p+\Delta p) = \mu(T,p) - s\Delta T + v\Delta p$$

代入式(9.8.1),即得

$$\Delta p = \frac{1}{v} s \Delta T = \rho s \Delta T \tag{9.8.2}$$

He II 的热导率非常高,约为室温下铜的热导率的 800 倍,这是由于 He II 的导热机制与普通流体完全不同.设想在温度均匀的 He II 中,某一点的局域温度由于涨落而升高,根据二流体模型,热点的 $\rho_n/\rho$ 将增加,$\rho_s/\rho$ 将减少.为了恢复平衡,热点周围的超流成分将向热点流动,正常成分将离开热点.这种调整过程进行得很快,使 He II 有极好的导热性.高热导率使 He II 不出现沸腾现象,蒸发仅在其表面发生.

用 He II 的高热导率和超流动性可解释表面膜效应.盛在烧杯中的液体由于杯壁对液体分子的附着力可在液面以上的杯壁形成液膜.如果是正常液体,液膜的厚度随高度而减小.原因是杯壁与液体的微小温差使液膜或者迅速蒸发(杯壁温度略高)或者形成液滴落回液体(杯壁温度略低).He II 则由于其高热导率而不存在温差,可形成较厚(例如 30 nm 即约 100 个氦原子的厚度)的 He 膜.超流成分可沿 He 膜流动而沿杯壁往上爬并溢出壁外,称为表面膜效应,如图 9.8.5 所示.

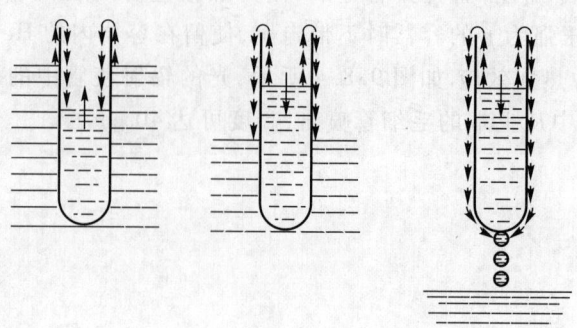

图 9.8.5

朗道根据二流体模型预言:在 He Ⅱ 中可传播两种不同的波动.如果 He Ⅱ 中 $\rho_n$ 和 $\rho_s$ 的振动同相位,总密度 $\rho=\rho_n+\rho_s$ 的疏密振动相应于声波(也称为第一声).如果 $\rho_n$ 和 $\rho_s$ 的振动有 180° 的相位差,则在保持 $\rho$ 基本不变的情形下存在 $\rho_s$ 和 $\rho_n$ 各自的疏密振动,如图 9.8.6 所示.由于超流成分的比熵为零,$\rho_n$ 的振动给出熵或温度的振动.这种熵波或温度波称为第二声.朗道的预言得到了实验的证实.

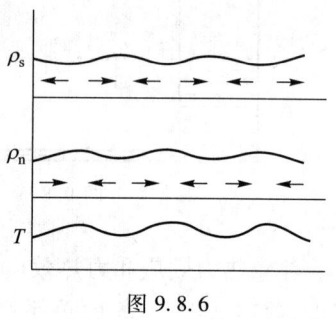

图 9.8.6

需要强调,把 He Ⅱ 看成是正常成分和超流成分的混合物只是一种直观的描述,不能认为 He Ⅱ 中的某些原子属于正常成分,其他原子属于超流成分.朗道把温度不十分接近 $T_\lambda$ 的 He Ⅱ 看成处于弱激发状态的量子玻色系统,在基态的背景上产生了由元激发组成的理想气体,前者相应于超流成分,后者相应于正常成分.以 $p$ 和 $\varepsilon(p)$ 表示元激发的动量和能量,$n(p)$ 表示元激发数,系统低激发态的能量和动量可表示为

$$\begin{cases} E = E_0 + \sum_p n(p)\varepsilon(p) \\ P = \sum_p n(p)p \end{cases} \tag{9.8.3}$$

实验发现,在 $T \ll T_\lambda$ 时,He Ⅱ 的热容正比于 $T^3$,这是声子气体的特征;当温度稍高时,热容含有行为如 $e^{-\Delta/kT}$ 的项($\Delta$ 为常量).考虑到这一点,朗道对元激发能谱 $\varepsilon(p)$ 作了如图 9.8.7(a)的假设.在热平衡下,元激发主要存在于 $\varepsilon(p)$ 且接近于其极小值,即 $\varepsilon(p)$ 接近于 0 和 $\varepsilon(p_0)$ 的区域,如图 9.8.7(a)中的粗实线所示.在 $\varepsilon(p)$ 接近于 0 的区域,元激发的能量动量关系为

$$\varepsilon = c_1 p \tag{9.8.4}$$

这种类型的元激发就是 He Ⅱ 中的声子.$c_1$ 是 He Ⅱ 中第一声的声速,实验测得 $c_1 = 238 \text{ m·s}^{-1}$.在 $p_0$ 附近,$\varepsilon(p)$ 可展成 $p-p_0$ 的幂级数,保留至二级项(一级项等于 0)为

$$\varepsilon = \Delta + \frac{(p-p_0)^2}{2m^*} \tag{9.8.5}$$

这种类型的元激发称为旋子,$\Delta$ 称为能隙.朗道假设的能谱为后来的实验所证实.图 9.8.7(b)中的圆圈是非弹性中子散射实验的结果.根据实验结果确定的参量值为

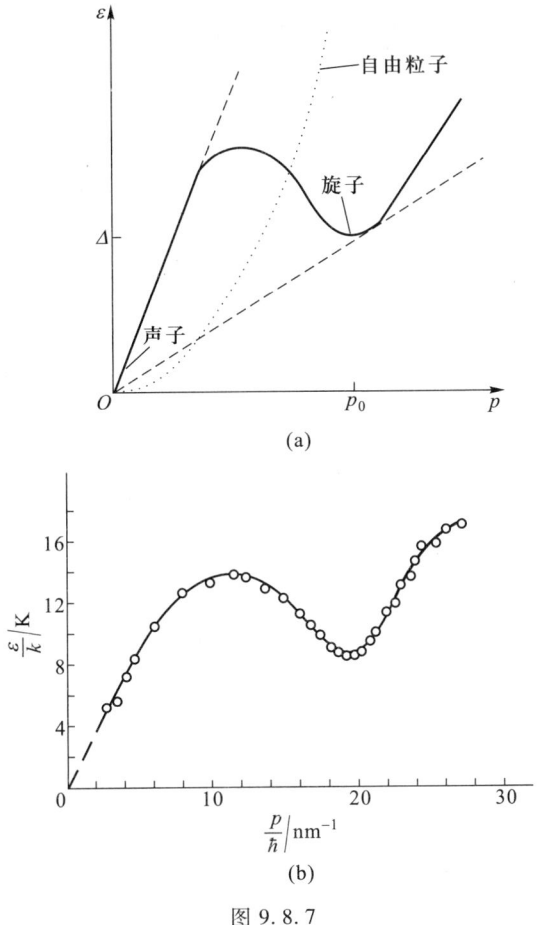

图 9.8.7

$$\frac{p_0}{\hbar}=19.2\ \text{nm}^{-1},\quad \frac{\Delta}{k}=8.65\ \text{K},\quad m^*=0.16\ m_4\text{①}$$

由声子和旋子的元激发能谱可以计算 He II 在低温下的热力学性质.式(9.8.3)中的元激发数可以取的可能值为 $0,1,2,\cdots$,因此声子和旋子都遵从玻色分布.由于元激发数不确定,它们的化学势为零.在温度为 $T$ 的平衡状态下,在能量为 $\varepsilon$ 的一个状态上,平均元激发数为

$$\bar{n}=\frac{1}{e^{\beta\varepsilon}-1} \tag{9.8.6}$$

先讨论声子部分.在 He II 中声波只有纵波,因此在体积 $V$ 内在 $p$ 到 $p+\mathrm{d}p$ 的动量范围内声子的状态数为 $4\pi V p^2 \mathrm{d}p/h^3$.声子气体的内能为

$$U_{\text{ph}}=\frac{4\pi V}{h^3}\int_0^\infty \frac{c_1 p\cdot p^2\mathrm{d}p}{e^{\beta c_1 p}-1}$$

由于考虑低温范围,式中已将积分上限取作无穷大.令 $y=\beta c_1 p$,上式可表示为

---

① $m_4$ 是 $^4$He 原子的质量.

$$U_{\mathrm{ph}} = \frac{4\pi V c_1}{h^3}\left(\frac{1}{c_1\beta}\right)^4 \int_0^\infty \frac{y^3 \mathrm{d}y}{\mathrm{e}^y-1} = \frac{4}{15}\pi^5 VkT\left(\frac{kT}{hc_1}\right)^3$$

定容热容为

$$(C_V)_{\mathrm{ph}} = \frac{16}{15}\pi^5 Vk\left(\frac{kT}{hc_1}\right)^3 \tag{9.8.7}$$

上式表明,在低温下 HeⅡ的热容随 $T^3$ 变化,与实验结果相符.

现在讨论旋子部分.在 $T\leq 2$ K 的温度范围,$\Delta \gg kT$.因此式(9.8.6)可近似为

$$\bar{n} = \mathrm{e}^{-\beta\varepsilon(p)} \tag{9.8.8}$$

上式表明,可用玻耳兹曼分布讨论旋子气体.根据式(7.1.2),粒子配分函数 $Z_1$ 为

$$Z_1 = \sum_l \omega_l \mathrm{e}^{-\beta\varepsilon_l} = \frac{4\pi V}{h^3}\mathrm{e}^{-\frac{\Delta}{kT}}\int_0^\infty \mathrm{e}^{-\frac{(p-p_0)^2}{2m^*kT}} p^2 \mathrm{d}p \tag{9.8.9}$$

被积函数中的指数因子使积分的主要贡献来自 $p\approx p_0$ 的范围,将指数函数外的 $p^2$ 近似为 $p_0^2$,并作变量代换 $p = p_0 + (2m^*kT)^{1/2}y$,上式可表示为

$$Z_1 = \frac{4\pi V p_0^2}{h^3}(2m^*kT)^{1/2}\mathrm{e}^{-\frac{\Delta}{kT}}\int_{\frac{-p_0}{(2m^*kT)^{1/2}}}^\infty \mathrm{e}^{-y^2}\mathrm{d}y$$

考虑到 $p_0^2 \gg 2m^*kT$,可将上式积分的下限取为 $-\infty$,即得

$$Z_1 = \frac{4\pi^{3/2} V p_0^2}{h^3}(2m^*kT)^{1/2}\mathrm{e}^{-\frac{\Delta}{kT}} \tag{9.8.10}$$

旋子是非定域的,旋子气体的自由能由式(7.1.16′)给出,为

$$F_\mathrm{r} = -N_\mathrm{r} kT \ln Z_1 + N_\mathrm{r} kT(\ln N_\mathrm{r} - 1) \tag{9.8.11}$$

平均旋子数 $\overline{N_\mathrm{r}}$ 可由自由能 $F_\mathrm{r}$ 为极小值的条件 $\left(\frac{\partial F_\mathrm{r}}{\partial N_\mathrm{r}}\right)_{T,V}=0$ 导出,为

$$\overline{N_\mathrm{r}} = Z_1 = \frac{4\pi V p_0^2}{h^3}(2\pi m^* kT)^{\frac{1}{2}}\mathrm{e}^{-\frac{\Delta}{kT}} \tag{9.8.12}$$

代回式(9.8.11)得

$$F_\mathrm{r} = -kT\overline{N_\mathrm{r}} = -\frac{4\pi V p_0^2}{h^3}(2\pi m^*)^{\frac{1}{2}}(kT)^{\frac{3}{2}}\mathrm{e}^{-\frac{\Delta}{kT}} \tag{9.8.13}$$

由此易得旋子气体的熵和定容热容 $C_V$ 为

$$\begin{cases} S_\mathrm{r} = -\left(\frac{\partial F_\mathrm{r}}{\partial T}\right)_V = k\overline{N_\mathrm{r}}\left(\frac{3}{2}+\frac{\Delta}{kT}\right) \\ (C_V)_\mathrm{r} = T\left(\frac{\partial S_\mathrm{r}}{\partial T}\right)_V = \overline{N_\mathrm{r}} k\left[\frac{3}{4}+\frac{\Delta}{kT}+\left(\frac{\Delta}{kT}\right)^2\right] \end{cases} \tag{9.8.14}$$

由于 $\overline{N_\mathrm{r}}$ 中含有因子 $\mathrm{e}^{-\frac{\Delta}{kT}}$,在低温 $kT \ll \Delta$ 时,旋子气体的 $(C_V)_\mathrm{r} \to 0$.

将声子部分和旋子部分的热容相加即得 HeⅡ的热容.在 $T<0.6$ K 时,声子部分起主要

作用;在 $T>1$ K 时,主要贡献来自旋子部分.在 1.2 K 以下,朗道理论的结果与实验结果符合得很好.

1971 年,奥谢罗夫(Osheroff)等在 2.6 mK 以下的低温发现了 $^3$He 的超流相.零磁场下,$^3$He 有两个超流相——A 相和 B 相,如图 9.8.8 所示.在超流相中,两个 $^3$He 原子结合成自旋量子数为 1 的束缚对而形成玻色子.A 相是两个 $^3$He 原子↑↑的自旋配对,B 相则是(↑↓)+(↓↑)的自旋配对.前者性质是各向异性的,后者则几乎各向同性.正常液相与超流相 A 或 B 的转变是连续相变,A 相与 B 相之间的转变则是一级相变.

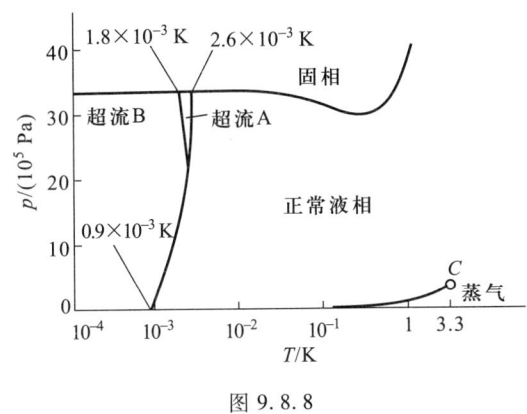

图 9.8.8

[补充材料]

在补充材料中,我们对 $^3$He-$^4$He 稀释制冷的原理作简略的介绍.图 9.8.9 是装置的示意图.由图 4.4.3 的液 $^3$He-$^4$He 相图可知,在 100 mK 的低温下,图 9.8.9 的混合室内 $^3$He-$^4$He 混合液两相共存时,浮在上面的是富含 $^3$He(接近 100%)的正常相,其中 $^3$He 准粒子遵从费米分布;沉在下面的超流相是 $^3$He 原子在 $^4$He 的稀溶液,在 $^4$He 基态的背景上存在少量声子元激发和溶质原子 $^3$He.混合室中的超流相与容器 A 中的超流相连通(连通管通过热交换器).容器 A 通过电加热器保持在 0.6 K 左右的低温,在此温度下,容器 A 内的超流体中 $^3$He 浓度保持在 1% 左右,与其上方的 $^3$He 蒸气达到两相平衡.在稀释制冷过程中,用抽气机将容器 A 内 $^3$He 蒸气迅速抽去,使 A 内超流相中的 $^3$He 原子不断蒸发.由于两相平衡时,在给定温度下超流相中 $^3$He 原子的浓度是确定的,而容器 A 与混合室的超流相又是连通的,这导致混合室中超流相的 $^3$He 原子不断流入容器 A,正常相的 $^3$He 原子则不断溶入超流相.当 $^3$He 原子从混合室内的正常相穿越分界面溶入超流相时,混合液有熵增 $\Delta S$(混合熵),要从周围吸取热量 $Q=T\Delta S$,从而产生冷却效应.从容器 A 抽出的 $^3$He 蒸气在液化后重新流入(管子通过热交换器进一步降温)混合室补充到正常相中,过程就这样连续进行.与通常的蒸发制冷过程(例如§2.8 中氦的蒸发制冷)蒸气压随温度降低而迅速减少不同,超流相中 $^3$He 原子浓度直到绝对零度仍保持在 6.4%.因此稀释制冷过程可以连续工作,在局部维持 2 mK 左右的低温.

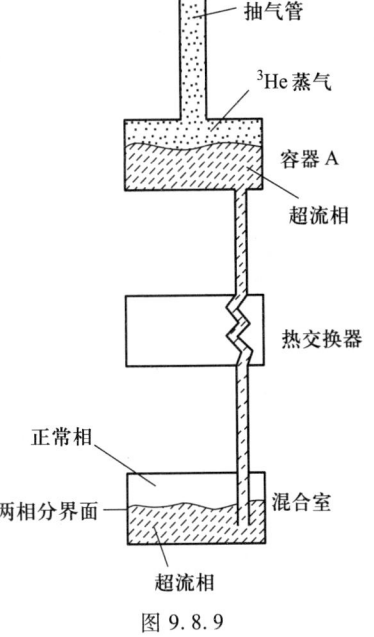

图 9.8.9

# *§9.9 伊辛模型的平均场理论 补充材料

前面几节应用系综理论讨论了实际气体、固体和液 He 的热力学特性,我们初步看到在用统计物理学处理相互作用粒子系统时遇到的困难,以及为此而提出的某些概念和方法.本节讨论相变问题.在相变中,粒子间的相互作用起着尤其重要的作用.

用统计物理学通过对配分函数求导数可以求得系统的热力学函数,从而确定系统的全部平衡性质.但是在相变点,某些热力学量会发生突变或者出现无穷尖峰.那么从单一的配分函数表达式能否同时描述各相和相的转变呢? 这是从 20 世纪 30 年代中叶开始发生争论的问题.回答这个疑难的一个方法是建立包含系统最本质特征的简化模型,严格地导出其在相变点的宏观特性.经过半个多世纪对统计模型的大量研究,形成了统计物理学的一个专门研究领域[1].本节只介绍其中一个最简单的模型——伊辛(Ising)模型.用伊辛模型可以近似描述单轴各向异性铁磁体的铁磁-顺磁相变,稍加改变还可以描述气-液相变、合金的有序-无序相变等情形[2].

考虑 $N$ 个磁性原子定域在晶体的格点上.假设原子的总角动量量子数为 $1/2$,原子磁矩的大小为 $\mu = e\hbar/2m$.海森伯(Heisenberg,1929 年)提出,铁磁性起源于电子的交换作用.交换作用是一个量子力学效应,是库仑排斥作用和泡利不相容原理的共同结果.粗浅地说,如果相邻原子的两电子自旋平行,泡利原理要求两电子保持较远的距离而降低其库仑作用能量.反之,自旋反平行的两电子距离可较近而具有较高的静电作用能量.这样,两个近邻原子的相互作用能与其电子的自旋状态有关.对于单轴各向异性铁磁体,其原子的自旋平行($\sigma = +1$)或反平行($\sigma = -1$)于一个晶轴,我们用 $z$ 轴表示这一晶轴的方向.在伊辛模型中,铁磁体原子的互作用能可表示为

$$-J \sum_{i,j}{}' \sigma_i \sigma_j \tag{9.9.1}$$

式中 $J$ 是互作用常量,$\sum_{i,j}{}'$ 表示对格点 $i$、$j$ 求和时只对近邻原子对求和,原因是交换作用只存在于近邻原子.相互作用能具有式(9.9.1)形式的自旋系统称为伊辛模型.

可以看出,如果 $J>0$,则当所有自旋具有相同取向时,系统具有最低的能量,相应于绝对零度下的状态.在足够低的温度下,也会有较多的自旋具有相同的取向.这就是无外磁场时铁磁体具有自发磁化的原因.我们看到,虽然交换作用是短程的,只存在于近邻自旋之间,但系统中可以出现长程有序.如果加上沿 $z$ 方向的外磁场 $B$,磁矩因其取向不同可具有 $-\mu B$ 或 $+\mu B$ 的势能,记为 $-\mu B \sigma$.系统的能量取决于 $N$ 个自旋的取向:$\{\sigma_1, \sigma_2, \cdots, \sigma_N\}$,简记为 $\{\sigma_i\}$,称为一个位形,有

$$E\{\sigma_i\} = -J \sum_{i,j}{}' \sigma_i \sigma_j - \mu B \sum_i \sigma_i \tag{9.9.2}$$

系统的配分函数为

$$Z = \sum_{\{\sigma_i\}} e^{-\beta E\{\sigma_i\}} = \sum_{\sigma_1 = \pm 1} \sum_{\sigma_2 = \pm 1} \cdots \sum_{\sigma_N = \pm 1} e^{\beta J \sum_{i,j}{}' \sigma_i \sigma_j + \beta \mu B \sum_i \sigma_i} \tag{9.9.3}$$

---

[1] 参阅于渌,郝柏林.相变和临界现象[M].北京:科学出版社,1984.

[2] 参阅北京大学物理系编写组.量子统计物理学[M].北京:北京大学出版社,1987:第六章.

式中各 $\sigma_i$ 独立求和.因此式(9.9.3)的 $\sum_{\{\sigma_i\}}$ 共有 $2^N$ 项,相应于 $2^N$ 个可能的位形.

伊辛模型虽然简单,但严格求解却极为困难.1925 年,伊辛本人求得了一维情形的严格解.1944 年,昂萨格求得了二维情形的严格解.昂萨格的工作是统计物理学最重要的成就之一,它第一次清楚地证明,从没有奇异性的哈密顿量出发,在热力学极限下,热力学函数在临界点附近呈现出奇异性.三维情形的严格解许多人作过尝试,但迄今尚未解决.本节只讲述一种最简单的近似解法,称为平均场近似.

为此,将式(9.9.2)写为

$$E = -\mu B \sum_i \sigma_i - \frac{1}{2} \sum_{i,j} J_{ij} \sigma_i \sigma_j \qquad (9.9.4)$$

式中当自旋 $i$ 和自旋 $j$ 为近邻时,$J_{ij}=J$,否则为零.并去掉式(9.9.2)中求和号右上角的撇,对指标 $i$、$j$ 独立求和而乘以因子 $\frac{1}{2}$.作用于自旋 $i$ 的力为

$$-\frac{\partial E}{\partial \sigma_i} = \mu B + \sum_j J_{ij} \sigma_j$$

上式右方第一项代表外磁场,第二项代表近邻自旋对自旋 $i$ 的作用.这就是说,作用于自旋 $i$ 的等效磁场 $B_i$ 为

$$B_i = B + \frac{1}{\mu} \sum_j J_{ij} \sigma_j$$

由于近邻自旋 $\sigma_j$ 的取向可能不断发生变化,$B_i$ 是涨落不定的,其平均值为

$$\overline{B_i} = B + \frac{1}{\mu} \sum_j J_{ij} \overline{\sigma_j} = B + \frac{1}{\mu} J z \overline{\sigma_i}$$

最后一步考虑到系统的平移不变性而令 $\overline{\sigma_j} = \overline{\sigma_i}$;$z$ 是近邻自旋数,取决于晶格的空间维数和结构.由于 $\overline{\sigma_i}$ 与 $i$ 无关,因而 $\overline{B}$ 也与 $i$ 无关,可将上式写为

$$\overline{B} = B + \frac{1}{\mu} J z \overline{\sigma} \qquad (9.9.5)$$

式(9.9.5)是在平均场近似中作用于各个自旋的等效磁场.它把近邻自旋对某个自旋的作用用平均场 $Jz\overline{\sigma}/\mu$ 代替而忽略其涨落.这样就把相互作用的自旋系统化为近独立的自旋系统.

在平均场近似下,式(9.9.3)的配分函数 $Z$ 简化为

$$Z = \sum_{\sigma_1} \sum_{\sigma_2} \cdots \sum_{\sigma_N} e^{\beta \mu \overline{B} \sum \sigma_i} = \prod_i \sum_{\sigma_i} e^{\beta \mu \overline{B} \sigma_i}$$

或

$$Z = (Z_1)^N \qquad (9.9.6)$$

其中

$$Z_1 = e^{\beta \mu \overline{B}} + e^{-\beta \mu \overline{B}} \qquad (9.9.7)$$

式(9.9.7)与式(7.8.1)形式完全相同,差别只是用 $\overline{B}$ 代替 $B$.根据式(9.5.2),系统的磁矩为

$$m = \frac{1}{\beta} \frac{\partial}{\partial B} \ln Z = \frac{N}{\beta} \frac{\partial}{\partial B} \ln Z_1 = N\mu \frac{e^{\beta \mu \overline{B}} - e^{-\beta \mu \overline{B}}}{e^{\beta \mu \overline{B}} + e^{-\beta \mu \overline{B}}} = N\mu \tanh \frac{\mu \overline{B}}{kT} = N\mu \overline{\sigma} \qquad (9.9.8)$$

其中

$$\overline{\sigma} = \tanh\frac{\mu\overline{B}}{kT} \qquad (9.9.9)$$

是温度为 $T$ 时 $\sigma$ 的平均值.

在无外磁场时,有

$$\overline{\sigma} = \tanh(\beta Jz\,\overline{\sigma}) \qquad (9.9.10)$$

式(9.9.10)是超越方程,可用图解法求解,如图 9.9.1 所示.以 $\overline{\sigma}$ 为横坐标,$y=\overline{\sigma}$ 给出图中的直线;$y=\tanh(\beta Jz\,\overline{\sigma})$ 给出图中的两条曲线,分别对应于 $\beta Jz>1$ 和 $\beta Jz<1$ 两种情形.可以看出,当 $\beta Jz<1$ 时,方程(9.9.10)只有 $m=N\mu\,\overline{\sigma}=0$ 的解,相应于自发磁化为零的顺磁状态.当 $\beta Jz>1$ 时,则有 $m=0$ 和 $m=\pm N\mu\overline{\sigma}_0$ 三个解.容易验明,$m=0$ 相应于自由能的极大,应予舍弃.非零解 $m=\pm N\mu\overline{\sigma}_0$ 则相应于具有自发磁化的铁磁状态.临界温度 $T_c$ 由 $\beta Jz=1$ 确定,为

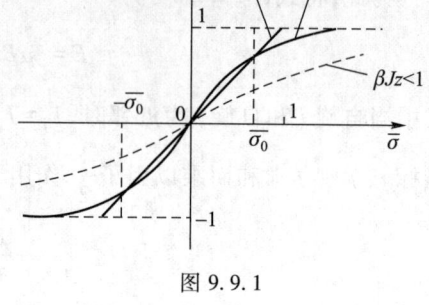

图 9.9.1

$$T_c = \frac{Jz}{k} \qquad (9.9.11)$$

对于一维晶格,平均场近似给出 $T_c=2J/k$,严格解给出 $T_c=0$,即在有限温度下不存在自发磁化.对于二维平方晶格,平均场近似给出 $T_c=4J/k$,严格解给出 $T_c=2.3J/k$.对于三维立方晶格,平均场近似给出 $T_c=6J/k$,数值计算给出 $T_c=4J/k$.我们知道,涨落倾向于破坏有序,不考虑涨落的平均场理论得到的 $T_c$ 高于真正的 $T_c$,而且空间维数越低,涨落的影响越显著,忽略涨落所引起的相对误差越大.

〔补充材料〕

在补充材料中,我们计算伊辛模型在平均场近似下的临界指数.将式(9.9.9)改写为

$$\overline{\sigma} = \tanh\left(\frac{\mu B}{kT} + \overline{\sigma}\tau\right) \qquad (9.9.12)$$

其中 $\tau = \dfrac{T_c}{T}$.利用公式

$$\tanh(x+y) = \frac{\tanh x + \tanh y}{1+\tanh x\,\tanh y}$$

将式(9.9.12)的双曲正切函数展开,整理可得

$$\tanh\frac{\mu B}{kT} = \frac{\overline{\sigma} - \tanh(\overline{\sigma}\tau)}{1-\overline{\sigma}\tanh(\overline{\sigma}\tau)} \qquad (9.9.13)$$

讨论临界行为时,$\dfrac{\mu B}{kT}$ 和 $\overline{\sigma}\tau$ 都是小量.利用 $x$ 为小量时

$$\tanh x \approx x - \frac{x^3}{3}$$

可将式(9.9.13)近似为

$$\frac{\mu B}{kT} = \frac{\overline{\sigma}(1-\tau) + \dfrac{(\overline{\sigma}\tau)^3}{3}}{1-\overline{\sigma}\left[\overline{\sigma}\tau - \dfrac{(\overline{\sigma}\tau)^3}{3}\right]}$$

$$\approx \left[\overline{\sigma}(1-\tau) + \frac{(\overline{\sigma}\tau)^3}{3}\right]\left\{1+\overline{\sigma}\left[\overline{\sigma}\tau - \frac{(\overline{\sigma}\tau)^3}{3}\right]\right\}$$

## *§9.9 伊辛模型的平均场理论 补充材料

$$\approx \overline{\sigma}\left[(1-\tau)+\overline{\sigma}^{2}\left(\tau-\tau^{2}+\frac{\tau^{3}}{3}\right)\right] \tag{9.9.14}$$

上式给出了有关变量在临界点邻域的关系,取各种极限值即可得到相应的临界指数.

令式(9.9.14)中的 $B=0$,可得

$$\overline{\sigma}\left[(1-\tau)+\overline{\sigma}^{2}\left(\tau-\tau^{2}+\frac{\tau^{3}}{3}\right)\right]=0 \tag{9.9.15}$$

当 $T\to T_c^+$,即 $\tau\to 1^-$ 时,上式只有解 $\overline{\sigma}=0$,说明在临界温度以上,系统处在自发磁化为零的顺磁状态;当 $T\to T_c^-$,即 $\tau\to 1^+$ 时,$1-\tau$ 为负,式(9.9.15)有解

$$\overline{\sigma}^{2}\approx-3(1-\tau)=3\left(\frac{T_c-T}{T}\right) \tag{9.9.16}$$

说明在临界温度以下,系统处在具有自发磁化的铁磁状态.临界指数 $\beta=\frac{1}{2}$.

在式(9.9.14)中令 $\tau=1$,得

$$\overline{\sigma}\approx B^{\frac{1}{3}} \tag{9.9.17}$$

临界指数 $\delta=3$.

将式(9.9.14)对 $B$ 求偏导数,得

$$\frac{\mu}{kT}=\frac{\partial\overline{\sigma}}{\partial B}(1-\tau)+3\overline{\sigma}^{2}\frac{\partial\overline{\sigma}}{\partial B}\left(\tau-\tau^{2}+\frac{\tau^{3}}{3}\right) \tag{9.9.18}$$

以 $\chi=N\mu\dfrac{\partial\overline{\sigma}}{\partial B}$ 表示磁化率,在 $T>T_c$ 的区域,以 $\overline{\sigma}=0$ 的解代入式(9.9.18),得磁化率为

$$\chi=\frac{N\mu^{2}}{k}\frac{1}{T-T_c} \tag{9.9.19}$$

在 $T<T_c$ 的区域,以解(9.9.16)代入式(9.9.18),得

$$\chi=\frac{1}{2}\frac{N\mu^{2}}{k}\frac{1}{T_c-T} \tag{9.9.20}$$

临界指数 $\gamma=\gamma'=1$.

为求伊辛模型的零场热容,先求它的内能.由式(9.9.6)知

$$U=-\frac{\partial}{\partial\beta}\ln Z=-N\frac{\partial}{\partial\beta}\ln Z_1$$

在外磁场 $B=0$ 的情形下,式(9.9.7)可表示为

$$Z_1=e^{\frac{T_c\overline{\sigma}}{T}}+e^{-\frac{T_c\overline{\sigma}}{T}} \tag{9.9.21}$$

因此

$$U=-N\frac{\partial}{\partial\beta}\ln(e^{\frac{T_c\overline{\sigma}}{T}}+e^{-\frac{T_c\overline{\sigma}}{T}})=NkT^{2}\frac{\partial}{\partial T}\ln(e^{\frac{T_c\overline{\sigma}}{T}}+e^{-\frac{T_c\overline{\sigma}}{T}})=-NkT_c\overline{\sigma}^{2} \tag{9.9.22}$$

由 $T>T_c$ 时 $\overline{\sigma}=0$ 可知,$U=0$,$C_B(B=0)=-\dfrac{\partial U}{\partial T}=0$;由 $T<T_c$ 时 $\overline{\sigma}^{2}=3\dfrac{T_c-T}{T}$ 可知

$$U=-NkT_c\cdot 3\frac{T_c-T}{T}=3Nk(T-T_c)$$

所以 $C_B(B=0)=3Nk$.两相的零场热容在临界点存在有限的突变,因此临界指数 $\alpha=\alpha'=0$.

综上所述,伊辛模在平均场近似下的临界指数为

$$\alpha=0,\quad \beta=\frac{1}{2},\quad \gamma=1,\quad \delta=3 \tag{9.9.23}$$

上式与朗道理论的结果式(3.9.14)完全相同.朗道理论与伊辛模型的平均场理论都忽略了系统中的涨落,二者是相当的.

## §9.10 巨正则系综

我们在§9.4中讨论了具有确定的粒子数 $N$、体积 $V$ 和温度 $T$ 的系统的分布函数——正则分布.在有些实际问题中,系统的粒子数 $N$ 不具有确定值.例如与热源和粒子源接触而达到平衡的系统,系统与源不仅可以交换能量,而且可以交换粒子,因此在系统的各个可能的微观状态中,其粒子数和能量可具有不同的数值.由于源很大,交换能量和粒子不会改变源的温度和化学势,达到平衡后,系统将与源具有相同的温度和化学势.本节讨论具有确定的体积 $V$、温度 $T$ 和化学势 $\mu$ 的系统的分布函数——巨正则分布.

系统和源合起来构成一个复合系统.该复合系统是孤立系统,具有确定的粒子数 $N^{(0)}$ 和能量 $E^{(0)}$.以 $E$ 和 $E_r$ 表示系统和源的能量,$N$ 和 $N_r$ 表示系统和源的粒子数.假设系统和源的互作用很弱,有

$$\begin{cases} E+E_r=E^{(0)} \\ N+N_r=N^{(0)} \end{cases} \tag{9.10.1}$$

既然源很大,必有 $E \ll E^{(0)}, N \ll N^{(0)}$.

当系统处在粒子数为 $N$,能量为 $E_s$ 的微观状态 $s$ 时,源可处在粒子数为 $N^{(0)}-N$,能量为 $E^{(0)}-E_s$ 的任何一个微观状态.以 $\Omega_r(N^{(0)}-N, E^{(0)}-E_s)$ 表示粒子数为 $N^{(0)}-N$,能量为 $E^{(0)}-E_s$ 的源的微观状态数,则当系统具有粒子数 $N$,处在微观状态 $s$ 时,复合系统的微观状态数为 $\Omega_r(N^{(0)}-N, E^{(0)}-E_s)$.复合系统是孤立系统,在平衡状态下它的每一个可能的微观状态数出现的概率是相等的.所以系统具有粒子数 $N$,处在微观状态 $s$ 的概率 $\rho_{N,s}$ 与 $\Omega_r(N^{(0)}-N, E^{(0)}-E_s)$ 成正比,即

$$\rho_{N,s} \propto \Omega_r(N^{(0)}-N, E^{(0)}-E_s) \tag{9.10.2}$$

将 $\Omega_r$ 取对数,按 $N_r$ 和 $E_r$ 展开,只取前两项,有

$$\begin{aligned}
&\ln \Omega_r(N^{(0)}-N, E^{(0)}-E_s) \\
&= \ln \Omega_r(N^{(0)}, E^{(0)}) + \left(\frac{\partial \ln \Omega_r}{\partial N_r}\right)_{N_r=N^{(0)}}(-N) + \left(\frac{\partial \ln \Omega_r}{\partial E_r}\right)_{E_r=E^{(0)}}(-E_s) \\
&= \ln \Omega_r(N^{(0)}, E^{(0)}) - \alpha N - \beta E_s
\end{aligned} \tag{9.10.3}$$

根据式(9.3.15)、式(9.3.17)和式(9.3.5)、式(9.3.9),有

$$\alpha = \left(\frac{\partial \ln \Omega_r}{\partial N_r}\right)_{N_r=N^{(0)}} = -\frac{\mu}{kT}$$

$$\beta = \left(\frac{\partial \ln \Omega_r}{\partial E_r}\right)_{E_r=E^{(0)}} = \frac{1}{kT}$$

其中 $T$ 和 $\mu$ 是源的温度和化学势.由于系统与源达到平衡,$T$ 和 $\mu$ 也就是系统的温度和化学势.式(9.10.3)的第一项仅与源有关,对系统而言是一个常量,所以

$$\rho_{N,s} \propto e^{-\alpha N - \beta E_s} \tag{9.10.4}$$

将分布函数归一化,有

$$\rho_{N,s} = \frac{1}{\Xi} e^{-\alpha N - \beta E_s} \tag{9.10.5}$$

其中 $\Xi$ 为巨配分函数,它的定义是

$$\Xi = \sum_{N=0}^{\infty} \sum_{s} e^{-\alpha N - \beta E_s} \tag{9.10.6}$$

式(9.10.5)给出了具有确定的体积 $V$、温度 $T$ 和化学势 $\mu$ 的系统处在粒子数为 $N$,能量为 $E_s$ 的微观状态 $s$ 上的概率.式(9.10.6)包括两重求和,在某一粒子数 $N$ 下,对系统所有可能的微观状态求和(注意计及微观粒子全同性原理的要求),而粒子数 $N$ 则可以取 0 到 $\infty$ 中的任何数值;再对所有可能的粒子数求和.式(9.10.5)是巨正则分布的量子表达式.

巨正则分布的经典表达式为

$$\rho_N dq dp = \frac{1}{N!} \frac{1}{h^{Nr}} \frac{e^{-\alpha N - \beta E(q,p)}}{\Xi} d\Omega \tag{9.10.7}$$

其中巨配分函数 $\Xi$ 为

$$\Xi = \sum_{N} \frac{e^{-\alpha N}}{N! \, h^{Nr}} \int e^{-\beta E(q,p)} d\Omega \tag{9.10.8}$$

## §9.11  巨正则系综理论的热力学公式

本节讨论巨正则系综理论中热力学量的统计表达式及粒子数的涨落.[①]

巨正则系综讨论的系统具有确定的 $\mu$、$T$、$V$ 值($\alpha$、$\beta$、$y$ 值),相当于一个与热源和粒子源接触而达到平衡的系统.由于系统和源可以交换粒子和能量,在系统各个可能的微观状态中,其粒子数和能量值是不确定的.系统的平均粒子数 $\overline{N}$ 是粒子数 $N$ 在给定 $V$、$T$、$\mu$ 条件下一切可能的微观状态上的平均值:

$$\overline{N} = \frac{1}{\Xi} \sum_{N} \sum_{s} N e^{-\alpha N - \beta E_s} = \frac{1}{\Xi} \left( -\frac{\partial}{\partial \alpha} \right) \sum_{N} \sum_{s} e^{-\alpha N - \beta E_s}$$

$$= \frac{1}{\Xi} \left( -\frac{\partial}{\partial \alpha} \right) \Xi = -\frac{\partial}{\partial \alpha} \ln \Xi \tag{9.11.1}$$

内能 $U$ 是能量 $E$ 的统计平均值:

$$U = \overline{E} = \frac{1}{\Xi} \sum_{N} \sum_{s} E_s e^{-\alpha N - \beta E_s} = \frac{1}{\Xi} \left( -\frac{\partial}{\partial \beta} \right) \sum_{N} \sum_{s} e^{-\alpha N - \beta E_s}$$

$$= \frac{1}{\Xi} \left( -\frac{\partial}{\partial \beta} \right) \Xi = -\frac{\partial}{\partial \beta} \ln \Xi \tag{9.11.2}$$

广义力 $Y$ 是 $\partial E / \partial y$ 的统计平均值:

$$Y = \frac{1}{\Xi} \sum_{N} \sum_{s} \frac{\partial E_s}{\partial y} e^{-\alpha N - \beta E_s} = \frac{1}{\Xi} \left( -\frac{1}{\beta} \frac{\partial}{\partial y} \right) \sum_{N} \sum_{s} e^{-\alpha N - \beta E_s}$$

$$= \frac{1}{\Xi} \left( -\frac{1}{\beta} \frac{\partial}{\partial y} \right) \Xi = -\frac{1}{\beta} \frac{\partial}{\partial y} \ln \Xi \tag{9.11.3}$$

上式的一个重要情形是压强 $p$:

---

[①] 巨正则分布的能量涨落可参阅 Pathria R K. Statistical Mechanics[M]. Second Edition.北京:世界图书出版公司,2003:§4.5.我们用涨落的准热力学理论导出这一结果,见式(10.1.18).

$$p = \frac{1}{\beta}\frac{\partial}{\partial V}\ln \Xi \tag{9.11.4}$$

考虑到

$$\beta\left(dU - Ydy + \frac{\alpha}{\beta}d\overline{N}\right) = -\beta d\left(\frac{\partial \ln \Xi}{\partial \beta}\right) + \frac{\partial \ln \Xi}{\partial y}dy - \alpha d\left(\frac{\partial}{\partial \alpha}\ln \Xi\right) \tag{9.11.5}$$

因为 $\ln \Xi$ 是 $\alpha$、$\beta$、$y$ 的函数，其全微分为

$$d\ln \Xi = \frac{\partial \ln \Xi}{\partial \beta}d\beta + \frac{\partial \ln \Xi}{\partial \alpha}d\alpha + \frac{\partial \ln \Xi}{\partial y}dy$$

所以式(9.11.5)可表示为

$$\beta\left(dU - Ydy + \frac{\alpha}{\beta}d\overline{N}\right) = d\left(\ln \Xi - \alpha\frac{\partial \ln \Xi}{\partial \alpha} - \beta\frac{\partial \ln \Xi}{\partial \beta}\right) \tag{9.11.6}$$

说明 $\beta$ 是 $\left(dU - Ydy + \frac{\alpha}{\beta}d\overline{N}\right)$ 的积分因子，与开系的热力学基本方程

$$\frac{1}{T}(dU - Ydy - \mu dN) = dS$$

比较,可得

$$\beta = \frac{1}{kT}, \quad \alpha = -\frac{\mu}{kT}$$

和

$$S = k\left(\ln \Xi - \alpha\frac{\partial \ln \Xi}{\partial \alpha} - \beta\frac{\partial \ln \Xi}{\partial \beta}\right) \tag{9.11.7}$$

因此，对于给定 $V$、$T$、$\mu$ 的系统，只要求得巨配分函数的对数 $\ln \Xi$，由上述有关公式就可求得热力学函数作为 $T$、$V$、$\mu$ 的函数. 式(9.11.1)给出了 $\alpha$ 与变量 $\overline{N}$、$T$、$V$ 的隐函数关系. 如果解出 $\alpha$ 作为 $\overline{N}$、$T$、$V$ 的函数，代入有关公式，可将热力学函数表达为 $\overline{N}$、$V$、$T$ 的函数.

式(9.11.1)中的 $\overline{N}$ 是系统的粒子数 $N$ 在其一切可能的微观状态上的平均值. 粒子数的涨落为

$$\overline{(N-\overline{N})^2} = \overline{N^2} - (\overline{N})^2 \tag{9.11.8}$$

但

$$\frac{\partial \overline{N}}{\partial \alpha} = \frac{\partial}{\partial \alpha}\frac{\sum_N \sum_s N e^{-\alpha N - \beta E_s}}{\sum_N \sum_s e^{-\alpha N - \beta E_s}}$$

$$= -\frac{\sum_N \sum_s N^2 e^{-\alpha N - \beta E_s}}{\sum_N \sum_s e^{-\alpha N - \beta E_s}} + \frac{\left(\sum_N \sum_s N e^{-\alpha N - \beta E_s}\right)^2}{\left(\sum_N \sum_s e^{-\alpha N - \beta E_s}\right)^2}$$

$$= -[\overline{N^2} - (\overline{N})^2]$$

所以

$$\overline{(N-\overline{N})^2} = -\left(\frac{\partial \overline{N}}{\partial \alpha}\right)_{\beta,y} = kT\left(\frac{\partial \overline{N}}{\partial \mu}\right)_{T,V} \tag{9.11.9}$$

粒子数的相对涨落为

$$\frac{\overline{(N-\overline{N})^2}}{(\overline{N})^2} = \frac{kT}{(\overline{N})^2}\left(\frac{\partial \overline{N}}{\partial \mu}\right)_{T,V} \tag{9.11.10}$$

现在将上式用实验上易于测量的量表达出来.为此,将式(3.2.2)改写为

$$d(\overline{N}\mu) = -(\overline{N}s)dT + (\overline{N}v)dp + \mu d\overline{N}$$

式中 $\mu$、$v$、$s$ 分别是一个粒子的化学势、体积和熵.整理可得

$$d\mu = vdp - sdT$$

由上式可得

$$\left(\frac{\partial \mu}{\partial v}\right)_T = v\left(\frac{\partial p}{\partial v}\right)_T$$

注意 $v = \dfrac{V}{\overline{N}}$,在 $V$ 保持不变而 $\overline{N}$ 发生变化的情形下,上式可表示为

$$-\frac{(\overline{N})^2}{V}\left(\frac{\partial \mu}{\partial \overline{N}}\right)_{T,V} = v\left(\frac{\partial p}{\partial v}\right)_T$$

代入式(9.11.10)得

$$\frac{\overline{(N-\overline{N})^2}}{(\overline{N})^2} = -\frac{kT}{V}\frac{1}{v}\left(\frac{\partial v}{\partial p}\right)_T = \frac{kT}{V}\kappa_T \tag{9.11.11}$$

$V$ 是广延量,与粒子数 $\overline{N}$ 成正比.当 $\kappa_T$ 为有限值时,上式与 $\overline{N}$ 成反比.在热力学极限下,相对涨落为零;对于宏观系统,$\overline{N} \approx 10^{23}$,相对涨落也是很小的.不过在一级相变的两相共存区和液气临界点,$\kappa_T$ 趋于无穷,粒子数的相对涨落将非常大.两相共存是一种动态平衡,由于两相的密度不同,两相比例发生涨落时,给定体积内所含粒子数可以有很大的涨落.在液气临界点邻域,涨落存在长程关联,形成大小、形状、结构不断变化的分子集团,涨落反常增大,在给定体积内粒子数的相对涨落是很大的[1].

在粒子数相对涨落很小的情形,巨正则分布与正则分布等价是显然的.然而,即使在粒子数相对涨落很大的情形,巨正则分布与正则分布仍将给出相同的热力学信息.这是因为,将整个系统或者将系统的一部分看作热力学系统,从中获得的热力学信息应该相同.用巨正则分布与用正则分布求热力学量相当于选取不同的特性函数,即选取自变量为 $\mu$、$V$、$T$ 的巨热力势 $J$ 或自变量为 $N$、$V$、$T$ 的自由能 $F$ 为特性函数.在实际使用上,对于粒子数相对涨落很大的情形,以使用巨正则分布为便[2].

---

[1] 我们将在 §10.2 和 §10.3 中以铁磁系统为例,介绍临界点邻域的涨落和关联.
[2] 详细分析请参阅 Huang K. Statistical Mechanics[M]. Second Edition. New York:John Wiley, 1987: §7.6-§7.8.

## §9.12　巨正则系综理论的简单应用　补充材料

本节讲述巨正则系综理论的几个简单应用.

### (一) 吸附现象

设吸附表面有 $N_0$ 个吸附中心,每个吸附中心可吸附一个气体分子.被吸附的气体分子能量为 $-\varepsilon_0$.求达到平衡时吸附率 $\theta = N/N_0$ 与气体温度和压强的关系.

将气体看作热源和粒子源.被吸附的分子看作可与气体(源)交换粒子和能量的系统,遵从巨正则分布.当有 $N$ 个分子被吸附时,系统的能量为 $-N\varepsilon_0$.考虑到 $N$ 个分子在 $N_0$ 个吸附中心上有 $N_0!/[N!(N-N_0)!]$ 种不同的排列,系统的巨配分函数为(注意 $\alpha = -\beta\mu$)

$$\Xi = \sum_{N=0}^{N_0} e^{\beta(\mu+\varepsilon_0)N} \frac{N_0!}{N!(N_0-N)!} = [1+e^{\beta(\mu+\varepsilon_0)}]^{N_0} \tag{9.12.1}$$

被吸附分子的平均数为

$$\overline{N} = -\frac{\partial}{\partial \alpha}\ln \Xi = kT\frac{\partial}{\partial \mu}\ln \Xi = \frac{N_0}{1+e^{-\beta(\varepsilon_0+\mu)}} \tag{9.12.2}$$

达到平衡时,系统(被吸附的分子)与气体的化学势和温度应相等,所以上式的 $\mu$ 和 $T$ 也就是气体的化学势和温度.由式(7.6.8)得

$$e^{\frac{\mu}{kT}} = \frac{p}{kT}\left(\frac{h^2}{2\pi mkT}\right)^{3/2}$$

所以

$$\theta = \frac{\overline{N}}{N_0} = \frac{1}{1+\frac{kT}{p}\left(\frac{2\pi mkT}{h^2}\right)^{3/2}e^{-\frac{\varepsilon_0}{kT}}} \tag{9.12.3}$$

### (二) 由巨正则系综理论导出近独立粒子的平均分布

在§6.7中导出玻色分布和费米分布时,曾指出所用的 $\omega_l \gg 1, a_l \gg 1$ 等条件实际上并不满足,是推导过程的一个严重缺陷.现在用巨正则系综理论导出近独立粒子的平均分布,这种方法避免了上述缺陷.

巨正则分布为

$$\rho_{N,s} = \frac{1}{\Xi}e^{-\alpha N-\beta E_s} \tag{9.12.4}$$

其中 $\Xi$ 是巨配分函数

$$\Xi = \sum_N \sum_s e^{-\alpha N-\beta E_s} \tag{9.12.5}$$

假设系统只含一种近独立粒子,粒子的能级为 $\varepsilon_l(l=1,2,\cdots)$.我们先讨论所有的能级都是非简并的情形.当粒子在各能级的分布为 $\{a_l\}$ 时,整个系统的粒子数和能量 $E$ 为

$$N = \sum_l a_l, \quad E = \sum_l \varepsilon_l a_l$$

## §9.12 巨正则系综理论的简单应用 补充材料

在巨正则分布中,对各个可能的微观状态上系统的总粒子数和总能量并未加任何限制.因此,各 $a_l$ 可以独立地取各种可能值.式(9.12.5)对所有可能的粒子数 $N$ 和量子态 $s$ 求和,相当于对一切可能的分布 $\{a_l\}$ 求和.所以

$$\Xi = \sum_N \sum_s e^{-\alpha N - \beta E_s} = \sum_{\{a_l\}} e^{-\sum_l (\alpha + \beta \varepsilon_l) a_l}$$

$$= \sum_{\{a_l\}} \prod_l e^{-(\alpha + \beta \varepsilon_l) a_l} = \prod_l \sum_{a_l} e^{-(\alpha + \beta \varepsilon_l) a_l}$$

因此可将 $\Xi$ 表示为下述形式:

$$\Xi = \prod_l \Xi_l \tag{9.12.6}$$

其中

$$\Xi_l = \sum_{a_l} e^{-(\alpha + \beta \varepsilon_l) a_l} \tag{9.12.7}$$

能级 $\varepsilon_l$ 上的平均粒子数 $\overline{a_l}$ 为

$$\overline{a_l} = \frac{1}{\Xi} \sum_N \sum_s a_l e^{-\alpha N - \beta E_s}$$

$$= \frac{1}{\Xi} \left[ \sum_{a_l} a_l e^{-(\alpha + \beta \varepsilon_l) a_l} \right] \prod_{m \neq l} \left[ \sum_{a_m} e^{-(\alpha + \beta \varepsilon_m) a_m} \right]$$

$$= \frac{1}{\Xi_l} \sum_{a_l} a_l e^{-(\alpha + \beta \varepsilon_l) a_l}$$

$$= \frac{1}{\Xi_l} \left( -\frac{\partial}{\partial \alpha} \right) \Xi_l = -\frac{\partial}{\partial \alpha} \ln \Xi_l \tag{9.12.8}$$

由上式可知,在求出 $\ln \Xi_l$ 后,再求其对 $\alpha$ 的偏导数,即可求得 $\overline{a_l}$.

对于玻色子,能级 $\varepsilon_l$ 上的粒子数没有限制.在式(9.12.7)的求和中,$a_l$ 可以取由 0 到 $\infty$ 的任何值,因此得

$$\Xi_l = \sum_{a_l=0}^{\infty} e^{-(\alpha + \beta \varepsilon_l) a_l} = \frac{1}{1 - e^{-\alpha - \beta \varepsilon_l}}$$

$$\ln \Xi_l = -\ln(1 - e^{-\alpha - \beta \varepsilon_l})$$

$$\overline{a_l} = -\frac{\partial}{\partial \alpha} \ln \Xi_l = \frac{1}{e^{\alpha + \beta \varepsilon_l} - 1} \tag{9.12.9}$$

对于费米子,由于泡利不相容原理的限制,能级 $\varepsilon_l$ 上可能的粒子数为 0 或 1.在式(9.12.7)的求和中,$a_l$ 只能取 0 或 1 两个可能值.因此得

$$\Xi_l = \sum_{a_l=0}^{1} e^{-(\alpha + \beta \varepsilon_l) a_l} = 1 + e^{-(\alpha + \beta \varepsilon_l)}$$

$$\ln \Xi_l = \ln(1 + e^{-\alpha - \beta \varepsilon_l})$$

$$\overline{a_l} = -\frac{\partial}{\partial \alpha} \ln \Xi_l = \frac{1}{e^{\alpha + \beta \varepsilon_l} + 1} \tag{9.12.10}$$

式(9.12.9)和式(9.12.10)适用于各能级 $\varepsilon_l$ 只有一个量子态,即所有的 $\omega_l = 1$ 的情形.如果能级 $\varepsilon_l$ 有 $\omega_l$ 个量子态,能级 $\varepsilon_l$ 上的平均粒子数应为上述两式的 $\omega_l$ 倍:

$$\overline{a_l} = \frac{\omega_l}{e^{\alpha+\beta\varepsilon_l} \pm 1}$$

我们将在本节补充材料中介绍上式的严格证明.

### (三) 玻色分布和费米分布的涨落

将处在能级 $\varepsilon_l$ 上的粒子看作一个开系,根据式(9.11.9)得

$$\overline{(a_l - \overline{a_l})^2} = -\frac{\partial \overline{a_l}}{\partial \alpha} \qquad (9.12.11)$$

将玻色(费米)分布代入即得

$$\overline{(a_l - \overline{a_l})^2} = \overline{a_l}\left(1 \pm \frac{\overline{a_l}}{\omega_l}\right) \qquad (9.12.12)$$

上式右方+号适用于玻色系统,-号适用于费米系统.

如前所述,在费米气体中, $\varepsilon < \mu$ 的能级 $\dfrac{\overline{a_l}}{\omega_l} \approx 1$, $\varepsilon > \mu$ 的能级 $\dfrac{\overline{a_l}}{\omega_l} \approx 0$. 因此式(9.12.12)给出的涨落很小,这是泡利不相容原理的结果. 在玻色气体中对 $\dfrac{\overline{a_l}}{\omega_l}$ 没有任何限制,因此玻色分布的涨落较大.

最后讨论在两个不同能级 $\varepsilon_l$ 和 $\varepsilon_m (l \ne m)$ 上,玻色分布和费米分布涨落的关联:

$$\overline{a_l \cdot a_m} = \frac{1}{\Xi} \sum_N \sum_s a_l a_m e^{-\alpha N - \beta E_s}$$

$$= \frac{1}{\Xi_l} \cdot \frac{1}{\Xi_m} \Big[ \sum_{a_l} a_l e^{-(\alpha+\beta\varepsilon_l)a_l} \Big] \cdot \Big[ \sum_{a_m} a_m e^{-(\alpha+\beta\varepsilon_m)a_m} \Big]$$

$$= \overline{a_l} \cdot \overline{a_m} \qquad (9.12.13)$$

所以

$$\overline{(a_l - \overline{a_l}) \cdot (a_m - \overline{a_m})} = 0 \qquad (9.12.14)$$

说明在不同能级上,玻色分布和费米分布的涨落是互不相关的.

〔补充材料〕

前面就粒子的所有能级 $\varepsilon_l$ 均非简并的特殊情形用巨正则系综理论导出了玻色分布和费米分布. 现在讨论普遍的情形. 先介绍两个数学公式.

设 $m$ 是整数. $(1+x)^m$ 可展开为多项式:

$$(1+x)^m = 1 + \frac{m}{1!}x + \frac{m(m-1)}{2!}x^2 + \cdots + x^m = \sum_{n=0}^{m} \frac{m!}{n!(m-n)!} x^n = \sum_{n=0}^{m} \binom{m}{n} x^n \qquad (9.12.15)$$

$(1-x)^{-m}$ 可展开为级数:

$$(1-x)^{-m} = 1 + \frac{(-m)}{1!}(-x) + \frac{(-m)(-m-1)}{2!}(-x)^2 + \cdots = \sum_{n=0}^{\infty} \binom{-m}{n} (-1)^n x^n$$

其中 $\binom{-m}{n}$ 的定义为

$$\binom{-m}{n} = \frac{(-m)(-m-1)\cdots(-m-n+1)}{m!}$$

$$= (-1)^n \frac{(m+n-1)\cdots(m+1)m}{m!} \frac{(m-1)!}{(m-1)!}$$

$$= (-1)^n \binom{m+n-1}{m}$$

所以

$$(1-x)^{-m} = \sum_{n=0}^{\infty} \binom{m+n-1}{n} x^n \tag{9.12.16}$$

现在讨论粒子能级为简并时近独立粒子的平均分布. 以 $\varepsilon_l (l=1,2,\cdots)$ 表示粒子的能级, $\omega_l$ 表示能级 $\varepsilon_l$ 的简并度. 在给定粒子在各能级的分布 $\{a_l\}$ 后, 系统的粒子数 $N$ 和能量 $E$ 为

$$N = \sum_l a_l, \quad E = \sum_l \varepsilon_l a_l$$

两系统可能的微观状态数已在 §6.7 中求出过. 玻色系统为 [式(6.7.2)]

$$\Omega = \prod_l \Omega_l = \prod_l \frac{(\omega_l + a_l - 1)!}{a_l!(\omega_l - 1)!}$$

费米系统为 [式(6.7.3)]

$$\Omega = \prod_l \Omega_l = \prod_l \frac{\omega_l!}{a_l!(\omega_l - a_l)!}$$

为求巨配分函数, 当将对系统所有可能的粒子数 $N$ 和状态 $s$ 求和变换为对各可能的分布 $\{a_l\}$ 求和时, 必须乘上一个分布所对应的系统的微观状态数 $\Omega$. 因此

$$\Xi = \sum_N \sum_s e^{-\alpha N - \beta E_s} = \sum_{\{a_l\}} \Omega e^{-\sum_l (\alpha + \beta \varepsilon_l) a_l}$$

$$= \sum_{\{a_l\}} \prod_l \Omega_l e^{-(\alpha + \beta \varepsilon_l) a_l}$$

$$= \prod_l \sum_{a_l} \Omega_l e^{-(\alpha + \beta \varepsilon_l) a_l}$$

$$= \prod_l \Xi_l \tag{9.12.17}$$

其中

$$\Xi_l = \sum_{a_l} \Omega_l e^{-(\alpha + \beta \varepsilon_l) a_l} \tag{9.12.18}$$

对于玻色粒子, 有

$$\Xi_l = \sum_{a_l=0}^{\infty} \binom{\omega_l + a_l - 1}{a_l} e^{-(\alpha + \beta \varepsilon_l) a_l} = [1 - e^{-(\alpha + \beta \varepsilon_l)}]^{-\omega_l}$$

$$\ln \Xi_l = -\omega_l \ln[1 - e^{-(\alpha + \beta \varepsilon_l)}] \tag{9.12.19}$$

$$\overline{a_l} = -\frac{\partial}{\partial \alpha} \ln \Xi_l = \frac{\omega_l}{e^{\alpha + \beta \varepsilon_l} - 1} \tag{9.12.20}$$

对于费米粒子, 有

$$\Xi_l = \sum_{a_l=0}^{\omega_l} \binom{\omega_l}{a_l} e^{-(\alpha + \beta \varepsilon_l) a_l} = [1 + e^{-(\alpha + \beta \varepsilon_l)}]^{\omega_l}$$

$$\ln \Xi_l = \omega_l \ln(1 + e^{-\alpha - \beta \varepsilon_l}) \tag{9.12.21}$$

$$\overline{a_l} = -\frac{\partial}{\partial \alpha} \ln \Xi_l = \frac{\omega_l}{e^{\alpha + \beta \varepsilon_l} + 1} \tag{9.12.22}$$

式(9.12.20)和式(9.12.22)给出的平均分布就是我们熟知的玻色分布和费米分布. 可以看到, 巨正则系理论对平均分布的推导不需要引入第六章中导出最概然分布时的 $a_l \gg 1, \omega_l \gg 1$ 等假设. 式(9.12.19)和式(9.12.21)就是第八章中讲述玻色(费米)统计时引入的巨配分函数式(8.1.3)和式(8.1.13). 我们当时提

到过,巨配分函数是从平均分布的观点引入的.

用巨正则系综理论推导玻耳兹曼分布留作习题(习题 9.20).

## 习 题

**9.1** 试证明,在微正则系综理论中,熵可表示为

$$S = -k \sum_s \rho_s \ln \rho_s$$

其中 $\rho_s = \dfrac{1}{\Omega}$ 是系统处在状态 $s$ 的概率,$\Omega$ 是系统可能的微观状态数.

**9.2** 试证明,在正则系综理论中,熵可表示为

$$S = -k \sum_s \rho_s \ln \rho_s$$

其中 $\rho_s = \dfrac{1}{Z} e^{-\beta E_s}$ 是系统处在能量为 $E_s$ 的状态 $s$ 的概率.

**9.3** 试用正则分布求单原子分子理想气体的物态方程、内能、熵和化学势.

**9.4** 试根据正则分布的涨落公式求单原子和双原子分子理想气体的能量相对涨落.

**9.5** 体积为 $V$ 的容器内盛有 A、B 两种组元的单原子分子混合理想气体,其物质的量分别为 $n_A$ 和 $n_B$,温度为 $T$.试用正则系综理论求混合理想气体的物态方程、内能和熵.

**9.6** 气体含 $N$ 个极端相对论粒子,粒子之间的相互作用可以忽略.假设经典极限条件得到满足.试用正则系综理论求气体的物态方程、内能、熵和化学势.

**9.7** 试根据正则分布导出实际气体分子的速度分布.

**9.8** 被吸附在液体表面的分子形成一种二维气体.考虑到分子间的相互作用,试由正则分布证明,与范德瓦耳斯方程相对应的二维气体物态方程可表示为

$$pA = NkT\left(1 + \frac{N}{N_A}\frac{B}{S}\right)$$

其中

$$B = -\frac{N_A}{2}\int \left(e^{-\frac{\phi}{kT}} - 1\right) \cdot 2\pi r dr$$

$A$ 为液面的面积,$\phi$ 为两分子的相互作用势.

**9.9** 仿照三维固体的德拜理论,计算长度为 $L$ 的线形原子链(一维晶体)在高温和低温下的内能和热容.

**9.10** 仿照三维固体的德拜理论,计算面积为 $L^2$ 的原子层(二维晶体)在高温和低温下的内能和热容.

**9.11** 试用德拜频谱求固体在高温和低温下配分函数的对数 $\ln Z$,从而求内能和熵.

**9.12** 固体中某种准粒子遵从玻色分布,具有色散关系 $\omega = Ak^2$.试证明,在低温范围,这种准粒子的激发所导致的热容与 $T^{3/2}$ 成比例.铁磁体中的自旋波具有这种性质.

**9.13** 试根据伊辛模型的平均场理论,导出弱场高温条件下顺磁固体的磁物态方程——居里-外斯定律.

**9.14** 试用平均场近似导出非理想气体的范德瓦耳斯方程.

**9.15** 试用巨正则分布导出单原子分子理想气体的物态方程、内能、熵和化学势.

**9.16** 试根据巨正则系综理论的涨落公式,求单原子分子和双原子分子理想气体的分子数相对涨落.

**9.17** 试证明,在巨正则系综理论中,熵可表示为

$$S = -k \sum_N \sum_s \rho_{N,s} \ln \rho_{N,s}$$

其中 $\rho_{N,s} = \dfrac{1}{\Xi} e^{-\alpha N - \beta E_s}$ 是系统具有 $N$ 个粒子,处在状态 $s$ 的概率.

9.18 体积 $V$ 中含有 $N$ 个粒子,试由巨正则分布证明,在一小体积 $v$ 中有 $n$ 个粒子的概率为

$$P_n = \frac{1}{n!}\mathrm{e}^{-\bar{n}}(\bar{n})^n$$

其中 $\bar{n}$ 为体积 $v$ 内的平均粒子数.上式称为泊松(Poisson)分布.

9.19 设单原子分子理想气体与固体吸附面接触达到平衡.被吸附的分子可以在吸附面上作二维运动,其能量为 $\frac{p^2}{2m}-\varepsilon_0$,束缚能 $\varepsilon_0$ 是大于零的常量.试用巨正则系综理论求吸附面上被吸附分子的面密度与气体温度和压强的关系.

9.20 试由巨正则系综理论导出玻耳兹曼分布.

9.21 试证明,玻耳兹曼分布的涨落为

$$\overline{(a_l-\overline{a_l})^2} = \overline{a_l}$$

9.22 光子气体的 $\alpha=0$,式(9.12.11)不再能用.试证明:

$$\overline{(a_l-\overline{a_l})^2} = -\frac{1}{\beta}\frac{\partial \overline{a_l}}{\partial \varepsilon_l}$$

从而证明光子气体的涨落仍为

$$\overline{(a_l-\overline{a_l})^2} = \overline{a_l}(1+\overline{a_l})$$

部分习题
参考答案

# 第十章 涨落理论

## §10.1 涨落的准热力学理论

统计物理学认为,宏观量是相应微观量在满足给定宏观条件的系统中的所有可能的微观状态上的平均值,即

$$\overline{B} = \sum_s B_s \rho_s$$

式中 $\rho_s$ 是系统处在微观状态 $s$ 的概率,$B_s$ 是微观量 $B$ 在微观状态 $s$ 上的取值。$B_s$ 与平均值的偏差为 $B_s - \overline{B}$。显然偏差的平均值为零:

$$\overline{B_s - \overline{B}} = \sum_s \rho_s (B_s - \overline{B}) = \sum_s \rho_s B_s - \sum_s \rho_s \overline{B} = 0$$

我们用偏差平方 $(B_s - \overline{B})^2$ 的平均值

$$\overline{(B_s - \overline{B})^2} = \sum_s \rho_s (B_s - \overline{B})^2 = \overline{B^2} - (\overline{B})^2$$

表达 $B$ 对 $\overline{B}$ 的涨落。如果已知系统处在各状态 $s$ 的概率 $\rho_s$,就可计算出宏观量的涨落。在第九章中用上述方法计算了正则系综的能量涨落和巨正则系综的粒子数涨落。

本节讲述涨落的准热力学理论,它直接给出在给定宏观条件下热力学量取各种涨落值的概率分布。根据这一概率分布可以方便地计算涨落和涨落的关联。这里要说明,粒子数、内能、体积等热力学量存在相应的微观量,涨落的意义是清楚的。对于温度和熵等热力学量的涨落,应作如下的理解。设 $S(\overline{E}, \overline{V})$ 表示熵与系统的平均能量 $\overline{E}$ 和平均体积 $\overline{V}$ 的关系,该函数关系就是热力学中熵与内能和体积的关系。熵的偏差是指,当能量和体积取涨落值 $E$、$V$ 时,熵的涨落值 $S(E, V)$ 与 $S(\overline{E}, \overline{V})$ 之差。

先讨论正则系综的涨落。考虑系统与热源接触达到平衡,二者合起来构成一个复合的孤立系统,具有确定的能量和体积。如果系统的能量和体积有变化 $\Delta E$ 和 $\Delta V$,源的能量和体积也必有变化 $\Delta E_r$ 和 $\Delta V_r$,使

$$\Delta E + \Delta E_r = 0, \quad \Delta V + \Delta V_r = 0 \tag{10.1.1}$$

式(9.3.10)的玻耳兹曼关系给出了孤立系统的熵与相应微观状态数的关系。以 $\overline{\Omega^{(0)}}$ 表示系统能量为 $\overline{E}$,体积为 $\overline{V}$ 时复合系统的微观状态数,复合系统相应的熵值 $\overline{S^{(0)}}$ 为

$$\overline{S^{(0)}} = k \ln \overline{\Omega^{(0)}} \tag{10.1.2}$$

当系统的能量和体积对其最概然值有偏离 $\Delta E$ 和 $\Delta V$ 时,对复合系统的熵 $S^{(0)}$ 和微观状态数 $\Omega^{(0)}$,有

$$S^{(0)} = k \ln \Omega^{(0)} \tag{10.1.3}$$

既然复合系统是孤立系统,在平衡状态下,它的每一个可能的微观状态出现的概率是相等的.所以系统能量为 $\overline{E}$,体积为 $\overline{V}$,以及能量和体积对其平均值有偏差 $\Delta E$ 和 $\Delta V$ 的概率分别与 $\overline{\Omega^{(0)}}$ 以及 $\Omega^{(0)}$ 成正比.根据 §9.3,$\overline{\Omega^{(0)}}$ 是非常陡的极大值,因此前者的出现是最概然的.由式(10.1.2)和式(10.1.3)知,后者出现的概率 $W$ 满足

$$W \propto e^{\Delta S^{(0)}/k} \tag{10.1.4}$$

其中 $\Delta S^{(0)} = S^{(0)} - \overline{S^{(0)}}$ 是系统的能量和体积对其平均值有偏差 $\Delta E$ 和 $\Delta V$ 时,复合系统的熵的偏差.由熵的广延性知

$$\Delta S^{(0)} = \Delta S + \Delta S_r \tag{10.1.5}$$

其中 $\Delta S$ 和 $\Delta S_r$ 分别是系统和源的熵的偏差.

根据热力学基本方程,$\Delta S_r$、$\Delta E_r$ 和 $\Delta V_r$ 间存在关系

$$\Delta S_r = \frac{\Delta E_r + p \Delta V_r}{T}$$

将式(10.1.1)代入上式,得

$$\Delta S_r = -\frac{\Delta E + p \Delta V}{T} \tag{10.1.6}$$

其中 $T$ 和 $p$ 是源的温度和压强,也就是系统的平均温度和压强.将式(10.1.5)代入式(10.1.4),并利用式(10.1.6),得

$$W \propto e^{-\frac{\Delta E - T\Delta S + p\Delta V}{kT}} \tag{10.1.7}$$

将 $E$ 看作 $S$ 和 $V$ 的函数,在其平均值附近作泰勒展开,准确到二级,有

$$E = \overline{E} + \left(\frac{\partial E}{\partial S}\right)_0 \Delta S + \left(\frac{\partial E}{\partial V}\right)_0 \Delta V$$
$$+ \frac{1}{2}\left[\left(\frac{\partial^2 E}{\partial S^2}\right)_0 (\Delta S)^2 + 2\left(\frac{\partial^2 E}{\partial S \partial V}\right)_0 \Delta S \Delta V + \left(\frac{\partial^2 E}{\partial V^2}\right)_0 (\Delta V)^2\right] \tag{10.1.8}$$

式中偏导数的下标 0 表示取其在 $S = \overline{S}, V = \overline{V}$ 时的值.因为

$$\left(\frac{\partial E}{\partial S}\right)_0 = T, \quad \left(\frac{\partial E}{\partial V}\right)_0 = -p$$

$T$ 和 $p$ 是系统温度和压强的平均值.式(10.1.8)可改写为

$$\Delta E - T\Delta S + p\Delta V$$
$$= \frac{1}{2}\Delta S\left[\frac{\partial}{\partial S}\left(\frac{\partial E}{\partial S}\right)_0 \Delta S + \frac{\partial}{\partial V}\left(\frac{\partial E}{\partial S}\right)_0 \Delta V\right] + \frac{1}{2}\Delta V\left[\frac{\partial}{\partial S}\left(\frac{\partial E}{\partial V}\right)_0 \Delta S + \frac{\partial}{\partial V}\left(\frac{\partial E}{\partial V}\right)_0 \Delta V\right]$$
$$= \frac{1}{2}(\Delta S \Delta T - \Delta V \Delta p) \tag{10.1.9}$$

将式(10.1.9)代入式(10.1.7)得

$$W \propto e^{-\frac{\Delta S \Delta T - \Delta p \Delta V}{2kT}} \tag{10.1.10}$$

根据式(10.1.10)可以计算热力学量的涨落和涨落的关联.注意在式(10.1.10)的四个偏差量中,只有两个是自变量.如果以 $\Delta T$ 和 $\Delta V$ 为自变量,有

代入式(10.1.10)得①

$$\Delta S = \left(\frac{\partial S}{\partial T}\right)_V \Delta T + \left(\frac{\partial S}{\partial V}\right)_T \Delta V = \frac{C_V}{T}\Delta T + \left(\frac{\partial p}{\partial T}\right)_V \Delta V$$

$$\Delta p = \left(\frac{\partial p}{\partial T}\right)_V \Delta T + \left(\frac{\partial p}{\partial V}\right)_T \Delta V$$

$$W \propto e^{-\frac{C_V}{2kT^2}(\Delta T)^2 + \frac{1}{2kT}\left(\frac{\partial p}{\partial V}\right)_T (\Delta V)^2} \tag{10.1.11}$$

式(10.1.11)给出了温度具有偏差 $\Delta T$,体积具有偏差 $\Delta V$ 的概率.这一概率可分解为依赖于 $(\Delta T)^2$ 和 $(\Delta V)^2$ 的两个独立的高斯分布的乘积,因此有

$$\overline{\Delta T \cdot \Delta V} = \overline{\Delta T} \cdot \overline{\Delta V} = 0, \quad \overline{(\Delta T)^2} = \frac{kT^2}{C_V}, \quad \overline{(\Delta V)^2} = -kT\left(\frac{\partial V}{\partial p}\right)_T \tag{10.1.12}$$

前面讲过,涨落 $\overline{(\Delta T)^2}$ 和 $\overline{(\Delta V)^2}$ 是恒正的,故由式(10.1.12)可得 $C_V > 0$ 和 $\left(\frac{\partial V}{\partial p}\right)_T < 0$,这正是系统的平衡稳定条件.值得注意的是,广延量的涨落与粒子数 $N$ 成正比,而强度量的涨落则与粒子数 $N$ 成反比,但二者的相对涨落都与粒子数 $N$ 成反比.因此对于宏观系统,在一般情形下,相对涨落都极其微小,可以忽略不计.但在某些特殊情形下,例如在临界点附近,涨落可能很大.关于临界点附近的涨落将在 §10.2 和 §10.3 中讨论.

对于磁介质,可以类似地证明,温度具有偏差 $\Delta T$,磁矩具有偏差 $\Delta m$ 的概率为(习题10.4)

$$W \propto e^{-\frac{C_m}{2kT^2}(\Delta T)^2 - \frac{\mu_0}{2kT}\left(\frac{\partial \mathcal{H}}{\partial m}\right)_T (\Delta m)^2} \tag{10.1.13}$$

据此可得

$$\overline{\Delta T \Delta m} = 0, \quad \overline{(\Delta T)^2} = \frac{kT^2}{C_m}, \quad \overline{(\Delta m)^2} = \frac{kT}{\mu_0}\left(\frac{\partial m}{\partial \mathcal{H}}\right)_T \tag{10.1.14}$$

现在讨论巨正则系综的涨落.考虑系统与热源、粒子源构成一个孤立的复合系统,可以证明(习题10.3)开系涨落的基本公式:

$$W \propto e^{-\frac{\Delta S \Delta T - \Delta p \Delta V + \Delta \mu \Delta N}{2kT}} \tag{10.1.15}$$

以 $T$、$V$、$N$ 为自变量,当 $V$ 不变时,有

$$\Delta S = \left(\frac{\partial S}{\partial T}\right)_{V,N} \Delta T + \left(\frac{\partial S}{\partial N}\right)_{V,T} \Delta N = \frac{C_V}{T}\Delta T - \left(\frac{\partial \mu}{\partial T}\right)_{V,N} \Delta N$$

$$\Delta \mu = \left(\frac{\partial \mu}{\partial T}\right)_{V,N} \Delta T + \left(\frac{\partial \mu}{\partial N}\right)_{V,T} \Delta N$$

代入式(10.1.15)得

$$W \propto e^{-\frac{C_V}{2kT^2}(\Delta T)^2 + \frac{1}{2kT}\left(\frac{\partial \mu}{\partial N}\right)_{V,T} (\Delta N)^2} \tag{10.1.16}$$

式(10.1.16)给出了温度具有偏差 $\Delta T$,粒子数具有偏差 $\Delta N$ 的概率.这一概率可分解为依赖

---

① 值得注意,将式(10.1.4)中的 $\Delta S^{(0)}$ 用式(3.1.13)的 $\frac{1}{2}\delta^2 S$ 代入,可直接得到式(10.1.11).

于$(\Delta T)^2$和$(\Delta N)^2$的两个独立的高斯分布的乘积,因此有

$$\overline{(\Delta T)^2}=\frac{kT^2}{C_V},\quad \overline{\Delta N\Delta T}=0,\quad \overline{(\Delta N)^2}=kT\left(\frac{\partial N}{\partial \mu}\right)_{V,T} \quad (10.1.17)$$

上式的$\overline{(\Delta N)^2}$与从巨正则分布得到的式(9.11.9)相符.

当温度具有偏差$\Delta T$,粒子数具有偏差$\Delta N$时,能量的偏差为

$$\Delta E=\left(\frac{\partial E}{\partial T}\right)_{V,N}\Delta T+\left(\frac{\partial E}{\partial N}\right)_{V,T}\Delta N$$

巨正则系综能量的涨落为

$$\overline{(\Delta E)^2}=\left(\frac{\partial E}{\partial T}\right)_{V,N}^2\overline{(\Delta T)^2}+2\left(\frac{\partial E}{\partial T}\right)_{V,N}\overline{\Delta N\Delta T}+\left(\frac{\partial E}{\partial N}\right)_{V,T}^2\overline{(\Delta N)^2}$$

$$=kT^2C_V+\left(\frac{\partial E}{\partial N}\right)_{V,T}^2\overline{(\Delta N)^2} \quad (10.1.18)$$

上式第一项是正则系综的能量涨落,它是由系统与源交换能量引起的.第二项是由系统与源交换粒子导致的粒子数涨落引起的.在粒子数涨落很大的情形下,第二项是很大的.

## *§10.2 临界点邻域序参量的涨落

前面说过,在连续相变临界点的邻域,序参量往往有强烈的涨落,忽略这一涨落是朗道连续相变理论与实验结果存在差异的根本原因.作为例子,本节根据金兹堡-朗道(Ginzburg-Landau)模型(以下简称金-朗模型)讨论铁磁体序参量(自旋磁矩密度)的涨落.

金-朗模型是一个唯象模型,它只讨论宏观物理量而未涉及系统的微观结构.考虑到存在涨落时自旋磁矩密度在空间的不均匀性,金-朗模型引入局域磁矩密度$\mathscr{M}(\boldsymbol{r})$作为局域的序参量.$\mathscr{M}(\boldsymbol{r})$等于在$\boldsymbol{r}$附近的一个体积元内各原子自旋磁矩之和除以体积元的体积.体积元的线度要足够大(远大于原子间距$d_0$),其中含有大量原子.一般来说,$\mathscr{M}(\boldsymbol{r})$将在系统体积中形成一个向量场.为简单起见,我们考虑形成标量场的情形.

金-朗模型将铁磁系统的等效哈密顿量(以$k_BT$为单位)[①]表示为

$$\frac{\mathscr{H}}{k_BT}=\int d\boldsymbol{r}[a_0+a_2\mathscr{M}^2(\boldsymbol{r})+a_4\mathscr{M}^4(\boldsymbol{r})+c(\nabla\mathscr{M})^2-\mu_0 h(\boldsymbol{r})\cdot\mathscr{M}(\boldsymbol{r})] \quad (10.2.1)$$

其中$a_0$、$a_2$、$a_4$和$c$是温度$T$的函数,$h(\boldsymbol{r})$等于外磁场强度$\mathscr{H}(\boldsymbol{r})$除以$k_BT$,即$h(\boldsymbol{r})=\dfrac{\mathscr{H}(\boldsymbol{r})}{k_BT}$.各项的物理意义可理解如下.$a_0+a_2\mathscr{M}^2+a_4\mathscr{M}^4$是以$k_BT$为单位(下同)的自旋磁矩的能量密度(将能量密度展开为幂级数并只取前几项),$-\mu_0 h\mathscr{M}$是外磁场中磁矩的势能密度.金-朗模型将近邻磁矩密度的相互作用能近似地用梯度项表达.参考式(9.9.1)所给出的近邻原子磁相互作用的表达式,近邻磁矩密度的相互作用能与下式成正比:

$$-\mathscr{M}_i\mathscr{M}_j=\frac{1}{2}(\mathscr{M}_i-\mathscr{M}_j)^2-\frac{1}{2}\mathscr{M}_i^2-\frac{1}{2}\mathscr{M}_j^2$$

式中右方第一项近似地与$(\nabla\mathscr{M})^2$成正比,后两项可以并入式(10.2.1)的第二项中.这样,

---

[①] 在§10.2至§10.4中,我们将玻耳兹曼常量记为$k_B$.

金-朗模型便近似计及了自旋磁矩密度在空间的不均匀性及其近邻相互作用.金-朗模型看似简单,但抓住了本质的特征,是一个重要的理论模型.

式(10.2.1)的哈密顿量的取值取决于局域序参量 $\mathscr{M}(r)$ 在系统中的分布,是局域序参量 $\mathscr{M}(r)$ 的泛函.根据正则系综理论,某一分布 $\mathscr{M}(r)$ 出现的概率为

$$\rho = \frac{1}{Z} e^{-\frac{\mathscr{H}[\mathscr{M}(r)]}{k_B T}} \qquad (10.2.2)$$

其中 $Z$ 是配分函数,等于 $e^{-\frac{\mathscr{H}[\mathscr{M}(r)]}{k_B T}}$ 对 $\mathscr{M}(r)$ 的泛函积分,记为

$$Z = \int e^{-\frac{\mathscr{H}[\mathscr{M}(r)]}{k_B T}} D(\mathscr{M}) \qquad (10.2.3)$$

如果与某一分布 $\mathscr{M}(r)$ 相应的 $\mathscr{H}[\mathscr{M}(r)]$ 取极小值,该分布出现的概率将最大,是最概然分布.从式(10.2.1)可以看出,在不存在外场的情形下,如果序参量是空间均匀的,即 $(\nabla \mathscr{M})^2 = 0$,且

$$\begin{cases} \dfrac{\partial}{\partial \mathscr{M}}(a_0 + a_2 \mathscr{M}^2 + a_4 \mathscr{M}^4) = 0 \\[2mm] \dfrac{\partial^2}{\partial \mathscr{M}^2}(a_0 + a_2 \mathscr{M}^2 + a_4 \mathscr{M}^4) > 0 \end{cases} \qquad (10.2.4)$$

$\mathscr{H}(\mathscr{M})$ 将取极小值,相应的序参量分布将是最概然的.显然式(10.2.4)与式(3.9.2)和式(3.9.3)等价($a_2 = \dfrac{1}{2k_B T} a, a_4 = \dfrac{1}{4k_B T} b$)①. §3.9 中讲述的朗道连续相变理论就是均匀分布的情形.下面我们将均匀分布的磁矩密度记为 $\overline{\mathscr{M}}$.

将局域序参量 $\mathscr{M}(r)$ 展为傅里叶级数

$$\mathscr{M}(r) = \frac{1}{L^{3/2}} \sum_k e^{i k \cdot r} \mathscr{M}_k \qquad (10.2.5)$$

其中波矢 $k$ 的三个分量的可能值同式(7.4.12),即

$$k_\alpha = \frac{2\pi}{L} n_\alpha, \quad \alpha = x, y, z, \quad n_\alpha = 0, \pm 1, \pm 2, \cdots$$

由于 $\mathscr{M}(r)$ 是在线度远大于原子间距 $d_0$ 的体积元内的平均磁矩密度,它不给出原子间距范围的信息,因此展开式(10.2.5)中不包含波数大于 $\Lambda \sim \dfrac{1}{d_0}$ 的傅里叶分量,或者说 $k > \Lambda$ 的 $\mathscr{M}_k = 0$.式(10.2.5)的逆变换为

$$\mathscr{M}_k = \frac{1}{L^{3/2}} \int d r \, \mathscr{M}(r) e^{-i k \cdot r} \qquad (10.2.6)$$

如果 $\mathscr{M}(r)$ 是实数,将式(10.2.5)取复共轭,得

$$\mathscr{M}(r) = \frac{1}{L^{3/2}} \sum_k e^{-i k \cdot r} \mathscr{M}_k^* = \frac{1}{L^{3/2}} \sum_k e^{i k \cdot r} \mathscr{M}_{-k}^*$$

将上式与式(10.2.5)比较,得

$$\mathscr{M}_k^* = \mathscr{M}_{-k} \qquad (10.2.7)$$

---

① 在序参量确定为均匀分布 $\overline{\mathscr{M}}$ 的情形下,$Z = e^{-\frac{\mathscr{H}(\overline{\mathscr{M}})}{kT}}$,因此 $F = -k_B T \ln Z = \mathscr{H}(\overline{\mathscr{M}})$.

在傅里叶分量 $\mathscr{M}_k$ 中，$k=0$ 的分量 $\mathscr{M}_0$ 与均匀分布的磁矩密度 $\overline{\mathscr{M}}$ 存在下述简单的关系：

$$\mathscr{M}_0 = \frac{1}{L^{3/2}} \int \mathscr{M}(\boldsymbol{r}) \mathrm{d}\boldsymbol{r} = L^{3/2} \overline{\mathscr{M}} \tag{10.2.8}$$

将式(10.2.5)代入式(10.2.1)，可以将哈密顿量用傅里叶分量 $\mathscr{M}_k$ 表示出来．在不存在外磁场的情形下为(习题10.5)

$$\frac{\mathscr{H}}{k_\mathrm{B} T} = a_0 L^3 + \sum_k \mathscr{M}_k \cdot \mathscr{M}_{-k}(a_2 + ck^2)$$
$$+ \frac{1}{L^3} \sum_{k,k_1,k_2} a_4 (\mathscr{M}_k \cdot \mathscr{M}_{k_1})(\mathscr{M}_{k_2} \cdot \mathscr{M}_{-k-k_1-k_2}) \tag{10.2.9}$$

其中对各 $k$ 的求和限于 $|k|<\Lambda$ 的范围．式中的常数项及 $k=0$ 的项给出均匀分布下的 $\frac{\mathscr{H}(\overline{\mathscr{M}})}{k_\mathrm{B} T}$．

根据式(10.2.3)，配分函数等于 $\mathrm{e}^{-\frac{\mathscr{H}[\mathscr{M}(\boldsymbol{r})]}{k_\mathrm{B} T}}$ 对 $\mathscr{M}(\boldsymbol{r})$ 的泛函积分．如果将 $\mathscr{M}(\boldsymbol{r})$ 用其傅里叶分量 $\mathscr{M}_k$ 表示出来，配分函数可以表达为 $\mathrm{e}^{-\frac{\mathscr{H}}{k_\mathrm{B} T}}$ 在各 $\mathscr{M}_k$ 复平面上积分的连乘积，即对各 $\mathscr{M}_k$ 的实部 $\mathrm{Re}\,\mathscr{M}_k$ 和虚部 $\mathrm{Im}\,\mathscr{M}_k$ 积分的连乘积：

$$Z = \prod_{|k|<\Lambda} \iint \mathrm{e}^{-\frac{\mathscr{H}}{k_\mathrm{B} T}} \mathrm{d}(\mathrm{Re}\,\mathscr{M}_k) \mathrm{d}(\mathrm{Im}\,\mathscr{M}_k) \tag{10.2.10}$$

连乘积遍及 $k$ 空间中半径为 $\Lambda$ 的球体．在 $\mathscr{M}(\boldsymbol{r})$ 为实数的情形下，存在 $\mathscr{M}_k^* = \mathscr{M}_{-k}$ 的关系，而有

$$\mathrm{Re}\,\mathscr{M}_{-k} = \mathrm{Re}\,\mathscr{M}_k, \quad \mathrm{Im}\,\mathscr{M}_{-k} = -\mathrm{Im}\,\mathscr{M}_k$$

实际上只需在 $|k|<\Lambda$ 的半个球体内积分．这就是说，式(10.2.10)可约化为

$$Z = \prod_{\substack{|k|<\Lambda \\ (k_z \geq 0)}} \iint \mathrm{e}^{-\frac{\mathscr{H}}{k_\mathrm{B} T}} \mathrm{d}(\mathrm{Re}\,\mathscr{M}_k) \mathrm{d}(\mathrm{Im}\,\mathscr{M}_k) \tag{10.2.11}$$

在实际计算时，也可以让连乘积遍及 $k$ 空间中半径为 $\Lambda$ 的球，而将结果取其平方根．

将式(10.2.9)代入式(10.2.11)时，由于式(10.2.9)右方第三项中所含四个 $\mathscr{M}_k$ 的项，无法求得配分函数的精确解．如果略去含四个 $\mathscr{M}_k$ 的项，积分便简化为高斯积分，可以精确求解．这一近似称为高斯近似．高斯近似相当于计及独立的各 $k$ 模式对配分函数的贡献，略去含四个 $\mathscr{M}_k$ 的项相当于忽略模式间的相互作用．高斯近似无疑是粗糙的，但它简单，也能初步显示一些重要特征．在本书中，我们限于讨论高斯近似的情形．

现在详细讨论 $T>T_\mathrm{c}$ 时顺磁相的涨落．在 $T>T_\mathrm{c}$ 的温度范围，$\mathscr{M}_0 = 0$．在高斯近似下，式(10.2.9)简化为

$$\frac{\mathscr{H}}{k_\mathrm{B} T} = \frac{\mathscr{H}(\overline{\mathscr{M}})}{k_\mathrm{B} T} + \sum_{|k|<\Lambda} |\mathscr{M}_k|^2 (a_2 + ck^2) \tag{10.2.12}$$

其中

$$\frac{\mathscr{H}(\overline{\mathscr{M}})}{k_\mathrm{B} T} = a_0 L^3$$

$\mathscr{M}_k$ 的系综平均值为

$$\overline{\mathscr{M}_k} = \frac{1}{Z} \prod_{\substack{|k'|<\Lambda \\ (k_z' \geq 0)}} \iint \mathrm{e}^{-\frac{\mathscr{H}}{k_\mathrm{B} T}} \mathscr{M}_k \mathrm{d}(\mathrm{Re}\,\mathscr{M}_{k'}) \mathrm{d}(\mathrm{Im}\,\mathscr{M}_{k'})$$

$$= \frac{\iint e^{-2(a_2+ck^2)[(\operatorname{Re}\mathcal{M}_k)^2+(\operatorname{Im}\mathcal{M}_k)^2]}[(\operatorname{Re}\mathcal{M}_k)+i(\operatorname{Im}\mathcal{M}_k)]d(\operatorname{Re}\mathcal{M}_k)d(\operatorname{Im}\mathcal{M}_k)}{\iint e^{-2(a_2+ck^2)[(\operatorname{Re}\mathcal{M}_k)^2+(\operatorname{Im}\mathcal{M}_k)^2]}d(\operatorname{Re}\mathcal{M}_k)d(\operatorname{Im}\mathcal{M}_k)}$$

$$= 0 \tag{10.2.13}$$

上式表明，$\operatorname{Re}\mathcal{M}_k$ 和 $\operatorname{Im}\mathcal{M}_k$ 的系综平均值等于零.

由于 $\overline{|\mathcal{M}_k|} = 0$，$|\mathcal{M}_k|$ 的涨落 $\overline{|\mathcal{M}_k|^2}$ 为

$$\overline{|\mathcal{M}_k|^2} = \frac{\iint e^{-2(a_2+ck^2)[(\operatorname{Re}\mathcal{M}_k)^2+(\operatorname{Im}\mathcal{M}_k)^2]}[(\operatorname{Re}\mathcal{M}_k)^2+(\operatorname{Im}\mathcal{M}_k)^2]d(\operatorname{Re}\mathcal{M}_k)d(\operatorname{Im}\mathcal{M}_k)}{\iint e^{-2(a_2+ck^2)[(\operatorname{Re}\mathcal{M}_k)^2+(\operatorname{Im}\mathcal{M}_k)^2]}d(\operatorname{Re}\mathcal{M}_k)d(\operatorname{Im}\mathcal{M}_k)}$$

$$= \frac{1}{2}(a_2+ck^2)^{-1} \tag{10.2.14}$$

考虑到式(3.9.5)及 $a_2$ 与 $a$ 的关系，可以将 $a_2$ 表示为 $a_2 = a_2'(T-T_c)$，其中 $a_2'$ 是常量，于是上式可改写为

$$\overline{|\mathcal{M}_k|^2} = \frac{1}{2}[a_2'(T-T_c)+ck^2]^{-1} \tag{10.2.14'}$$

上式表明，在临界点的邻域($T \to T_c$)，序参量的长波($k \to 0$)涨落是非常强烈的.

顺磁相的配分函数为

$$Z = \prod_{\substack{|k|<\Lambda \\ (k_z \geq 0)}} \iint e^{-a_0L^3-2(a_2+ck^2)[(\operatorname{Re}\mathcal{M}_k)^2+(\operatorname{Im}\mathcal{M}_k)^2]}d(\operatorname{Re}\mathcal{M}_k)d(\operatorname{Im}\mathcal{M}_k)$$

$$= e^{-a_0L^3}\prod_{\substack{|k|<\Lambda \\ (k_z \geq 0)}}\frac{\pi}{2(a_2+ck^2)} \tag{10.2.15}$$

自由能为

$$F = -k_B T \ln Z = k_B T a_0 L^3 - \frac{k_B T}{2}\sum_{|k|<\Lambda}\ln\frac{\pi}{2(a_2+ck^2)} \tag{10.2.16}$$

上式右方第二项的求和遍及 $k$ 空间中半径为 $\Lambda$ 的球体(去掉 $k_z \geq 0$ 的限制)，故前面乘以因子 $1/2$. 在 $T \to T_c$ 时，$k \to 0$ 的项是奇异的.

顺磁相的热容为

$$C = -T\frac{\partial^2 F}{\partial T^2}$$

将式(10.2.16)代入上式，可得

$$C = \frac{k_B(a_2'T)^2 L^3}{4\pi^2}\int_0^\Lambda \frac{k^2 dk}{(a_2+ck^2)^2} + \text{奇异性较低的项} \tag{10.2.17}$$

式中我们只写出了奇异性最高的项，奇异性较低的项略而未写. 计算中已将对 $k$ 的求和用积分代替. 在样品空间维数为 3 的情形下，有

$$\sum_{|k|<\Lambda} \to \frac{L^3}{8\pi^3}\int_0^\Lambda 4\pi k^2 dk \tag{10.2.18}$$

式(10.2.17)指出，模式 $k$ 对热容的贡献与 $(a_2+ck^2)^{-2}$ 成正比. 在导出式(10.2.14)时说过,

模式 $k$ 的涨落 $\overline{|\mathcal{M}_k|^2}$ 与 $(a_2+ck^2)^{-1}$ 成正比,涨落的长波部分在 $T\to T_c$ 时反常增大.正是这种反常涨落导致 $T\to T_c$ 时顺磁体热容的发散.

将式(10.2.17)中的积分变量作变换:

$$k = \frac{1}{\xi} k' \tag{10.2.19}$$

其中

$$\xi = \left[\frac{c}{a_2'(T-T_c)}\right]^{1/2} \tag{10.2.20}$$

热容 $C$ 可表示为

$$C = \frac{k_B \left(\frac{a_2' T}{c}\right)^2 L^3}{4\pi^2} \int_0^{\Lambda\xi} \frac{k'^2 \mathrm{d}k'}{(1+k'^2)^2} \xi + \text{奇异性较低的项}$$

$$= C_0 \xi + \text{奇异性较低的项} \tag{10.2.21}$$

其中 $C_0$ 是常量①.由于 $\xi$ 在 $T\to T_c$ 时发散,热容 $C$ 在 $T\to T_c$ 时是发散的.我们将在 §10.3 中进一步阐明 $\xi$ 的物理意义.

前面是就样品空间维数为 3 的情形进行讨论的.在样品空间维数为 $d$ 的情形下,$k$ 空间是 $d$ 维的.式(10.2.18)应改写为

$$\sum_{|k|<\Lambda} \to \frac{L^d}{(2\pi)^d} \int_0^\Lambda k^{d-1} \mathrm{d}k \int \mathrm{d}\Omega_d \tag{10.2.22}$$

其中 $\mathrm{d}\Omega_d$ 是 $d$ 维 $k$ 空间的立体角元.由此可得热容

$$C \sim \xi^{4-d} \tag{10.2.23}$$

或

$$C \sim (T-T_c)^{-\alpha}, \quad \alpha = 2 - \frac{d}{2} \tag{10.2.23'}$$

前面讨论了 $T>T_c$ 时顺磁相的情形.对于 $T<T_c$ 时的铁磁相,可以得到类似的结果(比例系数不同):②

$$C \sim \xi^{4-d} \tag{10.2.24}$$

或

$$C \sim (T_c-T)^{-\alpha'}, \quad \alpha' = 2 - \frac{d}{2} \tag{10.2.24'}$$

上述结果表明,在 $d<4$ 的情形下,热容在临界点是发散的.这是长波涨落在临界点邻域反常增大的结果.

## *§10.3 序参量涨落的空间关联

上节以铁磁体为例讨论了序参量的涨落.我们看到,在临界点的邻域,序参量的长波涨落反常增大,导致临界点邻域热容的发散.本节仍以铁磁体为例讨论序参量涨落的空间关

---

① 在式(10.2.21)积分上限趋于无穷时,积分收敛,仅给出一个常量因子.
② Ma S K. Modern Theory of Critical Phenomena[M]. New York: Addison-Wiley Publishing Company, 1976: §3.4.

联,并引入关联长度的概念.

为此,先引入关联函数的概念.以 $\mathscr{M}(r)$ 表示在 $r$ 点局域自旋磁矩密度的涨落值. $\overline{\mathscr{M}(r)}$ 表示 $\mathscr{M}(r)$ 的系综平均值,则 $\mathscr{M}(r)-\overline{\mathscr{M}(r)}$ 是局域磁矩密度对其系综平均值的偏离.显然,偏离的系综平均值为零:

$$\overline{\mathscr{M}(r)-\overline{\mathscr{M}(r)}}=0 \tag{10.3.1}$$

定义局域磁矩密度的关联函数为

$$C(r,r')=\overline{[\mathscr{M}(r)-\overline{\mathscr{M}(r)}]\cdot[\mathscr{M}(r')-\overline{\mathscr{M}(r')}]} \tag{10.3.2}$$

当 $r=r'$ 时,有

$$C(r,r)=\overline{[\mathscr{M}(r)-\overline{\mathscr{M}(r)}]^2} \tag{10.3.3}$$

$C(r,r)$ 代表在 $r$ 点磁矩密度的涨落.如果在不同的地点,涨落彼此独立,则

$$C(r,r')=\overline{[\mathscr{M}(r)-\overline{\mathscr{M}(r)}]}\cdot\overline{[\mathscr{M}(r')-\overline{\mathscr{M}(r')}]}=0 \tag{10.3.4}$$

反之, $C(r,r')\neq 0$ 意味着在 $r$ 和 $r'$ 两点的涨落存在关联.

对于结构均匀且各向同性的系统,关联函数只是 $r$ 和 $r'$ 两点距离的函数,即 $C(r,r')=C(|r-r'|)$,将 $\mathscr{M}(r)-\overline{\mathscr{M}}$ 展为傅里叶级数:

$$\mathscr{M}(r)-\overline{\mathscr{M}}=\frac{1}{L^{3/2}}\sum_{\substack{k\\(k\neq 0)}}\mathscr{M}_k e^{ik\cdot r} \tag{10.3.5}$$

注意上式即是式(10.2.5),只是将其中右方 $k=0$ 的项移到左方.式(10.3.5)的逆变换为

$$\mathscr{M}_k=\frac{1}{L^{3/2}}\int[\mathscr{M}(r)-\overline{\mathscr{M}}]e^{-ik\cdot r}dr \tag{10.3.6}$$

在 $\mathscr{M}(r)$ 为实数的情形下,有 $\mathscr{M}_{-k}=\mathscr{M}_k^*$,因此

$$|\mathscr{M}_k|^2=\frac{1}{L^3}\int drdr'[\mathscr{M}(r)-\overline{\mathscr{M}}][\mathscr{M}(r')-\overline{\mathscr{M}}]e^{-ik(r-r')} \tag{10.3.7}$$

将上式取系综平均,考虑到式(10.3.2),有

$$\overline{|\mathscr{M}_k|^2}=\frac{1}{L^3}\int drdr'C(|r-r'|)e^{-ik\cdot(r-r')}$$

$$=\frac{1}{L^3}\int dr\int dR C(R)e^{-ik\cdot R}$$

$$=L^{3/2}C(k) \tag{10.3.8}$$

其中 $R=r-r'$,$R=|R|$,$C(k)$ 是关联函数 $C(R)$ 的傅里叶分量,即

$$C(k)=\frac{1}{L^{3/2}}\int C(R)e^{-ik\cdot R}dR \tag{10.3.9}$$

有时也直接称 $C(k)$ 为关联函数.式(10.3.9)的逆变换为

$$C(R)=\frac{1}{L^{3/2}}\sum_k C(k)e^{ik\cdot R} \tag{10.3.10}$$

将式(10.3.8)代入上式,得

$$C(R)=\frac{1}{L^3}\sum_k \overline{|\mathscr{M}_k|^2}\,e^{ik\cdot R} \tag{10.3.11}$$

再将由式(10.2.14)得到的 $\overline{|\mathcal{M}_k|^2}$ 代入上式,可得顺磁相的关联函数为

$$C(R) = \frac{1}{L^3} \sum_k \frac{1}{2(a_2 + ck^2)} e^{i\boldsymbol{k}\cdot\boldsymbol{R}} \tag{10.3.12}$$

利用关系式

$$\frac{1}{L^3} \sum_k \sim \frac{1}{(2\pi)^3} \int d\boldsymbol{k}$$

可将式(10.3.12)的求和化为积分,即

$$C(R) = \frac{1}{(2\pi)^3} \int \frac{1}{2(a_2 + ck^2)} e^{i\boldsymbol{k}\cdot\boldsymbol{R}} d\boldsymbol{k} \tag{10.3.13}$$

积分得

$$C(R) = \frac{1}{4\pi c} \frac{e^{-\frac{R}{\xi}}}{R} \tag{10.3.14}$$

其中

$$\xi = \left(\frac{c}{a_2}\right)^{\frac{1}{2}} = \left[\frac{c}{a_2'(T-T_c)}\right]^{\frac{1}{2}} \tag{10.3.15}$$

上式正是式(10.2.20).式(10.3.14)描述了铁磁体中距离为 $R$ 的两点自旋磁矩密度涨落的关联.根据式(10.3.14),当 $r<\xi$ 时,两点涨落的关联是显著的;当 $r>\xi$ 时,关联函数迅速衰减为零.所以 $\xi$ 描述磁矩涨落存在关联的范围,是关联的特征长度,称为关联长度.当 $T\to T_c$ 时,关联长度趋于无穷,意味着磁矩涨落是长程相关的,这时关联函数

$$C(R) \sim \frac{1}{R} \tag{10.3.16}$$

前面是就 $T>T_c$ 时的顺磁相进行讨论的.对于 $T<T_c$ 时的铁磁相,可以得到类似的结果[①].

综上所述,我们在高斯近似下就空间维数为 3 的情形导出了式(10.3.14)至式(10.3.16).这些结果与实验结果在数值上存在差异[②].实验显示,在临界温度的邻域,关联长度 $\xi$ 与对比温度 $t=(T-T_c)/T_c$ 的关系可以表示为

$$\xi \sim |t|^{-\nu} \tag{10.3.17}$$

其中 $\nu$ 是一个临界指数,其数值在 0.6~0.7.另外,在接近临界温度,空间维数为 $d$ 的情形下,关联函数可以近似表示为

$$C(R) \sim \frac{1}{R^{d-2+\eta}} e^{-\frac{R}{\xi}} \tag{10.3.18}$$

$\eta$ 是又一个临界指数,其典型数值在 0.5~0.6.在 $T\to T_c$ 时,关联长度 $\xi$ 趋于无穷,有

$$C(R) \sim \frac{1}{R^{d-2+\eta}} \tag{10.3.19}$$

这样,我们引进了与涨落有关的两个临界指数 $\nu$、$\eta$,加上在 §3.8 中引进的临界指数 $\alpha$、$\beta$、$\gamma$、$\delta$,共引进了六个临界指数来描述物质在连续相变临界点邻域的行为.人们不免会问,这六个临界指数是独立的吗?我们将在下节讨论这个问题.

---

① 参阅前引 Ma S K 的书,§3.5.
② 金-朗模型需要计及模式间的相互作用.

## *§10.4 临界指数的标度关系 普适性

我们在§10.2和§10.3中以铁磁物质为例介绍了临界点邻域序参量的涨落和涨落的关联,得到了下述重要的结论:在接近临界温度 $T_c$ 时,序参量的涨落反常增大,其关联长度趋于无穷.这是临界现象最本质的特征.本节将在此基础上讨论 $\alpha,\beta,\gamma,\delta,\nu,\eta$ 六个临界指数的关系,称为标度关系或标度律.这些关系最初是根据实验和数值计算的结果作为近似的经验规律提出来的,后来建立了这些关系的唯象理论.唯象理论对标度关系有多种不同的推导,我们只介绍其中的一种.

标度关系唯象理论的基础是标度假设,标度假设的基本思想是,在临界点的邻域关联长度趋于无穷的情形下,系统一切具有有限大小的特征长度(例如晶格常量)的影响都被抹去.关联长度成为唯一的特征长度.热力学量的奇异性是关联长度发散的结果.

在进一步讨论之前,我们先确定各有关热力学量的长度量纲.我们注意到,以 $k_B T$ 为单位的自由能 $\dfrac{F}{k_B T}$ 是量纲一的量.对于 $d$ 维的系统,以 $k_B T$ 为单位的自由能密度 $f = \dfrac{F}{k_B T L^d}$ 的长度量纲指数为 $-d$,记为

$$[f] = L^{-d} \tag{10.4.1}$$

其中 L 是长度的量纲.根据式(10.3.18),关联函数 $C(R)$ 的长度量纲为

$$[C(R)] = L^{2-d-\eta} \tag{10.4.2}$$

由上式及式(10.3.2)可知,自旋磁矩密度 $\mathscr{M}$ 的长度量纲是

$$[\mathscr{M}] = L^{(2-d-\eta)/2} \tag{10.4.3}$$

在讨论磁化率 $\chi$ 的长度量纲之前,我们先证明一个等式:

$$\chi = \frac{\mu_0}{k_B T}\int C(R)\,d^d\boldsymbol{R} \tag{10.4.4}$$

证明如下:根据式(10.1.14),有

$$\overline{(\Delta m)^2} = \frac{k_B T}{\mu_0}\left(\frac{\partial m}{\partial \mathscr{H}}\right)_T \tag{10.4.5}$$

上式左方可以表示为

$$\overline{(\Delta m)^2} = \int \overline{[\mathscr{M}(\boldsymbol{r}) - \overline{\mathscr{M}}]\cdot[\mathscr{M}(\boldsymbol{r}') - \overline{\mathscr{M}}]}\,d^d\boldsymbol{r}d^d\boldsymbol{r}'$$

$$= \int C(|\boldsymbol{r}-\boldsymbol{r}'|)\,d^d\boldsymbol{r}d^d\boldsymbol{r}' = \int d^d\boldsymbol{r}\int C(R)\,d^d\boldsymbol{R}$$

$$= L^d \int C(R)\,d^d\boldsymbol{R}$$

式(10.4.5)的右方可以表示为

$$\frac{k_B T}{\mu_0}\left(\frac{\partial m}{\partial \mathscr{H}}\right)_T = \frac{k_B T}{\mu_0}L^d\left(\frac{\partial \overline{\mathscr{M}}}{\partial \mathscr{H}}\right)_T = \frac{k_B T}{\mu_0}L^d \chi$$

令两式相等,即得式(10.4.4).由此可知,$k_B T \chi$ 的长度量纲为

$$[k_B T \chi] = L^{2-\eta} \tag{10.4.6}$$

根据式(2.7.3)和 $F = U - TS$ 可得,铁磁物质自由能的全微分为

## *§10.4 临界指数的标度关系 普适性

$$dF = -SdT + \mu_0 \mathcal{H} d\boldsymbol{m}$$

因此

$$\mathcal{H} = \frac{1}{\mu_0} \frac{\partial F}{\partial \boldsymbol{m}} = \frac{1}{\mu_0 L^d} \frac{\partial F}{\partial \mathcal{M}}$$

据此可知,$\dfrac{\mathcal{H}}{k_B T}$ 的长度量纲为

$$\left[\frac{\mathcal{H}}{k_B T}\right] = \frac{\left[\dfrac{F}{k_B T L^d}\right]}{[\mathcal{M}]} = \frac{L^{-d}}{L^{(2-d-\eta)/2}} = L^{-(2+d-\eta)/2} \tag{10.4.7}$$

如前所述,在 $T \to T_c$ 时,$\xi$ 趋于无穷,成为唯一进入量纲分析的长度变量.因此,由式(10.4.1)可知,单位体积的自由能(自由能的奇异部分)应具有如下的形式:

$$f \sim \xi^{-d} \sim |t|^{\nu d} \tag{10.4.8}$$

上式第二步用到了式(10.3.17).这样就通过关联长度 $\xi$ 得到了自由能密度 $f$ 与对比温度 $t$ 的依赖关系.

类似地,根据式(10.4.3)、式(10.4.6)和式(10.4.7)可得

$$\mathcal{M} \sim \xi^{(2-d-\eta)/2} \sim t^{-\nu(2-d-\eta)/2} \tag{10.4.9}$$

$$k_B T \chi \sim \xi^{2-\eta} \sim |t|^{-\nu(2-\eta)} \tag{10.4.10}$$

$$\frac{\mathcal{H}}{k_B T} \sim \xi^{-(2+d-\eta)/2} \sim |t|^{\nu(2+d-\eta)/2} \tag{10.4.11}$$

热容 $C = -T \dfrac{\partial^2 F}{\partial T^2}$,将实验测得的 $C \sim |t|^{-\alpha}$ 与式(10.4.8)比较,可得

$$-\alpha = \nu d - 2 \tag{10.4.12}$$

将实验测得的 $\chi \propto |t|^{-\gamma}$ 与式(10.4.10)比较得

$$\gamma = \nu(2-\eta) \tag{10.4.13}$$

将实验测得的 $\mathcal{M} \sim t^\beta$ 与式(10.4.9)比较,得

$$\beta = -\nu(2-d-\eta)/2 \tag{10.4.14}$$

由实验测得的 $\mathcal{H} \sim \mathcal{M}^\delta$ 和 $\mathcal{M} \sim t^\beta$ 知,$\mathcal{H} \sim t^{\beta\delta}$,与式(10.4.11)比较,知

$$\beta\delta = \nu(2+d-\eta)/2 \tag{10.4.15}$$

将式(10.4.12)至式(10.4.15)加以整理,可以得到下述标度关系或标度律.

费希尔(Fisher)标度律:

$$\gamma = \nu(2-\eta) \tag{10.4.16}$$

拉什布鲁克(Rushbrooke)标度律:

$$\alpha + 2\beta + \gamma = 2 \tag{10.4.17}$$

维多姆(Widom)标度律:

$$\gamma = \beta(\delta - 1) \tag{10.4.18}$$

约瑟夫森(Josephson)标度律:

$$\nu d = 2 - \alpha \tag{10.4.19}$$

由于存在上述四个标度关系,六个临界指数中只有两个是独立的.表10.4.1列出了临界指数的实验值和一些理论模型的结果,其中实验值概括了多种物质系统的实验结果.可以看

出,实验值、平均场理论、二维伊辛模型严格解和三维伊辛模型级数解的结果都很好地满足标度关系.

表 10.4.1

| 临界指数 | 实验值 | 平均场理论值 | 二维伊辛模型(严格解) | 三维伊辛模型(级数解) |
|---|---|---|---|---|
| $\alpha$ | 0~0.2 | 0 | 0 | 0.12 |
| $\beta$ | 0.3~0.4 | 1/2 | 1/8 | 0.31 |
| $\gamma$ | 1.2~1.4 | 1 | 1.75 | 1.25 |
| $\delta$ | 4~5 | 3 | 15 | 5 |
| $\nu$ | 0.6~0.7 | 1/2 | 1 | 0.64 |
| $\eta$ | 0~0.1 | 0 | 0.25 | 0.05 |

实验结果显示,物理上很不相同的一些物质系统,其临界指数十分相近.这表明,对于临界行为,某种共性起主导作用.20世纪60年代后期,在总结实验事实的基础上,人们提出了普适性假设:决定物质系统临界行为的是系统的空间维数 $d$ 和序参量维数 $n$.空间维数 $d$ 和序参量维数 $n$ 相同的系统,属于同一普适类,具有相同的临界指数.

下面我们对序参量维数的含义略加说明.对于铁磁体,序参量是磁化强度(单位体积内原子自旋磁矩总和的统计平均值).因此序参量维数就是原子磁矩矢量分量的数目.例如,对于单轴各向异性铁磁体,原子自旋磁矩只能沿一个方向(平行或反平行于这个方向),因此单轴铁磁体的序参量是一个标量,序参量维数 $n=1$.对于平面各向异性铁磁体,自旋磁矩可取平面内的任意方向,故 $n=2$.对于自旋磁矩可取三维空间任意方向的情形,$n=3$.与这三种情形相应的理论模型分别是伊辛模型、XY模型和海森伯模型.

如前所述,对于液气流体系统,在临界点以上分不出液相和气相,就是说液⇌气是对称的,临界点以下可以分出液相和气相,破坏了这种对称性.因此可以将液-气的密度差 $\rho_l - \rho_g$ 看作序参量.$\rho_l - \rho_g$ 也是一个标量,序参量维数也是 1.因此,空间维数为 3 的单轴铁磁体和液气流体系统属于同一普适类,具有相同的临界指数.值得注意,液气流体系统与铁磁系统的对应不是指气相对应于顺磁相,液相对应于铁磁相.与顺磁相对应的是液气不分的状态,与磁化强度向上和向下对应的铁磁状态相对应的才是液相和气相.

超导和超流两种现象是宏观的量子效应.序参量是宏观波函数 $\psi = \psi_0 e^{i\varphi}$.$\psi$ 是复数,模为 $\psi_0$,辐角为 $\varphi$.正常态 $\psi_0 = 0$.在序参量的复平面上,各个方向等价,即绕原点转动是对称的.转变为超导(超流)状态后,$\psi_0$ 不再为零,特定的相位 $\varphi$ 破坏了原来满足的转动对称性.复数 $\psi$ 可以用模 $\psi_0$ 和辐角 $\varphi$ 两个实数表示,也可以用 $\psi$ 的实部和虚部表示,因此,超导(超流)的序参量维数是 2.对于不同的情形,序参量的含义和结构是可以很不相同的.

我们在§3.7至§3.9,§10.2至§10.4中对连续相变和临界现象作了初步的介绍.这些介绍只涉及唯象理论.20世纪70年代建立的重正化群理论提供了从微观上计算临界指数的方法.有兴趣的读者可参阅其他书籍[1].

---

[1] Ma S K. Modern Theory of Critical Phenomena[M]. New York:Addison-Wiley Publishing Company,1976.简明的讲述参阅北京大学物理系编写组.量子统计物理学[M].北京:北京大学出版社,1987:第七章.

## §10.5 布朗运动理论

在显微镜下观察悬浮在液体中的微小颗粒(例如花粉),可看到颗粒不停地进行着无规则运动.这是植物学家布朗(Brown)在 1827 年首先发现的,称为布朗运动.起初,人们不了解布朗运动的原因.在 50 年之后的 1877 年,德耳索(Delsaulx)才正确地指出,布朗运动是因颗粒受到介质分子碰撞不平衡引起的.直到 20 世纪初,爱因斯坦(1905 年)、斯莫卢霍夫斯基(Smoluchowski,1906 年)和朗之万(Langevin,1908 年)等发表了他们的理论,皮兰(Perrin,1908 年)完成了实验工作,布朗运动才得到清楚的解释.

布朗颗粒是非常微小的宏观颗粒,其直径的典型大小为 $10^{-7} \sim 10^{-6}$ m.颗粒不断受到液体介质分子的碰撞.在任一瞬间,一个颗粒受到介质分子从各方向的碰撞作用力一般说来是互不平衡的,颗粒将顺着净作用力的方向运动.由于分子运动的无规性,施加在颗粒上的净作用力涨落不定,力的方向和大小都不断发生变化,颗粒就不停地进行着无规则的运动.

我们先讲述布朗运动的朗之万理论.为简单起见,只考虑颗粒的运动在一个水平方向的投影.

设颗粒的质量为 $m$,在时刻 $t$ 颗粒的坐标为 $x(t)$,介质分子施于颗粒的净作用力为 $f(t)$.用 $\mathscr{A}(t)$ 表示此外可能存在的其他外力,例如电磁力,又如颗粒在竖直方向运动时存在的重力.根据牛顿第二定律,颗粒的运动方程为

$$m\frac{\mathrm{d}^2 x}{\mathrm{d}t^2} = f(t) + \mathscr{A}(t) \tag{10.5.1}$$

注意 $f(t)$ 随 $t$ 的变化是涨落不定的.对不同的颗粒,$f(t)$ 可以是完全不同的函数.对这类问题只能作统计的处理,即讨论大量布朗颗粒运动的平均情况,或者讨论对一个布朗颗粒多次测量的平均结果.

我们把 $f(t)$ 分为两部分.一部分为黏性阻力 $-\alpha v$.黏性阻力仍来自介质分子对颗粒的碰撞.当颗粒以速度 $v$ 运动时,颗粒在其前进的方向上将与更多的介质分子相碰,因此平均而言,将受到方向与其速度方向相反的黏性阻力.当 $v$ 不大时,阻力的大小与颗粒的速度成正比.如果将颗粒看作半径为 $a$ 的小球,在黏度为 $\eta$ 的流体中运动,则有

$$\alpha = 6\pi a\eta \tag{10.5.2}$$

上式称为斯托克斯(Stokes)公式.$f(t)$ 的另一部分是涨落力 $F(t)$,相当于分子对静止的布朗颗粒的碰撞净作用力.显然,涨落力 $F(t)$ 可正可负,且正负具有相同的概率,因此其平均值 $\overline{F(t)} = 0$.在作出这些区分后,可将颗粒的运动方程表示为

$$m\frac{\mathrm{d}^2 x}{\mathrm{d}t^2} = -\alpha\frac{\mathrm{d}x}{\mathrm{d}t} + F(t) + \mathscr{A}(t) \tag{10.5.3}$$

式(10.5.3)称为朗之万方程.

当不存在其他外力时,朗之万方程为

$$m\frac{\mathrm{d}^2 x}{\mathrm{d}t^2} = -\alpha\frac{\mathrm{d}x}{\mathrm{d}t} + F(t) \tag{10.5.4}$$

以 $x$ 乘全式,考虑到

$$x\ddot{x} = \frac{d}{dt}(x\dot{x}) - \dot{x}^2 = \frac{1}{2}\frac{d^2}{dt^2}x^2 - \dot{x}^2$$

可得

$$\frac{1}{2}\frac{d^2}{dt^2}(mx^2) - m\dot{x}^2 = -\frac{\alpha}{2}\frac{d}{dt}x^2 + xF(t) \tag{10.5.5}$$

将上式对大量颗粒求平均,即把大量颗粒的运动方程相加然后用颗粒数去除.上加横线表示求得的平均值,注意求平均与对时间求导数的次序可以交换,即

$$\overline{\frac{d}{dt}x^2} = \frac{d}{dt}\overline{x^2}, \quad \overline{\frac{d}{dt}mx^2} = \frac{d}{dt}\overline{mx^2}$$

涨落力 $F(t)$ 与颗粒的位置无关,因此 $xF(t)$ 的平均值等于 $x$ 的平均值与 $F(t)$ 的平均值的乘积.但 $F(t)$ 的平均值为零,故

$$\overline{xF(t)} = \overline{x} \cdot \overline{F(t)} = 0$$

在颗粒与介质达到热平衡的情形下,根据能量均分定理,颗粒在 $x$ 方向的平均动能为

$$\frac{1}{2}m\overline{\dot{x}^2} = \frac{1}{2}kT$$

利用以上各结果,便可得到

$$\frac{d^2}{dt^2}\overline{x^2} + \frac{\alpha}{m}\frac{d}{dt}\overline{x^2} - \frac{2kT}{m} = 0 \tag{10.5.6}$$

式(10.5.6)是 $\overline{x^2}$ 的二阶常系数线性非齐次微分方程,其通解为

$$\overline{x^2} = \frac{2kT}{\alpha}t + C_1 e^{-\frac{\alpha}{m}t} + C_2 \tag{10.5.7}$$

其中 $C_1$ 和 $C_2$ 是积分常量. $\frac{\alpha}{m}$ 的数值可估计如下.设布朗颗粒是半径为 $a$ 的小球,则 $m = \frac{4\pi}{3}\rho a^3$,故 $\frac{\alpha}{m} = \frac{9\eta}{2a^2\rho}$.在皮兰的实验中,布朗颗粒(胶体物质)的密度 $\rho$ 为 $1.19 \times 10^3$ kg·m$^{-3}$,$a$ 的平均值为 $3.67 \times 10^{-7}$ m,液体介质(水)的黏度 $\eta$ 为 $1.14 \times 10^{-3}$ Pa·s.由此算得 $\alpha/m = 3.2 \times 10^7$ s$^{-1}$.因此在很短的时间后(例如 $t > 10^{-6}$ s),式(10.5.7)的第二项便可忽略.如果假设所有的粒子在 $t = 0$ 时都处在 $x = 0$ 处,即 $x$ 描述颗粒的位移,便得 $C_2 = 0$.因此得

$$\overline{x^2} = \frac{2kT}{\alpha}t \tag{10.5.8}$$

式(10.5.8)给出了在经过时间 $t$ 后颗粒位移平方的平均值.

式(10.5.8)为皮兰的实验结果所证实.实验在显微镜下观察一个颗粒,记下这个颗粒在时间间隔 $t$(例如 30 s)内在 $x$ 方向的位移.例如在时间间隔 0 至 $t$,$t$ 至 $2t$,$2t$ 至 $3t$……颗粒在 $x$ 方向的位移分别为 $x_1, x_2, x_3, \cdots$ 由多次观测的数据便可求得位移平方的平均值 $\overline{x^2}$.结果证实,$\overline{x^2}$ 与时间间隔 $t$ 成正比,与黏度 $\eta$ 成反比,与温度 $T$ 有关.

应当强调,$\overline{x^2}$ 与 $t$ 成正比是随机过程的典型结果.在时间间隔 $t$ 内,颗粒实际上进行了无规则的往复运动,$x$ 是颗粒的净位移.如果颗粒的运动是单纯的机械运动,例如颗粒以某种平均速率 $(kT/m)^{1/2}$ 作机械运动,则经时间 $t$ 后,颗粒位移平方的平均值为

$$\overline{x^2} = \frac{kT}{m} t^2$$

这时 $\overline{x^2}$ 与 $t^2$ 成正比.

当存在大量布朗颗粒且其密度分布不均匀时,可观察到布朗颗粒的扩散.扩散实际上是颗粒作布朗运动而产生位移.现在再从扩散的观点研究颗粒的布朗运动.

为简单起见,仍然讨论一维问题.以 $n(x,t)$ 表示布朗颗粒的密度,以 $J(x,t)$ 表示布朗颗粒的流量(单位时间内通过单位截面的颗粒数).菲克定律给出

$$J = -D \nabla n \tag{10.5.9}$$

其中 $D$ 是扩散系数.连续方程是

$$\frac{\partial n}{\partial t} + \nabla \cdot \boldsymbol{J} = 0 \tag{10.5.10}$$

两式联立,得

$$\frac{\partial n}{\partial t} = D \nabla^2 n \tag{10.5.11}$$

式(10.5.11)就是扩散方程.设 $t=0$ 时,颗粒均位于 $x=0$ 处,即

$$n(x,0) = N\delta(x) \tag{10.5.12}$$

扩散方程(10.5.11)在初始条件(10.5.12)下的解为

$$n(x,t) = \frac{N}{2\sqrt{\pi D t}} e^{-\frac{x^2}{4Dt}} \tag{10.5.13}$$

上式表明,颗粒的密度分布是与 $t$ 有关的高斯(Gauss)分布.随着 $t$ 的增加,颗粒逐渐向两边扩散.由式(10.5.13)可求得颗粒位移平方的平均值为

$$\overline{x^2} = \frac{1}{N} \int_{-\infty}^{+\infty} x^2 n(x,t) \mathrm{d}x = 2Dt \tag{10.5.14}$$

上式与朗之万理论的结果式(10.5.8)一致.两式比较可得

$$D = \frac{kT}{\alpha} \tag{10.5.15}$$

上式称为爱因斯坦关系.它给出了温度为 $T$ 时颗粒在介质中的黏性阻力系数 $\alpha$ 与扩散系数 $D$ 的关系.

爱因斯坦、斯莫卢霍夫斯基和朗之万等发展的布朗运动理论,不仅正确地说明了布朗运动的本质,而且预言了布朗运动的一系列特性.这些预言得到皮兰实验的完全证实.布朗运动是当时能够以最直接的方式把分子运动显示出来的物理过程.这些研究对物质原子论的确立曾经起过重要的历史作用.布朗运动是随机过程一个最简单的例子.布朗运动的研究为随机过程的研究开辟了道路.

布朗运动理论有广泛的应用,我们将在§10.7中介绍其中几个例子.

## §10.6 布朗颗粒动量的扩散和时间关联

上节根据朗之万方程(10.5.4)研究了布朗运动.由于方程含有随机的涨落力,朗之万方程是一个随机微分方程,它的解是一个随机函数.对于不同的颗粒,$x(t)$ 可以是完全不同的函数.

朗之万理论研究位移平方的平均值 $\overline{x^2}$，由涨落力的性质知 $\overline{x \cdot F(t)} = 0$，从而在方程中消去涨落力，将问题归结为求解方程(10.5.6)．本节讨论布朗颗粒动量的扩散和关联，从中介绍时间关联函数的概念．

将方程(10.5.4)写成

$$\frac{\mathrm{d}p}{\mathrm{d}t} = -\gamma p + F(t) \tag{10.6.1}$$

式中 $\gamma = \alpha/m$．以 $F_i(t)$ 和 $F_i(t+\tau)$ 分别表示在时刻 $t$ 和 $t+\tau$ 作用于第 $i$ 个布朗颗粒的涨落力．我们用 $\overline{F(t)F(t+\tau)}$ 表示乘积 $F_i(t)F_i(t+\tau)$ 的系综平均值，即 $F_i(t)F_i(t+\tau)$ 对大量布朗颗粒的平均，称为涨落力 $F(t)$ 的时间关联函数：

$$\overline{F(t)F(t+\tau)} = \frac{1}{N}\sum_{i=1}^{N} F_i(t)F_i(t+\tau) \tag{10.6.2}$$

可以想见，如果 $\tau$ 足够长，$F_i(t)$ 和 $F_i(t+\tau)$ 的取值将是互不关联的，即经过足够长的时间 $\tau$ 后，$F_i(t+\tau)$ 的正负和大小与 $F_i(t)$ 的正负和大小无关．因此对于足够长的 $\tau$，乘积 $F_i(t)F_i(t+\tau)$ 的系综平均值为零．但是如果 $\tau$ 足够小，$F_i(t+\tau)$ 与 $F_i(t)$ 将有某种依赖关系．例如，$F_i(t+\tau)$ 和 $F_i(t)$ 符号相同的概率大于符号相反的概率，这时 $F_i(t)F_i(t+\tau)$ 的系综平均值将异于零．我们引入一个特征时间 $\tau_c$ 来表征这一特性：在 $\tau > \tau_c$ 时，涨落力的时间关联函数 $\overline{F(t)F(t+\tau)}$ 为零．$\tau_c$ 称为涨落力 $F(t)$ 的关联时间，它与 $F(t)$ 的涨落的平均周期具有相同的量级，是非常短的微观尺度的时间．对于在 $\tau_c$ 量级的时间间隔内只有微小变化的物理量，涨落力的时间关联函数表现为 $\delta$ 函数：

$$\overline{F(t)F(t+\tau)} = 2D_p \delta(\tau) \tag{10.6.3}$$

上式的意义是，不同时刻的涨落力不存在关联．在 $\tau = 0$ 时，上式左方为 $\overline{F^2(t)}$，是涨落力平方的系综平均值，所以 $2D_p$ 是涨落力大小（强度）的量度．我们在后面会看到，$D_p$ 是布朗颗粒的动量扩散系数．

以 $\langle F(t)F(t+\tau) \rangle$ 表示涨落力乘积的长时间平均值：

$$\langle F(t)F(t+\tau) \rangle = \lim_{T_0 \to \infty} \frac{1}{T_0} \int_0^{T_0} F(t)F(t+\tau) \mathrm{d}t \tag{10.6.4}$$

在长时间 $T_0$ 内，颗粒将经历各种可能的涨落力作用，因而长时间平均值与系综平均值将相等，即

$$\langle F(t)F(t+\tau) \rangle = \overline{F(t)F(t+\tau)} \tag{10.6.5}$$

现在求解方程(10.6.1)．将方程两边乘以 $\mathrm{e}^{\gamma t}$，有

$$\frac{\mathrm{d}}{\mathrm{d}t}(p\mathrm{e}^{\gamma t}) = \mathrm{e}^{\gamma t} F(t)$$

用 $\xi$ 表示积分变量时间，将上式从 0 到时刻 $t$ 积分，得

$$p(t) = p(0)\mathrm{e}^{-\gamma t} + \mathrm{e}^{-\gamma t} \int_0^t F(\xi) \mathrm{e}^{\gamma \xi} \mathrm{d}\xi \tag{10.6.6}$$

对上式取系综平均，注意 $\overline{F(\xi)} = 0$，即得

$$\overline{p(t)} = p(0)\mathrm{e}^{-\gamma t} \tag{10.6.7}$$

$p(0)$ 是布朗颗粒动量的初值［例如以 $p(0)$ 的动量注入一束颗粒］．上式说明，由于黏性阻力

## §10.6 布朗颗粒动量的扩散和时间关联

的作用,颗粒的平均动量在介质中将按指数衰减. $\frac{1}{\gamma}$ 是布朗运动的另一特征时间. 显然 $\frac{1}{\gamma} \gg \tau_c$,因为经过多次碰撞,颗粒的平均动量才会有显著的改变.

动量的散差定义为

$$\overline{(\Delta p)^2} = \overline{[p(t) - \overline{p(t)}]^2} \tag{10.6.8}$$

由式(10.6.6)和式(10.6.7)知

$$p(t) - \overline{p(t)} = \int_0^t \mathrm{d}\xi F(\xi) \mathrm{e}^{-\gamma(t-\xi)} \mathrm{d}\xi \tag{10.6.9}$$

故

$$\overline{(\Delta p)^2} = \int_0^t \mathrm{d}\xi \int_0^t \mathrm{d}\xi' \overline{F(\xi)F(\xi')} \mathrm{e}^{-\gamma(t-\xi)} \mathrm{e}^{-\gamma(t-\xi')} \tag{10.6.10}$$

将式(10.6.3)代入上式,得

$$\overline{(\Delta p)^2} = 2D_p \int_0^t \mathrm{d}\xi \mathrm{e}^{-2\gamma(t-\xi)} = \frac{D_p}{\gamma}(1 - \mathrm{e}^{-2\gamma t}) \tag{10.6.11}$$

在 $t \ll \frac{1}{\gamma}$ 时,可以作近似 $\mathrm{e}^{-2\gamma t} \approx 1 - 2\gamma t$ 而将上式近似为

$$\overline{(\Delta p)^2} = 2D_p t, \quad \tau_c \ll t \ll \frac{1}{\gamma} \tag{10.6.12}$$

上式说明,在 $\tau_c \ll t \ll \frac{1}{\gamma}$ 时,动量的散差与 $t$ 成正比. 在§10.5中讨论布朗颗粒位移平方的平均值得到类似结果时我们曾强调,这是随机过程的典型结果. 式(10.6.12)意味着,由于涨落力的作用,布朗颗粒发生动量的扩散, $D_p$ 是动量扩散系数.

在 $t \gg \frac{1}{\gamma}$ 后,式(10.6.7)给出 $\overline{p(t)} = 0$. 这意味着在 $t \gg \frac{1}{\gamma}$ 后动量初值的影响就不存在了,颗粒与介质达到热平衡. 在 $\overline{p(t)} = 0$ 时, $\overline{(\Delta p)^2} = \overline{p^2}$. 因此由式(10.6.11)可得, $\overline{p^2}$ 的平衡值为

$$\overline{p^2} = \frac{D_p}{\gamma} \tag{10.6.13}$$

根据能量均分定理,在颗粒与介质达到热平衡后,有

$$\frac{\overline{p^2}}{2m} = \frac{1}{2}kT \tag{10.6.14}$$

因此

$$D_p = m\gamma kT = \alpha kT \tag{10.6.15}$$

上式给出布朗颗粒与介质达到热平衡后颗粒在介质中的阻尼系数与动量扩散系数的关系. 在§10.3中我们将介质对颗粒的作用力分为黏性阻力和涨落力两部分. 我们看到,黏性阻力导致颗粒平均动量的衰减,而涨落力导致动量的扩散,涨落力的强度由动量扩散系数量度. 式(10.6.15)把两者联系起来了. 这是涨落-耗散定理在布朗运动特例中的表达式.

现在讨论在 $t > \frac{1}{\gamma}$ 后布朗颗粒动量的时间关联函数 $\overline{p(t)p(t')}$. 注意在 $t > \frac{1}{\gamma}$ 后,式(10.6.6)右方第一项可以忽略,故有

$$\overline{p(t)p(t')} = e^{-\gamma(t+t')}\int_0^t d\xi \int_0^{t'} d\xi' \overline{F(\xi)F(\xi')} e^{\gamma(\xi+\xi')}$$
$$= 2D_p \int_0^t d\xi \int_0^{t'} d\xi' \delta(\xi-\xi') e^{-\gamma(t-\xi)} e^{-\gamma(t'-\xi')} \quad (10.6.16)$$

如果 $t>t'$，先对 $d\xi$ 积分，得

$$\int_0^t d\xi e^{-\gamma(t-\xi)} \delta(\xi-\xi') = e^{-\gamma(t-\xi')}$$

代入式(10.6.16)，再对 $d\xi'$ 积分，得

$$\overline{p(t)p(t')} = \frac{D_p}{\gamma}[e^{-\gamma(t-t')} - e^{-\gamma(t+t')}]$$

如果 $t<t'$，对 $d\xi'$ 积分后再对 $d\xi$ 积分，类似可得

$$\overline{p(t)p(t')} = \frac{D_p}{\gamma}[e^{-\gamma(t'-t)} - e^{-\gamma(t+t')}]$$

两式可合并为

$$\overline{p(t)p(t')} = \frac{D_p}{\gamma}[e^{-\gamma|t-t'|} - e^{-\gamma(t+t')}]$$

在 $t$ 和 $t'$ 大于 $\frac{1}{\gamma}$ 时，上式第二项可以忽略而有

$$\overline{p(t)p(t')} = \frac{D_p}{\gamma} e^{-\gamma|t-t'|} = mkT e^{-\gamma|t-t'|} \quad (10.6.17)$$

式(10.6.17)表明，不同时刻布朗颗粒的动量存在关联，关联时间为 $\frac{1}{\gamma}$，取决于介质对颗粒的阻尼系数；关联的强度为 $\frac{D_p}{\gamma}$，与涨落力的强度和阻尼系数都有关。我们看到，虽然不同时刻的涨落力不存在关联，但不同时刻的布朗颗粒的动量却存在相关性。这是因为动量是阻尼力和涨落力共同作用的结果，而且动量关联函数是积分的效应。

现在根据本节的分析讨论布朗颗粒的位移，并与上节的结果比较。经过时间 $t$ 后，布朗颗粒的位移为

$$x(t) = \frac{1}{m}\int_0^t p(\xi) d\xi$$

位移平方的平均值为

$$\overline{x^2(t)} = \frac{1}{m^2}\int_0^t d\xi \int_0^t d\xi' \overline{p(\xi)p(\xi')} = \frac{kT}{m}\int_0^t d\xi \int_0^t d\xi' e^{-\gamma|\xi-\xi'|}$$

上式的积分可分为 $\xi>\xi'$ 和 $\xi'>\xi$ 两项之和，其积分区域分别为图 10.6.1 的 I 和 II，即

$$\overline{x^2(t)} = \frac{kT}{m}\left[\int_0^t d\xi \int_0^\xi d\xi' e^{-\gamma(\xi-\xi')} + \int_0^t d\xi \int_\xi^t d\xi' e^{-\gamma(\xi'-\xi)}\right]$$

积分得

$$\overline{x^2(t)} = \frac{2kT}{m\gamma}t = \frac{2kT}{\alpha}t \quad (10.6.18)$$

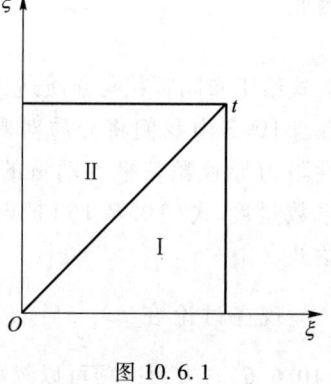

图 10.6.1

上式与式(10.5.8)完全一致.

## §10.7 布朗运动简例

本节介绍布朗运动的几个例子.有些例子我们只作定性半定量的讨论.

### (一) 热噪声

噪声问题是近代无线电线路技术中的重要问题.作为布朗运动的例子,这里只讨论热噪声.热噪声是由电子在导体内的无规热运动引起的.设电路的电感为 $L$,外加电动势为 $\mathscr{V}$,电流为 $i$.导体内的离子振动对电子的散射(相当于液体介质分子对布朗颗粒的碰撞)产生一个等效电压.等效电压可分解为慢变部分 $-Ri$ ($R$ 是具有正值的常量)和涨落电压 $V(t)$.相应的朗之万方程为

$$L\frac{\mathrm{d}i}{\mathrm{d}t} = \mathscr{V} - Ri + V(t) \tag{10.7.1}$$

上式是电磁学中熟知的 $LR$ 电路方程.如果将式(10.5.3)改写为

$$m\frac{\mathrm{d}v}{\mathrm{d}t} = \mathscr{F} - \alpha v + F(t) \tag{10.7.2}$$

其中 $v$ 为速度,比较可知,在代换

$$L \leftrightarrow m, \quad i \leftrightarrow v, \quad \mathscr{V} \leftrightarrow \mathscr{F}, \quad R \leftrightarrow \alpha, \quad V \leftrightarrow F \tag{10.7.3}$$

下,式(10.7.1)和式(10.7.2)两式完全等价.

涨落电压 $V(t)$ 的关联时间 $\tau_c$ 大体是电子在导体中的自由碰撞时间,在室温下是 $10^{-14}$ s 的量级,远小于无线电微波的周期 $10^{-10}$ s,因此 $V(t)$ 的时间关联函数可以用 $\delta$ 函数表达.由式(10.6.3)、式(10.6.15)和对应关系式(10.7.3)知

$$\overline{V(t)V(t+\tau)} = 2RkT\delta(\tau) \tag{10.7.4}$$

将 $V(t)$ 作傅里叶变换:

$$\begin{aligned} V(t) &= \int_{-\infty}^{+\infty} V(\omega)\mathrm{e}^{\mathrm{i}\omega t}\mathrm{d}\omega \\ V(\omega) &= \frac{1}{2\pi}\int_{-\infty}^{+\infty} V(t)\mathrm{e}^{-\mathrm{i}\omega t}\mathrm{d}t \end{aligned} \tag{10.7.5}$$

注意 $V(t)$ 是实数,因而 $V^*(\omega) = V(-\omega)$,可得

$$\overline{V(\omega)V^*(\omega')} = \frac{1}{(2\pi)^2}\iint \mathrm{d}t\mathrm{d}t'\overline{V(t)V(t')}\mathrm{e}^{-\mathrm{i}\omega t}\mathrm{e}^{\mathrm{i}\omega' t'}$$

令 $t' = t+\tau$,上式可化为

$$\overline{V(\omega)V^*(\omega')} = \frac{1}{(2\pi)^2}\int_{-\infty}^{+\infty}\mathrm{e}^{-\mathrm{i}(\omega-\omega')t}\mathrm{d}t\int_{-\infty}^{+\infty}\mathrm{d}\tau\,\overline{V(t)V(t+\tau)}\mathrm{e}^{\mathrm{i}\omega'\tau}$$

将式(10.7.4)代入上式,得

$$\overline{V(\omega)V^*(\omega')} = \frac{kTR}{\pi}\delta(\omega-\omega') \tag{10.7.6}$$

式(10.7.6)称为奈奎斯特(Nyquist)定理.它指出,涨落电压的不同频率分量是统计独立的,

各频率电压涨落的方均值与电阻 $R$ 和温度 $T$ 成正比,与频率无关,称为白噪声. 显然白噪声的性质源于涨落电压的 $\delta$ 关联性质.

### (二) 光学黏胶与多普勒制冷

我们在 §2.8 中对获得低温的各种方法作了简略的介绍,其中提到 20 世纪 80 年代发展起来的激光制冷方法. 作为布朗运动的例子,我们对多普勒制冷的原理作初步的介绍.

先介绍发生光的吸收和发射时光场对原子的辐射作用力. 为简单起见,我们考虑二能级原子. 以 $\varepsilon_1$ 和 $\varepsilon_2$ 表示原子的基态和激发态能级. 令 $\hbar\omega_A = \varepsilon_2 - \varepsilon_1$,$\omega_A$ 称为原子在能级 $\varepsilon_2$ 和 $\varepsilon_1$ 之间的共振跃迁频率. 设有频率为 $\omega_L$(接近 $\omega_A$),波矢为 $\boldsymbol{k}_L$ 的激光投射在原子上. 原子吸收能量为 $\hbar\omega_L$,动量为 $\hbar\boldsymbol{k}_L$ 的激光光子后将从能级 $\varepsilon_1$ 跃迁到能级 $\varepsilon_2$,并获得动量 $\hbar\boldsymbol{k}_L$. 跃迁到能级 $\varepsilon_2$ 的原子可以通过激光的诱导发生受激辐射或者自发辐射回到能级 $\varepsilon_1$,然后再重新吸收激光光子而跃迁到能级 $\varepsilon_2$. 吸收-辐射过程可以循环地进行. 通过受激辐射回到能级 $\varepsilon_1$ 的原子发射能量为 $\hbar\omega_L$,动量为 $\hbar\boldsymbol{k}_L$ 的光子后,丧失了其在吸收中获得的动量. 所以吸收-受激发射的循环不改变原子的动量. 通过自发辐射回到能级 $\varepsilon_1$ 的原子发射能量为 $\hbar\omega_A$,动量大小为 $\hbar\boldsymbol{k}_A$ 的光子,但光子动量的方向是随机的,多次自发发射的平均值为零. 所以经过多次吸收-自发辐射循环的原子将从光场获得动量,其数值等于 $\hbar\boldsymbol{k}_L$ 乘以吸收-自发辐射循环的次数. 估算表明,在高强度的激光作用下,激光光场对原子的平均辐射作用力(原子在单位时间内获得的动量)为 $\hbar\boldsymbol{k}_L \Gamma/2$[①]. $\Gamma$ 是能级 $\varepsilon_2$ 的自发辐射系数(单位时间内从能级 $\varepsilon_2$ 自发辐射的次数),是原子的特征参量. $1/\Gamma$ 等于原子处在能级 $\varepsilon_2$ 的平均寿命. 由于 $\Gamma$ 的数值很大,激光光场对原子的平均辐射作用力是很强的. 以 Na 的黄线(2p 到 1s 的跃迁)为例,$\Gamma^{-1} = 16 \times 10^{-9}$ s,光场对原子的辐射作用力导致的加速度约为 $10^6$ m·s$^{-2}$,是重力加速度的 $10^5$ 倍.

现在介绍多普勒制冷的原理. 以 $v_z$ 表示二能级原子在 $z$ 方向的速度分量. 设有频率为 $\omega_L$(略低于 $\omega_A$),分别沿 $\pm z$ 方向传播的两束激光投射在原子上. 由于多普勒效应,传播方向与 $v_z$ 相同和相反的激光相对于原子的激光频率分别为 $\omega_L\left(1 - \dfrac{|v_z|}{c}\right)$ 和 $\omega_L\left(1 + \dfrac{|v_z|}{c}\right)$. 因为 $\omega_L$ 低于 $\omega_A$,反向传播的光频更接近共振,原子将有更大的概率吸收反向传播的激光光子,并受到与其速度反向的平均辐射作用力. 计算表明,在原子速度不大的情形下,平均辐射作用力 $\overline{f_z}$ 表现为黏性阻力,即 $\overline{f_z} = -\alpha v_z$. 另一方面,当原子从 $\varepsilon_2$ 通过自发辐射回到 $\varepsilon_1$,随机地发射动量大小为 $\hbar\boldsymbol{k}_A$ 的光子时,会受到方向不定的反冲作用力. 反冲作用力的 $z$ 分量 $F_z$ 可正可负,正负具有相同的概率,平均值为零. 所以原子 $z$ 方向的运动方程为

$$m\frac{\mathrm{d}v_z}{\mathrm{d}t} = -\alpha v_z + F_z \tag{10.7.7}$$

如果再加上沿 $\pm x$ 和 $\pm y$ 方向传播的激光光束,原子的运动方程为

$$m\frac{\mathrm{d}v_i}{\mathrm{d}t} = -\alpha v_i + F_i, \quad i = x, y, z \tag{10.7.8}$$

---

[①] Cohen-Tannoudji C. Atomic Motion in Laser Light. // Dalibard J, et al. Fundamental Systems in Quantum Optics[M]. Amsterdam: Elsevier Science Publisher B.V., 1992: 1.

上式与式(10.5.4)相同,是布朗运动的朗之万方程.这意味着,由于多普勒效应,上述激光光场对原子的运动形成由光子构成的一种黏性介质,称为光学黏胶.原子在光学黏胶中作布朗运动.

根据式(10.6.15),处在光学黏胶中的原子的平衡温度为

$$kT = \frac{D_p}{\alpha} \tag{10.7.9}$$

通过对 $\alpha$ 和 $D_p$ 的估算[①]可知,由多普勒效应所能获得的最低温度 $T_D$(称为多普勒极限)约为

$$kT_D = \frac{\hbar\Gamma}{2} \tag{10.7.10}$$

对于卤金属原子,$T_D$ 为 $100~\mu K$ 的量级,例如 Na 约 $240~\mu K$,Ce 约 $125~\mu K$.

### (三) 磁光陷阱

利用多普勒效应可以降低原子的平均动能或平衡温度,但在前述的光学黏胶中原子会扩散.为了把原子囚禁在狭小的空间区域,朱棣文等在 1987 年首次建成了磁光陷阱.

我们以简化的一维模型介绍磁光陷阱的原理.加一平行于 $z$ 轴的磁场 $\boldsymbol{B}_z$,并使 $B_z$ 与坐标 $z$ 呈线性关系,即 $B_z = \lambda z$($\lambda$ 为常量).这意味着,在 $z>0$ 区域,磁场沿 $z$ 方向;而在 $z<0$ 区域,则沿 $-z$ 方向.磁场的大小随 $|z|$ 的增加而增加,在 $z=0$ 处,磁场为零.假设原子基态的角动量为零,因而基态能级是非简并的;激发态的角动量量子数 $j=1$,由于量子数 $m_j$ 可以取 $-1,0,1$ 三个可能值,在没有外加磁场的情形下,激发态能级 $\varepsilon_2$ 的简并度为 3.在前述的外磁场中,由于塞曼效应,$\varepsilon_2$ 分裂为三个能级 $\varepsilon_{2,m_j} = \varepsilon_2 + \frac{e\hbar}{2m}B_z m_j$.在 $z>0$ 的区域能级 $\varepsilon_{2,-1} = \varepsilon_2 - \frac{e\hbar}{2m}|B_z|$ 的能量最低,而在 $z<0$ 的区域能级 $\varepsilon_{2,1} = \varepsilon_2 - \frac{e\hbar}{2m}|B_z|$ 的能量最低.如果加上频率为 $\omega_L$($\omega_L$ 低于能级 $\varepsilon_2 - \frac{e\hbar}{2m}|B_z|$ 与能级 $\varepsilon_1$ 之间的共振频率),沿 $-z(+z)$ 方向传播的左旋圆偏振的激光光束,在 $z>0$ 的区域,处在能级 $\varepsilon_1$ 的原子将吸收沿 $-z$ 方向传播的光束中的光子跃迁到能级 $\varepsilon_{2,-1}$,然后通过自发辐射回到 $\varepsilon_1$ 而完成 $\varepsilon_1 \rightleftharpoons \varepsilon_{2,-1}$ 的吸收-自发辐射循环.如前所述,经过多次吸收-自发辐射循环,原子将受到 $-z$ 方向的平均辐射作用力.类似地,在 $z<0$ 区域的原子吸收沿 $+z$ 方向传播的光束中的光子,经过多次 $\varepsilon_1 \rightleftharpoons \varepsilon_{2,1}$ 的吸收-自发辐射循环将受到 $+z$ 方向的平均辐射作用力.由于 $|B_z|$ 随 $z$ 的增加而增加,在一定范围内,$|z|$ 越大,$\varepsilon_{2,\pm 1}-\varepsilon_1$ 越接近 $\hbar\omega_L$,相应的吸收概率也越大,使平均辐射力与 $z$ 呈线性关系,为 $-Kz$,其中 $K$ 为比例系数.加上源于多普勒效应的黏性阻力,原子所受的平均辐射力为 $\overline{f_z} = -Kz - \alpha v_z$.推广到三维空间,可得原子在磁光陷阱中所遵从的朗之万方程为

$$m\frac{\mathrm{d}v_i}{\mathrm{d}t} = -Kx_i - \alpha v_i + F_i(t), \quad i = x,y,z \tag{10.7.11}$$

---

[①] Stenholm S. Rev. Mod. Phys.[J], 1986, 58:699.

上式与式(10.5.3)等价,外力$-K_i$形成简谐势$\frac{1}{2}K(x^2+y^2+z^2)$.在简谐势阱中,原子 $x$ 方向的平均势能等于其平均动能.由此可知,原子 $x$ 方向位移平方的平均值可由下式确定:

$$K\overline{x^2}=kT=\frac{D_p}{\alpha} \tag{10.7.12}$$

朱棣文于1987年首次建成的磁光陷阱囚禁了 $10^7 \sim 10^8$ 个原子.

实验测得磁光陷阱中原子的平衡温度远低于前述的多普勒极限温度,可达 μK 的量级.后来发现,在磁光陷阱中存在比多普勒制冷更为有效的冷却机制,称为偏振梯度机制.[①]在偏振梯度机制的制冷过程中,原子自发辐射时的随机反冲不可避免.反冲使原子变热.原子发射动量为 $\hbar k$ 的光子时获得的反冲能量为

$$E_R = \frac{\hbar^2 k^2}{2m} = k_B T_R \tag{10.7.13}$$

$T_R$ 就是偏振梯度机制所能获得的极限温度.对 Na,$T_R$ 约 2.4 μK;对 Ce,$T_R$ 约0.13 μK.

前面介绍了布朗运动的几个例子.这里顺便提一下激光.如前所述,处在介质中的布朗颗粒不断受到介质分子的碰撞而存在耗散与涨落,其运动遵从朗之万方程.激光光场的场模和激活原子的电子在外界影响下也存在各自的耗散与涨落,光场与电子更彼此耦合,因而遵从耦合的朗之万方程,在消去原子变量后,在一定近似下可以得到场模的非线性朗之万方程:

$$\dot{B} = GB - CB^+BB + F \tag{10.7.14}$$

式中 $B$ 描述场模,$G$ 和 $C$ 是与抽运强度、原子的自发衰变系数和光腔的衰减系数等有关的特征参量,$F$ 是涨落力.当增加抽运强度,使 $G$ 由 $G<0$ 变到 $G>0$ 时,光场会发生非平衡相变,由无序状态(自发辐射为主)转变到有序状态(受激辐射为主).两种状态的光场具有完全不同的统计性质,转变是通过激活原子的自组织完成的.以激光为原型,哈肯(Haken)发展了协同学理论[②],广泛应用于研究非线性系统(流体力学、化学、生物等)的自组织过程.

## 习　题

10.1　试从式(10.1.10)出发,以 $\Delta p$、$\Delta S$ 为自变量,证明:

$$W \propto e^{\frac{1}{2kT}\left(\frac{\partial V}{\partial p}\right)_s (\Delta p)^2 - \frac{1}{2kC_p}(\Delta S)^2}$$

从而证明:

$$\overline{\Delta S \Delta p} = 0, \quad \overline{(\Delta S)^2} = kC_p, \quad \overline{(\Delta p)^2} = -kT\left(\frac{\partial p}{\partial V}\right)_s$$

10.2　试用式(10.1.12)求得的 $\overline{(\Delta T)^2}$、$\overline{(\Delta V)^2}$ 和 $\overline{\Delta T \Delta V}$ 证明:

$$\overline{\Delta T \Delta S} = kT, \quad \overline{\Delta p \Delta V} = -kT, \quad \overline{\Delta S \Delta V} = kT\left(\frac{\partial V}{\partial T}\right)_p, \quad \overline{\Delta p \Delta T} = \frac{kT^2}{C_V}\left(\frac{\partial p}{\partial T}\right)_V$$

10.3　试证明开系涨落的基本公式:

---

[①] 有兴趣的读者可参阅前引 Cohen-Tannoudji 的文献.
[②] Haken H, Synergetics[M]. Third Edition. Berlin:Springer-Verlag,1983.

$$W \propto e^{-\frac{\Delta S \Delta T - \Delta p \Delta V + \Delta \mu \Delta N}{2kT}}$$

并据此证明,在 $T$、$V$ 恒定时,有

$$\overline{(\Delta N)^2} = kT\left(\frac{\partial N}{\partial \mu}\right)_{T,V}, \quad \overline{(\Delta \mu)^2} = kT\left(\frac{\partial \mu}{\partial N}\right)_{T,V}, \quad \overline{\Delta N \Delta \mu} = kT$$

10.4 试证明,对于磁介质,有

$$W \propto e^{-\frac{C_{\boldsymbol{m}}}{2kT^2}(\Delta T)^2 - \frac{\mu_0}{2kT}\left(\frac{\partial \mathscr{H}}{\partial \boldsymbol{m}}\right)_T (\Delta \boldsymbol{m})^2}$$

并据此证明:

$$\overline{\Delta T \Delta \boldsymbol{m}} = 0, \quad \overline{(\Delta T)^2} = \frac{kT^2}{C_{\boldsymbol{m}}}, \quad \overline{(\Delta \boldsymbol{m})^2} = \frac{kT}{\mu_0}\left(\frac{\partial \boldsymbol{m}}{\partial \mathscr{H}}\right)_T$$

10.5 试由式(10.2.1)导出式(10.2.9).

10.6 在 18 ℃的温度下,观察半径为 $0.4 \times 10^{-6}$ m 的粒子在黏度为 $2.78 \times 10^{-3}$ Pa·s 的液体中的布朗运动.测得粒子在时间间隔 10 s 的位移平方的平均值为 $\overline{x^2} = 3.3 \times 10^{-12}$ m$^2$.试根据这些数据求玻耳兹曼常量 $k$ 的值.

10.7 电流计带有用细丝悬挂的反射镜.由于反射镜受到气体分子碰撞而施加的力矩不平衡,反射镜不停地进行着无规则的扭摆运动.根据能量均分定理,反射镜转动角度 $\varphi$ 的方均值 $\overline{\varphi^2}$ 满足

$$\frac{1}{2}A\overline{\varphi^2} = \frac{1}{2}kT$$

对于很细的石英丝,弹性系数 $A = 10^{-13}$ N·m·rad$^{-2}$.试计算在 300 K 下的 $\sqrt{\overline{\varphi^2}}$.

10.8 三维布朗颗粒在各向同性介质中运动,朗之万方程为

$$\frac{\mathrm{d}p_i}{\mathrm{d}t} = -\gamma p_i + F_i(t), \quad i = 1, 2, 3$$

其涨落力满足

$$\overline{F_i(t)} = 0, \quad \overline{F_i(t)F_j(t')} = 2m\gamma kT \delta_{ij} \delta(t-t')$$

试证明,经过时间 $t$,布朗颗粒位移平方的平均值为

$$\overline{[\boldsymbol{x} - \boldsymbol{x}(0)]^2} = \sum_i \overline{[x_i - x_i(0)]^2} = \frac{6kT}{m\gamma}t$$

10.9 在均匀恒定的外电场 $E$ 作用下,电荷量为 $q$,质量为 $m$ 的布朗颗粒在流体中运动,运动方程为

$$m\frac{\mathrm{d}v}{\mathrm{d}t} = -\alpha v + qE + F(t)$$

其中 $\alpha$ 是黏性阻力系数,$F(t)$ 是涨落力.达到定常状态时,颗粒的平均速度为 $\overline{v} = qE/\alpha$.以 $\mu \equiv \overline{v}/E$ 表示迁移率,试证明迁移率 $\mu$ 与扩散系数 $D$[见式(10.5.15)]间存在关系

$$\frac{\mu}{D} = \frac{q}{kT}$$

上式也称为爱因斯坦关系.

10.10 考虑布朗颗粒在竖直方向的运动.取 $z$ 轴(向上)沿竖直方向,朗之万方程为

$$m\frac{\mathrm{d}v_z}{\mathrm{d}t} = -\alpha v_z - mg + F_z(t)$$

(a)试证明,达到定常状态后,布朗颗粒的平均速度为

$$\overline{v_z} = -\frac{mg}{\alpha}$$

（b）达到定常状态后，布朗颗粒的流量为零，即

$$J_z = -D\frac{dn}{dz} + n\overline{v_z} = 0$$

其中 $n(z)$ 为布朗颗粒的密度. 试由此导出达到定常状态后布朗颗粒按高度的分布.

# 第十一章 非平衡态统计理论初步

## §11.1 玻耳兹曼方程的弛豫时间近似

我们在第六章至第九章中讲述了平衡态的统计理论.平衡态是热运动的一种特殊状态.为了更深刻地认识热运动的规律,也由于在许多重要的实际问题中物质系统处在非平衡态,需要研究非平衡态的统计理论.在研究平衡态时,根据普遍的论据就可以求得分布函数,进而求得微观量的统计平均值.建立非平衡态统计理论则要困难得多.从 19 世纪麦克斯韦、玻耳兹曼的工作开始,非平衡态统计理论的发展经历了艰难而缓慢的历程,目前已取得了许多重要成就,成为当前理论物理学发展前沿之一.作为基础课程,我们限于讲述气体动理学理论.它的传统研究对象是稀薄气体,目前也被广泛应用于固体物理学、等离子体物理学和天体物理学等领域.

宏观热现象最重要的特征是它的不可逆性,例如处在非平衡态的孤立系统会自发地趋于平衡状态.非平衡态统计理论要对趋向平衡的不可逆性提供统计的解释,并分析平衡态得以建立的条件.处在非平衡状态的系统,其各部分往往具有不同的密度、速度、温度……因而会发生诸如物质、动量、能量的输运过程.对于偏离平衡不远的情形,根据实验结果已经建立了输运过程的现象性理论.非平衡统计理论要导出这些现象性规律,并将现象性理论中出现的输运系数与物质的微观结构联系起来.

基础物理讲述输运过程的初级理论.初级理论根据分子碰撞和自由程的概念对过程进行分析,能够半定量地阐明过程的基本特征,但数值结果不够准确.在统计物理课程中,我们需要求出非平衡态的分布函数,由非平衡态分布函数求微观量的统计平均值.为此,先要导出非平衡态分布函数所遵从的方程.在 §11.4 中将导出这个方程,称为玻耳兹曼积分微分方程,简称玻耳兹曼方程.导出玻耳兹曼方程时需要详细计算分子碰撞引起的分布函数的变化率.本节将引进一个参量——弛豫时间——来表征分布函数的碰撞变化率,由此得到的方程称为玻耳兹曼方程的弛豫时间近似.

如前所述,当气体分子的平均热波长远小于分子间的平均距离,即

$$\frac{h}{\sqrt{2\pi mkT}}\left(\frac{N}{V}\right)^{\frac{1}{3}} \ll 1$$

时,可以将分子看作经典粒子.在不考虑分子的内部结构时,可以用坐标和动量描述它的微观运动状态.我们用

$$f(\boldsymbol{r},\boldsymbol{v},t)\,\mathrm{d}\tau\mathrm{d}\omega \tag{11.1.1}$$

表示在时刻 $t$ 位于体积元 $\mathrm{d}\tau=\mathrm{d}x\mathrm{d}y\mathrm{d}z$ 和速度间隔 $\mathrm{d}\omega=\mathrm{d}v_x\mathrm{d}v_y\mathrm{d}v_z$ 内的分子数.所取的 $\mathrm{d}\tau\mathrm{d}\omega$ 从微观看应足够大,使得其中含有大量分子;但从宏观看又足够小,使之可看作宏观的点.这显然是可以做到的.例如取 $\mathrm{d}\tau$ 为 $10^{-9}\mathrm{cm}^3$,从宏观看这无疑可认作一点,但在标准状态下,其中仍然含有 $10^{10}$ 个分子.式(11.1.1)给出的分子数是 $\mathrm{d}\tau\mathrm{d}\omega$ 内分子数的统计平均值.

经过时间 $dt$ 之后,在时刻 $t+dt$,位于同一体积元 $d\tau$ 和速度间隔 $d\omega$ 内的分子数将变为

$$f(\bm{r},\bm{v},t+dt)d\tau d\omega$$

将上式作泰勒展开,只取前两项,得

$$\left[f(\bm{r},\bm{v},t)+\frac{\partial f}{\partial t}dt\right]d\tau d\omega$$

两式相减,得到在 $dt$ 时间内 $d\tau d\omega$ 内分子数的增加量为

$$\frac{\partial f}{\partial t}dt d\tau d\omega \tag{11.1.2}$$

$\frac{\partial f}{\partial t}$ 表示分布函数随时间的变化率.分布函数随时间变化有两个原因.一个原因是分子的运动,分子具有的速度使其位置随时间而改变,当存在外场时,分子具有的加速度使分子的速度随时间而改变,这两者都引起 $d\tau d\omega$ 内分子数的改变;另一个原因是分子相互碰撞引起分子速度的改变,使 $d\tau d\omega$ 内的分子数发生改变.

我们先计算由于运动引起的 $d\tau d\omega$ 内分子数的变化.以 $x$、$y$、$z$、$v_x$、$v_y$、$v_z$ 为直角坐标构成一个六维空间.这个六维空间的体积元 $d\tau d\omega$ 是以六对平面 $(x,x+dx)$,$(y,y+dy)$,$\cdots$,$(v_z,v_z+dv_z)$ 为边界的.要计算在 $dt$ 时间内,由于运动引起的 $d\tau d\omega$ 内分子数的变化,需要计算在 $dt$ 时间内有多少分子通过这六对平面.先考虑在 $dt$ 时间内通过 $x$ 平面中的"面积"$dA = dydzdv_xdv_ydv_z$ 进入 $d\tau d\omega$ 内的分子数.这些分子必位于以 $dA$ 为底,以 $\dot{x}dt$ 为高的柱体内.这个柱体内的分子数是

$$(f\dot{x})_x dt dA$$

这是在 $dt$ 时间内通过 $x$ 平面中的"面积"$dA$ 进入 $d\tau d\omega$ 的分子数.同样,在 $dt$ 时间内通过 $x+dx$ 平面而走出 $d\tau d\omega$ 的分子数是

$$(f\dot{x})_{x+dx} dt dA = \left[(f\dot{x})_x + \frac{\partial}{\partial x}(f\dot{x})dx\right]dt dA$$

两式相减,得到通过一对平面 $x$ 和 $x+dx$ 进入 $d\tau d\omega$ 的净分子数为

$$-\frac{\partial}{\partial x}(f\dot{x})dx dt dA = -\frac{\partial}{\partial x}(f\dot{x})dt d\tau d\omega$$

根据类似的讨论可得,在 $dt$ 时间内通过一对平面 $v_x$ 和 $v_x+dv_x$ 进入 $d\tau d\omega$ 的分子数为

$$-\frac{\partial}{\partial v_x}(f\dot{v}_x)dt d\tau d\omega$$

在 $dt$ 时间内,通过六对平面进入 $d\tau d\omega$ 内的分子数则为

$$-\left[\frac{\partial}{\partial x}(fv_x)+\frac{\partial}{\partial y}(fv_y)+\frac{\partial}{\partial z}(fv_z)+\frac{\partial}{\partial v_x}(f\dot{v}_x)+\frac{\partial}{\partial v_y}(f\dot{v}_y)+\frac{\partial}{\partial v_z}(f\dot{v}_z)\right]dt d\tau d\omega \tag{11.1.3}$$

这就是在 $dt$ 时间内,由于运动引起的 $d\tau d\omega$ 内分子数的变化.

式(11.1.3)可以化简.分子的坐标 $\bm{r}$ 与其速度 $\bm{v}$ 是相互独立的变量,因此 $\partial v_x/\partial x = \partial v_y/\partial y = \partial v_z/\partial z = 0$.设作用于一个分子的外力为 $m\bm{F}=(mX,mY,mZ)$,其中 $m$ 是分子的质量.牛顿第二定律给出:

## §11.1 玻耳兹曼方程的弛豫时间近似

$$\dot{v}_x = X, \quad \dot{v}_y = Y, \quad \dot{v}_z = Z \tag{11.1.4}$$

在一般问题中,所遇到的外力是重力或电磁力.重力与速度无关.当分子带有电荷 $q$,处在电磁场中时,分子所受的电场力和洛伦兹力为

$$m\boldsymbol{F} = q(\boldsymbol{E} + \boldsymbol{v} \times \boldsymbol{B}) \tag{11.1.5}$$

洛伦兹力与速度有关,但 $x$ 方向的分力 $mX$ 与 $x$ 方向的速度 $v_x$ 无关.因而 $\dot{v}_x$ 与 $v_x$ 无关.在以后的讨论中,我们假设 $\boldsymbol{F} = (X, Y, Z)$ 满足

$$\frac{\partial X}{\partial v_x} + \frac{\partial Y}{\partial v_y} + \frac{\partial Z}{\partial v_z} = 0 \tag{11.1.6}$$

显然,重力和电磁力都满足这个条件.在这个条件下,式(11.1.3)可简化为

$$-\left(v_x \frac{\partial f}{\partial x} + v_y \frac{\partial f}{\partial y} + v_z \frac{\partial f}{\partial z} + X \frac{\partial f}{\partial v_x} + Y \frac{\partial f}{\partial v_y} + Z \frac{\partial f}{\partial v_z}\right) \mathrm{d}t \mathrm{d}\tau \mathrm{d}\omega \tag{11.1.7}$$

亦即由于运动引起的分布函数的变化率为

$$-\left(v_x \frac{\partial f}{\partial x} + v_y \frac{\partial f}{\partial y} + v_z \frac{\partial f}{\partial z} + X \frac{\partial f}{\partial v_x} + Y \frac{\partial f}{\partial v_y} + Z \frac{\partial f}{\partial v_z}\right) \tag{11.1.8}$$

我们在§11.4中将详细讨论分布函数的碰撞变化率,本节对此只作现象性的讨论.分子的碰撞是非常频繁的(习题11.6),它使系统先在各宏观小的区域内建立平衡.系统在整体上达到平衡则要通过诸如扩散、热传导等缓慢得多的过程才能实现.这种速率上的差别使我们可以引入局域平衡的概念.在后面(§11.6)将会看到,如果平衡状态下分子遵从麦克斯韦-玻耳兹曼分布,则局域平衡碰撞达到平衡的分布函数仍可表示为

$$f^{(0)} = n\left(\frac{m}{2\pi kT}\right)^{3/2} \mathrm{e}^{-\frac{m}{2kT}(v-v_0)^2} \tag{11.1.9}$$

的形式,只是其中 $n$、$T$、$v_0$ 等可以是坐标 $r$ 和时间 $t$ 的缓变函数.当分布函数 $f$ 与局域平衡的分布函数 $f^{(0)}$ 存在偏离 $f-f^{(0)}$ 时,分子碰撞将使偏离迅速减小.我们假设,因分子碰撞引起偏离的碰撞变化率与偏离成正比,即

$$\left[\frac{\partial}{\partial t}(f-f^{(0)})\right]_c = -\frac{f-f^{(0)}}{\tau_0} \tag{11.1.10}$$

上式左方的下角标 c 代表碰撞,右方的比例系数 $1/\tau_0$ 是常量,$\tau_0$ 具有时间的量纲.积分得

$$f(t) - f^{(0)} = [f(0) - f^{(0)}] \mathrm{e}^{-\frac{t}{\tau_0}} \tag{11.1.11}$$

上式表明,碰撞使分布函数对局域平衡分布函数的偏离经时间 $\tau_0$ 后减少为初始偏离的 $1/e$. $\tau_0$ 称为局域平衡的弛豫时间,一般是 $v$ 的函数.进一步简化可假设 $\tau_0$ 是常量,以 $\overline{\tau_0}$ 表示,这相当于对 $\tau_0$ 取某种平均值. $\overline{\tau_0}$ 与分子在两次连续碰撞之间所经历的平均自由时间具有相同的量级.

由式(11.1.8)和式(11.1.10)得

$$\frac{\partial f}{\partial t} + v_x \frac{\partial f}{\partial x} + v_y \frac{\partial f}{\partial y} + v_z \frac{\partial f}{\partial z} + X \frac{\partial f}{\partial v_x} + Y \frac{\partial f}{\partial v_y} + Z \frac{\partial f}{\partial v_z} = -\frac{f - f^{(0)}}{\tau_0} \tag{11.1.12}$$

式(11.1.12)是玻耳兹曼方程的弛豫时间近似.

对于定常的状态，$\frac{\partial f}{\partial t}=0$，由式(11.1.12)得

$$v_x \frac{\partial f}{\partial x}+v_y \frac{\partial f}{\partial y}+v_z \frac{\partial f}{\partial z}+X \frac{\partial f}{\partial v_x}+Y \frac{\partial f}{\partial v_y}+Z \frac{\partial f}{\partial v_z}=-\frac{f-f^{(0)}}{\tau_0} \tag{11.1.13}$$

下面两节将讨论式(11.1.13)的应用.

## §11.2 气体的黏性现象

现在应用玻耳兹曼方程的弛豫时间近似式(11.1.13)讨论气体的黏性现象.

设气体以宏观速度 $v_0$ 沿 $y$ 方向流动，如图 11.2.1 所示. 考虑平面 $x=x_0$，称 $x>x_0$ 的一方为 $x_0$ 平面的正方，$x<x_0$ 的一方为 $x_0$ 平面的负方. 实验发现，流速较快的正方气体将带动流速较慢的负方气体，使正方气体的流速减慢，负方气体的流速增快. 这种现象称为黏性现象. 以 $p_{xy}$ 表示正方气体通过单位面积施于负方气体的作用力，其中指标 $x$ 标志平面的法线方向，指标 $y$ 标志力的方向. 根据牛顿第三定律，负方气体通过单位面积施于正方气体的力为 $-p_{xy}$. 牛顿黏性定律给出，作用力 $p_{xy}$ 与宏观流动速度的梯度成正比：

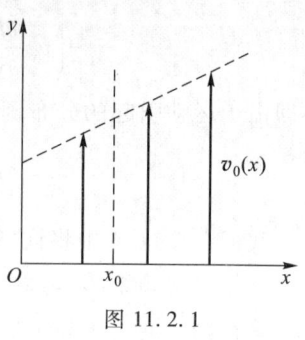

图 11.2.1

$$p_{xy}=\eta \frac{\mathrm{d}v_0}{\mathrm{d}x} \tag{11.2.1}$$

式中 $\eta$ 为黏度，其单位为 Pa·s.

从微观看，气体分子的速度具有各种大小和方向. 气体流动的宏观速度是分子速度的平均值. 对于以宏观速度 $v_0$ 沿 $y$ 方向流动的气体，有

$$\overline{v_x}=0, \quad \overline{v_y}=v_0, \quad \overline{v_z}=0$$

$v_0$ 随 $x$ 增加意味着，平均而言，$x_0$ 平面正方的分子较负方的分子有较大的 $y$ 方向的动量 $mv_y$. 气体在流动过程中，由于原来在 $x_0$ 平面正方的分子可能穿过 $x_0$ 平面进入负方，原来在 $x_0$ 平面负方的分子也有可能穿过 $x_0$ 平面进入正方，总的平均效果将使 $y$ 方向的动量由正方输运到负方去. 根据牛顿第二定律，正方气体通过单位面积施于负方气体的力 $p_{xy}$ 等于在单位时间内通过单位面积从正方输运到负方的净动量.

由式(7.3.16)可得，在单位时间内通过单位面积由负方进入正方，速度在 $\mathrm{d}\omega$ 范围内的分子数为

$$\mathrm{d}\varGamma=v_x f \mathrm{d}\omega$$

其中每一分子所携带的 $y$ 方向动量为 $mv_y$. 将各种速度范围的分子所输运的动量相加，便得在单位时间内通过单位面积由于分子由负方进入正方而由负方输运到正方的动量为

$$\int_0^{\infty}\int_{-\infty}^{+\infty}\int_{-\infty}^{+\infty} mv_x v_y f \mathrm{d}v_x \mathrm{d}v_y \mathrm{d}v_z$$

同理，在单位时间内通过单位面积由于分子由正方进入负方而由正方输运到负方的动量为

$$-\int_{-\infty}^{0}\int_{-\infty}^{+\infty}\int_{-\infty}^{+\infty}mv_xv_yf\mathrm{d}v_x\mathrm{d}v_y\mathrm{d}v_z$$

两者相减,就得到在单位时间内通过单位面积由正方输运到负方的净动量为

$$p_{xy}=-\int_{-\infty}^{+\infty}mv_xv_yf\mathrm{d}\omega \tag{11.2.2}$$

如果气体沿 $y$ 方向流动的宏观速度是均匀的而不是 $x$ 的函数,气体将处于平衡状态.在这种情形下,分布函数是麦克斯韦分布(习题7.9):

$$f^{(0)}=n\left(\frac{m}{2\pi kT}\right)^{3/2}\mathrm{e}^{-\frac{m}{2kT}[v_x^2+(v_y-v_0)^2+v_z^2]} \tag{11.2.3}$$

其中 $v_0$ 是常量.将式(11.2.3)代入式(11.2.2),由于被积函数是 $v_x$ 的奇函数,积分得 $p_{xy}=0$. 这表明,当不存在速度梯度时,气体内部没有切面方向的应力.这是与实际相符的.

如果气体流动的宏观速度随 $x$ 而异,局域平衡的分布函数 $f^{(0)}$ 仍可表示为式(11.2.3)的形式,只是其中的 $v_0$ 是 $x$ 的函数.显然,局域平衡的分布函数 $f^{(0)}$ 并不是方程(11.1.13)的解,因为将 $f^{(0)}$ 代入该方程,右方为零而左方非零.现在要由方程(11.1.13)求定常状态的非平衡分布函数 $f$. 在所考虑的情形下,没有外力且 $f$ 只是 $x$ 的函数,式(11.1.13)可简化为

$$v_x\frac{\partial f}{\partial x}=-\frac{f-f^{(0)}}{\tau_0} \tag{11.2.4}$$

假设速度梯度 $\dfrac{\partial v_0}{\partial x}$ 很小,因而 $\dfrac{\partial f}{\partial x}$ 也很小.这时 $f$ 对 $f^{(0)}$ 的偏离很小.令

$$f=f^{(0)}+f^{(1)} \tag{11.2.5}$$

其中 $f^{(1)}\ll f^{(0)}$. 将上式代入式(11.2.4),只保留一级小量,可得

$$v_x\frac{\partial f^{(0)}}{\partial x}=-\frac{f^{(1)}}{\tau_0} \tag{11.2.6}$$

考虑到式(11.2.3),上式可表示为

$$f^{(1)}=-\tau_0 v_x\frac{\partial f^{(0)}}{\partial x}=\tau_0 v_x\frac{\partial f^{(0)}}{\partial v_y}\cdot\frac{\mathrm{d}v_0}{\mathrm{d}x} \tag{11.2.7}$$

因此

$$f=f^{(0)}+\frac{\mathrm{d}v_0}{\mathrm{d}x}\cdot\frac{\partial f^{(0)}}{\partial v_y}v_x\tau_0 \tag{11.2.8}$$

将上式代入式(11.2.2),注意 $f^{(0)}$ 代入后积分为零,故有

$$p_{xy}=-\int_{-\infty}^{+\infty}mv_x^2v_y\tau_0\frac{\partial f^{(0)}}{\partial v_y}\cdot\frac{\mathrm{d}v_0}{\mathrm{d}x}\mathrm{d}\omega$$

与式(11.2.1)比较,得黏度 $\eta$ 为

$$\eta=-m\int_{-\infty}^{+\infty}v_x^2v_y\tau_0\frac{\partial f^{(0)}}{\partial v_y}\mathrm{d}\omega \tag{11.2.9}$$

利用分部积分,有

$$\int_{-\infty}^{+\infty}v_y\frac{\partial f^{(0)}}{\partial v_y}\mathrm{d}v_y=\left[f^{(0)}v_y\right]\Big|_{-\infty}^{+\infty}-\int_{-\infty}^{+\infty}f^{(0)}\mathrm{d}v_y=-\int_{-\infty}^{+\infty}f^{(0)}\mathrm{d}v_y$$

可得

$$\eta = m\overline{\tau_0}\int v_x^2 f^{(0)}\,\mathrm{d}\omega = nm\overline{\tau_0}\,\overline{v_x^2} \tag{11.2.10}$$

其中 $\overline{\tau_0}$ 是 $\tau_0$ 的某种平均值，$\overline{v_x^2}$ 是在局域平衡分布

$$f^{(0)} = n\left(\frac{m}{2\pi kT}\right)^{3/2} \mathrm{e}^{-\frac{m}{2kT}[v_x^2+(v_y-v_0)^2+v_z^2]}$$

下 $v_x^2$ 的平均值. 易知 $\frac{1}{2}m\,\overline{v_x^2} = \frac{1}{2}kT$. 因此式(11.2.10)可表示为

$$\eta = nkT\,\overline{\tau_0} \tag{11.2.11}$$

现在根据式(11.2.11)作一些定性的讨论. 前面说过，弛豫时间 $\overline{\tau_0}$ 与分子在两次连续碰撞之间所经历的平均自由时间具有相同的量级. 以 $\bar{l}$ 表示分子在两次连续碰撞之间走过的平均路程，即平均自由程，以 $\bar{v}$ 表示分子的平均速率，则

$$\bar{l} = \bar{v}\,\overline{\tau_0} \tag{11.2.12}$$

因此，式(11.2.11)可表示为

$$\eta = nkT\,\bar{l}/\bar{v} \tag{11.2.13}$$

平均自由程 $\bar{l}$ 与单位体积中的分子数 $n$ 成反比（习题11.8）. 平均速度 $\bar{v}$ 与 $\sqrt{T}$ 成正比，因此由上式可得

$$\eta \propto \sqrt{T} \tag{11.2.14}$$

上式表明，在温度一定时，$\eta$ 与压强无关. 这一结论是麦克斯韦在1860年首先从理论上得到的，后来才得到实验的证实.

现在我们将式(11.2.10)与初级理论的结果进行比较. 假设 $v_0$ 很小，令 $\overline{v_x^2} = \frac{1}{3}\overline{v^2}$；忽略平均速率与方均根速率的差别，令 $\overline{v^2} = (\bar{v})^2$；再令 $\bar{v}\,\overline{\tau_0} = \bar{l}$，即可由式(11.2.10)得到

$$\eta = \frac{1}{3}nm\bar{v}\bar{l} \tag{11.2.15}$$

式(11.2.15)就是由初级理论得到的结果.

## §11.3 金属的电导率

本节应用玻耳兹曼方程的弛豫时间近似讨论金属中自由电子的导电问题.

设在金属内部存在一个恒定且均匀的沿 $z$ 方向的电场. 实验发现，电流密度 $J_z$ 与电场 $E_z$ 成正比：

$$J_z = \sigma E_z \tag{11.3.1}$$

其中 $\sigma$ 是金属的电导率. 式(11.3.1)称为欧姆定律.

以 $f$ 表示单位体积内动量为 $p$ 的一个量子态上的平均电子数，则单位体积内速度间隔 $\mathrm{d}\omega$ 内的平均电子数为

## §11.3 金属的电导率

$$f \cdot \frac{2m^3}{h^3} d\omega$$

其中 $m$ 为电子质量，$h$ 为普朗克常量，因子 2 是考虑到电子自旋的两个可能取向而引入的. 电流密度 $J_z$ 等于在单位时间内通过单位截面的电子数乘以电子所携带的电荷 $-e$，即

$$J_z = (-e) \int f v_z \cdot \frac{2m^3 d\omega}{h^3} \quad (11.3.2)$$

如果不存在外电场 $E_z$，$f$ 就是通常的费米分布，以 $f^{(0)}$ 表示，有

$$f^{(0)} = \frac{1}{e^{\beta\left(\frac{p^2}{2m}-\mu\right)}+1} \quad (11.3.3)$$

将上式代入式(11.3.2)，由于被积函数是 $v_z$ 的奇函数，积分得 $J_z=0$. 这表明，当不存在外电场时，金属内部没有宏观的电流. 这是与实际相符的.

当存在外电场时，定常状态下电子的分布函数 $f$ 由方程(11.1.13)确定. 在所讨论的情形下，式(11.1.13)可简化为

$$-\frac{eE_z}{m}\frac{\partial f}{\partial v_z} = -\frac{f-f^{(0)}}{\tau_0} \quad (11.3.4)$$

假设外电场很弱，$f$ 对 $f^{(0)}$ 的偏离很小，可将 $f$ 表示为

$$f = f^{(0)} + f^{(1)} \quad (11.3.5)$$

其中 $f^{(1)} \ll f^{(0)}$. 将上式代入式(11.3.4)，只保留一级小量，可得

$$\frac{eE_z}{m}\frac{\partial f^{(0)}}{\partial v_z} = \frac{f^{(1)}}{\tau_0}$$

因此

$$f = f^{(0)} + \frac{eE_z}{m}\tau_0 \frac{\partial f^{(0)}}{\partial v_z} \quad (11.3.6)$$

将上式代入式(11.3.2)，第一项 $f^{(0)}$ 代入后积分为零，故有

$$J_z = -\frac{e^2 E_z}{m} \int \tau_0 v_z \frac{\partial f^{(0)}}{\partial v_z} \cdot \frac{2m^3 d\omega}{h^3}$$

对于费米分布，$\frac{\partial f^{(0)}}{\partial v_z}$ 仅在 $\varepsilon \approx \mu$ 附近不为零. 这意味着，仅 $\varepsilon \approx \mu$ 附近的电子对电导率有贡献. 因此可以在上式中令 $\tau_0$ 等于 $\varepsilon \approx \mu$ 处的 $\tau_0$ 值，以 $\tau_F$ 表示. 这样

$$J_z = -\frac{e^2 E_z}{m}\tau_F \int v_z \frac{\partial f^{(0)}}{\partial v_z} \cdot \frac{2m^3 d\omega}{h^3} \quad (11.3.7)$$

利用分部积分，有

$$\int_{-\infty}^{+\infty} v_z \frac{\partial f^{(0)}}{\partial v_z} dv_z = \left[f^{(0)} v_z\right]\Big|_{-\infty}^{+\infty} - \int_{-\infty}^{+\infty} f^{(0)} dv_z = -\int_{-\infty}^{+\infty} f^{(0)} dv_z$$

可得

$$J_z = \frac{e^2 E_z}{m}\tau_F \int f^{(0)} \cdot \frac{2m^3 d\omega}{h^3} = \frac{ne^2 \tau_F}{m}E_z \quad (11.3.8)$$

与式(11.3.1)比较,得

$$\sigma = \frac{ne^2 \tau_F}{m} \tag{11.3.9}$$

其中 $n$ 是单位体积内的自由电子数.

要得到进一步的结果,需要详细分析电子所遭受的碰撞以求出 $\tau_F$. 我们不准备讨论这个问题,只根据式(11.3.9)作定性的讨论. 在高温下,自由电子在金属中主要受离子振动的散射(声子的散射). 以 $l_F$ 和 $v_F$ 分别表示 $\varepsilon \approx \mu$ 附近电子的自由程和速率,则

$$l_F = \tau_F v_F \tag{11.3.10}$$

$v_F$ 对温度仅有微弱的依赖关系. 如果用爱因斯坦模型描述离子的振动,在高温下, $\frac{\hbar\omega}{kT} \ll 1$, 其中 $\omega$ 为声子简正振动的圆频率,声子密度 $n(\omega)$ 可近似为

$$n(\omega) \sim \frac{1}{e^{\frac{\hbar\omega}{kT}} - 1} \sim \frac{kT}{\hbar\omega}$$

电子的自由程与声子密度 $n(\omega)$ 成反比,因而与温度 $T$ 成反比. 由式(11.3.9)知,金属的电导率与温度 $T$ 成反比:

$$\sigma \propto \frac{1}{T} \tag{11.3.11}$$

这个温度依赖关系与高温下的实验结果相符合.

## §11.4 玻耳兹曼积分微分方程

我们在 §11.1 中对分布函数的碰撞变化率采用弛豫时间近似,得到的方程是分布函数 $f$ 的线性方程,便于求解. 但在结果中含有弛豫时间 $\tau_0$, 如果要从理论上计算 $\tau_0$, 仍需详细分析分子遭受的碰撞. 本节考虑碰撞对分布函数的影响,可以得到关于分布函数 $f$ 的一个积分微分方程,称为玻耳兹曼积分微分方程.

要考虑分子的碰撞,必须确定分子的碰撞机制. 我们采用最简单的模型. 假设分子是弹性刚球,球的大小和形状在碰撞时不发生变化,碰撞时两球的相互作用力在两球球心的连线上. 这个模型叫弹性刚球模型. 另一个常用的模型是力心点模型.[①] 这两个模型都只能考虑平动能在分子之间的交换,不能考虑平动能与转动能或振动能的交换,因而只适用于单原子分子气体或者假设碰撞中分子的内部状态不发生改变.

假定气体是稀薄的,三个或三个以上的分子同时碰在一起的概率很小,可只考虑两个分子的碰撞. 先讨论两个分子碰撞前后速度的改变. 设两个分子的质量分别为 $m_1$ 和 $m_2$, 直径分别为 $d_1$ 和 $d_2$, 碰前的速度分别为 $\boldsymbol{v}_1(v_{1x}, v_{1y}, v_{1z})$ 和 $\boldsymbol{v}_2(v_{2x}, v_{2y}, v_{2z})$, 碰后的速度为 $\boldsymbol{v}'_1(v'_{1x}, v'_{1y}, v'_{1z})$ 和 $\boldsymbol{v}'_2(v'_{2x}, v'_{2y}, v'_{2z})$. 因为碰撞是弹性的,碰撞前后的动量和动能守恒,故有

---

① 例如,参阅前引 Reif F 的书, §14.1, §14.2.

## §11.4 玻耳兹曼积分微分方程

$$\begin{cases} m_1\boldsymbol{v}_1 + m_2\boldsymbol{v}_2 = m_1\boldsymbol{v}_1' + m_2\boldsymbol{v}_2' \\ \dfrac{1}{2}m_1 v_1^2 + \dfrac{1}{2}m_2 v_2^2 = \dfrac{1}{2}m_1 {v_1'}^2 + \dfrac{1}{2}m_2 {v_2'}^2 \end{cases} \tag{11.4.1}$$

式(11.4.1)共有4个方程,其中动量守恒有3个方程,能量守恒有1个方程.在碰撞速度$\boldsymbol{v}_1$和$\boldsymbol{v}_2$给定之后,这4个方程不足以完全确定碰后的速度$\boldsymbol{v}_1'$和$\boldsymbol{v}_2'$.因为碰后速度共有6个未知数$(v_{1x}', v_{1y}', v_{1z}')$和$(v_{2x}', v_{2y}', v_{2z}')$,比方程的数目多2个.这意味着,碰后速度包含2个任意量.这2个任意量的物理意义是碰撞方向的任意性.我们用$\boldsymbol{n}$表示两分子相碰时由第一个分子中心到第二个分子中心的方向,以标志两个分子的碰撞方向.当碰前速度$\boldsymbol{v}_1$、$\boldsymbol{v}_2$和碰撞方向$\boldsymbol{n}$都给定之后,碰后速度就完全确定了.

现在求$\boldsymbol{v}_1'$、$\boldsymbol{v}_2'$与$\boldsymbol{v}_1$、$\boldsymbol{v}_2$、$\boldsymbol{n}$的关系.由于碰撞时作用于两分子的力与$\boldsymbol{n}$平行或反平行,两个分子的速度改变也必与$\boldsymbol{n}$平行或反平行,故有

$$\boldsymbol{v}_1' - \boldsymbol{v}_1 = \lambda_1 \boldsymbol{n}, \quad \boldsymbol{v}_2' - \boldsymbol{v}_2 = \lambda_2 \boldsymbol{n} \tag{11.4.2}$$

将式(11.4.2)中的$\boldsymbol{v}_1'$和$\boldsymbol{v}_2'$代入式(11.4.1),可解得

$$\lambda_1 = \frac{2m_2}{m_1+m_2}(\boldsymbol{v}_2-\boldsymbol{v}_1)\cdot\boldsymbol{n}$$

$$\lambda_2 = -\frac{2m_1}{m_1+m_2}(\boldsymbol{v}_2-\boldsymbol{v}_1)\cdot\boldsymbol{n}$$

再代回式(11.4.2),得

$$\begin{cases} \boldsymbol{v}_1' = \boldsymbol{v}_1 + \dfrac{2m_2}{m_1+m_2}[(\boldsymbol{v}_2-\boldsymbol{v}_1)\cdot\boldsymbol{n}]\boldsymbol{n} \\ \boldsymbol{v}_2' = \boldsymbol{v}_2 - \dfrac{2m_1}{m_1+m_2}[(\boldsymbol{v}_2-\boldsymbol{v}_1)\cdot\boldsymbol{n}]\boldsymbol{n} \end{cases} \tag{11.4.3}$$

式(11.4.3)给出了碰后速度与碰前速度、碰撞方向的关系.

将式(11.4.3)的两式相减,得

$$\boldsymbol{v}_2' - \boldsymbol{v}_1' = \boldsymbol{v}_2 - \boldsymbol{v}_1 - 2[(\boldsymbol{v}_2-\boldsymbol{v}_1)\cdot\boldsymbol{n}]\boldsymbol{n} \tag{11.4.4}$$

两边平方得

$$(\boldsymbol{v}_2'-\boldsymbol{v}_1')^2 = (\boldsymbol{v}_2-\boldsymbol{v}_1)^2 \tag{11.4.5}$$

上式表明,相对速率不因碰撞而改变.

求式(11.4.4)与$\boldsymbol{n}$的标积,可得

$$(\boldsymbol{v}_2'-\boldsymbol{v}_1')\cdot\boldsymbol{n} = -(\boldsymbol{v}_2-\boldsymbol{v}_1)\cdot\boldsymbol{n} \tag{11.4.6}$$

上式表明,相对速度在碰撞方向$\boldsymbol{n}$的投影在碰撞前后改变符号.

将式(11.4.6)代入式(11.4.3)可得

$$\begin{cases} \boldsymbol{v}_1 = \boldsymbol{v}_1' + \dfrac{2m_2}{m_1+m_2}[(\boldsymbol{v}_2'-\boldsymbol{v}_1')\cdot(-\boldsymbol{n})](-\boldsymbol{n}) \\ \boldsymbol{v}_2 = \boldsymbol{v}_2' - \dfrac{2m_1}{m_1+m_2}[(\boldsymbol{v}_2'-\boldsymbol{v}_1')\cdot(-\boldsymbol{n})](-\boldsymbol{n}) \end{cases} \tag{11.4.7}$$

将式(11.4.7)与式(11.4.3)比较可看出,如果两分子在碰前的速度为$\boldsymbol{v}_1'$和$\boldsymbol{v}_2'$,碰撞方向为$\boldsymbol{n}' = -\boldsymbol{n}$,碰后速度就是$\boldsymbol{v}_1$和$\boldsymbol{v}_2$.我们把这种碰撞称为反碰撞.

上面分析了分子在碰撞前后速度的改变,这完全是一个力学的问题.现在从统计的角度考虑,讨论分子的碰撞数.以第一个分子 $m_1$ 的中心为球心,$d_{12} = \frac{1}{2}(d_1+d_2)$ 为半径作一球,叫作虚球(图 11.4.1 中用虚线表示).发生碰撞时,第二个分子 $m_2$ 的中心必位于虚球上.第二个分子对第一个分子的相对速度为 $\boldsymbol{v}_2-\boldsymbol{v}_1$. 以 $\theta$ 表示 $\boldsymbol{v}_1-\boldsymbol{v}_2$ 与碰撞方向 $\boldsymbol{n}$ 的夹角($\boldsymbol{v}_2-\boldsymbol{v}_1$ 与 $\boldsymbol{n}$ 的夹角为 $\pi-\theta$),令 $\boldsymbol{n}\cdot(\boldsymbol{v}_1-\boldsymbol{v}_2) = v_r\cos\theta$,其中 $v_r = |\boldsymbol{v}_2-\boldsymbol{v}_1|$ 是相对速率.显然只有 $0 \leq \theta \leq \frac{\pi}{2}$ 时,这两个分子才有可能在 $\boldsymbol{n}$ 方向碰撞.

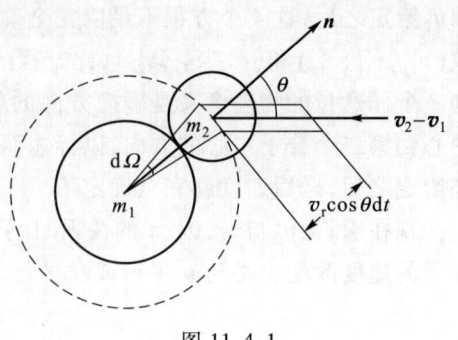

图 11.4.1

在 $\mathrm{d}t$ 时间内,第二个分子要在以 $\boldsymbol{n}$ 为轴线的立体角 $\mathrm{d}\Omega$ 内碰到第一个分子上,它必须位于以 $\boldsymbol{v}_2-\boldsymbol{v}_1$ 为轴线,以 $v_r\cos\theta\mathrm{d}t$ 为高,以 $d_{12}^2\mathrm{d}\Omega$ 为底的柱体内.这个柱体的体积是

$$d_{12}^2 v_r \cos\theta \mathrm{d}\Omega \mathrm{d}t$$

设分布函数是 $f(\boldsymbol{r},\boldsymbol{v},t)$,即在时刻 $t$ 位于体积元 $\mathrm{d}\tau$ 和速度间隔 $\mathrm{d}\omega$ 内的分子数为 $f(\boldsymbol{r},\boldsymbol{v},t)\mathrm{d}\tau\mathrm{d}\omega$. 如前所述,这个分子数是统计平均值.一个速度为 $\boldsymbol{v}_1$ 的分子在 $\mathrm{d}t$ 时间内,与速度间隔在 $\mathrm{d}\omega_2$ 内的分子在以 $\boldsymbol{n}$ 为轴线的立体角 $\mathrm{d}\Omega$ 内相碰的次数为

$$f_2 \mathrm{d}\omega_2 d_{12}^2 v_r \cos\theta \mathrm{d}\Omega \mathrm{d}t \tag{11.4.8}$$

其中 $f_2$ 是 $f(\boldsymbol{r},\boldsymbol{v}_2,t)$ 的简写.引入符号 $\Lambda$,令

$$\Lambda \mathrm{d}\Omega = d_{12}^2 (\boldsymbol{v}_1-\boldsymbol{v}_2)\cdot\boldsymbol{n}\mathrm{d}\Omega = d_{12}^2 v_r \cos\theta\mathrm{d}\Omega$$

可以将式(11.4.8)表示为

$$f_2 \Lambda \mathrm{d}\omega_2 \mathrm{d}\Omega \mathrm{d}t \tag{11.4.9}$$

把一个分子的碰撞数乘以 $\mathrm{d}\tau\mathrm{d}\omega_1$ 中的分子数 $f_1\mathrm{d}\tau\mathrm{d}\omega_1$,就得到在 $\mathrm{d}t$ 时间内,在体积元 $\mathrm{d}\tau$ 内,速度在间隔 $\mathrm{d}\omega_1$ 内的分子与速度间隔在 $\mathrm{d}\omega_2$ 内的分子在以 $\boldsymbol{n}$ 为轴线的立体角 $\mathrm{d}\Omega$ 内的碰撞次数为

$$f_1 f_2 \mathrm{d}\omega_1 \mathrm{d}\omega_2 \Lambda \mathrm{d}\Omega \mathrm{d}t \mathrm{d}\tau \tag{11.4.10}$$

我们称这个次数为元碰撞数.在元碰撞中,原来速度位于 $\mathrm{d}\omega_1$ 内和 $\mathrm{d}\omega_2$ 内的分子,在以 $\boldsymbol{n}$ 为轴线的立体角内相碰后,变为速度位于 $\mathrm{d}\omega_1'$ 内和 $\mathrm{d}\omega_2'$ 内的分子了.前面的讨论指出,其反碰撞是,原来位于 $\mathrm{d}\omega_1'$ 内和 $\mathrm{d}\omega_2'$ 内的分子,在以 $\boldsymbol{n}'=-\boldsymbol{n}$ 为轴线的立体角 $\mathrm{d}\Omega$ 内相碰后,变为速度位于 $\mathrm{d}\omega_1$ 内和 $\mathrm{d}\omega_2$ 内的分子.我们将在 $\mathrm{d}t$ 时间内,在体积元 $\mathrm{d}\tau$ 内,速度位于 $\mathrm{d}\omega_1'$ 内的分子与速度位于 $\mathrm{d}\omega_2'$ 内的分子在以 $\boldsymbol{n}'=-\boldsymbol{n}$ 为轴线的立体角 $\mathrm{d}\Omega$ 内碰撞的次数称为元反碰撞数.元反碰撞数等于

$$f_1' f_2' \mathrm{d}\omega_1' \mathrm{d}\omega_2' \Lambda' \mathrm{d}\Omega \mathrm{d}t \mathrm{d}\tau \tag{11.4.11}$$

其中 $f_1'$ 和 $f_2'$ 是 $f(\boldsymbol{r},\boldsymbol{v}_1',t)$ 和 $f(\boldsymbol{r},\boldsymbol{v}_2',t)$ 的简写,$\Lambda' = d_{12}^2(\boldsymbol{v}_1'-\boldsymbol{v}_2')\cdot\boldsymbol{n}'$.

由于碰撞,在 $\mathrm{d}t$ 时间内,在体积元 $\mathrm{d}\tau$ 内,速度间隔 $\mathrm{d}\omega_1$ 内分子数的增加量为

$$\left(\frac{\partial f_1}{\partial t}\right)_c \mathrm{d}t \mathrm{d}\omega_1 \mathrm{d}\tau \tag{11.4.12}$$

为了求得式(11.4.12),必须把一切有关的元碰撞数与元反碰撞数都计算进去,即必须对第二个分子的速度和碰撞方向求积分.这就是说,要对式(11.4.10)的 $\mathrm{d}\omega_2$ 和 $\mathrm{d}\Omega$ 积分,式

(11.4.11)的微分为 $\mathrm{d}\omega_1'\mathrm{d}\omega_2'$,也必须根据式(11.4.3)换为 $\mathrm{d}\omega_1\mathrm{d}\omega_2$,即换为反碰撞的碰后速度而对 $\mathrm{d}\omega_2$ 和 $\mathrm{d}\Omega$ 积分.

根据重积分的变换公式,有

$$\mathrm{d}\omega_1'\mathrm{d}\omega_2' = |J| \mathrm{d}\omega_1\mathrm{d}\omega_2 \tag{11.4.13}$$

其中

$$J = \frac{\partial(v_{1x}', v_{1y}', v_{1z}', v_{2x}', v_{2y}', v_{2z}')}{\partial(v_{1x}, v_{1y}, v_{1z}, v_{2x}, v_{2y}, v_{2z})}$$

根据式(11.4.3)可以直接证明 $|J|=1$,但计算很繁.较简单的证明可利用式(11.4.3)的对称性而得到.将式(11.4.7)改写为

$$\boldsymbol{v}_1 = \boldsymbol{v}_1' + \frac{2m_2}{m_1+m_2}[(\boldsymbol{v}_2'-\boldsymbol{v}_1')\cdot\boldsymbol{n}]\boldsymbol{n}$$

$$\boldsymbol{v}_2 = \boldsymbol{v}_2' - \frac{2m_1}{m_1+m_2}[(\boldsymbol{v}_2'-\boldsymbol{v}_1')\cdot\boldsymbol{n}]\boldsymbol{n}$$

由这两个式子可看出,$\boldsymbol{v}_1$、$\boldsymbol{v}_2$ 与 $\boldsymbol{v}_1'$、$\boldsymbol{v}_2'$、$\boldsymbol{n}$ 的关系跟式(11.4.3)所给出的 $\boldsymbol{v}_1'$、$\boldsymbol{v}_2'$ 与 $\boldsymbol{v}_1$、$\boldsymbol{v}_2$、$\boldsymbol{n}$ 的关系完全相同.因此,有

$$J' = \frac{\partial(v_{1x}, v_{1y}, v_{1z}, v_{2x}, v_{2y}, v_{2z})}{\partial(v_{1x}', v_{1y}', v_{1z}', v_{2x}', v_{2y}', v_{2z}')} = J$$

由行列式相乘的法则可知,$JJ'=1$,故得 $J^2=1$,所以 $|J|=1$.又因

$$\Lambda' = d_{12}^2(\boldsymbol{v}_1'-\boldsymbol{v}_2')\cdot\boldsymbol{n}' = d_{12}^2(\boldsymbol{v}_1-\boldsymbol{v}_2)\cdot\boldsymbol{n} = \Lambda$$

因此式(11.4.11)的元反碰撞数可表示为

$$f_1'f_2'\mathrm{d}\omega_1\mathrm{d}\omega_2\Lambda\mathrm{d}\Omega\mathrm{d}t\mathrm{d}\tau \tag{11.4.14}$$

元碰撞使 $\mathrm{d}\omega_1$ 内的分子数减少,元反碰撞使 $\mathrm{d}\omega_1$ 内的分子数增加.对式(11.4.14)和式(11.4.10)的 $\mathrm{d}\omega_2$ 和 $\mathrm{d}\Omega$ 积分,两者相减便可得到因碰撞而增加的分子数为

$$\left(\frac{\partial f_1}{\partial t}\right)_c \mathrm{d}t\mathrm{d}\tau\mathrm{d}\omega_1 = \mathrm{d}t\mathrm{d}\tau\mathrm{d}\omega_1 \iint (f_1'f_2'-f_1f_2)\mathrm{d}\omega_2\Lambda\mathrm{d}\Omega$$

消去 $\mathrm{d}t\mathrm{d}\tau\mathrm{d}\omega_1$,并将 $\boldsymbol{v}_1$ 换为 $\boldsymbol{v}$,$\boldsymbol{v}_2$ 换为 $\boldsymbol{v}_1$,便得

$$\left(\frac{\partial f}{\partial t}\right)_c = \iint (f_1'f'-f_1f)\mathrm{d}\omega_1\Lambda\mathrm{d}\Omega \tag{11.4.15}$$

上式给出了分布函数的碰撞变化率.

将式(11.4.15)的碰撞变化率与式(11.1.8)的运动变化率相加,便可得到分布函数的变化率,从而得到确定分布函数 $f$ 的方程式:

$$\frac{\partial f}{\partial t} + v_x\frac{\partial f}{\partial x} + v_y\frac{\partial f}{\partial y} + v_z\frac{\partial f}{\partial z} + X\frac{\partial f}{\partial v_x} + Y\frac{\partial f}{\partial v_y} + Z\frac{\partial f}{\partial v_z}$$

$$= \iint (f'f_1'-ff_1)\mathrm{d}\omega_1\Lambda\mathrm{d}\Omega \tag{11.4.16}$$

其中的积分限是

$$\int \mathrm{d}\omega_1 = \int_{-\infty}^{+\infty}\int_{-\infty}^{+\infty}\int_{-\infty}^{+\infty}\mathrm{d}v_{1x}\mathrm{d}v_{1y}\mathrm{d}v_{1z}$$

$$\int \mathrm{d}\Omega = \int_0^{2\pi}\mathrm{d}\varphi\int_0^{\frac{\pi}{2}}\sin\theta\mathrm{d}\theta$$

式(11.4.16)称为玻耳兹曼积分微分方程,它是分布函数$f$的非线性的积分微分方程.

最后应当说明,在导出玻耳兹曼积分微分方程时,我们实际上作了一个假设,称为分子混沌性假设.一般说来,在某一时刻$t$,两个分子各处在$d\tau_1 d\omega_1$和$d\tau_2 d\omega_2$内的概率由双粒子概率分布给出,为

$$\frac{1}{N^2}f(\boldsymbol{r}_1,\boldsymbol{v}_1,\boldsymbol{r}_2,\boldsymbol{v}_2,t)d\tau_1 d\omega_1 d\tau_2 d\omega_2 \tag{11.4.17}$$

如果两个分子的概率分布相互独立,不存在关联,上式可分解为单粒子概率分布的乘积:

$$\frac{f(\boldsymbol{r}_1,\boldsymbol{v}_1,t)d\tau_1 d\omega_1}{N} \cdot \frac{f(\boldsymbol{r}_2,\boldsymbol{v}_2,t)d\tau_2 d\omega_2}{N} \tag{11.4.18}$$

假如两个分子相距足够远,式(11.4.18)的分解是可以理解的.但在计算分子的元碰撞数式(11.4.11)和元反碰撞数式(11.4.14)时,两分子显然是在力程之内,上述分解就只能看作近似性的假设.

玻耳兹曼是用半直观的方法导出他的方程的.后来人们试图从更基本层次的动力学方程——刘维尔方程出发,得到玻耳兹曼类型的方程.从刘维尔方程可以导出$n$个粒子分布函数$f_n(r_1,p_1,\cdots,r_n,p_n,t)$的运动方程.$f_1(r_1,p_1,t)$就是通常的分布函数,$f_1$的运动方程含双粒子分布函数$f_2(r_1,p_1,r_2,p_2,t)$,$f_2$的运动方程含三粒子分布函数$f_3(r_1,p_1,r_2,p_2,r_3,p_3,t)\cdots\cdots$结果将导致一个联立方程链.对于包含$N$个粒子的系统,方程链含有$N$个方程式,称为BBGKY级列[方程]或BBGKY方程链①.作为力学规律的结果,刘维尔方程和BBGKY方程链都是可逆的,要从它们出发得到不可逆的玻耳兹曼类型的方程,必须引入某种统计假设.对于要在什么地方、引入什么样的统计假设,人们作过不少探讨.研究还显示,如果气体密度和分子作用力程过大,通常形式的玻耳兹曼方程是不适用的.有兴趣的读者可参阅其他书籍②.

## §11.5 $H$ 定 理

本节根据玻耳兹曼积分微分方程研究趋向平衡问题.

1872年,玻耳兹曼引进了分布函数$f$的一个泛函,其定义为

$$H = \iint f(\boldsymbol{r},\boldsymbol{v},t)\ln f(\boldsymbol{r},\boldsymbol{v},t)d\tau d\omega = \iint f\ln f d\tau d\omega \tag{11.5.1}$$

当$f$随$t$改变时,$H$随$t$的变化率为

$$\frac{dH}{dt} = \frac{d}{dt}\iint f\ln f d\tau d\omega = \iint (1+\ln f)\frac{\partial f}{\partial t}d\tau d\omega$$

将玻耳兹曼方程

$$\frac{\partial f}{\partial t}+v_x\frac{\partial f}{\partial x}+v_y\frac{\partial f}{\partial y}+v_z\frac{\partial f}{\partial z}+X\frac{\partial f}{\partial v_x}+Y\frac{\partial f}{\partial v_y}+Z\frac{\partial f}{\partial v_z}$$
$$= \iint (f'f_1'-ff_1)d\omega_1 \Lambda d\Omega \tag{11.5.2}$$

---

① BBGKY 是 Bogoliubov-Born-Green-Kirkwood-Yvon 的简写.
② 例如前引 Jancel R 的书.

代入可得

$$\frac{dH}{dt} = -\iint (1+\ln f)\left(v_x \frac{\partial f}{\partial x} + v_y \frac{\partial f}{\partial y} + v_z \frac{\partial f}{\partial z}\right) d\tau d\omega$$

$$- \iint (1+\ln f)\left(X \frac{\partial f}{\partial v_x} + Y \frac{\partial f}{\partial v_y} + Z \frac{\partial f}{\partial v_z}\right) d\tau d\omega$$

$$- \iiiint (1+\ln f)(ff_1 - f'f_1') d\tau d\omega_1 \Lambda d\Omega d\omega \tag{11.5.3}$$

式(11.5.3)右方第一行关于 $d\tau$ 的积分可化为

$$-\int (1+\ln f)(\boldsymbol{v} \cdot \nabla f) d\tau = -\int \nabla \cdot (\boldsymbol{v} f \ln f) d\tau = -\oint d\boldsymbol{\Sigma} \cdot \boldsymbol{v} f \ln f$$

最后一步用到了高斯定理,$\oint d\boldsymbol{\Sigma}$ 代表沿封闭器壁的面积分. 由于分子不能穿出器壁,$f$ 在边界上必为零. 因此上式积分为零,即式(11.5.3)右方第一行为零.

式(11.5.3)右方第二行关于 $d\omega$ 的积分可化为

$$-\int (1+\ln f)\left[\frac{\partial}{\partial v_x}(Xf) + \frac{\partial}{\partial v_y}(Yf) + \frac{\partial}{\partial v_z}(Zf)\right] d\omega$$

$$= -\int \left[\frac{\partial}{\partial v_x}(Xf \ln f) + \frac{\partial}{\partial v_y}(Yf \ln f) + \frac{\partial}{\partial v_z}(Zf \ln f)\right] d\omega$$

其中用到了关于外力的条件:

$$\frac{\partial X}{\partial v_x} + \frac{\partial Y}{\partial v_y} + \frac{\partial Z}{\partial v_z} = 0$$

但上面积分的每一项都等于零. 例如第一项关于 $v_x$ 的积分为

$$\int_{-\infty}^{+\infty} \frac{\partial}{\partial v_x}(Xf \ln f) dv_x = Xf \ln f \Big|_{-\infty}^{+\infty} = 0$$

这是因为当 $v_x \to \pm\infty$ 时,必有 $f=0$ 的缘故. 因此式(11.5.3)右方第二行为零.

由此可知,对于孤立系统,分子运动引起的分布函数变化不会导致函数 $H$ 的改变,由式(11.5.3)右方第三行得

$$\frac{dH}{dt} = -\iiiint (1+\ln f)(ff_1 - f'f_1') d\omega d\omega_1 \Lambda d\Omega d\tau \tag{11.5.4}$$

式(11.5.4)右方要对变量 $\boldsymbol{v}_1$ 和 $\boldsymbol{v}$ 求积分. 如果在被积函数中令 $\boldsymbol{v}_1 \rightleftharpoons \boldsymbol{v}$,积分是不会改变的. 因此得

$$\frac{dH}{dt} = -\iiiint (1+\ln f_1)(ff_1 - f'f_1') d\omega d\omega_1 \Lambda d\Omega d\tau$$

将上式与式(11.5.4)相加,除以 2,得

$$\frac{dH}{dt} = -\frac{1}{2}\iiiint [2 + \ln(ff_1)](ff_1 - f'f_1') d\omega d\omega_1 \Lambda d\Omega d\tau \tag{11.5.5}$$

由于碰撞和反碰撞是对称的,在上式的积分中令 $\boldsymbol{v} \rightleftharpoons \boldsymbol{v}'$,$\boldsymbol{v}_1 \rightleftharpoons \boldsymbol{v}_1'$,积分也是不变的. 因此由式(11.5.5)得

$$\frac{dH}{dt} = -\frac{1}{2}\iiiint [2 + \ln(f'f_1')](f'f_1' - ff_1) d\omega' d\omega_1' \Lambda' d\Omega d\tau$$

在 §11.4 中证明了 $\mathrm{d}\omega'\mathrm{d}\omega_1' = \mathrm{d}\omega\mathrm{d}\omega_1$，$\Lambda' = \Lambda$，故上式可化为

$$\frac{\mathrm{d}H}{\mathrm{d}t} = -\frac{1}{2}\iiint [2+\ln(f'f_1')](f'f_1'-ff_1)\mathrm{d}\omega\mathrm{d}\omega_1\Lambda\mathrm{d}\Omega\mathrm{d}\tau$$

将上式与式(11.5.5)相加，除以 2，得

$$\frac{\mathrm{d}H}{\mathrm{d}t} = -\frac{1}{4}\iiint [\ln(ff_1) - \ln(f'f_1')](ff_1 - f'f_1')\mathrm{d}\omega\mathrm{d}\omega_1\Lambda\mathrm{d}\Omega\mathrm{d}\tau \tag{11.5.6}$$

式(11.5.6)右方的被积函数可表示为

$$F(x,y) = (x-y)(e^x - e^y)$$

其中 $x = \ln(ff_1)$，$y = \ln(f'f_1')$. 当 $x>y$ 时，有 $e^x > e^y$，故 $F>0$；当 $x<y$ 时，有 $e^x < e^y$，也有 $F>0$. 因此，无论 $x$ 与 $y$ 的数值如何，都有 $F \geq 0$，其中等号只有在 $x=y$ 时才成立. 由此可见，式(11.5.6)右方的积分是不可能为负的. 因此，有

$$\frac{\mathrm{d}H}{\mathrm{d}t} \leq 0 \tag{11.5.7}$$

其中等号当且仅当

$$ff_1 = f'f_1' \tag{11.5.8}$$

时成立. 这个定理称为 $H$ 定理.

$H$ 定理指出，当分布函数因分子碰撞而发生改变时，$H$ 函数总是趋向减少的. $H$ 随时间的这种变化给出了趋向平衡的标志，当 $H$ 减少到它的极小值而不再变时，系统就达到平衡状态. 显然，$H$ 与熵函数相当，$H$ 定理与熵增加原理相当(习题 11.10). 这样，$H$ 定理就不但从统计物理的角度论证了趋向平衡问题，而且给出了趋向平衡的熵产生率. 不过，与热力学中的熵增加原理不同，玻耳兹曼的 $H$ 定理不是一个普遍的规律. 由于在玻耳兹曼 $H$ 定理的证明中，分布函数的变化率由玻耳兹曼积分微分方程给出，它只适用于稀薄的单原子经典气体.

在玻耳兹曼提出 $H$ 定理以后，洛施密特在 1876 年提出了所谓"逆转疑问". 力学运动是可逆的，这可根据哈密顿正则方程加以证明. 正则方程是

$$\dot{q}_i = \frac{\partial H}{\partial p_i}, \quad \dot{p}_i = -\frac{\partial H}{\partial q_i} \quad (i=1,2,\cdots,s) \tag{11.5.9}$$

由于力学系统的哈密顿量是其动量的偶函数，即

$$H(q,-p) = H(q,p) \tag{11.5.10}$$

正则方程(11.5.9)在变换 $t \to -t$，$p_i \to -p_i$ 下是不变的. 这就是说，如果

$$q_i = f_i(t), \quad p_i = g_i(t) \quad (i=1,2,\cdots,s) \tag{11.5.11}$$

是方程(11.5.9)的一个解，则

$$q_i' = f_i(-t), \quad p_i' = -g_i(-t) \quad (i=1,2,\cdots,s) \tag{11.5.12}$$

也是方程(11.5.9)的一个解. 式(11.5.11)和式(11.5.12)所描写的运动是彼此互逆的运动. 既然它们都是正则方程的解，就证明了力学运动是可逆的.

洛施密特提出，假设一个系统的 $H$ 函数在减少，如果在某一时刻将所有分子的速度都反转方向，由前述力学规律的可逆性可知，系统将沿原来的相轨道逆向运行. 由于所有分子的速度都反向后系统的 $H$ 函数不变，这个系统的 $H$ 函数将随时间增加. 这就与 $H$ 定理矛盾.

玻耳兹曼对这个驳难的回答是，$H$ 定理不是一个力学规律，而是一个统计规律．首先，根据式(11.1.1)，$f\mathrm{d}\tau\mathrm{d}\omega$ 是分子数的统计平均值，而按式(11.5.1)，$H$ 是 $\ln f$ 的统计平均值，所以

$$H = \overline{\ln f} \tag{11.5.13}$$

即 $H$ 是双重统计平均的结果．其次，$H$ 随时间的改变也是统计性的．$\dfrac{\mathrm{d}H}{\mathrm{d}t}$ 实质上是 $\dfrac{\Delta H}{\Delta t}$，其中 $\Delta H$ 是在宏观短微观长的时间间隔 $\Delta t$ 内，在分子运动和碰撞的影响下，$H$ 的改变的统计平均值．因此，$H$ 定理给出的是系统的统计平均行为，它指出，系统的统计平均行为是具有方向性和不可逆的.

玻耳兹曼 $H$ 定理是统计物理学最重要的成就之一，它第一次从统计物理的角度论证了趋向平衡的不可逆性．微观粒子遵从的力学规律（不论是经典力学还是量子力学）都是可逆的．玻耳兹曼从统计的角度考虑，得到了不可逆的宏观规律．在玻耳兹曼以后，人们对这类问题进行过不少的探讨，例如将玻耳兹曼方程加以推广或用其他形式的演化方程进行研究．有兴趣的读者可参阅其他书籍[1].

## §11.6　细致平衡原理与平衡态的分布函数

$H$ 定理证明，达到平衡状态时，分布函数一定满足

$$f_1 f_2 = f_1' f_2' \tag{11.6.1}$$

由式(11.4.10)和式(11.4.14)可知，当 $f_1 f_2 = f_1' f_2'$ 时，元碰撞数与元反碰撞数正好相等而抵消．这就是说，达到平衡状态时，任何单元的正碰撞和反碰撞都相互抵消而保持平衡．普遍来说，凡是一个元过程跟相应的元反过程相抵消时，就称为细致平衡．显然，如果达到细致平衡，总的平衡必能保持．$H$ 定理证明，要达到总的平衡，必须细致平衡．总的平衡必须由细致平衡来保证这一命题称为细致平衡原理．这个原理在分子碰撞的问题上已由 $H$ 定理证明，不过这是在特殊的碰撞机制下证明的．细致平衡原理在其他许多场合也是正确的，但不是对一切相互作用机制都适用，所以不是自然界的普遍法则[2].

当系统达到平衡状态时，系统的性质不随时间变化，因而分布函数也必不随时间变化，即 $\partial f/\partial t = 0$．由玻耳兹曼积分微分方程(11.4.16)和细致平衡条件式(11.6.1)得

$$v_x \frac{\partial f}{\partial x} + v_y \frac{\partial f}{\partial y} + v_z \frac{\partial f}{\partial z} + X \frac{\partial f}{\partial v_x} + Y \frac{\partial f}{\partial v_y} + Z \frac{\partial f}{\partial v_z} = 0 \tag{11.6.2}$$

式(11.6.1)和式(11.6.2)表明，达到平衡状态时，由碰撞和运动引起的分布函数的改变应该各自分别抵消.

现在我们求式(11.6.1)和式(11.6.2)的解以确定平衡状态的分布函数．将式(11.6.1)取对数，得

$$\ln f_1 + \ln f_2 = \ln f_1' + \ln f_2' \tag{11.6.3}$$

---

[1] 例如，前引 Jancel R 的书．或 Balescu R. Statistical Dynamics [M]. London: Imperial College Press, 1997.
[2] Ter Haar D. Rev. Mod. Phys. [J], 1955, 27: 334.

注意 $\ln f_1$、$\ln f_2$、$\ln f_1'$、$\ln f_2'$ 与其各自变量的函数关系是相同的,其各自的变量分别是两个分子在碰撞前后的速度 $\boldsymbol{v}_1$、$\boldsymbol{v}_2$ 和 $\boldsymbol{v}_1'$、$\boldsymbol{v}_2'$. 式(11.6.3)是函数 $\ln f$ 的方程,它指出,$\ln f$ 是碰撞前后的守恒量.

因为碰撞时粒子数、动量和能量均守恒,可以看出,函数方程(11.6.3)有5个特解:

$$\ln f = 1, \quad mv_x, \quad mv_y, \quad mv_z, \quad \frac{1}{2}mv^2 \tag{11.6.4}$$

方程(11.6.3)是线性方程,它的普遍解是式(11.6.4)的特解的线性组合:

$$\ln f = \alpha_0 + \alpha_1 mv_x + \alpha_2 mv_y + \alpha_3 mv_z + \alpha_4 \cdot \frac{1}{2}m(v_x^2 + v_y^2 + v_z^2) \tag{11.6.5}$$

其中 $\alpha_0$、$\alpha_1$、$\alpha_2$、$\alpha_3$、$\alpha_4$ 是5个系数. 这个解是普遍解,因为式(11.6.4)已经包括全部可能的特解了.

将式(11.6.5)中的5个常量换为另外的5个常量:$n$、$T$、$v_{0x}$、$v_{0y}$、$v_{0z}$,可将 $f$ 表示为

$$f = n\left(\frac{m}{2\pi kT}\right)^{3/2} e^{-\frac{m}{2kT}[(v_x-v_{0x})^2+(v_y-v_{0y})^2+(v_z-v_{0z})^2]} \tag{11.6.6}$$

这5个常量的物理意义是显然的. $n$ 是分子数密度,$T$ 是温度,$v_{0x}$、$v_{0y}$、$v_{0z}$ 是分子速度的三个分量的平均值,即系统在 $x$、$y$、$z$ 方向的整体速度:

$$\overline{v_x} = v_{0x}, \quad \overline{v_y} = v_{0y}, \quad \overline{v_z} = v_{0z} \tag{11.6.7}$$

一般来说,这5个参量 $n$、$T$、$v_{0x}$、$v_{0y}$、$v_{0z}$ 有可能是坐标的函数,由式(11.6.2)确定. 将式(11.6.6)代入式(11.6.2),全式用 $f$ 去除,得

$$\boldsymbol{v} \cdot \nabla\left[\ln n + \frac{3}{2}\ln\frac{m}{2\pi kT} - \frac{m}{2kT}(\boldsymbol{v}-\boldsymbol{v}_0)^2\right] - \frac{m}{kT}\boldsymbol{F} \cdot (\boldsymbol{v}-\boldsymbol{v}_0) = 0 \tag{11.6.8}$$

其中

$$\boldsymbol{F} = (X, Y, Z)$$

式(11.6.8)对于任何 $\boldsymbol{v}$ 值都成立,因而 $\boldsymbol{v}$ 的各幂次的系数都应等于零. 令式(11.6.8)中 $\boldsymbol{v}$ 的三次方项的系数等于零,得

$$\nabla T = 0$$

即

$$\frac{\partial T}{\partial x} = \frac{\partial T}{\partial y} = \frac{\partial T}{\partial z} = 0 \tag{11.6.9}$$

表明处在平衡态的系统,温度必须是均匀的.

令式(11.6.8)中 $\boldsymbol{v}$ 的二次方项的系数等于零,得

$$\boldsymbol{v} \cdot \nabla(\boldsymbol{v} \cdot \boldsymbol{v}_0) = 0 \tag{11.6.10}$$

即(习题11.13)

$$\begin{cases} \dfrac{\partial v_{0x}}{\partial x} = \dfrac{\partial v_{0y}}{\partial y} = \dfrac{\partial v_{0z}}{\partial z} = 0 \\ \dfrac{\partial v_{0y}}{\partial z} + \dfrac{\partial v_{0z}}{\partial y} = \dfrac{\partial v_{0z}}{\partial x} + \dfrac{\partial v_{0x}}{\partial z} = \dfrac{\partial v_{0x}}{\partial y} + \dfrac{\partial v_{0y}}{\partial x} = 0 \end{cases} \tag{11.6.11}$$

方程(11.6.10)或方程(11.6.11)对平衡系统可能具有的整体速度给出了限制. 方程(11.6.11)的解为(习题11.14)

$$\boldsymbol{v}_0 = \boldsymbol{a} + \boldsymbol{\omega} \times \boldsymbol{r} \tag{11.6.12}$$

其中 $\boldsymbol{a}$ 和 $\boldsymbol{\omega}$ 是常矢量. 式(11.6.12)给出的 $\boldsymbol{v}_0$ 相当于具有恒定平动速度和恒定转动角速度的刚体运动,其中 $\boldsymbol{a}$ 为刚体的平动速度,$\boldsymbol{\omega}$ 为转动角速度. 这就是说,处在平衡态的气体,其整体运动只可能是具有恒定速度的平动和具有恒定角速度的转动. 例如,当容器以恒定角速度作转动时,容器内的气体可以处在平衡态.

令式(11.6.8)中 $\boldsymbol{v}$ 的一次方项的系数为零,得

$$\nabla \left( \ln n - \frac{m}{2kT} v_0^2 \right) - \frac{m}{kT} \boldsymbol{F} = 0 \tag{11.6.13}$$

如果外力可以写成势函数 $\varphi$ 的梯度,即 $\boldsymbol{F} = -\nabla \varphi$,将式(11.6.13)积分可得

$$n = n_0 e^{\frac{m}{2kT} v_0^2 - \frac{m}{kT} \varphi} \tag{11.6.14}$$

其中 $n_0$ 是积分常量. 式(11.6.14)确定了在平衡态下,分子数密度 $n$ 随地点的变化.

令式(11.6.8)中 $\boldsymbol{v}$ 的零次方项的系数为零,得

$$\boldsymbol{v}_0 \cdot \boldsymbol{F} = 0 \tag{11.6.15}$$

式(11.6.15)给出了对整体运动速度的又一限制,它要求平衡系统的整体速度 $\boldsymbol{v}_0$ 必须与外力垂直. 例如,在重力场中,$\boldsymbol{v}_0$ 只能在水平面上. 一个特殊的例子是绕 $z$ 轴以角速度 $\omega$ 旋转. 在这种情形下,式(11.6.12)的 $\boldsymbol{a}=0,\boldsymbol{\omega}=(0,0,\omega)$,即

$$v_{0x} = -\omega y, \quad v_{0y} = \omega x, \quad v_{0z} = 0$$

这时,式(11.6.14)化为($\varphi = gz$)

$$n = n_0 e^{\frac{m\omega^2}{2kT}(x^2+y^2) - \frac{mgz}{kT}} \tag{11.6.16}$$

$-\frac{1}{2} m\omega^2 (x^2+y^2)$ 可理解为在旋转的参考系中离心力所产生的势能.

我们根据玻耳兹曼积分微分方程讨论了趋向平衡问题和平衡态下的分布函数. 玻耳兹曼积分微分方程的应用不限于讨论平衡问题,还被用于研究输运现象. 有兴趣的读者可参阅其他书籍[1].

## 习　题

**11.1** 以 $\omega \mathrm{d}t$ 表示分子在 $t$ 到 $t+\mathrm{d}t$ 时间内与其他分子发生一次碰撞的概率. 试证明,分子在时间 $t$ 内未受碰撞的概率为

$$P(t) = e^{-\omega t}$$

**11.2** 以 $P(t)\mathrm{d}t$ 表示分子在 $t$ 时间内未受碰撞而在 $t$ 到 $t+\mathrm{d}t$ 内被碰的概率. 试证明:

$$P(t)\mathrm{d}t = e^{-\omega t} \omega \mathrm{d}t$$

及

$$\int_0^\infty P(t) \mathrm{d}t = 1$$

**11.3** 以 $\tau$ 表示分子在两次碰撞之间所经历的平均时间,称为碰撞自由时间. 试证明:

$$\tau = \int_0^\infty P(t) t \mathrm{d}t = \frac{1}{\omega}$$

---

[1] 例如,前引 Huang K 的书,第五章. 或王竹溪. 统计物理学导论[M]. 2 版. 北京:高等教育出版社,1965：§48.

**11.4** 设粒子的质量为 $m$，带有电荷量 $q$，在平衡状态下遵从麦克斯韦分布．试根据玻耳兹曼方程的弛豫时间近似证明，在弱电场下的电导率可以表示为

$$\sigma = \frac{nq^2}{m}\overline{\tau_0}$$

其中 $n$ 是粒子数密度，$\overline{\tau_0}$ 是弛豫时间的某种平均值．

**11.5** 试根据式(11.4.10)证明，单位时间内，一个质量为 $m_1$ 的分子被质量为 $m_2$ 的分子碰撞的平均次数 $\overline{\Theta_{12}}$ 为

$$\overline{\Theta_{12}} = \frac{1}{n_1}\iiint f_1 f_2 d_{12}^2 v_r \cos\theta \, d\omega_1 d\omega_2 d\Omega$$

已知在平衡态下

$$f_1 = n_1\left(\frac{m_1}{2\pi kT}\right)^{3/2} e^{-\frac{m_1 v_1^2}{2kT}}, \quad f_2 = n_2\left(\frac{m_2}{2\pi kT}\right)^{3/2} e^{-\frac{m_2 v_2^2}{2kT}}$$

试证明：

$$\overline{\Theta_{12}} = \left(1 + \frac{m_1}{m_2}\right)^{1/2} \pi n_2 d_{12}^2 \overline{v_1}$$

**11.6** 如果气体中只有一种分子，试证明，一个分子在单位时间内的平均被碰次数为

$$\overline{\Theta} = \sqrt{2}\pi n d^2 \overline{v}$$

并计算在 0 ℃ 及 1 atm 下一个氧分子的平均被碰次数，已知氧分子的 $d = 3.62\times 10^{-10}$ m．

**11.7** 如果气体中有两种分子，试证明，一个第一种分子每秒平均被碰次数为

$$\overline{\Theta_1} = \overline{\Theta_{11}} + \overline{\Theta_{12}} = 4 n_1 d_1^2 \sqrt{\frac{\pi kT}{m_1}} + 2 n_2 d_{12}^2 \left(\frac{2\pi kT}{m_1}\right)^{1/2}\left(1 + \frac{m_1}{m_2}\right)^{1/2}$$

当第一种分子是电子而第二种分子是普通的分子或离子时，$d_1 \sim 10^{-13}$ cm，$d_2 \sim 10^{-8}$ cm，故 $\overline{\Theta_{11}} \ll \overline{\Theta_{12}}$，同时 $m_1 \ll m_2$，试证明：

$$\overline{\Theta_1} \approx \overline{\Theta_{12}} \approx n_2 d_2^2 \sqrt{\frac{\pi kT}{2m_1}}$$

**11.8** 承 11.6 题，气体分子的平均自由程定义为 $\bar{l} = \dfrac{\overline{v}}{\overline{\Theta}}$，试证明：

$$\bar{l} = \frac{1}{\sqrt{2}\pi n d^2}$$

并利用所给数据计算在 0 ℃ 及 1 atm 下氧分子的平均自由程．

**11.9** 被吸附的气体分子在表面上作二维运动．试写出二维气体的玻耳兹曼积分微分方程．

**11.10** 试根据 $H$ 函数的定义

$$H = \iint f \ln f \, d\tau d\omega$$

证明，在平衡状态下，单原子分子理想气体的 $H$ 为

$$H = N\left(\ln n + \frac{3}{2}\ln\frac{m}{2\pi kT} - \frac{3}{2}\right)$$

将这一结果与式(7.6.2)单原子理想气体的熵比较，证明：

$$S = -kH + Nk\left[1 + \ln\left(\frac{m}{h}\right)^3\right]$$

**11.11** 试由细致平衡原理导出费米分布．

11.12 试由细致平衡原理导出玻色分布.

11.13 试由式(11.6.10)导出式(11.6.11).

11.14 试证明,式(11.6.11)的解是式(11.6.12).

部分习题
参考答案

# 参 考 书 目

[1] 王竹溪.热力学简程[M].北京:高等教育出版社,1964.

[2] 王竹溪.统计物理学导论[M].2版.北京:高等教育出版社,1965.

[3] 林宗涵.热力学与统计物理学[M].北京:北京大学出版社,2007.

[4] 龚昌德.热力学与统计物理学[M].北京:人民教育出版社,1982.

[5] 苏汝铿.统计物理学[M].2版.北京:高等教育出版社,2004.

[6] 欧阳容百.热力学与统计物理[M].北京:科学出版社,2007.

[7] Zemansky M W, Dittman R H. Heat and Thermodynamics[M]. Sixth Edition. New York:McGraw-Hill Book Company,1981.

[8] Landau L D, Lifshitz E M. Statistical physics:Part I[M]. Third Edition.北京:世界图书出版公司,1999.

[9] Reif F. Fundamentals of Statistical and Thermal Physics[M]. New York:McGraw-Hill Book Company,1965.

[10] Pathria R K. Statistical Mechanics[M]. Second Edition.北京:世界图书出版公司,2003.

# 附　　录

## A　热力学常用的数学结果

**1. 偏导数和全微分**

设 $z$ 是独立变量 $x$、$y$ 的函数 $z=z(x,y)$。$z$ 对 $x$ 的偏导数

$$\left(\frac{\partial z}{\partial x}\right)_y = \lim_{\Delta x \to 0} \frac{z(x+\Delta x,\ y) - z(x,\ y)}{\Delta x} \tag{A.1}$$

描述在 $y$ 保持不变的条件下，$z$ 随 $x$ 的变化率。一般而言，$(\partial z/\partial x)_y$ 仍是 $x$、$y$ 的函数。如果偏导数中保持不变的变量是显然的，偏导数的下标可省略。同理有

$$\left(\frac{\partial z}{\partial y}\right)_x = \lim_{\Delta y \to 0} \frac{z(x,y+\Delta y) - z(x,\ y)}{\Delta y}$$

$z$ 的全微分

$$dz = \left(\frac{\partial z}{\partial x}\right)_y dx + \left(\frac{\partial z}{\partial y}\right)_x dy \tag{A.2}$$

给出当独立变量 $x$、$y$ 分别有 $dx$、$dy$ 的增量时，变量 $z$ 的增量。

**2. 隐函数**

函数 $z=z(x,y)$ 也可用隐函数的形式

$$F(x,\ y,\ z) = 0 \tag{A.3}$$

给出。当 $x$、$y$ 的数值给定后，$z$ 的数值必须满足式(A.3)，因而是 $x$、$y$ 的函数。不过在式(A.3)中，$x$、$y$、$z$ 三个变量的地位是平等的，因此也可将 $x$ 看作 $y$、$z$ 的函数，或者将 $y$ 看作 $z$、$x$ 的函数。

由式(A.3)知，$x$、$y$、$z$ 三个变量的增量 $dx$、$dy$、$dz$ 不是任意的，必须满足条件

$$dF = \frac{\partial F}{\partial x}dx + \frac{\partial F}{\partial y}dy + \frac{\partial F}{\partial z}dz = 0 \tag{A.4}$$

如果令 $y$ 保持不变，即在式(A.4)中令 $dy=0$，得

$$\left(\frac{\partial z}{\partial x}\right)_y = -\frac{\left(\frac{\partial F}{\partial x}\right)_{y,z}}{\left(\frac{\partial F}{\partial z}\right)_{y,x}}, \quad \left(\frac{\partial x}{\partial z}\right)_y = -\frac{\left(\frac{\partial F}{\partial z}\right)_{x,y}}{\left(\frac{\partial F}{\partial x}\right)_{y,z}}$$

两式相比较，得

$$\left(\frac{\partial z}{\partial x}\right)_y = 1 \Big/ \left(\frac{\partial x}{\partial z}\right)_y \tag{A.5}$$

式(A.5)是热力学常用的一个结果。

令式(A.4)中的 $dz=0$，得

$$\left(\frac{\partial y}{\partial x}\right)_z = -\frac{\left(\frac{\partial F}{\partial x}\right)_{y,z}}{\left(\frac{\partial F}{\partial y}\right)_{z,x}}$$

同理,分别令式(A.4)中的 $dy=0$ 和 $dx=0$,得

$$\left(\frac{\partial x}{\partial z}\right)_y = -\frac{\left(\frac{\partial F}{\partial z}\right)_{x,y}}{\left(\frac{\partial F}{\partial x}\right)_{y,z}}, \quad \left(\frac{\partial z}{\partial y}\right)_x = -\frac{\left(\frac{\partial F}{\partial y}\right)_{z,x}}{\left(\frac{\partial F}{\partial z}\right)_{x,y}}$$

三式相乘,得

$$\left(\frac{\partial y}{\partial x}\right)_z \left(\frac{\partial x}{\partial z}\right)_y \left(\frac{\partial z}{\partial y}\right)_x = -1 \tag{A.6}$$

式(A.6)给出了当 $x$、$y$、$z$ 三个变量存在一个函数关系时其偏导数之间的关系.这也是热力学常用的一个结果.

### 3. 复合函数

设 $z$ 是 $x$、$y$ 的函数 $z=z(x,y)$,而 $x$、$y$ 又都是独立变量 $t$ 的函数,则 $z$ 实际上是独立变量 $t$ 的函数,其导数

$$\frac{dz}{dt} = \frac{\partial z}{\partial x}\frac{dx}{dt} + \frac{\partial z}{\partial y}\frac{dy}{dt} \tag{A.7}$$

如果 $z$ 是 $x$、$y$ 的函数 $z=z(x,y)$,而 $x$、$y$ 又分别是 $u$、$v$ 的函数 $x=x(u,v)$,$y=y(u,v)$,则 $z$ 是 $u$、$v$ 的函数,其偏导数

$$\begin{cases} \dfrac{\partial z}{\partial u} = \dfrac{\partial z}{\partial x}\dfrac{\partial x}{\partial u} + \dfrac{\partial z}{\partial y}\dfrac{\partial y}{\partial u} \\ \dfrac{\partial z}{\partial v} = \dfrac{\partial z}{\partial x}\dfrac{\partial x}{\partial v} + \dfrac{\partial z}{\partial y}\dfrac{\partial y}{\partial v} \end{cases} \tag{A.8}$$

一个特殊情形是 $u=x$,即函数关系为

$$z=z(x,y), \quad y=y(x,v)$$

在这种情形下,有

$$\begin{cases} \left(\dfrac{\partial z}{\partial x}\right)_v = \left(\dfrac{\partial z}{\partial x}\right)_y + \left(\dfrac{\partial z}{\partial y}\right)_x \left(\dfrac{\partial y}{\partial x}\right)_v \\ \left(\dfrac{\partial z}{\partial v}\right)_x = \left(\dfrac{\partial z}{\partial y}\right)_x \left(\dfrac{\partial y}{\partial v}\right)_x \end{cases} \tag{A.9}$$

式(A.9)中偏导数的下标不能省略.式(A.9)也是热力学的一个常用结果.

### 4. 雅可比行列式

雅可比行列式是热力学中进行导数变换运算的一个有用的工具.设 $u$、$v$ 是独立变量 $x$、$y$ 的函数:

$$u=u(x,y), \quad v=v(x,y)$$

雅可比行列式的定义是

$$\frac{\partial(u,v)}{\partial(x,y)} = \begin{vmatrix} \dfrac{\partial u}{\partial x} & \dfrac{\partial u}{\partial y} \\ \dfrac{\partial v}{\partial x} & \dfrac{\partial v}{\partial y} \end{vmatrix} = \frac{\partial u}{\partial x}\frac{\partial v}{\partial y} - \frac{\partial u}{\partial y}\frac{\partial v}{\partial x} \tag{A.10}$$

下面列出雅可比行列式的几个性质,请读者自行证明.

$$\left(\frac{\partial u}{\partial x}\right)_y = \frac{\partial(u, y)}{\partial(x, y)} \tag{A.11}$$

$$\frac{\partial(u, v)}{\partial(x, y)} = -\frac{\partial(v, u)}{\partial(x, y)} \tag{A.12}$$

$$\frac{\partial(u, v)}{\partial(x, y)} = \frac{\partial(u, v)}{\partial(r, s)} \frac{\partial(r, s)}{\partial(x, y)} \tag{A.13}$$

$$\frac{\partial(u, v)}{\partial(x, y)} = 1 \Big/ \frac{\partial(x, y)}{\partial(u, v)} \tag{A.14}$$

**5. 全微分条件和积分因子**

如前所述,设 $z$ 是独立变量 $x$、$y$ 的函数 $z=z(x, y)$,由式(A.2)知,函数 $z$ 的全微分是

$$dz = \frac{\partial z}{\partial x}dx + \frac{\partial z}{\partial y}dy \tag{A.2'}$$

可将上式写作

$$dz = Xdx + Ydy \tag{A.15}$$

其中 $X = \partial z/\partial x$,$Y = \partial z/\partial y$. 一般来说,$X$、$Y$ 也是 $x$、$y$ 的函数,再次求导数,有

$$\frac{\partial X}{\partial y} = \frac{\partial}{\partial y}\frac{\partial z}{\partial x} = \frac{\partial^2 z}{\partial y \partial x}$$

$$\frac{\partial Y}{\partial x} = \frac{\partial}{\partial x}\frac{\partial z}{\partial y} = \frac{\partial^2 z}{\partial x \partial y}$$

对于足够规则的函数,求导次序可以交换,即 $\frac{\partial^2 z}{\partial x \partial y} = \frac{\partial^2 z}{\partial y \partial x}$,因此得

$$\frac{\partial X}{\partial y} = \frac{\partial Y}{\partial x} \tag{A.16}$$

反之,设有微分式

$$dz = X(x, y)dx + Y(x, y)dy \tag{A.17}$$

如果其中的 $X$、$Y$ 满足条件:

$$\frac{\partial X}{\partial y} = \frac{\partial Y}{\partial x} \tag{A.18}$$

则微分式(A.17)是某一函数 $z=z(x, y)$ 的全微分.满足条件(A.18)的微分式也称为完整微分,条件(A.18)称为全微分条件.

对于全微分,存在以下结论:

(1) 积分只取决于积分的两个端点 $A$、$B$,与联结 $A$、$B$ 两点的积分路径无关,即

$$\int_A^B dz = \int_A^B X(x, y)dx + Y(x, y)dy = z(B) - z(A) \tag{A.19}$$

(2) 沿封闭路径的线积分为 0,即

$$\oint dz = \oint Xdx + Ydy = 0 \tag{A.20}$$

上面的讨论可推广到多个独立变量的情形.如果有 $n$ 个独立变量 $x_1, x_2, \cdots, x_n$,则函数 $f(x_1, x_2, \cdots, x_n)$ 的全微分是

$$df = \sum_{i=1}^{n} X_i dx_i \qquad (A.21)$$

其中

$$X_i = \frac{\partial f}{\partial x_i}$$

$X_i$ 等满足

$$\frac{\partial X_i}{\partial x_k} = \frac{\partial X_k}{\partial x_i} \quad (i, k = 1, 2, \cdots) \qquad (A.22)$$

反之,如果微分式 $df = \sum_{i=1}^{n} X_i dx_i$ 满足全微分条件(A.22),则微分式 $df$ 是全微分.对于多个独立变量的情形,全微分的积分同样有类似于式(A.19)和式(A.20)的结果.

如果微分式

$$dz = X(x, y)dx + Y(x, y)dy$$

不满足全微分条件(A.18),但存在函数 $\lambda(x, y)$,使

$$\lambda dz = \lambda X dx + \lambda Y dy$$

满足全微分条件,即

$$\frac{\partial}{\partial x}\lambda Y = \frac{\partial}{\partial y}\lambda X \qquad (A.23)$$

则 $\lambda dz$ 是一个全微分,$\lambda(x, y)$ 称作微分式 $dz$ 的积分因子.

如果 $\lambda$ 是微分式 $dz$ 的积分因子,使 $\lambda dz = ds$,则 $\lambda\psi(s)$ 也必是 $dz$ 的积分因子,其中 $\psi(s)$ 是 $s$ 的任意函数.因为

$$\lambda\psi(s)dz = \psi(s)ds = d\phi$$

其中 $\phi = \int \psi(s)ds$.这就是说,当微分式有一个积分因子时,它就有无穷多个积分因子.任意两个积分因子之比是 $s$ 的函数($ds$ 是用积分因子乘微分式后所得的全积分).

# B 概率基础知识

### 1. 随机事件的概率

在一定条件下,如果一个事件可能发生也可能不发生,这个事件称为随机事件.例如,在投掷骰子的游戏中,某一点例如 4 点出现是一个随机事件.

为了反映随机事件发生的可能性的大小,我们引入概率的概念.经验表明,在一次试验或观测中,一个随机事件是否发生是无法预言的,但当观测次数 $N$ 趋于无穷时,某一事件(事件 A)发生的次数 $N_A$ 与总观测次数的比值将趋于稳定的极限值.这个极限值就称作事件 A 发生的概率 $P_A$:

$$P_A = \lim_{N \to \infty} \frac{N_A}{N} \qquad (B.1)$$

由定义可知,$0 \leq P_A \leq 1$.例如,当投掷骰子的次数足够多时,某一点例如 4 点出现的次数与总投掷次数之比 $\frac{N_4}{N}$ 为 $\frac{1}{6}$.因此 4 点出现的概率是 $\frac{1}{6}$.

## 2. 互斥事件概率的加法定理

如果两个随机事件在一次观测中不可能同时发生,这两个事件称为互斥事件.例如,在投掷骰子时,1 点出现与 3 点出现是互斥事件.

设 A、B 是互斥事件,在 $N$ 次观测中,事件 A 出现 $N_A$ 次,事件 B 出现 $N_B$ 次,则事件 A 或者事件 B 出现的概率为

$$P_{A+B} = \lim_{N \to \infty} \frac{N_A + N_B}{N} = P_A + P_B \tag{B.2}$$

式(B.2)称为互斥事件概率的加法定理:两互斥事件中任意一个出现的概率等于两事件出现的概率之和.加法定理可以推广到多个互斥事件的情形:

$$P_{A+B+C+\cdots} = P_A + P_B + P_C + \cdots \tag{B.3}$$

例如,投掷骰子时,奇数点 1、3、5 出现的概率为

$$\frac{1}{6} + \frac{1}{6} + \frac{1}{6} = \frac{1}{2}$$

显然,全部互斥事件出现的概率为 1,即

$$\sum_i P_i = 1 \tag{B.4}$$

式(B.4)称为概率的规一化条件.它表明,在一次观测中全部互斥事件中总有一个是要发生的.例如,在投掷骰子时,1、2、3、4、5、6 点中的一个总是要出现的.

## 3. 独立事件概率的乘法定理

如果两个随机事件彼此没有任何关联,一个事件发生与否与另一事件发生与否毫不相关,这两个事件称为独立事件.例如,同时投掷两颗骰子,第一颗骰子出现 3 点与第二颗骰子出现 5 点是两个独立事件.

设 A、B 是两个独立事件.这两个事件同时(或依次)发生记为 A·B.以 $N_A$ 表示在 $N$ 次观测中事件 A 发生的次数, $N_{A \cdot B}$ 表示在 $N$ 次观测中事件 A 和事件 B 同时发生的次数,则事件 A 和 B 同时发生的概率为

$$P_{A \cdot B} = \lim_{N \to \infty} \frac{N_{A \cdot B}}{N} = \lim_{N \to \infty} \frac{N_A}{N} \cdot \frac{N_{A \cdot B}}{N_A} = P_A \cdot P_B \tag{B.5}$$

式(B.5)称作独立事件概率的乘法定理:两个独立事件同时发生的概率等于两个事件各自发生的概率的乘积.例如,同时投掷两个骰子,第一颗骰子出现 3 点,第二颗骰子出现 5 点的概率是

$$\frac{1}{6} \times \frac{1}{6} = \frac{1}{36}$$

## 4. 随机变量的概率分布

如果一个变量以一定的概率取各种可能值,这个变量称作随机变量.随机变量分为离散型和连续型两种.离散型随机变量所取的数值是可数的分立值.以 $X$ 表示随机变量, $x_1, \cdots, x_i, \cdots, x_n$ 表示离散型随机变量的可能取值, $P_1, \cdots, P_i, \cdots, P_n$ 表示取相应值的概率:

$$\begin{pmatrix} x_1, & \cdots, & x_i, & \cdots, & x_n \\ P_1, & \cdots, & P_i, & \cdots, & P_n \end{pmatrix} \tag{B.6}$$

我们称 $\{P_i\}$ 为随机变量 $X$ 的概率分布.显然, $\{P_i\}$ 应满足

$$\begin{cases} P_i \geq 0, & i = 1, 2, \cdots \\ \sum_i P_i = 1 \end{cases} \tag{B.7}$$

连续型随机变量可取某一区间内的一切数值.以 $X$ 表示连续型随机变量,假设它的取值 $x$ 在 $a$ 与 $b$ 之间.随机变量 $X$ 取值在 $x \sim x+\mathrm{d}x$ 内的概率 $\mathrm{d}P(x)$ 表示为

$$\mathrm{d}P(x) = \rho(x)\mathrm{d}x \tag{B.8}$$

$\rho(x)$ 称为概率密度,满足以下条件:

$$\rho(x) \geq 0, \quad \int_a^b \rho(x)\mathrm{d}x = 1 \tag{B.9}$$

### 5. 统计平均值和涨落

先考虑离散型的随机变量 $X$.它的可能取值为 $x_1, x_2, \cdots, x_n$.设在 $N$ 次实验或观测中,测得取上述数值的次数相应为 $N_1, N_2, \cdots, N_n$,则 $X$ 的算术平均值为 $\sum_i x_i N_i / N$.当观测次数趋于无穷时,$X$ 的算术平均值趋于一定的极限,称作 $X$ 的统计平均值:

$$\overline{X} = \lim_{N \to \infty} \frac{\sum_i x_i N_i}{N} = \sum_i x_i P_i \tag{B.10}$$

对于连续型的随机变量,统计平均值为

$$\overline{X} = \int x \rho(x)\mathrm{d}x \tag{B.11}$$

积分遍及 $x$ 的取值范围.

参考式(B.10)和式(B.11),可以写出随机变量 $X$ 的任意函数 $f(X)$ 的统计平均值公式.

统计平均值反映随机变量的平均大小,是一个很重要的量.一般说,各次观测结果当然并不一定等于统计平均值.我们引入一个量来描述 $X$ 在其统计平均值 $\overline{X}$ 上下涨落的平均幅度.因为

$$\overline{\Delta X} = \overline{x_i - \overline{X}} = \sum_i (x_i - \overline{X})P_i = \sum_i x_i P_i - \overline{X} \sum_i P_i = 0$$

显然不能用 $\overline{\Delta X}$ 来描述 $X$ 的涨落.$\overline{(x_i - \overline{X})^2}$ 是恒正的,可用它来描述 $X$ 涨落的平均幅度,称为 $X$ 的涨落或均方偏差(方差):

$$\overline{(\Delta x)^2} = \overline{(x_i - \overline{X})^2} = \sum_i (x_i^2 - 2\overline{X}x_i + \overline{X}^2)P_i$$

$$= \sum_i x_i^2 P_i - 2\overline{X} \sum_i x_i P_i + \overline{X}^2 \sum_i P_i = \overline{X^2} - \overline{X}^2 \tag{B.12}$$

### 6. 多个随机变量的联合概率分布和相关矩

上面讨论了单个随机变量的概率分布、统计平均值和涨落.现在讨论多个随机变量的情形.为简单起见,只讨论两个随机变量的情形.

设有随机变量 $X$ 和 $Y$.以 $\mathrm{d}P(x,y)$ 表示 $X$ 取值在 $x \sim x+\mathrm{d}x$,$Y$ 取值在 $y \sim y+\mathrm{d}y$ 之间的概率:

$$\mathrm{d}P(x,y) = \rho(x,y)\mathrm{d}x\mathrm{d}y \tag{B.13}$$

$\rho(x,y)$ 称为联合概率密度,满足以下条件:

$$\rho(x,y) \geq 0, \quad \iint \rho(x,y)\mathrm{d}x\mathrm{d}y = 1 \tag{B.14}$$

积分遍及 $X$、$Y$ 的取值范围.

如果不问 $Y$ 的取值为何,$X$ 取值在 $x \sim x+\mathrm{d}x$ 之间的概率为

$$\rho(x)\mathrm{d}x = \mathrm{d}x \int \rho(x,y)\mathrm{d}y \tag{B.15}$$

积分遍及 $Y$ 的取值范围.

如果随机变量 $X$ 和 $Y$ 是统计独立的,根据独立事件概率的乘法定理,有

$$\rho(x,y)=\rho(x)\rho(y) \tag{B.16}$$

由式(B.16)可以证明下面式(B.17)和式(B.18)两个常用公式.

$$\overline{XY}=\int x\rho(x)\,\mathrm{d}x\int y\rho(y)\,\mathrm{d}y=\overline{X}\cdot\overline{Y} \tag{B.17}$$

即,两个独立的随机变量的乘积的平均值等于两个随机变量的平均值的乘积.

随机变量 $X$ 和 $Y$ 之和的偏差为

$$(X+Y)-\overline{(X+Y)}=(X-\overline{X})+(Y-\overline{Y})=\Delta X+\Delta Y$$

均方偏差为

$$\overline{(\Delta X+\Delta Y)^2}=\overline{(\Delta X)^2}+2\,\overline{\Delta X\cdot\Delta Y}+\overline{(\Delta Y)^2}$$

如果 $X$ 和 $Y$ 是统计独立的,有

$$\overline{\Delta X\cdot\Delta Y}=\overline{\Delta X}\cdot\overline{\Delta Y}=0$$

因此

$$\overline{(\Delta X+\Delta Y)^2}=\overline{(\Delta X)^2}+\overline{(\Delta Y)^2} \tag{B.18}$$

即,两个独立的随机变量之和的均方偏差等于各自的均方偏差之和.

如果随机变量 $X$ 和 $Y$ 不是统计独立的,可以引入相关矩来描述其关联程度.相关矩的定义为

$$\overline{(X-\overline{X})\cdot(Y-\overline{Y})}=\overline{XY}-\overline{X}\cdot\overline{Y} \tag{B.19}$$

### 7. 二项分布

我们通过最简单的一维随机行走问题介绍二项分布.醉汉行走,忽前忽后,每步长 $l$,求在走了 $N$ 步之后,离出发点距离为 $x$ 的概率.

取出发点为坐标的原点.假设在 $N$ 步之中,有 $N_1$ 步向前,$N_2$ 步向后 ($N_1+N_2=N$),则

$$x=(N_1-N_2)l$$

求距离原点为 $x$ 的概率就是求在 $N$ 步之中有 $N_1$ 步向前,$N_2$ 步向后的概率.

假设步与步间没有关联,向前走一步的概率为 $p$,向后走一步的概率为 $q=1-p$.根据独立事件概率的乘法定理,向前走了 $N_1$ 步,向后走了 $N_2$ 步的一种给定走法的概率为 $p^{N_1}q^{N_2}$.但给定 $N_1$ 和 $N_2$ 之后,可以有 $N!/(N_1!N_2!)$ 种不同的走法.这些不同的走法是互斥事件.因此,根据互斥事件概率的加法定理,$N_1$ 步向前,$N_2$ 步向后的概率为

$$\frac{N!}{N_1!N_2!}p^{N_1}q^{N_2} \tag{B.20}$$

式(B.20)称为二项分布.为以后书写方便起见,我们将式(B.20)改写为

$$P_N(n)=\frac{N!}{n!(N-n)!}p^n q^{N-n} \tag{B.21}$$

其中 $n=N_1$.

容易证明,二项分布满足归一化条件:

$$\sum_{n=0}^{N}\frac{N!}{n!(N-n)!}p^n q^{N-n}=(p+q)^N=1$$

$n$ 的平均值为

$$\overline{n} = \sum_{n=0}^{N} \frac{N!}{n!(N-n)!} np^n q^{N-n}$$

$$= p\frac{\partial}{\partial p} \sum_{n=0}^{N} \frac{N!}{n!(N-n)!} p^n q^{N-n}$$

$$= p\frac{\partial}{\partial p}(p+q)^N = pN(p+q)^{N-1} = pN \tag{B.22}$$

类似地

$$\overline{n^2} = \sum_{n=0}^{\infty} \frac{N!}{n!(N-n)!} n^2 p^n q^{N-n}$$

$$= p\frac{\partial}{\partial p} p\frac{\partial}{\partial p} \sum_{n=0}^{\infty} \frac{N!}{n!(N-n)!} p^n q^{N-n}$$

$$= p\frac{\partial}{\partial p} p\frac{\partial}{\partial p}(p+q)^N$$

$$= p\frac{\partial}{\partial p}\left[Np(p+q)^{N-1}\right]$$

$$= p\left[N(p+q)^{N-1} + N(N-1)p(p+q)^{N-2}\right]$$

$$= N^2 p^2 + Npq$$

$$= (\overline{n})^2 + Npq$$

因此

$$\overline{(\Delta n)^2} = \overline{(n-\overline{n})^2} = \overline{n^2} - (\overline{n})^2 = Npq \tag{B.23}$$

相对涨落为

$$\frac{\overline{(\Delta n)^2}}{(\overline{n})^2} = \frac{Npq}{N^2 p^2} = \frac{q}{Np} \tag{B.24}$$

### 8. 泊松分布

泊松(Poisson)分布是 $N \gg 1$ 和 $p \ll 1$(或 $q \ll 1$)的情形下,二项分布的近似表达式.在 $p \ll 1$ 的情形下,由于 $P_N(n)$ 中含有因子 $p^n$,当 $n$ 足够大时,$P_N(n)$ 将趋于零.仅当 $n \ll N$ 时,$P_N(n)$ 才具有可观的数值.

将式(B.21)改写为

$$P_N(n) = \frac{1}{n!} N(N-1)\cdots(N-n+1) p^n q^{N-n}$$

在 $N \gg 1$ 和 $n \ll N$ 时,可作近似:

$$N(N-1)\cdots(N-n+1) \approx N^n$$

注意 $q = 1-p$,在 $p \ll 1$ 时可作近似:

$$\ln q^{N-n} = (N-n)\ln(1-p) \approx -Np$$

即

$$q^{N-n} \approx e^{-Np} = e^{-\overline{n}}$$

其中最后一步利用了式(B.22),即 $\overline{n} = Np$.这样,式(B.21)就可近似为

$$P_N(n) = \frac{(\overline{n})^n}{n!} e^{-\overline{n}} \tag{B.25}$$

式(B.25)称为泊松分布.图 B.1 画出了不同 $\overline{n}$ 下泊松分布的图形.

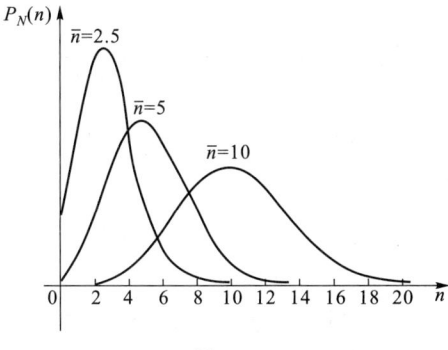

图 B.1

泊松分布的均方涨落为

$$\overline{(\Delta n)^2} = Npq \approx Np = \bar{n} \tag{B.26}$$

**9. 高斯分布**

高斯(Gauss)分布是 $N \gg 1$ 且 $p$ 和 $q$ 相差不大的情形下,二项分布的近似表达式.

在 $N$ 很大,且 $p$、$q$ 相差不大的情形下,二项分布将在某一相当大的 $\tilde{n}$ 处有尖锐的极大值.对于明显偏离 $\tilde{n}$ 的 $n$,概率分布 $P_N(n)$ 趋近于零.换句话说,仅在 $\tilde{n}$ 附近概率分布 $P_N(n)$ 才有可观的数值.

在 $N$ 和 $\tilde{n}$ 都很大的情形下,对于在 $\tilde{n}$ 附近的 $n$,当 $n$ 的值由 $n$ 变到 $n+1$ 时,$P_N(n)$ 的改变是相对微小的,即

$$|P_N(n+1) - P_N(n)| \ll P_N(n)$$

因此可以将 $n$ 看作连续变量,且认为 $P_N(n)$ 或 $\ln P_N(n)$ 是 $n$ 的足够规则的函数,可对它进行导数运算.

使 $P_N(n)$ 取极大值的 $\tilde{n}$ 值由条件 $\mathrm{d}P_N(n)/\mathrm{d}n = 0$ 确定.由于 $\ln P_N(n)$ 随 $n$ 的变化较慢,且随 $P_N(n)$ 单调变化,可等价地由条件

$$\frac{\mathrm{d}}{\mathrm{d}n} \ln P_N(n) = 0 \tag{B.27}$$

确定 $\tilde{n}$ 的值.

根据式(B.21),有

$$\ln P_N(n) = \ln N! - \ln n! - \ln(N-n)! + n \ln p + (N-n) \ln q$$

当 $n \gg 1$ 时,可作如下的近似:

$$\frac{\mathrm{d} \ln n!}{\mathrm{d}n} \approx \frac{\ln(n+1)! - \ln n!}{1} = \ln \frac{(n+1)!}{n!} = \ln(n+1) \approx \ln n$$

在这一近似下,式(B.27)为

$$\frac{\mathrm{d}}{\mathrm{d}n} \ln P_N(n) = -\ln n + \ln(N-n) + \ln p - \ln q = 0$$

由上式解得

$$\tilde{n} = Np \tag{B.28}$$

与式(B.22)比较可知,$\tilde{n} = \bar{n}$.这就是说,在 $n = \bar{n}$ 处,$P_N(n)$ 具有极大值.

将 $\ln P_N(n)$ 在 $\bar{n}$ 附近作泰勒展开,只取前两项(注意展开的一级项为零),有

$$\ln P_N(n) = \ln P_N(\bar{n}) + \frac{1}{2} \frac{\mathrm{d}^2}{\mathrm{d}n^2} \ln P_N(n) \bigg|_{n=\bar{n}} (n-\bar{n})^2$$

但
$$\frac{d^2}{dn^2}\ln P_N(n)\bigg|_{n=\bar{n}} = -\frac{N}{\bar{n}(N-\bar{n})} = -\frac{1}{Npq}$$

因此得
$$\ln P_N(n) = \ln P_N(\bar{n}) - \frac{1}{2Npq}(n-\bar{n})^2$$

上式可表示为
$$P(n) = \frac{1}{\sqrt{2\pi(\Delta n)^2}} e^{-\frac{(n-\bar{n})^2}{2(\Delta n)^2}} \tag{B.29}$$

式中已将 $P_N(n)$ 写作 $P(n)$,并利用了式(B.23),即 $\overline{(\Delta n)^2} = Npq$. 前面的系数是由归一化条件定出的. 式(B.29)称为高斯分布. 图 B.2 画出了高斯分布的图形.

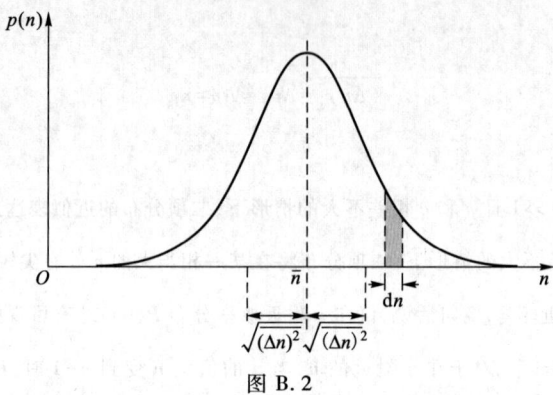

图 B.2

## C 统计物理学常用的积分公式

**1.** 积分 $I = \int_{-\infty}^{\infty} e^{-x^2} dx$ 的计算

$I^2$ 可表示为
$$I^2 = \int_{-\infty}^{\infty} e^{-x^2} dx \int_{-\infty}^{\infty} e^{-y^2} dy = \int_{-\infty}^{+\infty}\int_{-\infty}^{+\infty} e^{-(x^2+y^2)} dxdy$$

上式是 $xy$ 平面上的积分,可用平面极坐标将 $I^2$ 表示为
$$I^2 = \int_0^{2\pi}\int_0^{\infty} e^{-r^2} r dr d\theta = 2\pi \int_0^{\infty} e^{-r^2} r dr = \pi$$

因此得
$$I = \int_{-\infty}^{\infty} e^{-x^2} dx = \sqrt{\pi}$$

注意被积函数是偶函数,故有
$$\int_0^{\infty} e^{-x^2} dx = \frac{\sqrt{\pi}}{2} \tag{C.1}$$

**2.** 积分 $\Gamma(n) = \int_0^{\infty} e^{-x} x^{n-1} dx$ 的计算

分部积分给出
$$\Gamma(n) = -(e^{-x} x^{n-1})\bigg|_0^{\infty} + (n-1)\int_0^{\infty} e^{-x} x^{n-2} dx = (n-1)\Gamma(n-1) \tag{C.2}$$

重复利用式(C.2),并注意

$$\Gamma(1) = \int_0^\infty e^{-x} dx = 1$$

$$\Gamma\left(\frac{1}{2}\right) = \int_0^\infty e^{-x} x^{-\frac{1}{2}} dx = 2\int_0^\infty e^{-y^2} dy = \sqrt{\pi}$$

其中 $y^2 = x$,最后一步利用了式(C.1). 当 $n$ 为正整数时有

$$\Gamma(n) = (n-1)(n-2)\cdots 1 \cdot \Gamma(1) = (n-1)! \tag{C.3}$$

$$\Gamma\left(n+\frac{1}{2}\right) = \left(n-\frac{1}{2}\right)\left(n-\frac{3}{2}\right)\cdots\frac{1}{2}\Gamma\left(\frac{1}{2}\right)$$

$$= \left(n-\frac{1}{2}\right)\left(n-\frac{3}{2}\right)\cdots\frac{1}{2} \cdot \sqrt{\pi} \tag{C.4}$$

**3. 积分 $I(n) = \int_0^\infty e^{-\alpha x^2} x^n dx$($n$ 是零或正整数)的计算**

作变量代换,$y = \alpha^{1/2} x$,有

$$I(0) = \alpha^{-\frac{1}{2}} \int_0^\infty e^{-y^2} dy = \frac{\sqrt{\pi}}{2\alpha^{1/2}} \tag{C.5}$$

$$I(1) = \alpha^{-1} \int_0^\infty e^{-y^2} y dy = \frac{1}{2\alpha} \tag{C.6}$$

其他的 $I(n)$ 可通过求 $I(0)$ 或 $I(1)$ 对 $\alpha$ 的导数而得到:

$$I(n) = -\frac{\partial}{\partial \alpha} \int_0^\infty e^{-\alpha x^2} x^{n-2} dx = -\frac{\partial}{\partial \alpha} I(n-2) \tag{C.7}$$

例如

$$I(2) = \int_0^\infty e^{-\alpha x^2} x^2 dx = \frac{\sqrt{\pi}}{4\alpha^{3/2}} \tag{C.8}$$

$$I(3) = \int_0^\infty e^{-\alpha x^2} x^3 dx = \frac{1}{2\alpha^2} \tag{C.9}$$

$$I(4) = \int_0^\infty e^{-\alpha x^2} x^4 dx = \frac{3\sqrt{\pi}}{8\alpha^{5/2}} \tag{C.10}$$

$$I(5) = \int_0^\infty e^{-\alpha x^2} x^5 dx = \frac{1}{\alpha^3} \tag{C.11}$$

**4. 积分 $I(n) = \int_0^\infty \frac{x^{n-1}}{e^x - 1} dx \left(n = 2, 3, 4, \frac{3}{2}, \frac{5}{2}\right)$ 的计算**

因为

$$\frac{x^{n-1}}{e^x - 1} = \frac{x^{n-1} e^{-x}}{1 - e^{-x}} = x^{n-1} e^{-x}(1 + e^{-x} + e^{-2x} + \cdots) = \sum_{k=1}^\infty x^{n-1} e^{-kx}$$

故

$$I(n) = \int_0^\infty \frac{x^{n-1} dx}{e^x - 1} = \sum_{k=1}^\infty \int_0^\infty x^{n-1} e^{-kx} dx = \sum_{k=1}^\infty \frac{1}{k^n} \int_0^\infty y^{n-1} e^{-y} dy$$

例如

$$I(2) = \int_0^\infty \frac{x dx}{e^x - 1} = \sum_{k=1}^\infty \frac{1}{k^2} \int_0^\infty y e^{-y} dy = \sum_{k=1}^\infty \frac{1}{k^2} = \frac{\pi^2}{6} \approx 1.645 \tag{C.12}$$

$$I(3) = \int_0^\infty \frac{x^2 dx}{e^x - 1} = \sum_{k=1}^\infty \frac{1}{k^3} \int_0^\infty y^2 e^{-y} dy = 2\sum_{k=1}^\infty \frac{1}{k^3} = 2 \times 1.202 \tag{C.13}$$

$$I(4) = \int_0^\infty \frac{x^3 dx}{e^x - 1} = \sum_{k=1}^\infty \frac{1}{k^4} \int_0^\infty y^3 e^{-y} dy = 6\sum_{k=1}^\infty \frac{1}{k^4} = 6 \times \frac{\pi^4}{90} = 6 \times 1.082 \tag{C.14}$$

$$I\left(\frac{3}{2}\right) = \int_0^\infty \frac{x^{1/2} \mathrm{d}x}{\mathrm{e}^x - 1} = \sum_{k=1}^\infty \frac{1}{k^{3/2}} \int_0^\infty y^{1/2} \mathrm{e}^{-y} \mathrm{d}y$$

$$= 2 \sum_{k=1}^\infty \frac{1}{k^{3/2}} \int_0^\infty t^2 \mathrm{e}^{-t^2} \mathrm{d}t = \frac{\sqrt{\pi}}{2} \sum_{k=1}^\infty \frac{1}{k^{3/2}} = \frac{\sqrt{\pi}}{2} \times 2.612 \quad \text{(C.15)}$$

$$I\left(\frac{5}{2}\right) = \int_0^\infty \frac{x^{3/2} \mathrm{d}x}{\mathrm{e}^x - 1} = \sum_{k=1}^\infty \frac{1}{k^{5/2}} \int_0^\infty y^{3/2} \mathrm{e}^{-y} \mathrm{d}y$$

$$= 2 \sum_{k=1}^\infty \frac{1}{k^{5/2}} \int_0^\infty t^4 \mathrm{e}^{-t^2} \mathrm{d}t = \frac{3\sqrt{\pi}}{4} \sum_{k=1}^\infty \frac{1}{k^{5/2}} = \frac{3\sqrt{\pi}}{4} \times 1.341 \quad \text{(C.16)}$$

**5.** 积分 $I = \int_0^\infty \frac{x \mathrm{d}x}{\mathrm{e}^x + 1}$ 的计算

$$\frac{x}{\mathrm{e}^x + 1} = \frac{x\mathrm{e}^{-x}}{1 + \mathrm{e}^{-x}} = x\mathrm{e}^{-x}(1 - \mathrm{e}^{-x} + \mathrm{e}^{-2x} - \cdots) = \sum_{k=1}^\infty (-1)^{k-1} x \mathrm{e}^{-kx}$$

故

$$I = \int_0^\infty \frac{x \mathrm{d}x}{\mathrm{e}^x + 1} = \sum_{k=1}^\infty (-1)^{k-1} \int_0^\infty x \mathrm{e}^{-kx} \mathrm{d}x$$

$$= \sum_{k=1}^\infty (-1)^{k-1} \frac{1}{k^2} \int_0^\infty y \mathrm{e}^{-y} \mathrm{d}y$$

$$= \sum_{k=1}^\infty (-1)^{k-1} \frac{1}{k^2} = \frac{\pi^2}{12} \quad \text{(C.17)}$$

# D 常用物理常量表

| 物理量 | 符号 | 数值 | 单位 | 相对标准不确定度 |
|---|---|---|---|---|
| 真空中的光速 | $c$ | 299 792 458 | $\mathrm{m \cdot s^{-1}}$ | 精确 |
| 普朗克常量 | $h$ | $6.626\,070\,15 \times 10^{-34}$ | $\mathrm{J \cdot s}$ | 精确 |
| 约化普朗克常量 | $h/2\pi$ | $1.054\,571\,817\cdots \times 10^{-34}$ | $\mathrm{J \cdot s}$ | 精确 |
| 元电荷 | $e$ | $1.602\,176\,634 \times 10^{-19}$ | $\mathrm{C}$ | 精确 |
| 阿伏伽德罗常量 | $N_A$ | $6.022\,140\,76 \times 10^{23}$ | $\mathrm{mol^{-1}}$ | 精确 |
| 摩尔气体常量 | $R$ | $8.314\,462\,618\cdots$ | $\mathrm{J \cdot mol^{-1} \cdot K^{-1}}$ | 精确 |
| 玻耳兹曼常量 | $k$ | $1.380\,649 \times 10^{-23}$ | $\mathrm{J \cdot K^{-1}}$ | 精确 |
| 理想气体的摩尔体积（标准状态下） | $V_m$ | $22.413\,969\,54\cdots \times 10^{-3}$ | $\mathrm{m^3 \cdot mol^{-1}}$ | 精确 |
| 斯特藩-玻耳兹曼常量 | $\sigma$ | $5.670\,374\,419\cdots \times 10^{-8}$ | $\mathrm{W \cdot m^{-2} \cdot K^{-4}}$ | 精确 |
| 维恩位移定律常量 | $b$ | $2.897\,771\,955 \times 10^{-3}$ | $\mathrm{m \cdot K}$ | 精确 |
| 引力常量 | $G$ | $6.674\,30(15) \times 10^{-11}$ | $\mathrm{m^3 \cdot kg^{-1} \cdot s^{-2}}$ | $2.2 \times 10^{-5}$ |
| 真空磁导率 | $\mu_0$ | $1.256\,637\,062\,12(19) \times 10^{-6}$ | $\mathrm{N \cdot A^{-2}}$ | $1.5 \times 10^{-10}$ |

续表

| 物理量 | 符号 | 数值 | 单位 | 相对标准不确定度 |
|---|---|---|---|---|
| 真空电容率 | $\varepsilon_0$ | $8.854\ 187\ 8128(13) \times 10^{-12}$ | $F \cdot m^{-1}$ | $1.5 \times 10^{-10}$ |
| 电子质量 | $m_e$ | $9.109\ 383\ 7015(28) \times 10^{-31}$ | kg | $3.0 \times 10^{-10}$ |
| 电子荷质比 | $-e/m_e$ | $-1.758\ 820\ 010\ 76(53) \times 10^{11}$ | $C \cdot kg^{-1}$ | $3.0 \times 10^{-10}$ |
| 质子质量 | $m_p$ | $1.672\ 621\ 923\ 69(51) \times 10^{-27}$ | kg | $3.1 \times 10^{-10}$ |
| 中子质量 | $m_n$ | $1.674\ 927\ 498\ 04(95) \times 10^{-27}$ | kg | $5.7 \times 10^{-10}$ |
| 里德伯常量 | $R_\infty$ | $1.097\ 373\ 156\ 816\ 0(21) \times 10^7$ | $m^{-1}$ | $1.9 \times 10^{-12}$ |
| 精细结构常数 | $\alpha$ | $7.297\ 352\ 559\ 3(11) \times 10^{-3}$ |  | $1.5 \times 10^{-10}$ |
| 精细结构常数的倒数 | $\alpha^{-1}$ | $137.035\ 999\ 084(21)$ |  | $1.5 \times 10^{-10}$ |
| 玻尔磁子 | $\mu_B$ | $9.274\ 010\ 078\ 3(28) \times 10^{-24}$ | $J \cdot T^{-1}$ | $3.0 \times 10^{-10}$ |
| 核磁子 | $\mu_N$ | $5.050\ 783\ 746\ 1(15) \times 10^{-27}$ | $J \cdot T^{-1}$ | $3.1 \times 10^{-10}$ |
| 玻尔半径 | $a_0$ | $5.291\ 772\ 109\ 03(80) \times 10^{-11}$ | m | $1.5 \times 10^{-10}$ |
| 康普顿波长 | $\lambda_C$ | $2.426\ 310\ 238\ 67(73) \times 10^{-12}$ | m | $3.0 \times 10^{10}$ |
| 原子质量常量 | $m_u$ | $1.660\ 539\ 066\ 60(50) \times 10^{-27}$ | kg | $3.0 \times 10^{-10}$ |

注：表中数据为国际科学联合会理事会科学技术数据委员会（CODATA）2018 年的国际推荐值．

# E 部分习题参考答案

## 第一章

1.1　$\alpha = \beta = \dfrac{1}{T}, \kappa_T = \dfrac{1}{p}$.

1.4　（a）622 atm，（b）体积增加原体积的 $4.07 \times 10^{-4}$ 倍．

1.7　对于理想气体，温度 $T = \gamma T_0$，体积 $V = \gamma V_0$，其中 $T_0$ 和 $V_0$ 是原来在大气中的温度和体积．

1.11　根据流体静力学可导出气压随高度的变化率为

$$\frac{dp(z)}{dz} = -\rho(z) g$$

再利用理想气体的绝热方程求出

$$\left(\frac{\partial T}{\partial p}\right)_S = \frac{\gamma - 1}{\gamma} \frac{T(z)}{p(z)}$$

从而可得

$$\frac{dT}{dz} = -\frac{(\gamma - 1) Mg}{\gamma R}$$

数值结果为 $-10\ K \cdot km^{-1}$．

1.12　$VF(T) =$ 常量．

1.17　$\Delta S_\text{水} = 1\ 304.6\ J \cdot K^{-1}$，$\Delta S_\text{热源} = -1\ 120.6\ J \cdot K^{-1}$，$\Delta S_\text{总} = 184\ J \cdot K^{-1}$．

1.18  (a) $\Delta S=0$, (b) $\Delta S=5.8\ \mathrm{J\cdot K^{-1}}$.

1.19  $\Delta S=C_p\left(\ln\dfrac{T_1+T_2}{2}-\dfrac{T_1\ln T_1-T_2\ln T_2}{T_1-T_2}+1\right)$.

## 第二章

2.7  提示：证明 $\left(\dfrac{\partial T}{\partial p}\right)_S-\left(\dfrac{\partial T}{\partial p}\right)_H>0$.

2.8  $pv=CT$，其中 $C$ 是一个常量.

2.12  提示：$V\to\infty$ 时，范德瓦耳斯气体趋于理想气体.

2.15  5 760 K.

2.16  $Q=\dfrac{4}{3}\alpha T^4(V_2-V_1)$.

2.17  $\eta=1-\dfrac{T_2}{T_1}$.

2.18  $C_E-C_D=-VT\dfrac{D^2}{\varepsilon^3}\left(\dfrac{\mathrm{d}\varepsilon}{\mathrm{d}T}\right)^2$.

2.20  $Q=-\dfrac{CV}{T}\dfrac{\mu_0\mathscr{H}^2}{2}$.

2.22  $F=\dfrac{\mu_0\mathscr{M}^2}{2\chi}+F_0(T), S=-\dfrac{\mu_0\mathscr{M}^2}{2C}+S_0(T), U=U_0(T); F^*=-\dfrac{\mu_0\chi}{2}\mathscr{H}^2+F_0(T), S^*=-\dfrac{\mu_0\mathscr{H}^2}{2}\dfrac{C}{T^2}+S_0(T)$, $U^*=-\mu_0\chi\mathscr{H}^2+U_0(T)$

## 第三章

3.3  平衡条件为两子系统的温度和压强相等，即
$$T^{(1)}=T^{(2)},\quad p^{(1)}=p^{(2)}$$
平衡稳定条件为
$$C_V^{(i)}>0,\quad \left(\dfrac{\partial V^{(i)}}{\partial p}\right)_T<0,\quad i=1,2$$

3.5  提示：从 $\delta S^{(i)}=\dfrac{\delta U^{(i)}+p\delta V^{(i)}}{T^{(i)}}$ $(i=1,2)$ 出发求 $\delta^2 S^{(i)}$ $(i=1,2)$.

3.11  $T_t=195.2\ \mathrm{K}, p_t=5\ 934\ \mathrm{Pa}, L_{\text{升}}=3.121\times 10^4\ \mathrm{J}, L_{\text{汽}}=2.547\times 10^4\ \mathrm{J}, L_{\text{熔}}=0.574\times 10^4\ \mathrm{J}$.

3.20  无序相 $S=S_0$，有序相 $S=S_0+\dfrac{1}{2}\dfrac{a_0^2}{bT_c}\dfrac{T-T_c}{T_c}$.

3.21  无序相 $C_\mathscr{H}-C_\mathscr{M}=0$，有序相 $C_\mathscr{H}-C_\mathscr{M}=\dfrac{a_0^2}{2bT_c^2}T$.

## 第四章

4.7  $\mathrm{CO-C-\dfrac{1}{2}O_2}=0, \Delta H=-1.123\ 0\times 10^5\ \mathrm{J}$.

4.8  (a) $p=\dfrac{n_1+n_2}{V_1+V_2}RT$.

(b) $\Delta S=n_1 R\ln\dfrac{V_1+V_2}{V_1}+n_2 R\ln\dfrac{V_1+V_2}{V_2}$.

(c) $\Delta S = (n_1+n_2) R\ln\dfrac{V_1+V_2}{n_1+n_2} - n_1 R\ln\dfrac{V_1}{n_1} - n_2 R\ln\dfrac{V_2}{n_2}$.

提示：应用式(1.15.4)和式(1.15.5)计算(c)的熵增.

4.12 $S = \int_0^{T_0} \dfrac{C_p}{T} dT + \dfrac{L}{T_0} + \int_{T_0}^{T} \dfrac{C_p'}{T} dT$.

## 第五章

5.1 提示：根据热力学基本方程，气体的熵产生率为

$$\dfrac{d_i S}{dt} = \left(\dfrac{1}{T+\Delta T} - \dfrac{1}{T}\right)\dfrac{dU}{dt} - \left(\dfrac{\mu+\Delta\mu}{T+\Delta T} - \dfrac{\mu}{T}\right)\dfrac{dn}{dt} = J_u \Delta\left(\dfrac{1}{T}\right) - J_n \Delta\left(\dfrac{\mu}{T}\right)$$

由此可知

$$X_u = \Delta\left(\dfrac{1}{T}\right) = -\dfrac{\Delta T}{T^2}, \quad X_n = -\Delta\left(\dfrac{\mu}{T}\right) = \dfrac{\mu\Delta T - T\Delta\mu}{T^2}$$

5.3 熵流密度 $\boldsymbol{J}_S = -\sum_i \dfrac{\mu_i}{T} \boldsymbol{J}_i$，局域熵产生率 $\Theta = \sum_i \boldsymbol{J}_i \cdot \left(\nabla \dfrac{-\mu_i}{T}\right)$.

5.4 $\dfrac{dP}{dt} = -\dfrac{2}{T}\sum_{i,j}\int \dfrac{\partial \mu_i}{\partial n_j} \dfrac{\partial n_i}{\partial t}\dfrac{\partial n_j}{\partial t} d\tau \le 0$.

5.6 $n_x$ 的变化率为

$$\dfrac{dX}{dt} = (2a-b)X - 2X^3$$

其中 $t = k_2 t'$，$a = \dfrac{k_1}{k_2} n_A$，$b = \dfrac{k_3}{k_2} n_B$，$X = n_x$. 定常解 $X_{01} = 0$，$2a-b > 0$ 时不稳定，$2a-b < 0$ 时稳定；$X_{02} = \sqrt{\dfrac{2a-b}{2}}$，$2a-b > 0$，稳定.

## 第六章

6.4 $D(\varepsilon) d\varepsilon = \dfrac{4\pi V}{(ch)^3} \varepsilon^2 d\varepsilon$.

6.5 提示：系统的微观状态数等于第一种粒子的微观状态数 $\Omega$ 与第二种粒子的微观状态数 $\Omega'$ 的乘积 $\Omega \cdot \Omega'$.

## 第七章

7.4 $S = -Nk \sum_s P_s \ln P_s + S_0$，$S_0 = -Nk(\ln N - 1)$.

7.8 $F(\omega) = \dfrac{1}{(2\pi\delta^2)^{1/2}} e^{-\dfrac{(\omega-\omega_0)^2}{2\delta^2}}$，其中 $\delta = \omega_0 \left(\dfrac{kT}{mc^2}\right)^{\frac{1}{2}}$. 函数 $F(\omega)$ 满足归一化条件 $\int F(\omega) d\omega = 1$. $F(\omega)$ 的表达式可以由实验验证，这是实验上验证麦克斯韦速度分布的方法之一.

7.9 提示：由于气体在 $z$ 方向的动量为恒定，在求 $\Omega$ 的极大时，除了由于粒子数恒定和能量恒定而引入的拉格朗日乘子 $\alpha$ 和 $\beta$ 外，还要引入第三个拉格朗日乘子.

7.10 $\bar{\varepsilon} = \dfrac{3}{2}kT + \dfrac{1}{2}mv_0^2$.

7.11 速度分布为 $N\left(\dfrac{m}{2\pi kT}\right) e^{-\dfrac{m}{2kT}(v_x^2+v_y^2)} dv_x dv_y$，速率分布为 $2\pi N\left(\dfrac{m}{2\pi kT}\right) e^{-\dfrac{m}{2kT}v^2} v dv$，$\bar{v} = \sqrt{\dfrac{\pi kT}{2m}}$，$v_p = $

$\sqrt{\dfrac{kT}{m}}, v_s = \sqrt{\dfrac{2kT}{m}}.$

7.12 相对速率分布为 $4\pi\left(\dfrac{m_\mu}{2\pi kT}\right)^{3/2} e^{-\dfrac{\mu}{2kT}v_r^2} v_r^2 dv_r, \bar{v}_r = \sqrt{2}\bar{v}$,其中 $m_\mu = \dfrac{m}{2}$ 是约化质量,$\bar{v}$ 是平均速率.

7.14 平均速率 $\bar{v} = \sqrt{\dfrac{9\pi kT}{8m}}$,方均根速率 $v_s = \sqrt{\dfrac{4kT}{m}}$,平均能量 $\overline{\dfrac{1}{2}mv^2} = 2kT.$

7.16 $\bar{\varepsilon} = 2kT - \dfrac{b^2}{4a}.$

7.18 $S^v = Nk\left(\dfrac{\theta_v}{T}\right)\dfrac{1}{e^{\frac{\theta_v}{T}}-1} - Nk\ln\left(1 - e^{-\frac{\theta_v}{T}}\right).$

7.19 $Nk + Nk\ln\left(\dfrac{T}{\theta_r}\right).$

7.20 $S = 3Nk\left[\dfrac{\beta\hbar\omega}{e^{\beta\hbar\omega}-1} - \ln(1-e^{-\beta\hbar\omega})\right].$

7.21 $U = N\varepsilon_1 + \dfrac{N(\varepsilon_2 - \varepsilon_1)}{e^{\beta(\varepsilon_2-\varepsilon_1)}+1}, S = Nk\left\{\ln[1+e^{-\beta(\varepsilon_2-\varepsilon_1)}] + \dfrac{\beta(\varepsilon_2-\varepsilon_1)}{1+e^{\beta(\varepsilon_2-\varepsilon_1)}}\right\}.$

7.22 $\mathscr{M} = n\mu\dfrac{2\sinh(\beta\mu B)}{1+2\cosh(\beta\mu B)}$,弱场高温极限 $\mathscr{M} = \dfrac{2}{3}\dfrac{n\mu^2}{kT}B$,强场低温极限 $\mathscr{M} = n\mu.$

## 第八章

8.3
$$p = nkT\left[1 \pm \dfrac{1}{2^{5/2}g}\dfrac{N}{V}\left(\dfrac{h^2}{2\pi mkT}\right)^{3/2}\right]$$

$$S = Nk\left\{\ln\left[\dfrac{gV}{N}\left(\dfrac{2\pi mkT}{h^2}\right)^{3/2}\right] + \dfrac{5}{2} \pm \dfrac{1}{2^{7/2}}\dfrac{N}{V}\dfrac{1}{g}\left(\dfrac{h^2}{2\pi mkT}\right)^{3/2}\right\}$$

提示:$S = \int\dfrac{C_V}{T}dT + S_0(V)$. 当 $n\lambda^3 \ll 1$ 时,弱简并理想费米(玻色)气体趋于经典理想气体,据此可以确定函数 $S_0(V)$.

8.4 提示:在热力学极限下,理想玻色气体的凝聚温度 $T_c$ 由积分

$$\int\dfrac{D(\varepsilon)d\varepsilon}{e^{\varepsilon/kT_c}-1} = n$$

确定.对于二维气体上述积分发散,这意味着在有限温度下二维理想玻色气体的化学势不可能趋于 $-0$,因而不存在玻色凝聚现象.

8.5 提示:在 $T \leq T_c$ 时,原子气体的化学势趋于 $\dfrac{\hbar}{2}(\omega_x+\omega_y+\omega_z)$.在热力学极限下,临界温度 $T_c$ 由下式确定:

$$N = \int_0^\infty \dfrac{dn_x dn_y dn_z}{e^{\hbar(\omega_x n_x + \omega_y n_y + \omega_z n_z)/kT_c}-1}$$

8.7 $\dfrac{\bar{N}}{V} = \dfrac{2.404}{\pi^2}\dfrac{k^3 T^3}{c^3 \hbar^3}.$ (a) $2.0\times 10^{10}$ cm$^{-3}$, (b) $5.5\times 10^2$ cm$^{-3}$.

8.9 6 000 K.

8.10 $S = \dfrac{4\pi^2 k^4}{45 c^3 \hbar^3}T^3 V.$

8.11 $J_u = \dfrac{\pi^2 k^4 T^4}{60\hbar^3 c^2}$.

8.13 $\varepsilon_F = 5.6$ eV, $v_F = 1.4\times 10^6$ m·s$^{-1}$, $p = 2.1\times 10^{10}$ Pa.

8.14 $\bar{v} = \dfrac{3}{4}\dfrac{p(0)}{m}$, $p(0)$ 是费米动量.

8.18 $\mu(0) = \left(\dfrac{3n}{8\pi}\right)^{1/3} ch$, $U = \dfrac{3}{4}N\mu(0)$, $p = \dfrac{1}{4}n\mu(0)$.

8.19 $\mu(0) = \dfrac{h^2}{4\pi m} n$, $U = \dfrac{1}{2}N\mu(0)$, $p = \dfrac{1}{2}n\mu(0)$.

8.21 $S = Nk\dfrac{\pi^2}{2}\dfrac{kT}{\mu(0)}$.

8.22 $\mu(0) = \hbar\omega_r(6\lambda N)^{\frac{1}{3}}$, $\bar{\varepsilon} = \dfrac{3}{4}\mu(0)$.

8.23 低温极限($T \ll T_F$)下，有
$$\mu = \mu(0)\left\{1 - \dfrac{\pi^2}{3}\left[\dfrac{kT}{\mu(0)}\right]^2\right\}$$
$$U \approx \dfrac{3}{4}N\mu(0)\left\{1 + \dfrac{2}{3}\pi^2\left[\dfrac{kT}{\mu(0)}\right]^2\right\}$$
$$C = Nk\pi^2 \dfrac{kT}{\mu(0)}$$

高温极限($T \gg T_F$)下，有
$$\mu = kT\ln\left\{6\left[\dfrac{kT}{\mu(0)}\right]^3\right\}$$
$$U = 3NkT$$
$$C = 3Nk$$

8.24 $n = 0.05\times 10^{45}$ m$^{-3}$, $\mu(0) \approx 0.43\times 10^{-11}$ J $\approx 27$ MeV.

8.25 $m^* \approx 3m$ ($m$ 是 $^3$He 原子的质量).

## 第九章

9.3 $pV = NkT$, $U = \dfrac{3}{2}NkT$, $S = \dfrac{3}{2}Nk\ln T + Nk\ln\dfrac{V}{N} + Nk\left[\ln\left(\dfrac{2\pi mk}{h^2}\right)^{3/2} + \dfrac{5}{2}\right]$, $\mu = kT\ln\left[\dfrac{N}{V}\left(\dfrac{h^2}{2\pi mkT}\right)^{\frac{3}{2}}\right]$.

9.6 $pV = NkT$, $U = 3NkT$, $S = Nk\ln\left[\dfrac{8\pi V}{N}\left(\dfrac{kT}{hc}\right)^3\right] + 4Nk$, $\mu = -kT\ln\left[\dfrac{8\pi V}{N}\left(\dfrac{kT}{hc}\right)^3\right]$.

9.9 高温 $U = U_0 + 3NkT$, 低温 $U = U_0 + \dfrac{\pi^2}{2}\dfrac{Nk}{\theta_D}T^2$.

9.11 低温 $\ln Z = -\beta U_0 + \dfrac{N\pi^4}{5}\left(\dfrac{1}{\beta\hbar\omega_D}\right)^3$, $U = U_0 + \dfrac{3\pi^4}{5}\dfrac{Nk}{\theta_D^3}T^4$, $S = \dfrac{4\pi^4}{5}Nk\left(\dfrac{T}{\theta_D}\right)^3$; 高温 $\ln Z = -\beta U_0 -$
$3N\ln(\beta\hbar\omega_D) + N$, $U = U_0 + 3NkT$, $S = 3Nk\ln\dfrac{T}{\theta_D} + 4Nk$.

9.14 提示：根据式(9.6.1)，范德瓦耳斯气体的内能可以表示为
$$E = \sum_{i=1}^{N}\dfrac{p_i^2}{2m} + \dfrac{1}{2}\sum_{i<j}\phi(r_{ij})$$
如果用平均场 $\phi(r_i)$ 近似表达其他分子对第 $i$ 分子的作用势，即

$$\phi(r_i) \approx \frac{1}{2}\sum_{j\neq i}\phi(r_{ij})$$

则范德瓦耳斯气体的能量可近似为

$$E = \sum_{i=1}^{N}\left[\frac{p_i^2}{2m}+\phi(\boldsymbol{r}_i)\right]$$

配分函数近似为

$$Z = \left\{\int d^3 r_i d^3 p_i e^{-\beta\left[\frac{p_i^2}{2m}+\phi(\boldsymbol{r}_i)\right]}\right\}^N$$

对平均场作一定的近似可以求得配分函数和范德瓦耳斯方程.

9.15  $\ln\Xi = e^{-\alpha}\left(\dfrac{2\pi m}{\beta h^2}\right)^{3/2}V$, $pV = \bar{N}kT$, $U = \dfrac{3}{2}\bar{N}kT$, $S = \dfrac{3}{2}\bar{N}k\ln T + \bar{N}k\ln\dfrac{V}{\bar{N}} + \bar{N}k\left[\ln\left(\dfrac{2\pi mk}{h^2}\right)^{3/2} + \dfrac{5}{2}\right]$,

$\mu = -kT\ln\dfrac{V}{\bar{N}}\left(\dfrac{2\pi m}{\beta h^2}\right)^{3/2}$.

9.18  提示:将体积 $v$ 内的分子作为系统,体积 $V-v$ 内的分子看作热源和粒子源.

9.19  $\dfrac{\bar{N}}{A} = \dfrac{p}{kT}\left(\dfrac{h^2}{2\pi mkT}\right)^{1/2}\dfrac{\varepsilon_0}{e^{\frac{\varepsilon_0}{kT}}}$.

## 第十章

10.6  $k = 1.19\times 10^{-23}$ J·K$^{-1}$.

10.7  $\sqrt{\overline{\varphi^2}} = 2\times 10^{-4}$ rad.

10.10  $n = n_0 e^{-\frac{mg}{kT}z}$.

## 第十一章

11.1  提示:分子在 $t+dt$ 时间内未受碰撞的概率等于其在时间 $t$ 内未受碰撞的概率乘在 $t$ 到 $t+dt$ 内未受碰撞的概率,即

$$P(t+dt) = P(t)(1-\omega dt)$$

或

$$\frac{dP}{dt} = -\omega P$$

将上式积分即可,注意 $P(0)=1$.

11.5  提示:引入质心速度 $\boldsymbol{v}_C$ 和相对速度 $\boldsymbol{v}_r$,将积分化为 $d\boldsymbol{v}_C$ 和 $d\boldsymbol{v}_r$ 的积分,注意 $d\omega_1 d\omega_2 = d\boldsymbol{v}_C d\boldsymbol{v}_r$

及

$$\int\cos\theta d\Omega = \int_0^{2\pi}d\varphi\int_0^{\frac{\pi}{2}}\cos\theta\sin\theta d\theta = \pi$$

11.6  $\bar{\Theta} = 6.65\times 10^9$.

11.8  $\bar{l} = 6.39\times 10^{-8}$ m.

11.9  $\dfrac{\partial f}{\partial t}+v_x\dfrac{\partial f}{\partial x}+v_y\dfrac{\partial f}{\partial y}+X\dfrac{\partial f}{\partial v_x}+Y\dfrac{\partial f}{\partial v_y} = \iint(f'f_1'-ff_1)d^2 v_r\cos\theta d\theta d\omega_1$,式中 $d\omega_1 = dv_{1x}dv_{1y}$,$d$ 是分子的直径.

**11.11** 提示:在单位时间内,两个费米子由状态 $i$ 和状态 $j$ 跃迁到状态 $k$ 和状态 $l$ 的数目,与状态 $i$ 和状态 $j$ 被占据的概率 $f_i$ 和 $f_j$,及状态 $k$ 和状态 $l$ 未被占据的概率 $(1-f_k)$ 和 $(1-f_l)$ 成正比.这个数目可表示为

$$A_{ij}^{kl} f_i f_j (1-f_k)(1-f_l)$$

同理,在单位时间内,两个费米子由状态 $k$ 和状态 $l$ 跃迁到状态 $i$ 和状态 $j$ 的数目为

$$A_{kl}^{ij} f_k f_l (1-f_i)(1-f_j)$$

细致平衡要求

$$A_{kl}^{ij} f_k f_l (1-f_i)(1-f_j) = A_{ij}^{kl} f_i f_j (1-f_k)(1-f_l)$$

根据跃迁概率的对称性,有

$$A_{kl}^{ij} = A_{ij}^{kl}$$

所以得

$$f_k f_l (1-f_i)(1-f_j) = f_i f_j (1-f_k)(1-f_l)$$

由这个函数方程可导出费米分布.

**11.12** 提示:玻色子有聚集的倾向.与上题相应的函数方程为

$$f_k f_l (1+f_i)(1+f_j) = f_i f_j (1+f_k)(1+f_l)$$

由这个函数方程可导出玻色分布

**11.14** 提示:先证明 $\dfrac{\partial^2 v_{0x}}{\partial y^2} = \dfrac{\partial^2 v_{0x}}{\partial y \partial z} = \dfrac{\partial^2 v_{0x}}{\partial z^2} = 0$.

# 索 引

## A

阿伏伽德罗定律 §1.3
埃伦菲斯特方程 §3.7
爱因斯坦关系 §10.5，习题10.9
昂内斯方程 §1.3，§2.3
昂萨格[倒易]关系 §5.2

## B

白噪声 §10.7
闭系 §1.1，§5.1，§9.4，§9.5
标度关系(标度律) §10.4
表面膜效应 §9.8
表面张力 §1.4，§2.5，§3.6
别洛乌索夫-扎博京斯基反应 §5.7
玻耳兹曼常量 §7.1，§9.3
玻耳兹曼方程的弛豫时间近似 §11.1，§11.2，§11.3
玻耳兹曼分布 §6.6，§6.8
玻耳兹曼关系 §7.1，§8.1，§9.3
玻耳兹曼积分微分方程(玻耳兹曼方程) §11.4
玻耳兹曼系统 §6.3
玻色-爱因斯坦分布(玻色分布) §6.7，§6.8
玻色-爱因斯坦凝聚 §8.3，习题8.4至8.6
玻色-爱因斯坦统计(玻色统计) §8.1，§8.2，§8.3，§8.4
玻色系统 §6.3
玻色子 §6.3
泊松分布 习题9.18，附录B
不可逆过程 §1.10，§1.13，§1.16，§1.17，§5.1，§11.1，§11.5
布朗颗粒 §10.5，§10.6，§10.7
布朗运动 §10.5，§10.6，§10.7
布鲁塞尔模型 §5.7

## C

长度量纲 §10.4
超导性 §3.7，§10.4
超流动性 §3.7，§4.4，§8.3，§9.8，§10.4
弛豫时间 §1.1，§1.4，§2.8，§5.1，§7.9，§11.1，§11.2，§11.3
弛豫时间近似 §11.1，§11.2，§11.3
磁光陷阱 §8.3，§10.7

磁化功　§1.4，§2.7
磁致伸缩　§2.7
磁滞回线　§1.1，§1.4

## D

单相系　§1.1，§2.1，§4.7
单元系　§3.2，§3.3，§3.4
导热系数　§5.1，§5.2，§5.3，§9.8
道尔顿分压律　§4.6
德拜函数　§9.7
德拜频率　§9.7
德拜频谱　§9.7，习题9.11
德拜特征温度　§9.7
德拜 $T^3$ 定律　§9.7
德布罗意波　§6.2
德布罗意关系　§6.2
等概率原理　§6.4，§9.2，§10.1
等温压缩系数　§1.3，§3.8，§9.11，§10.1
第二类永动机　§1.10
第二声　§9.8
第二位力系数　§1.3，§2.3，§9.6
第一类永动机　§1.5
第一声　§9.8
电导率　§5.2，§5.3，§11.3
电化学势　§5.3
电极化功　§1.4
定域系统　§6.8，§7.1，§7.7，§7.8，§7.9
对比温度　§3.5，§3.8，§3.9，§10.3，§10.4
对比物态方程　§3.5
对称破缺　§3.9
对应态定律　§3.5
多普勒极限　§10.7
多普勒增宽　§7.4，习题7.8
多普勒制冷　§10.7
多元系　§1.1，§4.1，§4.2，§4.5
动理系数　§5.2，§5.4，§5.6
动量扩散系数　§10.6

## E

二级相变　§3.7
二流体模型　§9.8
二项分布　附录B
二元系相图　§4.4

## F

反碰撞　§11.4，§11.6
反应度　§4.5
反应扩散过程　§5.5
反应热　§4.5
反转温度　§2.3，§2.8
范德瓦耳斯方程　§1.3，§2.4，§3.5，§9.6，习题9.11
非简并条件（见经典极限条件）
非平衡定态（定常态）　§5.4，§11.1，§11.2，§11.3
非平衡态　§1.1，§1.16，§5.1，§11.1，§11.4
非平衡系统的发展判据　§5.6
非线性不可逆过程　§5.2，§5.5，§5.6，§5.7
菲克定律　§5.2，§10.5
费米–狄拉克分布（费米分布）　§6.7，§6.8，§9.12
费米–狄拉克统计（费米统计）　§8.1，§8.2，§8.5
费米能级　§8.5
费米温度　§8.5
费米系统　§6.3
费米子　§6.3
费希尔标度律　§10.4
分布函数　§9.2
分子混沌性假设　§11.4
弗仑克尔缺陷　习题7.6
辐射能量密度　§2.6，§7.4，§8.4
辐射通量密度　§2.6，§8.4
辐射压强　§2.6，§8.4
负温度　§7.9
复相系　§1.1，§3.3，§3.4，§4.1，§4.2，§4.3，§4.4
傅里叶定律　§5.1，§5.2，§5.3

## G

概率　附录B
杠杆定则　§4.4
高斯分布　§10.1，§10.5，附录B
高斯近似　§10.2
共熔点　§4.4
孤立系统　§1.1，§1.16，§1.17，§3.1，§6.4，§9.2，§10.1
固熔体　§4.4
固体热容　§7.4，§7.7，§9.7
关联长度　§10.3，§10.4
关联函数　§10.3
关联时间　§10.6
光学黏胶　§10.7

索　引

光子气体　§8.4
广延量　§1.3，§1.5，§1.14，§1.15，§4.1，§4.6，§5.1，§7.6，§9.3
过饱和蒸气　§3.5，§3.6
过冷液体　§3.5，§3.6

## H

焓　§1.6，§2.1，§4.1，§4.5，§4.6，§4.8
耗散　§5.7，§10.6
耗散结构　§5.7
核去磁制冷　§2.8
核自旋系统　§2.8，§7.8，§7.9
赫斯定律　§4.5，习题4.7
亨利定律　§4.6
化学反应方程　§4.5
化学平衡条件　§4.5，§4.7
化学亲和势　§4.8，§5.5
化学势　§3.2，§3.3，§3.7，§4.1，§4.2，§4.6，§8.1，§9.3，§9.10
混合理想气体　§4.6
混合熵　§4.6，习题7.5，§9.8

## J

积分因子　§1.14，§7.1，§8.1，§9.6，§9.11，附录A
基尔霍夫定律　§2.6
激光　§5.7，§10.7
激光制冷　§2.8，§10.7
吉布斯关系　§4.1
吉布斯-亥姆霍兹方程　§2.5
吉布斯函数　§1.18，§2.1，§2.5，§4.1，§4.6
吉布斯函数判据　§3.1，§3.3，§3.5，§4.5，§4.8
吉布斯伴谬　§4.6，§7.6
吉布斯相律　§4.3
简单固体和液体　§1.3，§2.4
简单系统　§1.1，§2.1，§2.4
简正振动　§9.7
简正坐标　§9.7
节流过程　§2.3，§2.8
近独立粒子　§6.3
焦耳定律　§1.3，§1.7
焦耳热　§5.3
焦耳-汤姆孙效应　§2.3
金兹堡-朗道模型　§10.2
经典极限条件　§6.8，§7.1，§7.2，§8.1
居里定律　§1.3，§7.8
居里-外斯定律　§1.3，习题9.13

局域化学亲和势 §5.5
局域熵产生率 §5.1, §5.5
局域平衡 §1.1, §5.1, §5.5, §11.1
局域平衡常量 §5.5
局域序参量 §10.2, §10.3
巨配分函数 §8.1, §9.10, §9.11
巨正则分布 §9.10
巨正则系综 §9.10, §9.11, §9.12
绝对零度 §1.12, §4.8
绝对零度不能达到原理 §4.8
绝对熵 §4.8, §7.1, §7.6, §9.3
绝热壁 §1.1
绝热过程 §1.5
绝热去磁制冷 §2.7, §2.8
均匀系 §1.1, §2.1, §2.4, §2.5, §3.1

## K

卡诺定理 §1.10, §1.11
卡诺循环 §1.9, §1.12, §1.13
开尔文表述(热力学第二定律) §1.10
开尔文第一和第二关系 §5.3
开尔文温标 §1.12
可逆过程 §1.10, §1.13, §1.14
克拉珀龙方程 §3.4
克劳修斯表述(热力学第二定律) §1.10
克劳修斯等式和不等式 §1.13
扩散方程 §10.5
扩散过程 §5.2, §5.5
扩散系数 §5.2, §10.5, §10.6

## L

拉格朗日乘子 §6.6, §6.7
拉什布鲁克标度律 §10.4
拉乌尔定律 习题4.4
朗道超流理论 §9.8
朗道连续相变理论 §3.9, §10.2
朗之万方程 §10.5, §10.6, §10.7
理想气体 §1.3, §1.7, §1.8, §1.9, §1.15, §2.4, §4.6, §7.2, §7.5, §7.6, §9.3
理想气体温标 §1.2, §1.12
理想溶液 §4.6, 习题4.3至4.5, §5.5
力热效应 §9.8
力学平衡条件 §3.3, §3.6, §4.2, §9.3
粒子配分函数 §7.1
连续相变 §3.7, §3.8, §3.9, §10.2, §10.3, §10.4

临界点 §3.4, §3.5, §3.7, §3.8, §3.9, §9.9
临界系数 §3.5
临界指数 §3.8, §3.9, §10.3, §10.4
刘维尔定理 §9.1, §9.2
伦纳德-琼斯势 §9.6

## M

麦克斯韦-玻耳兹曼分布 §6.6
麦克斯韦等面积定则 §3.6
麦克斯韦关系 §2.2, §2.7
麦克斯韦速度分布 §7.3
膜平衡 §4.2, §4.6
摩尔气体常量 §1.3

## N

奈奎斯特定理 §10.7
内能 §1.5, §2.1, §2.4, §7.1, §8.1, §9.5, §9.11
能量均分定理 §7.4, §7.5, §8.4, §8.5, §9.7, §10.5, §10.6
能斯特定理 §4.8
能隙 §9.8
黏度 §5.2, §11.2
黏性现象 §11.2
牛顿黏性定律 §5.2, §11.2

## O

欧拉定理(齐次函数) §4.1
欧姆定律 §5.2, §11.3

## P

泡利不相容原理 §6.3, §8.5
佩尔捷效应 §5.3
配分函数 §7.1, §7.5, §9.4, §9.5
喷泉效应 §9.8
碰壁数 §7.3
偏摩尔体积(内能、熵) §4.1
平衡常量 §4.7
平衡辐射 §2.6, §7.4, §8.4
平衡判据 §3.1, 习题 3.1
平衡态 §1.1, §3.1, §3.3, §4.2, §4.5, §6.4, §9.2, §11.6
平衡条件 §3.1, §3.3, §4.2, §4.5
平衡稳定条件 §3.1, §3.5, §9.5, §9.11, §10.1
平衡相变 §3.4, §4.4
平均场近似 §1.3, §9.9, 习题 9.14
平均分布 §8.1, §9.12
普朗克常量 §6.2

普朗克[辐射]公式　§8.4
普适性　§3.5, §3.8, §3.9, §10.4

## Q

气体动理论　§11.1, §11.2, §11.4, §11.5, §11.6
强度量　§1.3, §5.1
强简并　§8.5
全同性原理　§6.3, §7.5, §7.6
全微分　§1.5, §1.14, §2.1, §2.2, §4.1, §7.1, §8.1, §9.3, §9.5, §9.11, 附录A

## R

热波长　§7.2, §8.1, §8.2, §8.3, §11.1
热动平衡　§1.1, §3.1
热辐射　§2.6, §7.4, §8.4
热接触　§1.2
热力效应　§9.8
热力学第二定律　§1.10, §1.16
热力学第零定律　§1.2
热力学第三定律　§4.6, §8.3, §8.4, §8.5
热力学第一定律　§1.5
热力学基本方程　§1.14, §2.1, §3.2, §4.1, §5.1, §7.1, §8.1, §9.5, §9.11
热力学极限　§1.3, §1.5, §8.3, 习题8.4至8.6, §9.5, §9.11, §10.1
热力学力　§5.1至§5.6
热力学流　§5.1至§5.6
热量　§1.5, §7.1
热平衡定律　§1.2
热容　§1.6
热噪声　§10.7
瑞利-金斯公式　§7.8, §8.4

## S

萨哈方程　§4.7
萨克-特多鲁特公式　§7.6
三分子模型　§5.7
三相点　§3.4
熵　§1.14, §1.15, §1.16, §2.4, §4.6, §4.8, §5.1, §5.4, §7.6
熵产生率　§5.1, §5.2, §5.3, §5.4, §5.5, §5.6
熵流密度　§5.1, §5.3, §5.5
熵判据　§3.1, §3.3
熵增加原理　§1.16, §1.17, §11.5
声速　§1.8
声子　§9.7, §9.8, §11.3
时间关联函数　§10.6
实际气体　§1.3, §9.6

# 索 引

受迫过程 §1.10
输运过程 §5.2, §11.1, §11.2, §11.3
顺磁物质 §1.3, §2.7, §7.8, §9.9
斯特藩-玻耳兹曼定律 §2.6, §8.4
斯特林公式 §6.6
斯托克斯公式 §10.5

## T

态密度 §6.2
汤姆孙-贝特洛原理 §4.8
汤姆孙效应 §5.3
特性函数 §2.1, §2.5, §3.2, §4.6, §7.1, §8.1, §9.3, §9.5, §9.11
体积变化功 §1.4
体胀系数 §1.3, §4.8
铁磁物质 §1.1, §1.4, §3.7, §3.8, §3.9, §9.9
统计平均 §6.4, §9.2
统计系综 §9.2

## W

外参量 §1.4, §1.5, §7.1, §8.1, §9.5, §9.11
微观可逆性 §11.5
微观态 §6.1, §6.2, §6.3, §9.1
微正则分布 §9.2
微正则系综 §9.2, §9.3
维多姆标度律 §10.4
维恩公式 §8.4
维恩位移[定]律 §8.4
位力系数 §1.3, §9.6
位形 §9.9
位形积分 §9.6
温差电动势系数 §5.3
温度 §1.2
无规行走 附录B
无限固溶体 §4.4
物态方程 §1.3, §4.6, §7.1, §8.1, §9.3, §9.5, §9.11
物质的量 §1.1

## X

吸附 §9.11, 习题9.1
系综 §9.2
系综平均值 §9.2, §10.6
细致平衡 §11.6, 习题11.11, 习题11.12
线性不可逆过程 §5.2, §5.3, §5.4
相变平衡条件 §3.3, §3.6, §4.2

相格 §6.5, §9.2
相空间 §9.1
相图 §3.4, §4.4
肖特基缺陷 习题7.7
协同学 §10.7
泻流 §7.3
虚变动 §3.1, §3.5, §3.6, §4.2, §4.5
序参量 §3.9, §10.2, §10.3, §10.4
旋子 §9.8

## Y

压磁效应 §2.7
压强系数 §1.3, §4.8
雅可比行列式 §2.2, 附录A
亚稳平衡 §3.1, §3.5, §3.6
亚稳状态 §3.1, §3.5, §3.6, §3.7
液 $^3$He-$^4$He §4.4, §9.8
一级相变 §3.4, §3.5, §3.6, §3.7
伊辛模型 §9.9, 习题9.13
元反碰撞数 §11.4, §11.6
元激发 §9.7, §9.8
元碰撞数 §11.4, §11.6
约化温度 §3.8
约化质量 §6.1, §7.4
约瑟夫森标度律 §10.4

## Z

泽贝克效应 §5.3
涨落 §1.1, §3.1, §9.5, §9.11, §10.1, §10.2, §10.3
涨落的空间关联 §10.3
涨落的时间关联 §10.6
涨落耗散定理 §10.6
振动配分函数 §7.5, §7.7
振动热容 §7.5
振动熵 习题7.18
蒸气压方程 §3.4, 习题3.11, 习题3.14
正氢 §7.5
正则分布 §9.4
正则系综 §9.4, §9.5
质量作用律 §4.7, §5.5
仲氢 §7.5
转动配分函数 §7.5
转动热容 §7.5
转动熵 习题7.19

准电子 §8.5，§9.7
准静态过程 §1.4，§1.10
自发磁化 §3.8，§3.9，§9.9
自发辐射系数 §10.7
自由电子气体 §8.5
自由能 §1.18，§2.1，§2.5，§3.9，§9.5
自由能判据 §3.1，§3.6，§3.9，§4.8
自由膨胀 §1.7，§1.17
最大功定理 §1.18
最概然分布 §6.6，§6.7
最小熵产生定理 §5.4

### 西文字母开头的词语

$\Gamma$ 空间 §9.1
$\lambda$ 相变 §8.3
$\mu$ 空间 §6.1，§6.3，§6.5
BBGKY 级列[方程]（BBGKY 方程链） §11.4
BZ 反应 §5.7
$H$ 定理 §11.5
He I §8.3，§9.8
He II §8.3，§9.8

# 物理学基础理论课程经典教材

扫描查看教材详情

| ISBN | 书名 | 作者 |
|---|---|---|
| 978-704036613-6 | 普通物理学教程 力学（第三版） | 漆安慎 |
| 978-704028354-9 | 力学（第四版）（上册） | 梁昆淼 |
| 978-704048890-6 | 普通物理学教程 热学（第四版） | 秦允豪 |
| 978-704044065-2 | 热学（第三版） | 李 椿 |
| 978-704050677-8 | 普通物理学教程 电磁学（第四版） | 梁灿彬 |
| 978-704049971-1 | 电磁学（第四版） | 赵凯华 |
| 978-704051001-0 | 光学教程（第六版） | 姚启钧 |
| 978-704026648-1 | 光学（第二版） | 母国光 |
| 978-704022994-3 | 原子物理学（第四版） | 杨福家 |
| 978-704049221-7 | 原子物理学（第二版） | 褚圣麟 |
| 978-704048873-9 | 理论力学教程（第四版） | 周衍柏 |
| 978-704027283-3 | 力学（第四版）（下册）理论力学 | 梁昆淼 |
| 978-704052040-8 | 热力学·统计物理（第六版） | 汪志诚 |
| 978-704012968-7 | 统计物理学（第二版） | 苏汝铿 |
| 978-704023924-9 | 电动力学（第三版） | 郭硕鸿 |
| 978-704026278-0 | 量子力学教程（第二版） | 周世勋 |
| 978-704011575-8 | 量子力学（第二版） | 苏汝铿 |
| 978-704017783-1 | 量子力学 | 钱伯初 |
| 978-704028352-5 | 数学物理方法（第四版） | 梁昆淼 |
| 978-704010472-1 | 数学物理方法（第二版） | 胡嗣柱 |
| 978-704042423-2 | 数学物理方法（修订版） | 吴崇试 |
| 978-704001025-1 | 固体物理学 | 黄 昆 |
| 978-704030724-5 | 固体物理学 | 陆 栋 |

🏅 代表此书为国家级规划或获奖教材，

💻 代表此书有电子教案，

📚 代表此书有习题解答等教辅书，

🔗 代表此书配套 abook 等数字课程网站。

## 郑重声明

高等教育出版社依法对本书享有专有出版权。任何未经许可的复制、销售行为均违反《中华人民共和国著作权法》，其行为人将承担相应的民事责任和行政责任；构成犯罪的，将被依法追究刑事责任。为了维护市场秩序，保护读者的合法权益，避免读者误用盗版书造成不良后果，我社将配合行政执法部门和司法机关对违法犯罪的单位和个人进行严厉打击。社会各界人士如发现上述侵权行为，希望及时举报，我社将奖励举报有功人员。

反盗版举报电话　　（010）58581999　58582371
反盗版举报邮箱　　dd@hep.com.cn
通信地址　　北京市西城区德外大街4号　高等教育出版社法律事务部
邮政编码　　100120

## 读者意见反馈

为收集对教材的意见建议，进一步完善教材编写并做好服务工作，读者可将对本教材的意见建议通过如下渠道反馈至我社。

咨询电话　　400-810-0598
反馈邮箱　　hepsci@pub.hep.cn
通信地址　　北京市朝阳区惠新东街4号富盛大厦1座
　　　　　　高等教育出版社理科事业部
邮政编码　　100029